KB150259

영양교육

다양한 연구와 연계된 이론과 실습

NUTRITION EDUCATION LINKING RESEARCH, THEORY & PRACTICE

영양교육

다양한 연구와 연계된 이론과 실습

NUTRITION EDUCATION LINKING RESEARCH, THEORY & PRACTICE

Isobel R. Contento 지음

이경애, 김경원, 김지명, 우태정, 이승민, 이희원 편역 | 황지윤 감수

교문사

세계적으로 식생활 관련 질병과 비만 유병률이 지속적으로 증가하는 데 반해 일부 국가에서는 영양부족 현상이 나타남에 따라 어느 때보다 영양교육의 필요성이 더욱 증가하고 있다. 다행스럽게도 학교, 사업장, 지역사회에서는 이러한 위험성을 줄이는 데 영양교육이 중요한 역할을 한다고 인식하고 있으며, 따라서 정부와 기관에서 식품 영양과 관련한 정책 발의가 지난 몇 년간 계속 증가하였다. 이에 영양교육자는 차별화된 영양교육의 기회를 제공해야 한다.

이 책의 접근방식

이 책에서는 많은 영양교육자들이 지역사회, 병원, 푸드뱅크, 가족, 학교 등 자신들의 근무 장소에 기초하여 계획하고 있는 영양중재와 프로그램을 설계하고, 전달하며, 평가하는 방법에 초점을 맞추어 영양교육자를 지원하고자 한다. 영양교육이란 영양교육전략들의 결합으로, 환경적 지지를 동반하고, 건강과 복지에 도움이 되는 식품 선택과 그 외 식품영양 관련 행동을 자발적으로 채택할 수 있도록 설계하는 것으로 정의된다. 영양교육은 여러 영역에서 실시되며 개인, 기관, 지역사회, 정책적 수준에서의 활동들을 포함한다.

일반적으로 영양교육자들은 대상자들에게 적합한 흥미로운 활동들로 수업을 만들어내는 전문가들이다. 연구에 따르면, 이러한 수업들은 특정 행동변화목적에 역점을 두어 구체적으로 설계된 활동일 때, 더불어 대상자들을 변화시키기 위한 동기유발요소, 촉진인자, 환경적 지지가 동반될 때 더 효과적이다. 식행동과 영양교육에 대한 연구에 의해 사람들이 어떻게 식품을 선택하며, 무엇이 변화에 대한 동기를 부여하고 촉진시키는지를 이해하는 데 도움을 주는 개념적 모델이나 이론들이 만들어졌다. 결론적으로 이 책은 영양교육자가 식행동변화에 대한 대상자들의 동기유발요소, 촉진인자, 지지인자들을 다루는 중재, 프로그램, 수업을 설계하는 데 도움을 줄 수 있는 도구로서 핵심 이론이나 모델을 사용하는 방법에 초점을 두고 있다. 이 책은 이미 영양교육을 수행하고 있으면서 대상자들에게 효과적인 프로그램을 계획하고 시행하기 위해 광범위한 자원이 필요한 영양교육자와 관리자뿐만 아니라 영양교육을 처음 수강하는 학부 고학년과 대학원생을 대상으로 설계되었다.

이 책의 구성

이 책은 세 부분으로 나누어진다.

첫 부분(PART I)에서는 식품 선택과 식행동변화를 성공시킬 핵심요소들에 영향을 미치는 복합적인 인자들에 대해 기술하였다. 이 부분의 뒷 장(章)은 변화에 대한 잠재적 동기유발요소와 촉진인자(이 책에서는 이를 실행의 결정요인(또는 중재요인)이라고 불린다)를 다루기 위해 영양교육중재에서 사용될 수 있는 주요 이론 각각에 대해 분명하게 기술하였다. 각 이론에 대해 그 이론이 어떻게 실제적인 영양교육 활동으로 변환되는지를 기술하였고, 그 사례를 제시하였다.

우리의 식품 선택이 사회와 환경 상황에 영향을 받는다는 것은 이미 많이 알려져 있다. 그러므로 영양교육자들은 건강행동을 실천하는 데 있어 개인과 지역사회를 지원하기 위해 식품 선택과 식행동에 미치는 수많은 개인적, 환경적, 정치적 영향을 다룰 필요가 있다. 따라서 영양교육은 여러 범위에서 발전하였다. 영양교육에서는 집단 대상의 수업이 가장 기본적인 활동이지만, 영양교육자들은 학교와 지역사회 텃밭, '농장에서 학교로' 프로그램, 학교와 지역사회 복지정책, 그리고 정책, 시스템, 환경을 개선하기 위한 정책입안들과 같은 활동을 할 때는 다른 사람들과 협력하여 일한다. 따라서 5장에서는 환경적 지지를 어떻게 설계하는지를 사회생태학적 모델을

사용하여 설명하였다.

두 번째 부분(PART II)은 이 책의 중심이라고 할 수 있다. 이 부분에서는 영양교육을 보다 쉽게 효과적으로 설계할 수 있도록 단계적 과정을 제시하였다. DESIGN(설계)이라고 불리는 이 과정은 영양교육 이론이 어떻게 이론에 기반한 전략과 교육목표로 전환되는지, 그리고 이 전략들과 목표들이 실제로 어떻게 실행될 수 있는지를 보여준다. 그러고 나서 이 활동들을 대상자를 위한 프로그램의 구성요소로 이루어진 교육안으로 만든다. 이 설계과정은 모든 각 단계에서 이론, 연구, 실제가 통합되며 이론 기반의 영양교육을 설계하고, 시행하며, 평가하는 데 있어 안내자 역할을 한다. 이 두 번째 부분에서도 실행 기회를 증가시키기 위해 정치, 사회구조, 환경에서의 변화를 위한 환경적 지지를 계획하는 방법에 대한 지침을 제공한다. 이 부분의 마지막에는 설계과정을 사례를 들어 설명하였다.

마지막 부분(PART III, 이 책에서는 이 부분을 생략하고 일부 내용을 다른 부분으로 이동시킴)은 집단수업, 인쇄 및 시청각 자료, 새로운 기술, 그리고 사회적 마케팅 등 다양한 방식을 통해, 문해력이 낮은 대상자와 다문화 집단을 다루는 것뿐만 아니라 취학 전 아동에서부터 고령자까지 다양한 연령층을 대상으로 영양교육을 실행하는 데 활용될 기본 요점을 제시하였다.

특징과 장점

이 책은 독자들이 특정 집단에게 효과적인 영양교육을 제공하고 실행을 위한 환경적 지지를 장려하도록 준비할 수 있게 해준다.

- 각 장의 시작 부분에는 단원 개요와 목표가 있다. 단원 개요는 학생들이 이 장에서 무엇을 학습할지 알려준다. 목표는 본 장의 학습 목표를 제시한다.
- 사례연구(Nutrition Education in Action)는 그 장에서 논의된 주요 개념을 최근의 영양교육 프로그램으로부터 발취한 실제 예시와 연구를 통해 나타낸 것이다.
- 박스(Box)는 독자들을 위한 주요 정보, 특히 특정 이론에 관한 정보를 뽑아 제시한 것이다.
- 설계과정에 로직모델 접근방식을 사용하였고, 여기에 각 단계에서 수행해야 할 과제와 결과물을 명확하게 언급하였다.
- 둘째 부분(PART II)에 있는 활동지(Worksheet)는 학생들과 영양교육자들이 이 설계과정 절차에 따라 자기들만의 프로그램을 개발할 수 있게 해준다.
- 사례연구는 이 책 전반에 걸쳐 각각의 특정 이론을 실제로 사용한 예를 제시한 것이다. 6장과 셋째 부분(PART III)에 소개한 사례연구는 영양교육을 설계하기 위해 이 책에서 소개한 설계과정 절차를 잘 보여준다.
- 각 장의 마지막에는 연습문제와 활동을 배치하여 핵심 개념을 강화하고자 하였고, 참고문헌을 제시하여 미래 연구의 기회를 제공하였다.
- 이 책을 활용하여 교육과정을 어떻게 구성하였는지를 보여주는 간단한 강의요목도 제시하였다.

대중은 영양교육이 무언가를 제공해주길 원한다. 이 책은 학생과 영양교육자가 영양교육을 효과적으로 제공하는 데 필요한 지식과 기술 습득에 도움을 줄 수 있도록 설계되었다.

저자

Isobel R, Contento

차례
CONTENTS
© PhotoDis

CHAPTER 3

인식·동기의 증가와 행동변화·실행 능력 강화

CHAPTER 4

행동변화 및 실행능력을 촉진시키는 영양교육이론

CHAPTER 5

행동변화를 위한 환경적 지지의 증진

PART Ⅱ 영양교육의 실제

CHAPTER 6

1단계: 영양중재의 행동변화목적 설정

CHAPTER 7

2단계: 행동변화목적의 결정요인 탐색

CHAPTER 8
3단계: 이론 선정과 교육철학 명료화

CHAPTER 9
4단계: 행동이론을 교육목표로 전환하기

CHAPTER 10
5단계: 교육활동 개발 및 교육계획 수립

CHAPTER 11

6단계: 평가계획

CHAPTER 12

환경적 지지를 위한 영양교육 설계

CHAPTER 13

영양교육방법 및 매체 활용

© ARENA Creative/Shutterstock

PART I

영양교육의 이론

영양교육 및 식행동의 이해

개 요

이 장에서는 영양교육의 필요성 및 중요성, 목적 및 범주, 효과에 대해 기본적인 내용을 제시하며 영양교육 및 건강 증진과 관련된 다양한 관점에서 새롭게 정립된 영양교육에 대해 소개한다. 그리고 영양교육자들이 대상자의 식행동을 이해하고 적합한 영양교육을 설계하도록 식품 선택과 식행동에 영향을 미치는 요인들을 개괄적으로 설명한다.

목 표

1. 영양교육의 정의와 필요성에 대해 진술할 수 있다.
2. 영양교육의 효과와 범주에 대해 설명할 수 있다.
3. 식품 선택 및 식행동에 영향을 미치는 요인을 설명할 수 있다.
4. 효과적인 영양교육의 설계를 위해 영향요인 규명의 중요성을 설명할 수 있다.

1 영양교육의 개념과 정의

영양교육Nutrition education은 대상자의 건강에 도움이 되는 식품 선택과 식행동의 자발적 적용을 용이하게 하기 위해 설계된 교육전략의 조합으로 정의되며 개인, 조직, 지역사회, 정책 등 다양한 영역에서 수행된다. 영양교육은 영양소에 대한 교육으로 여겨질 수 있으나, 사람들은 영양소를 먹는 것이 아니라 식품을 먹으며 영양은 '식품'의 의미도 담

BOX 1-1 영양교육의 정의와 관련된 개념

교육전략의 조합

식행동은 개인적 요인뿐만 아니라 여러 사회환경적 요인에 영향받으므로, 영양교육은 영향요인에 직접적인 영향력을 미치도록 다양한 교육전략과 학습경험으로 구성되어야 한다. 교육에는 정보나 기술의 제공뿐만 아니라 대상자의 동기유발, 성장 및 변화의 과정이 포함된다. 즉, 대상자의 능력 향상 및 기회 제공뿐만 아니라 효과적인 의사소통으로 대상자의 동기유발에 용이한 교육전략을 찾아 활용해야 한다.

설계

영양교육은 체계적으로 설계된 활동계획으로 학교, 지역사회, 직장, 병원, 대중매체 등 다양한 경로에서 실행된다. 체계적인 영양교육 설계를 위한 단계별 절차는 영양교육 설계과정(Nutrition Education DESIGN Procedure)이라고 한다.

용이성

용이성(Facilitate)은 영양교육자의 입장에서 대상자들이 식생활을 변화시킬 수 있도록 도울 수 있는지 여부를 강조하는 데 사용된다. 사람은 스스로 필요하다고 느낄 때, 그리고 실천하기를 원할 때 변하므로 용이성의 핵심은 '동기유발'이 된다. 동기유발은 개인의 내면에서 비롯되며 식품 및 영양과 관련된 구체적인 식행동은 개인의 가치나 삶의 관점에 따라 자발적으로 일어난다. 교육에서는 용이성을 높이기 위해 효과적인 의사소통 전략과 대상자의 자기 이해 및 재고력 향상 전략을 사용한다. 또 식품 및 영양 관련 지식과 기술, 비판적 사고를 증가시켜 대상자의 행동수행능력을 용이하게 하는 전략을 사용하기도 한다.

자발성

자발성(Voluntary)이란 '모든 인간은 자유의지가 있고 개인의 목표와 가치의 관점에 따라 선택하는 존재'라는 것을 내포하는 개념이다(Bandura 1997, 2001; Deci와 Ryan 2000; Buchanan 2000). 즉, 교육이나 프로그램에는 강제성이 없어야 하며 영양교육의 활동목표에 대한 참여자들의 완전한 이해 속에서 수행되어야 한다.

자발적인 선택은 대상자들이 어떤 식행동이나 식품 및 영양 관련 정보의 모든 측면을 이해하고 긍정적인 면을 파악했을 때 이루어진다. 이러한 의사소통과정이 없다면 대상자들은 영양교육자들이 제공하는 메시지를 서로 다른 사회집단 간의 알력 다툼으로 볼 수 있으며, 식품 광고나 판촉처럼 영양 및 건강을 위해서라기보다는 다른 이유를 가지고 사람들에게 특정 식품을 강요한다고 받아들일 수도 있다(Gussow와 Contento 1984; Dawson 2014). 따라서 영양교육전략은 대상자의 자유의지, 개인의 자율적 행동수행력과 수행능력의 강화라는 개념을 기반으로 하여 건강을 증진시키고자 하는 영양교육자의 역할을 통합하는 방법으로 설계해야 한다.

행동

행동(Behavior)은 관찰할 수 있는 식품 및 영양과 관련된 선택행위로, 영양교육의 핵심이다. 행동의 예로는 채소와 과일 먹기, 칼슘이 풍부한 음식 먹기, 지역에서 생산된 식품 이용하기, 모유수유 등을 들 수 있다. 실행(Actions)은 행동과 유사하지만 구체적인 활동 또는 행동 실천을 위한 세부행동이라고 할 수 있다. 예를 들어 채소와 과일 먹기의 실행으로는 채소와 과일 사기, 아침에 오렌지주스 먹기, 점심에 채소 먹기 등과 같은 것들이 있다. 습관(Practice)도 행동이나 실행과 혼용되기는 하나 습관은 좀 더 일반적이고 지속적인 행동패턴, 예를 들어 양육습관이나 균형된 식사습관, 활발한 신체활동 습관과 같은 예에서 사용한다. 식생활에서의 구체적인 식행동 강조는 최근의 식생활 실천지침을 통해서도 확인할 수 있다.

지원환경

지원환경은 식품환경, 사회물리적 환경, 정보 및 정책 등 대상자의 식행동 및 습관과 관련된 외부환경을 의미한다. 이와 같은 식행동과 관련된 지원환경이 주어지면, 개인의 행동 변화는 훨씬 쉽게 일어나고 유지된다. 이러한 환경은 영양교육자가 정책입안자나 식품 공급업체, 학교장, 정부관계자 또는 기타 조직 관련자들과 공동으로 작업하거나 교육하여 구축할 수 있다.

다양한 영역

영양교육은 다양한 영역에서 이루어지고, 체계적으로 설계된 영양교육은 다양한 경로로 수행된다. 이는 집단활동이나 개별활동, 간접활동(신문, 인쇄물, 전자메일, 시각자료 등), 학교나 대학 같은 공공기관, 지역사회센터, 직장, 슈퍼마켓 등의 비공식적 장소에서 이루어지며 대중매체, 인터넷, 휴대폰, 사회마케팅 등을 통해 수행되기도 한다.

지역 및 정책단위활동

지역 및 정책단위활동은 지역 및 사회구성원의 건강한 식품 선택이나 신체활동 수행을 지원하도록 사회·물리적 환경을 변화시키고 정책을 수립하는 것이다.

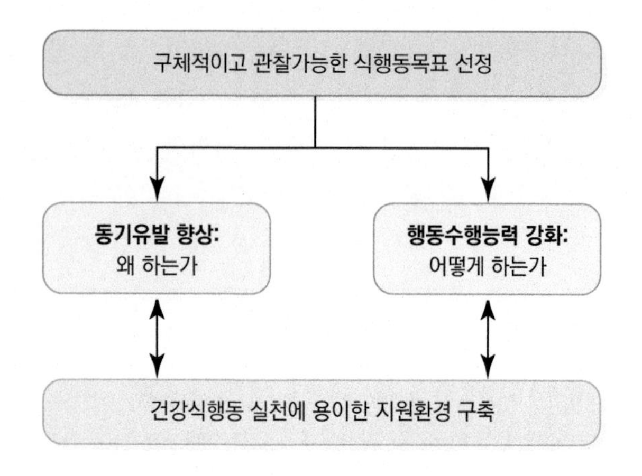

그림 1-1 영양교육 정의의 재정립

고 있으므로 식품영양교육Food and nutrition education이라고도 부를 수 있다. 영양교육은 영양과 교육이라는 두 단어의 의미 이상으로, 대상자의 식품과 영양 관련 행동 동기유발 및 능력을 향상시키고 건강에 유익한 식행동을 수행할 기회의 강화를 포함한다. 또한 영양교육이 단지 식품과 영양이라는 제한된 범위에 있는 것이 아니라, 광범위한 의미를 내포하도록 '영양교육'이라는 용어 외에 Social and Behavior Change Communication(SBCC) 또는 Food and Nutrition Communication and Education(FNCE) 같은 용어를 국제연합식량농업기구Food and Agriculture Organization of the United Nation(FAO)와 같은 국제기구나 유럽 국가에서 사용하기도 한다. 영양교육이라는 용어는 미국에서 광범위하게 사용되지만 이 단어 외에도 Food and Nutrition Education 또는 Nutrition Education and Promotion도 사용된다. 일본은 영양교육을 의미하는 용어로 食育Shoku-iku을 주로 사용하지만 영양교육도 함께 쓰고 있다. 즉, 오늘날 영양교육은 여러 가지 용어로 사용되지만, 용어가 다르다고 하여 각각 다른 목표가 있는 것은 아니며, 동일한 의미를 가졌음을 이해해야 한다.

다시 말해, 영양교육이란 '대상자의 건강에 도움이 되는 구체적이고 관찰가능한 식행동을 자발적으로 실천하게 하기 위한 효과적인 교육활동이나 의사소통에 중점을 두는 교육'으로 재정립할 수 있다(**그림 1-1**).

1) 동기유발 향상

영양교육에서 '왜 하는가'에 대한 인식을 확고히 하는 것은 행동 변화의 중요한 첫 단계이지만, 그렇게 하는 것만으로 충분하지 않다. 영양교육에서는 식사 관련 행동 변화의 핵심인 동기의 역할을 명확하게 인지하고 다룰 수 있어야 한다. 식품 및 영양 관련 정보는 '왜 하는가'에 대한 개인의 이해와 판단을 돕는 방법으로 의사소통되어야 대상자의 동기유발을 부여할 수 있다. 영양교육에서 '왜 하는가'에 대한 내용으로는 식사패턴이 건강에 미치는 영향에 대한 과학적 근거, 개인의 식품 선택과 환경 및 먹거리 체계와의 관련성, 개인의 건강에 대한 관심, 자기정체성, 또는 지역사회에 대한 사회적 영향력에 대한 관심 등이 포함될 수 있다. 영양교육자들은 대상자들이 행동 실천을 통해 얻는 이익 또는 이유에 대한 과학적인 증거를 제공하여 그들의 동기를 향상시킬 수 있다. 또 사회문화적 기대를 일깨우거나 대상자 스스로 삶의 목표를 재고하게 하여 동기를 향상시킬 수도 있다.

2) 행동수행능력 강화

어떤 대상자들은 동기유발이 되는 즉시 바람직한 식행동이나 식습관을 실천하게 되길 원한다. 이러한 대상자들은 자신이 필요로 하는 지식이나 기술 및 행동 실천에 자신감을 얻으면 행동수행력이 더 높아지는 경향을 보인다. 따라서 대상자가 필요로 하는 식품과 영양 관련 기술을 쌓고 행동을 시작할 수 있도록 행동지침을 제안하면 행동수행능력을 높일 수 있다.

BOX 1-2 국민 공통 식생활지침

- 쌀·잡곡, 채소, 과일, 우유·유제품, 육류, 생선, 달걀, 콩류 등 다양한 식품을 섭취하자.
- 아침밥을 꼭 먹자.
- 과식을 피하고 활동량을 늘리자.
- 덜 짜게, 덜 달게, 덜 기름지게 먹자.
- 단 음료 대신 물을 충분히 마시자.
- 술자리를 피하자.
- 음식은 위생적으로, 필요한 만큼만 마련하자.
- 우리 식재료를 활용한 식생활을 즐기자.
- 가족과 함께하는 식사 횟수를 늘리자.

자료: 보건복지부, 농림축산식품부, 식품의약품안전처. 2016.

3) 지원환경 구축

영양교육자는 지역사회, 관련 기관, 정부와 협력하여 식품 및 신체활동을 위한 환경 조성 및 정책 수립을 촉구할 수 있다. 이를 통해 대상자들이 좀 더 쉽게 건강에 유익한 선택을 하도록 도울 수 있다.

2 영양교육의 필요성 및 효과

1) 영양교육의 필요성

(1) 식사성 만성질환 및 비만의 증가

선진국이나 개발도상국의 주요 사망 원인 중 하나인 뇌·심혈관계 질환, 제2형 당뇨병이나 특정 암 등은 무엇을 먹는가와 관련이 있다. 만성질환의 위험성을 높이는 비만 유병률은 전 세계에서 증가하는 추세이다(그림 1-2). 국제연합식량농업기구는 개발도상국이 비만과 영양실조라는 양면적 영양문제에 당면하고 있음을 거론하고, 대다수의 국가가 비만 예방을 위한 비용 부담뿐만 아니라 식사에서 비롯된 비전염성 질환 Diet-related noncommunicable illness에도 대처해야 하는 영양불량의 이중 부담Double burden of malnutrition(McNulty 2013)을 안고 있음을 언급했다.

과거보다 식품환경이 풍족해졌음에도 사람들의 식사패턴은 그리 좋지 못하다. 채소와 과일 섭취량은 권장수준에 미치지 못하며 칼슘이나 비타민 A 등 일부 영양소 역시 여전히 권장 수준 이하로 섭취되고 있다. 반대로 가공식품을 통한 단순당 섭취량은 증가 중이다. 다른 나라와 마찬가지로 우리나라 역시 비만 인구의 증가, 영양 섭취 부족과 영양 섭취 과다라는 문제를 동시에 가지고 있다(그림 1-3, 1-4).

개인 및 사회적 행동패턴은 만성질환과 관련되어있는데,

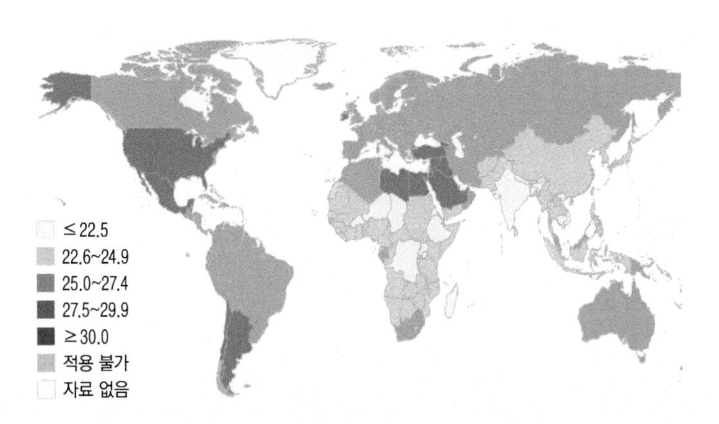

그림 1-2 전 세계 과체중 이상 인구 분포 경향 (체질량지수 ≥ 25 기준)

자료: WHO Info 앱 http://apps.who.int/bmi/index.jsp. 2016.

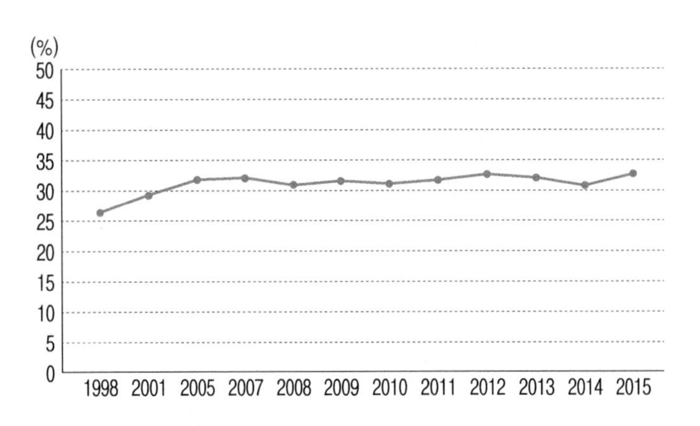

그림 1-3 우리나라 성인 비만율 추이 (체질량지수 25 kg/m² 이상인 분율, 만 19세 이상)

자료: 보건복지부, 질병관리본부. 국민건강통계. 2017.

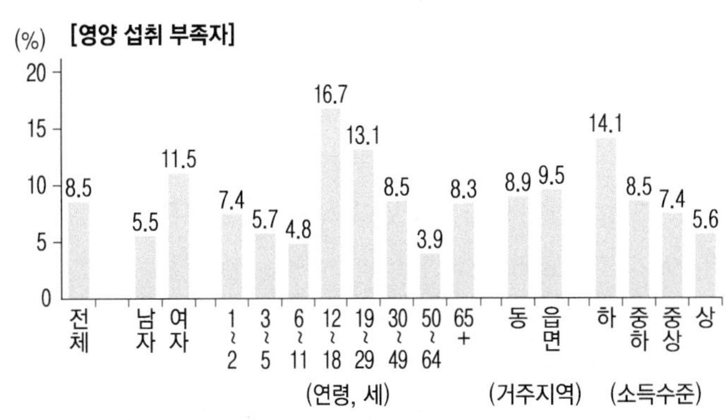

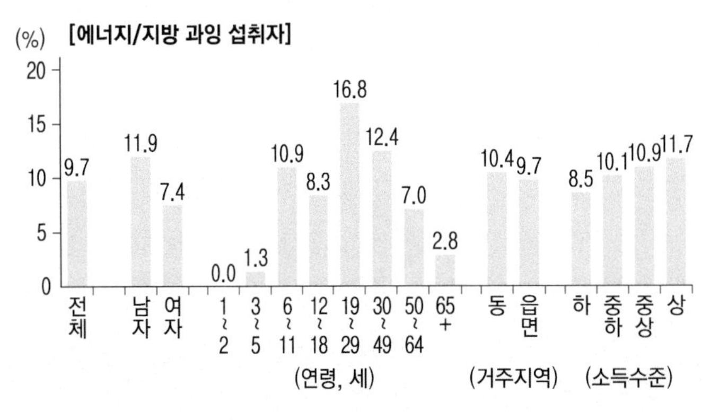

그림 1-4 영양 섭취 부족자 및 에너지/지방 과잉 섭취자 분율

자료: 보건복지부, 질병관리본부. 국민건강통계. 2017.

다행히 개인의 식생활 및 신체활동의 긍정적 변화, 지역 및 사회구조의 긍정적인 변화가 만성질환 유병률 감소 및 건강 증진에 중요한 역할을 한다. 건강은 삶의 질 향상과 관련되어 있다. 따라서 건강에 영향을 미치는 수정가능한 행동·환경 요인을 변화시키면 사람들이 건강하게 더 오래 살아가도록 만들 수 있다. 이러한 이유로 식생활지침이나 식품구성안 등이 건강 증진과 질병 감소를 위한 국가적 전략으로 제시되고 있다.

(2) 식품과 지구환경

우리가 먹는 음식이 건강에 미치는 영향뿐만 아니라, 지구환경에 미치는 영향에 대해서도 관심이 높아지고 있다. 시장에서 구입한 식품의 가격에는 개인의 건강에 영향을 미치는 비용뿐만 아니라 환경적 비용도 포함되어있다. 생태발자국Ecological footprint, 탄소발자국Carbon footprint, 물발자국Water footprint과 같은 용어들은 '무엇을 먹는다'는 것이 개인의 건강문제뿐만 아니라 또 다른 문제들과 관련된다는 것을 알려준다.

(3) 식품 및 정보환경의 다양성

과거 사람들은 주변에서 생산된 100여 가지 식품에 둘러싸여 살았지만, 오늘날의 식생활환경은 매우 복잡하고 다양해서 사람들이 자신의 목적에 맞는 식품을 선택하도록 도와주어야 한다. 미국 통계자료에 의하면, 1928년 대형 슈퍼마켓에는 대략 900개의 식품이 있었지만 오늘날에는 4만~5만 개 정도의 식품이 채워져 있다(Moliter 1980, Food Marketing Institute 2012). 가정에서 즉석조리식품을 소비하는 비율은 92% 정도이며(Okrent와 Alston 2012), 이러한 양상은 세계적으로 증가하는 추세이다. 우리나라의 성인들은 하루 섭취 에너지의 1/4 이상을 외부에서 조리한 음식에서 얻으며, 특히 편의점과 같은 소매점에서 인스턴트식품이나 기타 가공식품을 구입하는 빈도가 늘고 있다(최 등 2017). 연간 9,000개 정도의 비슷한 식품이 출시되는 상황에서, 단순히 포장을 살펴보는 것만으로 식품에 대한 올바른 정보를 얻을 수는 없다. 다양하고 비슷한 식품이 매년 쏟아지는 상황에서 소비자는 영양정보 활용능력Nutritional literacy을 갖추어야 하겠으나, 그렇게 하기란 쉽지 않다. 한 연구에서는 50%의 사람들이 항상 성분표시를 읽으며, 30%는 성분표시를 가끔 읽는 것으로 나타났지만 대다수는 영양표시의 의미를 잘 이해하지 못하는 것으로 나타났다(Levy 등 2000; Ollberding 등 2010; Supermarket Nutrition 2013). 또 일부 영양표시에는 식품에 대한 정보가 잘못 담겨 있기도 했다. 가령 포장에 '95% 무지방'이라고 써 있는 식품 설명이 '지방으로부터 30%의 에너지를 얻는 것'으로 표기된 경우도 있었다.

일반인을 겨냥한 다이어트 시장에서는 이상적인 식사패턴으로 저지방 식사가 언급되다가, 어떤 날에는 고지방 저탄수화물 식사가 유행하기도 한다. 이러한 모든 상황은 개인이나 사회의 식품 선택환경이 매우 복잡하다는 것을 보여주며, 바람직한 식품 선택을 위한 교육의 필요성을 말해준다.

(4) 소비자의 혼란

많은 사람이 과거보다 건강에 더 많은 관심을 가지게 되었음에도 불구하고, 사람들의 식품 구매나 식사패턴을 살펴보면 좋은 면과 좋지 않은 면을 동시에 가지고 있다. 예를 들면 가족의 건강을 생각해서 저지방 우유를 구입함과 동시에 고지방 프리미엄 아이스크림을 사기도 한다. 이 같은 모순된 행동은 무엇을 먹는 것이 좋은가에 대한 혼란에서 비롯된다.

식품 제조회사들은 소비자의 건강을 위하는 것처럼 보이기도 하지만, 여전히 건강지향식품을 최소로 출시하고 있다. 많은 사람이 건강에 더 좋다는 생각으로 수입식품이나 가공식품이 아닌 지역식품을 선택하는 한편 비만, 영양부족 및 영양실조의 문제를 가지는데 이러한 경향은 선진국이나 후진국이나 비슷하게 나타난다.

국제연합식량농업기구는 사람들이 건강문제에서 기인하는 경제적·사회적 부담을 피하기 위해 무엇을 더 먹고 덜 먹는가에 대한 것뿐만 아니라, 무엇을 먹어야 건강에 좋은지 알아야 한다고 강조한다(McNulty 2013). 지금껏 제시한 모든 내용은 식품과 영양에 대한 교육의 필요성을 알려준다.

2) 영양교육의 효과

영양교육을 통해 대상자들의 식행동 및 신체활동 향상, 체중 조절 등 긍정적인 결과를 내는 데 기여한다는 것은 많은 연구를 통해 증명되었다. 1910년부터 1984년 사이에 투고된 4,108개의 관련 논문을 분석한 메타분석연구에는 영양교육으로 인해 지식 33%ile, 태도 14%ile, 행동이 19%ile 향상되었다고 나타나 있다(Johnson과 Johnson 1985).

영양교육의 비용편익과 비용효과에 대한 분석도 실시되었는데, 영양교육 수행에 드는 비용을 경제적 이익, 건강 이점과 비교하였을 때 두 측면에서 모두 효율성이 있다는 사실이 드러났다(Rajopal 등 2003; Schuster 등 2003; Dollahite 등 2008; Roux 등 2008; Gustafson 등 2009). 이외에도 영양교육을 통한 아동의 채소와 과일 섭취량 증진(Pomerleau 등 2005; Thompson과 Ravia 2011; Evans 등 2012), 아동기 비만 위험 감소(da Silverira 등 2013; Khambalia 등 2012, Wang 등 2013), 저소득층을 대상으로 한 건강 식생활 촉진(Long 등 2013) 등의 식생활 개선효과가 나타나고 있다. 이러한 연구 및 문헌을 고찰해보면, 적절한 전략과 메시지를 적용하여 실행한 영양교육이 식생활습관 개선에 매우 긍정적으로 기여한다는 것을 알 수 있다.

3 영양교육의 수행장소와 대상 및 내용

영양교육은 **사례연구 1-1**에 제시된 바와 같이 다양한 장소와 집단을 대상으로 실시되며, 식품 및 영양과 관련된 광범위한 내용과 활동을 포함한다.

1) 수행장소

(1) 지역사회

우리나라에서 정부의 지원하에 추진되는 지역사회 기반 건강 및 영양증진사업의 대표적인 사례로는 영양플러스 사업, 어린이 건강과일바구니사업(보건복지부), 어린이급식관리지원센터(식품의약품안전처) 및 식생활교육지원센터(농림축산식품부)가 있다. 영양플러스는 저소득층을 대상으로 영양상태가 취약한 영유아, 임산부 및 모유수유부에게 일정 기간 영양교육 및 보충식품을 제공하는 사업이다. 어린이 건강과일바구니사업은 아동 관련 기관(학교 및 방과후 교실, 지역아동센터 등)을 이용하는 아동들에게 일정 기간 영양교육과 과일을 제공함으로써 건강식생활을 유도하기 위해 실시한다. 어린이급식관리지원센터는 어린이집, 유치원, 지역아동센터에서 급식 제공 시 체계적이고 철저한 위생관리 및 영양관리를 하도록 지원하기 위해 위생과 영양 관련 방문교육, 표준식단 개발 및 레시피 보급 등의 사업을 수행하고 있다. 식생활교육지원센터는 가정, 학교, 지역사회 연계 식생활교육 강화를 위해 설립되어 지역별 식생활교육네트워크를 중심으로 생애주기별 바른 식생활교육, 농어촌 식생활 체험사업, 식생활교육 콘텐츠 개발 등의 사업을 실시하고 있다. 정부 이외의 관련 학계나 학회, 비영리단체(푸드포체인지, 굿네이버스, 월드비전, 초록우산 등)에서도 지역사회 구성원을 대상으로 영양교육을 실시 중이다. 최근에는 영양 및 신체활동에 중점을 둔 사회적 마케팅이나 캠페인도 점점 보편화되고 있다.

BOX 1-3 어린이 식생활 안전관리 종합계획

어린이 식생활 안전관리 종합계획(이하 '종합계획')은 어린이식생활안전관리 특별법 제26조에 의한 것으로 식품의약품안전처장은 3년마다 종합계획을 수립해야 하고, 지방자치단체의 장은 이 종합계획을 기초로 하여 매년 어린이 식생활안전관리 시행계획을 수립·시행하고 있다. 2010년부터 시행된 종합계획은 어린이 식생활안전지수 향상, 학교 주변 어린이 식품안전보호구역 지정 및 관리, 어린이집 급식 위생 및 영양관리 시스템 구축, 초·중·고등학생용 식품안전 영양교재 개발 보급 등이 주요 성과로 평가된다. 식품의약품안전처에서 개발·보급된 교육자료는 식품안전정보포털 식품안전나라(http://www.foodsafetykorea.go.kr)에서 제공된다.

(2) 학교

학교 영양교육은 2007년에 영양교사가 국공립학교(일부 사

BOX 1-4 영양교사

영양교사는 학교교육을 통해 학생의 올바른 식생활습관을 정착시키고자 2007년부터 전국 초·중·고등학교에 배치되어, 학교에 근무하는 영양사의 50% 정도를 차지하고 있다. 학생의 식생활교육 및 건강증진을 위해 학교에 영양교사를 배치하고 있는 나라는 일본과 우리나라뿐이다. 일본의 영양교사는 학교에서 수행하는 역할이 우리나라의 영양교사와 유사하다. 학교급식법 시행령에 명시된 영양교사의 직무는 식단 작성, 식재료 선정 및 검수, 위생·안전·작업관리 및 검식, 조리실 종사자의 지도·감독 등 기존의 급식관리 업무 외에 식생활지도, 정보 제공 및 영양상담이다.

사례연구 1-1 국외 영양교육 프로그램

Small Steps Big Rewards

미국의 질병통제예방센터(Centers for Disease Control and Prevention, CDC) 및 국립보건원에서 운영하는 제2형 당뇨병 예방을 위한 교육 프로그램이다. 당뇨병을 가진 아동이나 성인 외에도 당뇨병 위험에 노출될 가능성이 높은 당뇨병 환자의 가족과 보호자, 당뇨병과 관련된 의료 관계자, 매체, 학교 등까지 이 프로그램의 교육 범주에 포함된다. 자세한 정보는 NIH 홈페이지(http://ndep.nih.gov)에서 얻을 수 있다.

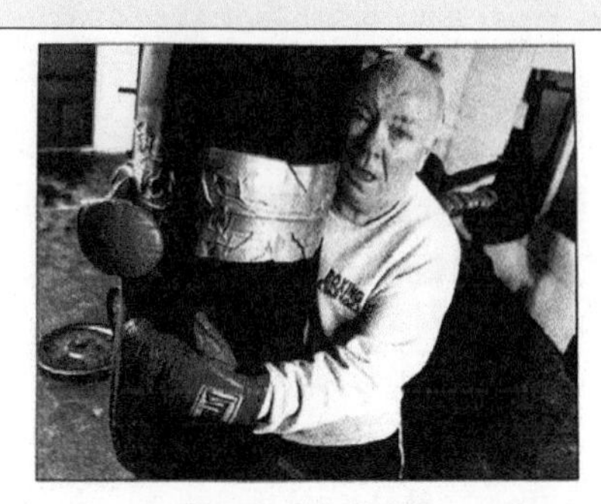

Get real! 캠페인 포스터

FOODPALY: Theater for kids

학교, 회의, 기타 이벤트에서 공연하는 것을 목적으로 하여 영양교육자가 개발한 라이브 공연이다. 미국 전역에서 공연된 바 있다. 이 공연은 아동의 성장에 도움이 될만한 매력적 캐릭터, 동기유발을 강화해주는 건강 메시지, 저글링, 음악, 마술, 관중의 참여 등으로 구성된다. 라이브 공연을 통해 아동이 건강한 식행동 및 운동습관 실천에 "예"라고 응답하게 함으로써 동기를 부여하기도 한다. 본 공연 후에는 교실수업이나 교육과정에 통합하여 사용할 수 있는 키트(kit)를 학생, 교사, 학교관계자 등에게 제공하기도 한다. 자세한 정보는 FOODPLAY 홈페이지(http://www.foodplay.com)에서 얻을 수 있다.

Stellar Farmer's Markets

뉴욕시 보건국에서 지역사회에 영양교육 및 관련 자원을 제공하고자 활용하는 마켓이다. 영양교육자들은 이 마켓에서 커리큘럼인 'the Just Say Yes to Fruits and Vegetables'를 활용하며 판매상들에게 지역 생산품, 계절제품, 식품위생, 건강 식생활, 요리 등에 관한 영양교육을 무료로 실시하고 있다. 상세한 정보는 뉴욕시 홈페이지(http://www.nyc.gov/html/doh/html/living/cdp-farmersmarket.shtml)에서 얻을 수 있다.

립학교)에 배치된 이후, 영양교사에 의해 주도적으로 실시되며 보건, 실과, 가정 및 체육 등 건강 및 식생활 관련 교과에서도 시행 중이다. 학교에서 영양교사가 실시하는 영양교육의 실시 형태를 보면 초등학교의 경우 창의적 체험활동 등 프로그램화된 교육은 25.7%, 중·고등학교의 경우 학교 홈페이지 및 가정통신문 등 간접 교육 형태로 주로 나타나고 있다(오 등 2016). 학교 영양교육을 활성화하고자 수립한 제3차(2016~2018) 어린이 식생활 안전관리 종합계획에서는 초·중등학교교육과정의 범교과 학습 주제인 건강교육의 범주에 영양·식생활교육 관련 내용 반영, 중·고등학교까지 식품안전 및 영양교육의 확대 등을 명시하고 최근에는 각 시·도 교육과정 편성지침에 따라 학교별 교육과정 계획에 영양교육 시수를 명시하고 있다.

영양교사는 영양교육만 수행하는 사람이 아니다. 그들의 주요한 역할은 안전하고 건강한 급식관리이다. 영양교사가 학교 내 영양교육을 수행하면서 겪는 가장 큰 어려움은 '업무 과다에 따른 부담'으로, 학교에서 영양교육이 적극적으로 이루어지려면 수업시간 확보 외에도 영양교육 지원체계가 필요하다는 의견이 꾸준히 거론되고 있다(김 등 2016; 오 등 2016).

(3) 직장

직장 내 건강교육은 상당한 수준으로 발전 중이다. 이는 흔히 심혈관계 질환이나 암 등 만성질환의 위험률을 감소시키기 위해 영양교육, 체중 조절 및 신체활동 등과 연계하여 실시된다. 직장 내 교육은 만성질환의 위험요인을 가진 개인뿐만 아니라 일반적인 사람에게도 직접적인 효과를 나타낸다. 영양교육자는 직장인을 위한 프로그램을 직접 개발하거나, 건강 및 영양증진 프로그램을 운영하는 역할을 수행한다.

BOX 1-5 임상영양사

임상영양사는 의료기관에서 질병의 치료와 예방을 위해 급식과 영양관리를 담당하며 영양치료를 수행한다. 2010년에 제정된 국민영양관리법에서는 임상영양사의 자격을 명시함에 따라 2012년부터 국가고시를 통해 공인된 자격을 가진 임상영양사가 배출되고 있다. 그전까지는 대한영양사협회에서 주관하는 '임상영양교육과정'을 거쳐 임상영양사 자격증을 발급받아야 했다.

(4) 보건의료기관

보건의료기관의 영양교육은 임상영양사에 의한 영양상담이 일반적이지만, 간혹 의료센터에서 만성질환의 위험에 노출된 외래환자를 대상으로 영양교육을 실시하기도 한다. 식사장애 클리닉이나 체중조절 프로그램에서 운동과 같은 다른 프로그램과 병행하여 영양교육을 실시하기도 한다.

2) 영양교육 대상자

영양교육은 성별, 연령별, 생애주기별, 각기 다른 사회·경제 및 문화적 배경 등 다양한 범주의 사람들을 대상으로 하며, 대상자별 특징 및 요구를 반영하여 실시되어야 한다.

(1) 생애주기별

영양교육은 생애 전반에 걸쳐 실시되며 생애주기별 교육 프로그램이나 매체도 개발되고 있다. 생애주기별 영양교육은 미취학 아동과 양육자(영양플러스, 지역사회 프로그램), 학령기 아동(학교교육과정 및 방과후 활동 또는 가정 연계 프로그램과 연계), 대학생(영양 및 건강 관련 과목, 보건소의 건강 및 영양 증진사업 연계 프로그램), 성인(지역사회 및 직장 내 프로그램), 영·유아, 임산부 및 수유부(영양플러스 및 어린이 건강과일바구니 사업), 노인(지역사회 프로그램, 노인종합복지관)과 같이 특정 생애주기 집단을 대상으로 실시된다.

(2) 다양한 문화적 배경

최근 우리나라 인구 중 외국인의 구성비율이 점차 높아지고 있다. 2016년 통계청 통계에 따르면 우리나라에 거주하는 외국인은 우리나라 인구 5,127만 명 중(2016년 10월 기준) 2.8%(141만 명)를 차지하며 이 중에는 결혼 이민자, 영주권 취득자 등 한국 국적을 가진 사람도 많아 점차 다양한 문화 배경을 가진 인구의 정착비율이 높아질 것이다. 이러한 추세는 다른 나라도 예외는 아니다. 이미 다문화·다인종화된 미국의 경우에는 아프리카계, 아시아계, 라틴아메리카계 또는 다양한 문화적 배경을 가진 이민자 대상의 영양교육 프로그램이 개발되어있다. 우리나라도 다문화가족 자녀를 위한 올바른 영양실천자료(2016, 식품의약품안전처)를 중국어, 베트남어, 일본어 등 5개 언어로 제공하는 등 국내에 거주하는 외국인을 대상으로 영양교육 프로그램을 시도 중이다. 따라서 영양교육자는 여러 문화에 노출되어 다양한 문화에 익숙해져야 한다.

(3) 사회·경제적 배경

사회·경제적 배경은 건강상태와 관련이 있다. 사회·경제적 수준이 낮은 집단은 높은 집단보다 건강문제를 더 많이 가지고 있으며, 조기 사망률도 더 높다. 정부의 관련 정책이나 프로그램은 이러한 건강상태 차이나 불평등을 해소하고자 보충식품 공급 등을 시도하고 있으며, 영양교육자는 이러한 프로그램에서 중요한 역할을 수행한다.

(4) 스포츠 분야

운동선수나 운동 관련 전문가들은 영양교육에 특별히 관심을 갖는 경우가 많다. 스포츠영양에 대한 연수를 받은 영양교육자의 경우 대학이나 전문 스포츠팀 또는 피트니스센터, 직장이나 지역사회의 프로그램과 관련된 곳에서 일할 수 있다.

(5) 정책입안자, 대중매체 및 식품산업

예전에는 개별 가정에서 음식을 구입하고 준비하는 사람(주로 어머니)이 가족에게 무엇을 먹일까를 결정했지만, 오늘날에는 다양한 곳에서 음식(세끼 식사 포함)을 제공받는다. 개인이 무엇을 먹을지 결정하는 일은 개인에 의해 수행되기도 하지만, 그들에게 음식을 제공하는 조직(단체급식, 식품제조업체 등)이나 기관, 지역사회, 지방 및 중앙정부 부처에서 식품 및 영양 관련 정책을 입안하는 조직도 개인이 무엇을 먹을지 결정하는 역할을 한다. 영양교육자는 사람들의 식생활에 영향을 미치는 정책입안자, 대중매체 및 식품산업 관련자 등에게 식품 및 영양과 관련된 상황(예: 빈혈, 식행동패턴, 식품 안정성, 만성질환 및 비만의 위험 요인 등)에 관해 교육할 수 있다. 이때 영양교육자는 건강하고 지속가능한 먹거리 체계를 지원할 수 있는 정책을 입안하도록 정책입안자를 고무함으로써 영양교육이 정책 수립에 영향을 미친다는 것을 보여줄 수 있다.

3) 영양교육의 내용 및 활동

영양교육에서 교육활동의 주요 기능은 사람들이 더 건강한 먹거리를 선택할 수 있도록 지원하고 건강한 식생활에 대한 인식 및 동기유발 강화, 행동 수행이 용이하도록 하는 환경적 지원을 강화시키는 것이다. 이때 영양교육은 사람을 교육하는 것뿐만 아니라 식품 및 영양과 관련된 더 광범위한 내용까지 다루게 된다.

(1) 먹거리 체계

최근 소비자와 영양전문가들이 신선한 식품 소비와 지역에서 생산된 식품 소비가 개인의 건강과 생산자, 환경에 더 유익하다고 판단하면서 식품의 생산방식과 생산지에 대한 관심이 높아지고 있다(Gussow 2006). 몇몇 건강 및 영양 관련 프로그램들은 지역에서 생산된 식품 이용(Englberger 등 2010)이나 생산된 작물을 생산지에서 학교로 연계시키는 주제에 중점을 두고(Feenstra와 Ohmart 2012), 농산물 직거래 장터가 많은 지역에서 운영되고 있다. 미국의 경우에는 저소득층 가구의 지역 생산품에 대한 접근성 및 가용성을 높이기 위해 미국 농무부United States Department of Agriculture가 농산물 직거래 장터에서 사용할 수 있는 전자카드를 발급하기도 한다. 영양교육 전문가들은 아동과 청소년들이 환경과 먹거리 체계에 대한 사고를 깊이 할 수 있도록 학교 영양교육 시 학교텃밭과 연계된 교육전략을 활용할 것을 제안하고 있다.

(2) 재배 및 조리활동

농작물 재배 및 조리활동은 오래 전부터 영양교육의 한 영역으로 여겨져왔다. 농작물 재배의 중요성은 모든 연령에서 점차 높아지고 있다. 농작물 재배나 조리활동은 건강 증진과 동기유발 강화의 기회가 되며 먹거리와 관련된 중요한 기술을 익히는 배움의 장이 되기도 한다.

(3) 사회 정의와 지속가능성

어떤 소비자들은 식품과 관련된 사회 정의, 지속가능성에 관심을 보인다. 소비자의 1/3 정도는 그들이 구입한 식품이 환경에 미치는 영향뿐만 아니라 건강을 고려하며, 식품공급자들은 이러한 부분을 반영한 식품 생산을 시도하고 있다(Burros 2006; McLaughlin 2004). 한 연구에서는 전 세계 인구의 38%가 '공정무역으로 거래된 식품의 가치'를 긍정적으로 인식하고 있는 것으로 나타났다(Agriculture와 Agri-Food Canada 2012). 즉, 영양교육은 이러한 주제를 다루는 범위까지 확장될 수 있다.

(4) 신체활동과 영양

덜 앉고 더 많이 움직이는 것이 만성질환 및 비만 위험률을 낮추며 건강을 증진시킨다는 인식이 생겨나면서, 여러 영양교육 프로그램에서 개인과 지역사회의 영양교육 관련 행동 및 습관과 더불어 신체활동에 대한 내용을 포함하기도 한다.

(5) 접근방식의 다양성

영양교육에서는 대중매체, 캠페인, 강의, 집단토의, 워크숍, 건강박람회, 신문, 비디오, 소책자, 기타 시청각매체 등과 같은 전통적인 교육방식을 넘어서는 비판적 사고 증진 접근법Critical consciousness raising approach, 성장중심교육 접근법Growth-centered educational approach과 같은 방법을 활용할 수 있다. 비판적 사고 증진은 Freire(1970)가 제안한 것으로 집단이 당면한 건강 이슈나 식품으로부터 야기되는 문제, 지역사회의 구조적 문제를 분석하고 해결해나가는 과정에 사람들을 참여시키는 것이다. 이 방법은 저소득층 집단이 식품접근성에 대한 문제를 스스로 진단하고 다른 집단과의 차이를 줄이고자 정치적·경제적 활동을 하는 것을 지원하기 위해 영양교육에 활용되어왔다(Travers 1997). 성장중심교육 접근법은 대상자들의 능력 향상, 자기주도적 학습 기회 제공, 사회적 지원 구축을 통해 자립심을 발달시키는 방법이다(Abusabha 등 1999; Arnold 등 2001; WIC Works Resource System 2013). 이 접근법은 개인이나 조직, 지역사회가 그들의 삶에 대한 주도권을 갖게 하는 역량강화과정Empowerment process과도 관련된다.

영양교육자들은 저소득 집단의 식품이용성 및 접근성을 높이거나 개인 혹은 지역사회의 건강행동 수행력 등을 높이기 위해 다른 분야의 전문가, 조직, 정부기관과 협력할 수 있다. 영양교육은 개인의 건강이나 영양에 대해 가르치는 것보다 더 넓은 내용을 포함한다. 어떤 영양교육자는 농업과 영양교육의 연계에 관심을 가지는가 하면, 건강요소 간의 연계에 관심을 두기도 한다. 영양교육자는 식품의 안전이나 모든 사람이 영양적이고 건강한 음식에 어떻게 접근하고 이용할지에 관심을 가질 수도 있다. 분명한 것은 영양교육 그 자체로 모든 사람을 건강하게 만들 수는 없으며, 교육뿐만 아니라 이와 관련된 다른 전략과 연결하여 교육활동을 전개해야 한다는 것이다.

4 식품 선택 및 식행동의 영향요인

대상자들에게 '잘 먹는 것'을 가르치기란 쉽지 않다. 영양교육은 대상자들이 필요로 하는 식품에 대한 영양정보, 영양표시에 대한 이해방법, 건강조리법 등을 제안하는 것으로 여겨질 수 있으나 그러한 정보를 제공하는 것만으로는 대상자의 식품 선택과 식행동 변화에 영향을 미치기란 역부족이다. 식행동은 생애 전반에 걸쳐 습득되며 삶의 다양한 면이 내포된다. 또 먹는다는 것은 즐거움 및 삶의 만족도와도 관련되어있기 때문에 한 번 길들면 변화되기 어렵다. 200년 전에 Brillat-Savarin(1825)은 먹는 즐거움에 대해 다음과 같이 말했다. "마치 본능과도 같은 '맛'은 감각 중 하나로 여겨질 수 있지만… 모든 것을 고려했을 때 가장 큰 즐거움을 준다. 적당하기만 하다면 먹는 즐거움은 절대 지치는 법이 없으며 다른 즐거움과도 잘 어울릴 수 있다. 심지어 우리에게 위안이 되기도 한다…."

대부분의 사람은 하루에도 몇 번씩 무엇을, 언제, 얼마나, 누구와 먹을 것인가 등 음식과 관련된 결정을 반복하는데 이러한 결정에는 여러 복합적 영향요인이 잠재되어있다. 그렇기에 잠재적인 영향요인에 해당하는 생물학적 요인, 문화 및 사회적 기호, 정서 및 심리적 요인 등을 잘 이해하면 영양교육이 지향하는 목표인 식품 선택 및 식행동 변화를 보다 용이하게 이룰 수 있다. 또 식품 선택과 식행동의 영향요인을 명확히 이해하는 것은 영양교육자들이 이러한 요인을 다루는 전략을 개발하기 위한 중요한 과정 중 하나이다.

그림 1-5는 식품 선택 및 식행동에 영향을 미치는 생물학적, 개인적, 사회 및 환경적 영향요인을 체계적으로 보여주며, 그 어떤 것도 독립적으로 존재하지 않고 모든 것이 연관되어있음을 알려준다. 식품 선택 및 식행동에 영향을 미치는 요인을 결정요인Determinants이라고 한다.

1) 생물학적 성향

인간은 타고난 생물학적 성향을 가지고 있으며 이것은 식품 선호 및 식품 선택에 어느 정도 영향을 미치고, 특히 영유아나 아동에게 그 영향력이 잘 나타난다. 식품의 맛, 냄새, 촉감 등에 대한 감각적·정서적 반응은 식품 선호 및 선택에 중요한 영향을 미친다.

(1) 맛 선호

사람은 선천적으로 단맛을 좋아하고 신맛이나 쓴맛은 거부하는 경향이 있다(Desor 등 1977; Beauchamp와 Mennella 2011; Gravina 등 2013). 단맛 선호는 생애 전반에 걸쳐 지속되며 모든 문화에서 나타난다(Drewnowski 등 2012).

단맛을 선호하는 이유는 단맛이 에너지 공급원인 탄수화물의 존재 신호라는 것과 관련되며, 쓴맛에 대한 거부감은 쓴맛이 잠재적 독성물질에 대한 신호로 인지된다는 것과 관련이 있다. 짠맛에 대한 선호는 출생 후 어느 정도 성장한 후에 나타나는 것으로 알려져 있다(Mattes 1997). 다섯 번째 맛으로 규명된 우마미旨味(감칠맛)는 '맛있다'를 의미하는 일본어로, 아미노산인 글루탐산과 관련된 맛이며 식품 속에 단백질이 들어있다는 것을 알게 해준다. 지방에 대한 선호도는 유전적 경향에 따라 다르며 몇몇 유전자는 지방맛 선호와 관련이 있다고 알려져 있다(Breslin과 Spector 2008; Tucker 등 2014). 지방은 식품의 촉감과도 관련되어있다. 아이스크림의 부드러움, 고기의 풍부한 육즙과 부드러움, 페이스트리의 바삭함, 케이크의 촉촉함은 지방이 만들어낸다. 지방이 들어있는 식품은 더 다양하고 풍부한 맛을 내며 설탕(예: 디저트류)이나 소금(예: 감자칩)과도 잘 어울려 음식을 더욱 매력적으로 만든다.

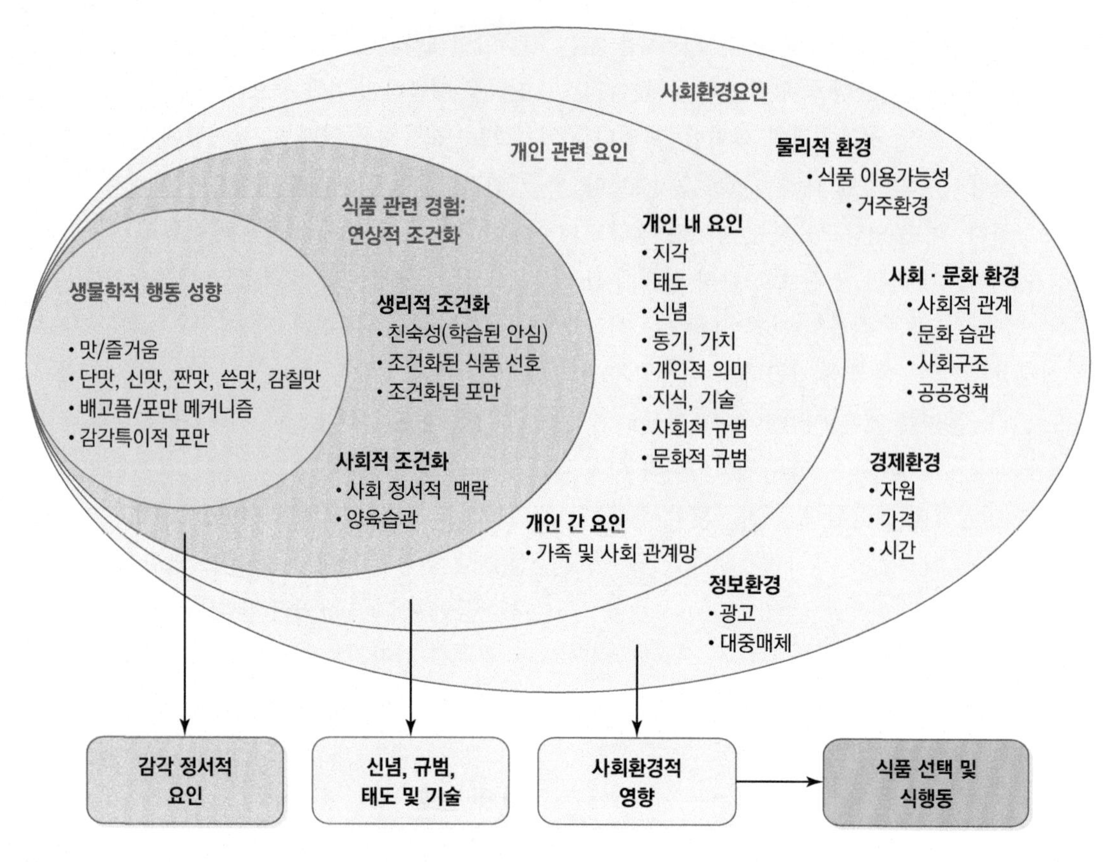

그림 1-5 식품 선택 및 식행동의 영향요인

(2) 맛에 대한 민감도

맛에 대한 민감도Nontasters and Supertasters는 개인별 유전 차이에 의해 나타난다. 이는 쓴맛 성분인 Phenylthiocarbamide(PTC) 또는 6-n-propylthiouracil(PROP) 수용액의 맛 민감도에 따라 Nontaster, Medium taster, Supertaster로 분류된다(Tepper 2008; Lipchock 등 2013). 사람들의 쓴맛에 대한 민감도 차이는 식품 선호에 대한 차이를 만들기도 한다(Duffy와 Bartoshuk 2000; Tepper 2008).

(3) 배고픔과 포만

인체 내의 여러 유전적·생물학적 기능은 배고픔과 포만을 조절하며, 사람들이 음식을 필요한 만큼 먹게 해준다. 인류의 역사에서 식량을 충분히 확보하는 일은 가장 기본적인 생존 과제로, 그에 따라 인체는 부족한 식량과 높은 수준의 신체활동에 적합하도록 발달되어왔다. 이러한 상황은 에너지를 지방으로 축적하고, 에너지 손실을 방어하는 방향으로 생리기능을 발달시켰다(Konner와 Eaton 2010; Chakravarthy와 booth 2004).

오늘날에는 어디서나 식품을 얻을 수 있고, 고에너지 식품이 많으며, 먹은 양보다 덜 움직여도 되는 생활환경이 갖추어져 있다. 이에 따라 현대인들은 체중 조절에 대해 의식적으로 노력하지 않으면 체중이 증가되는 환경에 살고 있다(Peters 등 2002). 이는 곧 현대사회에서 영양교육의 역할이 중요함을 말해준다.

(4) 감각특이적 포만

인체는 한 가지 맛에 피로감을 느끼는 선천적인 메커니즘을 갖고 있어서, 식사 중과 같은 짧은 순간에도 무의식적으로 한 음식에서 다른 음식으로 넘어간다(Rolls 2000). 감각 포만과도 같은 감각특이적 포만Sensory-specific satiety은, 인간으로 하여금 식품이 풍족하지 못한 환경에서 여러 가지 식품을 취하게 함으로써 부족한 영양소를 얻는 데 유용한 역할을 하였으나, 오늘날과 같은 다양하고 풍족한 식품환경, 즉 에너지는 높고 영양가는 낮은 가공식품이 많이 포진된 식품환경에서는 오히려 체중 증가의 한 원인으로 작용할 수 있다.

이처럼 생물학적으로 타고난 성향은 우리가 어떤 식품을 선호하고 무엇을 먹을지에 어느 정도 영향을 미치는 게 분명하다. 그러나 생물학적으로 타고난 성향 외의 다른 요인들을 고려하면, 이러한 생물학적 성향은 변할 수 있으며 구체적 식품 선호나 식행동은 경험을 통해 학습되거나 조건화된 결과임을 알 수 있다. 타고난 성향이라 해도 변할 수 있다는 것을 간과해서는 안 된다.

2) 식품 관련 경험

관련 연구에 의하면 사람들의 식품 선호와 식사패턴은 대체로 학습된 것이라고 한다(Brich 1999, 2014; Birch와 Anzman-Frasca 2011a; Mennella와 Beachamp 2005; Beauchamp와 Mennella 2009). 인류가 식품 선호와 식사패턴의 경향을 계승할 수 있는 것은 특정 식품을 섭취한 후, 그 결과를 학습할 수 있는 타고난 능력이 있기 때문이다. 여기서 말하는 '학습'은 인지 학습이 아니라 어떤 식품에 반복적으로 노출되었을 때의 생리적·정서적 경험이 긍정적 또는 부정적인가에 따라 나타나는 생리적 학습Physiological learning 또는 조건화Conditioning이다.

(1) 출생 전후의 경험

식품 선호 및 식품 수용에 대한 학습은 태아기부터 시작된다. 모유에 마늘이나 알코올과 같은 향이 나면 유아는 이런 향에 친숙함을 느끼는 경향이 있고(Beauchamp와 Mennella 2009, 2011), 어머니가 임신 중이나 수유기간 중에 당근주스를 즐겨 먹었다면 유아는 당근향에 대한 선호도가 높아진다(Mennella 등 2001). 또 다른 예로, 신생아기 때 필요에 의해 가수분해분유(신맛과 쓴맛이 남)를 먹은 유아는 7개월경에도 가수분해분유를 잘 마시지만 일반 조제분유를 먹고 자란 유아들은 가수분해분유를 거부한다(Mennella 등 2004). 가수분해분유를 먹은 유아들은 아동기에도 신맛을 좋아하는 경향을 보인다(Liem과 Mennella 2002). 이는 초기 경험이 식품 선호에 큰 영향을 미칠 수 있음을 보여준다(Trabulsi와 Mennella 2012).

BOX 1-6 잡식동물의 딜레마

인간은 잡식성이다. 이는 생존 및 성장에 필요한 영양분을 얻기 위해 식사 구성이 다양해야 한다는 필수적 요구와 함께 새롭게 찾아낸 식품에 함유된 새로운 물질이 생존에 위협이 될 수 있다는 두려움과 위험성, 즉 새로운 음식에 들어있는 미지의 성분으로 인해 죽을 수도 있다는 갈등이 늘 공존함을 의미한다. 인간은 새로운 것을 바라는 네오필리아(Neophilia)와 새로운 것에 거부감을 느끼는 네오포비아(Neophobia) 사이에서 끊임없이 갈등하고 있다(Armelagos G. J 2010).

(2) 음식 섭취 후 생리적 결과에 의한 학습: 선호와 혐오

음식 섭취 후 나타나는 생리적 결과는 식품 선호에 큰 영향을 미친다. 음식을 먹은 후 메스꺼움과 같은 부정적 경험을 했다면 조건화된 혐오Conditioned aversion가 나타난다. 조건화된 혐오는 매우 강력해서 단 한 번의 부정적 경험으로 한 식품에 대한 혐오가 수십 년간 지속될 수 있다. 반면, 식품에 대한 선호는 학습 또는 조건화 과정, 즉 반복 노출과 섭취 후 긍정적인 경험 등을 통해 더 천천히 형성된다. 식품 선호의 조건화는 생애 전반에 걸쳐 지속적으로 반복되며 초기 경험이 결정적인 역할을 한다. 식품 선호 및 식사패턴은 노출, 친숙, 수용과 같은 경로로 발달되는데 이는 인간이 잡식동물이라는 생물학적 특성과 관련되어있다.

인간은 새로운 식품에 반복적으로 노출되면 그 식품을 선호하게 된다. 즉 어렸을 때 고지방, 고당, 고염 식품에 빈번하게 노출되는 것은 그런 식품류를 선호하는 데 영향을 미칠 수 있다. 생물학적으로 타고난 맛 선호 경향도 초기 경험이나 성인기의 경험에 따라 변화될 수 있는데 이런 사실은 가수분해분유를 먹는 유아들에게 쓴맛에 대한 거부감이 없었다는 연구 결과나 저염식을 한 유아들이 나중에 저염식을 더 좋아하게 된 경우(Mattes 1997), 커피 및 다크 초콜릿이나 쓴맛이 나는 채소를 좋아하는 사람들이 있다는 사실을 통해 확인할 수 있다.

(3) 조건화된 포만: 포만감에 대한 학습

성인이나 아동 모두 포만감은 연상적 조건화Associative conditioning 또는 학습의 영향을 받는다(Birch 등 1987; Birch와 Fischer 1995). 자주 먹는 음식의 경우 어느 정도 먹어야 포만감을 느

BOX 1-7 새음식공포증과 편식

새음식공포증(Food neophobia)은 인간이 환경에 적응하기 위해 발달된 특성 중 하나로 알려져 있으며(Milton, 1993), 특히 유아나 아동들이 새롭거나 잘 알지 못하는 식품을 거부하는 증상을 의미한다. 반면에 편식(Picky/Fussy eating)은 새로운 식품뿐만 아니라 상당한 범위의 이미 익숙해진 식품까지도 거부함으로써 한정된 범위 내의 식품만 먹는 것을 의미한다. 새음식공포증은 편식의 한 부분이자 필수적 징후이다. 이 공포증은 영아기에는 거의 나타나지 않다가 유아기(2~5세)에 지속적으로 증가하는 경향이 있는데, 새로운 음식에 반복 노출되거나(최소 6~12회 또는 그 이상) 나이가 들어감에 따라 다시 감소하는 것으로 알려져 있다. 반복 노출에 의해 새로운 음식을 수용하게 되는 것을 학습된 안심 메커니즘(Learned safety mechanism)이라고 부른다. 그러나 편식은 새로운 음식에 반복 노출되더라도 감소하지 않으며 성인기에도 지속되는 경향이 있다.

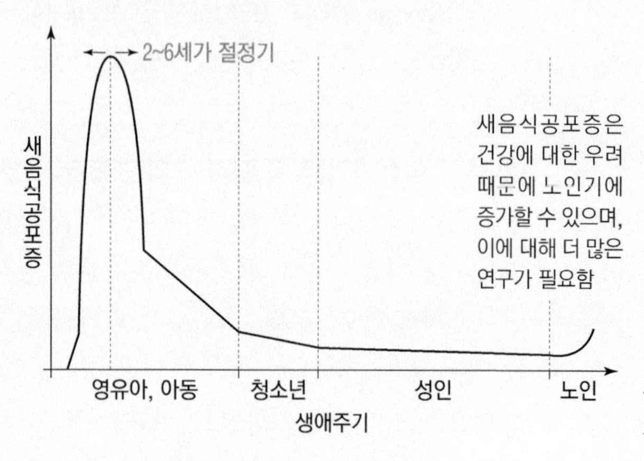

새음식공포증의 생애주기별 발현수준에 대한 모델(안)

자료: Dovey T.M 등. 2002.

BOX 1-8 에너지 밀도식품에 대한 선호

인간은 동일한 식품이라면 에너지밀도가 낮은 음식보다는 높은 음식을 더 선호하는 것으로 여겨진다(Birch 1992; Birch와 Fisher 1995). 이 생물학적 메커니즘은 인체가 식량이 풍족하지 못한 환경에서 에너지밀도가 높은 식품을 더 좋아하도록 적응해온 결과로 생각된다. 고지방·고당 식품이 과식과 비만의 원인이라는 연구 결과는 인체가 고지방·고당 식품을 어디서나 먹을 수 있는 오늘날의 식품환경에 아직 적응하지 못했음을 의미한다.

끼는지를 인체가 학습한다는 것은 대부분의 사람이 포만 신호를 인지하기 전에 식사를 끝낸다는 사실에 의해 설명된다. 이러한 학습능력은 익숙한 음식을 반복적으로 섭취하면서 나타나는 결과로, 인체는 어느 정도의 양을 먹어야 배부른 상태가 되는지를 인지하며 식후에 기대하는 결과에 따라 먹는 양을 조절하게 된다(Stunkard 1975). 제공량, 접시 크기 등 주변 상황에 의해서도 섭취 분량이 영향을 받는다는 것을 보여주는 연구들도 있다(Fisher와 Kjal 2008; DiSantis 등 2013).

(4) 사회적 조건화: 사회정서적 관계로부터 학습

음식과 관련된 사회정서적 관계(감정적 관계)는 식품 선호와 섭취량에 큰 영향을 미친다. 음식은 개인 간의 감정적·정서적 교류 속에 하루에도 몇 번씩 섭취되는데, 그러한 관계를 통해 먹는 사람과 음식은 연상적 관계를 맺게 된다.

모델링

아동은 식품에 대한 직접적인 경험뿐만 아니라 또래나 성인의 행동을 관찰하면서 학습한다(Birch 1999). 아동이 친밀감을 느끼는 성인은 그렇지 않은 성인보다 아동에게 더 많은 영향을 미치며 친숙도가 높은 성인이 먹는 음식은 아동의 식품 선호에 더 영향을 미친다(Harper와 Sanders 1975; Addessi 등 2005). 식품에 대한 선호는 성인이 친근한 방법으로 아동에게 식품을 제공할 때 증가한다(Birch 1999).

양육습관

부모는 자녀에게 유전자를 제공하고, 자녀의 생활환경을 만드는 주체로 자녀들은 가족의 신념, 태도 및 습관에 따라 무엇을, 언제, 얼마나 먹을지 배우게 된다. 부모는 자녀에게 음

BOX 1-9 **권장식품의 섭취 증진에 효과적인 방법**

건강에 유익한 식품은 권장하고 그렇지 않은 식품은 덜 먹게 하는 것은 부모들 사이에서 보편적으로 행해지지만, 부모의 이런 행동이 자녀의 식품 선호에 미치는 영향은 상당히 복잡하다(Savage 등 2007; O'Connor 등 2009; Carnell 등 2011, Blisset 2011).

부모들은 자녀의 식품 선택능력과 먹는 양을 믿지 못하는 경우가 많으며, 자녀에게 항상 자신의 도움이 필요하다고 여긴다(Savage 등 2007). 몇몇 연구는 아동이 과도하게 강요받은 음식은 적게 먹고 부정적인 평가를 내린다고 하였으며 절충적(middle ground) 방식, 예를 들어 한입 정도 먹어 보기와 같은 방법이 섭취량과 기호 증진에 더 효과적이라고 제시한다(Blisset 2011). 마찬가지로 고지방·고당·고염 식품 등에 대한 아동의 접근을 매우 강하게 제한할 경우, 강도가 매우 높은 맛을 선호하거나 더 많이 섭취하는 경향이 있는 것으로 알려져 있다(Savage 등 2007). 부모가 자녀들이 좀 더 몸에 좋은 음식을 먹게 하려면, 아동에게 매력적이거나 흥미로운 방법, 격려의 말, 게임 등을 사용해야 더 효과적이라고 제안되고 있다(Carnell 등 2011; Blisset 2011; O'Connor 2010).

식을 제공하는 역할을 함으로써 부모의 양육습관은 자녀의 식행동과 영양에 영향을 미친다. 부모가 자녀에게 음식을 제공한다는 것은 자녀가 특정 음식에 자주 노출된다는 것을 의미하며 자녀가 좀 더 수월하게 특정 음식에 접근한다는 것을 의미한다. 예를 들어 자녀가 집안에서 채소와 과일에 손쉽게 접근할 수 있게 하거나(예: 낮은 선반이나 식탁, 냉장고에서 낮은 위치에 두기 등), 음식을 먹기 좋은 형태로 제공하는 것 등과 같은 부모의 식품제공습관은 자녀의 식품 선호에 영향을 미치며 반복된 노출과 높은 접근성은 자녀의 식품 선호 형성에 영향을 미친다(Baranowski 등 1999).

부모의 양육습관 중 자녀에게 음식을 제공하는 양이나 방법은 아동의 섭취량에 영향을 준다. 대부분의 부모는 자녀들이 음식을 얼마만큼 먹어야 적당한지 고려하지 않는 경향이 있는데(Croker 등 2009), 영아들은 자신의 섭취량을 어느 정도 조절할 수 있는 것으로 여겨지는 반면(Cecil 등 2005), 최근의 연구에서는 2세 정도의 유아의 경우 섭취량이 제공량에 영향을 받는 것으로 나타나고 있다(Fisher 2007; Birch 등 2015). 또 아동이 스스로 음식을 덜어서 먹을 때 더 많이 먹는 경향이 있는 것으로 나타났다(Savage 등 2012). 따라서 부모는 아동의 연령별 적정 음식 제공량을 알아야 한다.

부모는 바람직한 식행동 모델이 될 수 있으며 채소와 과일, 건강식품을 더 많이 먹는 부모의 자녀가 음식을 더 건강하게 먹는다는 연구 결과가 보고된 바 있다(Fischer 등 2002). 부모라는 역할모델의 영향력은 긍정적인 말과 함께 음식을 제공할 때 더 강해진다. 또 부정적인 행동의 역할모델도 부정적인 영향력을 동일하게 미치며 이는 감정적 식사Emotional eating, 간식 과다 섭취, 신체 불만족 등으로 나타난다(Brown과 Ogden 2004). 따라서 아동에게 건강한 음식을 적당량 제공하고 그러한 음식을 즐기는 부모의 자녀는 보다 수월하게 건강한 식행동을 실천하게 된다.

양육방식

양육방식은 부모의 태도나 신념으로 양육습관에서 나타나는 사회정서적 분위기이다(Rhee 2008; Blisset 2011). 양육방식은 자녀에 대한 반응(따뜻함과 배려)과 통제(기대와 요구)수준에 따라 달라진다.

독재적 방식Authoritarian style은 통제적 방식Controlling style이라고도 하며, 자녀의 식생활에 대해 엄격한 통제와 제한은 있으나, 자녀에 대한 애정이나 허용은 절대적으로 적게 드러내는 방식을 의미한다. 이러한 방식은 건강한 식습관 형성에 좋지 않은 것으로 알려졌지만(Patrick 등 2005), 자녀의 체중과의 관련성을 보면 그 결과가 혼재되어 나타난다. 어떤 연구에서는 독재적인 부모가 키우는 자녀의 비만도가 더 높다고 보고된 반면(Faith 등 2004; Rhee 2008; Ventura와 Birch 2008), 정상체중과 과체중인 경우가 비슷한 것으로 조사되기도 하였다(Robinson 등 2001; Pai와 Content 2014).

권위적 방식Authoritative style은 자녀의 식생활에 분명한 가이드라인과 허용 범위를 제공하고 자녀에 대한 애정이나 반응도 강하게 보여주는 경우를 의미한다. 여기에는 채소를 먹어야 하는 이유를 설명하는 등 간접적이고 지지적인 행동을 통해 건강한 식생활을 격려하는 활동 등이 포함된다. 권위적 방식을 택한 부모의 자녀는 유제품 및 채소 섭취량과는 정적 상관성을, 음료의 섭취량과는 부적 상관성을 나타내는 것으로 보고되기도 하였다(Patrick 등 2005; O'Connor 등 2010; Van

BOX 1-10 보상

보상은 아동교육에서 보편적으로 사용되지만 부모의 양육습관에서 논란이 되기도 하는 부분이다(Ventura와 Birch 2008). 자발적인 동기유발 부여와 합리적인 행동을 방해할 수도 있다는 우려 때문이다. 어떤 연구에서는 보상이 식품 선호를 증가시키지 못하며 실제로는 감소시킨다고 했는데, 이는 과일이나 단 음료같이 아동이 처음부터 어느 정도 좋아하는 식품을 보상으로 사용한 결과였다.

보상으로 음식이 아닌 물질(예: 스티커) 또는 비물질(예: 칭찬)을 사용하는 것은, 아동이 새로운 음식을 먹게 하거나 약간 싫어하는 채소 같은 음식과 친해지게 하는 데 상당한 효과가 있다는 연구 결과도 있다(Cooker 등 2011b). 예를 들어 노출과 보상을 함께 적용했을 때 아동의 채소 선호와 섭취가 증가했으며(Wardle 등 2003; Remington 등 2012), 4~11세 아동이 선호하는 만화 캐릭터가 채소와 과일을 먹는 영상을 아동에게 보여주자 캐릭터가 먹었던 채소와 과일에 대한 선호도가 증가했다는 결과도 있다(Horne 등 2004, 2011). 칭찬과 같은 사회적 보상은 물질적 보상보다 훨씬 효과적이며, 학교와 같은 곳에서 인센티브를 제공하는 것이 채소와 과일 섭취량을 증가시킨다는 연구 결과도 있다(Hendy 등 2005). 이러한 결과는 적절한 보상이 아동의 바람직한 식행동 형성에 긍정적인 역할을 함을 보여준다(Cooker 등 2011a).

del Horst 등 2007).

자녀에 대한 통제나 요구가 거의 없는 양육방식에는 허용적 방식Permissive style과 방임적 방식Uninvolved/Neglectful style이 있다. 허용적 방식을 택한 부모는 자녀의 요구에 적극 반응하며 애정을 보이고 관대하지만, 방임적 방식을 택한 부모는 자녀의 요구에 무관심하고 애정도 보이지 않는다. 허용적이거나 방임적인 방식 둘 다 자녀가 건강한 식습관을 형성하는 데 문제가 있으며, 이러한 방식을 접한 자녀들은 채소와 과일이나 유제품의 섭취량이 적은 것으로 나타났다. 특히 허용적인 부모의 자녀들에게서 과체중 비율이 높은 것으로 조사되었다(Rhee 2008; Hughes 등 2008; Pai와 Contento 2014).

실제 대다수의 부모에게는 위에서 언급한 유형이 섞여 나타나며(한두 가지가 우세한 경우가 있을 수는 있다), 부모의 양육방식과 태도는 밀접하게 연관되어있다(O'Connor 등 2010; Carnell 등 2011). 분명한 것은 어느 한 방식이 지나치게 과하거나 부족하면 아동의 바람직한 식습관 형성에 효과적이지 못하다는 사실이다. 앞서 언급한 부모의 양육방식 중에서는 권위적 방식이 자녀의 올바른 식습관 형성에 가장 효과적인 것으로 보인다. 권위적 방식의 특징을 다시 정리하면, 먹기를 강요하는 것이 아니라 건강한 식생활을 격려하는 비통제적 방식이면서도, 정서적으로 온정적인 분위기 속에서 온건하고 제한적인 방식으로 건강한 식생활을 실천하도록 하는 것이다(Blisset 2011; O'Connor 등 2010; Satter 2000).

3) 개인 관련 요인

(1) 개인 내 요인

생물학적 요인이나 식품과 관련된 개인적인 경험만이 개인의 식품 섭취에 영향을 미치는 것은 아니다. 유아나 아동들은 좋아하는 맛이나, 향, 촉감에 따라 식품을 수용하거나 거부하는 경향이 있지만 나이가 들면서 식품에 대한 인지, 기대, 또는 감정을 형성한다. 식품에 대한 인지, 감정, 의미 등은 다른 사람과의 사회적 관계 속에서 만들어지기 때문에 이 또한 개인의 식품 선택 및 식행동에 강한 영향력을 갖게 된다.

신념, 개인적 의미, 태도, 동기

개인 내 요인으로는 신념Belief, 개인적 의미Personal meaning, 태도Attitude, 동기유발Motivation 등이 있으며 사회, 문화, 종교, 규범Norm도 이에 포함된다.

신념은 선택한 식품에서 무엇을 얻을 수 있는가에 대한 개인적 믿음으로, 맛이나 배부름, 편리성 등을 기대할 수도 있다.

개인적 의미는 개인이 식품이나 식행동에 부여하는 것으로, '나에 대한 보상으로 초콜릿을 먹는다' 또는 '냉면은 겨울에 먹어야 더 맛있다'와 같은 예를 들 수 있다. 또 그 음식이

BOX 1-11 식품 거부요인

특정 음식이나 식품을 거부하는 것은 이전의 경험이나 신념에 따른 심리적 요인의 영향을 많이 받는다. Rozin과 Fallon(1987)은 식품 거부의 동기로 다음의 세 가지를 제시하였다.

- 혐오감이나 불쾌감을 유발할 수 있다는 감각·정서적 신념(좋지 않은 맛이나 냄새)
- 음식 섭취 시 부정적인 생리적 결과(구토, 질병 등)를 유발할 수 있다는 신념
- 혐오감을 유발하는 식품의 특성, 출처에 대한 개인적 관념·생각

BOX 1-12 **식품 수용과정**

외부환경자극에 대한 반응

채소와 과일이 대장암 예방에 효과적이라는 정보와 주변 사람이 대장암에 걸렸다는 뉴스를 접했을 때(외부환경자극요소), 채소와 과일 먹기를 실천할 것인가의 여부는 개인의 내적 반응, 즉 위에 언급된 내적 요인의 필터링을 거쳐 최종적으로 나타나게 된다.

균형

인간은 수많은 영향요인과 이유 사이에서(건강에 대한 고려, 맛, 문화적 기대 등) 균형을 맞추며 식품 선택을 한다. 예를 들어 배를 채우고자 도넛을 선택했다면 영양적 가치를 고려하여 오렌지주스를 같이 먹거나, 점심으로 패스트푸드를 먹었다면 저녁에는 좀 더 건강한 음식을 선택하기도 한다(Contento 등 2006).

지식, 기술 또는 영양정보 활용능력

대다수의 사람은 그들이 선택한 음식이나 식사의 에너지, 지방 함량 또는 식사량이 적합한지 알기 어렵다. 제품 라벨에 적힌 건강정보는 대다수의 소비자가 이해하기에 쉽지 않다. 음식을 준비하는 능력 부족도 무엇을 먹는가에 영향을 미친다. 즉, 사람들의 영양정보 활용능력이나 지식, 기술이 식품 선택과정에 영향을 미친다.

나의 모습을 어떻게 만들지, 즉 체중을 증가시킬지 혹은 체중 감소에 도움이 될지와 같은 개인적 의미 부여도 식품 선택에 영향을 미친다.

태도는 어떤 식품이나 식행동에 대해 우호적 판단을 하는지 또는 비우호적인 판단을 하는지에 대한 것이다. 예를 들어 우리는 모유수유나 식품안전습관에 대한 태도에 따라 특정 행동을 선택하거나 선택하지 않을 수 있다. 식품 및 건강과 관련된 자기정체성도 식품 선택에 영향을 미친다. 10대의 경우 자신이 건강을 고려하는 사람이라고 판단하는 경우와 그렇지 않는 경우 간에 식품 선택패턴이 다르게 나타난다.

균형과 조화에 대한 보편적인 개념이 있음에도, 많은 문화권의 사람들이 신체 균형을 위해 음식을 어떤 식으로 먹어야 하는지 또는 몸을 차게 하거나 뜨겁게 하는 음식의 특징에 대한 믿음을 가지게 되는데 이는 그들의 문화에서 파생되며, 이것을 문화적 신념이라고 한다. 이 또한 식품 선택 및 식행동에 영향을 미치는 개인 내 요인 중 하나이다.

위에 언급된 개인 내 요인에 의해 사람은 특정 식품이나 식행동에 대한 개인적 가치를 갖게 된다. 미국인들이 식품 선택 시 중요하게 여기는 가치는 맛, 편리성, 가격(Glanz 등 1998; FMI 2012) 순으로 나타났으며, 유럽인들이 중요하게 여기는 가치는 품질/신선함, 가격, 영양가, 가족기호 순으로 조사되었다(Lennernas 등 1997).

영양교육자는 이러한 개인 내 요인을 이해해야 하며, 이는 대상자들이 좀 더 건강한 식행동을 실천하도록 돕는 데 필수적이다.

사회, 문화, 및 종교규범

인간은 사회적 존재이며 광범위한 사회적 규범과 문화적 요구 속에서 살아간다. 사회문화적 규범과 요구를 따라야 한다는 것은 강도의 차이는 있으나 모두가 느끼는 사실이다. 예를 들면 청소년들은 또래와 음식을 사먹을 때 또래집단의 문화에 따른 압력을 느낄 수 있고, 어떤 방법으로 먹는가에 대한 문제로 가족 간에 서로 다른 문화적 차이를 경험할 수도 있다. 때로는 큰 체격이 긍정적인 가치를 가지기도 하는데 이때 왕성한 식욕과 체중 증가가 건강, 활동적인 사회적 관계, 많은 친구 등을 의미하기도 한다. 공동체 내 지위나 역할, 유명인사의 식사패턴이나 식행동 모두 우리에게 영향을 미칠 수 있다. 즉, 우리의 식사패턴과 식행동은 우리를 둘러싼 사회문화적 규범과 기대에 대한 인지에 강하게 영향받는다.

(2) 개인 간 요인

인간은 모두 사회적 관계망 속에 살며 여기에는 가족, 친구, 동료, 그리고 이들이 포함된 다양한 조직이 속한다. 식품 선택과 관련된 한 연구에서는 배우자의 94%, 부모와 그들의 자녀(청소년) 중 76~87%, 청소년 또래집단에서는 19%가 유사한 식품 선택패턴을 가지는 것으로 나타났다(Feunekes 등 1998). 가족이 무엇을 사거나 먹을 것인지에 대해 의견을 나누는 과정, 또래집단 및 동료와의 관계 등은 매일의 식품 선택에 영향을 미친다(Connors 등 2001; Contento 등 2006).

다양한 사회적 관계망 속에서 나타나는 상황은 사람들이 무엇을 먹는가를 중요하게 좌우한다(Furst 등 1996). 예를 들어 한 가정주부가 지방 섭취를 줄이고자 저지방 우유를 선택하기로 마음 먹었지만 다른 가족이 저지방 우유를 원하지 않는 경우, 주부는 가족들의 요구를 따를지 아니면 자신을 위해 따로 저지방 우유를 사야 할지 결정해야 한다. 또 다른 예로, 10대들은 그들이 원하는 특별한 음식과 가족이 원하는 음식이 다른 순간과 맞닥뜨리기도 한다. 즉, 다른 사람과의 관계에서 발생하는 상황이 음식 선택의 또 다른 영향요인이 되는 것이다. 이러한 관점에서 볼 때 특정 식사패턴을 오랫동안 유지하면서 나타나는 고혈압이나 당뇨병을 가진 사람들에게는 사회적 관계망에 의한 식품 조절이 매우 중요하다(Rosland 등 2008).

4) 사회환경적 요인

사회환경적 요인은 영양교육 프로그램 개발 시 고려해야 할 중요한 요인 중 하나이며 식품 선택 및 식행동에 큰 영향을 미친다.

(1) 물리적 환경

물리적 환경은 인간이 만들고 인간이 변화시킬 수 있는 모든 환경(슈퍼마켓, 집, 학교, 직장, 공원, 산업체, 고속도로 등)을 포함한다. 실제로 식품 및 신체활동과 관련된 물리적 환경이 건강에 중요한 영향을 미친다는 증거가 많이 있다(Sallis와 Glanz 2009; Ding 등 2013). 집 주변의 시장이나 슈퍼에서 채소와 과일 등과 같은 식품을 구입하기가 쉽다면 이런 종류의 식품을 많이 섭취하게 되며(Morland 등 2002; Powell 등 2007; Boone-Heinonen 등 2011), 학교나 집에서의 채소와 과일 이용 정도가 아동들의 채소와 과일 섭취량에 영향을 미치는 것으로 나타났다(Hearn 등 1998). 즉, 지역공동체에서 무엇을 이용할 수 있는지 여부가 소비자가 무엇을 구입하고 소비하는가에 영향을 미치며, 학교나 집에서 어떤 식품을 이용할 수 있는지가 아동의 식행동에 영향을 미친다(Briefel 등 2009).

다양한 물리적 환경에서 건강에 좋고 먹기도 편리한 식품에 대한 접근성이 제한된다면 식품 선택의 폭이 좁아지고 건강한 식사패턴을 유지하기가 힘들 것이다. 접근성도 식재료(음식)의 공급처가 물리적으로 어디에 위치하느냐에 따라 식품 선택에 영향을 미친다. 예를 들어 다양한 식품을 파는 슈퍼마켓이 대중교통 등으로 쉽게 접근할 수 없는 위치에 있다면, 운전을 못하는 고령자나 차가 없는 저소득층은 제한적으로 이용할 수밖에 없다. 채소와 과일 같은 식품은 가격뿐만 아니라 이용성 및 접근성에 따라 쉽게 먹지 못하는 식품이 될 수도 있다.

(2) 사회·문화환경

사회·문화환경은 물리적 환경만큼이나 식품 선택 및 식행동에 중요한 영향을 미친다(Rozin 1996). 사회는 공동의 영역에서 특별한 관계, 공통된 문화를 공유하는 사람들의 집단이며

BOX 1-13 식품이용성과 식품접근성

식품이용성(Food availability)

현재의 먹거리체계에서 식품이 공급되고 있는지를 의미하는 것으로, 식품이용성이 있다는 것은 수용가능하며 구입가능한 범위에 식품이 있다는 것을 의미한다. 식품사막(Food dessert)은 주변에 적절한 가격으로 채소와 과일을 구입할 수 있는 곳이 없는 지역을 의미하는데, 이런 지역에서는 채소와 과일의 이용성이 낮은 것으로 나타났다(Ver Ploeg 등. 2009; United States Department of Agriculture[USDA] 2012a). 식품이용성과 관련된 또 하나의 중요한 개념은 식품수렁(Food swamps)인데, 이는 영양밀도가 낮고 에너지밀도는 높은 식품이 지나치게 넘쳐나는 환경을 의미한다. 이러한 환경은 청소년에게 고에너지 식품 또는 음료수를 사 먹고 싶다는 유혹을 불러일으키며, 건강한 식생활의 장애가 되는 것으로 보고된 바 있다(Koch 등 2015).

식품접근성(Food accessibility)

식품의 편리성, 즉 준비상태와 관련하여 음식(식품)을 '즉시 이용할 수 있는지'를 의미한다. 즉, 식품을 언제 어디서나 별도의 요리과정 없이 또는 최소한의 요리만으로 먹을 수 있는지 또는 상하지 않게 몇 시간 정도 보관할 수 있는지에 해당되는 개념이다. 지역사회의 접근성에는 식재료 공급처의 접근성, 식재료의 준비상태, 적절한 냉장·냉동 보관시설 등이 포함되고 가정에서의 식품접근성은 냉장고에 채소와 과일이 있는 것뿐만 아니라 이것들이 먹을 수 있게 잘려 있거나 바로 먹을 수 있는 상태로 준비되는 것도 포함된다.

BOX 1-14 행동경제학

행동경제학이란 '인간은 합리적으로 경제활동을 하는 완전한 존재가 아니며 인지적 편향을 갖고 있어 의사 결정 시 합리적 논리와 계산에 근거하지 않는 경향이 있다'고 보는 관점이다. 이러한 관점 아래 최근 영양교육자들은 식품 선택 및 섭취량에 영향을 미치는 주요한 외부 요인을 찾고 그 요인을 조절함으로써 식사량 섭취 조절에 유의미한 영향을 나타냈다는 연구 결과를 보고한 바 있다(Hanks 등 2013; Wansink 등 2012).

문화는 사회구성원들에 의해 계승되거나 학습·발달되어온 지식, 전통, 신념, 가치 및 행동방식을 의미한다. 가족이나 친구와 같은 사회적 관계는 식품 선택이나 식행동의 모델일 뿐만 아니라 압력으로 작용하기 때문에 식행동에 긍정적 혹은 부정적 영향을 미친다. 예를 들어, 인간은 혼자 먹을 때보다 친한 사람과 먹을 때 더 많이 섭취하며(de Castro 2000; Salvy 등 2009), 사람들과 어울릴 때 고지방 음식을 더 많이 먹거나 잘 먹지 않는 음식을 먹기도 한다(Macintosh 1996). 부모의 식사패턴은 자녀에게 영향을 주며(Fisher 등 2002; Contento 등 2006), 가족식사빈도와 같은 가족 식문화도 식사의 질과 관련이 있다. 가족식사빈도가 높은 아동과 청소년은 그렇지 않은 경우보다 식사의 질이 더 좋다(Gillman 등 2000; Berge 등 2003).

문화는 특정 식품의 수용이나 선호를 규명하는 역할을 하며 다양한 행사에 적합한 음식이나 양을 결정짓는다. 개인이 속해 있는 조직, 즉 종교나 사회 또는 공동체 조직, 학교, 직장 그리고 전문가 조직 등도 개인의 식품섭취패턴에 영향을 미친다. 개인의 식품섭취패턴이 사회적 조직의 영향을 받는 것은 개인이 소속된 조직의 사회적 규범, 조직의 정책이나 관습에 의해 파생된 것이다. 또 지방이나 중앙정부의 정책이 식품 이용성이나 접근성을 통제하기도 하는데 이 또한 개인의 건강한 식생활 형성에 영향을 미친다.

(3) 경제환경

많은 경제적 요인, 즉 식품의 가격이나 가계소득, 식사 준비에 소요되는 시간, 교육수준 등도 식품 선택 및 식행동에 영향을 미친다. 여러 경제 이론에서는 가격의 상대적 차이가 식품 소비 형태와 식행동의 차이를 부분적으로 설명할 수 있을 것으로 가정한다. 가격은 식품이 개당·무게당 얼마인가를 나타내는 데 쓰이기도 하지만, 동일한 가격을 지불했을 때 얼마만큼의 에너지를 얻을 수 있는가를 비교하는 데도 쓸 수 있다. 예를 들어 설탕이나 지방이 첨가된 가공식품은 상하기 쉬운 동물성 식품이나 유제품, 신선식품보다 좀 더 저렴하게 생산·저장·운송된다. 즉 에너지를 얻기 위해 치르는 비용 면에서 볼 때, 가공식품이나 정제된 곡물로 구성된 식사는 충분한 에너지를 얻을 수 있다는 측면에서 그다지 비싼 편이 아니다(미국 물가 기준: 하루 2~3달러로 하루 필요 에너지를 얻을 수 있음). 콩류도 대략 비슷한 비용으로 비슷한 에너지를 얻을 수 있는 식품인데, 이에 비해 동물성 단백질 식품은 고지방·고당·고에너지 가공식품에 비해 에너지당 비용이 5~10배나 많이 들고, 채소와 과일은 50~100배나 많은 비용이 든다(Drewnowski 2012). 그러므로 소득이 낮은 집단에서는 채소와 과일 섭취량이 낮을 수 밖에 없고 에너지 충족 면에서 가격 불평등은 저소득층 집단의 비만율 증가의 원인이 된다고 볼 수 있다.

미국과 영국에서는 가계소득 중 평균 8~10% 정도를 식품비용으로 소비하며, 유럽과 일본은 15%, 중간소득 국가들은 35%, 하위소득 국가들은 45~50%를 소비한다(Muhammad 등 2011; USDA 2012b; Washington State Magazine 2013). 소득수준이 높은 집단에서는 식품 구매에 많은 비용을 지불하지만 그 비용이 가계소득에서 차지하는 비율은 낮으며, 소득수준이 낮은 집단에서는 할인된 식품이나 일반적인 식품을 구입하는 등 식품 구매비용을 절약하려 하지만 고소득 집단과 비교하면 그 비용이 가계소득에서 차지하는 비율이 높다. 우리나라 국민의 식품안정성 통계자료에 의하면, 2009년 이후 식품

BOX 1-15 식품안정성과 식품불안정성

식품안정성(Food security)은 '모든 국민, 가족 구성원, 개인이 활기차고 건강한 삶을 영위하기 위하여 충분하고 안전한 양질의 식품을 사회심리적으로 수용가능한 방법을 통해 항상 확보하고 있는 상태'를 의미한다(김 등 2011).

식품불안정성(Food insecure)이란 사람들이 영양 면에서 적합하고 안전한 식품을 이용할 가능성이 불확실하고 제한되거나, 사회적으로 접근가능한 방법을 통해 적합한 식품을 얻는 방법이 불확실하거나 제한되어있는 것을 의미한다.

안정성 확보 가구분율이 90% 이상을 유지하고 있지만 소득수준이 가장 낮은 집단에서의 식품안정성 확보 가구분율은 83.8%로, 소득수준이 낮을수록 식품안정성은 낮은 경향이 있었다(2014 국민건강통계).

각 가정에서 식생활 관련 활동에 소요되는 시간은 가정의 구성원이 맞벌이 부부인지, 자녀가 있는지 등 여러 조건에 따라 다르다(Robinson과 Godbey 1999). 미국의 경우 여성은 주당 8시간, 남성은 5시간 정도를 식품 준비나 뒷정리 등에 소비했는데(U.S.Department of Labor 2013a), 이 시간은 소득수준과 상관없이 모든 가정에서 충분하지 못한 것으로 나타났다. 대부분 너무 바빠서 식품을 준비하거나 요리할 시간이 없는 것으로 나타났는데 장시간 근로하는 저소득층 가정의 경우에는 특히 그렇다. 어떤 가구들은 건강한 식생활을 실천하기 위해 개인적으로 투자하는 시간이 제한적일 수 있다. 그러므로 영양교육자들은 영양교육 프로그램을 개발할 때 대상자들이 느끼는 시간 제약을 충분히 고려해야 한다. 그러나 성인들이 TV를 주당 25시간 정도 시청하며 컴퓨터 사용에 3시간을 사용한다는 것에 주목할 필요가 있다.

일반적으로 교육수준이 높은 사람들이 좀 더 질 높은 식사를 하고 TV를 보는 시간이 적어 비활동적 생활을 덜하는 것으로 알려져 있다(Macino 등 2004). 또 교육수준이 높을수록 미래 생활이 좀 더 낙관적일 것으로 기대하며 건강하게 살기 위해 관련 정보를 찾고 그에 투자하려는 경향이 있다(Macino 등 2004).

(4) 정보환경

정보환경에는 대중매체나 광고 등이 있다. 대상자의 정보환경을 이해하는 것은 영양교육에서 중요하며 영양교육 프로그램이나 메시지 설계 시 고려해야 할 사항이다. 현대사회는 라디오, TV, 신문, 잡지, 인터넷, 비디오 게임 등 여러 형태의 대중매체로 가득하며 어느 대중매체에나 광고가 등장한다. 현대인들이 대중매체에 노출되는 시간은 매우 긴데, 2~4세 아동의 경우에도 하루 평균 4시간 정도 매체에 노출되고 있다. 그중에서 TV는 두드러지는 매체로, 우리나라 국민은 TV를 하

BOX 1-16 대상자 평가용 체크리스트

대상자의 요구에 적합한 영양교육을 설계하기 위해서는 앞서 언급한 복합적인 요인을 아래와 같은 체크리스트(예)를 통해 측정할 수 있다.

식품 관련 요인: 생물학적 요인 및 식품 관련 경험

- 좋아하거나 싫어하는 음식은 무엇인가? 그 이유는?
- 성장기에 먹었던 음식(편안함을 주는 음식) 또는 삶의 한 부분과도 같은 음식은 무엇인가? 그 음식들은 얼마나 중요한가?
- 충분히 먹었다는 것을 어떻게 판단하는가?
- 새로운 음식을 먹어보려는 의지가 어느 정도인가?

개인 관련 요인

- '건강한 식생활', '채소와 과일 먹기', '모유수유' 등과 같은 것이 무슨 의미를 가지는가?
- '건강한 식생활', '채소와 과일 먹기', '모유수유' 등은 얼마나 중요한가?
  - 식생활과 관련하여 문화적으로 기대되는 행동은 무엇인가?
  - 사회적 지위나 역할로 인해 기대되는 식생활 관련 행동은 무엇인가?
  - 권장 식생활을 실천하도록 하기 위해 개별 대상자들은 어떻게 동기유발이 되는가?
  - 권장 식생활을 실천하도록 하기 위해서 필요한 기술은 무엇인가?
  - 대상자의 식행동 변화를 위해 가족이나 사회적 관계망이 할 수 있는 일은 무엇인가?

사회환경적 요인

- 필요로 하는 식품(음식)을 얼마나 쉽게 얻을 수 있는가? 어떤 가게(편의점, 슈퍼마켓, 대형마트 등)에서 식품(음식)을 구입하는가?
- 구입식품에 대한 만족도는 어느 정도인가?
- 건강한 식생활을 지향하거나 지지하는 문화적 배경은 무엇인가? 어떤 습관이 향상될 수 있는가?
- 건강한 식생활을 지원하기 위해 직장 또는 그 주변에서 어느 정도까지 식품을 이용할 수 있는가? 직장에 건강 식생활 또는 모유수유(예)를 지원하기 위한 정책이 있는가?
- 한 달 내내 가족에게 건강에 유익한 식품을 충분히 제공할 수 있다고 생각하는가?
- 저소득층 가정이라면, 지원받는 프로그램이 있는가? 만약 그렇다면 식행동이나 식생활 변화에 어느 정도 도움이 되는가?
- 어떤 대중매체를 주로 이용하는가? 평균 몇 시간을 대중매체 활용에 보내는가?
- 식품, 영양, 및 신체활동에 대한 주요 정보공급원은 무엇인가?

루 평균 2시간 정도(통계청 2016) 시청하며, 미국의 경우에는 아동이 주당 평균 25시간을 시청하고 청소년은 19시간 정도를 시청하며 성인은 주당 15~17시간 정도를 시청하는 것으로 나타나 있다. TV 시청과 과체중, TV에서 광고하는 식품의 섭취빈도는 서로 높은 상관을 보이는데(Vader AM. 등 2009; Eisenberg M.E 등 2016), 대중매체에는 식품과 영양에 대한 정보가 담겨 있으며 사람들의 식품 선택과 식행동에 영향을 미친다.

정보환경이 대상자들의 식품 선택과 식행동에 미치는 영향을 고려한 대표적인 정책 중의 하나가 바로 고에너지·저영양 식품의 TV 광고 제한이다. 여러 유럽연합 국가에서는 고에너지·저영양 식품의 광고를 제한하거나 제한을 고려하고 있다. 우리나라도 어린이 식생활안전관리 특별법에 따라 TV 광고 제한 정책을 실행하고 있다. 이를 통해 오후 5~7시 사이에 고에너지·저영양 식품 및 고카페인 함유 식품의 TV 광고를 제한 중이다.

5 요약

영양교육의 목적과 식행동의 복합적인 영향요인을 이해하는 것은 영양교육자에게 중요한 일이다. **그림 1-6**은 식품 선택과 식행동에 영향을 미치는 생물학적·경험적·개인적 및 사회환경적 요인을 도식화한 것으로, 어떤 요인도 단독적이지 않으며 모두 연계되어있다는 것을 보여준다. 영양교육은 주요 범주별 영향요인을 해결해나가는 과정이라고 볼 수 있으며, 이 그림은 재정립된 영양교육의 정의에서 영양교육과 직접 연관될 수 있는 주요 요인을 나타낸 것이다.

생물학적 성향 및 식품 경험과 관련한 영양교육에서는 건강에 유익한 식품을 요리하거나 시식 등과 같은 활동을 통해 건강한 식품에 대한 친숙감을 높일 수 있으며, 개인 관련 요인은 좀 더 건강한 식품을 선택해야 하는 이유와 어떻게 실천할 수 있는지에 대한 교육 경험을 제공함으로써 식행동 변화에 직접적으로 관여할 수 있다. 사회환경적 요인과 관련한 영양교육에서는 언제 어디서든 건강에 유용한 식품 선택과 건강 식생활 실천에 용이한 정책과 환경 조성에 관여함으로써 식행동 변화에 영향을 미칠 수 있다. 영양교육에서 식품 선택과 식행동의 영향요인을 어떻게 다룰지에 대해서는 다음 장에서 계속 설명된다.

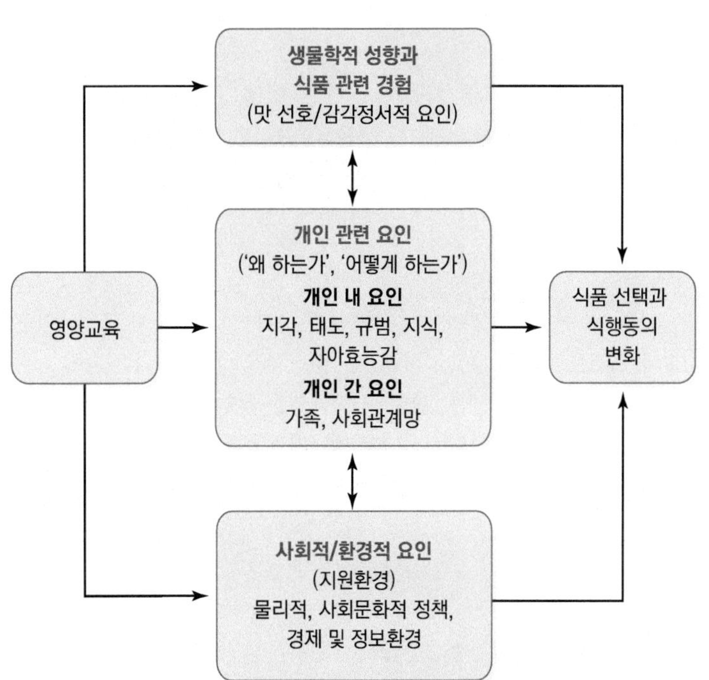

그림 1-6 영양교육에서 고려해야 할 영향요인: 식품 선택 및 식행동 변화에 영향을 미치는 요인

연습문제

1. 영양교육은 왜 필요한가?
2. 식품과 영양, 건강에 대한 광범위하고 풍부한 정보가 있음에도 사람들이 건강에 좋은 먹거리를 선택하거나 바람직한 식행동을 취하는 것을 어려워하는 이유를 서술하시오.
3. 본 교재에 제시된 영양교육의 정의를 생각해보고 이전에 자신이 생각한 영양교육의 정의와의 다른 점을 서술하고, 자신의 의견을 반영하여 영양교육의 정의를 설명하시오.
4. 자신의 식습관이나 신체활동에 영향을 미친 것(요인)을 생각해보고 나열하시오. 본 장에 서술된 영향요인들과 비교해보고 각 범주에 따라 나누어보시오. 자신의 식습관이나 식사패턴의 동기는 무엇인지 서술하시오.
5. 어떤 부모들은 종종 자녀가 채소를 잘 먹지 않으며 그들의 기호가 변하지 않는다고 한다. 이런 부모와 상담한다면 어떻게 말할 것인지 과학적인 증거를 근거로 하여 말해보시오.
6. 채소를 먹기 싫어하는 아동의 기호를 바꾸기 위해 '채소를 먹으면 사탕 줄게'와 같은 전략을 부모나 아동을 돌보는 분에게 추천하겠는가? 추천하거나 추천하지 않는다면 그 이유를 서술하시오.
7. '건강 식생활'이나 '활기찬 생활'의 동기유발을 위해 '지식만으로는 충분하지 않다'라는 의견이 제시되고 있다. 자신의 관점에서 이 의견에 대한 생각을 서술하시오.
8. 생물학적으로 타고난 성향을 최소 다섯 가지 나열하고 변화될 수 있는 것인지 생각해보시오. 만약 변화될 수 있는 것이라면 그 예를 제시하시오.
9. 개인 관련 요인은 식행동의 주요한 영향요인으로 여겨지는데 식행동의 영향요인이 되는 이유와 중요성을 서술하시오.
10. 영양교육자가 유아나 아동들이 스스로 섭취량을 조절할 수 있게 도울 수 있는 방법을 서술하시오.

참고문헌

김성희, 이경은, 김진숙. 2016. 서울지역 일부 학교 영양교사의 직무에 대한 인식과 개선 요구도. *대한지역사회영양학회지* 21(1):12-24.

곽수향, 우태정, 이경애, 이경혜. 2015. 경남지역 청소년의 채소 선호에 따른 식생활습관 및 영향요인 비교. *대한지역사회영양학회지* 20(4):259-272.

나수영, 고서연, 엄순희, 김경원. 2010. 경기 일부지역 초등학생의 채소와 과일 섭취 및 관련 인식, 자아효능감, 영양지식과 식행동. *대한지역사회영양학회지* 15(3):329-341.

식품의약품안전처. 2016. *다문화가족 자녀를 위한 영양식생활 실천 가이드(이유식편, 수유편).*

오나경, 권수진, 김경원, 손정민, 박혜련, 서정숙. 2016. 초·중·고등학교 영양교사의 영양교육 실태와 교육 요구도. *대한지역사회영양학회지* 21(2):152-164.

통계청. 2016. 한국인의 생활시간 변화상(1999~2014).

Abusabha R., J. Peacock, and C. Achterberg. 1999. How to make nutrition education more meaningful through facilitated group discussions. *Journal of the American Dietetic Association* 99:72-76.

Academy of Nutrition and Dietetics. 2012. *ACEND Accreditation Standards for Didactic Programs in Nutrition & Dietetics.* Chicago: Academy of Nutrition and Dietetics, Accreditation Council for Education in Nutrition and Dietetics. www.eatright.org. Accessed 3/15/14.

Academy of Nutrition and Dietetics [AND]. 2015. AND: Who we are, what we do. http://www.eatright.org/About/Content.aspx?id=7530 Accessed 3/5/15.

Addessi, E., A. T. Galloway, E. Visalberghi, and L. L. Birch. 2005. Specific social influences on the acceptance of novel foods in 2-5-year-old children. *Appetite* 45(3):264-271.

Agriculture and Agri-Food Canada 2012. Socially conscious consumer trends: Fair trade. Market analysis report, International Markets Bureau, Ministry of Agriculture and Agri-Canada. http://www5.agr.gc.ca/resources/prod/Internet-Internet/MISB-DGSIM/ATS-SEA/PDF/6153-eng.pdf Accessed 3/6/15.

Anzman-Frasca, S., J. S. Savage, M. Marini, J. O. Fisher, and L. L. Birch. 2012. Repeated exposure and associative conditioning promote preschool children's liking of vegetables. *Appetite* 58(2):543-553.

Arnold, C. G., P. Ladipo, C. H. Nguyen, P. Nkinda-Chaiban, and

M. Olson. 2001. New concepts for nutrition education in an era of welfare reform. *Journal of Nutrition Education* 33:341-346.

Bandura, A. 1997. *Self efficacy: The exercise of control*. New York: WH Freeman.

———. 2001. Social cognitive theory: An agentic perspective. *Annual Review of Psychology* 51:1-26.

Baranowski, T., K. W. Cullen, and J. Baranowski. 1999. Psychosocial correlates of dietary intake: advancing dietary intervention. *Annual Review of Nutrition* 19:17-40.

Barilla Center for Food & Nutrition (2015). Food and the environment: Diets that are healthy for people and the planet. http://www.BarillaCFN.com Accessed 2/1/15.

Beauchamp, G. K., and J. A. Mennella. 2009. Early flavor learning and its impact on later feeding behavior. *Journal of Pediatric Gastroenterology and Nutrition* 48(Suppl 1):S25-S30.

———. 2011. Flavor perception in human infants: Development and functional significance. *Digestion* 83(Suppl 1):1-6.

Beauchamp, G. K. 2009. Sensory and receptor responses to umami: An overview of pioneering work. *American Journal of Clinical Nutrition* 90(3):723S-727S.

Berge, J. M., S. W. Jin, P. Hannan, D. Neumark-Sztainer. 2013. Structural and interpersonal characteristics of family meals: Associations with adolescent body mass index and dietary patterns. *Journal of the Academy of Nutrition and Dietetics* 113(6):816-822.

Birch, L. L., and J. A. Fisher. 1995. Appetite and eating behavior in children. *Pediatric Clinics of North America* 42(4): 931-953.

Birch, L. L., and S. Anzman-Frasca. 2011a. Learning to prefer the familiar in obesogenic environments. *Nestle Nutrition Workshop Series Pediatric Program*. 68:187-196.

———. 2011b. Promoting children's healthy eating in obesogenic environments: Lessons learned from the rat. *Physiology and Behavior* 104(4):641-645.

Birch, L. L., J. S. Savage, and J. O. Fisher. 2015. Right sizing prevention: Food portion size effects on children's eating and weight. *Appetite* 88:11-16.

Birch, L. L., L. McPhee, B. C. Shoba, L. Steinberg, and R. Krehbiel. 1987. Clean up your plate: Effects of child feeding practices on the conditioning of meal size. *Learning and Motivation* 18:301-317.

Birch, L. L. 1992. Children's preferences for high-fat foods. *Nutrition Reviews* 50(9):249-255.

———. 1999. Development of food preferences. *Annual Review of Nutrition* 19:41-62.

———. 2014. Learning to eat: Birth to two years. *American Journal of Clinical Nutrition* 99(3):723S-728S.

Blissett, J. (2011). Relationships between parenting style, feeding style and feeding practices and fruit and vegetable consumption in early childhood. *Appetite* 57(3):826-831.

Boone-Heinonen, J., P. Gordon-Larsen, C. I. K. M. Shikany, C. E. Lewis, and B. M. Popkin. 2011. Fast food restaurants and food stores longitudinal associations with diet in young to middle-aged adults: The CARDIA Study. *Archives of Internal Medicine* 171(13):1162-1170.

Bowen, D. J., M. M. Henderson, D. Iverson, E. Burrows, H. Henry, and J. Foreyt. 1994. Reducing dietary fat: Understanding the successes of the Women's Health Trial. *Cancer Prevention International* 1:21-30.

Breslin, P. A. S., and A. C. Spector. 2008. Mammalian taste perception. *Current Biology* 18(4):R148-R155.

Briefel, R. R., M. K. Crepinsek, C. Cabili, A. Wilson, and P. M. Gleason. 2009. School food environments and practices affect dietary behaviors of US public school children. *Journal of the American Dietetic Association* 109 (2 Suppl):S91-S107.

Briggs M., S. Fleischhacker, and C. G. Mueller. 2010. Position of the American Dietetic Association, School Nutrition Association, and Society for Nutrition Education: Comprehensive school nutrition services. *Journal of Nutrition Education and Behavior*. 42:360-371.

Brillant-Savarin, A. S. 1825. *The physiology of taste: Meditations on transcendental gastronomy,* translated by M. F. K. Fisher. Reprint. Washington, DC: Counterpoint Press, 2000.

Brown, R., and J. Ogden. 2004. Children's eating attitudes and behaviour: A study of the modelling and control theories of parental influence. *Health Education Research* 19:261-271.

Brug, J., K. Glanz, and G. Kok. 1997. The relationship between self-efficacy, attitudes, intake compared to others, consumption, and stages of change related to fruit and vegetables. *American Journal of Health Promotion* 12(1):25-30.

Buchanan, D. R. 2000. *An ethic for health promotion: Rethinking the sources of human well-being*. New York: Oxford University Press.

Burros, M. 2006. Idealism for breakfast: Serving good intentions by the bowl full. *The New York Times*, January 11.

Carnell, S., L. Cooke, R. Cheng, A. Robbins, and J. Wardle. 2011. Parental feeding behaviours and motivations. A qualitative study in mothers of UK pre-schoolers. *Appetite* 57(3):665-673.

Cecil, J. E., N. A. Colin, W. Palmer, I. M. Wrieden, C. Bolton-Smith, P. Watt, et al. 2005. Energy intakes of children after preloads: Adjustment, not compensation. *American Journal of Clinical Nutrition* 82:302-308.

Center for Nutrition Policy and Promotion, U.S. Department of Agriculture. 2013. Diet quality of Americans in 2001-02 and 2007-08 as measured by the Healthy Eating Index. *Nutrition Insights* 51. *www.cnpp.usda.gov/healthyeatingindex.htm* Accessed 8/15/14.

Centers for Disease Control and Prevention. 2013. Adult participation in aerobic and muscle-strengthening physical activities — United States, 2011. *Morbidity and Mortality Weekly Report*. 62(17):326-330. http://www.cdc.gov/media/releases/2013/p0502-physical-activity.html Accessed 7/17/13.

Chakravarthy, M. V., and F. W. Booth. 2004. Eating, exercise, and "thrifty" genotypes: Connecting the dots toward an evolutionary understanding of modern chronic diseases. *Journal of Applied Physiology* 96(1):3-10.

Chandon, P., and B. Wansink. 2007. Is obesity caused by calorie underestimation? A psychophysical model of meal size estimation. *Journal of Marketing Research* 44:84-99.

Clancy, K. 1999. Reclaiming the social and environmental roots of nutrition education. *Journal of Nutrition Education* 31(4):190-193.

Clark, J. E. 1998. Taste and flavour: Their importance in food choice and acceptance. *Proceedings of the Nutrition Society* 57(4):639-643.

Colman, S., I. P. Nichols-Barrer, J. E. Redline, B. L. Devaney, S. V. Ansell, and T. Joyce. 2012. *Effects of the Special Supplemental Nutrition Program for Women, Infants, and Children (WIC): A Review of Recent Research*. http://www.fns.usda.gov/ora/MENU/Published/WIC/WIC.htm Accessed 4/2/15.

Connors, M., C. A. Bisogni, J. Sobal, and C. M. Devine. 2001. Managing values in personal food systems. *Appetite* 36(3):189-200.

Contento, I. R., S. S. Williams, J. L. Michela, and A. B. Franklin. 2006. Understanding the food choice process of adolescents in the context of family and friends. *Journal of Adolescent Health* 38(5):575-582.

Cooke, L. J., L. C. Chambers, E. V. Anez, H. A. Croker, D. Boniface, M. R. Yeomans, and J. Wardle. 2011. Eating for pleasure or profit: The effect of incentives on children's enjoyment of vegetables. *Psychological Science* 22(2):190-196.

Cooke L. J., L. C. Chambers, E. V. Anez, and L. Wardle. 2011. Facilitating or undermining? The effects of reward on food acceptance. A narrative review. *Appetite* 57(2):493-497.

Croker, H., C. Sweetman, and L. Cooke. 2009. Mothers' views on portion sizes for children. *Journal of Human Nutrition and Dietetics* 22(5):437-443.

Cunningham-Sabo, L. and A. Simons. 2012. Home economics: An old-fashioned answer to a modern-day dilemma? *Nutrition Today* 47:128-132.

da Silveira, J., J. Taddei, P. Guerra, and M. Nobre. 2013. The effect of participation in school-based nutrition education interventions on body mass index: A meta-analysis of randomized controlled community trials. *Preventive Medicine* 56(3-4):237-243.

Davis, C. M. 1928. Self selection of diet by newly weaned infants. *American Journal of Diseases of Children* 36:651-679.

Dawson, A. 2014. Information, choice, and the ends of health promotion. *Monash Bioethics Review* 32:106-120.

de Castro, J. M. 2000. Eating behavior: Lessons learned from the real world of humans. *Nutrition* 16:800-813.

———. 2010. Control of food intake of free-living humans: Putting the pieces back together. *Physiology and Behavior* 100(5):446-453.

Deci, E. L., and E. M. Ryan. 2000. The "what" and "why" of goal pursuits: Human needs and the self-determination of behavior. *Psychological Inquiry* 11(4):227-268.

Desor, J. A., O. Mahler, and L. S. Greene. 1977. Preference for sweet in humans: Infants, children, and adults. In *Taste and the development of the genesis for the sweet preference*, edited by J. Weiffenback. Bethesda, MD: U.S. Department of Health, Education, and Welfare.

Devine, C. M., M. Jastran, J. Jabs, E. Wethington, T. J. Farell, and C. A. Bisogni. 2006. "A lot of sacrif ices": Work-family spillover and the food choice coping strategies of low-wage employed parents. *Social Science Medicine* 63(10):2591-2603.

Devine, C. M., M. M. Connors, J. Sobal, and C. A. Bisogni. 20

03. Sa ndw iching it in: Spi l lover of work onto food choices and family roles in low — and moderate — income urban households. *Social Science Medicine* 56(3):617-630.

Ding, D., M. A. Adams, J. F. Sallis, G. J. Norman, M. A. Hovell, C. D. Chambers et al. 2013. Perceived neighborhood environment and physical activity in 11 countries: Do associations differ by country? *International Journal of Behavioral Nutrition and Physical Activity* 10:57.

DiSantis, K. I., L. L. Birch, A. Davey, E. L. Serrano, L. Zhang, Y. Bruton, and J. O. Fisher. 2013. Plate size and children's appetite: Effects of larger dishware on self-served portions and intake. *Pediatrics* 131(5):e1451-e1458.

Dollahite, J., D. Kenkel, and C. S. Thompson. 2008. An economic evaluation of the Expanded Food and Nutrition Education Program. *Journal of Nutrition Education and Behavior* 40(3):134-143.

Dorfman, L., and L. Wallack. 2007. Moving nutrition upstream: The case for reframing obesity. *Journal of Nutrition Education and Behavior* 39(2 Suppl):S45-S50.

Dovey, T. M., P. A. Staples, E. L. Gibson, and J. C. Halford. 2008. Food neophobia and "picky/fussy" eating in children: A review. *Appetite* 50(2-3):181-193.

Drewnowski, A., J. A. Mennella, S. L. Johnson, and F. Bellisle. 2012. Sweetness and food preference. *Journal of Nutrition* 142(6):1142S-1148S.

Drewnowski, A. 2012. The cost of U.S. foods as related to their nutritive value. *American Journal of Clinical Nutrition* 92(5):1181-1188.

Duffy, V. B., and L. M. Bartoshuk. 2000. Food acceptance and genetic variation in taste. *Journal of the American Dietetic Association* 100(6):647-655.

Dyson, L., F. McCormick, and M. J. Renfrew. 2008. Interventions for promoting the initiation of breastfeeding. *Cochrane Database of Systematic Reviews* (2):CD001688.

Englberger, L., A. Lorens, M. E. Pretrick, R. Spegal, and I. Falcam. 2010. "Go local" island food network: Using email networking to promote island foods for their health, biodiversity, and other "CHEEF" benefits. *Pacific Health Dialog* 16(1):41-47.

Epictetus. *Discourses*. http://ancienthistor y.about.com/od/stoicism/a/121510-Epictetus-Quotes.htm Accessed 3/10/15.

Evans, C. E., M. S. Christian, C. L. Cleghorn, D. C. Greenwood, and J. E. Cade. 2012. Systematic review and meta-analysis of school-based interventions to improve daily fruit and vegetable intake in children aged 5 to 12 y. *American Journal of Clinical Nutrition* 96(4):889-901.

Faith, M. S., K. S. Scanlon, L. L. Birch, L. A. Francis, and B. Sherry. 2004. Parent-child feeding strategies and their relationships to child eating and weight status. *Obesity Research* 12(11):1711-1722.

Federal Trade Commission. 2012. A review of food marketing to children and adolescents. http://ftc.gov/os/2012/12/121221foodmarketingreport.pdf Accessed 8/14/13.

Feenstra G., and J. Ohmart. 2012. The evolution of the school food and farm to school movement in the United States: Connecting childhood health, farms, and communities. *Child Obesity* 8(4):280-289.

Ferreira, I., K. van der Horst, W. Wendel-Vos, S. Kremers, F. J. van Lenthe, and J. Brug. 2007. Environmental correlates of physical activity in youth — a review and update. *Obesity Reviews* 8(2):129-154.

Feunekes, G. I., C. de Graaf, S. Meyboom, and W. A. van Staveren. 1998. Food choice and fat intake of adolescents and adults: Associations of intakes within social networks. *Preventive Medicine* 27(5 Pt 1):645-656.

Fisher, J. O., A. Arreola, L. L. Birch, B. J. Rolls. 2007. Portion size effects on daily energy intake in low-income Hispanic and African-American children and their mothers. *American Journal of Clinical Nutrition* 86(6):1709-1716.

Fisher, J. O., and T. V. E. Kjal. 2008. Supersize me: Portion size effects on young children's eating. *Physiology & Behavior* 94(1):39-47.

Fisher, J. O., D. C. Mitchell, H. Smiciklas-Wright, and L. L. Birch. 2002. Parental inf luences on young girls' fruit and vegetable, micronutrient, and fat intakes. *Journal of the American Dietetic Association* 102(1):58-64.

Fisher, J. O. 2007. Effects of age on children's intake of large and self-selected food portions. *Obesity (Silver Spring)* 15:403-412.

Flegal, K. M., M. D. Carroll, B. K. Kit, and C. L. Ogden. 2012. Prevalence of obesity and trends in the distribution of body mass index among US adults, 1999-2010. *Journal of the American Medical Association* 307:491-497.

Flint, A. J., F. B. Hu, R. J. Glynn, H. Caspard, J. E. Manson, W. C.

Willett, and E. B. Rimm. 2010. Excess weight and the risk of incident coronary heart disease among men and women. *Obesity* 18:377-383.

Flores, M., N. Macia, M. Rivera, A. Lozada, S. Barquera, and J. Rivera-Dommarco. 2010. Dietary patterns in Mexican adults are associated with risk of being overweight or obese. *Journal of Nutrition* 140:1869-1873.

Food and Agricultural Organization. 2014. Food-based dietary guidelines by country. http://www.fao.org/ag/humannutrition/nutritioneducation/fbdg/en/ Accessed 2/15/15.

Food Marketing Institute. 2012. Supermarket facts 2011-2012. http://www.fmi.org/research-resources/supermarket-facts Accessed 8/15/13.

———. 2012. *U.S. grocery shopper trends 2012. Executive summary.* Washington, DC: Author. http://www.icn-net.com/docs/12086_FMIN_Trends2012_v5.pdf Accessed 5/15/15.

———. 2013. *Supermarket Facts 2011-2012.* Washing ton DC: Author. http://www.fmi.org/research-resources/supermarket-facts Accessed 9/15/13.

Frankel, L. A., S. O. Hughes, T. M. O'Connor, T. G. Power, J. O. Fisher, and N. L. Hazen. 2012. Parental influences on children's self-regulation of energy intake: Insights from development literature on emotion regulation. *Journal of Obesity* 2012:327259.

Freire, P. 1970. *Pedagogy of the oppressed.* New York: Continuum. Gibbs, L., P. K. Staiger, B. Johnson, K. Block, S. Macfarlane, L. Gold, et al. 2013. Expanding children's food experiences: The impact of a school-based kitchen garden program. *Journal of Nutrition Education and Behavior* 45(2):137-145.

Furst, T., M. Connors, C. A. Bisogni, J. Sobal, and L. W. Falk. 1996. Food choice: A conceptual model of the process. *Appetite* 26:247-266.

Gearhardt, A. N., C. M. Grilo, R. J. DiLeone, K. D. Brownell, and M. N. Potenz. 2011. Can food be addictive? Public health and policy implications. *Addiction* 106(7):1208-1212.

Gillman, M. W., S. L. Rifas-Shiman, A. L. Frazier, et al. 2000. Family dinner and diet quality among older children and adolescents. *Archives of Family Medicine* 9(3):235-240.

Glanz, K, M. Basil, E. Maibach and D. Snyder. 1998. Why Americans eat what they do: taste, nutrition, cost, convenience, and weight concerns as influences on food consumption. *Journal of the American Dietetic Association* 98(10):1118-1126.

Gravina, S. A., G. L. Yep, and M. Khan. 2013. Human biology of taste. *Annals of Saudi Medicine* 33(3):217-222.

Gussow, J. D., and I. Contento. 1984. Nutrition education in a changing world: A conceptualization and selective review. *World Review of Nutrition and Dietetics* 44:1-56.

Gussow, J. D., and K. Clancy. 1986. Dietary guidelines for sustainability. *Journal of Nutrition Education* 18(1):1-4.

Gussow, J. D. 1993. Why Cook? *Journal of Gastronomy* 7(1):79-87.

———. 1999. Dietary guidelines for sustainability: Twelve years later. *Journal of Nutrition Education* 31(4):194-200.

———. 2006. Reflections on nutritional health and the environment: The journey to sustainability. *Journal of Hunger and Environmental Nutrition* 1(1):3-25.

Gustafson A., O. Khavjou, S. C. Stearns, T. C. Keyserling, Z. Gizlice, S. Lindsley, et al. 2009. Cost-effectiveness of a behavioral weight loss inter vention for low-income women: The Weight-Wise Program. *Preventive Medicine* 49(5):390-395.

Guthrie, J., B. H. Lin, A. Okrent, and R. Volpe. 2013. Americans' food choices at home and away: How do they compare with recommendations? *Amber Waves.* U.S. Department of Agriculture, Economic Research Service. http://www.ers.usda.gov/amber-waves/2013-february/americans-food-choices-at-home-and-away.aspx#.Uf035WRgZOF Accessed 12/4/14.

Hanks, A. S., D. R. Just, B. Wansink. 2013. Smarter lunchrooms can address new school lunchroom guidelines and childhood obesity. *Journal of Pediatrics* 162:867-869.

Hanks, A. S., D. R. Just, L. E. Smith, and B. Wansink. 2012. Healthy convenience: Nudging students toward healthier choices in the lunchroom. *Journal of Public Health (Oxf)* 34(3):370-376.

Harper, L. V., and K. M. Sanders. 1975. The effects of adults' eating on young children's acceptance of unfamiliar foods. *Journal of Experimental Child Psychology* 20:206-214.

Harris, D. M., J. Seymour, L. Grummer-Strawn, A. Cooper, B. Collins, L. DiSogra, et al. 2012. Let's move salad bars to schools: A public-private partnership to increase student fruit and vegetable consumption. *Child Obesity* 8(4):294-297.

Hawkes, C. 2013. *Promoting healthy diets through nutrition education and changes in the food environment: An international review of actions and their effectiveness*. Rome: Nutrition Education and Consumer Awareness Group, Food and Agriculture Organization of the United Nations. http://www.fao.org/docrep/017/i3235e/i3235e.pdf Accessed 5/15/15.

Hearn, M. D., T. Baranowski, J. Baranowski, C. Doyle, M. Smith, L. S. Lin, et al. 1998. Environmental influences on dietary behavior among children: Availability and accessibility of fruits and vegetables enable consumption. *Journal of Health Education* 29:26–32.

Hendy, H. M., K. E. Williams, and T. S. Camise. 2005. "Kids Choice" school lunch program increases children's fruit and vegetable acceptance. *Appetite* 45(3):250–263.

Hill, J. A. 2009. Evidence for excellence: Systematic review of breastfeeding education benefits. *American Journal of Nursing* 109(4):26–27.

Hoerr S. L., S. O. Hughes, J. O. Fisher, T. A. Nicklas, Y. Liu, and R. M. Shewchuk. 2009. Associations among parental feeding styles and children's food intake in families with limited income. *International Journal of Behavior Nutrition and Physical Activity* 13(6):55.

Horne, P. J., J. Greenhalgh, M. Erjavec, C. Fergus, S. Victor, and C. J. Whitaker. 2011. Increasing pre-school children's consumption of fruits and vegetables: A modeling and rewards intervention. *Appetite* 56:375–385.

Horne, P. J., K. Tapper, C. F. Lowe, C. A. Hardman, M. C. Jackson, and J. Woolner. 2004. Increasing children's fruit and vegetable consumption: A peer-modeling and rewards-based intervention. *European Journal of Clinical Nutrition* 58(164):1649–1660.

Hughes, S. O., R. M. Shewchuk, M. L. Baskin, T. A. Nicklas, and H. Qu. 2008. Indulgent feeding style and children's weight status in preschool. *Journal of Developmental and Behavior Pediatrics* 29(5), 403–410.

Hughes, S. O., T. G. Power, J. Orlet Fisher, S. Mueller, and T. A. Nicklas, 2005. Revisiting a neglected construct: Parenting styles in a child-feeding context. *Appetite* 44(1):83–92.

Institute of Medicine. 2000. *Promoting health: Intervention strategies from social and behavioral research*, edited by B. D. Smedley and S. L. Syme. Washington, DC: Division of Health Promotion and Disease Prevention, Institute of Medicine.

———. 2006. *Food marketing to children and youth: Threat or opportunity*. Washington, DC: National Academies Press.

International Food Information Council (IFIC) Foundation. 1999. Are you listening? What consumers tell us about dietary recommendations. *Food insight: Current topics in food safety and nutrition*. Washington, DC: Author.

International Society of Behavioral Nutrition and Physical Activity. 2015. About us. http://www.isbnpa.org/index.php?r=about/index. Accessed 3/6/15.

Israel, B. A, and K. A. Rounds. 1987. Social networks and social support: A synthesis for health educators. *Health Education and Promotion* 2:311–351.

Israel, B. A., B. Checkoway, A. Schulz, and M. Zimmerman. 1994. Health education and community empowerment: Conceptualizing and measuring perceptions of individual, organizational, and community control. *Health Education Quarterly* 21(2):149–170.

Johnson, B. T., L. A. J. Scott-Sheldon, and M. P. Carey. 2010. Meta-synthesis of health behavior change meta-analyses. *American Journal of Public Health* 100:2193–2198.

Johnson, D. W., and R. T. Johnson. 1985. Nutrition education: A model for effectiveness, a synthesis of research. *Journal of Nutrition Education* 17(Suppl):S1–S44.

Kearney, J. 2010. Food consumption trends and drivers. *Philosophical Transactions of the Royal Society* 365:2793–2807.

Khambalia, A. Z., S. Dickinson, L. L. Hardy, T. Gill, and L. A. Baur. 2012. A synthesis of existing systematic reviews and meta-analyses of school-based behavioral interventions for controlling and preventing obesity. *Obesity Reviews* 13:214–233.

Koch, P. A., I. R. Contento, and A. Calarese-Barton. In preparation. A qualitative analysis with 7th grade students to understand if and how the Choice, Control & Change (*C3*) curriculum develops agency in making healthy food and physical activity choices.

Konner, M. J., and S. B. Eaton. 2010. Paleolithic nutrition: Twenty-five years later. *Nutrition in Clinical Practice* 25(6):594–602.

Krebs-Smith, S. M., J. Heimendinger, B. H. Patterson, A. F. Subar, R. Kessler, and E. Pivonka. 1995. Psychosocial factors associated with fruit and vegetable consumption. *American*

Journal of Health Promotion 10(2):98-104.

Krebs-Smith, S. M., P. M. Guenther, A. F. Subar, S. I. Kirkpatrick, and K. W. Dodd. 2010. Americans do not meet federal dietary recommendations. *Journal of Nutrition* 140:1832-1838.

Langellotto, G. A., and A. Gupta. 2012. Gardening increases veget able consu mpt ions i n school-aged children: A meta-analytical synthesis. *For t-Technology* 22(4):430-445.

Ledikwe, J. H., J. Ello-Martin, C. L. Pelkman, L. L. Birch, M. L. Mannino, and B. J. Rolls. 2007. A reliable, valid questionnaire indicates that preference for dietary fat declines when following a reduced-fat diet. *Appetite* 49(1):74-83.

Lennernas, M., C. Fjellstrom, W. Becker, I. Giachetti, A. Schmidt, A. Remautde Winter, et al. 1997. Influences on food choice perceived to be important by nationally-representative samples of adults in the European Union. *European Journal of Clinical Nutrition* 51(Suppl 2):S8-S15.

Leventhal, H. 1973. Changing attitudes and habits to reduce risk factors in chronic disease. *American Journal of Cardiology* 31(5):571-580.

Levy, L., R. E. Patterson, A. R. Kristal, and S. S. Li. 2000. How well do consumers understand percentage daily value on food labels? *American Journal of Health Promotion* 14(3):157-160, ii.

Liem, D. G., and J. A. Mennella. 2002. Sweet and sour preferences during childhood: Role of early experiences. *Development Psychobiology* 41(4):388-395.

Lindstrom, B., and M. Eriksson. 2005. Salutogenesis. *Journal of Epidemiology and Community Health.* 59:440-448

Lipchock, S. V., J. A. Mennella, A. I. Spielman, and D. R. Reed. 2013. Human bitter perception correlates with bitter receptor messenger RNA expression in taste cells. *American Journal of Clinical Nutrition* 98:1136-1143.

Lock, K., J. Pomerleau, L. Causer, D. R. Altmann, and M. McKee. 2005. The global burden of disease attributable to low consumption of fruit and vegetables: Implications for the global strategy on diet. *Bulletin of the World Health Organization* 83(2):100-108.

Long, V., S. Cates, J. Blitstein, K. Deehy, P. Williams, R. Morgan, et al. 2013. Supplemental Nutrition Assistance Program Education and Evaluation Study (Wave II). Prepared by Altarum Institute for the U.S. Department of Agriculture, Food and Nutrition Service.

Lowe, C. F., P. A. Hall, and W. R. Staines. 2014. The effect of continuous theta burst stimulations to the left dorsolateral prefrontal cortex on executive function, food cravings, and snack food consumption. *Psychosomatic Medicine* 76(7):503-511.

Macino, L., B. H. Lin, and N. Ballenger. 2004. The role of economics in eating choices and weight outcomes. In *Agricultural Information Bulletin No 791*. Washington, DC: U.S. Department of Agriculture, Economic Research Service.

MacIntosh, W. A. 1996. *Sociologies of food and nutrition*. New York: Plenum Press.

Mathias, K. C., B. J. Rolls, L. L. Birch, T. V. Krajl, E. L. Hanna, A. Davry, and J. O. Fisher. 2012. Serving larger portions of fruits and vegetables together at dinner promotes intake of both foods among young children. *Journal of the Academy of Nutrition and Dietetics* 112(2):266-270.

Mattes, R. D. 1993. Fat preference and adherence to a reduced-fat diet. *American Journal of Clinical Nutrition* 57(3):373-381.

———. 1997. The taste for salt in humans. *American Journal of Clinical Nutrition* 65(2 Suppl):692S-697S.

———. 2009. Is there a fatty acid taste? *Annual Review of Nutrition* 29:305-327.

McKinley, J. B. 1974. A case for refocusing upstream — the political economy of illness. In *Applying behavioral science to cardiovascular risk*, edited by A. J. Enelow and J. B. Henderson.

McNulty, J. 2013. *Challenges and issues in nutrition education*. Rome: Nutrition Education and Consumer Awareness Group, Food and Agriculture Organization of the United Nations. http://www.fao.org/docrep/017/i3234e/i3234e.pdf Accessed 5/15/15.

Mennella, J. A., C. E. Griffin, and G. K. Beauchamp. 2004. Flavor programming during infancy. *Pediatrics* 113(4):840-845.

Mennella, J. A., C. P. Jagnow, and G. K. Beauchamp. 2001. Prenatal and postnatal flavor learning by human infants. *Pediatrics* 107(6):E88.

Mennella J. A., and G. K. Beauchamp. 2005. Understanding the origin of f lavor preferences. *Chemical Senses 30* Suppl 1:242-243.

Minkler, M., N. B. Wallerstein, and N. Wilson. 2008. Improving health through community organization and community building. In *Health education and health behavior: Theory research and practice*, 4th edition, K. Glanz, B. K. Rimer, and K. Viswanath, editors. San Francisco: Jossey-Bass.

Moliter, G. T. T. 1980. The food system in the 1980s. *Journal of Nutrition Education* 12(suppl):103-111.

Morland, K., S. Wing, and A. Diez Roux. 2002. The contextual effect of the local food environment on residents' diets: The atherosclerosis risk in communities study. *American Journal of Public Health* 92(11):1761-1767.

Moss, M. 2013. *Salt, fat, sugar*. New York: Random House.

Muhammad, A., J. A. Seale, B. Meade, and B. Regmi. 2011. *International evidence on food consumption patterns (Technical Bulletin No 1929)*. Washing ton, DC: U.S. Department of Agriculture, Economic Research Service.

National Cancer Institute. 2007. *Health information national trends survey*. http://hints.cancer.gov/docs/HINTS2007 FinalReport.pdf Accessed 5/19/15.

National Health and Nutrition Examination Survey. 2005-2008. Two-day averages for individuals age 2 and older who are not pregnant or lactating. http://www.ers.usda.gov/Briefing/DietQuality/Data/ Accessed 7/20/13.

Okrent, A. and J. M. Alston. 2012. The demand for disaggregated food-away-from-home and food-at-home products in the United States. *Economic Research Service* Report No. (ERR-139).

Ollberding, N., R. Wolf, and I. R. Contento. 2010. Food label use and its relation to dietary intake among U.S. adults. *Journal of the American Dietetic Association* 110:1233-1237.

O'Connor, T. M., S. O. Hughes, K. B. Watson, T. Baranowski, T. A. Nicklas, J. O. Fisher, et al. 2010. Parenting practices associated with fruit and vegetable consumption in pre-school children. *Public Health Nutrition* 13(1), 91-101.

Pacific Institute. 2013. Bottled water and energy facts. www.pacinst.org Accessed 12/4/13.

Pai, H. L., and I. R. Contento. 2014. Parental perceptions, feeding practices, feeding styles, and level of acculturation of Chinese Americans in relation to their school-age child's weight status. *Appetite* 80:174-182.

Patrick, H., T. A. Nicklas, S. O. Hughes, and M. Morales 2005. The benefits of authoritative feeding style: Caregiver feeding styles and children's food consumption. *Appetite* 44:243-249.

Pelchat, M. L., and P. Pliner. 1995. "Try it. You'll like it." Effects of information on willingness to try novel foods. *Appetite* 24(2):153-165.

Peters, J. C., H. R. Wyatt, W. T. Donahoo, and J. O. Hill. 2002. From instinct to intellect: The challenge of maintaining healthy weight in the modern world. *Obesity Reviews* 3(2):69-74.

Pliner, P., M. Pelchat, and M. Grabski. 1993. Reduction of neophobia in humans by exposure to novel foods. *Appetite* 20(2):111-123.

Pollan, M. 2008. *In defense of food: An eater's manifesto*. New York: Penguin.

Pomerleau, J., K. Lock, C. Knai, and M. McKee. 2005. Interventions designed to increase adult fruit and vegetable intake can be effective: A systematic review of the literature. *Journal of Nutrition* 135(10):2486-2495.

Popkin, B. M. 2009. Global nutrition dynamics: The world is shifting rapidly toward a diet linked with non-communicable diseases. *American Journal of Clinical Nutrition* 84: 289-298.

———. 2010. Patterns of beverage use across the lifecycle. *Physiology and Behavior* 100:4-9.

Powell, L. M., S. Slater, D. Mirtcheva, Y. Bao, and F. J. Chaloupka. 2007. Food store availability and neighborhood characteristics in the United States. *Preventive Medicine* 44(3):189-195.

Rajopal, R., R. H. Cox, M. Lambur, and E. C. Lewis. 2003. Cost-benefit analysis indicates the positive economic benefits of the Expanded Food and Nutrition Education Program related to chronic disease prevention. *Journal of Nutrition Education and Behavior* 34:26-37.

Remington, A., E. Anez, H. Croker, J. Wardle, and L. Cooke. 2012. Increasing food acceptance in the home setting: A randomized controlled trial of parent-administered taste exposure with incentives. *American Journal of Clinical Nutrition* 95:72-77.

Rhee, K. 2008. Childhood overweight and the relationship between parent behaviors, parenting style, and family functioning. *Annals of the American Academy of Political and Social Science* 615(1):11-37.

Rittenbaugh, C. 1982. Obesity as a culture-bound syndrome. *Culture and Medical Psychiatry* 6:347-361.

Robinson, J. P., and G. Godbey. 1999. *Time for life: The surprising ways Americans use their time*, 2nd ed. University

Park, PA: Pennsylvania State University Press.

Robinson, T. N., M. Kiernan, D. M. Matheson, and K. F. Haydel. 2001. Is parental control over children's eating associated with childhood obesity? Results from a population-based sample of third graders. *Obesity Research* 9(5):306-312.

Rody, N. 1988. Empowerment as organizational policy in nutrition intervention programs: A case study from the Pacific Islands. *Journal of Nutrition Education* 20:133-141.

Rolls, B. 2000. Sensory-specific satiety and variety in the meal. In *Dimensions of the meal: The science, culture, business, and art of eating*, edited by H. L. Meiselman. Gaithersburg, MD: Aspen Publishers.

Rose, D., J. N. Bodor, C. M. Swalm, J. C. Rice, T. A Farley, and P. L. Hutchinson. 2009. Food deserts in New Orleans? Illustrations of urban food access and implications for policy. Presented at *Understanding the Economic Concepts and Characteristics of Food Access*. USDA, Washington, DC. January 23, 2009. University of Michigan National Poverty Center/USDA Economic Research Service. http://www.npc.umich.edu/news/events/food-access/index.php Accessed 10/1/10.

Rosland, A. M., E. Kieffer, B. Israel, M. Cofield, G. Palmisano, et al. 2008. When is social support important? The association of family support and professional support with specific diabetes self-management behaviors. *Journal of General Internal Medicine* 23(12):1992-1999.

Roux, L., M. Pratt, T. O. Tengs, M. M. Yore, T. L. Yanagawa, J. Van Den Bos, et al. 2008. Cost effectiveness of community-based physical activity interventions. *American Journal of Preventive Medicine* 35(6):578-588.

Rozin, P., and A. E. Fallon. 1987. A perspective on disgust. *Psychology Review* 1:23-41.

Rozin, P. 1982. Human food selection: The interaction of biology, culture, and individual experience. In *The psychobiology of human food selection*, edited by L. M. Barker. Westport, CT: Avi Publishing Company.

Rozin, P. 1988. Social learning about food by humans. In *Social learning: Psychological and biological perspectives*, edited by T. R. Zengall and G. G. Bennett. Hillsdale, NJ: Lawrence Erlbaum.

———. 1996. Sociocultural inf luences on human food selection. In *Why we eat what we eat: The psychology of eating*, edited by E. D. Capaldi. Washington, DC: American Psychological Association.

Sallis, J. F., and K. Glanz. 2009. Physical activity and food environments: Solutions to the obesity epidemic. *Milbank Quarterly* 87(1):123-154.

Salvy, J. S., M. Howard, M. Read, and E. Mele, 2009. The presence of friends increases food intake in youth, *American Journal of Clinical Nutrition* 90(2):282-287.

Satia-Abouta, J., R. E. Patterson, M. L. Neuhouser, and J. Elder, 2002. Dietar y acculturation: Applications to nutrition research and dietetics. *Journal of the American Dietetic Association* 102(8):1105-1118.

Satter, E. 2000. *Child of mine: Feeding with love and good sense*. 3rd ed. Boulder, CO: Bull Publishing.

Savage, J. S., I. H. Halsfield, J. O. Fisher, M. Marini, and L. L. Birch. 2012. Do children eat less at meals when allowed to serve themselves? *American Journal of Clinical Nutrition* 96(1):36-43.

Savage, J. S., J. O. Fisher, and L. L. Birch. 2007. Parental inf luence on eating behavior. *Journal of Law and Medical Ethics* 35(1):22-34.

Schlicka J. M., and M. E. Wilson. 2005. Breastfeeding as health-promoting behaviour for Hispanic women: Literature review. *Journal of Advanced Nursing* 52(2):200-210.

Schlosser, E. 2001. *Fast Food Nation*. Boston: Houghton Mifflin.

Schuster, E., Z. L. Zimmerma n, M. Engle, J. Smiley, E. Syversen, and J. Murray. 2003. Investing in Oregon's expanded food and nutrition education program (EFNEP): Documenting costs and benefits. *Journal of Nutrition Education and Behavior* 35(4):200-206.

Sclafani, A., and K. Ackroff. 2004. The relationship between food reward and satiation revisited. *Physiology and Behavior* 82(1):89-95.

Seattle, WA: American Heart Association. McLaugh lin, K. 20 04. Food world's new buzzword is "sustainable" products; fair trade certified mangos. *The Wall Street Journal*, February 17, D1-2.

Shepherd, R. 1999. Social determinants of food choice. *Proceedings of the Nutrition Society* 58(4):807-812.

Skinner, J. D., B. R. Carruth, B. Wendy, and P. J. Ziegler. 2002. Children's food preferences: A longitudinal analysis. *Journal of the American Dietetic Association* 102(11):1638-1647.

Small, D. M., and J. Prescott. 2005. Odor/taste integration and the perception of flavor. *Experimental Brain Research* 166(3-4):345-357.

Sobo, E. 1997. The sweetness of fat: Health, procreation, and sociability in rural Jamaica. In *Food and culture: A reader*, edited by C. Counihan and P. Van Esterik. New York: Routledge, pp. 251-255.

Society for Nutrition Education. 1987. Recommendations for the Society for Nutrition Education on the academic preparation of nutrition education specialists. *Journal of Nutrition Education* 19(5):209-210.

Society for Nutrition Education and Behavior. 2015. Competencies for nutrition educators. SNEB.org. Accessed 4/27/15.

Society for Nutrition Education and Behavior. 2015. Society for Nutrition Education mission and identity statements. http://www.sneb.org Accessed 3/2/15.

Spill, M. K., L. L. Birch, L. S. Roe, and B. J. Rolls. 2010. Eating vegetables first: The use of portion size to increase vegetable intake in preschool children. *American Journal of Clinical Nutrition* 91(5):1237-1243.

———. 2011. Serving large portions of vegetable soup at the start of a meal affected children's energy and vegetable intake. *Appetite* 57(1):213-219.

Stevens, G. A., G. M. Singh, Y. Lu, G. Danaei, J. K. Lin, M. M. Finucane, et al. 2012. National, regional, and global trends in adult overweight and obesity prevalences. *Population Metrics* 10:22.

Stewart, H., N. Blisard, and D. Jolliffe. 2006. Let's eat out: Americans weigh taste, convenience, and nutrition. *Economic Information Bulletin* No. EIB-19.

Story, M., and S. French. 2004. Food advertising and marketing directed at children and adolescents in the US. *International Journal of Behavioral Nutrition and Physical Activity* 1(1):3.

Story, M., K. M. Kaphingst, R. Robinson-O'Brien, K. Glanz. 2008. Creating healthy food and eating environments: Policy and environmental approaches. *Annual Review of Public Health* 9:253-272.

Stunkard, A. 1975. Satiety is a conditioned reflex. *Psychosomatic Medicine* 37(5):383-387.

Supermarket News. June 3, 2013. Study shows shoppers' digital, health trends. http://supermarketnews.com/datasheet/june-3-2013-study-shows-shoppers-digital-health-trends Accessed 5/7/15.

Supermarket Nutrition. 2013. How grocery retailers and supermarket dietitians can impact consumer health, in-store & online. http://supermarketnutrition.com/how-grocery-retailers-and-supermarket-dietitians-can-impact-consumer-health-in-store-online/Accessed 5/15/15.

Tepper, B. J. 2008. Nutritional implications of genetic taste variation: The role of PROP sensitivity and other taste phenotypes. *Annual Review of Nutrition* 28:367-388.

Thompson, C. A., and J. Ravia. 2011. A systematic review of behavioral interventions to promote intake of fruit and vegetables. *Journal of the American Dietetic Association* 111(10):1523-1535.

Thompson, D. 2013. In America, food is getting cheaper — unless you're poor. *The Atlantic*. http://www.theatlanticcities.com/politics/2013/03/america-food-getting-cheaper-unless-youre-poor/4923/ Accessed 11/3/14.

Thompson B., and L. Amoroso, eds. 2011. *Combating micronutrient deficiencies: Food-based approaches*. Rome: Food and Agricultural Organization.

Trabulsi, J. C., and J. A. Mennella. 2012. Diet, sensitive periods in flavor learning, and growth. *International Review of Psychiatry* 24:219-230.

Travers, K. D. 1997. Reducing inequities through participatory research and community empowerment. *Health Education and Behavior* 24(3):344-356.

Tucker R. M., Mattes R. D., Running CA. 2014 Mechanisms and effects of "fat taste" in humans. *Biofactors* 40(3): 313-326.

U.S. Department of Agriculture, 2012a. *Food Environment Atlas*. Washington, DC: USDA, Economic Research Service. http://www.ers.usda.gov/data-products/food-environment-atlas.aspx Accessed 9/15/13.

———. 2012b. *Food Expenditures*. Washington, DC: USDA Economic Research Service. http://www.ers.usda.gov/data-products/food-expenditures.aspx#26654 Accessed 1/15/14.

———. 2013. *Food security status of United States Households, 2012*. Washington, DC: USDA, Economic Research Service, http://www.ers.usda.gov/topics/food-nutrition-assistance/food-security-in-the-us/key-statistics-graphics.aspx. Accessed 5/19/15.

U.S. Department of Health and Human Services. 2008. Physical activity guidelines for Americans. www.health.gov/paguidelines Accessed 8/14/13.

———. 2010a. *Healthy People 2020: Improving the Health of Americans.* Washington, DC: Government Printing Office. http://www.healthypeople.gov/2020/topicsobjectives2020/objectiveslist.aspx?topicId=29 Accessed 3/2/15.

———. 2010b. *Dietary Guidelines for Americans.* www.health.gov/dietaryguidelines/ Accessed 8/14/13.

———. 2015. *Dietary Guidelines for Americans.* www.health.gov/dietaryguidelines/ Accessed 3/2/15.

U.S. Department of Labor, 2013a. *American time use statistics, 2013.* Washington, DC: United States Department of Labor, Bureau of Labor Statistics, http://www.bls.gov/tus/ Accessed 5/19/15.

U.S. Department of Labor, 2013b. *Consumer Expenditure Survey*, Washington, DC: U.S. Department of Labor, Bureau of Labor Statistics. http://www.bls.gov/cex/ Accessed 5/19/15.

Vander Horst, K., S. Kremers, I. Ferreira, A. Singh, A. Oenema and J. Brug. 2007. Perceived parenting style and practices and the consumption of sugar-sweetened beverages by adolescents. *Health Education Research* 22(2) 295-304.

Van Rossum, C. T. M., H. P. Fransen, J. Verkaik-Kloosterman, E. J. M. Buuma-Rethans, and C. Ocke. 2011. *Dutch national food consumption survey 2007–2010: Diet of children and adults aged 7 to 69 years.* Netherlands: National Institute for Public Health and the Environment, Ministry of Health, Welfare and Sports. http://w w w.rivm.nl/bibliotheek/rapporten/350050006.pdf Accessed 5/5/15.

Ventura, A. K., and L. L. Birch. 2008. Does parenting affect children's eating and weight status? *International Journal of Behavioral Nutrition and Physical Activity* 5:15.

Ver Ploeg, M., V. Breneman, T. Farrigan, K. Hamrick, D. Hopkins, P. Kaufman, et al. 2009. Access to affordable and nutritious food — measuring and understanding food deserts and their consequences. *Report to Congress. United States Department of Agriculture,* Administrative Publication No. (AP-036).

Wang, D, and D. Stewart. 2013. The implementation and effectiveness of school-based nutrition promotion programmes using a health-promoting schools approach: A systematic review. *Public Health Nutrition* 16(6):1082-1100.

Wang Y, Y. Wu, R. F. Wilson, S. Bleich, L. Cheskin, C. Weston, et al. 2013. Childhood obesity prevention programs: Comparative effectiveness review and meta-analysis. *Agency for Healthcare Research and Quality: Comparative Effectiveness Reviews.* June;13-EHC081-EF.

Wansink B., D. R. Just, C. R. Payne, and M. Z. Klinger. 2012. Attractive names sustain increased vegetable intake in schools. *Preventive Medicine* 55(4):330-332.

Wardle, J., L. L. Cooke, E. L. Gibson, M. Sapochnik, A. Sheiham, and M. Lawson. 2003. Increasing children's acceptance of vegetables; a randomized trial of parent-led exposure. *Appetite* 40(15), 155-162.

Washington State Magazine. 2013. Annual income spent on food. [map]. Washington State University. http://wsm.wsu.edu/researcher/WSMaug11_bi l lions.pdf Accessed 8/15/13.

Wendel-Vos, W., M. Droomers, S. Kremers, J. Brug, and F. van Lenthe. 2007. Potential environmental determinants of physical activity in adults: A systematic review. *Obesity Reviews* 8(5):425-440.

White House Task Force on Childhood Obesity. 2010. *Solving the problem of childhood obesity within one generation.* Washington, DC: White House Task Force on Childhood Obesity, Policy Domestic Council. http://www.letsmove.gov/sites/letsmove.gov/files/TaskForce_on_Childhood_Obesity_May2010_FullReport.pdf Accessed 3/6/15.

Whitten, C., S. K. Nicholson, C. Roberts, C. J. Prynne, G. Pot, A. Olson et al. 2011. National Diet and Nutrition Survey: UK food consumption and nutrient intakes from the first year of the rolling programme and comparisons with previous surveys. *British Journal of Nutrition* 106(12):1899-1914.

WIC Works Resource System. 2013. Revitalizing Quality Nutrition Services (RQNS) http://www.fns.usda.gov/wic/benefitsandservices/rqns.htm Accessed 7/15/13.

World Health Organization. 2013. *Marketing of food high in fat, salt and sugar to children: update 2012–2013.* Copenhagen, Denmark: WHO Regional Off ice for Europe.

Yale Rudd Center for Food Policy & Obesity. 2013. Food marketing to youth. http://www.yaleruddcenter.org/what_we_do.aspx?id=4 Accessed 8/15/13.

Yudkin, J. 1978. *The diet of man: Needs and wants.* London: Elsevier Science.

Memo

행동변화를 뒷받침하는 동기유발, 실행능력, 환경적 지지

개 요

사람의 행동은 여러 가지 요인에 영향받는다. 건강한 식습관 형성에 기여하는 요인이 무엇인지 어떻게 알 수 있을까? 이 장에서는 행동과학이론과 과학적인 근거들을 통해 이러한 요인들이 행동에 어떻게 영향을 미치는지 이해하고, 영양교육의 효과를 높이기 위해 실행할 수 있는 방법을 알아본다. 여기서 소개하는 관련 자료와 행동변화방법은 대상자들의 동기유발과 실행능력을 향상시키는 방법, 나아가 환경적·정치적 지지가 되는 요인들을 설명해준다.

목 표

1. 행동변화와 실행에 중점을 둔 영양교육의 참된 의미를 설명할 수 있다.
2. 영양교육의 주목적이 행동변화와 실행에 영향을 주는 요인과 결정요인을 다루는 데 있음을 인지할 수 있다.
3. 행동이론과 연구들이 효과적인 영양교육을 설계하는 데 중요한 수단이 된다는 점에 대해 논의할 수 있다.
4. 행동이론과 연구의 중요성을 비평할 수 있다.
5. 영양교육의 3대 요소와 각각의 교육목표를 기술할 수 있다.
6. 이론에 바탕을 둔 개념적 틀을 설명할 수 있다.
7. 영양교육의 다섯 가지 성공요소를 설명할 수 있다.

1 성공적인 영양교육을 위한 요소

식생활에 영향을 미치는 요인은 굉장히 많으며 가끔은 서로 대립되는 요인 탓에 건강한 식생활을 유지하기가 쉽지 않다.

보건의료 전문가들이 건강증진과 행동변화에 관심을 가지기 시작했을 초기에는, 환자와 국민에게 정보를 제공하는 데 초점을 맞추었다. 정보를 잘 제공하면 결과적으로 질병을 예방하고 건강 향상에 필요한 행동, 즉 사람들이 예방접종, 건강한 식생활, 정기 건강검진, 금연 등을 실행할 것이라고 가정한 것이다. 이러한 가정 때문에 건강 및 영양교육 초기에는 정보 전달에만 중점을 두었다. 그러나 초기의 노력 결과를 분석해보니, 이러한 방법이 행동을 변화시키는 데는 효과적이지 않다는 결론이 나왔다. 사람은 대부분 건강을 최종적으로 도달해야 하는 목표라기보다는 인생의 다른 중요한 일을 하기 위한 수단 같은 것으로 생각한다. 따라서 신체적 증상이 나타나기 전에는 대부분 건강을 위한 생활습관의 변화를 우선순위로 두지 않는다. 건강에 위험신호가 조금 나타나더라도 생활습관을 바꾸겠다는 동기가 유발되기가 생각보다 쉽지 않으며 이는 현실적으로 복잡한 문제이다. 그렇다면 어떻게 영양교육 프로그램으로 사람들의 식습관을 효과적으로 바꿀 수 있을까?

1900년부터 1970년까지의 영양교육 관련 자료 중에는, Whitehead(1973)가 어떻게 하면 영양교육을 효과적으로 할 수 있는지에 대한 개괄적인 결론을 내렸다. 그는 행동변화목적이 뚜렷하게 설정되고, 적당한 교육방법을 사용했을 때, 개개인이 문제해결에 적극적으로 참여했을 때, 지역사회에서 문제에 통합적으로 접근했을 때 영양교육이 효과적으로 이루어진다고 결론지었다.

최근 몇십 년간 식생활과 신체활동에 관한 연구가 굉장히 활발히 이루어졌고, 연구 결과가 영양교육 실습에 많은 도움을 주었다(Contento 등 1995; Ammerman 등 2002; Lemmens 등 2008; Johnson, Scott-Sheldon, Carey 2010; Waters 등 2011; Thompson과 Ravia 2011; Hawkes 2013). 이 연구들은 영양교육에 다음과 같은 요소가 충족되면 성공적이라고 말하고 있다.

- **성공요소 1** 영양교육의 초점을 행동, 실행, 실천에 맞춘다. 식품 선택과 식습관이 본인은 물론 지역사회와 지구 환경에까지 중요한 결과적 영향을 미친다는 사실 아래, 특정한 행동과 실천에 영양교육의 초점을 맞추면 더욱 효과적이다. 나아가 본인은 물론 가족 단위 혹은 지역사회에서 이런 특정 행동을 건강증진 목표로 삼을 수도 있다.
- **성공요소 2** 영양교육을 할 때 행동변화와 실행에 영향을 주는 요인 또는 결정요인들을 다룬다. 대상 집단의 식행동을 변화시키고자 한다면 그 집단에게 영향을 주는 요인을 정확히 파악하고 교육해야 효과가 더 크다. 이러한 요인을 행동변화의 결정요인이라고 하며, 이 결정요인은 영양교육 중재의 직접적인 대상이 된다. 결정요인들은 식품과 영양에 관한 내용과도 연관되지만, 이러한 관련 내용을 어떻게 전달하느냐에 따라 중요한 동기유발의 요소가 되거나, 동기를 유발하여 행동변화를 용이하게 하기도 한다.
- **성공요소 3** 이론과 증명된 정보를 이용한다. 영양교육은 행동변화 이론과 연구로 증명된 자료를 바탕으로 고안되어야 성공할 가능성이 높다.
- **성공요소 4** 다양한 수준으로 전개한다. 영양교육이 식품 선택이나 식습관에 영향을 주기 위해서는 다양한 수준, 즉 개인부터 정부 정책영역까지 참여하도록 하는 것이 효과적이며, 전달하고자 하는 메시지는 다양한 채널에서 영향력을 미칠만한 시간과 강도로 수행되어야 한다. 이를 사회생태학적 접근이라고 한다.
- **성공요소 5** 행동변화이론에 바탕을 둔 결정요인을 변화시킬 수 있는 적절한 전략을 잘 이용한다. 대상자에게 적합하며 효과가 증명된 특정한 전략적 방법으로 행동변화를 유도하고, 실질적으로 실행가능한 목적에 집중하면 성공할 가능성이 크다.

2 성공요소 1: 행동변화와 실행에 중점 두기

영양교육에서는 여러 주제의 일반적 정보보다는 특정 식품선택행동이나 영양 관련 행위, 또는 특정 지역사회 식생활 관습을 다루면 더 효과적이다(Contento 등 1995; Baranowski 등 2009). 행동이란 관찰가능한 개인의 행위나 활동으로 정의할 수 있다. 나아가 영양교육에서 행동이란 특정 식습관(예: 채소와 과일을 먹는 행위), 혹은 보다 구체적인 식행동(예: 점심에 과일을 먹겠다)과 연관되어있다. 그러므로 식습관 개선이나 행동변화는 다음과 같은 성격을 띨 수 있다.

- 건강과 직결된 관찰가능한 식품 선택이나 식행동(예: 매일 적당량의 채소와 과일을 꼭 먹는다, 매일 아침 식사를 한다 등)
- 식품이나 먹거리 체계와 관련된 관찰가능한 행동이나 행위(예: 식품을 준비하고 조리하기, 탄소발자국을 줄이는 식생활 실천하기 등)
- 이외에 관찰가능한 식행동이나 영양에 관련된 행동(예: 모유수유 등)

행동에 초점을 맞춘 접근이란 영양교육을 통해 행동이 실행되거나 변화되고, 식생활패턴이나 식생활습관이 변화되는 것을 의미한다. 예를 들어, 영양교육의 목표가 심혈관계질환이나 암을 예방하는 것이고 교육내용은 채소와 과일·전곡류는 많이 먹고 포화지방의 섭취는 줄이는 행동에 중점을 두며 체중 증가를 예방하는 것이라면, 위에 언급한 행동을 하고 고에너지 음식은 피하며 운동을 해서 에너지를 소모하는 데 집중하면 된다.

다른 예로 지역사회와 함께 '건강한 식생활 만들기'라는 교육 프로그램을 만든다고 생각해보자(Reger 등 1998; Booth-Butterfield와 Reger 2004). '건강한 식생활 만들기'는 굉장히 광범위한 개념이어서 무슨 행동에 초점을 두어야 할지 알 수 없다는 사실을 금방 깨닫게 된다. 행동변화목적을 '지방 섭취 줄이기'로 바꾸어도 여전히 광범위하다. 결국 식이지방에 대한 지식과 과학적인 정보를 바탕으로 목적을 '저지방 우유 마시기'로 축소하고, 나아가 '저지방 우유 구매하기'로 구체화시켜야 한다. 최종 행동변화목적은 소비자들이 1% 저지방 우유를 구매하도록 하는 것이어야 하고, 캠페인 문구는 '1% 적게'가 되어야 한다. 이때 소비자가 저지방 우유를 쉽게 구매하도록, 저지방 우유와 무지방 우유가 항상 식료품 시장에 진열되어있어야 한다. 연구 수행 결과, 저지방 우유 시장 점유율이

그림 2-1 국민공통 식생활지침

자료: 보건복지부, 농림축산식품부, 식품의약품안전처. 2017.

18%에서 41%로 늘어났고 38%의 소비자들이 고지방 우유가 아닌 저지방 우유를 구입하였다.

영양교육자는 어떤 교육 프로그램에서든 대상자의 요구와 인식, 그리고 희망사항을 잘 파악하고 나아가 국가 차원의 영양과 건강증진목표가 무엇인지, 또 영양학 기반의 연구 결과는 무엇인지 알아내어 대상자를 위한 구체적이고 실천가능한 행동을 규명해야 한다. 이 행동은 사회문화적 차원에서 다루어지고 고안되어야 한다. 인간의 행동 자체가 사회와 문화 또는 환경적 영향을 많이 받기 때문이다.

우리나라 국가 차원의 건강증진 목표에 부합하고 한국의 사회와 문화를 바탕으로 한 우리나라 국민공통 색생활지침은 **그림 2-1**을 참고한다.

3 성공요소 2: 행동변화와 실행의 영향요인이나 결정요인에 역점 두기

식품선택과 식생활에 관한 행동에 영향을 주는 요소는 많이 있다(그림 2-2). 이러한 요소들은 행동과학에서 흔히 '결정요인'으로 불린다. 영양교육에는 수정할 수 있는 개인의 결정요인이나 식품이용성과 접근성 등 일부 수정할 수 있는 환경요인들이 있다. 반면 사회·경제 상태나 교육수준은 영양교육으로 수정할 수 없다.

간혹 영양교육이 단지 지식과 기술의 전달이라고 생각하는 영양전문가도 있다. 물론 지식 습득도 건강한 식습관 형성에 어느 정도 필요한 일이다. 그러나 지식과 기술은 그림 2-2에 나타난 것처럼 행동변화의 결정요인 중 하나일 뿐이다.

> 영양교육이란 식생활에 연관된 행동을 변화할 수 있도록 동기를 부여하고 행동변화의 능력을 강화하도록 지식의 습득과 행동변화방법을 전수하는 전 과정을 통틀어 일컫는 말이다. 이를 위해서는 식품과 영양 관련 지식을 습득하는 것은 필수이며, 정보에 따라 영양에 관한 지식만 전달하여 동기유발 역할까지만 하는 경우와 행동을 어떻게 하면 변화시킬 수 있는지 그 방법까지 포함하는 경우가 있다. 전자의 경우를 동기유발 지식(Motivating knowledge) 혹은 '왜 하는가'에 대한 지식(Why-to knowledge)이라 하고, 후자는 행동변화 촉진지식(Facilitating knowledge) 혹은 '어떻게 하는가'에 관한 지식(How-to-knowledge)이라고 한다. 영양교육에서는 두 지식이 모두 필요한데, 이들 지식은 그 목적이 서로 달라 교육의 시기가 다를 수도 있으므로 교육자료를 개발할 때 이를 염두에 두어야 한다.

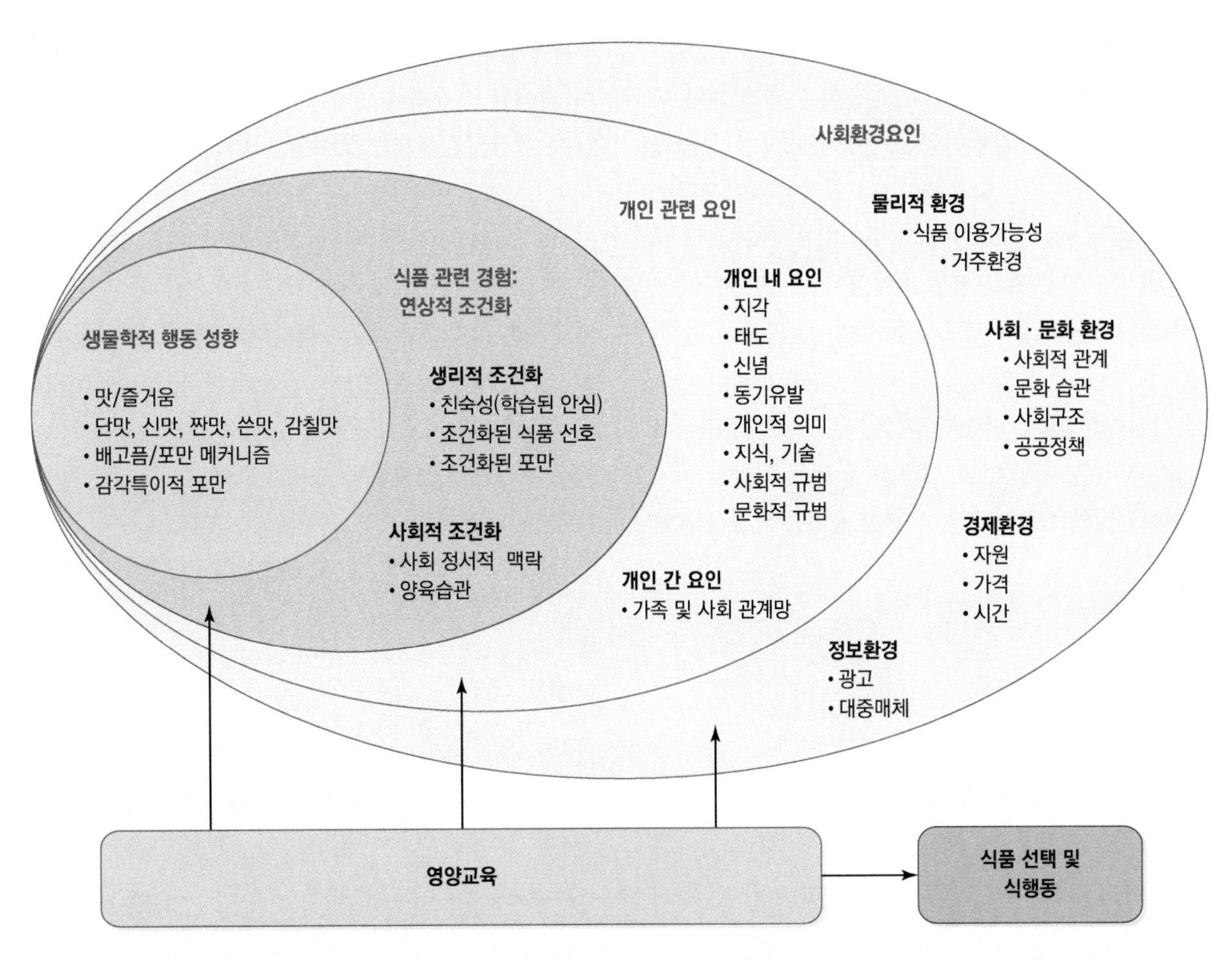

그림 2-2 식품 선택과 식행동에 영향을 주는 요인들과 영양교육의 역할

1) 행동변화의 결정요인으로서 지식의 역할

(1) 동기유발의 역할을 하는 식품과 영양지식

식품과 영양정보가 적절하게 전달되면 행동변화의 동기가 생기기도 한다. 행동과학 연구에 따르면, 질병에 대한 위험 인지도가 행동변화를 촉진하는 동기유발요인이 된다고 한다. 영양정보는 논리적인 지식뿐만 아니라 질병 위험에 대한 인지도를 높혀 상대에게 정신적·심리적 영향을 미친다.

마찬가지로 건강한 식습관이 신체에 주는 생리·의학적 이익을 잘 이해하는 것 또한 지식적 측면뿐만 아니라 심리적으로 행동변화의 동기를 유발시킨다. 이처럼 과학적 근거와 지식을 바탕으로 동기를 유발하는 지식를 동기유발지식 혹은 정보지식이라고 한다.

(2) 행동변화를 촉진하는 식품과 영양정보

동기가 유발되어 행동을 변화시키고 싶은데 어떻게 해야 할지 모르는 사람들에게는 과학적인 근거를 바탕으로 무엇을 어떻게 먹는 것이 좋은지를 교육한다. 이때 영양정보 활용능력을 높여주어 행동변화를 촉진하게 되는데, 이때 필요한 지식을 행동변화 촉진지식 혹은 방법적 지식이라고 부른다.

대부분의 영양교육 프로그램에서 지식이란 식품군이나 식품성분표를 읽는 것 같은 영양정보로 이해된다. 이러한 것들을 사실적 지식이라 하며, 이는 영양정보 활용능력의 기초가 된다. 사실적 지식은 사람들이 영양정보에 대해 얼마만큼 기억하고 이해하는지와 건강과 영양에 관한 올바른 판단을 돕는 역할을 한다(Zoellner 등 2009; Silk 등 2008; Carbone 2013).

영양정보 활용능력은 특히 식생활 개선과 영양에 도움이 필요한 저학력 대상자들과(Silk 등 2008; Carbone과 Zoellner 2012) 질환자들을 교육하는 데 매우 중요하다(Institute of Medicine 2002, 2004; Carbone과 Zoellner 2012).

정보라는 단어는 기술적인 지식도 포함하는데, 이러한 지식의 예로는 레시피에 따라 조리하는 방법과 영양 면에서 균형 잡힌 식단을 계획하는 기술 등이 있다(**그림 2-3**). 이러한 정보를 절차적인 지식이라고 하는데, 여기서 지식은 흔히 통찰력을 가지고 올바른 선택에 유용하게 사용하는 지식이며, 여기에는 알뜰하게 식품을 구매하거나 유기농 식품이 무엇인지 알고 구매하는 것 등이 포함된다. 이러한 문제해결능력을 포함하여 영양교육에서 쓰이는 모든 지식을 행동변화 촉진지식이라고 한다.

행동변화 촉진지식은 변화 실행의 주가 되지만, 동기유발이 되어있지 않거나 행동을 변화시킬 준비가 전혀 되어있지 않은 대상자들에게는 효과를 나타내지 못한다(Contento 등 1995, Atkinson과 Nitzke 2001; Ajzen 등 2011; Fishbein과 Ajzen 2010). 지식은 행동변화를 유발하는 힘이 약하다(Silver Wallace 2002; Baranowski 등 2003). 영양정보와 행동변화의 연관성은 사람들의 동기유발상태와 별 관계가 없다고 보고된 바 있다(Zoellner 등 2011; Carbone과 Zoellner 2012).

식품과 영양정보가 동기를 어떻게 유발하고 행동변화에 영향을 주는지를 요약하면 다음과 같다.

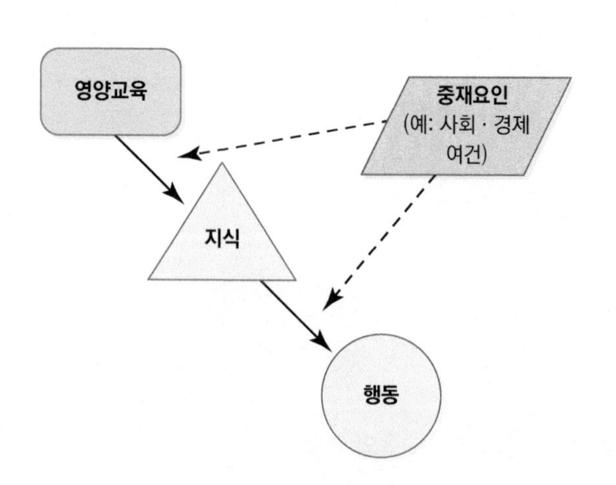

그림 2-3 지식을 바탕으로 한 교육 프로그램
(행동변화의 결정요인으로서 기능적 혹은 촉진적 지식)

식품과 영양정보	심리적 영향
동기유발지식(왜 행동을 변화시켜야 하는가)	
식생활과 질병에 관한 과학적인 근거(예: 과당음료를 마신다 → 과체중/제2형 당뇨병; 저칼슘식이 → 골다공증)	좋지 않은 식행동이 건강에 미치는 위험성을 인지함으로써 행동변화의 동기를 유발한다(인지된 위험).
식생활과 질병에 관한 과학적인 근거(예: 채소와 과일 섭취 → 눈, 피부, 대사적인 건강을 향상시킴; 전곡 섭취 → 소화기능을 향상시킴)	올바른 식생활이 건강에 미치는 유익한 영향을 인지함으로써 행동변화의 동기를 유발한다(인지된 이익).

(계속)

식품과 영양정보	심리적 영향
행동변화 촉진지식(어떻게 행동을 변화시키는가)	
한국인 영양소 섭취기준에 따른 각 식품군의 적당량 섭취에 관한 정보	실천방법을 알려주어 행동변화를 촉진시키는 지식, 행동능력(Behavioral capability): 사실적 지식에 바탕을 둠
식품영양정보를 어떻게 읽는지에 관한 정보	실천방법을 알려주어 행동변화를 촉진시키는 지식, 행동능력: 인지능력에 바탕을 둠
레시피에 따라 음식을 조리하는 방법에 관한 정보	실천방법을 알려주어 행동변화를 촉진시키는 지식, 행동능력: 실천기술에 바탕을 둠

2) 행동변화의 결정요인으로서 사회심리적 영향

행동과학과 보건교육에서 '신념'이라는 용어는 단순히 무언가를 믿는 것을 의미하는 '신념'과는 다른 개념이다. 이는 외부적 근거, 사실, 관찰과 경험을 바탕으로 어떤 일정 개념을 정신적으로 받아들이는 것을 의미한다. 사회심리학자인 Fishbein과 Ajzen(2010)은 신념을, 대상이 어떤 속성을 가지고 있을 것이라는 믿음을 뜻한다고 하였는데 가령 신체활동(대상)이 제2형 당뇨병의 위험성을 줄인다는 믿음이 이에 속한다. 이러한 신념은 동기를 유발하는 힘을 지닌다. 사람들은 식품 선택이나 식생활을 변화시켜야 하는 이유를 찾고자 그에 대한 설득력 있는 과학적 근거를 믿거나 찾아내기 때문이다.

모든 행동변화가 강한 설득력을 가지려면, 논리적인 면과 감성적인 면이 모두 충족되어야 한다. 'Pouring on the Pounds' 캠페인은 잘못된 행동이 건강에 미치는 영향을 정확하게 과학적 정보로 표현함과 동시에, 사람들의 관심과 감성적인 면을 시각적으로 표출하여 효과적이었다(**그림 2-4**). 이 포스터는 과당음료가 유리컵에 담기면서 지방으로 변하는 것을 보여준다. 인터넷에 나타난 캠페인을 보면, 한 젊은 남자가 과당음료를 마심과 동시에 음료가 순식간에 지방으로 변하며 "당신은 지금 체중을 마시고 있습니까?"라는 성우의 목소리가 나온다. 과당음료가 건강에 위험할 수 있다는 사실을 기억에 남게끔 표현한 것이라고 볼 수 있다.

심리학, 인류학, 경제학 등에서 사용되는 용어와 논리를 가지고 행동변화의 결정요인을 요약·정리하면 **그림 2-2, 그림 2-5**와 같다.

행동변화를 유도하는 가장 효과적인 방법은 개인이나 집단의 현재 상황과 변화가능한 결정요인을 잘 파악하여, 이들을 교육내용에 잘 반영하는 것이다. 이런 행동변화의 결정요인은 가정, 지역사회, 문화 등의 영향을 받기 때문에 대상의 이러한 면을 잘 이해하여 적합한 교육내용을 개발하는 것이 가장 좋다. 가령 제2형 당뇨병에 걸린 청소년의 가정, 친구관계, 학교환경들을 고려하지 않고 단순히 당뇨병 조절에 관한 정

그림 2-4 'Pouring on the pounds' 캠페인

자료: 뉴욕시 보건부.

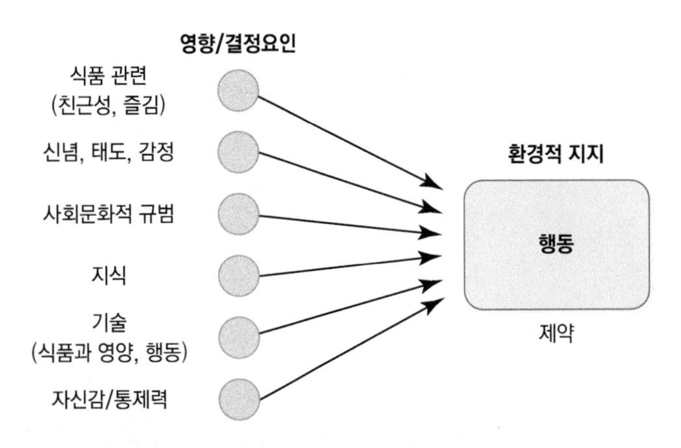

그림 2-5 식생활에 영향을 미치는 보편적 요인

BOX 2-1 영향요인, 결정요인, 매개요인

행동에 미치는 영향을 표현하는 용어로는 결정요인과 매개요인이 있다. 두 용어는 비슷하게 사용되는데, 여기서는 행동변화에 영향을 주는 것을 결정요인이라고 부르기로 한다.

- 결정요인: 어떤 행동이나 행동변화를 일으키는 특정한 영향요인이다. 즉 변화를 예측한다.
- 매개요인(Mediator): 영향중재 연구에서 중재가 결과에 미치는 영향을 통계적으로 증명하고자 할 때, 그 영향요인을 의미한다. 이 영향요인이나 매개요인은 영양중재가 어떻게 행동변화를 일으키는지 설명해준다(Baranowski 등 1997; Conner과 Armitage 2002).

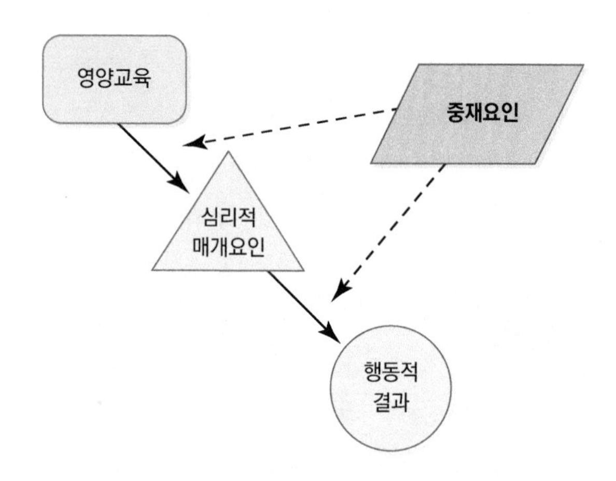

그림 2-6 이론을 바탕으로 한 교육 프로그램 (행동변화의 심리적 요인)

보를 제시한다면, 아무리 좋은 정보라도 그대로 실천하기가 쉽지 않을 것이다. 당뇨병 조절이 잘 실천되게 하려면 학생의 가정, 친구관계, 학교환경 등을 이해하여 그에 맞게 당뇨병 조절의 필요성을 설명하고 실천방법을 제시해야 한다.

3) 문화와 사회심리적 요인의 상호작용

식행동의 사회심리적 결정요인은 문화적 측면과 연계되어있다. 아동들은 문화적인 개념과 가치를 직간접적으로 배우는데(Spiro 1984), 직접 듣거나(예: 돼지고기를 먹지 않는다는 것을 말로 전달함) 행동을 보거나 TV나 다른 매개체를 통해 배우게 된다. 예를 들어 가정에서 건강한 요리를 많이 하고 즐기는 것을 보고 자란 아동이나(규범), 늘 요리할만한 여건이

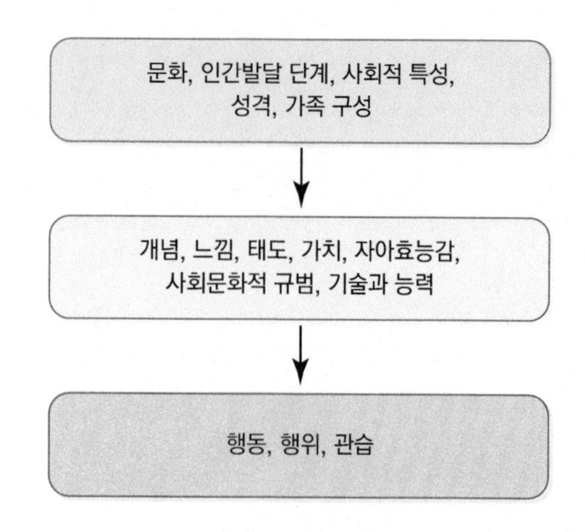

그림 2-7 문화와 개인의 사회적 배경이 심리적 요인과 행동, 실천에 미치는 영향

갖추어진 환경에서 자란 아동은 건강한 식습관에 대한 개념과 가치를 지니게 된다. 인류학자들은 이것을 문화적 환경이 사람들에게 자연스레 표준화되는 개념과 가치로 자리 잡기 때문이라고 설명한다.

사회심리학 이론과 연구에서는 개인의 신념, 태도, 가치가 문화와 굉장히 깊게 연관되어있고, 나아가 문화가 이를 형성하는 주요 바탕이 된다고 한다. 이러한 관계는 **그림 2-7**을 참고하여 이해하도록 한다.

4) 문화적 영향

영양교육에서 문화적인 맥락 고려는 중요한 일이다. 문화적 지식과 가치는 오랜 기간 한 사회와 집단의 생존수단으로 자리 잡았다(LeVine 1984). 음식과 식생활은 생존과 연관된 부분이다. 문화란 사람들이 어떤 음식을 먹어야 하는지 혹은 먹으면 안 되는지, 음식을 어떻게 준비하는지, 언제 어디서 누구와 먹을지, 누가 장을 보고 음식을 하는지, 누구의 의견이 식습관과 건강관리에 중요한 역할을 하는지 등을 결정한다(Rozin 1982; Sanjur 1982; D'Andrade 1984; Kittler 등 2011).

건강에 대한 문화적 가치의 다양성은 식습관에도 영향을 미친다. 개개인의 책임과 결정권이 강조되는 식문화가 있고, 가족 전체의 구성과 역할에 따라 결정되는 식문화도 있다. 어떤 문화는 건강을 생의학적 측면에서 보고, 어떤 문화는 경험과 사회심리적 관점에서 본다(Chesla 등 2000; Stein 2010).

문화적 이동을 한 사람은 자신의 주된 식문화를 고수함과

동시에 새로운 식문화를 접하고 적응하는 과정을 겪는다. 따라서 영양교육자가 대상자의 문화적 배경과 변화를 이해하면 더욱 효과적으로 영양교육을 할 수 있다(Satia-Abouta 등 2002).

(1) 문화적 민감도와 자신감

모든 나라의 인종과 문화가 점점 다양해지고 있다. 문화는 "가치관, 표준 혹은 개인이나 집단의 전통에 따른 세계에 대한 생각, 관계, 행동, 판단"(Chamberlain 2005, p.197)으로 설명될 수 있다. 행동의 심리적 결정요인은 사람의 문화적 배경에 영향받기 때문에, 영양교육자가 대상자의 문화와 가치를 이해하는 것은 매우 중요하다(Chamberlain 2005; Stein 2009, 2010; Moule 2012). 다시 말해 영양교육자에게는 문화적 민감성이 필요하며 이를 위해 상대방의 가치, 전통, 습관의 공통점과 차이점을 편견 없이 이해할 수 있어야 한다. 또 영양교육자에게는 다른 문화를 바탕으로 효과적인 교육자료를 만들만한 문화적 역량Cultural competence이 필요하다(Suarez-Balcazar 등 2013). 여기에는 다른 문화에 대한 인식, 존중, 수용이 따른다.

(2) 문화의 안과 밖

문화적 인식만큼이나 개인과 가족 안에서 대상자가 문화적인 전통과 믿음을 얼마만큼 받아들이느냐도 중요하다(Triandis 1979; Ventura와 Birch 2008). 아이들은 자라면서 가족의 전통을 스스로에게 맞추어 적응하고 해석하기 마련이다(Rozin 1982). 마찬가지로 전통문화가 가족과 지역사회 안에서 해석되는 정도도 다양하다. 개개인은 가족과 지역사회의 전통적인 문화에 본인의 경험을 더하여 다음 세대에 또 다른 영향을 미칠 수 있다. 영양교육 시 이러한 개인별 문화적 해석의 다양성도 고려해야 한다(Satia 등 2001). 가령 모유수유에 대해 전통적인 기대치나 개인의 가족 내에서의 기대치가 있을 수 있지만, 개인에 따라 다른 의견을 가질 수 있음을 알고 존중해야 한다(Bentley 등 2003). 이러한 개인적 차이를 이해하는 것은 영양교육 준비에 도움이 된다(Kreuter 등 2003, 2005).

이렇게 다방면을 고려하면 개개인이 문화적 신념, 규범, 가치 등을 어떻게 내면화하는지를 이해할 수 있고 문화의 개인적 해석이 한 사람의 삶에 얼마나 지대한 영향을 미치는지 깨달을 수 있다(Triandis 1979). 모든 것은 한 사람의 사회심리적 상태를 구성하며, 사회심리학 이론에서 행동변화 결정요인으로 정의되는 것들의 예가 된다. 결과적으로 영양교육자들은 대상자의 문화적 전통를 이해하고 존중하되 개인과 가족에 따라 또 어떻게 문화를 다르게 해석하고 실행하는지 인지하고, 모든 것을 교육 프로그램에 반영하여야 한다.

4 성공요소 3: 이론을 영양교육의 가이드나 도구로 사용하기

1) 행동변화와 실행을 위한 사회심리적 접근

1940년대 사회심리학자인 Kurt Lewin의 연구는 건강행동에 관한 여러 연구에 영향을 미쳤다. 그는 개인의 지각과 경험이 인간의 행동과 실천의 중요 결정요인이라고 보았다. 즉 행동의 결과가 무엇일까에 대한 믿음이 중요한 결정요인이라는 것인데, 심리학자들은 이를 '결과기대'라고 부른다. 예를 들어 사람들은 예방접종을 통해 결핵 예방효과가 나타날 것으로 기대할 때 예방접종을 받는다는 것이다. 또 사람들이 하는 행동의 최종 결과에 가치를 두어야 한다고 했는데, 이는 예방접종을 통해 결핵의 위험에서 벗어난다는 사실에 가치를 둘 때 그 행동을 실천하게 되기 때문이다.

2) 체계적 도구로서의 이론

행동에 대한 결과기대Expection, E와 결과가치Value, V는 행동Behavior, B을 예측할 수 있게 해주는 것으로 여러 연구에서 보고되었다. 즉 '기대$_E$ × 가치$_V$ = 행동$_B$'으로 나타나는데 결정요인, 결과기대, 결과가치가 어떻게 행동을 예측하는지를 서술한 것이 바로 이론이다.

이론에 바탕을 둔 결정요인으로는 행동의 결과에 대한 신념, 행동에 대한 태도, 질병에 대한 위험인지도, 자아효능감 혹은 행동변화에 대한 자신감, 행동변화의 장벽, 지식, 기술 등이 있다. 이론은 결정요인 간의 관계, 결정요인과 행동 간의 관계를 설명한다.

이 결정요인 간의 이론적 관계와 연관성을 이해하는 것은

BOX 2-2 **이론이 영양교육의 유용한 도구인 이유**

이론은 증거를 바탕으로 정신적 지도(Mental map)를 제공하며, 건강과 관련된 행동을 예측할 수 있게 해준다. 이것은 결정요인이 어떻게 행동에 영향을 주는지를 보여준다. 영양교육에서 이론이 중요한 이유는 다음과 같다.

- 행동와 행동변화가 왜 일어나는지 설명해준다. 이론은 단지 행동에 영향력이 있는 것을 나열하는 것이 아니라, 영양교육자로 하여금 어떻게 하면 영향력 있는 특정 요인을 교육 프로그램에 적용할 수 있는지 알게 해준다.
- 교육 프로그램을 기획하기 전에 필요한 정보를 특정화하는 것과, 대상 집단에 따라 어떤 결정요인이 의미 있고 무의미한지를 분류하는 데 도움을 준다.
- 영양교육자들이 부분적인 교육활동과 전략을 효과적으로 기획하는 데 도움을 준다.
- 교육 프로그램에 정확히 어떤 효과가 있으며, 효과를 평가할 때 어떤 도구를 이용해야 하는지 알려준다.

영양교육 설계의 좋은 도구가 된다. 영양교육자들은 이론적인 도구를 이용하여 결정요인을 변화시키는 것을 목표로 해야 하며, 나아가 행동을 변화시키는 데 도움이 되는 교육전략을 세울 수 있다.

좋은 이론만큼 실용적인 것은 없다(Lewin 1935). 영양교육은 적절한 이론과 증명된 교육활동을 이용할 때 성공할 가능성이 가장 크다(Contento 등 1995; Baranowski 등 2003; Lytle 2005; Diep 등 2014).

3) 이론의 명확화

이론이나 모델을 명확히 하면 영양교육을 설계하는 데 도움이 된다. 명확한 이론은 교육활동에서 어떤 결정요인이 중점이 되는지를 쉽게 이해하게 해준다. 예를 들어 모유수유를 교육할 때는 이론에 근거한 결정요인을 분석하여 모유수유의 방법(행동수행능력)뿐만 아니라, 어떻게 하면 동료집단의 압력에 잘 대처할 수 있는지를 교육(심리적 결정요인)하면 더 효과적이다.

이론은 교육활동을 개발할 때도 도움이 된다. 예를 들어 교육활동에 동료집단의 압력에 잘 대처하는 방법에 대한 역할극과, 어떻게 반응할 것인지 의논하는 활동을 포함시킬 수 있다. 이론은 평가기준을 세우는 데도 도움을 준다. 이러한 평가는 추후의 교육자료 개발에도 활용할 수 있다. 예를 들어 동료집단의 압력에 대처할 때 모유수유를 더 잘하게 되는 교육효과가 나타났지만, 자아효능감을 증진하는 교육은 행동변화에 효과가 없었다면, 다음 교육활동 시에는 사회적 압력을 줄이는 데 집중함으로써 교육효과를 높일 수 있다.

4) 이론의 구성요소

(1) 구성요소와 변수

지금까지 설명한 행동변화나 실행의 결정요인, 예를 들어 신념, 이익, 감정과 태도 등은 이론 구성의 주요 요소가 된다. 이 요소들은 기능별로 아래와 같은 용어로 표현된다.

- **구성요소**Constructs 결정요인들이 이론 안에서 체계적으로 이용될 때 이를 구성요소라고 하며, 이것은 직접적 관찰이 어려운 신념이나 태도 같은 개념을 말한다. 관찰할 수 없는 개념들은 인간의 경험에 의한 심리적인 상태를 표현하는데, 예로는 소금 섭취에 관한 건강 관련 믿음이나 모유수유에 대한 태도 등이 있다. 연구자들은 이러한 개념을 언급·의논하며 평가하기도 한다. 예를 들어 어떤 사람이 소금 섭취를 줄여야 건강에 이롭다고 생각하는 이유가 소금 섭취가 고혈압에 미치는 영향 때문이라면, 이 믿음은 그 사람이 앞으로 음식을 먹을 때의 소금 사용 여부에 영향을 미칠 것으로 가늠할 수 있다. 건강신념모델Health belief model에서는 이러한 믿음이 '인지된 이익'이라는 구성요소가 된다.
- **변수**Variables 구성요소와 비슷하게 사용되며, 기능적으로 조작가능하고 어떠한 상황에서 특정하게 평가되는 구성요소를 말한다. 예를 들어 어떤 행동을 취하면 특정한 이익이 생긴다고 생각해보자. 채소와 과일을 먹는 것이 암 예방에 좋다고 생각하는 정도를 5점 척도로 평가할 때, 어떤 사람은 과채의 암 예방 효과에 5점을 주겠지만 어떤 사람은 2점이나 3점 정도만 줄 수 있다.

(2) 그릇의 역할을 하는 결정요인과 구성요소

행동과학 연구자들은 사회심리적 기능에 따라 결정요인, 매개요인, 구성요소, 변수에 태도, 인지된 위험, 인지된 이익 등 특정한 이름을 붙였다. 이러한 이름은 내용물이 담기지 않은 '그릇'과 같다. 각 그릇에 어떤 식품영양정보를 담을지는 대상자나 대상집단에게 심층 인터뷰나 설문조사를 함으로써 알아낼 수 있다. 가령 채소와 과일 섭취의 긍정적 결과기대(인지된 이익)를 조사할 때 어른에게서는 만성질환 예방이라는 대답이 나오겠지만, 청소년에게서는 피부가 좋아진다거나 체중 조절이 된다거나 하는 대답이 나올 수 있다.

모유수유의 경우, 긍정적 결과기대나 인지된 이익(그릇)은 '모유가 영아에게 영양적으로 좋다'거나 '면역능력을 향상시킨다'(그릇에 담길 항목)가 될 수 있다. 행동변화의 장애요인(그릇) 중 모유수유의 경우, '처음에는 아프고 민망하다'거나 '본인 외에 다른 사람이 대신 해줄 수 없다'는 점 등이(그릇에 담길 항목) 될 수 있다(그림 2-8).

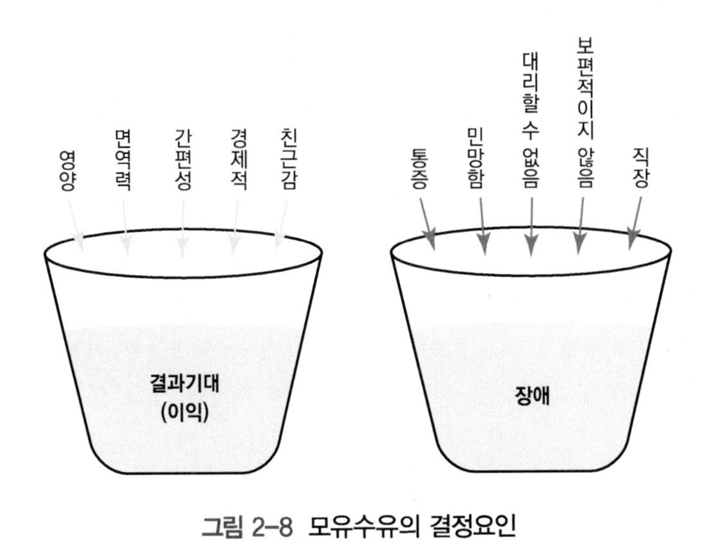

그림 2-8 모유수유의 결정요인

(3) 이론, 모델, 이론적 틀

이 용어들은 중복 사용되며, 용어 정의도 표준화되지 않았다. 여기서는 연구개발자들이 본래 붙인 명칭인 '이론'이나 '모델'이라는 용어를 그대로 사용하기로 한다. 즉 Theory of Planned Behavior의 경우 '계획적 행동이론'과 같이 '이론'으로 사용하고, Health belief model의 경우 '건강신념모델'과 같이 '모델'로 사용할 것이다. 보편적으로 이론이란 용어를 쓸 때는 이론과 모델이 모두 포함될 수도 있다.

- **이론** 주로 신념이나 태도 등의 구성요소들이 서로 명확하게 어떤 관계로 행동변화에 영향을 주는지를 설명할 때 쓰인다.
- **모델** 주로 둘이나 그 이상의 구성요소를 설명할 때, 특히 이들 구성요소들이 어떻게 연관되어있는지를 자세히 설명할 때 쓰인다. 하나 이상의 이론에서 이미 증명된 몇몇 구성요소들을 모아서 모델을 만들기도 하고, 한 이론의 구성요소를 부분적으로 이용해서 하나의 모델을 만들기도 한다.
- **이론적 틀**Theoretical framework 여러 개념의 관계를 설명할 때 쓰인다. 이론이나 모델보다 덜 형식적이다.

5) 행동과학이론의 용이성

식생활은 흡연이나 음주처럼 한 가지 행동에 국한되지 않고 다양한 음식과 음료를 섭취하는 복잡하고 집합적인 행동으로, 다양한 환경과 조건의 영향을 받는다. '음식을 먹는다'는 것은 대개 사회환경 안에서 다른 사람과 어울리며 일어난다. 따라서 사회적 관계와 연관된 이론에 관심을 가지게 되며 영양교육은 행동과학, 식품 선택, 보건교육학 등에서 파생된 여러 이론을 바탕으로 하게 된다.

- **건강행동이론** 심리학자들은 보건학에 관심을 갖고 소아마비 예방접종이나 HIV 검진 등의 질병을 예방하는 행동과 실천이 어떻게 일어나는지를 설명하는 이론을 개발하였다. 이와 관련된 이론에서는 건강신념에 중점을 둔다(Hochbaum 1958).
- **식품선택이론** 식품 선택을 연구하는 과학자들은 사람이 식품을 선택할 때 맛, 가격, 편리함, 질감 중에 어떤 점을 가장 중시하는가를 알아내고자 했다(Conner와 Armitage 2002). 이때 건강은 별로 중요하지 않은 요소일 수 있다.
- **사회적 행동** 기타 다른 이론들은 소비성향, 투표, 특정 집단이나 대학 선택 등 사회적 상황 속에서 일어나는 개개인의 다양한 행동을 설명하고자 연구되었다. 이 이론에서는 사회심리적으로 행동이 어떻게 결정되는지 확인하고 이해하고자 한다(Ajzen 1998).

한 이론이 식생활이나 신체활동 관련 행동을 모두 설명할 수는 없으며, 서로 다른 이론이 행동의 성격과 특성에 따라 다르게 이용될 수도 있다. 여러 이론이 개념적으로 비슷한 경우가 많아 이들을 통합하자는 주장이나(Achterberg와 Miller 2004) 종합적인 새 이론을 만들어야 한다는 주장도 있다(Triandis 1979; Kok 등 1996; Institute of Medicine 2002; Baranowski 등 2009).

6) 사회심리학적 이론의 공통점

인간의 동기유발과 행동 실천에 관한 사회심리학적 이론에는 공통점이 있다. 영양교육을 설계할 때 이러한 공통요소를 중점적으로 다루면 효과적이다.

(1) 인지의 중요성

이 이론들은 어떤 행동에 대한 결정요인을 인지하는 것이 중요하다고 강조한다. 행동의 결과는 굉장히 객관적인 질병이나 건강상태 등으로 나타날 수 있지만, 이런 결과를 어떻게 이해하고 받아들이는지는 지극히 주관적이고 개개인이 어떤 방식으로 미래의 행동을 변화하려는 의지를 보이는지에 지대한 영향을 받는다고 한다(Lewin 등 1944; Fishbein과 Ajzen 1975, 2010).

사회문화적으로 개인에게 미치는 외적 영향력이 존재하지만, 심리학자 Traindis(1979)는 개인의 행동이나 행동을 바꾸려 하는 것은 결국은 그 사람의 내면화된 의지 때문이라고 설명한다. 결국 사회문화적 상황은 '외부'에만 존재하는 것이 아니라 개인의 가치, 규범, 역할 등에 영향을 줌으로써 그들의 행동을 인도할 정신적 지도의 역할을 하는 주관적 문화와 주관적 사회 상황이 되어 '내부'에서도 작용한다는 것이다.

(2) 장단점 비교

사람들은 주로 어떤 행동을 할 때 행동한 결과의 장단점을 비교해서(예: 운동을 하면 근육이 단단해지고 체중 조절에 효과가 있는 반면, 운동할 때 드는 노력과 그에 따르는 불편함도 있다), 그 행동을 실행할지 말지를 결정한다. 보편적으로 사람은 행동에 따른 이익은 최대화하고 손해는 최소화하려는 경향을 지닌다. 다시 말해 사람은 "과연 나(혹은 가족, 친구, 지역사회, 세계)에게 뭐가 좋을까?"라는 질문을 한 후 개인적으로 의미가 있다고 생각될 때만 행동의 동기가 생긴다. 행동의 목적은 개인의 가치와 윤리적 양심에 따라 단기적이며 국소적일 수 있고, 장기적이며 글로벌적일 수도 있다.

(3) 행동의 결과에 대한 신념 또는 행동결과의 가치

사람들은 어떤 행동의 결과에 가치를 둘 때 그 행동을 실행으로 옮길 가능성이 커진다.

- **건강 결과** 행동 실행이 건강에 이익을 주거나 질병의 위험성을 줄여준다는 신념
- **사회적 결과** 어떤 행동에 대해 '다른 사람들이 어떻게 생각할까?' 하는 기대치
- **자기평가 결과** 자아효능감, 자아이미지, 자아정체성 등은 모두 어떤 행동이나 조건에 중요하게 작용한다.

(4) 자아효능감이나 행동 수행에 대한 자신감

결과에 대한 신념 외에, 개인이 그 행동을 할 수 있을 것이라고 믿는 자신감을 가지는 것은 매우 중요한 일이다. 이러한 개념을 자아효능감이라고 부르며, 이는 여러 이론의 중심이 된다.

(5) 문화, 인생 단계 인간발달 단계, 경험, 이외 요소들의 영향

영양교육에서 직접적으로 변화할 수 없는 요소들은 이론의 중점이 되지 않는다. 이러한 요소로는 과거의 경험, 인생의 단계나 궤도, 성격, 사회경제적 요건, 거주지역, 사회문화적 배경 등이 있다. 이들은 변할 수는 없지만 선호도, 신념, 태도, 가치, 기대, 동기유발, 자아효능감, 습관 등을 좌우하는 데 영향을 크게 미친다.

7) 사회심리학적 이론의 개요

(1) 실행동기 향상

사회심리학 이론에서는 특정한 행동 실행이나 식행동변화를 일으키려면 결과에 대한 기대, 자아효능감, 하고 싶은 욕구, 하고자 하는 의향과 같은 신념이 필요하다고 본다.

- **결과기대** 나는 내가 가치 있다고 생각되는 결과가 나타난다고 기대하기 때문에 행동하길 원한다.
- **자아효능감** 일단 자신의 행동이 바람직한 결과를 가져온다고 믿고, 동기유발 후 준비가 되었다면, 행동을 실행할 자신감을 가져야 한다. 이 또한 현대 건강행동 이론에 자주 나오는 개념이며, 자아효능감이라고 불린다.
- **욕구** '나는 이 행동을 하고 싶은 욕구가 있다'라는 생각은 자신 혹은 가족이 행동하게끔 이끈다.
- **의향** '나는 어떤 행동을 할 것이다'라는 신념이 확고하면, 이 행동을 실제로 실천할 가능성이 커진다. 이러한 개념을 '행동의향' 혹은 '목적의향'이라고 부른다.

(2) 행동변화를 위한 수행능력 강화

행동의향을 실천으로 옮기려면 '어떻게 하는가'와 관련된 정보와 기술이 필요하다.

- **행동수행력** 행동의향을 실천으로 옮기기 위해서는 관련된 식품과 영양에 관한 정보와 기술이 필요하며, 건강심리학 이론에서는 이를 행동수행력이라고 부른다.
- **자기규제** 행동을 오랫동안 유지하려면 추가 단계를 거쳐야 한다. 우리가 무엇을 원하는지 숙고하는 능력을 키우고, 그에 따라 어떻게 행동할지를 의도적으로 선택하게 하는 것이다. 이 과정을 자기주도(자기규제) 혹은 실행목적 설정능력이라고 한다. 이때 우리는 결과를 달성할 수 있도록 작은 목적부터 세우고, 그 실행계획과 목적을 얼마나 실현하고 있는지 꾸준히 평가해야 한다. 그 후 평가에 따라 계획을 수정한다(예: 나는 3개월 동안 독점적으로 모유수유만 하겠다는 실행목적을 세웠다. 이 계획이 어떻게 될지 그 과정을 잘 관찰할 것이다. 만약 실행에 어려움이 생기면, 어떻게 문제를 해결할지 어디서 도움을 구해야 할지 잘 알고 있다).

(3) 깨달음의 순간을 의미하는 혼돈이론

누구나 '아!' 하고 깨닫는 순간을 경험한 적이 있을 것이다. 갑자기 한꺼번에 깨달음을 얻으면서 오랫동안 바꾸고 싶었지만 그러지 못했던 것을 바꿀 수 있게 되는 순간 말이다. 이렇게 영양교육을 통해 개인이 자신의 동기나 행동을 깨닫는 순간을 맞닥뜨릴 때가 있지만, 이를 행동으로 바로 실천하지 못하기도 한다. 실천에 옮기더라도 다른 이론에서 설명하는 것과 달리, 어떤 단계나 특정한 순서 없이 결정을 내리게 되는 경우 말이다. 학자들은 이러한 경우가 물리학에서 말하는 혼돈이론Chaos Theory으로 설명될 수 있다고 본다(Resnicow과 P. 2008).

한 예로 흡연자들은 금연하기까지 평균 여덟 번의 시도를 한다고 한다. 이들은 '아' 하는 결정적인 순간을 언급하며, 딱히 왜 특정 순간에 그런 생각이 드는지 정확히 설명할 수 없다고 한다. 앞서 언급했던 결정요인이나 이론적 개념도 물론 중요하고 평균적으로 적용할 수 있지만, 어떤 사람들에게는 행동의 결과기대, 태도, 새로운 기술 등의 결정요인들이 혼란스러운 상태로 나타나는 것이다. 식습관이나 신체활동 유형이 여러 영양교육이나 상담의 영향을 받고, 개인이 인생에서 무언가를 원하는 시점이 맞아떨어질 때, 행동을 실행할 기회가 생기는 것일 수도 있다. 영양교육자나 상담자는 그때가 언제이고 왜 어떤 불특정한 사람들이 행동을 실천으로 옮기는지 그 이유를 잘 알 수 없으므로, 이론을 바탕으로 한 영양교육을 꾸준히 제공하여 사람들이 영양에 관해 생각하고 결정할 기회를 주어야 한다(Brug 2006).

(4) 인간발달 단계에 따른 적용

영양교육에서 이론은 다양한 인구나 문화집단을 대상으로 할 수 있다. 각기 다른 인구집단은 문화적 기대치, 과거의 경험, 인간발달 단계(예: 영유아를 키우는 어머니, 폐경기 여성), 인생에서의 역할(예: 어머니, 남편, 사업가)에 따라 바람직한 결과에 대한 신념이 다를 수 있다. 이러한 신념은 필요성 평가 혹은 초기 조형연구를 통해 대상자들의 관점에서 행동을 이해할 수 있게끔 신중히 조사되어야 한다.

(5) 문화적 집단에 따른 적용

이론을 적절하게 이해하고 활용하면 매우 다양한 문화집단에 이용할 수 있게 된다. 예를 들어 Fishbein(2000)에 따르면 어떤 문화에서든 계획적 행동이론이나 합리적 행동이론의 변수들을 쉽게 찾아볼 수 있으며, 이들은 HIV 프로그램과 관련되어 50개국 이상의 선진국과 개발도상국에서 이용되었다고 한다. 식생활과 관련해서는, 변수들의 상대적 중요성이 대상

집단마다 다를 수 있다. 중국계 미국인을 대상으로 한 연구를 보면, 서구화된 정체성을 가진 사람들은 비만 예방에 관련된 건강한 생활을 할 때 의견/태도를 중시하는 반면, 동양인의 정체성을 더 중요시하는 사람들은 행동조절능력, 자아효능감, 인지된 이익 등을 더 중요하게 여기는 것으로 나타났다(Liou 등 2014). 어떤 대상집단에서는 문화적으로 형성된 음식에 대한 결과기대치가 편리성보다 더 중요할 수도 있다. 다른 집단에서는 음식의 맛 선호도가 건강에 대한 고려보다 행동변화에 동기를 더 잘 부여할 수도 있다. 어떤 사람들에게는 가족의 영향이 다른 요인보다 더 크게 나타날 수 있다. 이런 관찰을 통하여 영양교육자들이 이론을 이용하여 다양한 집단을 대상으로 교육할 때 문화적으로 민감한 부분을 배려해야 함을 알 수 있다.

(6) 식생활 관련 질병에 따른 적용

지금까지 언급된 이론은 질병위험률이 높거나 이미 식생활 관련 질병을 가지고 있는 대상자들에게도 적용할 수 있는 것들이었다. 영양사들은 대상의 건강상태와 생활습관은 물론, 그에 영향을 주는 다양한 요인까지 신중하게 평가해야 한다. 이러한 과정은 적절한 영양적 진단과 나아가 식이요법과 관찰, 평가를 하게끔 도와준다.

(7) 운동선수의 경우

운동선수나 신체활동량이 많은 사람은 영양에 관한 정확한 정보만 알면 건강한 생활을 할 수 있다고 믿는 경우가 많다. 물론 정확한 영양정보가 필요한 것은 맞지만, 동기유발 또한 필요하다. 어떻게 보면 동기유발이 더 중요할 수 있다. 운동선수들은 에너지를 많이 소모하기 때문에 무엇이든 먹어도 된다는 생각을 자주 한다. 그들이 운동효과 향상에 관심이 더 많다고 해서, 항상 건강에 이로운 선택을 하는 것은 아니다. 그렇기에 영양교육 이론을 적용하여 동기유발을 하는 단체상담 수업, 광고/선전 문구, 인쇄물 등을 이용해야 한다. 그 후 동기유발이 실천으로 나타나게끔 기술교육을 해야 한다.

5 성공요소 4: 행동에 영향을 미치는 요건을 다각도로 살피고 충분한 기간 동안 깊이 있게 교육하기

1) 다각적 접근: 사회생태학적 접근

최근 연구 결과 영양교육에서는 행동에 미치는 여러 요인, 즉 식품선호도와 감각적/정서적 반응부터 개인의 신념, 태도, 나아가 환경적·정책적인 면을 함께 다룰 때 효과가 큰 것으로 나타났다.

행동의향과 결정이 실행으로 옮겨지고, 그 실행이 오랫동안 유지되려면 사회·환경적 지지가 절대적으로 필요하다. 행동이 오래 지속되고 생활습관으로 자리 잡으려면 그것을 지지하는 사회적 지지와 물질적 조건, 사회구조가 뒷받침되거나 아니면 뒷받침될 수 있게끔 변해야 한다. 따라서 영양교육은 개인이 행동을 실행하고 기술을 적용하게끔 환경적으로도 지지해야 한다.

따라서 영양교육자들은 다른 기관이나 지역사회 지도자, 의사 결정자, 정치인, 법조인 등 각 분야의 사람들과 협력하여 **그림 2-9**와 같이 여러 영역의 프로그램을 개발해야 한다.

- **개인 내 수준** 식이경험, 식품선호도와 즐거움, 신념, 태도, 가치, 지식, 기술, 사회문화적 규범의 인지도, 혹은 그 밖의 인생 경험에 따른 인간 심리의 본능적 핵심에 초점을 맞춘다.
- **개인 간 수준** 가족, 친구, 동료, 의료 관계자와의 교류, 문화적 규범과 관습, 사회적 역할, 사회관계 등의 인간관계에 초점을 맞춘다.
- **기관이나 지역사회와 관련된 환경조건** 건강식품과 신체활동시설의 이용 여건과 혜택의 기회가 직장이나 학교 등의 기관에 마련되어있는가에 초점을 맞춘다.
- **분야별 영향(사회구조, 정책, 체계)** 건강증진을 조정할 수 있는 정책과 사회구조에 초점을 맞춘다.

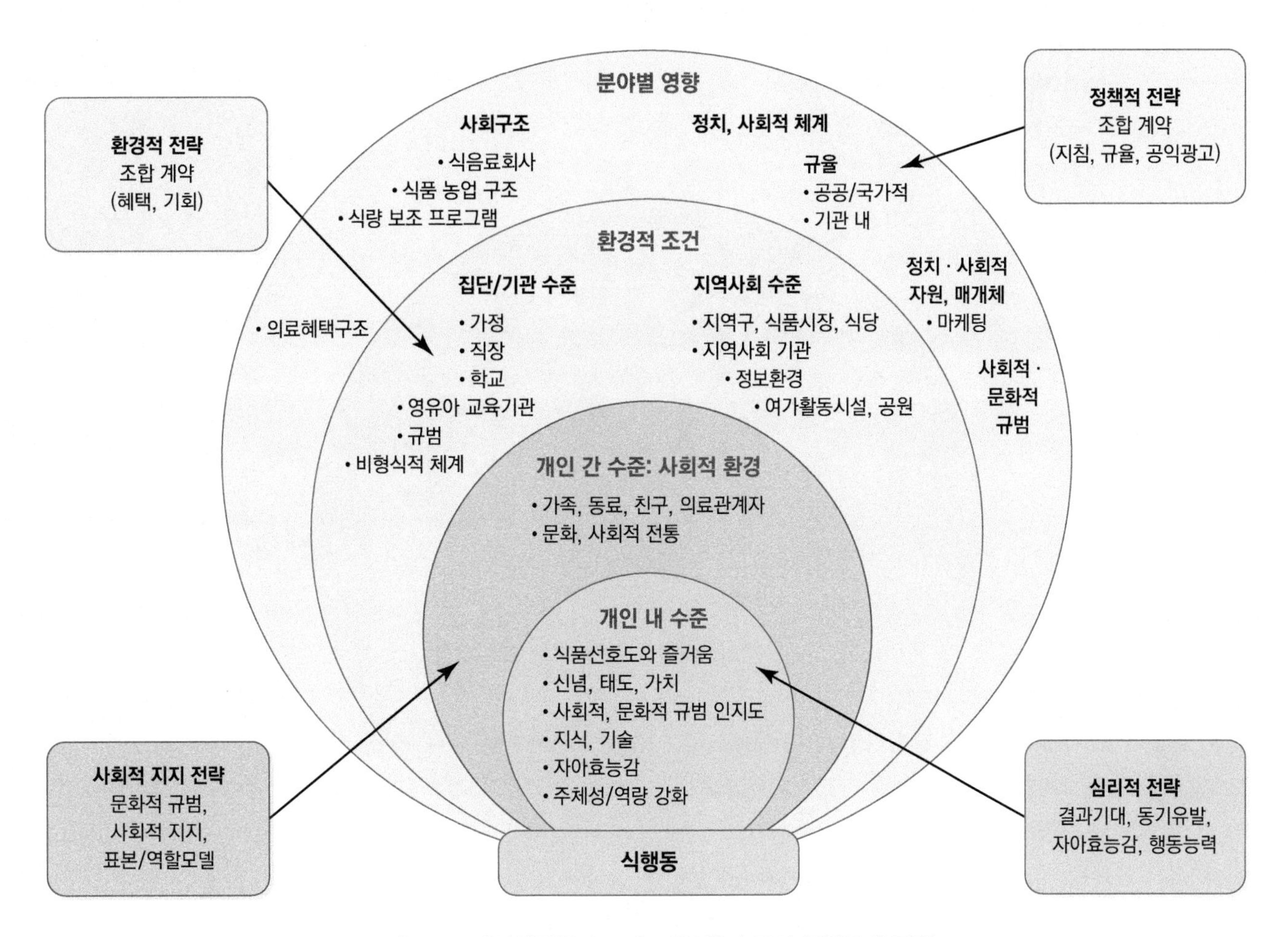

그림 2-9 사회생태학적 모델: 다양한 수준의 영양중재 전략

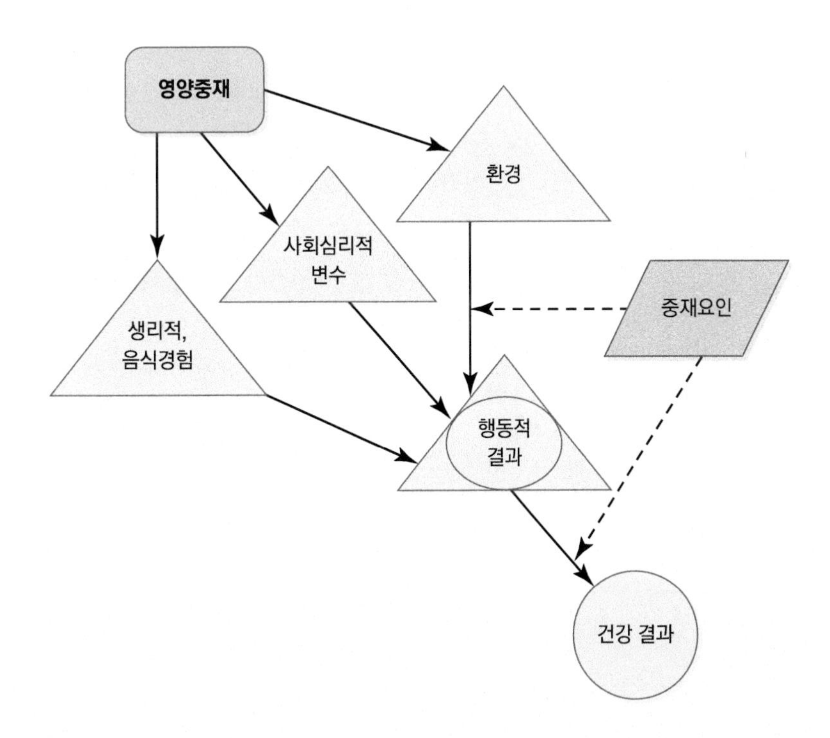

그림 2-10 사회생태학적 접근: 환경적 이론을 바탕으로 하고 행동변화의 매개요인으로 심리적·생물학적 변수를 이용

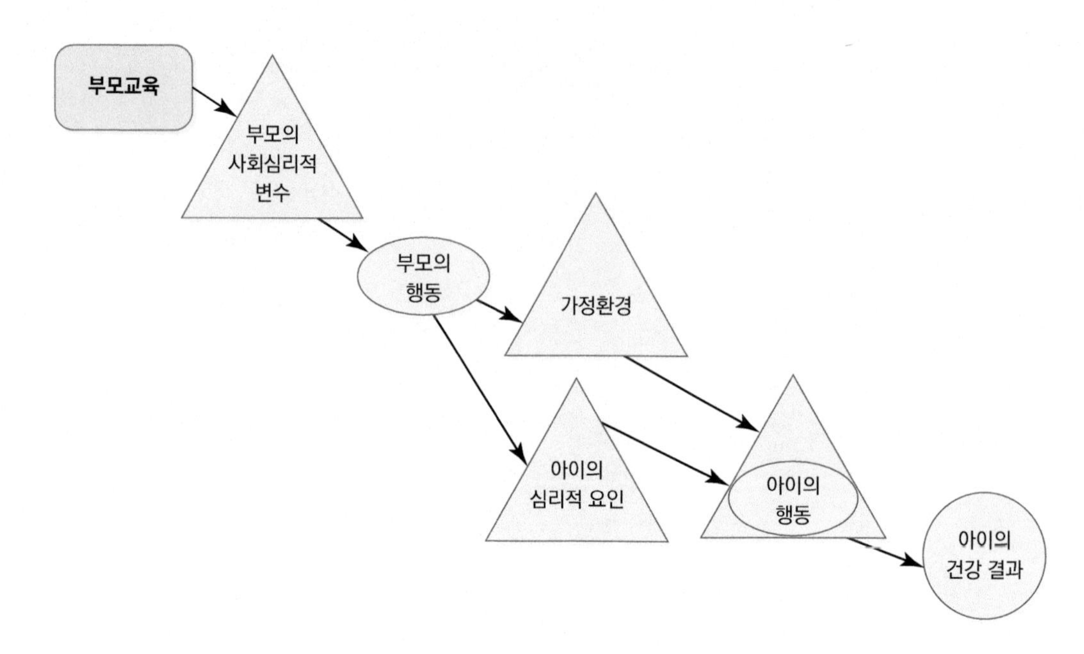

그림 2-11 사회생태학적 접근: 가족 프로그램

이러한 접근을 사회생태학적 모델이라고 한다(McLeory 등 1988; Gregson 등 2001; Story 등 2008). 프로그램을 다양한 영향의 측면에서 접근하고 기획하는 일은 이제 건강증진 사업이나 여러 나라의 정부 건강정책사업에 보편적으로 이용되고 있다(Booth 등 2001; Green과 Kreuter 2005; Story 등 2008; U.S. Department of Agriculture와 U.S. Department of Health and Human Services 2010; Hawkes 2013; McNulty 2013).

사회생태학적 방법으로 영양교육을 설계하는 과정은 **그림 2-10**과 같다.

> **BOX 2-3 가족을 통한 행동변화**
>
> 여러 영양교육 프로그램에서는 아동의 건강(소아비만 등)과 건강한 식습관 및 운동습관의 형성을 위해(채소와 과일 섭취, 영상매체 상영) 아동이 프로그램에 부모나 가족과 함께 참여하도록 한다. 이렇게 하면 프로그램이 부모의 동기유발과 음식에 관한 육아능력을 향상시키고 아이의 행동에 긍정적인 영향을 미치는 가정환경을 가꾸도록 만들 수 있다(Hingle 등 2010, 2012).

2) 교육 프로그램의 기간과 강도

연구에 의하면, 영양교육은 충분한 기간과 강도로 제공될 때 효과가 나타난다. 심장질환 예방을 목적으로 하는 'Know Your Body' 프로그램의 경우 연간 30~50시간 정도로 3년간 실시한 결과 건강지표가 향상되었고(Walter 1989; Resnicow 등 1992), CATCH 프로그램은 연간 15~20시간 동안 3년 간 실시한 결과(3~5학년) 임상적 변화는 없었지만 행동변화에는 효과가 있었다(Luepker 등 1996). 이러한 변화는 중학교 때까지 유지된 것으로 나타났다(Nader 등 1999).

학교 보건교육 프로그램의 대규모 평가 결과를 보면, 프로그램에 국한된 지식은 8시간의 교육만으로도 습득에 효과가 있고, 20시간 정도의 교육으로는 보편적인 지식을 습득할 수 있다고 한다. 그러나 대상자의 태도와 행동까지 변화시키려면 35~50시간 이상을 들여도 중간 정도의 효과만 나타난다고 한다(Connell 등 1985).

영양교육은 현실적인 이유로 대개 짧은 기간 이루어지는데, 이 점이 영양교육자들에게 난관이 된다. 이를 극복하기 위한 한 가지 방법은 여러 단계와 경로를 통해 전체 교육기간과 강도가 충분하도록 통합적·체계적 접근방식을 이용하는 것이다. 한 예로 한 영양교육 프로그램에 단체수업, 정보지, 포스터, 휴대전화 활동, 사회적 마케팅 등을 통합적으로 이용할 수 있다.

6 성공요소 5: 이론과 증거 기반의 전략을 활용한 영양교육 설계

영양교육에서는 이론 기반의 행동전략을 사용할 때 행동목적에 도달할 가능성이 더 크다. 어떤 영양교육이든 일단 대상자의 특성을 신중하게 파악하고 거기에 맞는 이론을 선택해야 한다. 사전조사를 할 때는 객관적 자료뿐만 아니라 대상자의 요구사항, 자산, 가정환경이나 지역사회 혹은 문화에 적합한 바람 등에 대한 정보까지 알아본다. 그 후 이론에서 말하는 결정요인을 파악하고 거기에 맞는 전략을 선택하며 참여 중심의 의미 있는 교육활동을 개발해야 한다.

간단히 말해 이론을 바탕으로 한 영양교육전략은 결정요인을 변화시키고, 그 결과 결정요인이 행동을 변화시킨다(**그림 2-12**). 각 전략은 하나 혹은 그 이상의 결정요인을 바꾸고, 가끔 둘 혹은 그 이상의 전략이 하나 혹은 그 이상의 결정요인을 바꾸는 데 쓰인다. 행동을 변화시키는 데는 몇 가지 결정요인이 필요하다.

행동변화의 결정요인은 **그림 2-13**과 같고, 이는 동기유발과 실행능력을 강화시키는 요인(식품과 관련, 개인 내, 개인 간 결정요인)과 실행의 환경적 지지를 제공하는 요인으로 분류할 수 있다. 이 요인들은 개인이 식품 및 영양과 관련된 행동을 변화시키는 데 영향을 미치며, 결국에는 임상영양적 상태와 영양복리 및 질병위험률에 영향을 준다.

그림 2-13은 나이, 성별, 유전과 같은 생리적 요인들과 신체활동이나 감염 같은 외적, 물리적 요인들, 건강과 행동에 영향을 주지만 영양교육으로는 조정할 수 없는 다른 문제도 인정한다. 동시에 사람들의 행동 역시 소비자 수요가 되어 먹거리 체계와 같은 환경에 영향을 미칠 수 있다. 상호적 관계에 있는 요인들도 있다. 예를 들어 개인이 주로 맛, 저렴한 가격, 편리성을 위주로 식품을 선택하면 구조적으로 그 수요를 만족시키게끔 그에 맞는 식품이 제공된다. 만일 사람들이 식품의 질과 지역 농장의 활성화를 염두에 두어 식품을 선택한다면, 식품체계도 그 선택을 반영하게 될 것이다. 또 사람들의 식행동과 습관은 농장주와 농민을 포함한 사회, 사회와 지역

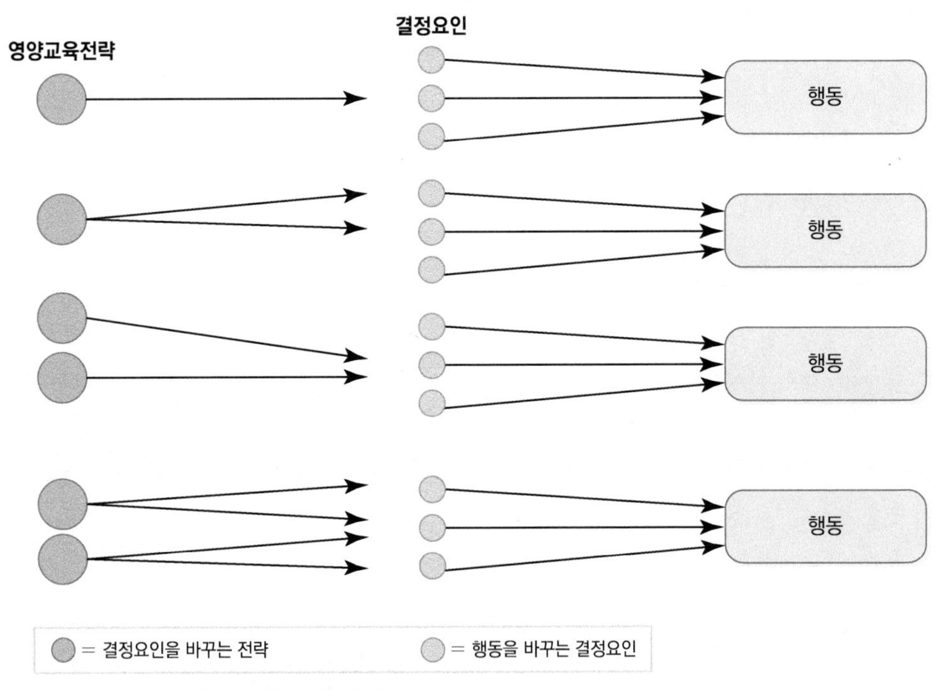

- 영양교육전략이 결정요인을 바꾼다.
- 결정요인의 변화가 행동을 바꾼다.
- 영양교육의 한 전략이 하나 혹은 그 이상의 결정요인을 변화시킬 수 있다.
- 두 가지 영양교육전략이 하나 혹은 그 이상의 결정요인을 변화시킬 수 있다.

그림 2-12 영양교육전략을 이용한 결정요인 변화: 나아가 행동변화를 유발

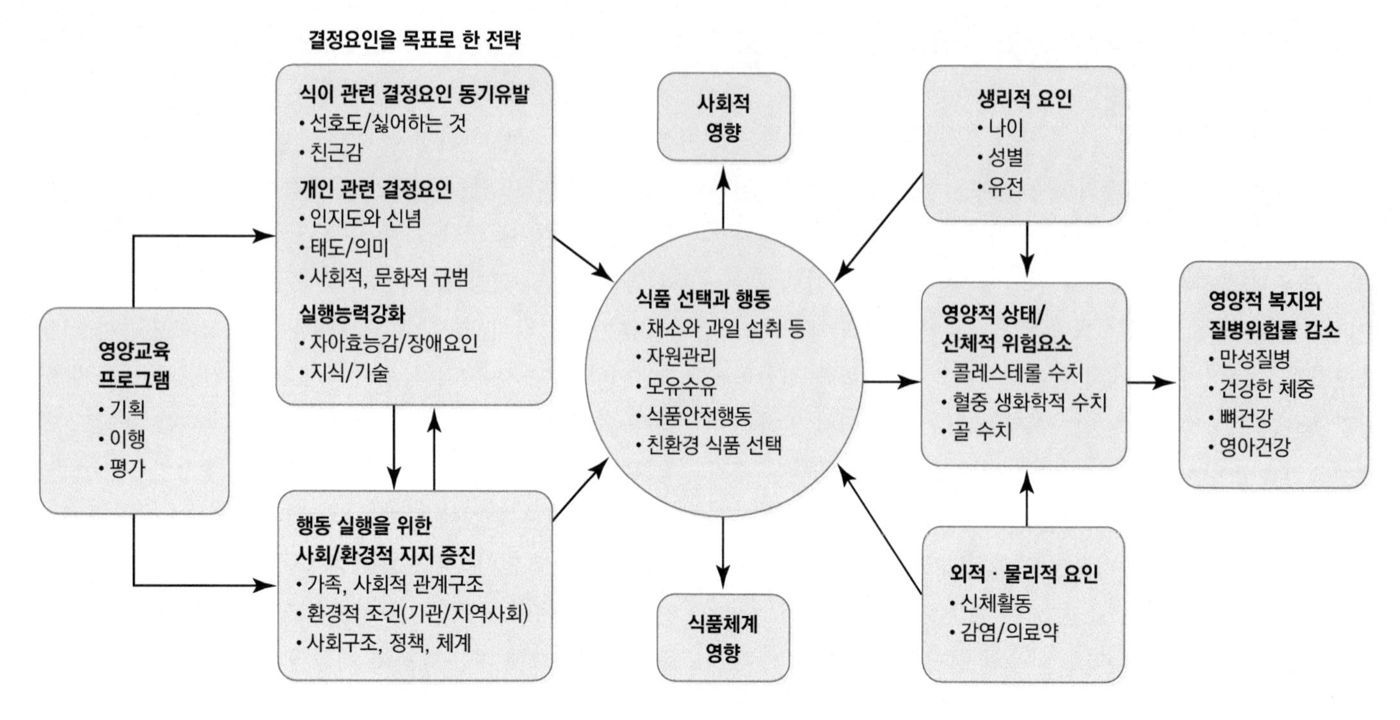

그림 2-13 행동변화를 위한 결정요인을 다루는 전략들과 영양적, 농업구조, 사회적 복리

의 구조 등에도 영향을 미친다. 그림 2-9에서 본 것처럼 행동은 영양교육의 중점이 되고, 궁극적인 목적은 행동에 영향을 미치는 여러 요인들을 바꾸기 위한 교육적 전략의 개발이 된다.

7 결론: 영양교육 수행을 위한 개념적 틀

영양교육은 세 가지 기능을 가진다. 동기유발, 사실적 지식과 기술과 자기주도능력을 통한 실행능력 강화, 실행을 위한 환경적 지지가 바로 그것이다. 가장 먼저 일어나는 것은 주로 생각과 결정에 초점을 두는 동기유발기능이다. 다음은 행동 실천에 초점을 둔 기술개발기능이다. 환경적 지지 요소 또한 중요하다. 연구에 의하면 이 요소 내에 개인마다 다른 과정이 존재하며, 변화의 결정요인도 다를 수 있다고 한다(Prochaska와 DiClemente 1982; Conner와 Norman 1995; Schwarzer와 Fuchs 1995; Norman 등 2000).

식생활 변화과정과 영양교육 실습을 연관시키는 개념적 틀은 그림 2-14와 같다.

1) 동기유발요소: '왜 하는가'라는 동기 향상에 중점

개인이 식생활 변화를 생각할 때는, 신념과 태도 혹은 감정이 가장 중요하다. 신념과 태도는 변화를 위한 동기적 준비를 도와주고, 행동의향을 표현하는 방식으로 나타나거나 특정 실행목적을 정하는 데 도움을 준다.

- **개인의 내적 식생활 변화과정** 개인 내 행동변화과정은 동기유발과 실행을 결정한다. 이때 개인이 위험이나 어떤 문제에 관한 위협, 행동을 실행함으로써 얻는 이익과 장애와 같은 결과기대, 가족과 친구로부터의 기대, 자아효능감 등의 신념이 중요하다. 이런 요인을 다루면 개인이 행동을 실행했을 때 나타날 이익과 장애를 분석하고 가치를 선명히 할 수 있어 결정을 내리는 단계로 나아갈 수 있게 된다. 결정을 내리면 행동을 실행할 의향이 생긴다.
- **영양교육 프로그램 목표** 이 단계의 목표는 인식을 높이고, 행동변화에 심사숙고하며, 실행의 동기유발을 강화하는 것이다.
- **영양교육전략의 초점** 이 단계에서 교육 프로그램의 초점은 '왜 하는가'에 맞추어진다.

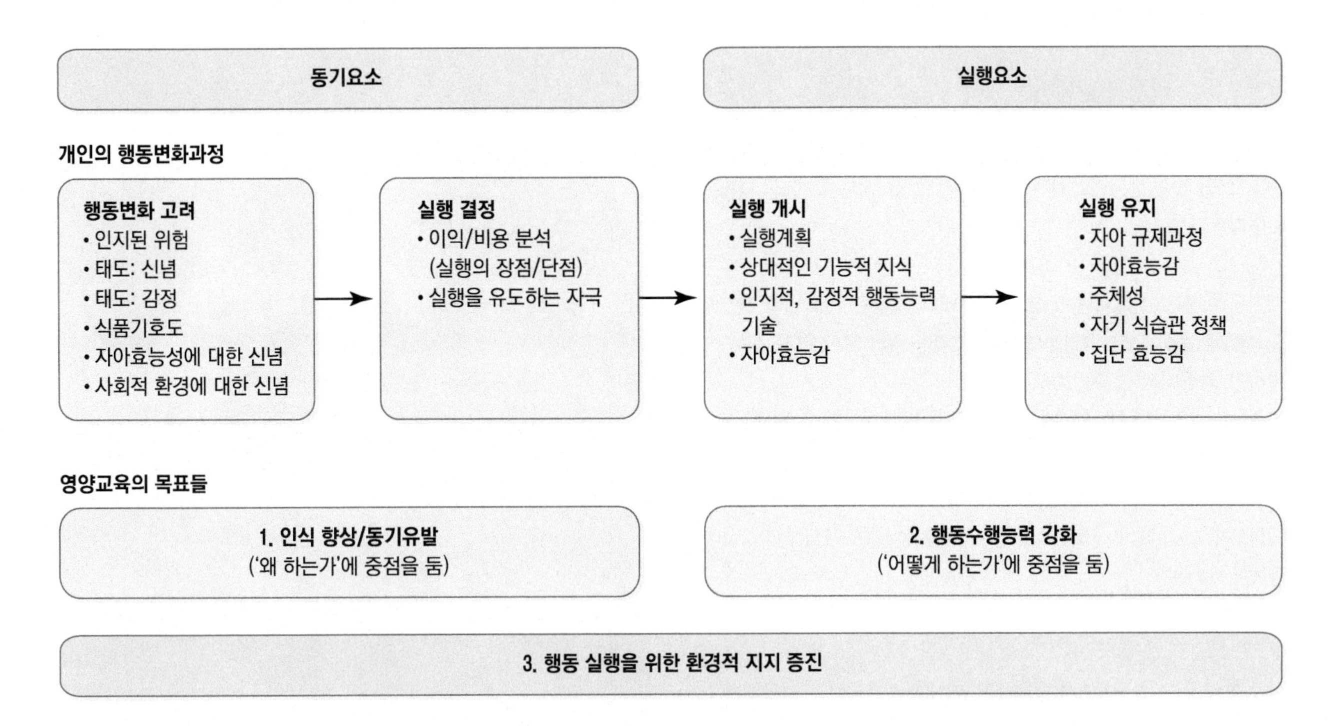

그림 2-14 행동변화목적을 위한 이론에 바탕을 둔 영양교육의 이념적 틀

2) 행동실행요소: '어떻게 하는가'에 중점

개인이 행동을 실행하고자 한다면 실행계획을 작성하게 하여 의향을 실행으로 옮기도록 한다. 예를 들어 "나는 다음 주에 3일 동안 간식으로 과일을 먹을 것이다"와 같은 계획을 작성하게 할 수 있다.

- **개인의 내적 식생활 변화과정** 이 시기에는 내적 행동변화과정에서 실행을 오랜 기간 유지하는 데 초점을 둔다. 처음에 개인은 새로운 식품과 영양에 관한 지식과 기술을 익혀야 한다. 이렇게 하면 결국 자아효능감과 개인수행감, 주체감 혹은 자신의 행동과 식품정책 개발에 도움을 주는 환경에도 영향을 미칠 수 있다는 자신감, 혹은 지역사회에서의 통합적 효과를 위해 다른 사람들과 같이 실행할 수 있는 능력이 키워진다.
- **영양교육 프로그램 목표** 목표는 개인의 실행능력을 촉진하는 것이 된다.
- **영양교육전략의 초점** 실행 단계에서 교육 프로그램의 초점은 '어떻게 하는가'에 맞추어진다.

3) 환경적 지지조건

환경적 지지는 식생활 변화과정에서 중요한 일이다. 영양교육 프로그램의 목표는 결정권을 가진 사람들, 정책개발자, 혹은 정책을 바꿀만한 힘을 가진 사람들을 교육하는 것을 포함한다. 영양교육은 이들과 협력하여 상호적인 사회 지지, 지역사회 활동, 신체활동 환경 조성, 정책적 지지까지 환경적 지지를 증진시키는 것을 목표로 한다.

결과적으로 대부분의 개인과 단체, 그리고 다양한 매체(웹, 모바일 앱, 뉴스레터 등)를 통해 대상자가 될 수 있는 사람들의 행동변화 단계는 제각각이다. 따라서 그들을 어떤 경로를 통해 만났든 간에 영양교육에서는 대상자들의 요구를 신중하게 사전 조사하고 보편적으로 동기를 유발하는 활동, 즉 '왜 하는가'에 관한 정보에서 시작해야 한다.

사회생태학적 모델을 바탕으로 한 '아동과 함께하는 요리' 프로그램은 학교급식에 보급되는 음식의 질을 향상시키기 위한 것으로 교실에서 학생들을 대상으로 한 개인 수준의 활동, 가족 수준의 활동, 조직적 수준의 활동으로 구성되어있다(**사례연구 2-1**).

사례연구 2-1 아동과 함께하는 요리

'아동과 함께하는 요리' 프로그램에서는 다양한 활동을 통해 아동들의 채소와 과일, 전곡(행동변화목적) 섭취량을 향상시키고자 한다. 자세한 내용은 다음과 같다.

- 개인적 수준: 교실에서의 채소와 과일 시식, 다양한 문화권의 신선하고 저렴한 음식 요리, 영양정보 배우기, 역사 속의 음식 알기, 식품 기록하기, 가정에서 할 수 있는 조리법 알기
- 가족 수준: 자원봉사, 저녁에 학교에 모여 함께 요리하고 먹기, 이벤트, 보상
- 조직적 혹은 환경적 수준: 지역사회 기관과 협력하여 학교급식의 질 향상, 지역 농작물로 학교급식 조리, 수업에서 배운 음식을 학교급식 메뉴에서 제공

평가

80% 이상의 학생이 교실에서 요리해본 음식을 선호한다고 보고되었다. 75%의 학생은 학교식당에서 같은 음식을 선택하였고, 60%의 학생은 점심 급식의 반 이상을 먹었다. 50% 정도의 학부모는 수업 속 레시피를 활용하였고, 65%의 아이들은 채소와 과일을 집에서 더 많이 섭취하였다.

'아동과 함께하는 요리' 프로그램은 교실 수업과 가족 참여로 영양교육을 보완하였다.

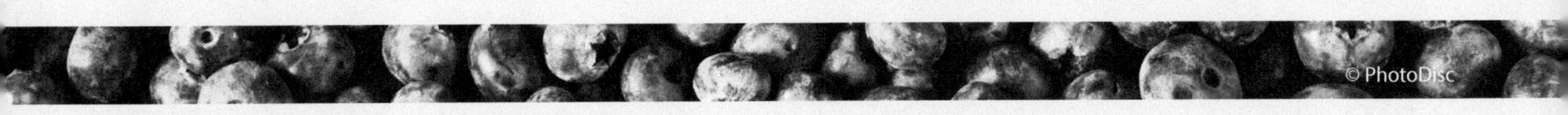

연습문제

1. '행동변화'에 중점을 둔 영양교육의 의미는 무엇인가? '행동변화'가 행동을 조작한다는 것으로 생각해 우려하는 사람들도 있는데, 이들에게 어떻게 대응할지 답하시오.
2. '이론'을 정의하고, 이론이 왜 효과적인 영양교육을 위해 중요한지 세 가지 이유를 대시오.
3. '이론의 구성요소'는 무슨 뜻이며 결정요인이라는 용어와 어떤 연관이 있는지 설명하시오.
4. 영양교육을 한 경험을 예로 드시오. 어떤 이론을 사용했는지 설명하고, 이론을 쓰지 않았다면 무엇을 바탕으로 자료를 개발하고 수업을 진행하였는지 설명하시오.
5. 단체를 대상으로 한 영양교육 프로그램을 찾아서 수업의 구성, 내용, 전달방식 등 어떤 효과적인 방법을 이용하였는지 평가하시오. 평가자료가 있다면 얼마나 효과가 있었는지 설명하고, 이 장에서 설명한 효과적인 영양교육의 요소들이 포함되어있는지 나열하시오.
6. 이론과 증명된 자료가 효과적인 영양교육을 개발하는 데 도움이 된다고 생각하는가? 그렇다면 왜인지, 아니라면 왜 아닌지 설명하시오.
7. 식생활 변화에 있어서, 동기유발은 무슨 의미인가? 영양교육자로서 어떻게 개인의 동기유발을 도울 수 있는가?
8. 동기유발지식과 행동변화 촉진지식을 구분하시오.
9. 영양교육의 두 가지 주요 요소를 설명하고, 각 요소의 주요 초점을 설명하시오. 두 요소가 어떻게 연관되는지 또 환경 및 정책과 어떻게 연관되어있는지 설명하시오.

참고문헌

보건복지부, 농림축산식품부, 식품의약품안전처. 2017. *국민공통 식생활지침.*

Achterberg, C., and C. Miller. 2004. Is one theory better than another in nutrition education? A viewpoint: More is better. *Journal of Nutrition Education and Behavior* 36(1):40–42.

Ajzen, I. 1998. Models of human social behavior and their application to health psychology. *Psychology and Health* 13:735–739.

Ajzen, I., N. Joyce, S. Sheikh, and N. G. Cote. 2011. Knowledge and the prediction of behavior: The role of information accuracy in the theory of planned behavior. *Basic and Applied Social Psychology* 33(2):101–117.

American Dietetic Association. 2002. Knowledge, attitudes, beliefs, behaviors: Findings of American Dietetic Association's public opinion survey *Nutrition and You; Trends 2002.* Chicago: American Dietetic Association.

American Dietetic Association. 2011. Use best practices and adapt interventions from similar programs. *ADA Times* Spring:13–14.

American Heritage Dictionary of the English Language (5th ed.). 2011. Boston: Houghton Miff lin.

Ammerman, A. S., C. H. Lindquist, K. N. Lohr, and J. Hersey. 2002. The efficacy of behavioral interventions to modify dietary fat and fruit and vegetable intake: A review of the evidence. *Preventive Medicine* 35(1):25–41.

Atkinson, R. L., and S. A. Nitzke. 2001. School-based programs on obesity increase knowledge about nutrition but do not change eating habits by much. *British Medical Journal* 323:1018–1019.

Bandura, A. 1986. *Foundations of thought and action: A social cognitive theory.* Englewood Cliffs, NJ: Prentice Hall.

Baranowski, T., E. Cerin, and J. Baranowski. 2009. Steps in the design, development, and formative evaluation of obesity prevention-related behavior change. *International Journal of Behavioral Nutrition and Physical Activity* 6:6.

Baranowski, T., K. W. Cullen, T. Nicklas, D. Thompson, and J. Baranowski. 2003. Are current health behavioral change models helpful in guiding prevention of weight gain efforts? *Obesity Research* 11(Suppl):23S–43S.

Baranowski, T., L. S. Lin, D. W. Wetter, K. Resnicow, and M. D. Hearn. 1997. Theory as mediating variables: Why aren't community interventions working as desired? *Annals of Epidemiology* 7:589–595.

Bentley, M. E., D. L. Dee, and J. L. Jensen. 2003. Breastfeeding among low income, African-American women: Power, beliefs and decision making. *Journal of Nutrition* 133(1):305S-309S.

Bisogni, C. A., M. Jastran, M. Seligman, and A. Thompson. 2012. How people interpret healthy eating: contributions of qualitative research. *Journal of Society of Nutrition Education and Behavior* 44(4):282-301.

Bonvecchio, A., G. H. Pelto, E. Escalante, E. Monterrubio, J. P. Habicht, F. Navada, et al. 2007. Maternal knowledge and use of a micronutrient supplement was improved with a programmatically feasible intervention in Mexico. *Journal of Nutrition* 137:440-446.

Booth, S. L., J. F. Sallis, C. Ritenbaugh, J. O. Hill, L. L. Birch, L. D. Frank, et al. 2001. Environmental and societal factors affect food choice and physical activity: Rationale, influences, and leverage points. *Nutrition Reviews* 59(3 Pt 2):S21-39; discussion S57-S65.

Booth-Butterfield S., and B. Reger. 2004. The message changes belief and the rest is theory: The "1% or less" milk campaign and reasoned action. *Preventive Medicine* 39:581-588.

Brug, J. 2006. Order is needed to promote linear or quantum changes in nutrition and physical activity behaviors: A reaction to 'A chaotic view of behavior change' by Resnicow and Vaughan. *International Journal of Behavioral Nutrition and Physical Activity* 3:29.

Brug, J., A. Oenema, and I. Ferreira. 2005. Theory, evidence and intervention mapping to improve behavior nutrition and physical activity interventions. *International Journal of Behavioral Nutrition and Physical Activity* 2(1):2.

Buchanan, D. 2004. Two models for defining the relationship between theory and practice in nutrition education: Is the scientific method meeting our needs? *Journal of Nutrition Education and Behavior* 36(3):146-154.

Carbone, E. T. 2013. Measuring nutrition literacy: Problems and potential solutions. *Journal of Nutrition Disorders and Therapy* 3:1.

Carbone E. T., and J. M. Zoellner. 2012. Nutrition and health literacy: A systematic review to inform nutrition research and practice. *Journal of the Academy of Nutrition and Dietetics* 112:254-265.

Chamberlain, S. P. 2005. Recognizing and responding to cultural differences in the education of culturally and linguistically diverse learners. *Intervention in School & Clinic* 40(4):195-211.

Chesla, C. A., M. M. Skaff, R. J. Bartz, J. T. Mullan, and L. Fisher. 2000. Differences in personal models among Latinos and European Americans: Implications for clinical care. *Diabetes Care* 23(12):1780-1785.

Connell D. B., R. R. Turner, and F. F. Mason. 1985. Summary of findings of the school health education evaluation: Health promotion effectiveness, implementation, and costs. *Journal of School Health* 55(8):316-321.

Conner, M., and C. J. Armitage. 2002. *The social psychology of food*. Buckingham, UK: Open University Press. Conner, M., and P. Norman. 1995. *Predicting health behavior*. Buckingham, UK: Open University Press.

Contento, I., G. I. Balch, Y. L. Bronner, L. A. Lytle, S. K. Maloney, C. M. Olson, S. Sharaga-Swadener. 1995. The effectiveness of nutrition education and implications for nutrition education policy, programs, and research: A review of research. *Journal of Nutrition Education* 27(6):279-418.

D'Andrade, R.G. 1984. Cultural meaning systems. In *Culture theory: Essays on mind, self, and emotion*, edited by R. A. Shweder and R. A. LeVine. Cambridge, UK: Cambridge University Press.

DiClemente, R. J., R. A. Crosby, and M. C. Kegler. 2002. *Emerging theories in health promotion research and practice*. San Francisco: Jossey-Bass.

Diep, C. S., T. A. Chen, V. F. Davies, T. Baranowski, and T. Baranowski. 2014. Inf luence of behavioral theory on fruit and vegetable intervention effectiveness among children: A meta-analysis. *Journal of Nutrition Education and Behavior* 46(6):506-546.

Fishbein, M. 2000. The role of theory in HIV prevention. *AIDS Care* 12(3):273-278.

Fishbein, M., and I. Ajzen. 1975. *Belief, attitude, intention and behavior: An introduction to theory and research*. Reading, MA: Addision-Wesley.

———. 2010. *Predicting and changing behavior: The reasoned action approach*. New York: Psychology Press.

Green, L. W., and M. W. Kreuter. 2005. *Health promotion planning: An educational and ecological approach*. 4th ed. New York: McGraw-Hill Humanities/Social Sciences/Languages.

Gregson, J., S. B. Foerster, R. Orr, L. Jones, J. Benedict, B. Clarke, et al. 2001. System, environmental, and policy changes: Using the social-ecological model as a framework for evaluating nutrition education and social marketing programs with low-income audiences. *Journal of Nutrition Education* 33(Suppl 1):S4–S15.

Haidt. J. 2006. *The happiness hypothesis: Finding modern truth in ancient wisdom*. New York: Basic Books.

———. 2012. *The righteous mind: Why good people are divided by politics and religion*. New York: Vintage Books.

Hawkes, C. 2013. *Promoting healthy diets through nutrition education and changes in the food environment: An international review of actions and their effectiveness*. Rome: Nutrition Education and Consumer Awareness Group, Food and Agriculture Organization of the United Nations. http://www.fao.org/docrep/017/i3235e/i3235e.pdf Accessed 5/19/15.

Heath, C., and D. Heath (2010). *Switch: How to change when change is hard*. New York: Random House.

Hingle, M., A. Betran, T. M. O'Connor, D. Thompson, J. Baranowski, and T. Baranowski. 2012. A model of goal directed vegetable parenting practices. *Appetite* 58:444–449.

Hingle, M., T. M. O'Connor, J. M. Dave, and T. Baranowski. 2010. Parental involvement in interventions to improve child dietar y intake: A systematic review. *Preventive Medicine* 51(2):103–111.

Hochbaum, G. M. 1958. *Participation in medical screening programs: A socio-psychological study*. Public Health Service Publication No. 572. Washington DC: U.S. Government Printing Office.

Institute of Medicine. 2002. *Speaking of health: Assessing health communication strategies for diverse populations*. Washington, DC: National Academies Press.

———. 2004. *Health literacy: A prescription to end confusion*. Washington, DC: National Academies Press.

Johnson, B. T., L. A. J. Scott-Sheldon, and M. P. Carey. 2010. Meta-synthesis of health behavior change meta-analyses. *American Journal of Public Health* 100:2193–2198.

Khambalia, A. Z., S. Dickinson, L. L. Hardy, T. Gill, and L. A. Baur. 2012. A synthesis of existing systematic reviews and meta-analyses of school-based behavioral interventions for controlling and preventing obesity. *Obesity Reviews* 13:214–233.

Kittler, P. G., K. P. Sucher, and M. Nelms. 2011. *Food and culture*. 6th ed. Belmont, CA: Wadsworth/Thomson Cengage Learning.

Kok, G., H. Schaalma, H. De Vries, G. Parcel, and T. Paulussen. 1996. Social psychology and health. *European Review of Social Psychology* 7:241–282.

Kreuter, M. W., S. N. Lukwago, R. D. Bucholtz, E. M. Clark, and V. Sanders-Thompson. 2003. Achieving cultural appropriateness in health promotion programs: Targeted and tailored approaches. *Health Education and Behavior* 30(2):133–146.

Kreuter, M. W., C. Sugg-Skinner, C. L. Holt, E. M. Clark, D. Haire-Joshu, Q. Fu, et al. 2005. Cultural tailoring for mammography and fruit and vegetables intake among low-income African-American women in urban public health centers. *Preventive Medicine* 41:53–62.

Lemmens, V. E., A. Oenema, K. I. Klepp, H. B. Henriksen, and J. Brug. 2008. A systematic review of the evidence regarding efficacy of obesity prevention interventions among adults. *Obesity Reviews* 9(5):446–455.

LeVine, R. A. 1984. Properties of culture: An ethnographic view. In *Culture theory: Essays on mind, self, and emotion*, edited by R. A. Shweder and R. A. LeVine. Cambridge, UK: Cambridge University Press.

Lewin, K. T. 1935. *A dynamic theory of personality*. New York: McGraw-Hill.

———. 1936. *Principles of topological psychology*. New York: McGraw-Hill.

Lewin, K. T., T. Dembo, L. Festinger, and P. S. Sears. 1944. Level of aspiration. In *Personality and the behavior disorders*, edited by J. M. Hundt. New York: Roland Press.

Liou, D., and I. R. Contento. 2001. Usefulness of psychosocial theory variables in explaining fat-related dietary behavior in Chinese Americans: Association with degree of acculturation. *Journal of Nutrition Education* 33(6):322–331.

———. 2004. Health beliefs related to heart disease prevention among Chinese Americans. *Journal of Family and Consumer Sciences* 96:21–25.

Liou, D., K. Bauer, and Y. Bai. 2014. Investigating obesity risk-reduction behaviors in Chinese Americans. *Perspectives in Public Health* 134(6):321–330.

Luepker, R. V., C. L. Perry, S. M. McKinlay, G. S. Parcel, E. J.

Stone, L. S. Webber, et al. 1996. Outcomes of a field trial to improve children's dietary patterns and physical activity. The Child and Adolescent Trial for Cardiovascular Health. CATCH Collaborative Group. *Journal of the American Medical Association* 275(10):768–776.

Lytle, L. 2005. Nutrition education, behavioral theories, and the scientific method: Another viewpoint. *Journal of Nutrition Education and Behavior* 37(2):90–93.

McLeroy, K. R., D. Bibeau, A. Steckler, and K. Glanz. 1988. An ecological perspective on health promotion programs. *Health Education Quarterly* 15:351–377.

McNulty, J. 2013. Challenges and issues in nutrition education. Rome. Nutrition Education and Consumer Awareness Group. Food and Agriculture Organization of the United Nations. http://www.fao.org/docrep/017/i3234e/i3234e.pdf Accessed 5/15/15.

Merriam-Webster. 2014. *Merriam-Webster's collegiate dictionary*. 11th ed. Springfield, MA: Merriam-Webster.

Moule, J. 2012. *Cultural competence: A primer for educators*. Belmont, CA: Wadsworth/Cengage.

Nader, P. R., E. J. Stone, L. A. Lytle, C. L. Perry, S. K. Osganian, S. Kelder, et al. 1999. Three-year maintenance of improved diet and physical activity: The CATCH cohort. Child and Adolescent Trial for Cardiovascular Health. *Archives of Pediatric and Adolescent Medicine* 153(7):695–704.

Norman, P., C. Abraham, and M. Conner. 2000. *Understanding and changing health behavior: From health beliefs to self-regulation*. Amsterdam: Harwood Academic Publishers.

Ozer, E. J. 2007. The effects of school gardens on students and schools: Conceptualization and considerations for maximizing healthy development. *Health Education and Behavior* 34:846–864.

Prochaska, J. O., and C. C. DiClemente. 1982. Transtheoretical therapy: Toward a more integrative model of change. *Psychotherapy: Theory, Research, Practice* 19:276–288.

Reger, B., M. Wootan, S. Booth-Butterfield, and H. Smith. 1998. 1% or less: A community-based nutrition campaign. *Public Health Reports* 113:410–419.

Resnicow, K., L. Cohen, J. Reinhardt, D. Cross, D. Futterman, E. Kirschner, et al. 1992. A three-year evaluation of the Know Your Body program in inner-city schoolchildren. *Health Education Quarterly* 19:463–480.

Resnicow, K., and S. E. Page. 2008. Embracing chaos and complexity: A quantum change for public health. *American Journal of Public Health* 98(8):1382–1389.

Rosenstock, I. M. 1960. What research in motivation suggests for public health. *American Journal of Public Health* 50:295–301.

Rozin, P. 1982. Human food selection: The interaction of biology, culture, and individual experience. In *The psychobiology of human food selection*, edited by L. M. Barker. Westport, CT: Avi Publishing.

Rothman, A. J. 2004. "Is there nothing more practical than a good theory?" Why innovations and advances in health behavior change will arise if interventions are used to test and refine theory. *International Journal of Behavioral Nutrition and Physical Activity* 1(1):11.

Rutter, D. R., and L. Quine. 2002. *Changing health behaviour: Intervention and research with social cognition models*. Buckingham, UK: Open University Press.

Sanjur, D. 1982. *Social and cultural perspectives in nutrition*. Englewood Cliffs, NJ: Prentice Hall.

Satia-Aboud, J, R. E. Patterson, M. I. Neuhauser, and J. Elder. 20 02. Dietar y accu lturation: applications to nutrition research and dietetics. *J Am. Dietetic Association* 102(8):1105–1118.

Satia, J. A., R. E. Patterson, A. R. Kristal, T. G. Hislop, Y. Yasui, and V. M. Taylor. 2001. Development of scales to measure dietary acculturation among Chinese-Americans and Chinese-Canadians. *Journal of the American Dietetic Association* 101(5):548–553.

Schwarzer, R., and R. Fuchs. 1995. Self-efficacy and health behav iors. In *Predicting health behavior*, edited by M. Conner and P. Norman. Buckingham, UK: Open University Press.

Silk, K. J., J Sherry, B. Winn, N. Keesecker, M. A. Horodynski, and A. Sayir. 2008. Increasing nutrition literacy: Testing t he ef fectiveness of print, Web site, and game modalities. *Journal of Nutrition Education and Behavior* 40(1):3–10.

Silver Wallace, L. 2002. Osteoporosis prevention in college women: Application of the expanded health belief model. *American Journal of Health Behavior* 26:163–172.

Spiro, M. E. 1984. Some ref lections on cultural determinism and relativism with special reference to emotion and reason. In

Culture theory: Essays on mind, self, and emotion, edited by R. A. Shweder and R. A. LeVine. Cambridge, UK: Cambridge University Press.

Stein, K. 2009. Cultural competency: Where it is and where it is headed. *Journal of the American Dietetic Association* 109(2 Suppl):S13–S19.

———. 2010. Moving cultural competency from abstract to act. *Journal of the American Dietetic Association* 110(2):180–184, 186–187.

Story, M., K. M. Kaphingst, R. O'Brien, and K. Glanz. 2008. Creating healthy food and eating environments: Policy and environmental approaches. *Annual Review of Public Health* 29:253–272.

Strauss, A. L., and J. Corbin. 1990. *Basics of qualitative research: Grounded theory procedures and research*. Newbury Park, CA: Sage Publications.

Suarez-Balcazar, Y., J. Friesma, and V. Lukvanova. 2013. Cu ltura lly competent inter ventions to address obesity among African-American and Latino children and youth. *Occupational and Therapeutic Health Care* 27(2):113–128.

Supermarket Nutrition. 2013. How grocery retailers and superma rket dietitians can impact consumer health, in-store & online. http://supermarketnutrition.com/how-grocery-retailers-and-supermarket-dietitians-can-impact-consumer-health-in-store-online/ Accessed 7/24/13.

Thompson, C. A., and J. Ravia. 2011. A systematic review of behavioral interventions to promote intake of fruit and vegetables. *Journal of the American Dietetic Association* 111(10):1523–1535.

Triandis, H. C. 1979. Values, attitudes, and interpersonal behavior. In *Nebraska symposium on motivation*, edited by H. E. How. Lincoln, NE: University of Nebraska Press.

U.S. Department of Agriculture and U.S. Department of Health and Human Services. 2010. *Dietary Guidelines for Americans*. www.health.gov/dietaryguidelines/ Accessed 8/14/13.

Ventura, A. K. and L. L. Birch. 2008. Does parenting affect children's eating and weight status? *International Journal of Behavioral Nutrition and Physical Activity*. March 17, 5:15.

Walter, H. J. 1989. Primary prevention of chronic disease among children: The school-based "Know Your Body" intervention trials. *Health Education Quarterly* 16:201–214.

Waters, E., A. de Silva-Sanigorski, B. J. Hall, T. Brown, K. J. Campbell, Y. Gao, et al. 2011. Interventions for preventing obesity in children. *Cochrane Database of Systematic Reviews* 7;12:CD001871.

Whitehead, F. 1973. Nutrition education research. *World Review of Nutrition and Dietetics* 17:91–149.

Zoellner, J., C. Connell, W. Bounds, L Crook, and K. Yadrick. 2009. Nutrition literacy status and preferred nutrition communication channels among adults in the lower Mississippi delta. *Preventing Chronic Disease* 6(4):A128.

Zoellner, J., W. You, C. Connell, R. L. Smith-Ray, K. Allen, K. L. Tucker et al. 2011. Health literacy is associated with Healthy Eating Index scores and sugar-sweetened beverage intake: Findings for the Lower Mississippi Delta. *Journal of the American Dietetic Association* 111(7):1012–1020.

CHAPTER 3

인식 · 동기의 증가와 행동변화 · 실행 능력 강화

PhotoDisc

개 요

본 장에서는 식행동 변화의 동기에 대한 이해를 돕는 주요 이론을 소개한다. 아울러 실제 사례를 통하여 성공적인 영양교육의 도구로서 이러한 이론을 어떻게 활용할 수 있는지를 설명한다.

목 표

1. 영양교육자가 건강행동 및 식행동의 동기를 이해하는 데 있어 안내 역할을 할 수 있는 건강신념모델, 계획적 행동이론, 자기결정이론 등의 주요 건강행동이론을 설명할 수 있다.
2. 대상자의 인식 및 동기유발을 위해 영양교육 연구와 프로그램에서 이론과 연구가 어떻게 활용되는지 이해할 수 있다.
3. 영양교육 계획 시 대상자의 흥미, 동기, 적극적 사고 및 실행의향을 증진시키기 위하여 주요 건강행동이론을 적용하는 방안을 설명할 수 있다.

1 동기유발과 역량 강화를 위한 영양교육: 실행의 이유를 강조

영양교육자는 대개 다양한 특성의 대상자에게 직접 영양교육을 실시하게 된다. 직접 영양교육의 형태에는 집단토의 지도, 조리 시연, 재래시장 또는 대형마트 견학, 학교 기반 프로그램 실시, 운동선수 및 일반인 대상의 워크숍 실시 등이 포함된다. 영양교육자는 직접적인 영양교육 이외에도 교육자료 개발, 모바일 기기 또는 대중미디어 사용 등의 간접적인 업무도 수행한다. 또한 보다 넓은 범주의 프로그램 개발에 참여하여 사회마케팅 관련 전문가와 일하기도 하고 기관, 지역사회, 정책 수준에서의 건강 친화적 변화를 유도하기 위한 다양한 활동에 관여하기도 한다. 영양교육자는 타 기관의 의뢰, 적극적인 영양취약계층에 대한 탐색 등의 다양한 경로를 통하여 대상자를 만나게 되는데, 어떤 경우든 대상자는 식사문제 외에도 많은 시급한 문제들을 안고 바쁜 일상을 보내는 경우가 대부분이다.

대부분의 선진국에서는 에너지가 높고, 싸고, 편리하게 먹을 수 있는 식품을 어디에서나 쉽게 찾아볼 수 있으며, 이러한 현상은 다른 국가에서도 증가하고 있다. 이러한 식품들은 중독성이 있는 경우가 많아 먹는 것을 참아내기가 어렵다(Moss 2013). 또한 개인의 식품기호와 식사패턴은 오랜 기간 형성되어 개인 삶의 여러 측면에 녹아들어있다. 모든 사람이 자신이 먹는 방식에 완전히 만족하는 것은 아니지만, 일반적으로 개인의 식사패턴은 주어진 삶의 양식에 부합한다. 그렇다면 영양교육자는 대상자가 영양교육 정보를 통하여 동기와 실행의향을 갖도록 하기 위하여 어떻게 해야 할까? 이러한 영양교육자의 근원적 질문에는 식행동, 건강교육 및 증진, 영양교육 분야에서의 방대하고 흥미로운 연구와 이론이 해답을 제공할 수 있을 것이다.

앞의 2장에서 영양교육은 세 가지 구성요소인 동기(왜 실행하는가?), 실행(어떻게 실행하는가?), 환경적 지지(언제, 어디서 실행하는가?)로 구성된다고 설명하였다. 이 장에서는 이 중 첫 번째 요소인 동기에 대하여 중점적으로 살펴본다.

앞의 2장에서 설명한 바와 같이 대상자의 동기유발에는 현재 행동의 위험에 대한 인식, 실행의 이점 또는 비용에 대한 신념, 실행에 대한 느낌, 실행에 대한 자아효능감 또는 자신감에 대한 신념, 사회적 환경에 대한 신념 등의 다양한 사회심리적 요인들이 중요한 역할을 한다. 이 장에서는 이러한 요인들과 행동변화의 연관성에 대한 주요 이론들의 개념과 이론이 영양교육의 효과성 증진에 어떻게 적용될 수 있는지를 살펴보도록 한다.

2 건강신념모델

> 건강신념모델(Health Belief Model)은 건강행동의 변화 또는 실행이 신념(Belief) 또는 소신(Conviction)에 의해 영향받는다고 설명한다. 이 이론은 다양한 건강행동이론들 중 선두 격으로, 건강행동을 구체적으로 다루며 보건 분야에서 가장 잘 알려진 이론이다.

이 모델은 1950년대에 사회과학을 활용하여 실제 보건문제를 해결하는 것에 관심을 두었던 사회심리학자에 의하여 개발되었다(Becker 1974; Rosenstock 1974). 이론을 정립하는 데 있어 특정 건강문제의 해결에 초점을 두기보다는 포괄적이고 장기적인 적용을 염두에 두었다. 이 모델은 비심리학자도 직관적으로 이해하고 적용하며 쉽고 효율적인 비용으로 실행할 수 있다. 여러 건강행동이론 중 가장 널리 사용되어온 이론이다. 아울러 건강신념모델의 구성요소는 그 개념이 명확하여 면담이나 설문조사 등의 다양한 방법을 통하여 쉽게 측정할 수 있다.

1) 건강신념모델의 실행 결정요인Determinants

건강신념모델은 다음에 제시된 인식, 신념, 소신이 특정 건강 관련 실행의 동기를 유발한다고 설명한다.

- **인지된 민감성**Perceived susceptibility 개인이 특정 건강문제의 위험을 가지고 있다고 느끼는 정도를 일컫는다.
- **인지된 심각성**Perceived severity 개인이 특정 건강문제가 심각한 결과를 초래한다고 믿는 정도를 말한다. 건강문제로 인한 결과에는 의학적 결과(통증, 장애, 사망 등), 사회적 결과(직업, 가족관계, 사회생활 등), 경제적 손실 등 다양

한 측면이 포함된다.

- **인지된 위협**Perceived threat 인지된 민감성과 인지된 심각성의 조합으로 이루어진 개념이다. 인지된 민감성과 인지된 심각성은 함께 어우러져 건강행동 실행에 대한 심리적 준비상태를 유도한다.
- **인지된 이익**Perceived benefit 특정 행동이나 실행이 건강문제의 위험을 낮추는 데 효과가 있을지에 대한 개인의 인식을 말한다. 채소와 과일을 섭취하는 것이 당뇨병의 위험을 낮춘다고 생각하는 경우를 예로 들 수 있다. 이러한 개인의 인식은 과학적 근거나 역학 자료를 바탕으로 성립된다.
- **인지된 장애**Perceived barriers 특정 행동이나 실행의 심리적 및 물리적 어려움에 대한 개인의 인식을 말한다. 예로는 채소와 과일 섭취의 비용, 불편함, 기호도 문제 등을 들 수 있다. 건강식품에 대한 낮은 접근성 또는 이용가능성 등의 환경적 제한에 대한 인식도 인지된 장애의 요인이 된다. 늘 그렇지는 않지만, 사람들은 대개 실행에 앞서 실행의 이익과 장애를 견주고는 한다.
- **자아효능감**Self-efficacy 건강신념모델은 본래 예방접종, 검진 등의 간단한 건강행동을 설명하고자 개발되었다. 따라서 특정 행동을 수행하는 데 필요한 기술이나 능력에 대한 인식요인을 포함하지 않았다. 하지만 이후 식행동 등의 보다 장기적인 건강행동에 대한 설명력을 높이고자 자아효능감의 개념이 추가되었다. 자아효능감이란 특정 행동(채소음식 조리, 모유수유 등) 수행에 대한 자신감을 의미한다.
- **실행계기**Cues to action 건강신념모델은 다양한 외적(친구 또는 가족의 질병, 과학적 연구 결과 기사) 또는 내적(증상, 통증) 사건이 행동을 즉각적으로 이끌어내는 계기가 된다고 설명한다.

또한 건강신념모델은 연령, 성별, 인종 등의 인구사회적 요인들이 인지된 위협, 인지된 이익, 인지된 장애에 영향을 미침으로써 간접적으로 행동에 영향을 미친다고 설명한다. 마찬가지로 성격, 사회경제적 지위, 또래집단 및 준거집단 영향력 등의 사회심리적 요인들도 인지된 이익, 인지된 위협, 인지된 장애를 통하여 행동에 간접적으로 영향을 미친다.

2) 인지된 위험: 낙관적 편견 극복

건강신념모델에 의하면, 대상자가 건강위험 또는 위협에 대하여 인식하도록 하는 것이 영양교육의 중요 과제가 된다.

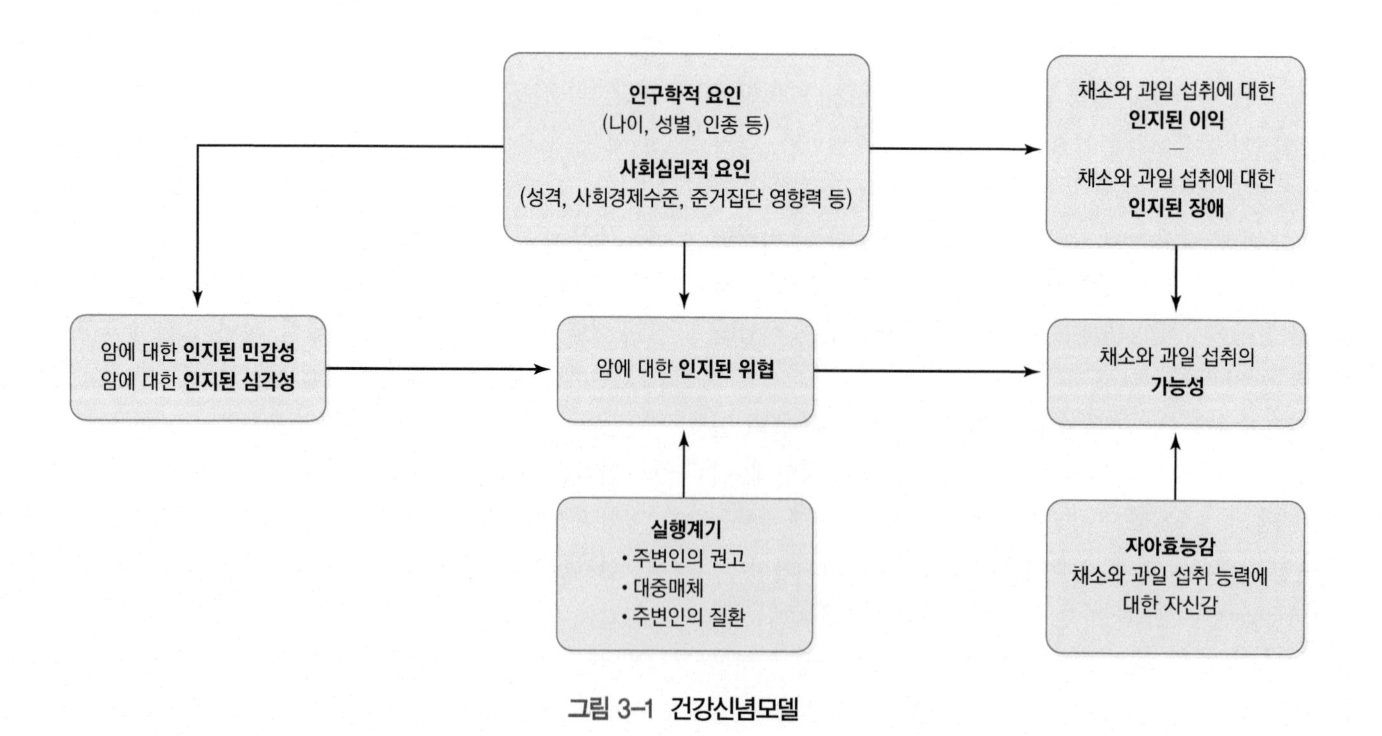

그림 3-1 건강신념모델

표 3-1 건강신념모델: 주요 구성요소와 영양교육에서의 활용방안

이론의 구성요소 (행동변화의 결정요인)	정의	영양교육에서의 활용방안
인지된 민감성	건강문제를 겪을 가능성에 대한 신념	• 건강문제 위험에 대한 과학적 근거를 개인화할 수 있도록 가족력 조사, 자가행동진단 등의 활동을 하거나 관련 정보를 제공
인지된 심각성	건강문제 결과의 심각성에 대한 신념	• 질환이 초래한 심각한 의학적·사회적 파장에 대한 통계자료, 연구 결과, 시각적 정보 등을 제공
인지된 위협	인지된 민감성과 인지된 심각성의 조합	• 과학적 근거에 기반하여 건강문제의 심각한 위협과 이러한 위협이 개인과 주변인에 미칠 수 있는 결과에 대하여 명확한 정보를 효율적으로 제공
인지된 이익	특정 건강행동 실행의 위험 감소효과에 대한 신념	• 특정 행동의 위험 감소효과에 대한 과학적 근거를 제공 • 맛 또는 편의성 등의 기타 이익에 대한 정보를 제공
인지된 장애	특정 건강행동 실행의 심리적·물리적 비용 또는 장애에 대한 신념	• 특정 행동 수행과 관련하여 구체적인 장애를 파악하고 이를 정정 및 개선
실행계기	특정 건강행동 실행을 활성화시키는 전략	• 행동을 상기시킬 수 있는 도구를 활용: 냉장고 부착물, 실천지침 안내문, 포스터, 광고판, 대중매체 캠페인 등
자아효능감	특정 건강행동 실행 능력에 대한 자신감	• 행동을 쉽게 실천할 수 있는 방법을 알려주는 활동 개발 • 목표행동의 실천을 유도할 수 있는 기회를 제공

실제로 다수의 연구에서 사람들이 자신의 식사에 대해 그릇되게 낙관적 인식을 가지는 것으로 보고된 바 있다(Shim 등 2000; Discovery News 2011). 예를 들어, 실제 식사는 고지방식인 데도 자신의 식사가 적절한 수준의 저지방식이라고 생각하는 경우가 많았다(Glanz 등 1997). 영양교육자는 개인의 위험 정보를 명확히 알려주고자 위험평가 또는 자가진단을 활용할 수 있다. 관련 연구를 총괄적으로 살펴본 연구는 개인의 위험 인지가 생활양식의 변화에 박차를 가할 수 있다고 보고하였다(McClure 2002).

그림 3-1은 건강신념모델의 구성요소와 각 구성요소 간의 상호연관성을 나타낸 도식이다. 건강신념모델의 각 구성요소에 대한 실제 영양교육의 활용방안을 **표 3-1**에 제시하였다.

3) 건강신념모델을 활용한 연구

건강신념모델은 소통 또는 교육을 통하여 수정가능한 신념을 강조한다. 이 이론은 다양한 건강행동 및 영양교육 연구의 틀로 활발히 활용되어왔다. 다음에 이러한 연구의 몇 가지 예를 제시하였다.

- 심장질환 위험을 낮추기 위해 지방 섭취를 감소시키는 행동에 영향을 미치는 요인을 살펴본 연구에서 인지된 장애와 자아효능감이 가장 중요한 두 가지 요인으로 관찰되었다(Liou와 Contento 2001).
- 노인들에게는 식중독에 대한 위협이 안전한 식품처리 행동에 중요한 요인이 된다. 아울러 신문기사 또는 식품포장지 표시의 행동계기가 가장 큰 영향을 미치는 것으로 나타났다(Hanson과 Benedict 2002).
- 부부 대상의 연구에서 남편의 경우 인지된 위협과 자아효능감이 지방 섭취행동의 중요한 요인이었던 반면, 아내의 경우 건강한 식사비용, 시간, 낮은 기호도, 권장되는 권장사항에 대한 혼동 등이 중요한 요인으로 나타났다(Shafer 등 1995).

이러한 연구를 살펴보면 구체적인 행동의 종류, 대상자의 특성, 문화 등에 따라 상대적으로 중요한 신념요인이 다르다는 것을 알 수 있다. 건강신념모델을 이용하여 대상자의 문화에 적합한 체중조절 교육자료를 개발한 예를 **사례연구 3-1**에 제시하였다.

사례연구 3-1 건강신념모델을 활용한 미국 흑인 여성 대상의 체중조절 교육자료 개발

이론의 구성요소 (행동변화의 결정요인)	집중집단면담 결과
비만에 대한 인지된 민감성	• 자신의 신체를 부정적인 단어로 묘사함 • 청바지가 잘 맞을 때 건강체중이라고 느낌 • 원하는 체중에서 몇 kg 더 나가면 과체중이며 스스로 신발끈을 맬 수 없으면 비만이라고 생각함 • 비만이라는 용어가 매우 듣기 거북함 • 비만 대신 매우 큰 체형 또는 심한 과체중 등의 표현을 선호함 • 흑인 여성은 큰 체형이 아름답다고 생각하도록 교육을 받으며 자람
비만에 대한 인지된 심각성	• 비만으로 인해 심장마비 또는 뇌졸중의 위험에 놓이며 이는 개인의 일상생활을 제한함
체중감소에 대한 인지된 이익	• 건강, 보기 좋은 외모를 갖고 예쁜 옷을 입을 수 있음 • 자녀들과 보다 활력 넘치고 충실한 생활을 즐길 수 있음
체중감소에 대한 인지된 장애	• 시간이 부족함 • 주변에 식품이 즐비한 환경에서 체중감소를 시도하는 것이 어려움 • 광고되는 매우 다양한 체중감소방법 중 어떤 것이 효과가 있을지 잘 모름 • 사회적 지지 부재, 가족들이 고에너지·저영양식품을 먹음
실행계기	• 의사가 건강문제에 대하여 충고함 • 옷이 작아짐
자아효능감	• 예전에 체중감소에 실패했던 경험으로 인해 엄두가 나지 않음 • 효과적인 체중감소 방법에 대한 신뢰할 만한 정보가 부족함 • 식사 조절이나 운동을 함께할 누군가가 있었으면 함

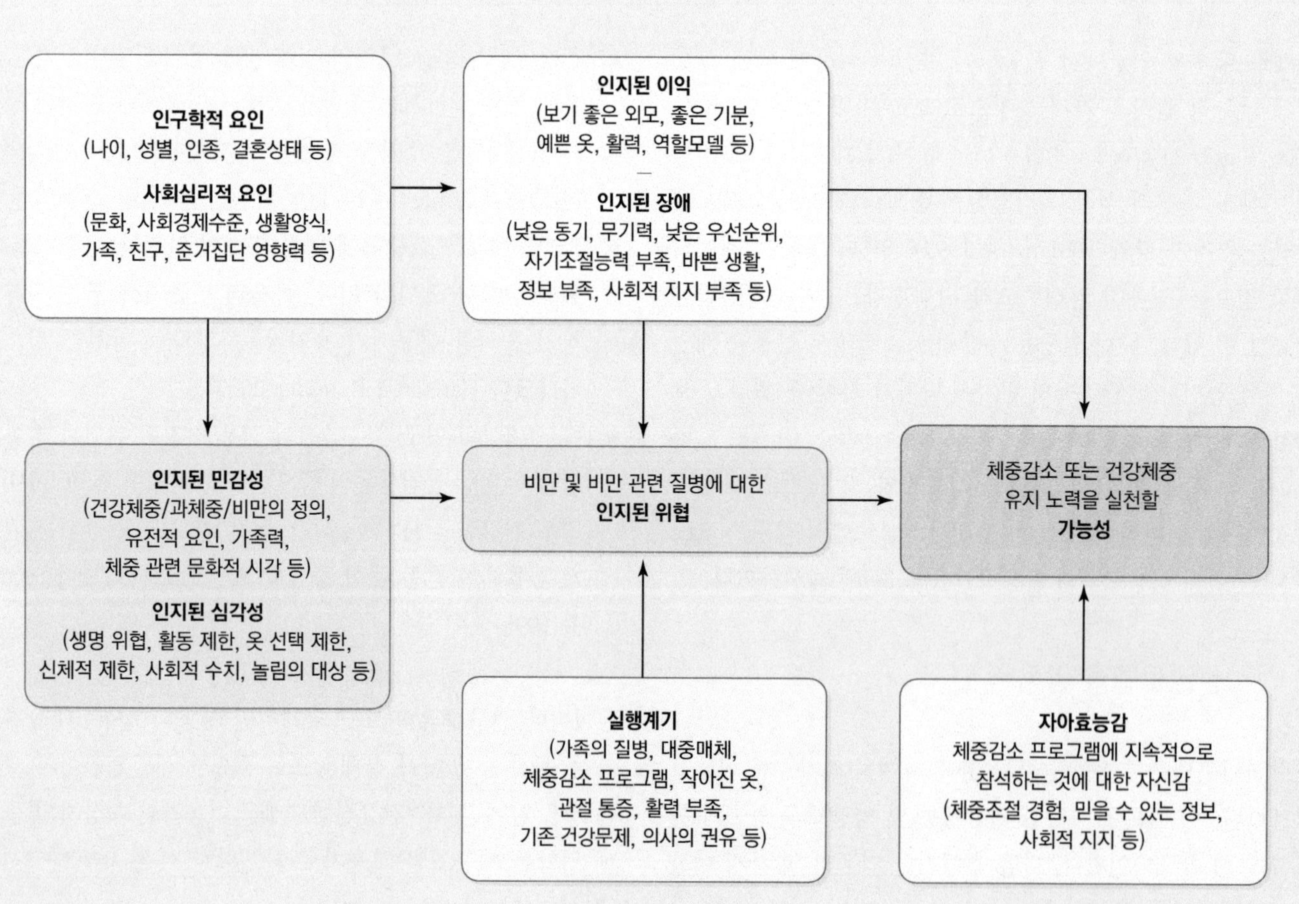

4) 건강신념모델 요약

사람들은 건강에 대한 위협을 경험할 때 건강행동을 실행한다. 하지만, 이는 심리적으로 그리고 실제로 실행에 대한 이익이 장애보다 우월할 때에 한하여 나타난다. 또한 실행에 필요한 구체적인 능력을 갖추는 것이 매우 중요하다. 건강행동 이론은 건강행동 실천에 대한 인식과 동기를 증진시키는 영양교육 활동을 개발하는 데 유용하다.

3 건강신념모델의 적용

표 3-1에서 건강신념모델의 주요 구성요소가 동기 및 실행 증진을 위하여 실제 교육활동을 구성하는 데 어떻게 적용되는지 간략히 요약하였다면, 여기서는 이와 관련된 구체적인 사례를 살펴본다.

1) 위험, 염려, 필요에 대한 인식 증가

건강행동의 동기와 실행을 증진시키기 위해서는 건강행동을 하지 않았을 경우의 잠재적 우려에 대해 정확히 알려야 한다. 단, 과도한 수준의 염려는 대상자를 무력화할 수 있으므로 주의한다. 자신의 행동 및 지역사회 프로그램과 건강위험의 연관성에 대한 정확한 인식과 이해가 필요하다. 다음은 이러한 행동의 결정요인에 효과적인 전략과 활동이다.

- **관심사와 문제의 관련성 부각** 면밀한 요구도 진단을 통하여 대상자의 가족, 지역사회, 문화에 대해 이해하는 것이 필수이다. 이러한 이해를 바탕으로 다양한 핵심 사안(예: 비만 증가, 학교급식의 음식물쓰레기, 식료품의 1인 분량, 청소년의 대사증후군 위험 등)에 대해 대상자에게 적합한 영화, 통계자료, 도표, 그림, 개인적 사례 등의 자료를 선택하여 교육에 활용할 수 있다.
- **자가진단도구의 활용** 대상자가 자신의 식품 섭취를 정확하게 인식하도록 간단한 식품섭취빈도조사나 24시간 회상법을 실시하여 식사구성안과 비교하게 할 수 있다. 이러한 활동을 통하여 낙관적인 편견의 오류를 바로 잡고 자신의 건강위험에 기반하여 식행동 변화를 고려하도록 유도할 수 있다.
- **지역사회 프로그램에 대한 진단** 지역사회가 실행하는 프로그램에 대한 정보를 제공함으로써 대상자가 건강문제의 위험도와 심각성의 실제를 보다 정확히 이해하도록 도울 수 있다.

2) 위협 또는 위험의 효과적인 활용

건강증진 분야에서 인지된 위험을 높이기 위해 의사소통에 두려움Fear을 이용하는 사안은 논쟁의 대상이다. 두려움과 위협Threat은 개념적으로 구별된다. 두려움은 높은 수준의 흥분을 동반하는 부정적 감정을 일컫는 반면, 위협은 인식 또는 생각을 일컫는다. 하지만 두려움과 위협은 서로 밀접하게 연관되어있으며 위협이 높을수록 두려움도 커진다.

연구에 따르면, 일반적으로 두려움은 대상자가 제시되는 위험이나 위협에 어떻게 반응하는가에 따라 의향과 행동에 영향을 미친다(Leventhal 1973; Peter 등 2013). 가령, 강한 두려움은 약한 두려움보다 인지된 민감성과 심각성을 더욱 높일 수 있다. 그러나 제기되는 위험이나 위협에 대한 반응은 대상자의 특성에 따라 극명하게 다를 수 있다. 다시 말해, 위험이나 위협에 대처하기 위한 순응적 반응을 하는 경우도 있지만, 부정적 또는 방어적인 부적응적 반응을 보이는 경우도 있다.

두려움의 제기는 대상자가 자신을 보호하기 위해 무언가를 할 수 있다고 느낄 경우에 한해 효과가 있다. 따라서 두려움을 제기할 때의 메시지는 다음의 세 가지 조건을 충족해야 행동변화를 불러온다.

- 유의미하고 관련된 위협에 대한 정보
- 위협이나 두려움을 줄이기 위해 대상자가 할 수 있는 효과적인 전략을 명확하게 제시
- 대상자가 쉽게 수행할 수 있는 전략을 제시

즉, 위협은 자아효능감이 증가하거나 이미 높은 자아효능감을 보유한 경우에만 효과적이다(Peter 등 2013). 따라서 영양교육자는 대상자의 자아효능감 수준을 파악해야 하며, 자아효능감을 높이기 위해 언제, 어떻게, 어디에서 실행할 것인

가에 대한 구체적인 정보를 제공해야 한다.

3) 인지된 이익과 인지된 장애의 강조

영양교육자는 집단교육을 통하여 대상자가 실행의 이익을 이해하도록 돕고, 집단 토의나 발표를 통하여 대상자의 인지된 장애를 파악할 수 있다. 인지된 이익과 인지된 장애는 대중매체 캠페인을 통해서도 전달될 수 있다. 이때 행동의 득과 실에 관한 정보를 어떻게 구조화할 것인지가 중요하다. 가령, 건강검진의 필요성을 전달하고자 할 때 예방행동으로 설명하기보다는 건강위험에 대처하는 방어행동이라고 설명하는 것이 설득력이 더 높은 것으로 보고된 바 있다.

4) 자아효능감의 증진

식품 선택은 식품 및 영양 관련 지식과 기술, 이것의 적용에 대한 자신감 등이 필요한 복잡한 행동이다. 영양교육자는 실행 또는 행동변화를 유도할 수 있는 다양한 활동, 시각자료 등을 개발하여 대상자의 자아효능감을 증진시켜야 한다. 특히 대상자가 직접 참여할 수 있는 활동이나 실습이 중요하다. 처음에는 활동지를 이용하여 건강한 레시피를 작성해보고, 이후 실제로 음식을 준비하거나 직접 채소를 심고 키워볼 수 있다. 영양교육자의 세심한 지도와 피드백 제공은 대상자의 자아효능감을 높이는 데 필수이다.

5) 실행계기의 제공

대부분의 사람들이 생각했던 일을 실제 행동으로 옮기는 데 이를 상기시킬 계기가 필요한 것처럼, 영양교육 대상자들 역시 계기가 필요하다. 대상자가 가져갈 수 있는 간단한 팁이 적힌 안내문, 냉장고용 부착물, 행동을 상기시키는 달력 등이 이러한 역할을 할 수 있다. 지역사회에서는 포스터, 대중매체 캠페인, 게시판 등을 이용할 수 있다.

6) 건강신념모델을 이용한 영양교육 사례

Alicia는 올해 19세로 고등학교 졸업 후 치과 접수처에서 일한다. 점심은 매일 간단하게 끼니를 때우는 식으로 먹으며, 요리를 별로 하지 않고 주로 간식이나 패스트푸드를 즐긴다. 지금껏 한번도 자신의 건강이나 식사에 대해 생각해보지 않았던 Alicia는 최근 어머니가 심장마비로 입원하자 이와 관련된 내용을 배워야겠다고 생각하게 되었다. 이것이 바로 건강신념모델에서 말하는 '실행계기'이다. Alicia는 같은 사무실에서 일하는 직원이 근처 지역사회센터에서 하는 교육이 있다고 알려주어 '심장건강을 위한 올바른 식사: 패스트푸드와 고에너지 간식을 중심으로'라는 영양교육 수업에 참석하기로 하였다. 이 수업의 영양교육자는 심장질환 위험을 낮추는 주제에 가장 적합한 이론이 건강신념에 초점을 두는 건강신념모델이라고 판단하였다. 이후 관련 연구와 설문조사 자료를 살펴보고 잠재적 대상자들과 인터뷰를 시행하여, 여러 문제행동 중 고에너지 간식과 패스트푸드의 과다 섭취가 가장 중요한 문제임을 파악하고 **사례연구 3-2**와 같이 수업을 위한 이론모델을 구성하고 이를 바탕으로 하여 교육계획을 개발하였다.

4 계획적 행동이론

> 계획적 행동이론(Theory of Planned Behavior)은 개인의 행동이 자신의 신념 또는 소신에 의하여 상당 부분 결정된다고 설명한다. 행동에 대한 태도를 이끄는 행동 결과에 대한 신념, 다른 사람들이 자신이 어떻게 행동해야 한다고 생각하는지에 대한 신념, 그리고 자신이 특정 행동에 대한 통제능력을 가지고 있는가에 대한 신념이 중요하다고 본다. 이 이론은 행동변화의 동기를 증진시키기 위한 중재를 설계하는 데 특히 유용하다.

계획적 행동이론(Fishbein과 Ajzen 1975)은 본래 투표 또는 지역사회조직 참여 등과 같은 다양한 사회적 행동을 이해하고자 개발되었다. 이후 여러 건강행동과 식행동을 이해하는 데 매우 유용한 도구로 사용되어왔다. 이론의 명칭과 달리, 인간의 행동이 반드시 합리적 또는 계획적이거나 목적의 관점에서 보았을 때 항상 적합하다고 설명하지는 않는다. 다만, 개인의 신념을 기준으로 볼 때 합리적이거나, 예측가능하거나, 때로는 자발적인 행동이 나타난다고 설명한다. 이러한 신념은 합리적일 수도 있고 희망사항일 수도 있으며, 정확할 수

사례연구 3-2 건강신념모델의 영양교육 적용 사례

- 대상자: 지역사회센터에 다니는 일반 성인
- 행동목적: 패스트푸드와 고에너지 간식의 섭취를 줄이고, 이를 채소와 과일 섭취로 대체하기

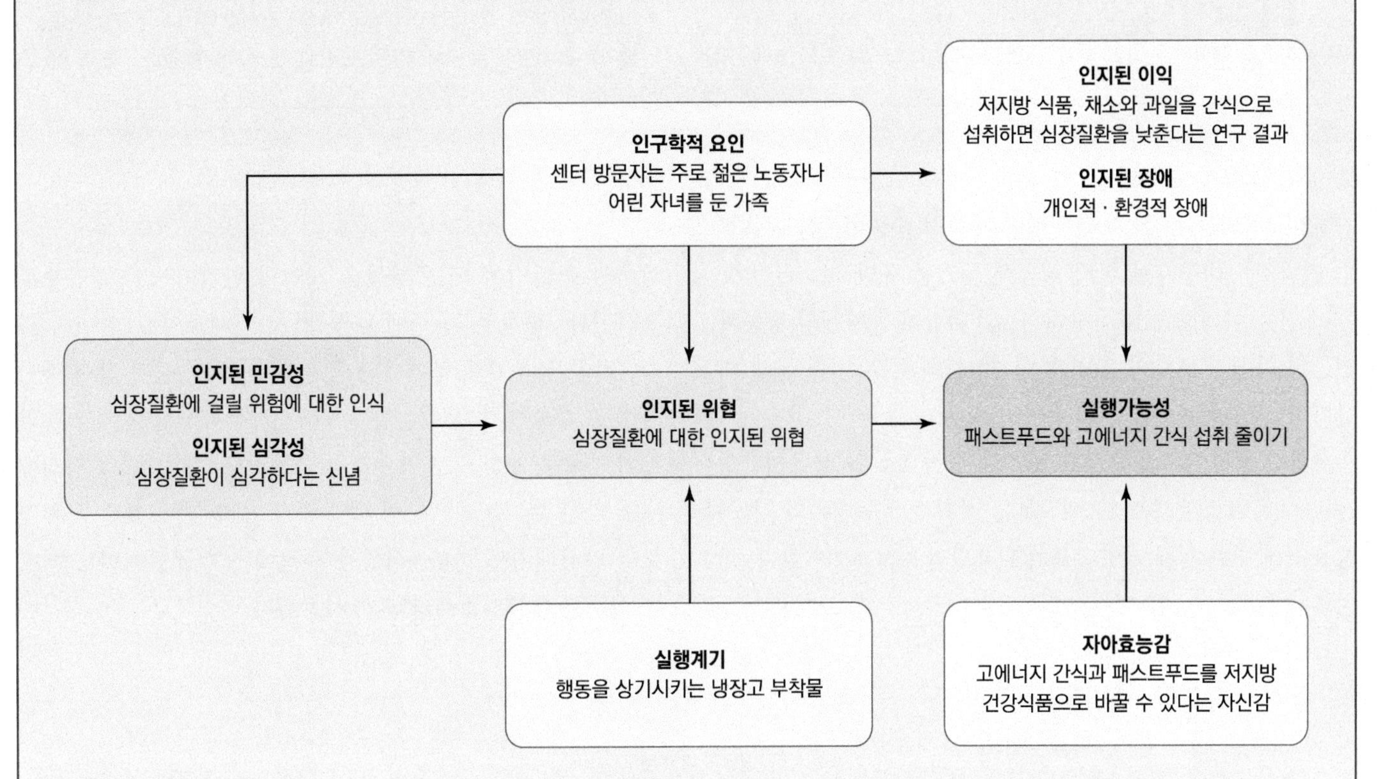

"심장건강을 위한 올바른 식사: 패스트푸드와 고에너지 간식을 중심으로" 집단수업의 교육계획

행동목적: 대상자는 심장질환의 위험을 낮추기 위해 패스트푸드와 간식의 섭취를 줄일 것이다.

행동목적 달성을 위한 교육목표

영양교육을 마친 후, 대상자는……

- 자신의 식사패턴이 만성질환의 위험을 높이는 정도를 평가할 수 있다.
- 고지방·고에너지 식사가 심장건강에 미치는 영향을 설명할 수 있다.
- 고에너지의 패스트푸드와 간식 대신 통곡류와 채소 섭취를 늘리는 것의 이점을 설명할 수 있다.
- 건강한 식사의 장애요인을 찾아내고 이를 극복하는 방법을 진술할 수 있다.
- 실행계획을 통하여 행동변화의 약속을 진술할 수 있다.

과정: 다음은 수업에서 적용한 건강신념모델의 결정요인과 각 결정요인에 대한 구체적 활동이다.

1. 인지된 민감성

- 자가진단: 자신이 지난 하루 동안 섭취한 모든 것을 적고, 섭취한 식품들 중 고에너지 식품에 표시한 후 이에 대해 토론함. 자신이 섭취하는 고에너지 식품을 인지하여 심장질환 위험 정도를 스스로 깨닫도록 유도함

2. 인지된 심각성

- 지방으로 인한 혈관 막힘: 심장질환이 심각하다는 신념을 갖도록 돕기 위해 혈관모형 (플라스틱관)을 이용한 시연을 실시함. 빈 플라스틱관에서는 물이 잘 흐르지만, 고체지방을 넣은 플라스틱관에서는 물이 잘 흐르지 않는 것을 보여줌. 포화지방이 많은 간식과 패스트푸드의 과다 섭취가 이와 같이 혈관에 나쁜 영향을 미침을 설명함

3. 실행의 인지된 이익

- 건강한 식행동 선택: 건강한 패스트푸드 메뉴 고르기, 패스트푸드와 고에너지 간식 섭취 줄이기, 채소와 과일의 섭취 늘리기 등의 행동이 만성질환 위험을 낮춘다는 과학적 근거자료를 보여줌

(계속)

4. 인지된 장애
■ 나의 장애요소 찾기: 자신의 24시간 회상 자료를 검토하여, 패스트푸드와 고에너지 간식 섭취 줄이기의 구체적인 장애요인을 찾고 토론함

5. 장애 극복
■ 장애를 극복하는 방법 찾기: 현재 섭취하는 패스트푸드와 고에너지 간식의 양을 줄이고 건강한 대체간식을 섭취하기 위한 방법에 대해 브레인스토밍 토의를 진행함

6. 실행의 가능성
■ 실행계획 설정: 각 대상자에게 고에너지 간식과 패스트푸드 섭취를 줄이고 건강간식으로 대체하기 위해 실천할 한 가지 실행계획을 적도록 함

도 있고 틀릴 수도 있다.

영양교육자는 두 가지 측면에서 계획적 행동이론을 이용할 수 있다. ① 대상자의 현재 행동에 동기를 유발하는 원인 또는 소신을 이해하는 데 유용하다. ② 대상자가 자신의 행동과 연관된 자신의 태도와 신념을 인지하도록 돕고 이를 통해 대상자의 행동변화를 돕는 데 유용하다.

계획적 행동이론의 구성요소와 각 구성요소 간 상호연관성을 나타낸 도식은 **그림 3-2**와 같다. 계획적 행동이론의 각 구성요소에 대한 실제 영양교육의 활용방안은 **표 3-2**와 같다.

1) 행동

이론의 출발점이 되는 행동은 개인의 관찰가능한 행동으로 정의된다. 행동은 '하루에 다섯 가지의 채소와 과일 섭취하기', '하루 30분 운동하기', '단 음료 덜 마시기' 등과 같이 행동 범주로 기술될 수 있다. 일부 연구는 '식사구성안 따르기'와 같이 행동을 보다 일반적으로 기술하기도 하며, '매일 점심에 채소 반찬 추가하기', '아침식사 꼭 하기'와 같이 보다 구체적으로 나타내기도 한다. 식행동 측정에는 식품섭취빈도지 또는 식행동 체크리스트가 흔히 사용된다.

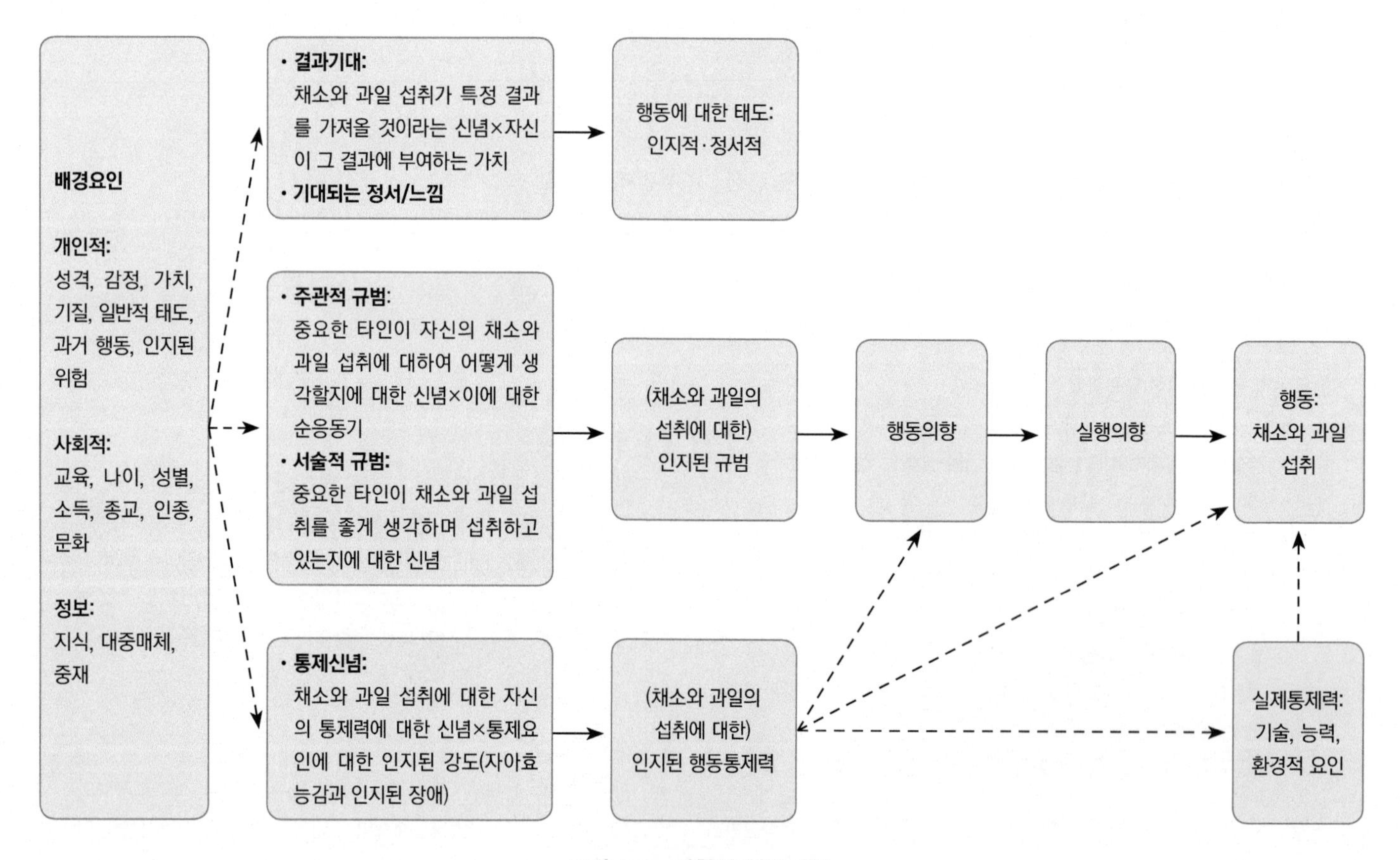

그림 3-2 계획적 행동이론

표 3-2 계획적 행동이론: 주요 구성요소와 영양교육에서의 활용방안

이론의 구성요소 (행동변화의 결정요인)	정의	영양교육에서의 활용방안
행동결과에 대한 신념/결과기대	행동의 긍정적인 또는 부정적인 결과(건강 측면, 개인적 측면, 그리고 사회적 측면 등)에 대한 개인의 신념	• 긍정적인 기대 증진: 채소와 과일 섭취와 관련하여 맛, 건강 이익, 편의성 등에 대한 대상자의 기대를 증진시키는 메시지 또는 전략 활용 • 채소와 과일을 섭취하지 않을 경우의 부정적인 결과에 대한 인식 증진
인지적 태도	특정 행동에 대한 개인의 호의적이거나 비판적인 판단	• 건강행동의 긍정적 측면을 나타내는 메시지 또는 이미지 활용
정서적 태도	행동 수행에 대한 개인의 정서적 반응	• 시식하기, 조리하기, 재료 준비하기 등의 활동을 통하여 건강한 음식을 경험하고 즐기는 기회 제공 • 행동에 대한 긍정적인 메시지를 감성적으로 전달 • 행동을 하지 않을 경우 예상되는 후회를 탐색해보는 활동
주관적 규범	중요한 타인이 자신의 행동 수행을 좋게 여길지 아닐지에 대한 개인의 신념	• 자신의 행동에 대한 친구와 가족의 기대를 명확히 파악하고 그들의 기대에 대한 순응 여부를 평가하는 활동
서술적 규범	목표행동과 관련하여 중요한 타인의 태도 또는 행동에 대한 개인의 신념	• 다수의 또래가 채소와 과일을 섭취하고 건강의 가치를 인정함을 보여주는 자료를 제시 • 또래 또는 역할모델을 활용하여 채소와 과일 섭취가 멋진 행동이라는 점을 제시
인지된 행동통제력	행동 수행을 쉽거나 어렵게 만드는 요인과 실행의 환경적 장애에 대한 개인의 인식	• 채소와 과일 섭취가 쉽고 편리하다는 메시지 제공 • 채소와 과일 준비 또는 조리에 대한 시범과 실습 제공
행동의향, 실행의향	행동 실행에 대한 개인의 인지된 가능성	• 행동변화에 대한 긍정적 및 부정적 기대를 평가하는 의사결정 활동 • 행동변화 또는 새로운 행동 시도에 대한 서약 • 행동변화 또는 새로운 행동 시도에 대한 구체적인 계획 작성

2) 행동의향

행동을 하고자 하는 의향이 있다면 그 행동을 하게 될 가능성이 높아진다. 행동의향Behavioral intention은 실행 또는 행동변화에 가장 인접한 결정요인이다. 의향이라고 표현되는 마음의 상태는 개인이 기대되는 행동을 실행에 옮길 가능성의 정도를 말한다(Sparks 등 1995).

다수의 연구에서 대상자의 의향이 다양한 범주의 건강행동과 중등 강도의 유의미한 상관성을 갖는 것으로 보고된 바 있다(Armitage와 Conner 2001; Fishbein과 Ajzen 2010). 이러한 의향은 태도, 주관적 규범, 인지된 행동통제력에 의해 결정된다.

3) 태도

태도Attitudes란 특정 행동에 대한 호의적이거나 비판적인 판단을 말한다. 태도는 실행에 대한 동기를 어느 정도 대변한다고 볼 수 있다.

태도에는 인지적 태도Cognitive attitudes와 정서적 태도Affective attitudes의 두 가지 측면이 있다. 인지적 태도의 예로, 체중감소가 얼마나 건강에 좋다고 생각하는지 또는 그렇지 않다고 생각하는지가 이에 해당된다. 정서적 태도의 예로는 체중을 줄인 자신에 대해 얼마나 좋다고 생각하는지 또는 그렇지 않은지가 해당된다. 두 종류의 태도 모두 의향에 영향을 미친다(Ajzen 2001; Fishbein과 Ajzen 2010).

(1) 신념에 기초한 인지적 태도

행동에 대한 태도는 행동의 결과에 대한 신념 또는 소신과 이러한 행동의 결과를 중요하게 여기는 정도에 의해 영향을 많이 받는다(그림 3-2).

지속적이며 전반적인 태도(또는 핵심가치)는 실행동기에 영향을 미친다. 그런데 성공적인 실행을 달성하는 데는 보다 직접적인 인지적 태도가 중요하다. 직접적인 인지적 태도는 행동이 희망하는 결과를 보다 즉각적이고 직접적으로 가져올 것이라는 신념과 기대에 기초한다. 심리학자들은 이러한 신념을 결과신념Outcome belief 또는 결과기대Outcome expectation라고 부른다. 이러한 신념은 흔히 과학적인 근거와 과학적 근거의 수용을 바탕으로 형성된다.

행동 또는 실행에 대한 결과기대에는 다음과 같은 범주가 포함된다.

- **건강 결과** 식사와 건강/질병의 연관성에 대한 과학적 근거에 기반한 건강 결과Health outcome이다. 고칼슘 식품과 뼈 건강, 모유와 영아의 건강 등을 예로 들 수 있다. 이러한 행동의 긍정적 결과에 대한 신념은 인지된 이익이라고 부르며, 부정적 결과에 대한 신념은 인지된 장애라고 부른다.
- **개인적으로 의미 있는 사회적인 결과** 맛, 편리성, 비용, 비용 대비 효과성, 외모, 활력, 타인에게 비춰지는 자신의 모습 또는 인상 등을 예로 들 수 있다.
- **광의적 및 전반적 결과** 가족 화합, 지역사회 역량 강화, 지역농산물 지원, 자원 보존 등에 대한 가치 또는 성과를 예로 들 수 있다.

또한 이러한 행동의 결과를 얼마나 중요하게 여기는지도 고려해야 한다. 개인은 이러한 결과를 진정으로 바라거나 그렇지 않을 수 있다. 만약 그렇지 않다면, 결과의 이익이 아무리 크다고 해도 행동을 실행하지 않을 것이다.

(2) 감정에 기초한 정서적 태도

태도는 행동에 대한 개인의 감정Feelings에 의해서도 크게 영향받는다(Salovey와 Birnbaum 1989; Richard 등 1996; Lawton 등 2007; Crum 등 2011). 이는 개인의 감정 또는 정서는 태도의 정서적 태도 부문에 영향을 미치기 때문이다. 인간의 내면 깊숙이 자리한 감정과 정서는 마케팅 전문가들로부터 흔히 '뜨거운 쟁점Hot button'이라 불리며 널리 연구되었다. 감정이나 정서는 음식에 대한 신체적 반응(예: 음식의 맛, 냄새, 촉감 등) 또는 빈번한 노출에 의한 친숙성과 같이 직접적인 경험에서 비롯되는 경우가 많다.

(3) 식품기호도Food preferences와 향유Enjoyment

식품에 대한 감각-정서적 반응Sensory-affective response은 식품 선택과 식행동에 상당한 영향을 미친다(Rozin과 Fallon 1981; Moss 2013). 소비자들은 자신의 맛 기호도 또는 취향을 식행동의 가장 중요한 동기로 일관되게 평가한다.

4) 태도의 충돌: 양면감정

우리는 종종 행동의 결과에 대해 긍정적인 신념과 부정적인 신념을 동시에 갖는데, 이는 양면감정Ambivalence을 야기한다(Armitage와 Conner 2000; Ajzen 2001). 예를 들어, 채소와 과일이 암을 예방하기 때문에 이를 섭취하는 것이 바람직하다고 생각함과 동시에 채소와 과일은 비싸며 가지고 다니기에 불편하다고 생각할 수 있다.

양면감정은 태도의 인지적 측면(예: 초콜릿을 먹으면 살이 찐다)과 정서적 측면(예: 초콜릿은 맛있다) 사이의 갈등으로 나타나기도 한다(Sparks 등 2001). 이러한 생각과 감정의 상대적 크기는 실행 여부에 영향을 미친다. 양면감정은 종종 행동을 실천에 옮기는 것을 막는다. 따라서 대상자가 자신의 양면감정으로부터 벗어날 수 있도록 돕는 것이 영양교육자의 중요한 역할이 된다.

5) 인지된 규범(사회적 압력)

(1) 주관적 규범

주관적 규범Subjective norms이란 자신에게 중요한 다른 사람들이 자신의 행동을 좋게 여길지 또는 그렇지 않을지에 대한 개인의 신념을 말한다(예: 나의 친한 친구들 또는 부모님은 내가 고기를 먹어야 한다고 또는 먹지 않아야 한다고 생각한다). 주관적 규범은 상당히 미묘하고 거의 무의식적으로 작용한다. 다른 사람들의 의견을 얼마나 따르고자 하는지도 실행 여부에 매우 중요하다(예: 나는 친구들의 생각을 따르는 것이 중요하다고 또는 중요하지 않다고 생각한다).

(2) 서술적 규범(인지된 문화적 규범을 포함)

다른 사람들의 태도와 행동에 대한 개인의 인식 또한 행동에 영향을 미치는데, 다른 사람들이 행동에 대한 압력을 가하지 않더라도 영향을 미친다(Sheeran 등 1999; Fishbein과 Ajzen 2010). 심리학자들은 이를 서술적 규범Descriptive norms이라고 부른다. 서술적 규범에는 ① 다른 사람들의 행동에 대한 태도(집단태도Group attitudes, 예: 개인적 또는 사회적 관계망의 탄산음료 섭취에 대한 태도), ② 다른 사람들의 행동(집단행동Group behavior)에 대한 인식(예: 사회적 관계망 내 얼마나 많은 구성원이 탄산음료를 마시는가?)이 포함된다. 이러한 규범에 순응할 가능성은 자신을 집단에 동일시하는 정도에 따라 달라진다. 서술적 규범에는 인지된 문화적 규범Perceived cultural norms의 강한 영향력이 포함된다.

(3) 상대적 중요도: 태도 또는 인지된 규범

태도와 인지된 규범Perceived norms의 상대적 중요도는 각 개인에 따라 달라진다. 한 예로 집단주의적 문화에서는 주관적 규범이 더욱 중요할 수 있다. 반대로 개인주의적 문화에서는 태도가 더욱 중요한 역할을 할 수 있다(Ajzen 2001). 이러한 상대적 중요도는 행동의 종류에 따라 달라지기도 한다. 어떤 행동은(예: 저지방 식품 섭취) 태도에 의해 영향을 더 크게 받고, 다른 행동은(예: 모유수유) 사회적 규범과 압력에 의해 더 많은 영향을 받을 수 있다.

6) 인지된 행동통제력

'자신의 행동을 얼마나 통제할 수 있는가에 대한 인식'은 행동의 중요한 결정요인이다. 심리학자들은 이를 인지된 행동통제력Perceived behavior control이라 부른다. 이는 '행동의 장애를 극복할 수 있는가' 또는 '행동을 수행할 수 있는가'에 대한 개념을 포함한다. 예를 들어 건강식품을 지역 내 식품 시장에서 찾기 어려울 수도 있고, 그 식품을 조리하는 방법을 잘 모를 수도 있다. 인지된 행동통제력은 의향과 행동 두 가지 모두에 직접적인 영향을 미친다(**그림 3-2**). 이는 아마도 통제력에 대한 인식이 행동수행에 대한 실제 통제력Actual control을 사실상 정확하게 반영하기 때문일 것이다.

인지된 행동통제력은 다음 장에서 소개할 사회인지론의 구성요소인 자아효능감과 유사하다(Armitage와 Conner 2001). 인지된 행동통제력은 개인적 자원과 외적 장애를 포괄하는 인지된 어려움Perceived difficulties이란 개념을 포함한다. 반면, 자아효능감은 일반적으로 특정 행동을 수행할 수 있는가에 대한 개인적 자신감으로 정의된다. 그렇지만 다수의 연구자들은 두 용어가 호환될 수 있다고 여긴다(Bandura 2000; Fishbein과 Ajzen 2010; Lien 등 2002).

7) 행동의향과 행동의 연결

행동의향이 늘 행동으로 이어지는 것은 아니다. 여기에는 여러 가지 요인이 작용한다(**그림 3-2**). ① 인지된 행동통제력 또는 자아효능감은 실제 행동뿐만 아니라 행동의향에도 영향을 미친다. 행동을 수행하는 데는 일정 수준 이상의 자아효능감이 필요하다. ② 특정 행동에 대한 실제 통제력의 크기는 의향을 실제 행동으로 옮기는 데 매우 중요하다. 개인의 의향과 상관없이, 행동 수행과 관련된 기술과 능력의 보유 여부, 그리고 환경적 촉진요인 또는 장애요인의 존재 여부는 행동 수행에 큰 영향을 미친다.

5 계획적 행동이론의 확장

1) 계획적 행동이론의 확장: 신념 구성요인의 추가

계획적 행동이론에 자신Self에 대한 신념들(예: 자기정체성Self-identity, 도덕적 규범Moral norms)이 행동의 결정요인으로 추가되어 보다 확장된 형태의 이론이 제안되었다. 확장된 이론에 추가된 결정요인들은 식품 및 영양 관련 행동을 독립적으로 예측하는 데 공헌한다.

확장된 계획적 행동이론Extended Theory of Planned Behavior의 구성요인 간 연관성을 나타낸 도식은 **그림 3-3**과 같으며 이는, 행동의향 예측에 있어 추가된 신념요인과 행동 개시에 대한 실행의향의 역할을 보여준다. 이 확장된 이론은 태도와 주관적 규범에 대한 보다 복잡한 관점을 포함한다.

(1) 개인적 규범 신념: 인지된 도덕적·윤리적 의무

인간에게는 개인적 규범이 있으며, 이 또한 자신의 행동에 영향을 미친다(Godin 등 2005; Raats 등 1995; Sparks 등 1995;

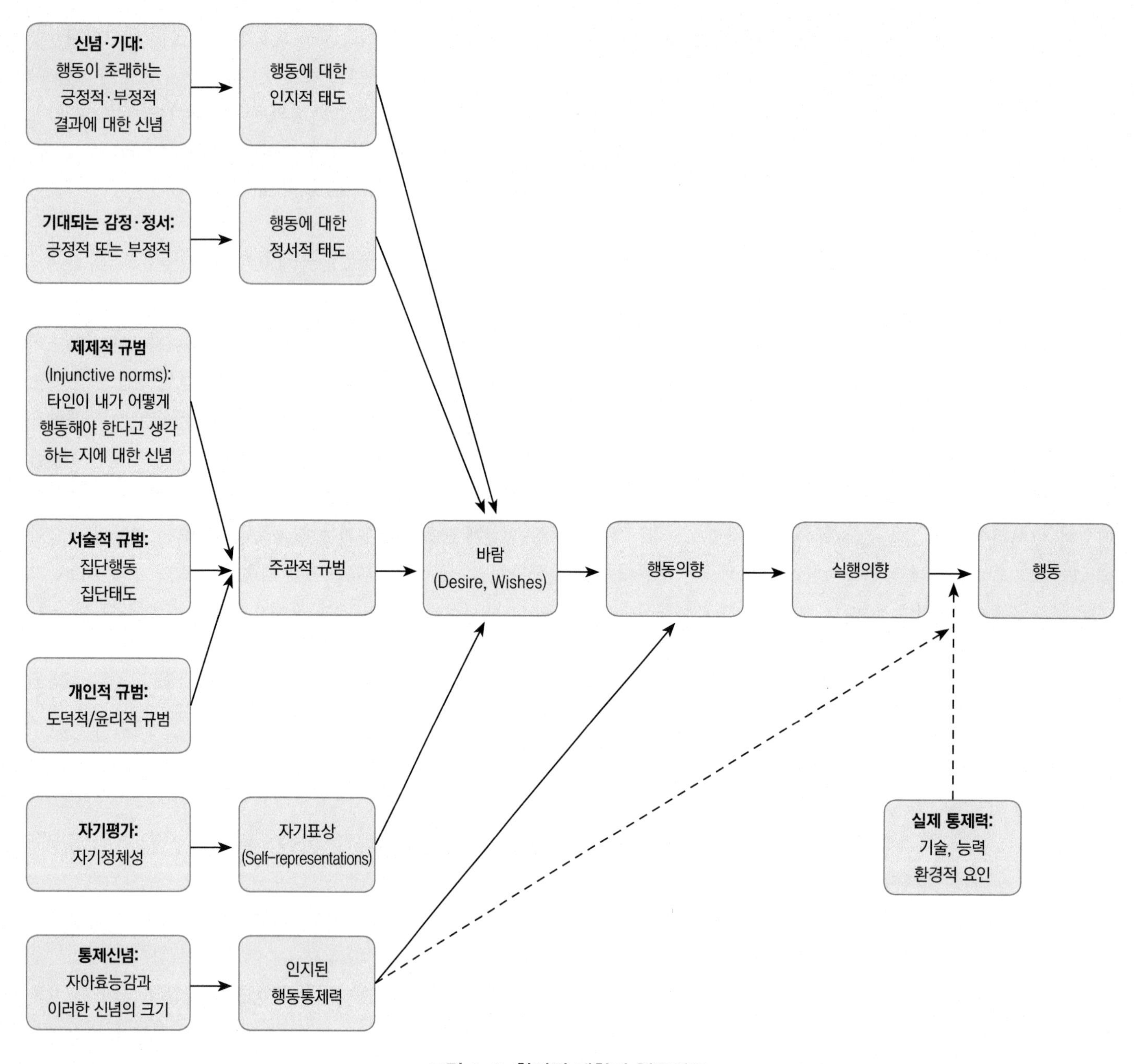

그림 3-3 확장된 계획적 행동이론

Bissonette와 Contento 2001; Williams-Pethota 등 2004). 이에 대한 예를 살펴보면 다음과 같다.

- **개인적 규범 신념**Personal normative beliefs "내 아이에게 모유수유를 해야만 한다."
- **도덕적·윤리적 의무**Moral & ethical obligation "자녀에게 건강한 식품을 먹이는 것은 나의 도덕적 의무이다."
- **개인적 책임감**Personal responsibility "자연환경 개선을 위해 유기농 식품을 구매하는 것은 나의 책무이다."

(2) 자기정체성

자기 자신에 대한 생각도 행동에 영향을 미치는 것으로 보인다(Abraham과 Sheeran 2000; Spakrs 2000; Bisonette와 Contento 2001; Robinson과 Smith 2002; Bisogni 등 2002).

- **자아개념**Self-concept **또는 자기정체성**Self-identity "나는 환

경을 중시하는 소비자이다" 또는 "나는 건강을 중시하는 소비자이다."

- **이상 자아**Ideal-self **또는 실제 자아**Actual-self 우리는 종종 자신을 이상적인 모습과 비교한다. 이상적 자아와 실제적 자아 간의 차이는 실망, 슬픔, 우울을 불러올 수 있다.
- **의무 자아**Ought-to-be self **또는 실제 자아**Actual-self 실제 자신의 모습과 자신이 어떠해야 한다고 규정 짓는 자아 간의 차이는 죄책감, 걱정, 무기력, 분노, 두려움을 불러올 수 있다. 예로는 "나는 나쁜 엄마 같다. 아이들에게 더 좋은 먹거리를 주어야 하는데 그렇게 하지 못한다"가 있다(IFIC Foundation 1999).
- **문화소속감**Membership in a cultural group "식생활에 있어서 나는 멕시코 사람이다."

2) 계획적 행동이론의 확장: 감정과 정서의 강조

행동 수행에 대한 감정이나 정서는 식행동의 강한 동기로 작용한다(Lawton 등 2007; Lawton 등 2009; Crum 등 2011). 연구 결과에 따르면, 감정이나 정서를 결과기대의 일부로 생각할 수도 있지만, 이는 결과기대보다 더 중요한 요인으로 보인다.

(1) 바람

목표지향 행동모델Model of Goal-Directed Behavior에 따르면, 바람Desire은 행동에 대한 신념이나 이유가 행동 개시의 동기로 전환된 상태로 행동의향의 가장 인접한 결정요인이다. 즉, '바람'은 태도, 사회적 규범, 인지된 행동통제력, 행동의향 등과 같은 계획적 행동이론의 주요 결정요인에 추가될 수 있다. 아울러 행동에 대해 예상되는 긍정적 또는 부정적 감정은 이러한 기존 결정요인보다 바람과 의향에 더욱 중요한 영향을 미친다(Bagozzi 등 1998; Perugini와 Bagozzi 2001; Hingle 등 2012). 이 모델에 포함된 바람은 이 장 뒷부분에 소개할 자기결정이론Self-Determination Theory의 내적 동기Intrinsic motivation의 개념과 유사하다. 목표지향 행동모델의 구성요소와 구성요소 간 연관성은 **그림 3-4**와 같다.

(2) 기대되는 긍정적 정서

행동의 결과와 관련하여 기대되는 긍정적 정서Anticipated positive emotions는 동기를 효과적으로 증진시킨다. 예를 들어, 모유수유 또는 저탄소발자국 식품에 대한 태도는 건강 또는 환경에 좋다는 신념에 의하여 증진될 뿐만 아니라, '기쁘고, 만족스럽고, 행복하고, 자랑스럽게' 느끼게 할 것이라는 기대에 의해서도 향상된다(Bagozzi 등 1998; Perugini와 Bagozzi 2001;

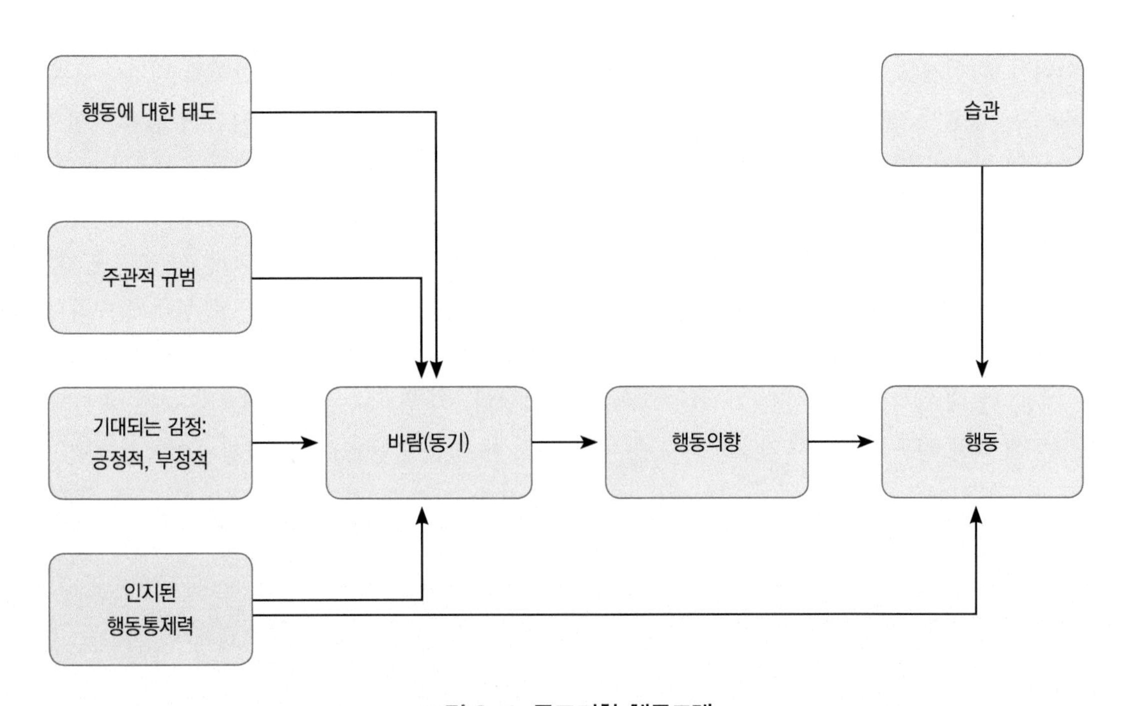

그림 3-4 목표지향 행동모델

Hingle 등 2012). 이는 행동의향에 동기를 유발하는 자극을 제공한다. 따라서 영양교육자는 대상자의 바람 또는 동기를 높이기 위해 행동 실행이 대상자 자신에게 자부심, 만족감 등의 긍정적인 감정을 가져올 것임을 인식하도록 도와야 한다.

(3) 기대되는 부정적 정서와 후회

행동으로 인하여 기대되는 부정적인 정서Anticipated negative emotions(예: 당황, 실망, 염려 등)는 행동의향에 부정적인 영향을 미친다(Baranowski 등 2013). 행동으로 인해 후회하게 된다고 여기거나 실행에 실패할 것이라는 예상도 예방건강행동의 중요한 결정요인이 된다고 보고된 바 있다(Sandberg와 Conner 2008). 가령 대학생 집단에서 고에너지·저영양 식품 섭취 후 후회하게 될 것이라는 예상은 이를 섭취하고자 하는 의향에 영향을 미치는 것으로 나타났다(Richard 등 1996).

3) 실행의향(실행계획)의 중요성

행동을 하고자 하는 의향이 식행동 변화와 같이 다소 어려운 행동을 일으키기에 충분하지 않다는 사실은 경험과 여러 연구를 통해 잘 알려진 사실이다. 의향은 실질적인 실행 목록으로 전환되는 경우 실행가능성이 높아진다. 확장된 계획적 행동이론은 이를 실행의향Implementation intention이라고 부르는데 이는 언제, 어디서, 어떻게 특정 행동을 수행하겠다고 하는 구체화된 의향으로 정의된다(Gollwitzer 1999; Armitage 2006; Garcia와 Mann 2003). 다른 이론에서는 이러한 개념을 실행계획Action plan이라고도 한다. '하루에 채소와 과일 다섯 번 섭취하기'는 일반적인 행동의향이다. 반면 "매일 오전 간식으로 과일을 먹고 점심에 채소 반찬 한 가지 추가하기"는 실행을 유도할 가능성이 더욱 높은 구체화된 실행의향의 예시이다. 하지만 건강행동에 대한 실행의향을 가진다고 해서 건강하지 않은 행동에 대한 충동이 반드시 감소되는 것은 아니다(Verplanken과 Faes 1999).

4) 습관

인간의 행동은 많은 경우 별 생각이나 이유 없이 일어나는 것처럼 보인다(Wansink 2006). 우리는 어떤 상황에 대하여 자동으로 반응하는 것처럼 보이는 일상적인 습관을 가지고 있는데, 이는 종종 행동의 원동력이 된다. 어떤 습관은 전통적 문화에서 비롯되기도 한다. 식행동과 같이 빈번하게 일어나는 행동의 경우 특히 그러하다(Triandis 1979; Brug 등 2006; Kremers 등 2007). 이러한 습관은 같은 상황에서 반복 수행되기 때문에(예: 매끼 김치 반찬 먹기) 상당히 강하게 형성되고, 이에 따라 의향을 자동으로 불러일으킨다(Fishbein과 Azen 2010). 의사결정의 시간이 매우 촉박할 때도(예: 시간에 쫓기며 장보기) 비슷한 일이 일어난다(Abratt와 Goodey 1990; Cohen 2008). 의향과 습관은 때때로 서로 경쟁한다. 영양교육자는 대상자가 습관적으로 하는 행동을 스스로 파악하고 자신의 습관을 재평가하도록 도울 수 있다.

5) (확장된) 계획적 행동이론을 활용한 연구와 중재

계획적 행동이론은 사회심리학 분야 및 식품 선택, 식행동, 신체활동 등의 건강 분야에서 활발히 연구·적용되었다. 다음은 이러한 연구들의 사례이다.

(1) 식품 선택과 식행동에 관한 연구

청소년 대상 연구

만 8~9세 아동 대상의 '건강하게 먹기Eating Healthy' 연구에서 태도, 친구와 가족의 규범, 지식, 규범에 대한 순응동기, 인지된 행동통제력이 건강한 식행동의 예측요인으로 보고되었다. 여러 요인 중에서 인지된 행동통제력이 가장 중요한 요인으로 나타났다(Bazillier 등 2011).

계획적 행동이론이 탄산음료 섭취에 대하여 의향의 64%, 행동의 34%를 설명하여, 우수한 예측력을 가진 것으로 나타났다. 가장 우수한 결정요인은 태도와 결과기대(갈증 해소, 체중 증가 등)였으며, 인지된 행동통제력(가정과 학교 내 이용가능성, 돈)과 주관적 규범이 뒤를 이었다(Kassem 등 2003).

지역 농산물과 유기농 식품의 구매·섭취 행동이 행동의향, 결과기대, 그리고 인지된 사회적 영향력Perceived social influence에 의해 가장 잘 예측되었다. 인지된 책임감Perceived responsibility은 유기농 식품 구매·섭취에 대하여, 그리고 자기정체성은 지역 농산물 구매·섭취에 대해 중요한 결정요인으로 나타났다(Bissonette와 Contento 2001).

성인 대상 연구

성인의 패스트푸드 섭취는 장기적인 결과기대(건강) 또는 주관적 규범보다는 즉각적으로 기대되는 결과(맛, 만족감, 편리성)에 의해 가장 크게 영향받는 것으로 나타났다(Dunn 등 2011).

농촌지역 저소득층에서는 행동의향이 단 음료 섭취행동의 가장 중요한 결정요인으로 보고되었다. 태도, 인지된 행동통제력, 그리고 주관적 규범이 뒤를 이었다(Zoellner 등 2012).

제2형 당뇨병 환자에서 저포화지방 식품 섭취의 가장 중요한 예측요인으로 의향과 인지된 행동통제력이 보고되었다. 의향은 태도와 주관적 규범에 의하여 잘 예측되었다. 아울러 계획이 의향과 행동 간의 연결고리 역할을 하는 것으로 관찰되었다(White 등 2010).

(2) 중재연구

다수의 식행동 또는 신체활동 중재연구에서 계획적 행동이론의 핵심 구성요소가 성공적으로 적용되었다. 청소년을 대상으로 계획적 행동이론을 적용한 교내 비만예방 중재프로그램을 시행한 결과, 신체 구성지표가 개선되었다(Singh 등 2007).

청소년을 대상으로 텃밭 가꾸기 프로그램을 시행한 결과, 채소와 과일 섭취가 증가하였다. 이러한 행동의 향상은 인지된 행동통제력의 증진과 유의한 연관성을 나타내었다(Lautenschlager와 Smith 2007).

만 65세 이상의 외래 환자를 대상으로 소책자를 이용한 교육을 시행한 결과, 인지된 행동통제력, 행동의향, 그리고 행동 개선이 관찰되었다. 구체적 행동목표를 설정한 대상자에서 그렇지 않은 대상자보다 더욱 성공적인 행동변화가 나타났다(Kelly와 Abraham 2004).

6) 계획적 행동이론 요약

실행에 대한 동기는 행동이 원하는 결과를 가져올 거라고 기대하고, 자신에게 중요한 타인이 그 행동이 좋다고 인정하며, 자신이 행동에 대한 통제력을 가지고 있다고 느낄 때 증진된다. 구체적인 실행계획의 설정은 행동의향을 실행으로 전환시키는 역할을 할 수 있다.

계획적 행동이론은 영양중재 프로그램과 인식 및 실행동기 증진을 위한 대중매체 프로그램을 설계하는 데 유용하다.

계획적 행동이론의 각 구성요소는 다양한 문화권에서 건강행동을 성공적으로 설명하거나 예측하는 것으로 나타났다. 이 이론은 여러 문화에 유용하게 적용할 수 있다(Fishbein 2000).

6 계획적 행동이론의 적용

계획적 행동이론은 행동에 대한 신념·소신과 감정·정서가 건강행동 실행 동기의 중심적인 역할을 한다고 설명한다. 이러한 계획적 행동이론의 관점은 영양교육의 전략 설계에 유용하게 적용될 수 있다.

1) 태도와 신념에 대한 메시지 고안

(1) 대상자와 관련된 신념과 태도 파악

첫 번째 단계는 목표 대상자 집단에서 특정 식행동과 관련된 구체적인 신념과 태도를 파악하는 것이다. 이는 요구도 분석, 설문조사, 집중집단면담, 인터뷰 등의 다양한 방법을 통해 확인할 수 있다. 이 첫 단계는 매우 중요하며, 소셜마케팅 과정Social marketing process의 시장조사Market research와 유사하다.

(2) 행동변화의 잠재적 결정요인 선정

다음으로는 행동의향을 결정하는 데 핵심적인 역할을 하는 일련의 신념 목록을 선정하여 중재의 목표로 삼는다. 여러 신념 간의 상대적 중요도는 행동의 종류 또는 대상자의 특성에 따라 달라진다. 예를 들어, 동일한 식행동에 대하여(예: 채소와 과일 섭취) 청소년에게는 친구에게 멋있게 보이는 것이, 임신한 여성에게는 태아의 건강에 이로운 것이, 그리고 주부에게는 조리하기 쉬운 것이 상대적으로 중요할 수 있다. 위협에 대한 신념 또는 인지된 위협에 호소하는 전략도 중재에서 활용할 수 있다. 그러나 이러한 메시지는 위험을 낮추기 위해 스스로 할 수 있는 행동이 있다는 대상자의 자신감을 증진하는 전략과 함께 활용해야 효과적이다.

(3) 효과적인 메시지의 고안: 정교화 가능성 모델

다음으로는 이러한 특정 건강행동에 대한 핵심 신념을 대중매체, 집단영양교육 활동, 소책자, 또는 소식지 등에 적합한 메시지로 전환하는 과정을 거쳐야 한다. 정교화 가능성 모델Elaboration likelihood model에 따르면, 인간은 중심 경로Central route 또는 주변 경로Peripheral route를 통해 메시지를 처리한다(Petty와 Cacioppo 1986).

- **중심 경로** 메시지는 대상자로 하여금 깊이 생각하게 하거나 상술하도록 유도할 때 더욱 효과적이며 설득력이 높아진다. 이렇게 중심 경로로 처리된 메시지는 신념과 태도의 변화를 유도하고 개인의 신념 및 태도의 구조 내부로 통합된다. 메시지에 개인적 관련성이 높고 이해하기 쉽다면, 그리고 생각할 시간적 여유가 있고 주의를 분산시키는 요소가 많지 않을 때 제공된 메시지를 깊게 생각할 가능성이 높다.
- **주변 경로** 실행의 근거에 관련한 건강 메시지가 이해하기 어렵거나 개인적인 관련이 별로 없어 보인다면, 해당 메시지를 피상적으로 받아들이게 된다. 예를 들어, 식품 포장지에 아름답고 마른 여성의 사진이 있는 경우 매력적이라고 느낄 수는 있겠지만 자신과 별로 관련이 없다고 여기게 된다.
- **메시지 처리의 능력과 동기** 각 개인은 보다 효과적인 중심 경로를 통해 메시지를 처리하는 능력과 이에 대한 동기가 다르다. 대상자의 메시지 처리능력을 높이기 위해, 영양교육자는 메시지를 명확하고 간단하게 구성해야 한다. 또 중요한 부분을 반복하거나 강조하고, 군더더기를 최소화하는 것이 좋다. 대상자의 메시지 처리에 대한 동기를 높이기 위해서는 메시지를 참신하고 기억하기 쉬우며 문화적으로 적절하게 구성해야 한다. 또 특정 대상자에게 의미 있는 긍정적인 행동의 결과를 강조하여 대상자가 개인적인 관련성이 있다고 느끼도록 하는 것이 가장 중요하다. 바쁜 생활로 인해 사람들이 짧고 간결하며 시각적으로 매력적인 메시지에만 주의를 기울이고 있다. 어려운 과제이기는 하지만, 포괄적이면서도 대상자의 시선을 사로잡는 영양교육 메시지를 도출하는 것이 필수적이다.

2) 긍정적인 태도와 정서의 증진

동기를 높이는 효과적인 방법 중 하나는 대상자에게 건강한 음식을 경험하고 즐길 기회를 주는 것이다. 이러한 예로 시식회나 조리실습을 들 수 있다. 반복 경험을 통해 형성된 친숙감은 새로운 식품에 대한 긍정적인 감각-정서적 반응을 유도할 수 있다(Grieve와 Vander Weg 2003). 또 식품에 대한 자신의 감정을 탐색하고 이해하는 활동을 하거나 자신이 즐길 수 있는 건강한 대체식품을 찾아보게 하는 방법도 활용할 수 있다. 인간의 감정과 정서는 내면의 가치와 밀접하게 연관되므로, 정서에 기반한 메시지를 통해 대상자의 가치를 형성할 수 있다(Mc-Carthy와 Tuttleman 2005). 예상되는 긍정적인 감정과 후회를 탐색해보는 것도 좋다.

3) 사회적 규범과 사회적 기대의 탐색

영양교육자는 대상자로 하여금 중요한 타인이 자신이 어떻게 행동해야 한다고 생각하는지를(예: 배우자의 모유수유 승인 여부) 파악하도록 돕는 활동을 활용할 수 있다. 또 대상자와 유사한 사람들이 건강한 행동을 실천하고 있음을 보여주는 영화, 포스터, 통계자료 등을 이용할 수 있다(서술적 규범).

4) 개인적 · 도덕적 규범의 파악

영양교육자는 대상자가 자신의 삶에서 건강이 얼마나 중요한지를 평가하고 건강에 가치를 두기 위한 행동을 선택하도록 하는 등 다양한 활동을 통해 그들이 개인적 규범, 내적 기준, 그리고 책임감을 파악하도록 도울 수 있다. 또한 문화적 또는 종교적 전통으로부터 비롯되는 도덕적 쟁점을 살펴볼 수 있다.

5) 자아효능감과 통제력의 증진: 장애와 어려움의 극복

대상자가 동기유발된 상태이거나 행동에 대한 의사결정 또는 행동을 시도해보는 단계에서는, 해당 행동에 대한 자아효능감과 통제신념이 중요하다. 자아효능감은 실행에 대한 인지된 장애 또는 어려움을 비추는 거울이라고 할 수 있다. 영양교육자는 집단 영양교육에서 대상자들의 실행에 대한 장애 인식을 끌어내고 이를 서로 공유하고 토론하는 과정을 통해 장애 인식의 정도를 낮추도록 도울 수 있다. 대중매체 또는 매체를 통한 영양교육에서는 장애요인 자체를 메시지로 활용할 수 있다. 한 예로, 채소와 과일 섭취를 권장하는 전국적 영양캠페인에서 바나나와 토마토 섭취를 권장하기 위해 옥외 게시판에 "껍질을 벗기고 먹으면 끝: 정말 쉬워요!Peel, eat; how easy is that!"와 "잘라서 먹으면 끝: 정말 쉬워요!Slice, eat; how easy is that!"라는 메시지를 사용한 바 있다.

6) 자신에 대한 신념 탐색

자신에 대한 탐색과 이해에는 적극적인 활동이 효과적이라고 알려져 있는데, 이러한 전략 중 하나가 바로 집단 대화이다(Norris 2003). 집단 대화는 개인 대상의 동기유발 인터뷰와 유사한 방법이다(Rollnick 등 2008). 또한 영화, 토의, 행동의 장·단점에 대한 토론 등이 유용하다. 자기정체성 또는 사회정체성Social-identity에 대해 각자 발표해볼 수도 있고, 이상 자아와 실제 자아의 차이, 의무 자아와 실제 자아의 차이를 탐색하는 활동과 전략도 유용하다.

7) 습관과 문화적 전통의 인식

영양교육자는 대상자가 본인 습관의 긍정적이지 않은 측면을 인지하고, 이를 보다 긍정적인 습관으로 대체하도록 이끄는 영양교육 활동을 할 수 있다. 일상에서 몸에 밴 습관을 긍정적으로 바꾸려면 많은 노력이 필요한데, 이를 위해 체크리스트와 행동전략 안내문 등을 활용할 수 있다. 아울러 건강한 식사를 지지하는 가족문화 또는 문화적 전통이 있다면 이를 권장하는 전략도 유용하다.

8) 의사결정과 양면감정의 해결

영양교육자는 대상자들이 행동 실행과 미실행의 이익과 비용을 알아보게 하는 활동을 적용할 수 있다. 이는 집단강의 방식으로 진행될 수도 있고, 장·단점을 적어보게 하는 활동으로 진행될 수도 있다. 대상자들에게 일련의 가치 서술문을 제공하고 자신의 가치를 탐색하도록 돕는 활동을 할 수도 있다. 이 경우 대상자의 양면감정이 드러나기도 하는데, 이때 영양교육자는 양면감정을 갖는 것이 정상이라고 일러주어야 한다. 이러한 활동을 마무리할 때는, 대상자 스스로 행동에 관한 의향과 이 의향을 행동으로 옮기기 위한 구체적인 실행계획을 적어보게 할 수 있다.

9) 계획적 행동이론을 이용한 영양교육 사례

Maria는 건설회사 사무실에서 일하는 23세의 이혼 여성이다. 그녀는 주로 핫도그, 햄버거, 샌드위치 등을 파는 푸드트럭에서 점심을 사 먹으며, 매일 탄산음료를 한두 잔 마신다. 올해 만 4세가 된 Maria의 딸은 지역 내 저소득층을 대상으로 하는 보육기관에 다닌다. Maria는 자신과 딸이 과일을 더 많이 섭취해야 한다는 것을 알지만, 싸고 편리한 단 음식과 탄산음료를 즐기게 된다. 이웃의 다른 가족도 그녀와 비슷한 식품섭취 패턴을 갖고 있다. Maria는 딸이 다니는 보육기관에서 보내온 소책자에서, 아이들에게 건강한 간식과 음료 섭취를 권장하는 내용을 보았다. 그녀는 좋은 엄마가 되고자 하며, 딸의 충치와 과체중을 염려하고 있다. Maria의 친구들과 가족은 아이는 대개 그런 과정을 거쳐 자라는 거라고 얘기하지만, 그녀는 자신이 엄마로서 제대로 하고 있는지를 확인하고 싶다. Maria는 딸이 다니는 보육기관에서 "당신의 자녀에게 평생의 미소를 선물하세요: 건강한 음료와 간식"이라는 제목의 영양교육이 열린다는 것을 알게 되어 참석하기로 하였다. 그녀는 영양교육자가 자신과 같은 라틴아메리카 출신이어서 편하게 느껴졌고 자신의 문화적 배경과 맞을 거라는 믿음이 들었다.

이 수업의 영양교육자는 자녀에게 건강한 식사를 제공해야 한다는 엄마의 동기를 유발하는 데 가장 적합한 이론으로 계획적 행동이론을 선정하였다. 이후 관련 연구와 설문조사 자료를 살펴보고 잠재적 대상자들과 인터뷰를 시행하여 자신들

사례연구 3-3 계회적 행동이론의 영양교육 적용 사례

- 대상자: 지역 내 저소득층 대상 보육기관의 부모
- 행동목적: 자녀에게 건강한 음료와 간식 주기

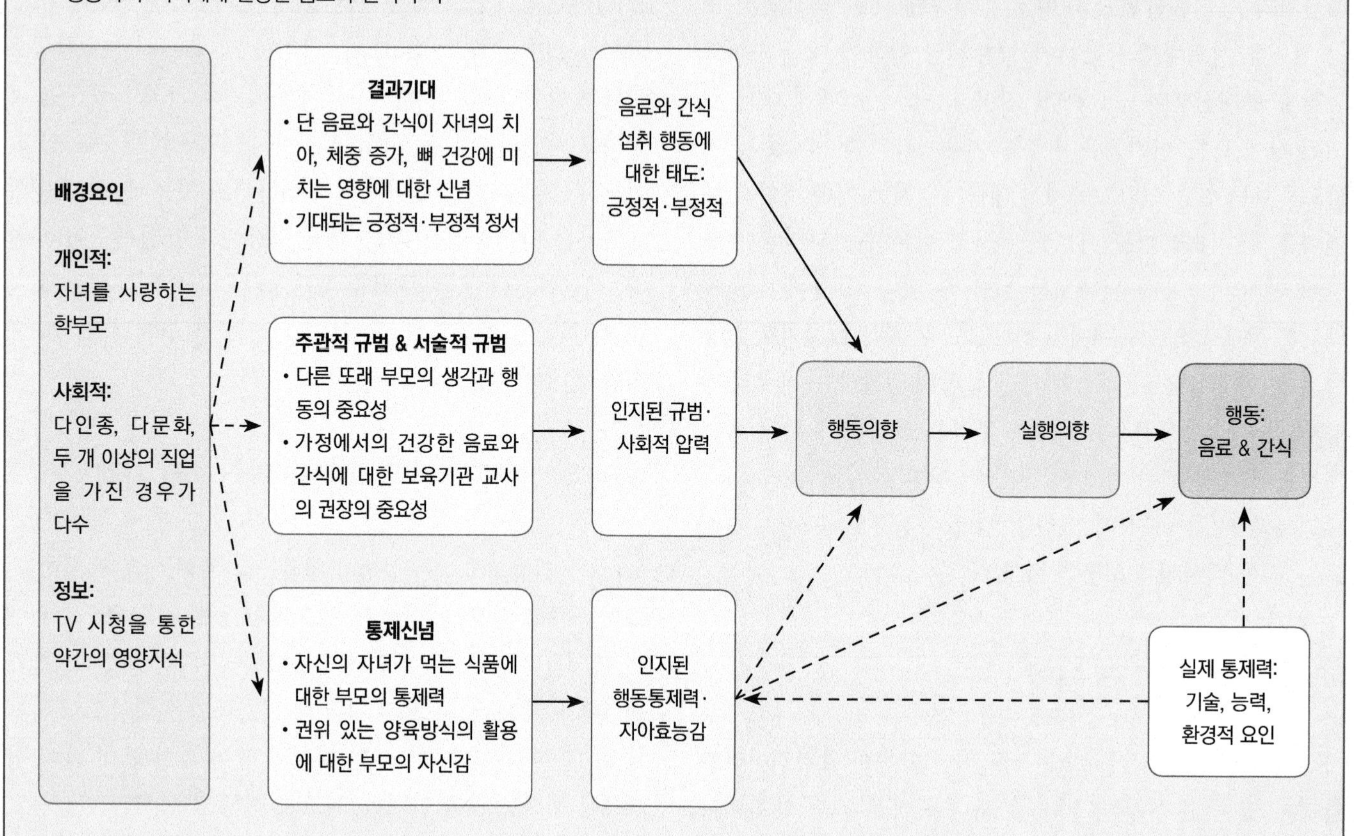

"당신의 자녀에게 평생의 미소를 선물하세요: 건강한 음료와 간식" 집단수업의 교육계획

행동목적: 교육에 참여한 부모는 건강한 치아와 건강체중을 위하여 자녀에게 건강한 간식과 음료를 제공할 것이다.

행동목적 달성을 위한 교육목표

영양교육을 마친 후, 대상자는……

- 자녀의 식사패턴이 충치와 건강하지 않은 체중의 위험을 높이는 정도를 평가할 수 있다.
- 당 함량이 높은 식품과 음료가 자녀의 치아 건강과 건강체중에 미치는 영향을 설명할 수 있다.
- 자녀의 치아 건강과 건강체중에 대한 물과 우유의 이점을 설명할 수 있다.
- 올바른 부모 역할의 실천방법을 이해할 수 있다.
- 실행계획을 통하여 행동변화에 대한 약속을 진술할 수 있다.

과정: 다음은 수업에서 적용된 계획적 행동이론의 결정요인과 각 결정요인에 대한 구체적 활동이다.

현재 행동의 결과에 대한 신념

- 식사 평가: 자녀가 지난 하루 동안 섭취한 모든 것을 적고, 섭취한 식품들 중 고당류 음료와 고당류·고지방 간식에 표시하도록 함. 자녀가 섭취하는 고당류 간식과 음료를 인지하도록 유도함
- 당 함량 측정: 다양한 단 음료를 준비하여 각 음료가 함유하고 있는 설탕의 양을 보여줌. 24시간 회상자료에 적힌 단 음료를 통해 자녀가 하루, 일주일, 한 달, 일 년 동안 섭취하는 설탕과 에너지의 양을 추정함
- 탄산음료와 치아 건강: 탄산음료와 물 속에 닭뼈를 며칠간 방치한 후, 닭뼈의 상태를 비교함. 탄산음료 속의 뼈가 물렁해지는 결과와 유사하게, 탄산음료가 자녀의 뼈에 나쁜 영향을 미친다는 점을 설명함

결과의 중요성

- 탄산음료가 자녀의 건강에 미치는 영향이 심각한 문제임을 토론함

행동변화의 긍정적 결과에 대한 신념

- 건강한 골격과 치아의 발달: 탄산음료 대신 물과 우유를 마시는 이점

(계속)

의 근거를 제시하는 사진, 파워포인트 자료 등을 활용함. 치아 건강과 건강체중을 위한 저지방 유제품, 통곡류, 채소와 과일 섭취를 포함하는 건강 식사의 중요성을 설명함

정서적 태도

- 자녀의 아름다운 미소: 활력 넘치고 건강한 치아와 미소를 가진 다양한 인종의 아동 사진을 보여줌

기대되는 정서

- 엄마 역할의 감정: 자녀를 사랑하는 엄마로서 권장되는 식행동 변화를 달성하게 되면 기쁨을 느끼게 되고, 그렇지 않을 경우 자신에 대해 실망하고 당황스러움을 느낄 수 있음을 인식하도록 함

사회적 규범

- 엄마와 친구: 자녀에게 건강한 간식을 먹이는 비슷한 또래 엄마의 동영상을 보여주고 각자의 경험을 나누도록 함. 보육기관의 교사들도 아이들이 건강하게 자라기를 진심으로 바라며 이를 돕고자 한다는 것을 설명함

인지된 행동통제력(장애와 어려움 포함)

- 엄마의 딜레마: 자녀가 섭취하는 식품을 선택하는 사람이 바로 엄마인 자신이라는 사실을 인식하도록 도움. 반면, 자녀가 단 음료 대신 물과 우유를 먹도록 하는 일은 꽤 어려운 사안이라는 것에 대해 토론함

실제 통제력

- 엄마의 실제 통제력: 자녀가 보육기관에서 하루에 두 끼를 먹지만, 엄마는 자녀의 식사에 대하여 중요한 통제력을 가진다는 점을 인식하도록 도움. 가정에서 건강한 식사를 제공할 수 있음을 강조함

장애의 극복(자아효능감)

- 자녀의 건강 식사에 대한 자신감: 다양한 건강한 식품을 자녀에게 제공하고 자녀가 먹고 싶은 것을 고르도록 하는 권위 있는 양육방식에 대해 토론함. 다양한 종류의 건강 간식에 대한 브레인스토밍 토론을 진행함

행동의향/실행의향

- 실행계획 설정: 자녀가 건강한 식사를 하도록 하기 위해 다음 주에 실천할 최소 한 가지의 구체적인 실행계획을 적도록 함

의 식문화 내에서 자녀에게 보다 건강한 음식을 먹이고자 하는 것이 지역 내 저소득층 엄마들의 공통된 염려임을 확인하였다. 영양교육자는 **사례연구 3-3**에 제시된 바와 같이 수업을 위한 이론 모델을 구성하고, 이를 바탕으로 교육계획을 개발하였다.

7 자기결정이론

자기결정이론(Self-determination theory)에서 각 개인은 자율성(Autonomy), 유능감(Competence), 관계(Relatedness)에 대한 사회심리적 욕구를 타고나며, 이들이 충족될 때 자율적 동기와 웰빙(Well-being)이 증진된다고 설명한다. 성장과 웰빙의 증진은 이러한 기본적인 요구와 사회적 지지를 충족시키기 위한 전략을 필요로 한다.

자기결정이론은 인간의 동기에 대한 일반적인 이론이다. 이 이론은 다음과 같은 기본 가정을 가진다. 인간은 성장 자체에 대해 만족하고 보상을 느끼며, 본질적으로 심리적 성장과 개발을 지향한다. 따라서 인간은 본래 적극적이고 스스로 동기를 유발하며 호기심과 흥미를 가진다. 사회적 환경은 이러한 인간의 타고난 성향을 지지하거나 위협한다(Deci와 Ryan 1985, 2000, 2008; Ryan과 Deci 2000; Ryan 등 2008).

1) 이론의 구성요소

인간의 본질적 성향은 성장과 발전을 지향하기 때문에, 효율적인 역할 수행에 기본이 되는 사회심리적 욕구에 대한 지속적인 만족과 사회환경으로부터의 지지가 필요하다.

(1) 기본적인 사회심리적 욕구

기본적인 사회심리적 욕구는 성별, 문화, 인종과 관계없이 모두에게 적용되는 인간의 본질적 특성이다. 이는 건강과 웰빙에 있어 본질적이고 보편적이며 필수적이다. 이 욕구가 충족되면 인간은 효과적으로 제 역할을 하며 건강하게 성장한다. 그러나 이 욕구가 위협받으면 인간은 건강하고 적절하게 기능할 수 없다. Deci와 Ryan에 따르면, 유능감 욕구Need for competence, 자율성 욕구Need for autonomy, 관계 욕구Need for relatedness라는 세 가지의 사회심리적 욕구가 행동 개시에 동기를 부여하며 이는 사회심리적 건강과 웰빙에 자양분이 되는 필수적인 요소이다(Deci와 Ryan 2000, 2008).

- **유능감 욕구** 자신이 선택한 행동을 수행할 능력과 경쟁력이 있음을 스스로 경험하고자 하는 욕구이다.
- **자율성 욕구(또는 자기결정**Self-determination**)** 자신의 행동을 결정하는 것에 적극적으로 참여하고자 하는 욕구이다. 이는 외부의 간섭 없이 자율적으로 선택한 결과로서 자신의 실행을 경험하고자 하는 욕구를 포함한다.
- **관계 욕구** 타인을 돌보고 그들과 연결되고자 하는 욕구이다. 이는 타인과의 진정한 관계를 경험하며 사회에 참여하고 소속되는 만족감을 경험하고자 하는 욕구를 포함한다.

(2) 통제된 동기와 자율적 동기

개인의 자기결정의 정도는 이러한 욕구가 얼마나 충족되며 환경으로부터 오는 압력을 어떻게 처리하느냐에 달려 있다. 동기는 그것이 통제되는 정도 또는 자율적인 정도에 따라 여러 종류로 구분된다.

- **무동기**Amotivation 동기가 결여되어 있거나 특정 실행 또는 행동에 대한 의향이 없는 상태를 말한다. 이는 아마도 행동 또는 결과의 가치를 인정하지 않거나 행동에 대한 자신감이 없다고 느끼는 것에서 비롯되는 것으로 보인다.
- **통제된 동기**Controlled motivation 외부 압력에 대한 반응으로 또는 외적 목표를 성취하기 위해 행동하게 되는 것을 일컫는다. 이러한 압력 또는 목표는 외적 동기유발요인이다. 이러한 외적 동기유발요인은 통제로서 경험할 수 있기에, 대개 내적 동기를 약화시킨다.
- **자율적 동기**Autonomous motivation 외적 목표의 성취를 위해 행동하는 것과 반대로, 행동 자체에 흥미나 만족을 느껴 행동하는 경우를 일컫는다. 이 경우 개인은 완전한 선택감Sense of choice을 경험하고 그 행동을 전적으로 지지하게 된다. 열정, 즐거움, 흥미로 인해 행동하는 경우이다. 자율적 동기는 타인에게 기대지 않고 홀로 역할을 수행하는 것을 의미하는 독립성Independence과는 다르다. 자율적 행동은 독립적으로 수행될 수도 있지만, 타인과의 연계나 타인에 대한 의지가 만족스럽기 때문에 이를 포함할 수도 있다. 반대로 독립적이어야 한다는 압력을 느끼거나 타인에 대한 의지나 타인이 관여하는 것을 좋아하지 않아서 독립적이 될 수도 있다. 이 경우의 동기는 자율적이라고 할 수 없다.

영양교육자는 다양한 범주의 동기를 충분히 이해하고 이를 영양교육 설계에 적용해야 한다. 일반적으로 동기의 종류에 따른 차이는 '해야 함Having to'과 '하고 싶음Wanting to'으로 설명된다. 하지만 자기결정이론은 보다 세밀하게 무동기로부터 내재 동기에 이르는 동기의 연속선Continuum of motivation을 제시한다(그림 3-5).

(3) 동기의 연속선: '해야 함'부터 '하고 싶음'까지

자기결정이론은 동기가 자율성과 통제의 정도에 따라 외적 요인에 의하여 강하게 통제되는 동기로부터 내적 원동력에 기인한 자율적 동기에 이르기까지 연속선상에 나타날 수 있다고 설명한다(Ryan과 Ceci 2000; Deci와 Ryan 2008).

- **외적 규제**External regulation 오로지 보상을 얻거나 체벌을 피하기 위해, 또는 외적 기대에 부응하기 위해 무언가를 하는 경우를 말한다. 어린아이가 음식을 다 먹으라고 하는 부모의 요구에 순응해야 하는 경우 또는 심장질환 환자가 의사의 요구 때문에 운동 프로그램에 참여하는 경우가 이에 해당된다.
- **투사된 규제**Introjected regulation 외적 원동력의 부분적 내면화를 뜻한다. 어느 정도 내면화되었지만, 여전히 온전히 자신의 것으로 받아들이지 않은 상태이다. 따라서 개인은 통제받는다고 느낀다. 실패할 경우 죄책감과 수치심을 느끼고 자기비판을 하며, 성공할 경우 자부심과 자기확대Self-aggrandizement를 느끼게 된다. 한 예로, 초콜릿을 먹은 후 살이 찐다고 느끼거나 자신에 대한 실망감으로 인해 죄책감을 느낄 수 있다.
- **확인된 규제**Identified regulation 개인이 자신을 위한 특정 행동의 중요성을 인정하고 의식적으로 이를 자기 것으로 받아들이는 것을 말한다. 행동의 가치에 공감하고 행동에

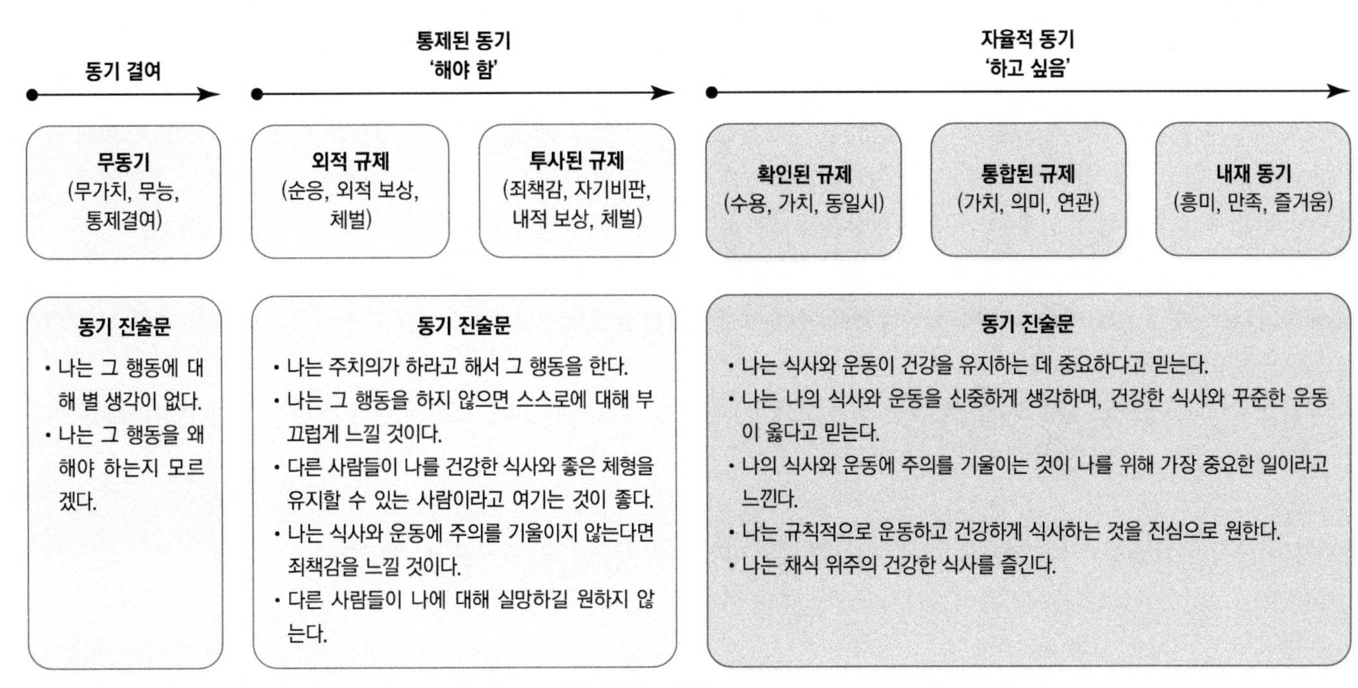

그림 3-5 자기결정이론

대한 책임을 기꺼이 수용하는 단계이다. 한 예로, 단 음료 섭취를 줄이는 것이 건강에 좋다는 것을 인정한 후 높은 자율성으로 이를 실행하는 경우를 들 수 있다. 이 경우 개인은 실행에 대한 외적 통제 또는 압력을 느끼지 않는다.

- **통합된 규제**Integrated regulation 행동의 가치와 의미가 개인에게 완전히 내면화되어 수용된 단계이다. 행동은 개인적으로 유의미하며 진정으로 자율적인 선택에 의해 나타난다. 다음 단계인 내재 동기와 유일하게 다른 점은 온전히 행동 자체의 즐거움으로 인해 실행하는 것이 아니라 결과를 얻기 위해 한다는 것이다. 건강한 삶과 농업 지원을 위하여 채식주의 식사를 자율적으로 선택하는 경우가 이에 해당된다.
- **내재 동기**Intrinsic motivation 특정 행동이 만족스럽고 흥미롭기 때문에 실행하는 것을 말한다. 행동 자체로부터 긍정적인 느낌을 경험한다. 채식주의 식사가 맛이 좋기 때문에 먹는 경우가 이에 해당된다.

외적 규제와 투사된 규제는 통제된 동기Controlled motivation에 속하며 확인된 규제, 통합된 규제, 내재 동기는 자율적 동기Autonomous motivation에 속한다. 이러한 자기결정이론의 동기의 연속선과 통제된 동기와 자율적 동기를 반영하는 예시 진술문은 **그림 3-5**와 같다.

(4) 에너지와 활력

Deci와 Ryan(2008)에 따르면, 인간의 기본적인 사회심리적 욕구는 직·간접적으로 개인의 에너지 또는 활력Vitality을 이끌어낸다. 이러한 에너지는 개인으로 하여금 자율적으로 행동하게 만든다. 많은 이론가들이 자기규제 또는 자신의 삶에 대한 책임이 에너지를 고갈시킨다고 주장해왔으나, 자기결정이론 연구자들은 단지 통제된 규제만이 에너지를 고갈시킨다고 하였고 이를 증명하였다. 자율적 규제Autonomous regulation는 실제로 활력을 북돋아준다(Moller 등 2006).

(5) 동기의 연속선에서의 진전

자율적 동기는 보다 긍정적인 경험, 수행, 그리고 건강 관련 결과와 연관성이 있다. 개인은 유능감과 자율성을 느끼고 타인과의 관계 또는 연결을 경험할 때 자율적 동기 방향으로 진전하게 된다.

(6) 자율성의 지지

연구 결과에 따르면, 자기결정 행동Self-determined behavior은 ① 특정 행동이 왜 중요한가를 이해하도록 돕는 의미 있는 근거를 제공, ② 대상자가 이해받고 있다고 느낄 수 있도록 대상자의 행동에 대한 감정과 인식을 수용, ③ 대상자가 선택을 경험하도록 지지, ④ 실행에 대한 압력을 최소화, 이와 동시에 대상자의 실제 행동과 대상자가 바라는 행동 간의 차이를 지적하는 전략을 통해 증진된다.

2) 자기결정이론을 활용한 연구와 중재

건강 분야에서 자기결정이론을 적용하는 연구가 증가하는 추세이다(Ryan 등 2008; Teixeira 등 2012). 다음 내용은 몇 가지 연구 사례를 제시한 것이다.

- **아동 대상의 신체활동 중재에서 신체활동 게임과 숙달의 경험(유능감)을 제공함** 신체활동 게임은 대상자에게 선택의 기회를 주지 않는 방식과 세 가지의 선택지를 주는 방식의 두 가지로 제공되었다. 아동은 게임의 선택권을 가질 때 신체활동을 더 오래 즐기는 것으로 나타났다(자율성의 지지, Roemmich 등 2012).
- **중학생 대상의 비만 예방 프로그램 "선택, 통제, 그리고 변화Choice, Control, & Change"** 대상자가 통제할 수 있는 식행동인 탄산음료에 초점을 두어 자율성을 증진시키고자 설계된 프로그램이다. 이 중재 프로그램은 탐구 중심의 과학활동을 통해 건강한 행동에 대한 의미 있는 근거를 제공하고, 자율성 증진을 위해 스스로 자신의 행동목적을 설정하게 하였다. 시행 결과 대상자의 식품 선택이 개선되었고 유능감과 자율성이 증진되었다(Contento 등 2010, 10장 사례연구 10-2 참조).
- **성인 당뇨병 환자 대상의 컴퓨터를 이용한 대상자 중심의 중재 프로그램** 이 프로그램을 통해 대상자의 자율성 지지와 유능감에 대한 인식이 증진되었다. 아울러 혈중 지질, 당뇨병으로 인한 고충, 그리고 우울 증상이 개선되었다(Williams 등 2007).

3) 자기결정이론 요약

모든 인간은 본질적으로 성장과 발전을 추구한다. 이를 유지하려면 유능감, 자율성, 타인과의 관계에 대한 기본적 욕구와 사회적 환경의 지지가 지속적으로 충족되어야 한다.

영양교육은 대상자의 자율적 동기를 지원하는 것에 초점을 맞추어야 한다. 이를 위해 대상자에게 행동에 대한 의미 있는 근거를 제공하고, 대상자가 이해받고 있다고 느끼도록 그들의 감정을 수용하며, 그들의 선택에 대한 경험을 지지해야 한다.

8 자기결정이론의 적용

자기결정이론을 활용한 영양교육의 초점은 동기의 내재화와 자율적 실행의 촉진이다. 영양교육자는 유능감, 자율성, 관계에 대한 기본적인 욕구를 지지해주는 조건을 제공함으로써 이를 수행할 수 있다.

자율성을 지지하는 방법은 다음과 같다.

- 반영적 경청을 통하여 대상자의 이해도와 감정을 끌어냄
- 실행에 대한 의미 있는 근거를 제공함
- 대상자가 건강위험 및 행동과 행동 결과의 연관성을 이해하도록 대상자에게 구조화된 탐색을 제공함
- 대상자가 자신의 양면감정을 탐색하고 해결하도록 도움. 양면감정을 갖는 것은 정상임을 확인시켜주며 공감을 표현함. 동시에 대상자의 현재 행동과 하고자 하는 행동에 차이가 있음을 알려줌
- 대상자의 준거 틀Frame of reference을 존중하고 그들이 적용할 수 있는 건강한 식행동에 대한 일련의 약속 목록을 작성하도록 도움
- 통제 또는 압박을 최소화함. 저항을 줄이도록 대처함
- 대상자의 선택권을 강조하여 효과적인 선택사항에 대한 메뉴를 제공함(변화 없음도 하나의 선택사항으로 제공)

유능감을 키우는 방법은 다음과 같다.

- 중재의 목표행동을 수행하는 데 필요한 지식과 기술을 제공함
- 완전학습Mastery learning을 통하여 대상자의 자신감 또는 자아효능감을 높임(시범과 실습)
- 긍정적인 표현을 사용하여 개선에 대한 피드백을 제공함. 예를 들어 "음, 이제 시작이야. 다음에는 조금 더 나아지길 바랄게"라고 말하기보다는 "아주 좋아, 훌륭한 시작인걸. 다음에는 훨씬 나아질 것이 분명해"라고 말하는 것이 유용함
- 자가진단, 실행목적 설정, 실행목적 달성 모니터링 등에 대한 기회를 제공함

관계 인식Sense of relatedness을 높이는 방법은 다음과 같다.

- 대상자에 대한 관심과 염려를 표현함
- 대상자가 자신의 생각과 감정을 표현하기에 안전하다고 느끼는 환경을 조성함
- 대상자가 영양교육자와 연결성을 느끼도록 목표행동 또는 쟁점에 대한 개인적인 경험을 이야기함
- 다른 사람들과의 관계에 대한 만족을 느끼도록 대상자 상호간 활동을 장려함

연습문제

1. 식행동 변화의 매우 중요한 첫 단계는 동기를 갖는 것이다. 동기를 갖는다는 것은 무엇을 의미하는가? 이러한 첫 단계에서 주요 교육 목적은 무엇인가? 영양교육자는 어떻게 이 목적을 달성할 수 있는가?
2. 다음에 제시된 이론이 건강에 대한 동기유발을 어떻게 설명하고 있는지에 대하여 각 이론의 핵심적 특성을 간단히 기술하시오. 이론들의 공통점과 차이점은 무엇인가? 어떻게 다른가?
   a. 건강신념모델
   b. 계획적 행동이론
   c. 자기결정이론
3. 식행동 변화를 원하는 지인을 찾아 인터뷰하시오. 식행동 변화가 개인적으로 중요한 이유와 무엇이 동기를 유발하는지 질문하시오.
   a. 건강신념모델과 계획적 행동이론 중 어느 이론이 인터뷰 대상자에게 변화가 개인적으로 중요한 이유를 보다 잘 반영하는지 답하고 그 이유를 간단히 설명하시오. 두 개의 열로 구성된 표를 만들어, 왼쪽 열에는 대상자의 응답을 적고 오른쪽 열에는 각 응답에 적합한 이론의 결정요인과 그 이유를 쓰시오.
   b. 대상자가 자기결정이론에서 설명하는 동기의 연속선 중 어느 부분에 있다고 생각하는가? 그 이유를 식행동 변화의 동기에 대한 대상자의 응답을 이용하여 설명하시오.

4. 젊은 성인 집단을 대상으로 한 영양교육 수업에 대한 요청이 왔다. 특정 행동목적을 선정하고, 건강신념모델을 적용하여 수업을 계획하시오. 또 다음 그림의 빈 칸에 각 결정요인을 어떻게 운용할 것인지 적어보시오.

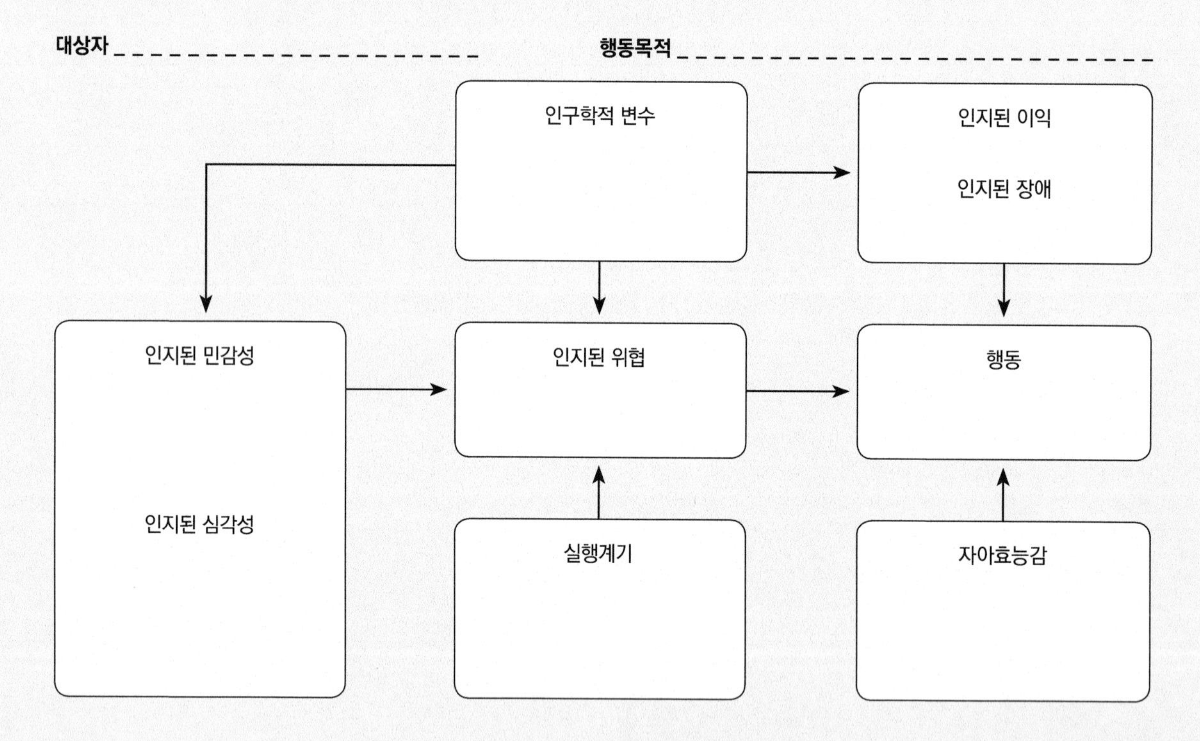

5. 젊은 성인집단 대상의 영양교육 수업에 대한 요청이 들어왔다. 특정 목표행동을 선정하고, 계획적 행동이론을 적용하여 수업을 계획하시오. 다음 그림의 빈 칸에 각 결정요인을 어떻게 운용할 것인지 적어보시오.

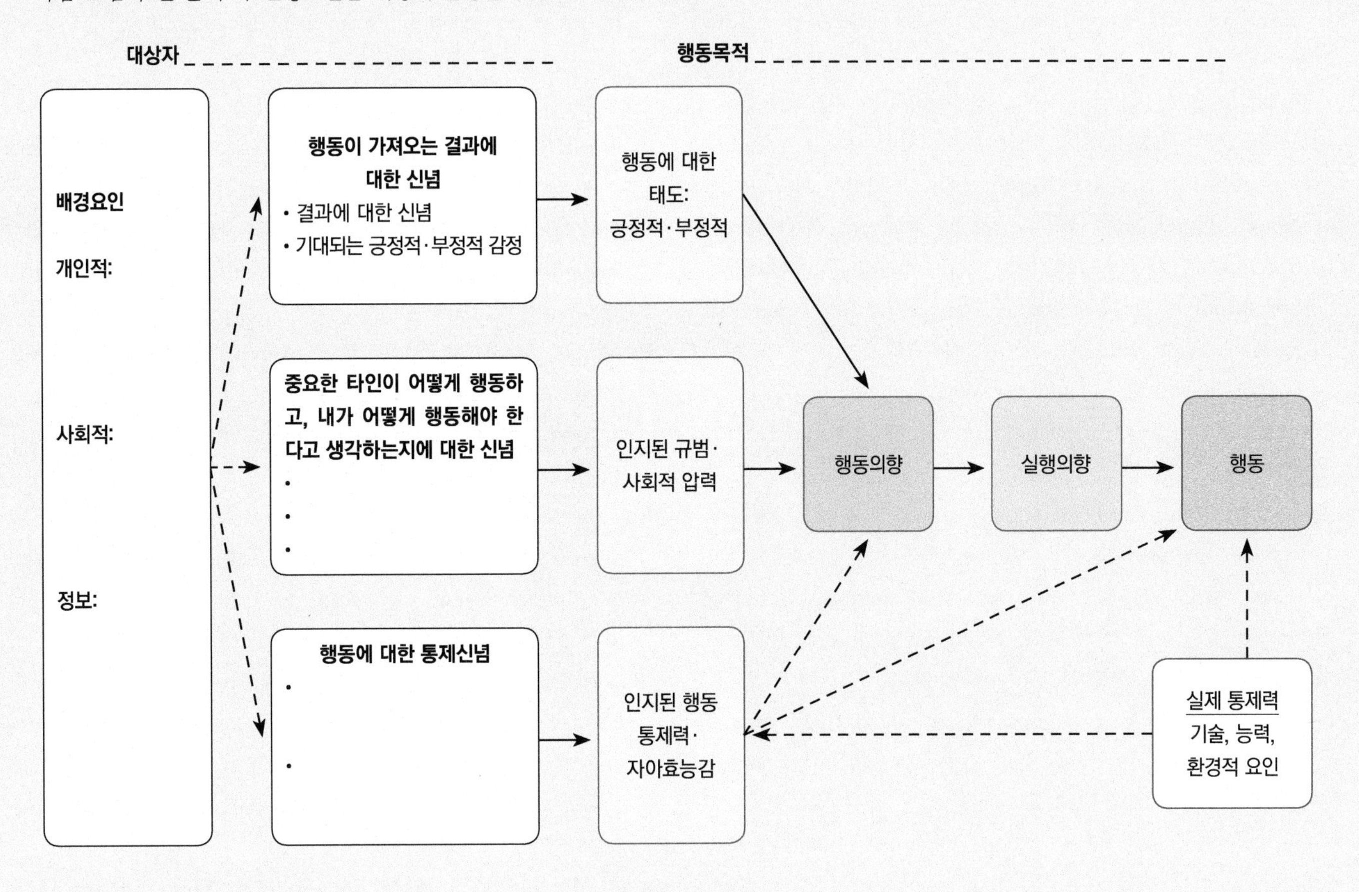

6. '보다 건강하게 식사하기'에 대한 자율적 동기를 증진하기 위해 영양교육자가 활용할 수 있는 세 가지 핵심전략을 설명하시오. 다음 그림의 빈 칸에 대상자가 동기의 연속선에서 진전하도록 하기 위해 어떻게 할 것인지 적으시오.

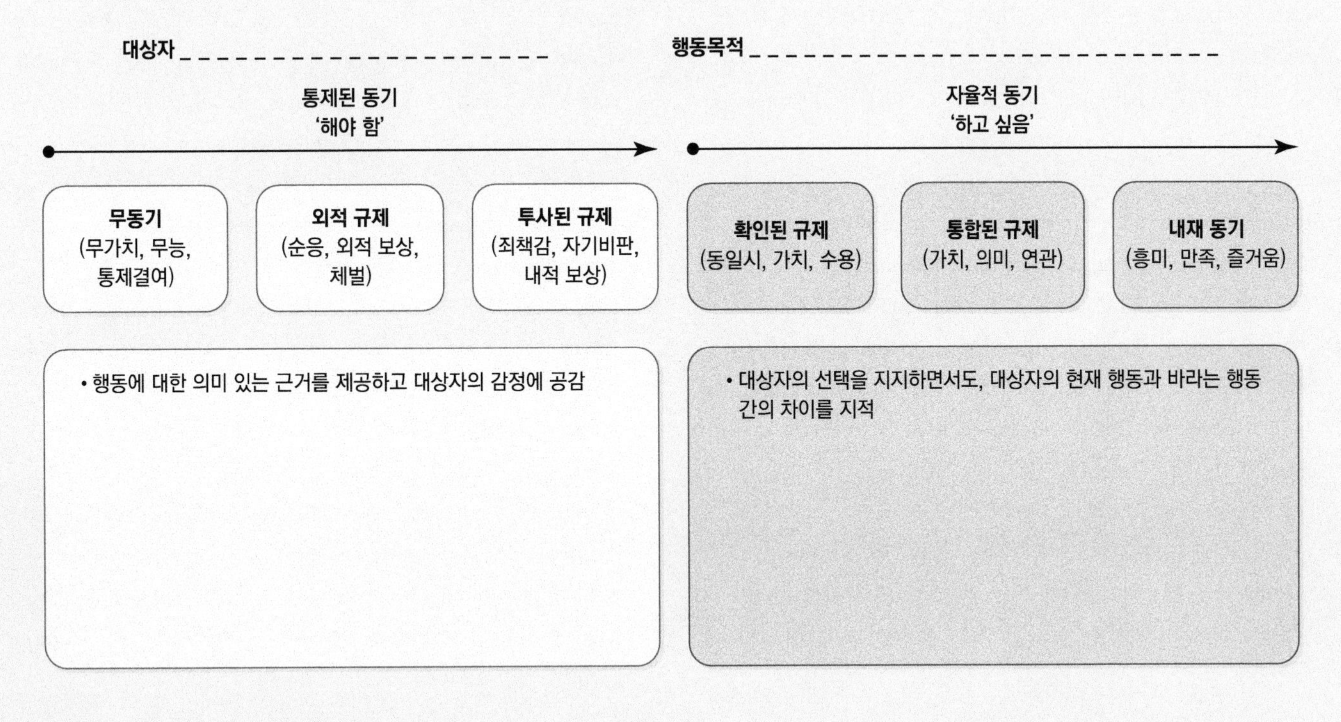

참고문헌

Abraham, C., and P. Sheeran. 2000. Understanding and changing health behaviour: From health beliefs to self-regulation. In *Understanding and changing health behaviour from health beliefs to self-regulation*, edited by P. Norman, C. Abraham, and M. Conner. Amsterdam: Harwood Academic Publishers.

Abratt, R., and S. D. Goodey. 1990. Unplanned buying and in-store stimuli in supermarkets. *Managerial Decisions and Economics* 11:111–121.

Ajzen, I. 1998. Models of human social behaviour and their application to health psychology. *Psychology and Health* 13:735–739.

———. 2001. Nature and operation of attitudes. *Annual Review of Psychology* 52:27–58.

Andreasen, A. R. 1995. Marketing social change: Changing behavior to promote health, social development, and the environment. Washington, DC: Jossey-Bass.

Armitage, C. J., and M. Conner. 2000. Attitudinal ambivalence: A test of three key hypotheses. *Personality and Social Psychology Bulletin* 26(11):1421–1432.

———. 2001. Efficacy of the theory of planned behaviour: A meta-analytic review. *British Journal of Social Psychology* 40(Pt 4):471–499.

Armitage, C. J. 2006. Evidence that implementation intentions promote transitions between the stages of change. *Journal of Consulting Clinical Psychology* 74(1):141–151.

Bagozzi, R . P., H. Baumgar tner, a nd R . Pieters. 1998. Goal-directed emotions. *Cognition & Emotion* 12(1):1–26.

Bagozzi, R. P., U. M. Dholokia, and S. Basuroy. 2003. How effortful decisions get enacted: The motivating role of decision processes, desires, and anticipated emotions. *Journal of Behavioral Decision Making* 16:273–295.

Bandura, A. 2000. Health promotion from the perspective of social cognitive theory. In *Understanding and changing health behavior: From health beliefs to self-regulation*, edited by P. Norman, C. Abraham, and M. Conner. Amsterdam: Harwood Academic Publishers.

Baranowsk i, T., A. Beltran, T. A. Chen, D. Thompson, T. O'Conner, S. Hughes, et al. 2013. Psychometric assessment of scales for a model of goal directed vegetable parenting practices. *International Journal of Behavioral Nutrition and Physical Activity* 10:110.

Bazillier, C., J. F. Verlhiac, P. Mallet, and J. Rousesse. 2011. Predictors of intention to eat healthy in 8-9-year-old children. *Journal of Cancer Education* 26(3):572–576.

Becker, M. H. 1974. The health belief model and personal health behavior. *In Health Education Monographs*. Thorofare, NJ:Charles B. Black

Bisogni, C. A., M. Connors, C. M. Devine, and J. Sobal. 2002. Who we are and how we eat: A qualitative study of identities in food choice. *Journal of Nutrition Education and Behavior* 34(3):128–139.

Bissonette, M. M., and I. R. Contento. 2001. Adolescents' perspectives and food choice behaviors in relation to the environmental impacts of food production practices. *Journal of Nutrition Education* 33:72–82.

Blanchard, C. M., J. Kupperman, P. B. Sparling, E. Nehl, R. E. Rhodes, K. S. Courneya, et al. 2009. Do ethnicity and gender matter when using the theory of planned behavior to understand fruit and vegetable consumption? *Appetite* 52(1):15–20.

Booth-Butterfield, S., and B. Reger. 2004. The message changes belief and the rest is theory: The "1% or less" milk campaign and reasoned action. *Preventive Medicine* 39(3):581–588.

Brug, J., E. de Vet, J. de Nooijer, and B. Verplanken. 2006. Predicting fruit consumption: Cognitions, intention, and habits. *Journal of Nutrition Education and Behavior* 38(2):73–81.

Chamberlain, S. P. (2005). Recognizing and responding to cultural differences in the education of culturally and linguistically diverse learners. *Intervention in School & Clinic* 40(4):195–211.

Cohen, D. A. 2008. Obesity and the built environment: Changes in environmental cues cause energy imbalances. *International Journal of Obesity* 32:S137–S142.

Conner, M., and P. Norman. 1995. Predicting health behavior. Buckingham, UK: Open University Press.

Contento I.R., P.A.Koch, H. Lee, and A. Calabrese-Barton. 2010. Adolescents demonstrate improvement in obesity risk behaviors following completion of *Choice, Control & Change*, a curriculum addressing personal agency and autonomous motivation. *Journal of the American Dietetic Association* 110:1830-1839.

Crum, A. J., W. R. Corbin, K. D. Brownell, and P. Salovey. 2011. Mind over milkshakes: Mindsets, not just nutrients, determine ghrelin response. *Health Psychology* 30(4): 424–429.

Deci, E. L., and R. M. Ryan. 1985. Intrinsic motivation and self-determination in human behavior. New York: Plenum.

———. 2000. The "what" and "why" of goal pursuits: Human needs and the self-determination of behavior. *Psychological Inquiry* 11(4):227–268.

———. 2008. Facilitating optimal motivation and psychological well-being across life's domains. *Canadian Psychology* 49:14–23.

Diaz, H., H. H. Marshak, S. Montgomery, B. Rea, and D. Backman. 2009. Acculturation and gender: Influence on healthy dietary outcomes for Latino adolescents. *Journal of Nutrition Education and Behavior* 41(5):319–326.

Discovery News. 2011. Americans falsely believe their diet is healthy. http://news.discovery.com/human/health/americans-diet-weight-110104.htm Accessed 12/5/14.

Dunn, K. I., P. B. Mohr, C. J. Wilson, and G. A. Wittert. 2008. Beliefs about fast food in Australia: A qualitative analysis. *Appetite* 51(2):331–334.

———. 2011. Determinants of fast-food consumption: An application of the Theory of Planned Behavior. *Appetite* 2011(2):349–357.

Fishbein, M., and I. Ajzen. 1975. *Belief, attitude, intention and behavior: An introduction to theory and research*. Reading, MA: Addison-Wesley.

———. 2010. *Predicating and changing behavior: The reasoned action approach*. New York: Psychology Press.

Fishbein, M. 2000. The role of theory in HIV prevention. *AIDS Care* 12(3):273–278.

Garcia, K., and T. Mann. 2003. From "I Wish" to "I Will": Social-cognitive predictors of behavioral intentions. *Journal of Health Psychology* 8(3):347–360.

Glanz, K., J. Brug, and P. van Assema. 1997. Are awareness of dietary fat intake and actual fat consumption associated? — a Dutch-American comparison. *European Journal of Clinical Nutrition* 51(8):542–547.

Godin, G., and G. Kok. 1996. The theory of planned behavior: A review of its applications to health-related behaviors. *American Journal of Health Promotion* 11(2):87–98.

Godin, G., M. Conner, and P. Sheeran. 2005. Bridging the intention-behavior "gap": The role of moral norm. *British Journal of Social Psychology* 44(Pt 4):497–512.

Gollwitzer, P. M. 1999. Implementation intentions: Strong effect of simple plans. *American Psychologist* 54(7):493–503.

Grieve, F. G., and M. W. Vander Weg. 2003. Desire to eat high- and low-fat foods following a low-fat dietary intervention. *Journal of Nutrition Education and Behavior* 35(2):98–102.

Hanson, J. A., and J. A. Benedict. 2002. Use of the Health Belief Model to examine older adults' food-handling behaviors. *Journal of Nutrition Education and Behavior* 34 (Suppl 1):S25–S30.

Hingle, M., A. Beltran, T. O'Connor, D. Thompson, J. Baranowski, and T. Baranowski. 2012. A model of goal directed vegetable parenting practices. *Appetite* 58: 444–449.

IFIC Foundation. 1999. Are you listening? What consumers tell us about dietary recommendations. *Food Insight: Current Topics in Food Safety and Nutrition*. Sept/Oct:1–6.

James, D. C., J. W. Pobee, D. Oxidine, L . Brown, and G. Joshi. 2012. Using the health belief model to develop culturally appropriate weight-management materials for African-American women. *Journal of the Academy of Nutrition and Dietetics* 112(5):664-670.

James, D. C. 2004. Factors inf luencing food choices, dietary intake, and nutrition-related attitudes among African Americans: Application of a culturally sensitive model. *Ethnicity and Health* 9(4):349–367.

Kahle, L. R. 1984. The values of Americans: Implications for consumer adaptation. In *Personal values and consumer psychology*, edited by R. E. Pitts Jr. and A. G. Woodside. Lexington, MA: Lexington Books.

Kassem, N. O., J. W. Lee, N. N. Modeste, and P. K. Johnston. 2003. Understanding sof t drink consumption among female adolescents using the Theory of Planned Behavior. *Health Education Research* 18(3):278–291.

Kelley, K., and C. Abraham. 2004. RCT of a theory-based intervention promoting healthy eating and physical activity amongst out-patients older than 65 years. *Social Science and Medicine* 59(4):787–797.

Kremers, S. P., K. van der Horst, and J. Brug. 2007. Adolescent screen-viewing behavior is associated with consumption of sugar-sweetened beverages: The role of habit strength and perceived parental norms. *Appetite* 48(3):345–350.

Lautenschlager, L., and C. Smith. 2007. Understanding gardening and dietary habits among youth garden program participants using the Theory of Planned Behavior. *Appetite* 49(1):122–130.

Lawton, R., M. Conner, and D. Parker. 2007. Beyond cognition: Predicting health risk behaviors from instrumental and affective beliefs. *Health Psychology* 26(3):259–267.

Lawton, R., M. Conner, and R. McEachan. 2009. Desire or reason: Predicting health behaviors from affective and cognitive attitudes. *Health Psychology* 28(1):56–65.

Leventhal, H. 1973. Changing attitudes and habits to reduce risk factors in chronic disease. *American Journal of Cardiology* 31(5):571–580.

Lewin, K., T. Dembo, L. Festinger, and P. S. Sears. 1944. Level of aspiration. In *Personality and the behavior disorders*, edited by J. M. Hundt. New York: Roland Press.

Lien, N., L. A. Lytle, and K. A. Komro. 2002. Applying theory of planned behavior to fruit and vegetable consumption of young adolescents. *American Journal of Health Promotion* 16(4):189–197.

Liou, D., and I. R. Contento. 2001. Usefulness of psychosocial theory variables in explaining fat-related dietary behavior in Chinese Americans: Association with degree of acculturation. *Journal of Nutrition Education* 33(6):322–331.

McCarthy, P., and J. Tuttelman. 2005. Touching hearts to impact lives: Harnessing the power of emotion to change behaviors. *Journal of Nutrition Education and Behavior* 37 (Suppl 1):S19.

McClure, J. B. 2002. Are biomarkers useful treatment aids for promoting health behavior change? An empirical review. *American Journal of Preventive Medicine* 22(3):200–207.

Moller, A. C., E. L. Deci, and R. M. Ryan. 2006. Choice and egodepletion: The moderating role of autonomy. *Perspectives of Social Psychology Bulletin* 32(8):1024–1036.

Moss, M. 2013. *Salt, fat, sugar.* New York: Random House.

Moule, J. 2012. *Cultural competence: A primer for educators.* Belmont, CA: Wadsworth/Cengage.

Norris, J. 2003. *From telling to teaching*. North Myrtle Beach, SC: Learning by Dialogue.

Pelican, S., F. Vanden Heede, B. Holmes, S. A. Moore, and D. Buchanan. 2005. Values, body weight, and well-being: the inf luence of the protestant ethic and consumerism on physical activity, eating, and body image. *International Quarterly of Community Health Education* 25(3): 239–270.

Perugini, M. and R. P. Bagozzi. 2001. The role of desires and anticipated emotions in goal-directed behaviors: Broadening and deepening the theory of planned behavior. *British Journal of Social Psychology* 40:79–98.

Peters, G-G. Y., R. A. C. Ruiter, and G. Kok. 2013. Threatening communication; A critical reanalysis and a revised meta-analytic test of fear appeal theory. *Health Psychology Review* 7(Suppl 1):S8–S31.

Petty, R. E., and T. Cacioppo. 1986. *Communication and persuasion: Central and peripheral routes to attitude change.* New York: Springer-Verlag.

Povey, R., B. Wellens, and M. Conner. 2001. Attitudes towards following meat, vegetarian and vegan diets: An examination of the role of ambivalence. *Appetite* 37(1): 15–26.

Raats, M. M., R. Shepherd, and P. Sparks. 1995. Including moral dimensions of choice within the structure of the theory of planned behavior. *Journal of Applied Social Psychology* 25:484–494.

Richard, R., J. van der Pligt, and N. K. de Vries. 1996. Anticipated affect and behavioral choice. *Basic and Applied Social Psychology* 18:111–129.

Robinson, R., and C. Smith. 2002. Psychosocial and demographic variables associated with consumer intention to purchase sustainably produced foods as defined by the Midwest Food Alliance. *Journal of Nutrition Education and Behavior* 34(6):316–325.

Roem m ich, J. N., M. J. L a mbia se, T. F. McC a r t hy, D. M. Feda, and K. F. Kozlowski. 2012. Autonomy supportive environments and mastery as basic factors to motivate physical activity in children: a controlled laboratory. *International Journal of Behavioral Nutrition and Physical Activity* 9:16.

Rokeach, M. 1973. *The nature of human values.* New York: Free Press.

Rollnick, S., W. R. Miller, and C. C. Butler. 2008. *Motivational interviewing in health care: Helping patients change behavior.* New York: Guilford Publications.

Rosenstock, I. M. 1974. Historical origins of the health belief model. *Health Education Monographs* 2:1–8.

Rozin, P., and A. E. Fallon. 1981. The acquisition of likes and dislikes for foods. In *Criteria of food acceptance: How man chooses what he eats*, edited by J. Solms and R. L. Hall. Zurich: Foster Lang.

Ryan, R. M., and E. L. Deci. 2000. Self-determination theory and the facilitation of intrinsic motivation, social development, and well-being. *American Psychologist* 55(1):68-78.

Ryan, R. M., H. Patrick, E. L. Deci, and G. C. Williams. 2008. Facilitating health behavior change and its maintenance: Interventions based on Self-Determination Theory. *European Health Psychologist* 10:1-4.

Salovey, P., and D. Birnbaum. 1989. Inf luence of mood on health-relevant cognitions. *Journal of Personality and Social Psychology* 57(3):539-551.

Salovey, P., T. R. Schneider, and A. M. Apanovitch. 1999. Persuasion for the purpose of cancer risk reduction: A discussion. *Journal of the National Cancer Institute Monographs* 25:119-122.

Sandberg, T., and M. Conner. 2008. Anticipated regret as an additional predictor in the theory of planned behavior: A meta-analysis. *British Journal of Social Psychology* 47:589-606.

Shafer, R. B., P. M. Keith, and E. Schafer. 1995. Predicting fat in diets of marital partners using the Health Belief Model. *Journal of Behavioral Medicine* 18:419-433.

Sheeran, P., P. Norman, and S. Orbell. 1999. Evidence that intentions based on attitudes better predict behaviour than intentions based on subjective norms. *European Journal of Social Psychology* 29:403-406.

Shim, Y., J. N. Variyam, and J. Blaylock. 2000. Many Americans falsely optimistic about their diets. *Food Review* 23(1):44-50.

Sigirci, O., K. M., Kniffin, and B. Wansink. 2014. Eating together: Men eat heavily in the company of women. *Journal of the Society for Nutrition Education and Behavior* 46(Suppl):S105.

Singh, A. S., A. Paw, M. J. Chin, J. Brug, and W. van Mechelen. 2007. Shortterm effects of school-based weight gain prevention among adolescents. *Archives of Pediatric and Adolescent Medicine* 161(6):565-571.

Sparks, P., M. Conner, R. James, R. Shepherd, and R. Povey. 2001. Ambivalence about health-related behaviours: An exploration in the domain of food choice. *British Journal of Social Psychology* 6(Pt 1):53-68.

Sparks, P., R. Shepherd, and L. J. Frewer. 1995. Assessing and structuring attitudes toward the use of gene technology in food production: The role of perceived ethical obligation. *Basic and Applied Social Psychology* 163:267-285.

Sparks, P. M. 2000. Subjective expected utility-based attitude-behavior models: The utility of self-identity. In *Attitudes, behavior, and social context: The role of norms and group membership*, edited by D. J. Terry and M. A. Hoggs. London: Lawrence Erlbaum.

Spruijt-Metz, D. 1995. Personal incentives as determinants of adolescent health behavior: The meaning of behavior. *Health Education Research* 10(3):355-364.

Teixeira, P. J., E. V. Carraca, D. Markland, M. N. Silva, and R. M. Ryan. 2012. Exercise, physical activity, and self-determination theory: A systematic review. *International Journal of Behavioral Nutrition and Physical Activity* 9:78.

The power of others to shape our identity: Body image, physical abilities, and body weight. *Family and Consumer Sciences Research Journal* 34(1):57-80.

Triandis, H. C. 1979. Values, attitudes, and interpersonal behavior. In *Nebrask A symposium on motivation*, edited by H. E. How. Lincoln: University of Nebraska Press.

Verplanken, B., and S. Faes. 1999. Good intentions, bad habits, and effects of forming implementation intentions on healthy eating. *European Journal of Social Psychology* 29:591-604.

Wansink, B. 2006. *Mindless eating: Why we eat more than we think*. New York: Bantam Dell.

White, K. M., D. J. Terry, L. A. Rempel, and P. Norman. 2010. Predicting the consumption of foods low in saturated fats among people diagnosed with type 2 diabetes and cardiovascular disease. The role of planning in the theory of planned behavior. *Appetite* 55(2):348-354.

Williams, G. C., M. Lynch, and R. E. Glasgow. 2007. Computer-assisted intervention improves patient-centered diabetes care by increasing autonomy support. *Health Psychology* 26(6):728-734.

Williams-Pethota, P., A. Cox, S. N. Silvera, L. Moward, S. Garcia, N. Katulak, and P. Salovey. 2004. Casting messages in terms of responsibility for dietary change: Increasing fruit and vegetables consumption. *Journal of Nutrition Education and Behavior* 36(3):114-120.

Zoellner J., P. A. Estabrooks, B. M. Dav y, Y. C. Chen, and W. You. 2012. Exploring the theory of planned behavior for sweetened beverage consumption. *Journal of Nutrition Education and Behavior* 44(2):172-177.

CHAPTER 4

PhotoDisc

행동변화 및 실행능력을 촉진시키는 영양교육이론

개 요

이 장에서는 개인 내 행동변화과정을 촉진하는 데 도움이 되는 이론에 관해 알아본다. 또한 각 이론을 영양교육의 실제에 어떻게 활용할 수 있는지 사례를 통해 제시하고자 한다. 즉 행동이 어떻게 일어나는지 강조하고, 행동변화능력을 갖추기 위해 식품영양 관련 지식, 행동수행기술, 자기조절 또는 자기관리 과정의 역할에 초점을 두며, 각 이론을 실제로 영양교육에서 어떻게 사용할 수 있는지 설명하고자 한다.

목 표

1. 사회인지론, 자기조절모델, 범이론적 모델 등 건강행동변화의 주요 이론을 설명할 수 있다.
2. 이러한 이론의 주요 개념과 실제 적용에 관해 설명할 수 있다.
3. 이러한 이론을 중재 프로그램에서 행동변화와 유지에 어떻게 적용하는지 이해할 수 있다.
4. 행동 또는 행동변화의 시작과 유지를 촉진하기 위한 영양교육전략을 설명할 수 있다.

1 실행능력 촉진을 위한 영양교육

행동이 변화·실행되려면 사람들은 그 행동이 바람직하고 효과적이며 실현가능하다고 믿어야 한다. 또한 자신의 가치와 문화에 맞아야 하고, 실생활의 범주에서 그 행동을 원한다고 느껴야 한다. 영양교육의 첫째 기능은 이 과정을 돕는 것이며 이는 3장에 서술되어있다. 그러나 바람과 의향을 행동으로 바꾸는 것이 쉬운 일은 아니다.

영양교육자로서 우리는 어떻게 개인이나 가족이 행동의향과 행동 간 간격을 줄이도록 도울 수 있을까? 우리가 어떻게 동기에서 행동으로, 의향에서 실제로, 사고에서 행동으로 이동하게 도울 수 있을까? 여러 연구 결과, 사람들의 동기와 의향을 행동변화나 실행으로 바꾸려고 할 때 가장 효과적인 방법 중 하나는 구체적인 계획을 세우는 것이며, 이러한 계획을 실행안Action plans 또는 실행목적Action goals이라고 한다. 실행안이나 목적을 수행하려면 사람들은 구체적인 지식과 기술을 갖춰야 하고 행동변화를 지지해줄 환경에 놓여야 한다. 영양교육자는 개인이나 가족이 실행안을 만들고 이를 실행하기 위해 능력과 기술을 개발하도록 돕고, 행동의 접근가능성을 쉽게 하는 등의 코치와 같은 역할을 할 수 있다. 이 장에서는 이러한 활동에 대해 다루고자 한다.

개인과 집단이 행동의향을 행동으로 전환하도록 돕기 위해 이론은 영양교육자에게 어떤 유용한 도구를 제공할 수 있는가? 사람들이 행동을 하거나 행동변화를 고려할 때 신념, 감정과 동기가 중요한 역할을 한다. 그러나 고려와 의향 단계에서 행동변화로 옮겨가려면, 자신들의 동기를 실행할 세부목적이나 실행안을 계획할 수 있어야 한다. 또한 식품이나 영양 관련 지식과 기술이 있어야 한다. 이때 가장 유용한 이론은 사회인지론Social Cognitive Theory(SCT; Bandura 1986, 1997, 2001), 자기조절모델Models of Self-Regulation(Bagozzi 1992, Gollwitzer 1999, Schwarzer와 Fuchs 1995, Sniehotta 등 2005), 범이론적 모델 또는 행동변화단계 모델The Transtheoretical Model or Stages of Change Model(Prochaska와 DiClemente 1984)이다. 이 이론과 모델들은 건강행동의 동기유발을 높이는 결정요인을 찾게 할 뿐만 아니라 행동변화를 위해 어떤 방법을 사용할지 제시한다.

2 사회인지론

사회인지론은 인간의 생각, 동기와 행동을 이해하고 분석하고자 Bandura(1977, 1986, 1989, 1997, 2001, 2004)가 제안·

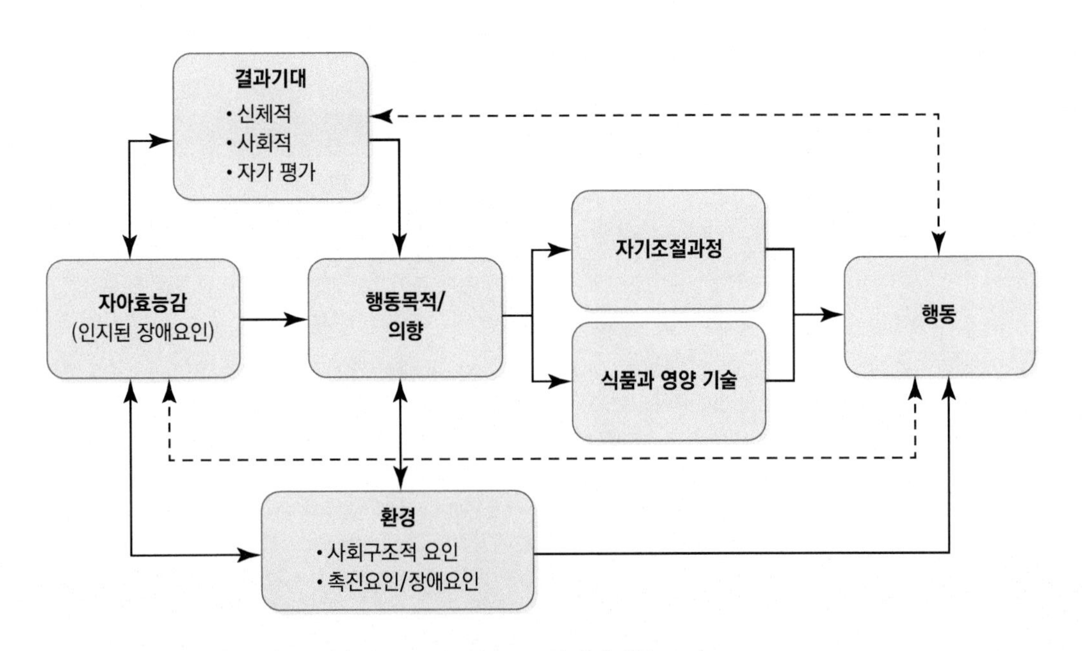

그림 4-1 사회인지론

자료: Bandura, A, 2004. Health promotion by social cognitive means. Health Education and Behavior 31(2):143-164.

개발한 이론으로, 영양교육 및 건강증진 프로그램을 개발하는 데 널리 이용되고 있다. 이 이론은 행동의 결정요인을 이해하기 위한 종합적인 틀을 제공할 뿐만 아니라, 영양교육자가 활동을 계획하고 대상자들의 행동수행이나 변화를 돕는 행동변화의 과정이나 절차를 제시한다.

사회인지론은 개인적·행동적·환경적 결정요인이 상호작용하여 건강행동에 영향을 미침을 제안하고 있다. 개인적 결정요인은 개인의 사고, 신념, 감정 등을 포함하고 행동적 결정요인은 행동수행력(식품과 영양, 건강 관련 지식과 기술 포함)과 행동 관련 기술을 의미한다. 환경적 요인은 물리적, 사

표 4-1 사회인지론: 주요 변인의 정의 및 영양교육 활용

이론 변인	정의	영양교육 활용
개인적 요인		
결과기대 (신체적, 물질적) 긍정적 / 부정적	행동을 변화시키면 개인이 믿거나 기대하는 바가 신체적으로(예: 건강) 일어날 것이라는 인식	• 질병 위험 등 현재 행동의 부정적 결과에 관한 인식 증가 활동(인지된 위협) • 권장행동의 장점과 긍정적 결과의 중요성 강조(인지된 이익, 예: 채소와 과일 섭취 시 암 위험 감소)
결과기대 (사회적)	행동을 변화시키면 개인이 믿거나 기대하는 바가 사회적으로 일어날 것이라는 인식	• 균형식, 적절양 섭취 등을 사회적 규범으로 하는 메시지와 활동으로 구성(예: 10대에게 채소와 과일 섭취는 훌륭한 행동임, 대상자에게 모유수유 규범 제시)
결과기대 (자기평가)	행동을 변화시키면 자신에 대해 느끼는 바가 일어날 것이라는 인식	• 행동수행에 따른 자기 만족, 자기 가치 강조(예: "지역사회에서 생산되는 채소와 과일을 섭취한다면 탄소배출량을 줄일 수 있으니까 잘한 행동이야")
가치	개인이 신체적·사회적·자기평가적 결과기대에 두는 가치	• 개인이 결과기대에 얼마나 가치를 두는지 알아보는 데 도움이 되도록 행동에 대한 사회적 영향력과 미디어 영향에 관해 논의함
장애요인	행동수행의 장애요인에 대한 개인의 인식(자아효능감에 중요)과 실제적인 환경적 장애물(사회구조적 요인)	• 개인이 행동수행능력을 저해하는 자신의 인지된 장애가 무엇인지 알아보고, 행동을 쉽게 수행하도록 지식과 기술 증진 • 환경적 장애를 개선하기 위해 집단적 행동을 위한 집단효능감을 개발하도록 도움 • 행동수행에 도움이 되는 환경 조성을 위해 정책입안자, 의사결정자와 협력
자아효능감	행동을 수행할 수 있다는 자기 능력에 대한 자신감	• 분명하고 구체적인 메시지 전달과 단계별 변화 계획으로 성공 경험을 갖게 함 • 식품·영양(예: 영양표시 읽기, 요리활동, 텃밭 가꾸기, 옹호) 관련 모델링과 숙달 경험 갖기 • 피드백과 격려 제공
행동적 요인		
행동수행력	행동수행에 요구되는 식품영양 관련 지식과 기술(인지·감정·행동적)	• 발표, 유인물, 시연, 비디오, 다른 채널을 활용하여 행동수행에 필요한 지식과 인지적 기술 제공, 비판적 사고기술 개발을 위한 토론 활용 • 스트레스 상황 조절을 위한 감정적 기술 배양 • 식품구매와 저장, 조리기술, 안전한 식품 준비, 채소 키우기 등 행동적 기술 배양 • 습득한 기술 강화 위해 멀티미디어 이용
자기조절 / 자기주도 기술	의식적·의향적 선택을 통한 행동을 주도하는 능력(적절한 실행안을 수립·실천하는 기술 포함)	• 권장행동을 위한 기술을 개발하도록 지도하고 실습 기회를 제공 • 가치/현재 행동 진단, 목표 설정, 실천 모니터링, 자기 보상, 문제해결능력 등 활용 • 감정적 대처, 스트레스 관리기술
환경적 요인		
관찰학습 / 모델링	타인의 행동과 그 결과를 관찰함으로써 행동수행을 학습함	• 신뢰하고 인정받는 모델 이용 • 대상 행동 관련 조리 시연(예: 전곡류를 이용한 요리활동) • 안내에 따라 조리 실습하고 숙달할 수 있는 기회 제공
강화	개인의 행동가능성을 높이거나 낮추는 행동 후의 반응	• 보상, 인센티브의 형태로 외적 강화 제공(예: 티셔츠, 열쇠고리, 티켓 등) • 자신의 성공에 대한 내적 강화, 자기 강화의 기회 제공

> 사회인지론에서는 행동을 개인적·행동적·환경적 요인의 결과로 보며 이 요인들이 동적으로 상호작용하는 방식으로 서로 영향을 미친다고 제시한다. 개인의 신념과 감정은 자신의 행동에 영향을 준다. 환경은 개인의 행동 형성이나 개선을 유도하며, 개인은 자기조절이나 자기주도기술(자기관리기술)을 통해 자신의 행동과 환경을 통제하는 능력이 있다. 이 이론은 영양교육자가 사람들의 신념과 감정에 초점을 맞추고 지식과 실행목적 설정기술, 행동변화능력을 갖추게 도우며 행동을 위한 환경적 지지를 이끌어내게 유도한다.

회적 환경 등 개인의 외적 요인을 말한다.

이 결정요인 간 관계는 **그림 4-1**에 제시하였다. 그림 왼쪽에는 행동의 개인적 결정요인을, 변인 간 상호작용은 양방향의 화살표에서 볼 수 있으며 행동의 개인적 결정요인이 행동, 환경과 어떻게 상호작용하면서 관련되는지 보여준다. 행동 결과는 사고와 능력에 영향을 미치고 피드백 루프로 나타나며, 이 또한 장래 행동에 영향을 미친다는 것을 알 수 있다. 건강심리학자들은 행동변화의 결정요인을 결과기대Outcome expectations 또는 행동수행력Behavioral capability 등으로 명명한다.

사회인지론에서 제시하는 행동변화의 결정요인과 이들이 영양교육에서 어떻게 활용되는지는 **표 4-1**과 같다. 결정요인은 이론 내에서 이론 변인Theory constructs이라고 한다.

1) 개인적 결정요인: 개인수행력과 능력 강화에 초점

사회인지론의 개인 관련 요인 중 행동의 동기유발에 주요한 두 가지는 결과기대와 자아효능감이다(**그림 4-1**).

(1) 결과기대

사회인지론에서는 인간 행동이 특정 행동이나 행동양식을 수행했을 때 예상되는 결과에 대한 신념, 그리고 그 결과에 두는 가치에 따라 통제된다고 본다. 예를 들어, 아기 엄마의 경우 모유수유를 하면 아기가 건강할 것이라고 믿고 아기의 건강을 원한다면 모유수유를 할 것이다. 이 이론에서 결과기대Outcome expectations는 계획적 행동이론의 '행동 결과에 대한 신념', 건강신념모델의 '인지된 이익'과 유사한 개념이다. 결과가치Outcome expectancies는 행동수행 시 결과에 두는 가치(예: 약간 가치를 둠, 매우 가치를 둠)이며 Bandura(1986)는 이를 인센티브로 보았다.

사회인지론에서는 인간이 긍정적 결과를 최대화하는 행동, 그리고 부정적 결과를 최소화하는 행동을 선택하게 된다고 본다. 행동의 결과에 대한 신념, 즉 결과기대는 다음 세 가지 형태로 구분된다.

- **신체적 결과**Physical outcomes 행동수행 시 동반되는 인지된 신체적 및 건강적 영향을 말한다. 신체적 결과 중 부정적 결과는 건강행동을 하지 않을 때 인식하고 있는 질병의 위험을 포함하며, 이는 건강신념모델에서 인지된 위협과 유사하다. 긍정적 결과는 다른 이론에서 인지된 이익과 유사하다.
- **사회적 결과**Social outcomes 행동수행 시 나타나는 인지된 사회적 결과를 말한다. 사회적 규범에 맞는 행동은 긍정적인 반응을 나타내는 반면(예: 10대의 탄산음료 섭취), 사회적 규범에 맞지 않는 행동은 비난을 받게 된다(예: 공공장소에서의 모유수유가 사회적 규범이 아닌 데도 하는 경우).
- **자기평가적 결과**Self-evaluative outcomes 자기 행동에 대한 긍정적이거나 부정적인 반응을 말한다. 인간은 만족을 부르거나 자아존중감을 느낄 수 있는 행동을 수행한다(예: 모유수유 잘하기, 좋은 부모 되기, 하루 1시간 정도 걷기 등). 반면 수행 시 불만족스러운 행동은 피하게 되는데, '그런 행동을 하면 내가 가족을 돌보지 않는 것처럼 느껴져서'와 같은 이유로 그 행동을 멀리한다. Bandura(2004)는 개인 성취 시 자기만족이 행동에 대한 강력한 동기유발요인이며, 흔히 물질적 보상보다 중요하다고 하였다.

(2) 자아효능감

건강 결과에 대한 신념이나 행동의 위험요인은 행동변화의 전제조건이지만, 실제로 건강행동을 따르고 유지하려면 장애요인 또는 장애물을 극복할 수 있다고 믿는 자아효능감Self-efficacy이 필요하다. 자아효능감이란 의도하는 행동을 성공적으로 할 수 있고 행동수행 시의 장애요인을 극복할 수 있다는 자신감을 의미한다. 자아효능감은 기술뿐만 아니라 기술을 효과적으로 지속해서 사용할 수 있다는 자신감을 포함한다. 여러 연구에 의하면 인지된 자아효능감의 수준이 높을수

BOX 4-1 **자아효능감을 높이는 방법**

자아효능감은 다음과 같은 전략을 사용하여 높일 수 있다.

개인의 숙달 경험
연습은 개인의 효능감을 높여주는 가장 좋은 방법이다. 영양교육자는 대상자들이 점진적 실행목적을 설정하고 단계별로 이루어나가도록 안내하고 연습할 기회를 제공할 수 있다.

사회적 모델링
대상자들과 특성이 유사한 모델이 어떻게 성공적으로 행동하는지 보여주는 것이다. 영양교육자는 성공적으로 모유수유를 하는 영상을 보여주거나 건강한 메뉴의 조리방법을 단계별로 시연해볼 수 있다.

사회적 설득
현실적인 격려는 사람들이 자기 불신을 극복하는 데 도움을 준다. 영양교육자는 대상자들이 자신의 행동 개선과 성공을 인식하게 도울 수 있다.

행동에 대한 감정적·신체적 반응의 수정
사람들은 자신의 능력을 판단할 때 신체상태에 관한 정보에 일부분 의존하지만, 이는 잘못된 판단을 불러올 수도 있다. 한 예로, 고식이섬유 함유 식품을 먹을 때 부정적인 신체적 반응을 경험하면 섭취를 포기하게 될 수 있다. 영양교육자는 대상자에게 이러한 경험이 정상이며, 시간이 경과함에 따라 이러한 반응이 줄어들 것이라고 알려줄 수 있다.

록 행동수행을 위해 노력하며, 여러 어려움에도 불구하고 새로 학습한 행동을 지속하고자 한다고 한다. 자아효능감은 행동의 촉진요인일 뿐만 아니라 행동변화의 주요한 동기유발요인으로 알려져 있다. 자아효능감을 높이기 위한 전략은 BOX 4-1을 참고한다.

자아효능감은 어떤 주어진 행동에 한정되는 경향이 있다. 한 예로, 어떤 사람은 가족을 위한 간단한 건강식은 잘 준비할 자신이 있지만 하루에 3마일 정도 달리는 것은 하지 못할 수 있다. 자아효능감의 개념은 건강신념모델, 계획적 행동이론, 범이론적 모델 등 건강 및 영양 관련 다른 이론에도 추가되어 이용되고 있다.

사회인지론에서는 개인 행동을 위한 자아효능감 개발과 함께 개인을 인생을 주관하는 주체로 본다. 이러한 개인수행력Personal agency 또는 능력감Sense of empowerment은 우리가 원하는 바를 얻기 위해 생각, 감정, 삶에 영향을 미치는 환경적 조건 등을 통제하고 이에 영향을 미치는 개인의 능력에 관한 인식으로 정의한다(Bandura 1989, 2001). 우리가 자신의 행동을 통해 원하는 결과를 성취할 수 있다고 믿지 않는 한, 행동을 할 인센티브는 매우 적다. 이러한 개인수행력에 관한 인식은 의지력이 아니라 일련의 기술을 학습하면서 얻을 수 있다. 개인수행력에 대한 강한 인식과 어떤 어려움도 극복할 수 있다는 사람들의 노력은 성공에 도움이 된다(Bandura 1989).

사회인지론에서는 자아효능감의 개념을 집단효능감Collective efficacy으로 확대하는데, 여기서는 집단적 실행을 위한 사람의 능력을 강조한다. 집단효능감은 전체 집단의 이익을 목표로 사회구조와 정책, 환경의 변화를 유도하기 위한 집단 내 개인의 능력을 의미한다(Bandura 1997).

(3) 장애요인

장애요인Impediments or barriers 중 일부는 자아효능감과 같은 개인적 요인이다. 장애요인의 진단은 자아효능감 진단의 한 부분이라고 볼 수 있는데, 이는 여러 어려운 상황에서 행동할 수 있는지(예: 직장에서 종일 일한 다음 피곤할 때나 자녀들이 먹을 것을 빨리 달라고 할 때도 건강식을 준비하기 등)를 판단하는 과정이기 때문이다. 장애요인 중 일부는 개인의 외적 요인, 환경적 요인으로 예로는 건강에 좋은 식품의 이용성 또는 접근성 부족, 신체활동을 할만한 장소 부족, 건강 자원의 부족 등이 있다.

(4) 목적 및 목적의향

목적Goals은 장기간에 걸쳐 달성되는 것으로 건강해지는 것, 도덕적인 삶을 사는 것 등을 예로 들 수 있다. 이러한 목적은 다양한 자료를 바탕으로 개발하는 내적 기준이나 가치를 나타내며, 이와 비교하여 현재 행동을 판단할 수 있으므로 중요하다. 그러나 특정 행동의 변화를 유도하기에는 그 범위가 너무 넓다.

목적은 장기 목적에 기여하지만 실행가능한 즉각적인 목적을 말하기도 하며, 이를 실행목적Action goals이라고 한다. 이는 계획적 행동이론의 실행의지Implementation intentions와 유사하다.

장애요인의 극복: 행동을 쉽게 할 수 있다.

자료: Courtesy of Iowa Department of Public Health.

행동변화과정에서 실행목적은 행동수행의 약속Commitment을 의미하며, 이러한 약속은 결과에 대한 긍정적인 기대가 있고 자아효능감이 높을 때 이행될 수 있다.

(5) 강화

강화Reinforcements는 행동에 대한 반응으로 행동의 발생가능성을 증가 또는 감소시킨다. 외적 강화요인은 특정 행동을 할 때 강화의 가치가 있는 것을 제공하는 것으로, 예를 들면 아동이 학교에서 과제를 수행할 때 스티커를 제공하거나, 건강 프로그램을 완료했을 때 티셔츠를 주고, 증명서나 다른 보상을 제공하는 것이다. 내적 강화요인은 개인에게 내재된 것으로, 행동을 수행할 가치가 있고 추후에도 특정 행동을 하도록 격려하는 개인의 인식을 말한다.

(6) 재발 방지

재발 방지Relapse prevention는 새로 습득한 행동의 유지전략에 초점을 둔다. 이러한 전략에는 인지 재구성, 환경 통제, 건강한 식사를 위한 신호cues 추가 등이 있다. 인지 재구성은 건강에 좋은 식행동에 대한 부정적이고도 왜곡된 생각(예: "초콜릿 케이크를 먹다니 나는 나쁜 사람이야")을 긍정적인 생각으로 바꾸는 것이다. 환경 통제는 건강에 좋지 않은 식행동에 대한 신호를 제거 또는 회피함으로써 가능하며(예: 달콤한 간식이나 음식을 집에 많이 두지 않음), 건강한 식행동에 대한 신호를 추가하거나 늘림으로써(예: 식탁에 과일을 씻어 둠) 행동이 유지되게 할 수 있다.

2) 행동 관련 결정요인

행동적 요인은 행동수행에 필요한 식품 및 영양 관련 지식과 기술, 자기조절과 자기주도기술(의식적인 선택과 행동을 통해 자신의 행동에 영향을 미치는 능력)을 포함한다.

(1) 행동수행력: 행동변화를 촉진하기 위한 식품영양 관련 지식

행동수행력Behavioral capabilities이란 자신이 선택한 행동목적을 실행하는 데 필요한 식품영양 관련 지식과 기술을 말한다.

- **사실적 지식**Factual knowledge 영양소나 식품 급원, 식사구성안의 권장식사패턴과 같은 식품영양 관련 정보와 이의 이용에 관한 것, 그리고 식사지침이나 영양표시 읽기처럼 비교적 간단한 기술에 관한 것이 이에 포함된다. 행동수행에 도움이 되려면 선택된 행동에 대한 구체적인 정보가 제공되어야 한다.
- **영양정보 활용능력**Nutrition literacy 사실적 지식과 유사하

며, 기본적인 건강·영양 정보와 올바른 건강·영양 의사결정에 필요한 서비스를 습득, 처리, 이해하는 능력을 어느 정도 갖고 있는지를 말한다(Osborne 2005; Zoellner 등 2011; Carbone와 Zoellner 2012). 이 능력은 특히 이해력이 낮은 집단에게 중요하다. 그들이 기본적인 식품영양 정보를 이해하려면 도움이 많이 필요하다(Silk 등 2008; Zoellner 등 2009). 영양정보 활용능력은 건강문제로 인해 건강관리에 영양정보나 지도가 필요한 집단에서도 중요하다(Institute of Medicine 2004). 영양교육은 대상자의 이해력에 맞게 지도되어야 하며, 이해력이 낮은 집단에게 지도할 때는 평범한 언어와 그래픽을 사용해야 한다. 의사소통에 대한 자세한 내용은 13장에서 다루도록 한다.

- **절차적 지식**Procedural knowledge 무엇을 어떻게 하는지 또는 인지적 문제해결을 위한 의사결정 원칙에 관한 지식을 말한다. 여기에는 조리법 읽기와 같이 비교적 간단한 기술뿐만 아니라 모유수유 하는 방법과 같은 복잡한 기술도 포함된다. 사람들은 이러한 지식을 습득하면서 지식구조 또는 스키마Schema(특정 정보 분야에 대한 지식의 개념틀)를 발달시키게 된다.
- **비판적 사고와 문제해결기술**Critical thinking and problem-solving skills 비판적 사고에 대한 기술에는 분석, 평가, 종합 등 고차원 사고능력의 통합과 의사결정을 위한 문제해결능력이 포함된다. 이러한 기술은 가족을 위한 음식 선택, 자녀에게 가장 좋은 양육방법 선택, 식품비 관리 등 사람들이 당면하는 의사결정에 쓰인다. 여기에는 식품 선택기준이 보다 더 복잡해진 이 시대에 맞게 단순히 건강에 대한 관심뿐만 아니라 식품 소비의 생태학적 결과(예: 기존, 유기농, 로컬푸드 등), 도의적·윤리적 문제(예: 육류 소비 여부), 사회 정의 관련 관심(예: 누가, 어떤 조건에서 식품 생산), 식품안전 관련 관심이 포함된다. 따라서 식품 선택 시 기준을 고려·비교·선택할 수 있는 비판적 사고능력을 갖추어야 한다.

(2) 행동수행력: 식품영양 관련 행동기술

- **행동기술**Behavioral skills 지식구조가 숙달된 행동으로 나타나려면 추가적인 메커니즘이 필요하다. Bandura(1986)는 이를 위해 행동을 통한 학습(실행학습Enactive learning)이 필요하다고 하였다. 몸에 좋은 간식 준비, 식물성 식품에 기초한 조리법과 조리, 안전한 식품 취급 행동, 모유수유 등의 행동기술은 행동수행과 연습을 통해 개발된다. 영양교육자는 이러한 기술을 시범으로 보여주고 참여자들이 실습할 기회를 마련함으로써 참여자들이 행동기술을 습득하도록 할 수 있는데, 이를 모델링과 안내된 실습이라고 부른다.

어머니가 요리하는 딸을 돕고 있다.
자료: Courtesy of USDA.

- **식품정보 활용능력과 기술**Food literacy and skills 전통 사회의 사람들은 주위에서 구하기 쉬운 식품과 이를 활용하는 방법을 잘 알았으나, 패스트푸드와 편의식품이 범람하고 사회가 급속히 세계화된 지금은 모든 연령대에서 식품정보 활용능력과 식품선택기술을 필요로 하고 있다(Fordyce-Voorham 2011). 식품정보 이해력은 시간의 흐름에 따른 식사·식습관의 회복력 강화와 변화를 통해 식사의 질을 보호하기 위해 개인, 가정, 지역사회, 국가가 능력을 갖추는 것Scaffolding으로 정의된다. 식품정보 활용능력은 식품의 계획과 관리, 선택, 준비, 섭취에 요구되는 연관된 지식, 기술, 행동의 집합체로 구성되며 간단히 말해 식품과 관련된 건강한 삶을 위한 도구라고 할 수 있다(Vidgen과 Gallegos 2014, p.54). 세계 먹거리 체계의 지속가능성 측면이 중요함을 고려해볼 때 식품정보 활용능력은 식품의 생산과 가공, 유통, 판매의 복잡한 체계에 관한 이해와 이 체계가 건강이나 생태학적 지속가능성, 사회 정의, 경제

에 미치는 영향, 그리고 건강과 지역사회, 환경을 고려한 식품 선택 등을 포함한 것으로 정의해야 한다.

(3) 자기조절 및 실행목적 설정기술

자기조절Self-regulation은 심리학자들이 사용하는 용어로, 자신이 원하는 것을 신중히 선택하고 자기 노력으로 개인의 행동을 주도하도록 사고와 능력을 개발하는 과정을 뜻한다. 이 과정은 자기통제Self-control라고도 알려져 있으나, 여기서는 자신의 행동을 통제하고 자발적인 의사결정과 선택하는 능력이 있다는 의미를 포함하고 있으므로 자기주도Self-direction라고 하는 것이 보다 더 정확하다고 볼 수 있다.

자기조절은 의지력으로 행해지는 것이 아니라, 건강심리학자들이 실행목적 설정기술Action goal setting skills이라고 명명한 일련의 기술을 학습함으로써 이루어진다(Bandura 1986; Cullen 등 2001; Shilts 등 2004a, 2004b, 2009). 실행목적 설정기술은 구체적인 실행안을 세우고 실천할 수 있는 기술로, 이러한 과정을 '실행목적 설정'이라고 부른다. 사람들은 실행안에 명시된 행동을 수행하기 위해 식품과 영양 관련 지식 및 기술을 학습하게 된다.

실행목적 설정(실행안)은 행동의 동기를 강화시켜주는데, 실행목적 설정으로 행동에 대한 구체적인 약속이 이루어지고, 행동과정에 보다 적극적으로 참여함으로써 내적 흥미를 느끼며, 자아효능감과 행동 습득의 인식을 형성하고, 목표 달성으로 인한 자아만족감과 성취감이 생기기 때문이다. 또 실행목적 설정은 스트레스를 줄여주고 노력을 줄여주는데, 미리 하는 계획을 통해 새로운 상황에서의 의사결정을 하지 않아도 되기 때문이다(Gollwitzer 1999).

건강한 삶을 위한 행동계획 수립을 학습하고 있다.

자료: Courtesy of Fredi Kronenberg.

3) 환경적 요인

사회인지론에서는 상황Situation과 환경Environment을 구분한다. 상황은 환경에 대한 사람들의 인식이나 인지적 표현이고, 환경은 개인 외적인 요소로 행동에 영향을 미치는 객관적인 요인과 관련이 있다.

BOX 4-2 계단 이용 촉진 연구에 사회인지론을 적용한 사례: 모델링

Active Living 연구 프로그램에서는 샌디에이고 공항의 계단 이용에 관하여 일반모델(예: 행인)과 실험모델(예: 연구팀의 일원)이 미치는 각각의 영향을 알아보았다. 이 연구에서는 사람들이 혼잡한 시간대에 에스컬레이터를 탈지 계단을 이용할지를 알기 위해 1만 5,000명 이상의 행동을 비디오로 촬영하고 코딩하였다. 계단 이용에 대해서는 환경을 조작하지 않고 ① 연구팀의 일원이 행동모델의 역할을 하게, ② 연구팀 일원 두 명이 계단 이용을 안내하는 역할을 하게 하였다. 이 연구에서는 인구통계학적 요인인 성별, 생애주기(젊은이, 성인, 노인), 인종, 짐의 양, 신발과 옷의 종류, 아동 동반 여부, 사회적 집단의 존재 여부 등의 변수를 고려하였다. 그 결과 모델이 연구팀의 일원인지와 무관하게 모델이 있으면 계단 이용률이 증가하였다. 모델의 계단 이용을 본 경우 계단 이용비율은 남자의 경우 3배, 여자의 경우 2.5배 정도 높았다.

© Courtesy of Marc Adams.

자료: Adams MA 등(2006). Am J Health Promot 21(2): 110-118.

(1) 행동과 환경

1장에서 본 바와 같이, 행동에는 여러 환경적 요인이 영향을 미친다. 물리적 환경과 사회구조적 환경은 사람들에게 영향을 주는데, 직장 또는 매점에 건강에 좋은 식품이 구비되어있는지 여부(물리적 환경)나 가족이나 친구가 채소와 과일을 섭취하는지 여부(사회적 환경) 등을 예로 들 수 있다.

동시에 사람들은 환경에 어떻게 반응할지, 주어진 환경에서 어떻게 행동할지, 환경을 어떻게 바꿀지 등에 대해 통제할 수 있다. 예를 들어 사람은 가족의 식품 구매, 직장이나 학교에서 영양 개선을 위한 정책 옹호 등에 관여할 수 있다. 또 입법자들이 환경 조성(예: 저소득층 거주지역에 슈퍼마켓 수 늘리기, 걷기 좋은 거리 조성)에 대한 정책을 제정하도록 지지를 보낼 수도 있다. 사람들은 환경과 지속적으로 상호작용하며 환경이 사람에게 영향을 미치는 것처럼 환경에 영향을 미친다. 영양교육자는 정책 입안자나 다른 사람들이 건강지향적인 환경을 만들도록 그들과 함께 일해야 한다.

(2) 환경과 관찰학습

환경은 행동 모델링의 좋은 근원이다. 시행착오는 학습의 주요 요소이다. 우리는 다른 사람의 행동과 행동 결과를 관찰하며 배우는데 이러한 관찰학습Observational learning은 사회인지론에서 주요한 변인이다. 아이들은 부모를 관찰하며 세계를 이해하고 배운다. 10대 청소년들은 친구나 어른의 식품 관련 행동 및 대중매체를 통해 식행동을 배운다. 따라서 영양교육자는 행동에 관한 긍정적 모델을 이용하거나 조리 등의 기술을 시연하는 등의 모델링 전략을 사용할 수 있다.

4) 증거: 연구 및 중재 프로그램

대부분 사회인지론의 전체 모델을 적용하지는 않지만 식품영양 분야의 여러 중재 연구에서 사회인지론을 적용해왔다. 여기서는 몇몇 연구에 대해 서술하고자 한다.

(1) 설문연구

청소년 대상의 설문연구에서 이 이론은 개방형 인터뷰나 설문조사의 질문지 구성에 사용될 수 있다. 저소득층 흑인 청소년의 채소와 과일 섭취에 영향을 미치는 요인을 알아보기 위한 설문지 구성에 사회인지론이 어떻게 적용되었는지는 **표 4-2**에 제시하였다(Molaison 등 2005).

표 4-2 저소득층 흑인 청소년의 채소와 과일 섭취에 영향을 미치는 요인 파악을 위한 질문지 구성에 사회인지론의 적용

개방형 질문	사회인지론의 변인
환경	
• 냉장고나 부엌 캐비닛에 어떤 채소와 과일이 있습니까?	환경
• 집 외의 장소에서 채소와 과일을 먹습니까? 그 장소는 어디입니까?	환경
행동적 기술	
• 집에서 식사 및 간식 준비를 돕습니까? 돕는다면 어떤 방식입니까?	행동
개인의 신념	
• 채소와 과일을 먹지 않으면 어떤 일이 생길까요?	결과기대
• 사람들이 채소와 과일을 더 먹도록 만드는 것은 무엇일까요?	결과기대
• 채소와 과일을 더 먹고 싶다면 그럴 수 있나요? 그 이유는? • 채소와 과일을 어떻게 얻을 수 있나요?	자아효능감
가족과 친구	
• 친구(가족)가 당신이 채소와 과일을 더 먹도록 도와주나요?	사회적 지지
• 아무도 채소와 과일을 먹지 않으려고 하는데 내가 먹고 싶다면 무엇을 할까요?	사회적 기대
• 본인이나 친구가 채소와 과일을 먹는 이유는 무엇일까요?	사회적 기대

자료: Molaison 등(2005). J Nutr Educ & Beh. 37(5): 246-251.

(2) 아동 대상 연구 및 프로그램

- The Coordinated Approach to Child Health(CATCH)는 사회인지론을 근거로 한, 초등학교 5학년 교과과정으로 구성된 학교에서의 종합 프로그램이다. 이는 신체활동, 학교급식과 가족 참여 등 환경적 지지를 포함한다(Luepker 등 1996; Hoelscher 등 2010). 지난 몇 년간 여러 연구는 CATCH의 새 버전으로 프로그램을 수행하였으며 채소와 과일 섭취량 증가를 통한 비만 위험성 줄이기,

신체활동 늘리기, 당류가 들어간 음료의 섭취와 좌식생활 시간 줄이기 등에 초점을 두고 진행되었다(Coleman 등 2005; Hoelscher 등 2010). 이들 연구 결과 여러 행동과 체중 등이 긍정적으로 변화된 것으로 보고되고 있다.

- EatFit는 식행동과 신체활동에 초점을 둔 중학생 대상의 중재 프로그램이다(Horowitz 등 2004). 목적 설정이 없는 중재보다 목적 설정이 포함된 중재 프로그램이 학생들의 식행동, 신체활동, 신체활동 관련 자아효능감을 더욱 향상시켰다(Shilts 등 2009). 자세한 내용은 **BOX 4-3**과 같다.
- 아동을 대상으로 한 채소와 과일 섭취량 증가를 위한 여덟 개 연구의 리뷰를 보면, 성공의 주요한 요소로 지지적 환경, 행동적 기술 또는 능력 배양, 아동의 사회적 영향 또는 미디어 영향 평가, 만화책이나 비디오, 미디어의 캐릭터 이용 또는 친구나 부모의 역할모델 활용 등을 제시하였다(Gaines와 Turner 2009).

(3) 성인 대상 연구 및 프로그램

- ALIVE는 근로자를 대상으로 16주간 진행되는 프로그램이다. 이메일을 이용한 임의할당 연구이며 개별 맞춤형과 변화 단계별 목적, 개인 홈페이지에 팁 제공, 교육자료, 트래킹과 시뮬레이션 도구를 이용한다. 프로그램을 진행한 결과 중등도와 격렬한 신체활동, 걷기, 채소와 과일 섭취량 증가와 포화지방산 섭취량 감소가 나타났다(Sternfeld 등 2009).
- 지역사회 기반 당뇨병교육 프로그램을 시행한 결과 지식, 건강 신념, 행동(식염 대신 허브 이용, 올리브유나 카놀라유로 조리, 구이에 인공감미료 이용)에 긍정적인 효과가 나타났다. 대상자들은 변화된 식사나 건강한 식사 준비에 관한 자아효능감이 증가하였다(Chapman-Novakofski와 Karduck 2005).
- 대학생의 10주간 웹 기반 중재의 결과, 목적 설정이 채소와 과일의 섭취, 신체활동에 긍정적인 영향을 미쳤으며, 채소와 과일의 섭취에서 그 효과가 더 높은 것으로 나타났다. 이는 신체활동의 경우 기초조사에서 이미 신체활동의 수준이 어느 정도 높아서인 것으로 보인다(O'Donnell 등 2014).
- 신체활동에 관한 리뷰 논문은 44개 연구를 포함한 것으로 자아효능감과 목표 설정은 신체활동과 일관된 관련성이 있었으며 결과기대와 사회구조적 요인은 관련성이 덜하였다(Young 등 2014).

5) 행동변화를 위한 영양교육에서의 사회인지론 적용

사회인지론은 farm-to-school 프로그램인 Vermont Food Education Every Day(VTFEED)에 **표 4-3**과 같이 적용되었다(Berlin 등 2013a, 2013b). 아동의 경우 건강에 초점을 두기보다는 식품과 먹거리 체계와 관련한 내용을 주제로 삼는 게 더 효과적이다. 개인의 신념과 기술은 그들의 문화에 내재되어 있으며, 그들의 문화적 규범과 기대를 영양교육 설계 시 주의깊게 살펴봐야 함을 명심해야 한다.

표 4-3 사회인지론을 적용한 Vermont Food Education Every Day Program 프로그램의 Farm-to-school 활동

활동	사회인지론 변인
맛 테스트	결과기대, 긍정적 강화
전곡류를 이용한 아침식사 프로그램	결과기대
'Eat your colors' 주간	결과기대
교실에서의 영양교육	결과기대, 자아효능감, 기능적 지식
학교급식으로 교사 모델링	결과기대, 사회적 지지
농부의 정기적인 교실 방문	결과기대
Farm-to-school 보드	결과기대
수업: 식품 준비 및 공유	행동수행력, 자아효능감, 결과기대
학생 대상 샐러드바 훈련	행동수행력, 자아효능감
쿠킹 클럽	행동수행력, 자아효능감
학생들의 학교텃밭 설계 및 가꾸기	행동수행력, 자아효능감
학생들의 지역농장 방문	상호결정론, 환경
지역농장에서 학생 실습	행동수행력, 자아효능감
지역식품 주제의 지역사회 행사	결과기대, 사회적 지지, 환경, 상호결정론

BOX 4-3 EatFit: 청소년의 식사와 신체활동 선택 개선을 위한 목적지향적 중재 프로그램

여러 연구 결과에 따르면, 청소년의 식사나 신체활동 정도는 권장수준에 미치지 못하고 있다. EatFit은 중학생의 식사와 신체활동 개선을 위해 고안된 프로그램으로, 교사나 리더를 위한 교실에서의 교과과정, 학생용 워크북, 웹 기반 상호작용적 프로그램으로 구성되어있다. 웹 기반 프로그램에서는 학생들의 24시간 식사기록에 근거한 개별 판정과 피드백, 목표 설정, 계약서 작성 등을 할 수 있다. 이 프로그램은 사회인지론에 근거하였다.

© Courtesy of Marilyn S. Townsend.

결과기대

포커스 그룹 인터뷰로 알아본 동기유발요인에는 외모 향상, 에너지 증진, 독립성 증가 등이 있었으며 이러한 요인이 교육에 활용되었다.

자아효능감

학생들에게 기술 연습(조리와 맛보기, 신체활동), 격려, 친구 간 사회적 지지 개발의 기회를 제공하였다.

자기조절

- 자신의 식사와 신체활동 패턴의 자기 모니터링
- 목표 설정
- 목표를 달성하기 위한 진행과정의 모니터링
- 인지된 장애를 극복하기 위한 문제해결활동(예: 목표를 달성하기 위한 패스트푸드 선택방법 등)
- 목표 달성에 따른 보상과 강화

프로그램에서 식품 선택의 결정요인과 이의 적용에 대해서는 다음 표를 참고하도록 한다.

EatFit의 사회인지론 적용 예

이론 변인/전략	이론에 근거한 활동
자아효능감/ 기술 숙달	• 학생들은 자신이 선택한 식사목표를 위한 식품 선택에서의 자아효능감을 높였음 • 영양표시읽기 교육, 식품선택 기술 관련 질문과 응답으로 기술 연습의 기회를 가짐
모델링	• 목표 설정 경험에 관해 부모나 보호자 인터뷰
장애요인 상담	• 부모 인터뷰에서 학생들은 목표 달성의 장애요인과 이의 극복요인에 관해 질문
자기 모니터링	• 자신의 식사와 신체활동에 관해 자기 모니터링 실시
목표 설정	• 자기평가 결과를 근거로 신체활동의 목표 설정
계약서	• 식사와 신체활동 달성의 계약서(목적, 목적 달성의 동기유발, 서명란 포함) 작성
신호(단서) 관리	• 교사가 이끄는 토론의 질문으로는 "신체활동목적 달성을 방해하는 부정적 신호에는 어떤 것이 있을까요?" 등을 이용
사회적 지지	• 사회적 지지망 강화를 위해 학생들이 선택한 목적에 따라 학생들을 집단 배치
강화	• 목적 달성 시 래플 티켓을 제공
인지 재구조화	• 학생들의 아침식사에 대한 생각을 재구성하며, 남은 피자나 간단히 데워 먹는 부리토 등 쉽게 아침을 먹는 방법이나 아침식사에 관한 의견을 나눔
재발 방지	• 워크북에 중재 프로그램 이후 새로운 목적 설정과 달성을 돕는 섹션을 마련
환경/상호결정론	• 과제물에서 환경이 행동변화에 주는 역할에 초점을 맞춤(예: 방과 후 운동할 수 있는 다섯 곳의 장소, 운영시간, 가격 등) • 교내에서 식사목적에 맞는 식품 찾기

자료: Horowitz M 등(2004). J Nutr Educ Behav 36:43-44.

BOX 4-4 USDA's SuperTracker

SuperTracker:

My foods. My fitness. My health.

- Get your personalized nutrition and physical activity plan.
- Track your foods and physical activities to see how they stack up.
- Get tips and support to help you make healthier choices and plan ahead.

자료: Supertracker.USDA.gov. United States Department of Agriculture. http://www.supertracker.usda.gov/

미국 농무성의 Center for Nutrition Policy and Promotion에서 개발한 MyPlate는 다면적 보건의사소통 플랜으로 2010 미국인을 위한 식사지침(Dietary Guidelines for Americans)을 근거로 한다. SuperTracker는 사용자가 자신의 문제를 찾고 피드백에 따라 문제를 개선하도록 고안된 웹 기반 도구이며, 다음 목적을 위해 사용할 수 있다.

- 무엇을 얼마나 먹을지에 대한 개별화된 권고 찾기
- 식사와 신체활동 추적
- 가이드(2010 미국인을 위한 식사지침, 2008 신체활동지침)와 선택한 사항 비교
- 영양과 신체활동, 에너지 균형의 정보 탐색

SuperTracker에서는 My Top 5 Goals, My Weight Manager, My Journal, My reports를 포함하여 개별화된 서비스를 제공하며 이를 통해 사용자들은 다음과 같은 활동을 할 수 있다.

- 개인별 목적 선택(My Top 5 Goals)
- 가상 코치가 방법과 지지 제공
- 체중 감소의 진척 과정 보기
- 체중 기록과 에너지 섭취/신체활동의 추세 비교
- 식사 장소와 기분 등 개인적으로 주요한 요인 추적
- 식사 분석(영양소, 식품 섭취 등)과 식사 요약의 보고서 보기

SuperTracker는 사회 미디어를 통해 사용자들이 다른 사람과 성공경험 및 방법을 공유하도록 권장하여 행동변화의 동기를 부여하고 있다.

자료: http://www.choosemyplate.gov/supertracker-tools.html

(1) 결과기대

현재 행동의 위험 또는 이익에 관한 의식 증가

영양교육자는 대상자에게 동기를 부여하는 여러 활동을 설계할 수 있는데, 이러한 설계는 개인의 건강, 지역사회의 관습, 먹거리 체계의 지속가능성과 관련된 행동의 인지된 위험이나 특정 이슈의 적절성을 다루는 활동을 통해 할 수 있다. 그리고 현재 습관이나 행동의 장점을 탐구하도록 돕는다. 효과적인 전략과 특정 활동은 다음과 같다.

- **위험이나 관심도의 적절성 높이기** 비만율 증가, 음식의 1인분량, 청소년의 대사증후군 유병률 등 특정 문제가 사람들에게 의미 있게 하려면 계기가 되는 영상, 통계자료(국가, 지역수준), 그림과 사진, 도표, 개인 경험담이나 다른 전략을 활용할 수 있다.
- **권장수준 대비 자신의 상태 평가 제공하기** 개인이나 가족구성원이 자신의 섭취수준을 파악하도록 간단한 진단지, 식품섭취빈도조사지, 24시간 회상법 용지 등에 응답하고 자신의 섭취량을 기준(예: 식사구성안의 1인 1회 분량)과 비교할 수 있다. 교육수준이 낮은 대상자들의 경우, 글보다는 그림이 많은 자료를 사용한다. 진단지에 적힌 식품 목록은 대상자의 문화를 고려한 적절한 것이어야 한다.
- **지역사회의 관습 평가하기** 지역사회의 식품관습 관련 정보는 특정 문제의 위험 정도에 관한 실상을 보여준다. 이때 지역사회의 자료나 설문조사, 공식적 또는 비공식적

자료를 이용할 수 있다. 가장 좋은 방법은 기존의 장점과 자산에 주목하면서 지역사회 구성원이나 잠재적 대상자를 이 자기평가과정에 적극적으로 참여하게 하는 것이다.

현재 행동의 긍정적 및 부정적 영향에 관한 의식 증가

- **신체적 결과** 영양교육자는 집단교육에서 대상자들이 행동할 때 즐겁거나 부정적인 결과를 이해하도록 도울 수 있다. 예를 들어 모유수유의 장점은 영아의 건강, 편리성, 모자 간 유대감 형성 등이고 모유수유의 장애요인은 첫 모유수유 시의 통증 등이다. 이러한 장단점은 발표, 비디오나 집단토의를 통해 알아볼 수 있다.
- **사회적 결과** 행동은 사회적 승인이나 다른 사람들의 반감에 따라 어느 정도 조절된다. 모유수유의 경우 공공장소나 상황에서 모유수유의 곤란함, 가족의 모유수유 희망 등이 사회적 결과에 해당된다.
- **자기평가적 결과** 이는 자신의 행동에 대해 스스로 기대하는 긍정적 또는 부정적 결과를 말한다. 모유수유의 경우, 모유수유를 함으로써 자신이 좋은 엄마라는 만족감을 인식하도록 도울 수 있다.

(2) 행동수행력: 식품과 영양 관련 지식과 인지적 기술 증진

- **지식과 영양정보 이해력 촉진** 개인의 동기가 유발된 후 그것이 행동으로 변화하려면 특정 지식과 기술이 필요하다. 예를 들어, 사람들은 수많은 식품이 진열된 슈퍼마켓에서 최적의 건강을 위해 식품을 어떻게 선택하는지 알아야 하고 잡지나 신문, 광고, 친구로부터 쏟아지는 영양정보를 평가할 수 있어야 하며, 의사가 알려준 개인 의학정보를 해석할 수 있어야 한다. 즉 영양교육자는 대상자들이 건강을 위해 행동하도록 정보를 제공하고 인지적 기술을 개발하는 기회를 줌으로써 그들이 능력을 배양하게 할 수 있다. 행동, 대상과 경로에 따라 강의나 집단토의, 활동, 슬라이드, 유인물, 팁 시트Tip sheet, 뉴스레터, 전단지 웹을 이용한 정보 등을 활용할 수 있다.
- **의사결정과 비판적 사고기술** 종종 식품이나 영양 관련 이슈는 복잡하며, 연구 결과가 상반되게 나타나기도 한다. 사람들은 체중 조절과 건강문제를 해결하기 위해 식사에서 지방이나 당 함량을 줄일지, 아동의 채소와 과일 섭취량 증가를 위해 좋은 방법은 무엇인지 등에 대한 의사결정 시 여러 선택지 중 합리적 방안을 이해하고 그 근거를 평가할 수 있어야 한다. 건강과 식품정책과 관련된 복잡하고 주요한 문제를 이해하는 비판적 사고기술도 갖추어야 한다. 영양교육자는 필름과 활발한 토의, 토론, 비평글이나 구두 비평 등의 활동을 통해 대상자들이 이러한 기술을 개발하도록 기회를 제공할 수 있다.

(3) 식품영양에서의 행동기술 배양과 자아효능감 증진

실제 기술을 갖춤에 따라 자아효능감이 증가하지만, 자아효능감은 식품 준비나 안전한 식품 취급 등의 실제 기술과는 같지 않다. 자아효능감은 기술, 그리고 장애요인이 있음에도 할 수 있다는 자신감을 포함한다. 영양교육자가 설명과 시연을 통해 행동을 모델링하게 함으로써, 대상자들은 식품이나 영양 관련 행동기술을 배양할 수 있다. 대상자들에게 실습의 기회를 제공할 때 학습효과가 크고 자아효능감이 증진된다. 설득과 격려 또한 자기 의구심 극복에 도움이 된다. 이러한 과정을 안내된 숙달 경험Guided mastery experience이라고 한다. 사회인지론에서는 조리나 안전한 식품준비습관, 다른 식품 관련 기술 등의 기술과 자아효능감 증진을 위해 실제 경험이 필요하다고 강조한다. 자아효능감을 높이는 방법은 BOX 4-1을 참고한다.

(4) 대상자의 능력 배양을 위한 뉴미디어 활용

대부분의 성인은 모바일폰, 스마트폰, 인터넷 등 새로운 기술을 이용하고 있다. 이러한 채널은 건강한 식품 선택을 위한 지식과 기술 관련 정보를 제공하는 주요한 경로가 될 수 있다.

(5) 실행목적 설정

식품과 영양 관련 기술 외의 행동변화를 위해서는 개인이 원하는 대로 변화할 수 있는 능력을 강화시켜야 한다. 이는 목적이나 실행안의 설정, 실천에 관한 학습을 통해 할 수 있다(Bandura 1986; Cullen 등 2001; Shilts 등 2004a). 가정과 개인 요구의 범주를 고려하면서 다음 단계를 연습하는 기회를 제공함으로써 대상자들이 ① 자기평가나 자기관찰 실시, ② 실행목적 설정, ③ 실행 약속, ④ 실행을 위해 적절한 지식과 기술 습득, ⑤ 목적을 향한 과정 모니터링, ⑥ 목적 달성과

이 활동의 목표는 건강한 식습관을 만들고 유지하는 데 도움을 주는 것입니다.

1. 목적: 채소와 과일을 더 많이 먹을 수 있는 방법을 두 가지 쓰세요.
   1)
   2)

2. 목적 설정: 위의 두 목적 중 하나를 선택하고, 실행이 가능하게 만드세요.
   실행목적
   - 무엇을 다르게 할 것인가:
   - 얼마나 자주 할 것인가:
   - 얼마만큼 할 것인가:
   - 어디에서 할 것인가:
   - 누구와 함께할 것인가:

3. 계획 세우기: 이 변화가 힘든 이유를 두 가지 쓰세요.
   1)
   2)

이 문제를 극복하기 위해 무엇을 할까요?
1)
2)

변화를 이루어봅시다!

그림 4-2A 목적 설정을 위한 계약서의 예

자료: J Am Diet Assoc 105(11): 1793-6.

예시:

나의 실행안:

나는 과일 롤업 (많이 가공된 식품) 대신에 사과 (전곡식품, 자연식품) (을)를 먹을 것입니다.

시간(한 가지 체크):
- ☐ 아침식사
- ☐ 오전
- ☐ 점심식사
- ☑ 오후
- ☐ 저녁식사
- ☐ 저녁

요일(원하는 만큼 체크):
- ☐ 일요일
- ☑ 월요일
- ☐ 화요일
- ☑ 수요일
- ☐ 목요일
- ☑ 금요일
- ☐ 토요일

나의 실행안:

나는 치킨너겟 (많이 가공된 식품) 대신에 구운 닭가슴살 (전곡식품, 자연식품) (을)를 먹을 것입니다.

시간(한 가지 체크):
- ☐ 아침식사 시간
- ☐ 오전 시간
- ☐ 점심식사 시간
- ☐ 오후 시간
- ☑ 저녁식사 시간
- ☐ 저녁 시간

요일(원하는 만큼 체크):
- ☐ 일요일
- ☐ 월요일
- ☐ 화요일
- ☑ 수요일
- ☐ 목요일
- ☐ 금요일
- ☑ 토요일

나의 실행안:

나는 ________ (많이 가공된 식품) 대신에 ________ (전곡식품, 자연식품) (을)를 먹을 것입니다.

그림 4-2B 실행안 양식

자료: Food day school curriculum 2014.

더 어려운 목적 설정과 같은 설정기술을 개발할 수 있다. 실행목적이 달성되지 않았을 때는 문제해결과 의사결정전략을 통해 행동목적을 수정하거나 좀 더 달성하기 쉬운 목적을 설정하도록 한다.

행동목적 설정 활동지

교육 대상자들에게 특정 양식을 제공하여 실행안을 개발하는 데 도움을 줄 수 있다. 양식은 작성하기 쉽고 간단할수록 좋다. 행동목적 설정 활동지Worksheets의 예는 **그림 4-2A, 4-2B**에 제시하였다.

(6) 행동 유지

행동 유지를 위한 영양교육활동은 BOX 4-5와 같다.

(7) 변화를 위한 환경적 지지

사회인지론에서는 환경(물리적·사회구조적 환경)과 사람의 행동이 상호작용하면서 서로 영향을 미친다는 것을 강조한다. 따라서 영양교육자는 건강지향적 식행동을 지지하는 환경 변화를 위해 다양한 지역사회의 관계자, 의사결정자와 협력해야 한다.

- **행동경제학**Behavioral economics 여기서는 건강에 좋은 식품의 편의성, 매력성, 규범적 특성을 높이는 환경 변화를 통해 사람들이 건강에 좋은 식품을 쉽게 선택할 수 있다고 강조한다. 이를 통해 사람들은 자기 의지로 건강에 좋은 선택을 하게 된다.
- **Farm-to-school과 Farm-to-cafeteria 프로그램** 기관(학

BOX 4-5 건강행동을 유지하는 방법

선택한 행동을 장기간 유지하려면 개인이 자신의 행동에 영향을 미치는 능력을 개발하여 '자기규제기술'을 갖추어야 한다. 자기규제기술에는 의식적 선택과 노력, 실행목적의 설정과 이의 도달을 위한 노력이 필요하다. 몇몇 도움이 되는 전략은 다음과 같다.

목적 유지

- 목적의 우선순위 정하기: 사람들은 어떤 특정 시점에서 서로 경쟁하는 여러 목적을 갖고 있다. 행동목적을 유지하기 위해서는 이 목적이 다른 목적의 방해를 받거나 일찍 포기되는 것을 막아야 한다. 또 건강 목적과 다른 목적을 동시에 만족시키는 방법을 찾아본다.
- 의식적 식사 – 방해요소로부터 실행목적 보호하기: 자신의 계획을 고수하는 것은 너무 융통성이 없거나 많은 것을 부인하는 행동은 아니다. 음식을 보다 의식적으로 먹고, 이 음식을 먹는 것이 진정 원하는 것인지 생각해볼 수 있다. 현재 환경에서 건강지향적인 식사와 적극적인 신체활동을 위해 의식적인 관심이 필요하다.
- 큰 상황에 주력하기: 사람들은 어떤 특정한 경우 계획하지 않은 음식을 먹었다면 그다음에는 이에 관해 보상하려고 할 것이며, 이를 통해 목적을 달성하고자 할 것이다.
- 실행목적과 자아정체성 연결하기: 이를 통해 개인이 자신의 새로운 정체성(예: 자신에게 좀 더 관심을 갖고 돌보는 모습, 활동적인 사람 등)을 느끼게 도울 수 있다.
- 성공과 실패에 대해 올바르게 귀인하기: 성공과 실패를 바르게 귀인함으로써 성공을 자신의 노력 덕으로 돌리고 이에 관해 기분 좋게 느낄 수 있다. 또 실패가 통제 밖의 상황에 의해 발생한다고 인식할 수 있다.

일상과 습관 만들기

실행안을 고수하면 선택한 행동이 보다 더 일상적이 되고, 새로운 습관이 만들어진다.

도움이 되는 생각으로 대치하기

행동변화에서 부정적인 생각을 하기보다는 도움이 되는 생각, 인식으로 대치할 수 있다.

대처 자아효능감

장애요인에 대처하는 능력에 대한 강한 인식, 즉 어려운 상황에서도 본인이 계획하는 바를 수행할 수 있다는 신념은 이 단계에서 매우 도움이 된다.

실행목적 달성을 위한 개별적 환경 만들기

- 자극조절: 식환경에서 건강에 좋지 않은 음식에 대한 자극(신호)을 없애고 건강에 좋은 음식을 접하는 자극(신호)을 추가함으로써 개인의 식환경을 보다 건강지향적으로 재구조화할 수 있다.
- 사회적 지지 구하기: 주위 사람들에게 도움을 요청할 수 있다.

건강에 좋은 음식 즐기기: 내가 먹는 것을 좋아하게 되기

건강에 좋은 음식에 익숙해지고 음식을 맛있게 만드는 기술을 습득하면 건강지향적인 식사가 즐거워진다.

개인 정책 개발하기(역량 강화 표현하기)

누구나 자신만의 식품정책이나 시스템을 만들 수 있다. 예를 들어, 소소하게라도 집을 나서기 전에 꼭 아침식사를 한다는 계획을 세울 수 있다.

교, 직장, 병원 등)에서 지역사회 농장의 식품을 구매하여 활용하거나 지역사회 농장을 방문하는 프로그램이다. 텃밭을 가꾸기도 한다(USDA 2014).

(8) 사회인지론을 적용한 영양교육 사례

앞서 본 바와 같이 Ray는 40대 중년 남성이다. 그의 체중은 1년에 1~2파운드 정도 증가하여 현재 40파운드를 초과해버렸다. 그의 직업은 대형 전자제품 스토어의 영업사원으로, 주로 전화 응대를 하거나 서서 생활하는 등 매우 활동적이지는 않다. 지루하거나 불안할 때면 자판기에서 과자를 사 먹고, 점심시간에는 대부분 동료들과 패스트푸드점에 간다. 퇴근 후에는 집에 앉아서 TV를 보고 맥주를 마신다. 그의 부인은 좀 더 건강한 식생활에 관심이 있으나, 그는 푸짐한 식사와 후식을 좋아한다. 주치의는 그에게 당뇨병에 걸릴 위험이 있고 '나쁜' 콜레스테롤 수치가 높은 편이라고 한다. 의사는 클리닉에서 실시하는 영양교육 수업에 참여하는 것을 권하며 수업을 들으면 좋을 것이라고 한다. 레이는 "Right size it!"이라는 제목의 교육에 참여하기로 결정한다. 이 가상의 수업내

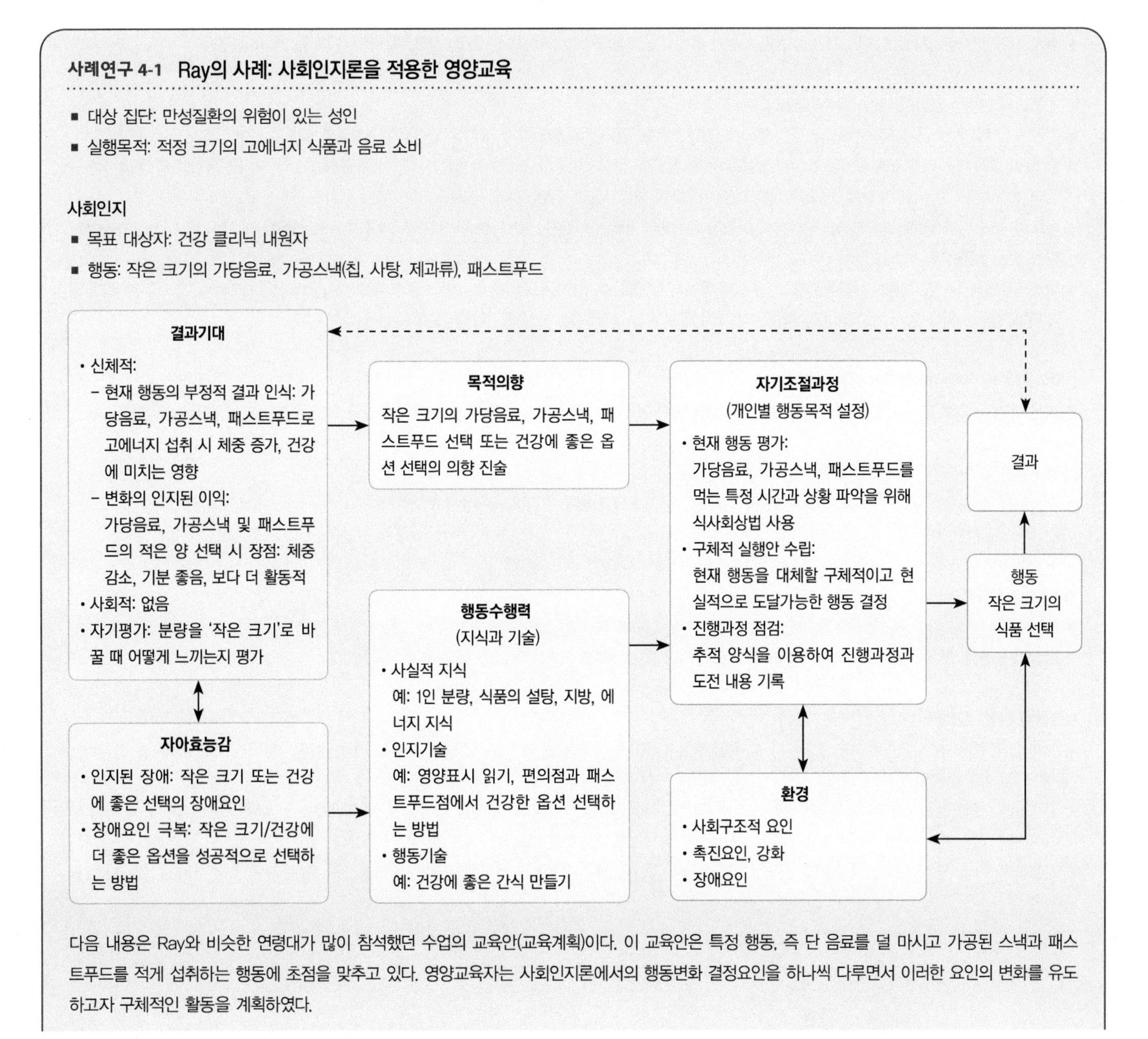

(계속)

"Small Size It"
집단 수업을 위한 교육안(교육계획)

- 실행목적: 참여자들이 작은 크기의 탄산음료, 스낵(포장된 가공식품), 패스트푸드를 먹는다.
- 목적 달성을 위한 학습목표: 교육 후에 참여자들은
  - 자신의 식사패턴이 만성질환과 과체중/비만 위험도를 얼마나 높이는지 평가할 수 있다.
  - 당과 지방 함량이 높은 큰 크기의 음식과 음료가 건강과 체중에 미치는 영향을 설명할 수 있다.
  - 작은 크기와 건강에 좋은 음식 선택이 질병 위험과 체중에 미치는 이익을 설명할 수 있다.
  - 실행안을 통해 행동변화를 이루겠다고 약속할 수 있다.
- 단계: (결정요인: 진한 글씨, 결정요인 관련 활동: 밑줄)

현재 행동의 신체적 결과에 대한 인식(위험도의 자기평가)
- 식사 자기평가: 참가자들은 지난 24시간 동안 섭취한 음식과 음료를 모두 기록하고 단 음료, 간식, 패스트푸드에 동그라미를 친다.

현재 행동의 신체적 결과에 대한 인식(건강위험)
- 건강위험의 과학적 근거: 교육자는 과도한 체중이 건강에 미치는 영향(특히 당뇨병의 경우)을 과학적 근거자료를 토대로 하여 대상자들에게 강의한다.
- 당 측정: 교육자는 대상자들에게 주로 마시는 음료 용기(다른 크기)를 보여준다. 교육자는 대상자 중 한 자원자에게 각 크기의 음료에 당이 몇 작은술 들어갈지 예측하는 바를 재보게 한다. 또 활동지를 이용하여 대상자들이 주로 마시는 음료의 양과 음료 섭취의 빈도를 표시하게 한다. 각자 마시는 음료의 양에 따라 1년에 얼마만큼의 당을 섭취하는지 계산하게 한다. 교육자는 필요량보다 3,500kcal를 추가로 섭취할 때 체지방이 1파운드 늘어난다는 것을 설명한다.
- 패스트푸드의 에너지 함량: 교육자는 패스트푸드의 에너지 함량을 슬라이드로 제시한다. 예를 들어 치즈버거(중)의 경우 650kcal, 감자튀김(대)과 밀크셰이크(중)는 각각 500kcal이다. 대상자들은 이 자료를 보고 놀라게 되며, 자신의 건강위험도에 관심을 갖게 된다.

현재의 행동을 변화시켰을 때의 장점에 대한 인식
- 작은 크기의 장점: 교육자는 슬라이드 자료를 통해 적은 양과 건강에 좋은 음식을 선택할 때 건강체중 도달 또는 유지가 가능함을 설명한다.

건강에 좋은 행동수행의 장애요인에 대한 인식
- 자기평가 확인: 대상자들은 자신의 식사평가 결과를 확인한다. 또 집단별로 건강에 좋은 음식을 선택하거나 적은 양의 음료와 음식 선택을 방해하는 것이 무엇인지 논의한다.

자아효능감/장애요인 극복
- 장애요인 극복을 위한 브레인스토밍: 집단별로 건강한 식품 선택에 관해 브레인스토밍하고, 간식으로 직장에 가져가기 좋은 채소와 과일의 종류, 바삭한 것을 원할 때 먹기 좋은 전곡류 크래커, 디저트로 먹기 좋은 무지방 요거트와 과일 등 결론을 정리한다.

실행목적 설정/ 실행안
- 현재 행동 평가: 참여자들은 교육 초기부터 식사를 기록한다. 이를 통하여 큰 크기의 가당음료, 가공스낵(칩, 사탕, 제과류), 패스트푸드를 섭취하는 시간대와 상황을 파악한다.
- 구체적인 실행안 수립: 참여자들은 1인 분량 크기를 줄이기 위해 단기간(다음 주)에 무엇을 할 수 있는지 구체적으로 계획한다(예: 24온스의 병에 든 아이스티 대신 12온스 캔을 선택), 교육자는 대상자들이 현실적으로 가능하고 구체적인 계획을 세우게 돕는다.
- 진행과정 모니터링: 참여자들이 계획의 진척을 기록할 추적양식을 제공한다(언제 계획을 따를지, 변화를 쉽게 하는 요인, 어떤 시도를 했는지 등을 기록).

용은 다음과 같다.

먼저 영양교육자가 이 수업을 어떻게 설계하였는지 살펴보자. 교육자는 우선 연구와 설문조사, 인터뷰를 실시하여 문제가 되는 여러 행동을 발견하였고, 이 연령대의 문제행동 중 다량의 스낵과 패스트푸드 섭취가 가장 큰 문제임을 알게 되었다. 많은 사람이 예전부터 이런 문제를 염려했지만 이러한 행동을 쉽게 변화시킬 수 없을 것 같았다. 영양교육자는 체중 증가와 당뇨병의 위험성을 낮추기 위한 최적의 이론이 바로 실행목적 설정과 환경을 강조하는 사회인지론이라고 보았고, 이를 적용한 영양교육을 구성하였다(**사례연구 4-1**).

3 계획과 자아효능감에 초점을 맞춘 자기조절모델

행동을 위해 여러 옵션 중 하나를 신중하게 선택하고 실천하는 것, 행동을 조절하는 것 등은 건강행동의 시작과 유지의 주요한 과정이다(Bagozzi와 Dholakia 1999). 여기서 가장 주요한 것은 계획과 자아효능감이며, 이는 자기조절모델Self-Regulation Models에서도 주요 요소가 된다(Bagozzi 1992; Gollwitzer 1999; Gollwitzer와 Sheeran 2006; Sniehotta 2009; Koring 등 2012). 자기조절모델은 사회인지론과 유사하지만, 행동을 시작하기 위한 동기를 유발하려면 행동 유지를 위한 것과는 다른 사고와 과제를 해야 한다. 동기유발 단계Motivation phase에서는 신중한 사고방식이 중요하며, 행동 단계Action phase에서는 행동적 또는 실천적 사고방식이 중요하다(Abraham 등 1998; Gollwitzer 1999; Wiedemann 등 2009). 자아효능감은 두 단계에서 모두 필요하며 첫 단계에서는 동기유발 자아효능감이, 두 번째 단계에서는 대처 관련 자아효능감이 중요하다. 계획 관련 자아효능감은 두 단계를 연결해 주는 역할을 한다.

1) 관련 변인: 자기조절, 의식적 통제, 집행기능

앞서 이야기한 것과 같이 자기조절Self-regulation에는 주의 깊고 자발적인 선택, 목적 설정, 행동 모니터링과 환경관리 등이 포함된다. 관련 변인으로는 의식적 통제Effortful control와 집행기능Executive function이 있다. 의식적 통제는 자기조절로 작용할 수 있는데, 이는 자극에 대한 충동을 통제하는 능력을 가지게 하며 주의가 산만해지지 않고 주요 자극에만 집중하는 능력을 지지해주기 때문이다(Gardner 등 2007). 매우 맛있는 식품과 같은 강한 자극을 무시하고 덜 강한 자극(예: 과일이나 채소 선택)에 반응하는 능력은 건강이라는 목적에 집중하겠다는 바람을 충족시켜줄 수 있다. 기질과 관련된 감정적 반응과 주의 반응을 통제하는 능력은 개인에 따라 차이가 있다(Rothbart 등 2013). 집행기능은 우리의 뇌에서 자극에 주의를 기울이게 하는 신경학적 메커니즘이며(Kuhn 2008), 이들 변인은 서로 연관이 있다.

2) 건강행동과정 접근모델

건강행동과정 접근모델Health Action Process Approach Model은 간단한 자아효능감 모델로 시간의 차원을 포함한다(Schwarnzer와 Fuchs 1995; Schwarzer와 Renner 2000; Sniehotta 등 2005; Ziegelmann과 Lippke 2007). 이 모델에서는 행동 전 단계와 행동 단계의 두 단계를 제시하며(**그림 4-3**), 식행동 변화과정의 여러 부분에서 자아효능감이 주요한 역할을 담당한다는 것을 강조한다. 계획 또한 중요한 부분이다.

(1) 동기유발 단계

동기유발 단계의 초점은 신념과 감정, 신중하게 고려된 사고방식 등이다. 저지방 식사나 고식이섬유 식사 등 건강하게 행동하려는 개인의 의향은 다음 세 종류의 신념에 따라 달라진다(**그림 4-3**).

- **위험 인식**Risk perception 질병(예: 당뇨병)의 위험이 있다는 인식
- **결과기대**Outcome expectancies 행동변화로 건강에 대한 위험이 줄어들 것이라는 인식(예: "건강에 좋은 식품을 먹으면 당뇨병의 위험이 줄어들 거야")
- **자아효능감**Self-efficacy 특정 행동을 하거나 어려운 행동을 통제할 수 있다는 자신감(예: "나는 달콤한 간식이 유혹하더라도 건강식을 먹기 위해 식사를 통제할 거야")

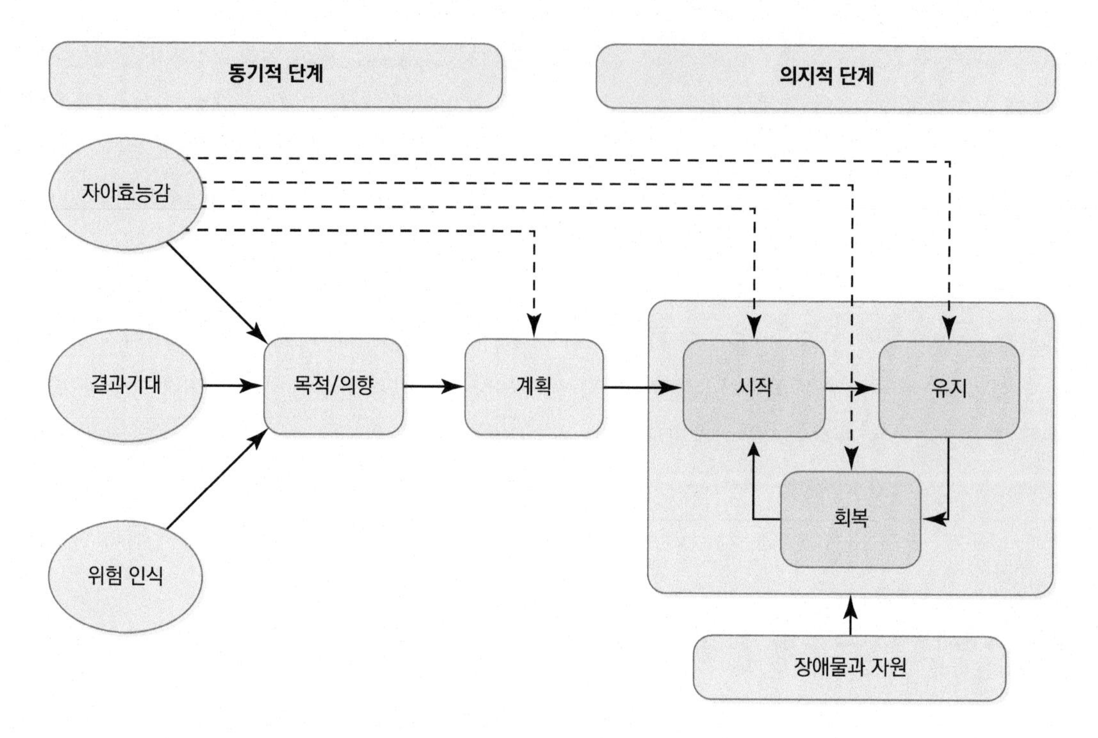

그림 4-3 건강행동과정 접근

(2) 계획

전략적 계획은 의향을 행동으로 전환하는 데 큰 도움이 된다고 보고된다(Ziegelmann과 Lippke 2007; Scholz 등 2008). 행동수행을 위한 계획을 시작하고, 계획을 세울 수 있다는 자신감을 갖는 것이 중요하다.

(3) 실행 또는 의지적 단계

실행 단계에서의 사고방식은 실행(또는 행동)에 관한 것이며, 초점을 둘 부분은 신중하게 고려된 선택과 이에 근거한 계획 세우기, 실천하기 등이다(Gollwitzer 1999). 이 단계에서는 대처 관련 자아효능감이 중요하다.

행동 개시: 미리 계획하기

이 하위 단계에서는 행동의향(예: 매일 채소와 과일을 4.5컵씩 먹기)을 실행안 또는 실행의향으로 전환하며, '언제, 어디서, 어떻게 행동할 것인지'(예: "다음 주에 매일 아침식사할 때 오렌지주스를 마실 거야") 등을 구체화해야 한다. 매우 구체적인 실행안의 수립은 행동을 시작하는 데 효과적이다(Gollwitzer 1999; Armitage 2004; de Nooijer 등 2006).

행동 유지: Skills for agency and empowerment

이 하위 단계에서는 개인이 자신의 노력을 통해 행동할 수 있는 능력을 갖게 되고, 식품과 영양 관련 행동기술을 활용하여 행동변화를 유지하게 된다(Taylor 등 2005). 자기조절기술은 BOX 4-5에 제시되어있다. 이 단계에서 주요한 도전은 목표나 희망사항의 서로 상충되는 부분에서 우선순위를 정하는 것이다. 우리는 보다 건강하게 먹고자 하지만 직업이나 일 때문에 건강식을 계획하거나 식사에 많은 시간을 할애하기 어려울 때가 있다. 직장에서의 건강식 섭취 등 선택한 행동목적은 다른 의향(예: 생산적인 근로자가 되려는 바람과 점심시간에도 일하려는 것) 때문에 미리 포기하지 않아야 한다. 즉 매우 중요하고 보다 장기적인 목적을 염두에 두고, 이와 상반된 단기적이고 목전에 있는 행동은 무시해야 한다.

(4) 자기조절: 계획과 자아효능감의 시너지 효과

현재 상태에 따른 위험도, 원하는 결과, 자아효능감을 고려할 때 사람들은 동기가 유발되어 바람직한 방향으로 변화하겠다는 의향을 갖게 된다. 실제로 행동변화를 위해서는 계획이 필요하며, 자아효능감은 계획에 있어 매우 중요하다. 자아효능감은 행동의 시작, 계획, 유지 단계뿐만 아니라 실행안을 따를 수 없게 된 후 회복 단계에서도 중요하게 작용한다.

계획과 시작 자아효능감

사람은 할 수 있다고 느낄 때 계획을 행동으로 전환하기 쉽다(Koring 등 2012). 자신의 능력에 의구심을 가진다면 계획은 행동으로 바뀌기 어렵다. 자아효능감은 숙달 경험, 역할모델, 설득 등으로 식품과 영양 관련 기술에 대한 자신감을 키워갈 때 생긴다. 요리학습 등 식품이나 영양 관련 실습에는 노력이 필요하며, 이때 자아효능감이 매우 중요하다. 영양교육자는 건강에 이로운 행동 실행(예: 식사에 과일을 추가)이 건강에 좋지 않은 행동(예: 지방이나 당 함량이 높은 간식 먹기)을 자동으로 줄여주지 않는다는 것에 주목해야 한다.

대처 자아효능감

행동 유지를 위한 자아효능감과 역량 강화는 의식적인 통제와 관심에 의존하는데, 이때 마음가짐Mindfulness이 중요하다. 행동 유지는 또한 감정에 대한 대처전략(예: 목표를 달성하지 못했을 때 실망감이나 걱정 등 무시)에 따라 달라진다. 어려움에 대처하는 능력에 대한 낙관적 신념은 도움이 될 수 있는데, 이는 새로운 행동을 하는 것이 우리의 예상보다 어려울 수 있기 때문이다. 이러한 신념은 대처 자아효능감Coping self-efficacy으로 불린다. 예로는 "여러 번 시도하더라도 나는 건강에 좋은 식사를 지속할 수 있어" 등이 있다. 여기에서 목적은 새로운 행동이 일상적·습관적이 되는 것이다. 새로운 행동 시작이 행동에서 얻는 만족감에 관한 '기대'에 근거하는 것처럼, 행동 유지는 새로운 행동에서 얻는 실제 결과의 만족감에 관한 '경험'에 근거한다(Bandura 1977).

회복 자아효능감

목표로 하는 행동을 매순간 유지할 수는 없는 일이다. 회복 자아효능감Recovery self-efficacy은 목표에서 이탈하거나 걸림돌이 있을 때 목표행동으로 되돌아갈 수 있다는 신념인데 이 또한 중요하다. 회복 자아효능감이 높으면 일이 계획한 대로 제대로 진행되게 할 수 있다.

4 범이론적 모델과 변화 단계의 변인

범이론적 모델Transtheoretical model, TTM은 건강행동변화 연구에 널리 사용되는 모델 중 하나이다(Prochaska와 DiClemente 1984; Prochaska와 Velicer 1997; Prochaska 2007, Wright 등 2009). 이 모델은 개인의 행동변화 중 사용하는 공통과정에서 밝혀낸 심리요법의 체계 분석을 근거로 하며, 이에 따라 '범이론적'이라는 명칭이 붙게 되었다. Prochaska와 Diclemente는 분석과정에서 행동변화가 일련의 단계를 거쳐 일어난다고 보았다. 이 모델은 흡연, 안전한 성행동, 유방암 검진, 체중 조절, 식사와 신체활동 관련 행동 등 다양한 건강행동에 적용되고 있다.

범이론적 모델에서는 행동변화가 다섯 단계를 통해 일어난다고 보며, 행동변화 단계 외에 변화의 두 가지 결정요인(행동변화의 장점과 단점에 근거한 의사 결정 균형과 자아효능감), 변화의 10가지 과정을 제시한다. 범이론적 모델은 행동을 예측하는 모델이 아니라, 행동변화를 보여주는 모델이다(그림 4-4).

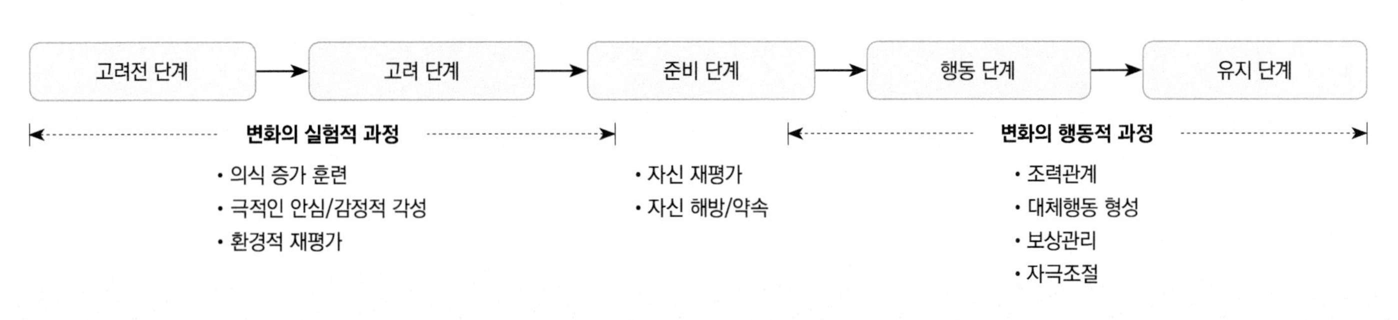

그림 4-4 범이론적 모델

1) 변화 단계 변인

범이론적 모델에서는 건강행동의 변화를 점진적·계속적·동적 과정으로 보며, 대상자의 변화에 대한 준비도에 따라 여러 단계를 거쳐 일어난다고 본다. 대상자의 행동 단계를 파악한 것은 중재계획에 활용할 수 있다. 여러 연구에서는 범이론적 모델의 변화과정은 이용하지 않고 '변화 단계 변인'을 이용하기 때문에, 이를 변화 단계 모델이라고 부르기도 한다. 일부 연구에서는 변화 단계를 행동 전 단계와 행동/유지 단계로 나누기도 한다.

(1) 행동변화 단계

- **고려전 단계**Precontemplation, PC 개인이 건강 관련 행동을 인식하지 못하거나 관심을 보이지 않는 시기이다. 이 단계에는 행동변화를 여러 번 시도했으나 실패하여 더 이상 행동변화에 관심을 갖지 않는 대상자도 포함된다.
- **고려 단계**Contemplation, C 개인이 장차 미래(6개월 이내)에 행동을 변화시켜야겠다고 고려하는 시기이다. 이 단계의 대상자들은 행동변화 시 장점이나 단점(비용)에 대해 인식하고 있다. 이들은 행동변화의 긍정적 결과와 부정적 결과(예: 시간, 노력, 자원 등)를 살펴보고, 장점과 단점 중 어떤 부분이 더 큰지 고려한다. 이로 인해 어떤 사람은 '만성적 숙고'를 하기도 한다. 이 단계의 대상자에게는 행동 중심적 전략이나 행동변화전략보다는 동기부여적인 활동이 필요하다.
- **준비 단계**Preparation, P 개인이 가까운 장래(1개월 이내)에 행동변화를 할 의향이 있는 시기로, 행동변화를 위한 일부 단계를 시도해볼 수 있다. 이 단계의 대상자들은 행동을 시작하기 위해 행동 중심적 전략을 받아들일 준비가 되어있다.
- **행동 단계**Action, A 이 단계의 개인은 이미 새로운 행동을 시작하였고, 이렇게 한지가 6개월이 지나지 않은 상태이다. 이 단계의 대상자들은 자신이 할 수 있는 행동을 처음에 조금씩 시작하고 다른 대안(예: 전곡 파스타 대신 전곡 시리얼 먹기)을 찾으면서 자기가 할 수 있는 성공적인 행동수행방법을 찾아 실천하고, 일상에서 이러한 행동이 일어나도록 만들어나간다. 이 단계에서는 행동 지향적 전략이 특히 유용하다.
- **유지 단계**Maintenance, M 개인이 새로운 행동을 일정 기간(보통 6개월) 이상 실천하고 있는 단계로, 저지방 우유 구매, 채소와 과일의 충분한 섭취 등 건강행동이 일상의 일부로 편안하게 실행되는 상태이다. 대상자들은 행동 유지와 재발 방지를 위해 지속적으로 노력해야 한다.

중독행동에는 6단계인 종료 단계가 포함되며, 이 단계에서 개인은 더 이상 중독행동에 유혹을 느끼지 않고 이러한 행동을 통제할 수 있다는 자아효능감이 매우 높은 상태이다. 식행동의 경우 일상생활에서 늘 일어나므로 이 단계가 적용되기 어려우며, 장기간의 행동 유지를 위해 보다 실제적인 목표가 필요하다.

영양교육자는 대상자들이 여러 식사 관련 행동에서 서로 다른 단계에 있음을 인식해야 한다. 한 예로, '채소와 과일의 충분한 섭취'에 대해서는 행동 단계에 머물러 있더라도 '지방과 당 함량이 높은 식품 줄이기' 행동은 이제 막 고려 단계에 접어들었을 수 있다. 어떤 사람은 식사 행동변화를 시작했으나 신체활동 변화는 시작하지 않았을 수 있으므로, 개인별 행동에 따라 행동변화 단계가 다를 수 있음을 이해해야 한다.

(2) 행동 단계별 영양교육

대부분의 영양교육 프로그램은 '행동에 초점'을 맞추며, 이에 따라 프로그램 참여자의 상당수가 행동을 할 준비나 마음가짐을 갖추었다고 가정하게 된다. 이 경우 행동할 마음의 준비가 되어있지 않은 대상자의 요구를 반영하지 못하는 결과가 나타나게 된다.

단계 변화가 늘 순서대로 일어나는 것은 아니다. 범이론적 모델에서는 변화가 형태가 직선보다는 나선형으로 일어난다고 보며, 변화 단계 사이에서 전후로 이동하며 재순환하는 것으로 나타난다.

2) 변화의 결정요인

범이론적 모델에는 변화의 장점과 단점에 관한 의사결정 균형과 자아효능감 등 변화의 두 가지 결정요인이 제시되어있다.

(1) 의사결정 균형: 변화의 장단점

범이론적 모델에서 의사결정 균형(변화의 장단점을 고려하며 경중을 알아보는 것)은 주요한 변인이다. 장점Pros은 행동변화 시 예상되는 이익에 관한 사람들의 인식이며, 단점Cons은 행동변화 시 비용에 관한 인식이다. 의사결정 균형은 행동변화 시 예상되는 이익이 단점이나 비용보다 많을 때 일어난다는 것을 전제로 한 의사결정모델을 근거로 한다. 변화의 장단점은 건강신념모델의 인지된 이익과 장애, 계획적 행동이론과 사회인지론의 결과기대 변인과 유사하다.

변화의 장점에 관한 예로는 "건강에 좋은 식사를 하면 암 예방에 도움이 된다", "건강에 좋은 식사는 모습이나 이미지 개선에 도움이 된다" 등이 있고, 단점에 관한 예로는 "건강한 식사를 한다면 내가 좋아하는 음식을 먹지 못할 것이다", "친환경 농작물로 만든 식사는 너무 비싸다" 등이 있다.

식사와 관련된 연구 27개의 리뷰 논문을 보면 고려전 단계에서 행동 단계로 변화할 때 장점의 평균 증가가 단점의 감소보다 두 배 정도 높은 것으로 나타났다(Di Noia와 Prochaska 2010a). 식사와 신체활동 분야에서 교차점은 주로 고려 단계와 준비 단계, 행동 단계 사이였다. 따라서 인지된 이익이 인지된 장애보다 충분히 많을 때만 고려전 단계의 대상자들이 준비 단계, 행동 단계로 이동한다고 결론지을 수 있다. 따라서 영양교육 시에는 변화의 장애요인 극복을 위해 인지된 이익을 높이는 것에 상당한 중점을 두어야 할 것이다(Prochaska와 Velicer 1997).

(2) 자아효능감

사회인지론에서 유래된 자아효능감 변인은 범이론적 모델에도 포함되었는데, 이는 여러 다른 상황에서 행동을 수행할 수 있고 예전의 좋지 않은 행동으로 돌아가지 않을 수 있다는 개인의 자신감을 의미한다. 자아효능감은 고려전 단계와 고려 단계 사이에서 감소하는 경향이 있는데, 이는 고려전 단계에서 자신이 할 수 있는것에 관해 낙관하는 오류가 생길 수 있고 고려 단계에서는 새로운 행동을 하는 것이 얼마나 어려운지 처음 느끼게 되기 때문이다. 자아효능감은 이후 행동 단계와 유지 단계를 거치면서 점진적으로 증가한다(Sporny와 Contento 1995; Campbell 등 1998; Ma 등 2002).

3) 변화과정

변화과정이란 개인이 변화 단계를 거쳐가면서 사용하는 명시적 또는 암묵적 전략이다. 각 변화과정은 단계를 거칠 때 개인의 진척을 촉진하는 유사한 경험과 활동의 범주를 말하며, 총 10개의 과정이 제시되어있다. 이 변화과정은 크게 인지적(또는 경험적) 과정과 행동적 과정으로 구분되는데, 인지적 과정은 개인의 생각, 감정, 경험에 초점을 둔 것이며, 행동적 과정은 행동과 강화에 초점을 둔 것이다. 범이론적 모델에서는 중재 프로그램이 개인의 변화 단계에 맞는 변화과정에 중점을 둘 때 행동변화가 일어나기 쉽다고 말한다. 자세한 변화과정은 다음과 같다.

(1) 인지적 과정

인지적 과정Experiential or cognitive processes은 다음과 같다.

- **의식 증가**Consciousness-raising 건강문제의 원인, 결과, 치료에 관한 개인의 인식을 높이는 것으로, 건강행동에 관한 새로운 정보를 추구할 때 일어난다. 가령 "채소와 과일의 섭취 증가가 건강에 어떤 영향을 미치는지 잡지를 찾아볼 거야"는 의식의 증가를 위한 것이다.
- **극적인 안심**Dramatic relief **또는 감정적 각성**emotional arousal 이는 사람들이 특정 문제에 대해 부정적인 감정, 느낌(예: 걱정, 근심, 위협감 등)을 표현하고 분출할 때 나타난다. 적합한 행동을 할 수 있다면 이러한 감정은 줄어들게 된다.
- **자신 재평가**Self-reevaluation 건강에 좋지 않은 식행동 및 습관에 대해 신념, 지식, 감정, 자신의 이미지 등을 재평가하는 것이다(예: 정크푸드를 먹는 사람으로서의 내 이미지). 가령 "내가 채소와 과일을 더 먹는다면 얼마나 더 건강한 사람이 될지 생각해볼 거야"는 자신 재평가의 한 방법이다.
- **환경 재평가**Environmental reevaluation 자신의 식행동이 다른 사람에게 미치는 영향이 어떠한지, 긍정적 또는 부정적 신념과 인식을 알아보는 것이다. 여기에는 다른 사람에 대한 역할모델로서 자신이 어떠한지 평가하는 것도 포함된다. 예를 들어 "내가 지역사회의 농장이나 텃밭에 가담한다면 지역 농부들에게 도움이 될 거야", "내가 매일 채

소와 과일을 더 먹는다면 아이들에게 모범이 될 거야" 등 이 이에 해당된다.

- **자신 해방 또는 약속**Self-liberation or commitment 자신이 행동을 변화시킬 수 있고 올바른 선택을 한다고 믿을 때 일어나며, 행동변화를 하겠다고 굳게 약속하는 것이다. "매일 채소와 과일을 더 먹기로 했어"는 자신해방 또는 약속의 예이다.

(2) 행동적 과정

행동적 과정Behavioral processes은 다음과 같다.

- **조력 관계**Helping relationship 주위의 다른 사람이 대상자의 행동변화를 돕도록 신뢰, 관심, 인정 등을 요청하고 도움을 구하는 것이다(예: 간식으로 도넛을 먹지 않기로 동료와 약속하기).
- **대체행동 형성**Counterconditioning 불건전한 행동을 보다 건강에 좋은 행동으로 바꾸는 것이다. 예를 들면 지방과 당 함량이 높은 후식 대신에 과일을 먹는 것으로 행동을 대체할 수 있다.
- **보상관리**Managing rewards 음식을 보상이나 벌로 이용하는 방법을 재평가하여 보상관리를 하며, 스스로 행동을 바꾸는 사람은 행동관리에서 벌보다 보상을 더 많이 이용한다고 보고된다.
- **자극조절 또는 환경조절**Stimulus or environmental control 자극조절은 바람직하지 않은 행동을 유도하는 신호나 자극은 제거하고(예: 맛있는 페이스트리를 만드는 제과점을 피해 가는 것), 보다 건강지향적인 선택을 유도하는 신호나 자극은 추가(예: '점심시간에 걷기'라고 메모하여 사무실 달력에 붙여두기)하는 방법이다.
- **사회적 방면**Social liberation 식사패턴에 영향을 미치는 환경적 요인을 인식하고 행동변화를 시작하거나 지속하기 위해 외부환경을 이용하는 것이다. 한 예로, 어떤 사람이 채소를 더 먹고자 한다면 점심으로 샐러드나 전채를 제공하는 음식점을 선택할 것이다. 이 과정에는 옹호Advocacy의 개념도 포함되는데, 한 예로 학교나 지역사회에서 건강에 좋은 음식을 보다 더 제공하도록 하는 노력을 들 수 있다.

4) 단계별 변화과정

연구에 따르면 사람들은 행동변화 단계를 거치면서 단계마다 서로 다른 정도의 변화과정을 사용한다고 한다(Prochaska와 Velicer 1997). 식사와 관련해서는 행동변화 단계를 거치면서 인지적 과정과 행동적 과정을 더 많이 이용하는 것으로 알려져 있다(Greene 등 1999; Rosen 2000).

(1) 고려전 단계

여러 연구 결과, 고려전 단계에서는 다른 단계보다 변화과정을 덜 사용하는 것으로 나타났다.

(2) 고려 단계

이 단계에서 사람들은 '의식 증가(예: 관찰, 자기진단)'나 행동에 대한 인식을 높이는 전략을 사용한다. 예를 들어, 하루의 채소와 과일 섭취량을 자가 진단하거나 채소와 과일 섭취의 장점에 관해 알아보는 것이다. 이 단계에서 사람들은 당뇨병의 위험과 영향에 관한 이야기 등 감정적인 각성 경험을 받아들이고, 행동변화 시 극적인 안심을 가져올 수 있다(예: 질병 위험을 낮추는 채소와 과일의 효능 관련 정보 등). 사람들이 자신의 상태나 식품 관련 이슈에 대해 잘 인식하면, 자신에 대해 그리고 인지적·감정적으로 자기 문제와 가치에 대해 재평가하게 된다. 또한 자신의 행동이 주위 사람과 물리적 환경에 미치는 영향도 평가하게 된다. 사람들은 이 단계를 거치며 인지적, 감정적, 평가적 변화과정을 더 많이 사용하게 된다.

(3) 행동 단계

사람들은 자신 해방과정을 통해 행동변화에 대한 자율성을 가지고 있다고 믿을 때 행동을 시작하며, 변화에 대한 약속을 굳게 한다. 이 단계에서는 자극조절(예: 체중 조절을 위해 가정에 에너지밀도가 높은 식품을 많이 두지 않기), 대체행동 형성(예: 건강에 좋지 않은 행동을 건강에 좋은 행동으로 대체)과 같은 기술을 이용한다.

(4) 유지 단계

변화된 행동을 성공적으로 유지하려면 건강에 좋지 않은 행동패턴으로 복귀하는 것을 막는 행동적 과정이 필요하며, 영양교육에서 이러한 기술 습득을 도울 수 있다. 이때 주위 사람이나 자신이 부여하는 보상뿐만 아니라 사회적 지지도 중요하다. 행동 유지에서 중요한 것은 자신이 누구처럼, 어떤 사람이 되었으면 하는지에 관한 느낌을 갖는 것이다.

5) 연구 및 중재 프로그램의 예

식사와 관련된 여러 연구에서 행동변화 단계 변인에 관한 근거를 보여준다(Di Noia와 Prochaska 2010a). 일례로 행동 전 단계보다 행동 단계와 유지 단계에 속한 사람들의 지방 섭취가 적었고 채소와 과일, 식이섬유의 섭취가 많았다(Sporny와 Contento 1995; Glanz 등 1998). 행동변화 단계는 연구 시 여러 면에서 유용하다. 이 단계는 건강행동변화의 예측요소로, 대상자를 행동변화 단계에 따라 구분하여 중재 프로그램과 짝짓는 방법으로서, 그리고 건강행동변화의 진척을 파악하는 중간평가 지표로서 유용하다.

(1) 변화의 결정요인과 변화 단계

범이론적 모델에 의하면, 변화 단계 이동의 동기유발요인은 변화 시 장단점의 균형(인지된 이익과 장애)과 자아효능감이다. 여러 연구를 종합해보면 변화 단계의 전후로 상당 부분 이동이 있었지만, 초기 행동변화 단계에서는 인지된 이익

BOX 4-6 The SENIOR Project 중재 프로그램

자료: Courtesy of Senior Project.

The SENIOR Project(The Study of Exercise and Nutrition in Older Rhode Islanders)는 지역사회에 거주하는 60세 이상 성인을 대상으로 채소와 과일 섭취, 운동을 목표로 하는 중재 프로그램이다. 이 1년에 걸친 연구에는 노인 1,277명이 참여하였다.

이론적인 틀

The SENIOR Project는 행동변화의 범이론적 모델을 적용하여 고안되었다.

중재 프로그램의 구성요소

- 매뉴얼: 프로그램 참여자에게 행동변화 단계별 행동변화과정과 전략을 설명한 바인더를 제공하였다. 이 매뉴얼에는 상호작용적 활동, 지역사회 자원에 대한 내용이 포함되었고 이것이 참여자에게 안내 역할을 하였다.
- 맞춤형 보고서: 참여자에게는 4, 8, 12개월에 보고서가 발송되었는데 이는 참여자와의 전화 인터뷰를 통해 수집한 자료에 근거한 것이었다. 이 개인 맞춤형 보고서에는 개인의 행동변화 단계, 행동변화의 장점과 단점에 관한 인식(의사결정 균형), 개인의 변화과정 및 이것을 개인의 이전 자료 및 다른 사람들이 사용한 변화과정과 비교한 자료, 고위험 상황에서의 자아효능감, 다음 단계로 조금씩 이동하는 것을 돕는 전략 등이 포함되었다.
- 월간 뉴스레터: 맞춤형 우편 정보에는 개인의 행동변화 단계에 맞는 교육 정보가 포함되었다.
- 코칭 전화: 참여자들은 '개인 행동변화 코치'의 전화를 받았으며, 코치들은 행동변화의 동기유발을 돕고자 동기유발적(Motivational) 인터뷰 기법을 사용하였다.

평가

The SENIOR Project는 행동변화 단계, 의사결정 균형, 자아효능감, 변화과정 등 범이론적 모델의 변인 외에도 미국 국립암연구소에서 개발한 타당성 있는 식사판정도구를 이용하여 평가를 하였다. 이 프로그램의 참여자는 대조군(낙상방지 프로그램 참여자)에 비해 채소와 과일 섭취량을 하루 0.5~1회 분량 정도 늘렸다. 연구 결과, 행동 유지 단계에 도달한 참여자나 행동변화 단계에서 진척이 있었던 참여자와 그렇지 않은 참여자 간 범이론적 모델의 변수에서 차이가 났다. 또 자극조절과 자신 재평가는 채소와 과일의 섭취량 증가에 가장 큰 영향을 미쳤으며, 이를 통해 식행동 변화의 유지에는 실험적 과정이 중요하다는 것을 알게 되었다.

자료: Clark 등(2002), Greene 등(2008).

또는 행동변화의 장점이 특히 중요했는데, 이들이 동기유발 역할을 하고 변화가 일어나려면 단점보다 장점이 많아야 한다(Di Noia와 Prochaska 2010a). 자아효능감은 단계별 이동에 영향을 미치는 것으로 나타났다(O'Hea 등 2004; Henry 등 2006).

(2) 개인 요구에 맞는 변화 단계 매칭형 중재 프로그램

행동변화 단계 모델의 주요 시사점은 영양교육을 할 때 개인의 변화 단계에 따라 여러 다른 종류의 영양교육활동을 구성해야 한다는 것이다(Velicer와 Prochaska 1999). 변화 단계 변인은 개인의 행동변화 단계에 맞는 중재 프로그램을 계획하는 데 이용된다(Prochaska 등 1993). 식사 분야 연구에서 맞춤형 중재 프로그램은 다양한 집단 교육현장, 즉 일차 진료기관, 보건소, 직장, 방과 후 프로그램, 가족 프로그램 등을 통해 개인에게 시행되었다(Salmela 등 2009; Jacobs 등 2004; Campbell 등 2002; De Bourdeaudhuij 등 2002). 또 웹이나 멀티미디어 프로그램 등 다른 채널에서도 맞춤형 중재 프로그램이 이용되었다(Oenema 등 2005; Park 등 2008; Campbell 등 1999). 연구 결과, 개인의 변화 단계에 맞는 맞춤형 중재 프로그램은 영양교육의 효과를 높이는 데 기여하였다(Horwath 등 2013). 이러한 예를 살펴보면 다음과 같다.

- **청소년 대상 연구** 도시 청소년 대상의 방과후 지역사회 프로그램에서는 대상자의 변화 단계에 맞추어 컴퓨터를 활용한 중재 프로그램이 실시되었는데, 이는 변화과정에 초점을 둔 활동 중심으로 구성되었다. 프로그램의 실시 결과, 채소와 과일의 섭취가 증가하였다(Di Noia 등 2008; Di Noia와 Prochaska 2010b; Di Noia와 Thompson 2012).

(3) 집단 대상의 단계 매칭형 중재 프로그램

영양교육자는 집단 또는 대중을 대상으로 개인의 변화 단계에 맞는 특정적 중재 프로그램을 수행하기 어렵다. 그러나 집단 내 사람들이 모두 같은 단계에 있다고 가정하면, 다음 사례와 같이 순차적 활동을 계획할 수 있다.

채소와 과일 섭취 증가, 지방 섭취 감소를 목표로 한 직장에서의 연구에서는 다음과 같은 순서로 활동계획을 실시하였다.

- 행동 전 단계의 대상자를 목표로 문제 인식과 동기를 높이기 위한 활동
- 행동 단계의 대상자를 목표로 행동과 기술 훈련
- 사회적 지지와 행동 유지
- 환경적 지지

연구 결과, 중재 전에 행동 전 단계에 있는 대상자들은 대조군보다 행동 단계와 유지 단계로 이동하는 비율이 높았다. 행동 단계의 변화는 지방의 섭취 감소, 식이섬유, 과일, 채소의 섭취 증가와 관련이 있었다(Glanz 등 1998; Kristal 등 2000).

6) 영양교육에서 범이론적 모델의 이용

행동변화 단계는 행동변화 시의 장단점, 자아효능감 등과 함께 영양교육에서 개인의 요구에 따른 맞춤형 교육으로 활용될 수 있다. 10개의 변화과정 또한 영양교육에서 매우 유용하다. 범이론적 모델의 변인이 어떻게 교육전략으로 활용되는지는 **표 4-4**에 제시하였다.

표 4-4 영양교육 중재 프로그램에서 범이론적 모델의 활용

행동변화 단계	다음 단계로 이동하기 위한 주요 변화과정	영양교육 중재전략
고려전 단계	의식 증가, 위험 인식 증가, 변화에 필요한 감정 적응의 인지와 이해	• 의식 증가를 위해 자기진단과 피드백(예: 집단 24시간 회상법)으로 개인의 식사패턴에 관한 개별적 정보 제공(예: 채소와 과일 섭취) • 개별화된 위험 인식(예: 가족이나 친구의 심장병과 사망 등 개인적 증언(Personal testimonies)), 변화 필요성에 대한 감정 표출과 이해(극적인 안심) • 영상, 개인 사례, 캠페인 등으로 불건전한 행동의 위험 인식
고려 단계	양면적인 감정은 있지만 행동의 이익에 관한 인식, 권장행동을 할 수 있다는 자신감 증가	• 권장행동을 하지 않을 때의 결과에 대한 인식, 자기평가 • 변화 시 장단점 인식을 돕는 전략(예: 건강 이익, 편의성, 맛 등), 장애요인 토론 • 양면감정 이해 돕기, 개인의 현재 능력에 대한 긍정적 피드백 제공
준비 단계	양면 감정의 해소, 행동변화 약속	• 목적의향 진술하기(예: 채소와 과일 더 먹기) • 구체적 실행안을 만들고 단계별로 조금씩 목표 달성을 위해 행동하기 • 변화의 시도 강화(자기 방면)
행동 단계	기술 배양, 사회적 지지 구하기	• 행동변화를 위한 식품영양 관련 구체적인 지식과 기술 배양 • 목적 설정, 자기 모니터링, 격려와 지지 • 사회적 지지망 구하기(조력관계)
유지 단계	자기관리와 재발방지기술, 사회적·환경적 지지 구하기	• 행동수정 방법(대체행동 형성), 환경 재구성, 보상하기 • 잠재된 어려운 상황을 예상하고 계획하기 • 지원 시스템 만들기 • 이전 행동으로 복귀 시 문제해결 방법 찾기 • 건강에 좋은 식품 선택을 지지하는 환경 구축, 옹호기술 강화

연습문제

1. 사회인지론은 영양교육과 건강 증진에 널리 이용된다. 사회인지론의 어떤 특징이 이 이론을 활용하게 한다고 생각하는가?
2. 최근 식행동이나 신체활동, 운동습관을 성공적으로 변화시킨 친구나 친척을 찾아 인터뷰해보자(인터뷰 메모하기). 구체적으로 행동변화를 위해 한 일과 장차 이 변화를 유지하기 위한 계획은 무엇인가?
   a. 사회인지론이나 범이론적 모델에 제시된 용어를 사용하여 무엇이 이 사람의 성공적 변화를 가져왔는지 적어보자. 그리고 성공 가능성을 높이기 위해 이 사람이 습득한 지식과 기술, 자아효능감이 높아진 방법, 자기조절기술, 주요한 '변화과정', 이외에 성공을 도운 다른 내용 등에 대해 토론해보자.
   b. BOX 4-5를 참고하여 인터뷰 대상자가 변화된 행동 유지를 위해 사용한 전략이 있는지 토론하고 또 다른 전략이 있는지 생각해보자. 인터뷰 대상자와 이러한 전략을 공유하고, 이러한 전략들이 도움이 될지 의견을 나누어보자.
3. 개인의 자아효능감을 높이기 위해 어떤 전략을 사용할 수 있는가?
4. 실행목적 설정(또는 실행안 진술)이 왜 중요한가? 이로써 무엇을 이룰 수 있는가? 주요 단계는 무엇인가?
5. 자신의 식행동이나 신체활동 변화를 위해 SMART 행동계획을 사용한 예를 서술해보자. 그 과정이 어떻게 효과적인가?
6. 젊은 성인 대상의 영양교육 수업을 의뢰받았다고 가정해보자. 초점을 둘 행동을 선택하고, 사회인지론을 적용하여 수업을 계획해보자(아래 다이어그램을 채워보자).

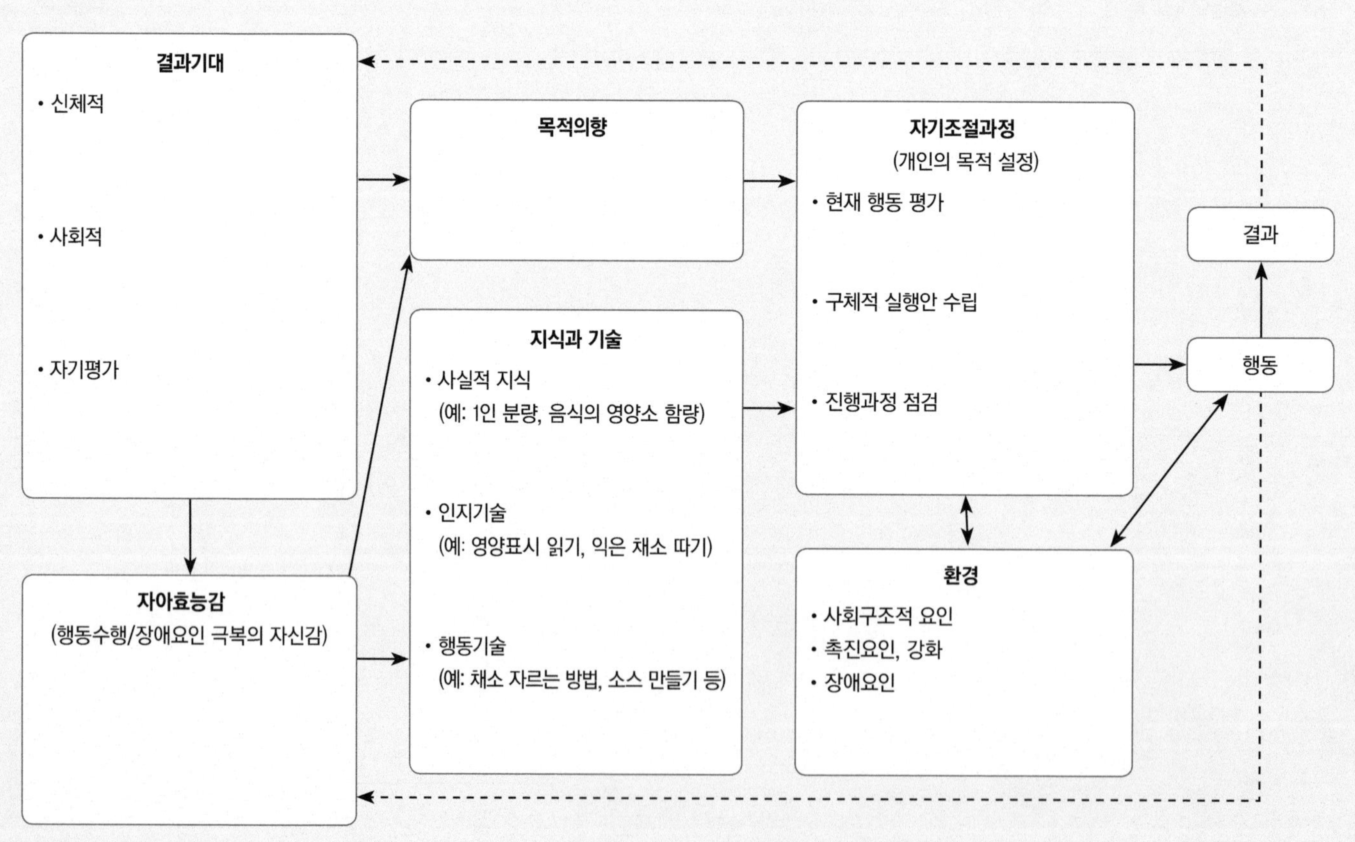

참고문헌

Abraham, C., P. Sheeran, and M. Johnson. 1998. From health beliefs to self-regulation: Theoretical advances in the psychology of action control. *Psychology and Health* 13:569-591.

Ahlers-Schmidt C. R., T. Hart, A. Chesser, A. Paschal, T. Nguyen, R. R. Wittler. 2011. Content of text messaging immunization reminders: What low-income parents want to know. *Patient Education and Counseling* 5(1):119-121.

Armitage, C. J. 2004. Evidence that implementation intentions reduce dietary fat intake: A randomized trial. *Health Psychology* 23(3):319-323.

Bagozzi, R. P. 1992. The self-regulation of attitudes, intentions, and behavior. *Social Science Quarterly* 55:178-204.

Bagozzi, R. P. and U. M. Dholakia. 1999. Goal setting and goal striving in consumer behavior. *Journal of Marketing* 63:19-32.

Bandura, A. 1977. *Social learning theory*. Englewood Cliffs, NJ: Prentice Hall.

———. 1986. *Foundations of thought and action: A social cognitive theory*. Englewood Cliffs, NJ: Prentice Hall.

———. 1989. Human agency in social cognitive theory. *American Psychologist* 44:1175-1184.

———. 1997. *Self efficacy: The exercise of control*. New York: WH Freeman.

———. 2001. Social cognitive theory: An agentic perspective. *Annual Review of Psychology* 51:1-26.

———. 2004. Health promotion by social cognitive means. *Health Education and Behavior* 31(2):143-164.

Berlin L., K. Norris, J. Kolodinsky, and A. Nelson. 2013a. Farm-to-school: Implications for child nutrition. Food System Research Collaborative, Center for Rural Studies, University of Vermont. *Opportunities for Agriculture Working Paper Series* 1:1.

———. 2013b. The role of social cognitive theory in farm-to-school-related activities: implications for child nutrition. *Journal of School Health* 83:589-595.

Bisogni, C. A., M. Jastran, M. Seligson, and A. Thompson. 2012. How people interpret healthy eating: Contributions of qualitative research. *Journal of Nutrition Education and Behavior* 44(4):282-301.

Boudreau x, E . D., K. B. Wood, D. Mehan, I. Scarinci, C. L. Taylor, and P. J. Brantley. 2003. Congruence of readiness to change, self-efficacy, and decisional balance for physical activity and dietar y fat reduction. *American Journal of Health Promotion* 17(5):329-336.

Brug, J., K. Glanz, and G. Kok. 1997. The relationship between self-efficacy, at titudes, intake compared to ot hers, consumption, and stages of change related to fruit and vegetables. *American Journal of Health Promotion* 12(1):25-30.

Buchanan, H., and N. S. Coulson. 2007. Consumption of carbonated drink s in adolescents: A transt heoretical analysis. *Child Care and Health Development* 33(4): 441-447.

Campbell, M. K., I. Tessaro, B. DeVellis, S. Benedict, K. Kelsey, L. Belton, et al. 2002. Effects of a tailored health promotion program for female blue-collar workers: Health Works for Women. *Preventive Medicine* 34(3):313-323.

Campbell, M. K., L. Honess-Morreale, D. Farrell, E. Carbone, and M. Brasure. 1999. A tailored multimedia nutrition education pilot program for low-income women receiving food assistance. Health Education Research 14(2): 257-267.

Campbell, *M. K., M. Sy mons, W. Demark-Wa hne*fried, B. Polhamus, J. M. Bernhardt, J. W. McClelland, et al. 1998. Stages of change and psychosocial correlates of fruit and vegetable consumption among rural African-American church members. American Journal *of Health Promotion* 12(3):185-191.

Carbone E. T., and J. M. Zoellner. 2012. Nutrition and health literacy: A systematic review to inform nutrition research and practice. *Journal of the Academy of Nutrition and Dietetics* 112:254-265.

Chapman-Novakofski, K., and J. Karduck. 2005. Improvement in knowledge, social cognitive theory variables, and movement through stages of change after a community-based diabetes education program. *Journal of the American Dietetic Association* 105(10):1613-1616.

Colema n K. J., C. L . Ti l ler, J. Sa nchez, E . M. Heat h, O. Sy, G. Milliken, et al. 2005. Prevention of the epidemic increase in child risk of overweight in low-income schools: The El Paso coordinated approach to child health. *Archives of Pediatric and Adolescent Medicine* 159(3):217-224.

Connors, M., C. A. J. Sobal, and C. M. Devine. 2001. Managing values in personal food systems. *Appetite* 36(3):189-200.

Contento, I. R., P. A. Koch, A. Calabrese-Barton, H. Lee, and W. Sauberli. 2007. Enhancing personal agency and competence in eating and moving: Formative evaluation of a middle school curriculum — Choice, Control, and Change. *Journal of Nutrition Education and Behavior* 39:S179-S186.

Contento, I. R., S. S. Williams, J. L. Michela, and A. B. Franklin. 2006. Understanding the food choice process of adolescents in the context of family and friends. Journal of Adolescent Health 38(5):575-582.

Contento I. R., P. A. Koch, H. Lee, *and A. Calabrese-Barton. 2010. Adolescents* demonstrate improvement in obesity risk behaviors after completion of Choice, Control and Change, a curriculum addressing personal agency and autonomous motivation. Journal of the Americ*an Dietetic Association 110*(12):1830-1839.

Cullen, K. W., T. Baranowski, and S. P. Smith. 2001. Using goal setting as a strategy for dietary behavior change. *Journal of the American Dietetic Association* 101(5):562-566.

De Bourdeaudhuij, I., J. Brug, C. Vandelanotte, and P. Van Oost. 2002. Differences in impact between a family-versus an individual-based tailored intervention to reduce fat intake. *Health Education Research* 17(4):435-449.

De Bourdeaudhuij, I., V. Stevens, C. Vandelanotte, and J. Brug. 2007. Evaluation of an interactive computer-tailored nutrition inter vention in a real-life setting. *Annals of Behavorial Medicine* 33(1):39-48.

De Nooijer, J., E. de Vet, J. Brug, and N. K. de Vries. 2006. Do implementation intentions help to turn good intentions into higher fruit intakes? *Journal of Nutrition Education and Behavior* 38(1):25-29.

Di Noia, J., and D. Thompson. 2012. Processes of change for increasing fruit and vegetable consumption among economically disadvantaged African American adolescents. Eating Behavior 13(1):58-61.

Di Noia, J., and J. O. Prochaska. 2010a. Dietary *change and decisional balance:* A meta-analytic review. American Journal of Health Behavior 34(5):618-632.

Di Noia, J., I. R. Contento, and J. O. Proch*aska. 2008. Intervention tailored on* Transtheoretical Model stages and processes of change increases fruit and vegetable consumption among economic*ally disadvantaged African American* adolescents. American Journal of Health Promotion 22: 336-341.

Finckenor, M., and C. Byrd-Bredbenner. 2000. Nutrition intervention group program based on preaction-stage-ori*ented change process*es of the Transtheoretical Model promotes long-term reduction in dietary fat intake. Journal of the American Dietetic Association 100(3):335-342.

Fordyce-Voorham, S. 2011. Identification of essential food skills for skill-bas*ed healthful eating programs in secondary sch*ools. Journal of Nutrition Education and Behavior 43(2):116-122.

Furst T., M. Connors, C. A. Bisogni, J. Sobal, and L. W. Falk. 1996. Food choice: *a conceptual model of the process. Appetite* 26:247-266.

Gaines, A., L. W. Turner. 2009. Improving fruit and vegetable intake among children: A review of interventions utilizing *the soc*ial cognitive theory. California Journal of Health Promotion 7(1):52-66.

Gardner, T.W., T. J. Dishion, A. M. Connell. 2007. Adolescent self-regulation as resilience*: Resistance to antisocial behavior* within the deviant peer context. Journal of Abnormal Child Psychology 36:273-284.

Glanz, K., A. R. Kristal, B. C. Tilley, and K. Hirst. 1998. Psychosocial correlates of heal*thful diets among male auto workers.* Cancer Epidemiology, Biomarkers, and Prevention 7(2):119-126.

Gollwitzer, P. M., and P. Sheeran. 2006. Implementation intentions and goal ac*hievement: A metaanalysis of effects and processes*. Advances in Experimental Social Psychology 38:69-119.

Gollwitzer, P. M. 1999. Implementation i*ntentions — strong effects* of simple plans. American Psychologist 54:493-503.

Greene, G. W., S. R. Rossi, J. S. Rossi, W. F. Velicer, J. L. Fava, and J. O. Prochaska*. 1999. Dietary applications of the stages* of change model. Journal of the American Dietetic Association 99(6):673-678.

Hanks, A. S., D. R. Just, and B. Wansink. 2013. Smarter lunch-rooms can address *new school lunchroom guidelines and childhood* obesity. Journal of Pediatrics 162:867-869.

Heneman, K., A. Block-Joy, S. Zidenberg-Cherr, et al. 2005. A "contract for change" increases produce con*sumption in* low-income women: A pilot study. Journal of the American Dietetic Association 105(11):1793-1796.

Henry, H., K. Reimer, C. Smith, and M. Reicks. 2006. Associations of decisional balance, processes of change, and self-efficacy with stages of change for increased fruit and vegetable intake among low-income, African-American mothers. Journal of the American Dietetic Association 106(6):841-849.

Hoelscher D. M., A. E. Springer, N. Ranjit, C. L . Perry, A. E. Evans, M. Stigler, et al. 2010. Reductions in child obesity among disadvantaged school children with community Facilitating the Ability to Change Behavior and Take Action involvement: The Travis County CATCH trial. Obesity 18(1 Suppl):S36-S44.

Hoisington, A., J. A. Shultz, and S. Butkus. 2002. Coping strategies and nutrition education needs among food pantry users. Journal of Nutrition Education and Behavior 34(6):226-233.

Horowitz, M., M. K. Shilts, and M. S. Townsend. 2004. EatFit: A goal-oriented intervention that challenges adolescents to improve their eating and fitness choices. Journal of Nutrition Education and Behavior 36(1):43-44.

Horwath, C. C., S. M. Schembre, R. W. Motl, R. K. Dishman, and C. R. Nigg. 2013. Does the Transtheoretical Model of behavior change provide a useful basis for interventions to promote fruit and vegetable consumption? American Journal of Health Promotion 27(6):351-357.

Institute of Medicine. 2004. Health literacy: A prescription to end confusion. Washington, DC: National Academies Press.

Iwaki, T. J., J. D. Gussow, I. R. Contento, I. S. Goodell. 2014. Gateway to Green: The family experience of community supported agriculture. Journal of Nutrition Education and Behavior 46(4 Suppl):P202.

Jacobs, A. D., A. S. Ammerman, S. T. Ennett, M. K. Campbell, K. W. Tawney, S. A. Aytur, et al. 2004. Effects of a tailored follow-up intervention on health behaviors, beliefs, and attitudes. Journal of Women's Health 13(5):557-568.

Jastran, M. M., C. A. Bisogni, J. Soba l, C. Bla ke, and C. M. Devine. 2009. Eating routines. Embedded, value based, modifiable, and ref lective. Appetite 52(1):127-136.

Kavookjian, J., B. A. Berger, D. M. Grimley, W. A. Villaume, H. M. Anderson, and K. N. Barker. 2005. Patient decision making: Strategies for diabetes diet adherence intervention. Research in Social and Administrative Pharmacy 1(3):389-407.

Koring, M., J. Richert, S. Lippke, L. Parschau, T. Reuter, and R. Schwarzer. 2012. Synergistic effects of planning and self-efficacy on physical activity. Health Education & Behavior 39:152-158.

Kreausukon, P., P. Gellert, S. Lippke, and R. Schwarzer. 2012. Planning and self-efficacy can increase fruit and vegetable consumption: A randomized controlled trial. Journal of Behavioral Medicine 35:443-451.

Kristal, A. R., K. Glanz, B. C. Tilley, and S. Li. 2000. Mediating factors in dietary change: Understanding the impact of a worksite nutrition intervention. Health Education and Behavior 27(1):112-125.

Kuhn, D. (2008). Adolescent thinking. In Handbook of Adolescent Psychology, 3rd ed., edited by R. M. Lerner and L. Steinberg. Hoboken, NJ: John Wiley and Sons, pp. 152-186.

Lange, D., J. Richert, M. Koring, N. Knoll, R. Schwarzer, and S. Lippke. 2013. Self-regulation prompts can increase fruit consumption: A one-hour randomized controlled online trial. Psychology & Health 28(5):533-545.

Lefebvre, R. C., and A. S. Bornkessel. 2013. Digital social networks and health. Circulation 127(17):1829-1836.

Lippke, S., J. P. Ziegelmann, R. Schwarzer, and W. F. Velicer. 2009. Validity of stage assessment in the adoption and maintenance of physical activity and fruit and vegetable consumption. Health Psychology 28(2):183-193.

Luepker, R. V., C. L. Perry, S. M. McKinlay, et al. 1996. Outcomes of a field trial to improve children's dietary patterns and physical activity. The Child and Adolescent Trial for Cardiovascu lar Health. CATCH Collaborative Group. Journal of the American Medical Association 275(10):768-776.

Ma, J., N. M. Betts, T. Horacek, C. Georgiou, A. White, and S. Nitzke. 2002. The importance of decisional balance and self-efficacy in relation to stages of change for fruit and vegetable intakes by young adults. American Journal of Health Promotion 16(3):157-166.

Molaison, E. F., C. L. Connell, J. E. Stuff, M. K. Yadrick, and M. Bogle. 2005. Inf luences on fruit and vegetable consumption by low-income black American adolescents. Journal of Nutrition Education and Behavior 37(5):246-251.

Oenema, A., F. Tan, and J. Brug. 2005. Short-term efficacy of a Web-based computer-tailored nutrition intervention: Main effects and mediators. Annals of Behavioral Medicine 29(1):54-63.

Osborne, H. 2005. Health literacy from A to Z: Practical ways to communicate your health message. Sudbury, MA: Jones and Bartlett.

O'Donnell, S., G. W. Greene, and B. Blissmer. 2014. The effect of goal setting on fruit and vegetable consumption and physical activity level in a web-based intervention. Journal of Nutrition Education and Behavior 46(6):570-575.

O'Hea, E. L., E. D. Boudreaux, S. K. Jeffries, C. L. Carmack Taylor, I. C. Scarinci, and P. J. Brantley. 2004. Stage of change movement across three hea lth behaviors: The role of self-efficacy. American Journal of Health Promotion 19(2):94-102.

Park, A., S. Nitzke, K. Kritsch, K. Kattelmann, A. White, L. Boecknr, et al. 2008. Internet-based interventions have potential to affect short-term mediators and indicators of dietary behavior of young adults. Journal of Nutrition Education and Behavior 40(5):288-297.

Prochaska, J. M. 2007. The transtheoretical model applied to the community and the workplace. Journal of Health Psychology 12(1):198-200.

Prochaska, J. O., and C. C. DiClemente. 1984. The transtheoretical approach: Crossing the traditional boundaries of therapy. Homewood, IL: Dow Jones-Irwin.

Prochaska, J. O., and W. F. Velicer. 1997. The transtheoretical model of health behavior change. American Journal of Health Promotion 12(1):38-48.

Prochaska, J. O., C. C. DiClemente, and J. C. Norcross. 1992. In search of how people change. Applications to addictive behaviors. American Psychologist 47(9):1102-1114.

Prochaska, J. O., C. C. DiClemente, W. F. Velicer, and J. S. Rossi. 1993. Standardized, individualized, interactive, and personalized self-help programs for smoking cessation. Health Psychology 12(5):399-405.

Renwick, K. 2013. Food literacy as a form of critical pedagogy: implications for curriculum development and pedagogical engagement for Australia's diverse student population. Home Economics Victoria Journal 52(20):6-17.

Riebe, D., G. W. Greene, L. Ruggiero, K. M. Stillwell, and C. R. Nigg. 2003. Evaluation of a healthy-lifestyle approach to weight management. Preventive Medicine 36(1):45-54.

Rosen, C. S. 2000. Is the sequencing of change processes by stage consistent across health problems? A meta-analysis. Health Psychology 19:593-604.

Rothbart, M. K., L. K. Ellis, and M. I. Posner. 2013. Temperament and self-regulation. In Handbook of self-regulation: Research, theory and applications, edited by K. D. Vohs and R. F. Baumeister. New York, NY: The Guilford Press, pp. 441-460.

Salmela, S., M. Poskiparta, K. Kasila, K. Vahasarja, and M. Vanhala. 2009. Transtheoretical model-based dietary interventions in primary care: A review of the evidence in diabetes. Health Education Research 24(2):237-252.

Scholz, U., B. Schuz, J. P. Ziegelmann, S. Lippke, and R. Schwarzer. 2008. Beyond behav ioura l intentions: Planning mediates between intentions and physical activity. British Journal of Health Psychology 13(Pt 3):479-494.

Schwarzer, R., and B. Renner. 2000. Social-cognitive predictors of health behavior: Action self-efficacy and coping self-efficacy. Health Psychology 19(5):487-495.

Schwarzer, R., and R. Fuchs. 1995. Self-efficacy and health behaviors. In Predicting health behavior, edited by M. Conner and P. Norman. Buckingham, UK: Open University Press.

Schwa rzer, R ., B. Schuz, J. P. Ziegelma nn, S. Lippke, A. Luszczynska, and U. Scholz. 2007. Adoption and maintenance of four health behaviors: Theory-guided longitudinal studies on dental f lossing, seat belt use, dietary behavior, and physical activity. Annals of Behavioral Medicine 33(2):156-166.

Shilts, M. K., M. Horowitz, and M. S. Townsend. 2004a. Goal setting as a strategy for dietary and physical activity behavior change: A review of the literature. American Journal of Health Promotion 19(2):81-93.

———. 2004b. An innovative approach to goal setting for adolescents: Guided goal setting. Journal of Nutrition Education and Behavior 36(3):155.

———. 2009. Guided goal setting: Effectiveness in a dietary and physical activity intervention with low-income adolescents. International Journal of Adolescent Medicine and Health 21(1):111-122.

Silk, K. J., J. Sherry, B. Winn, N. Keesecker, M. A. Horodynski, and A. Sayir. 2008. Increasing nutrition literacy: Testing the effectiveness of print, Web site, and game modalities. Journal of Nutrition Education and Behavior 40(1):3-10.

Sniehotta, F. F., U. R. Scholz, and R. Schwarzer. 2005. Bridging the intention-behaviour gap: Planning, self-efficacy, and action control in the adoption and maintenance of physical exercise. Psychology and Health 20:143-160.

Sniehotta, F. F. 2009. Towards a theory of intentional behavior change: Plans, planning, and self-regulation. British Journal of Health Psychology 14:261-273.

Sporny, L. A., and I. R. Contento. 1995. Stages of change in dietary fat reduction: Social psychological correlates. Journal of Nutrition Education 27:191-199.

Stadler, G., G. Oettingen, and P. M. Gollwitzer. 2010. Intervention effects of information and self-regulation on eating fruits and vegetables. Health Psychology 29(3): 274-283.

Sternfeld, B., C. Block, C. P. Quesenberry Jr., G. Husson, J. C. Norris, M. Nelson, et al. 2009. Improving diet and physical activity with ALIVE: A worksite randomized trial. American Journal of Preventive Medicine 36(6):475-483.

Tam, L., R. P. Bagozzi, and J. Spaniol. 2010. When planning is not enough: The self-regulatory effect of implementation intentions on changing snacking. Health Psychology 29(3):284-292.

Taylor, S. D., R. P. Bagozzi, and C. A. Gaither. 2005. Decision making and effort in the self-regulation of hypertension: Testing two competing theories. British Journal of Health Psychology 10(Pt 4):505-530.

U.S. Department of Agriculture. 2014. Farm to institution initiatives. http://www.usda.gov/documents/6-Farmtoinstitution.pdf Accessed 1/14/15.

Velicer, W. F., and J. O. Prochaska. 1999. An expert system intervention for smoking cessation. Patient Education and Counseling 36(2):119-129.

Verplanken, B., and S. Faes. 1999. Good intentions, bad habits, and effects of forming implementation intentions on healthy eating. European Journal of Social Psychology 29:591-604.

Vidgen, H. A. and D. Gallegos. 2014. Food literacy and its components. Appetite 76:50-59.

Wansink B., D. R. Just, C. R. Payne, and M. Z. Klinger. 2012. Attractive names sustain increased vegetable intake in schools. Preventive Medicine 55(4):330-332.

Wiedemann, A. U., B. Schuz, F. Sniehotta, U. Scholz, and R. Schwarzer. 2009. Disentangling the relation between intentions, planning, and behavior: A moderated mediation analysis. Psychology and Health 24(1):67-79.

Wiedemann, A. U., S. Lippke, T. Reuter, B. Schuz, J. P. Ziegelmann, and R. Schwarzer. 2009. Prediction of stage transitions in fruit and vegetable intake. Health Education Research 24(4):596-607.

Wright, J. A., W. F. Velicer, and J. O. Prochaska. 2009. Testing the predictive power of the transtheoretical model of behavior Facilitating the Ability to Change Behavior and Take Action change applied to dietary fat intake. Health Education Research 24(2):224-236.

Young, M. D., R. C. Plotnikoff, C. E. Collins, R. Callister, and P. J. Morgan. 2014. Social cognitive theory and physical activity: A systematic review and meta-analysis. Obesity Reviews 15(12):983-995.

Ziegelmann, J. P., and S. Lippke. 2007. Planning and strategy use in health behavior change: A life span view. International Journal of Behavioral Medicine 14(1):30-39.

Ziegelmann, J. P., S. Lippke, and R. Schwarzer. 2006. Adoption and maintenance of physical activity: Planning interventions in young, middle-aged, and older adults. Psychology and Health 21:145-163.

Zoellner, J., C. Connell, W. Bounds, L. Crook, K. Yadrick. 2009. Nutrition literacy status and preferred nutrition communication channels among adults in the lower Mississippi delta. Preventing Chronic Disease 6(4):A128.

Zoellner, J., W. You, C. Connell, R. L Smith-Ray, K. Allen, K. L. Tucker et al. 2011. Health literacy is associated with Healthy Eating Index scores and sugar-sweetened beverage intake: Findings for the Lower Mississippi Delta. Journal of the American Dietetic Association 111(7):1012-1020.

———. 2010b. Mediating variables in a transtheoretical model dietary change intervention program. Health Education and Behavior 37(5):753-762.

CHAPTER 5

PhotoDisc

행동변화를 위한 환경적 지지의 증진

개 요

이 장은 사회생태학적 모델(Social ecological model)을 바탕으로 개인의 동기유발 및 건강행동 변화에 대한 환경적 지지의 증진 전략을 중점적으로 다룬다. 또한 개인 간, 기관, 지역사회, 공공정책, 사회제도 등의 다양한 수준에서 전략을 계획하는 데 이론적 틀로 활용될 수 있는 논리모델(Logic model)을 소개한다.

목 표

1. 건강행동 증진에 있어 다양한 수준의 영향요인의 역할을 강조한 사회생태학적 모델의 주요 특성을 설명할 수 있다.
2. 대상자의 동기 또는 건강행동 실천능력 증진을 위해 영양교육자가 활용할 수 있는 개인 간, 조직, 지역사회, 정책 및 체계 등의 다양한 요인에 대한 효과적인 전략을 설명할 수 있다.
3. 행동변화 또는 실행을 유도하는 데 있어 교육과 정책의 연관성을 평가할 수 있다.

1 건강행동을 용이하게 하는 환경적 지지

영양교육은 건강행동을 실행하고자 하는 대상자의 동기를 높여주고 행동의향과 실제 행동 간의 간격을 좁히는 것을 도울 수 있다. 반면, 우리의 환경은 바람직한 행동을 수행하는 데 있어 상당한 도전으로 작용할 수 있다. 고에너지 음식을 어디서나 편리하게 저렴한 가격에 구입할 수 있으며, 에스컬레이터와 엘리베이터는 생활의 일부가 되었다. 반대로 건강한 식품은 가격이 부담스럽거나 접근성이 떨어지기도 한다. 또한 가족구성원, 규범, 관습, 직장이나 학교의 정책, 지역사회의 구조 등으로 인하여 건강행동을 실행하는 것이 제한되기도 한다.

따라서 영양교육의 제3의 기능, 즉 행동변화와 실행에 대한 환경적 및 정책적 지지가 매우 중요하다. 환경변화를 통하여 바람직한 식품 선택을 유도할 수 있다는 인식이 증가함에 따라, 지역사회 영양교육의 범위를 확장하여 영양교육에 환경변화를 포함시키는 것이 영양교육자의 중요한 역할이 되고 있다(Hill 등 2012; Chipman 2013). 이 장에서는 영양교육자가 행동목표를 지지할 수 있는 정책, 사회 체계, 환경을 조성하는 방법을 살펴보고자 한다. 먼저 행동변화를 불러일으킬 수 있는 물리적, 환경적, 정책적 결정요인을 알아보고 목표행동을 지지하는 환경을 증진시키는 전략에 대한 최근의 사례를 소개한다.

- **환경** 건강증진 분야에서 '환경'은 개인을 둘러싸고 있는 외부의 요인을 일컫는데, 물리적 환경뿐만 아니라 사회적 환경도 아우르는 용어이다. 예를 들어, 개인에게 중요한 사람들로 구성된 사회적 관계망도 행동변화의 환경적 결정요인 중 하나로 간주된다. 가족 식사 또는 지역사회 내 명절 행사 등의 문화적 배경을 가진 지역사회 관습 또는 사회적 구조 등도 환경의 일부이다.
- **생태와 사회적 생태** '생태'는 생물학에서 유래된 용어로 본래 생물체와 자연환경의 관계를 일컫는 말이다. 식품과 영양 분야 내에서 '생태'란 대개 식품 및 식품 관련 자연환경과 연관된 사안을 지칭한다. 건강증진 분야에서는 사람들이 사는 환경 전반을 일컬어 '사회적 생태'라고 한다. 따라서 사회생태학적 모델이란 행동변화 또는 실천에 영향을 미치는 다양한 수준의 사회적 생태요인을 동시에 다루는 중재를 가리킨다(McLeroy 등 1988; Green과 Kreuter 2004; Story 등 2008). 다양한 수준에는 개인 내부, 개인 간, 집단, 기관, 지역사회, 공공정책 등이 주로 포함된다. 즉, 사회생태학적 접근을 이용한 중재는 행동변화에 대한 개인적 결정요인뿐만 아니라 환경적 결정요인에도 중점을 두어 시행된다.
- **정책** '정책'이란 합리적인 판단을 유도하거나 성과를 이루고자 작성된 고도의 실행계획을 일컫는다. 다시 말해, 특정 목적에 도달하기 위한 정치적, 경영적, 재정적 장치이자 우리의 행동을 지배하는 일련의 규칙과 합의라고 할 수 있다. '공공정책'이란 정부기관이 특정 사안에 대하여 행하는 일련의 조치, 즉 정부가 사회적 수요에 대하여 어떠한 결정을 내리고 공공자금을 어떻게 사용할 것인가에 대한 합의를 말한다.

2 사회생태학적 모델

1) 개요

식행동은 복잡하며 다양한 요인의 영향을 받는다. 따라서 영양교육자가 특정 문제행동에 중점을 두어 그 행동에 대한 결정요인을 파악하고 이론을 근거로 전략을 계획하여 다양한 수준의 요인에 영향을 미치고자 할 때 성공가능성이 높아진다. **그림 5-1**은 다양한 수준에 걸친 중재전략을 강조하는 사회생태학적 모델Social ecological model을 나타낸 것이다.

(1) 개인 내 수준의 결정요인

많은 사회심리적 요인들이 개인의 행동 결정에 영향을 미친다. **그림 5-1**에 제시된 바와 같이, 개인 내 수준에 기반한 영양교육은 결과기대 증진을 통하여 동기를 높이고 행동변화 또는 행동실천이 왜 필요한지에 대한 정서적 태도를 긍정적으로 변화시키는 것에 중점을 둘 수 있다. 아울러 행동수행력, 자아효능감, 자기규제 또는 자기주도, 목표 설정, 실행계획 등의 교육전략이 유용하다. 개인 내 수준에서의 주요 영양교육전략에 대한 보다 자세한 설명은 앞의 3~4장에서 소개하였다.

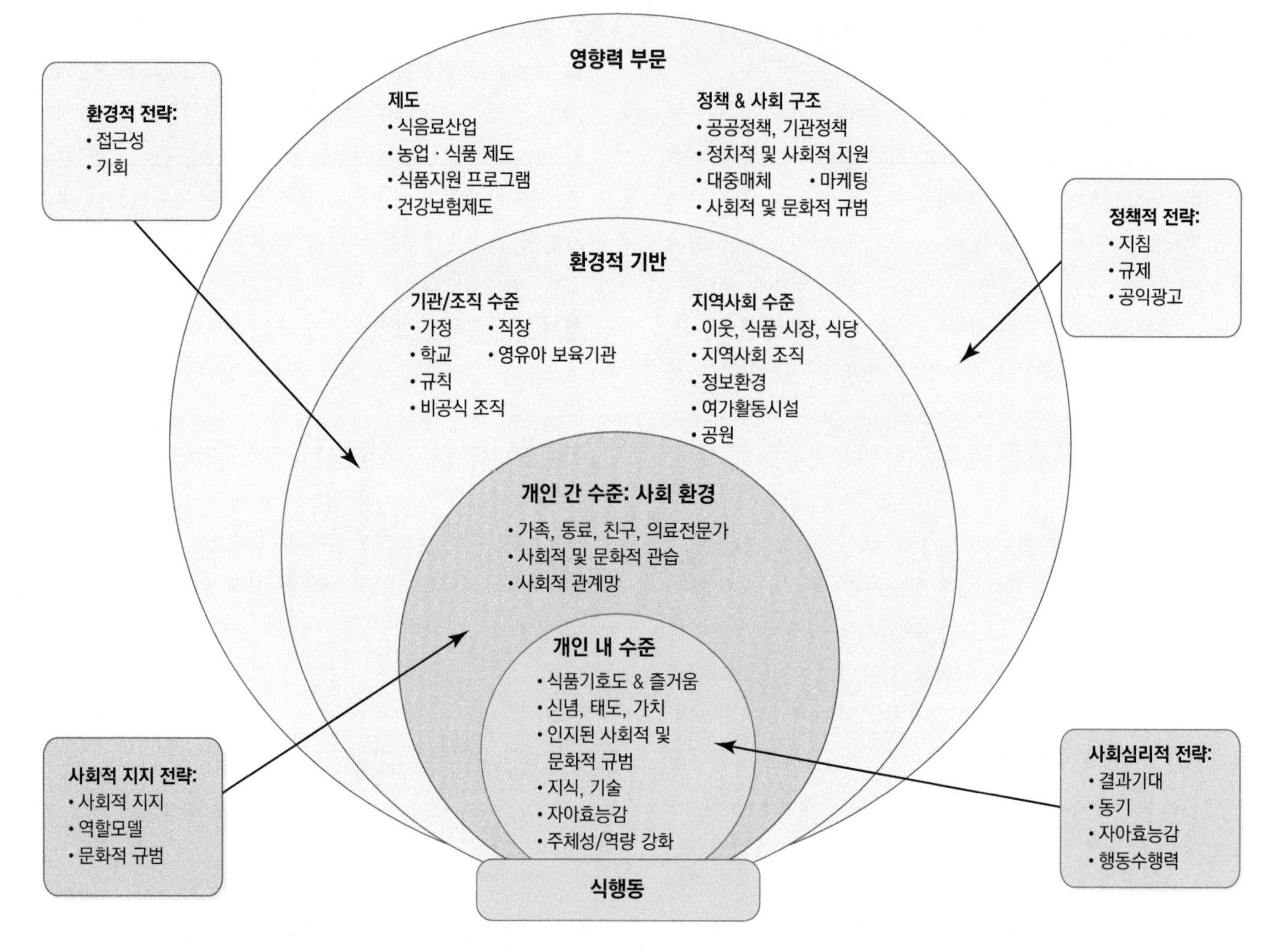

그림 5-1 사회생태학적 모델: 다양한 수준의 영양중재 전략

(2) 개인 간 수준의 영향요인과 사회적 지지

개인 간 수준에서의 영양교육은 행동변화목적에 대한 사회적 지지를 제공할 수 있는 가족, 친구, 사회적 관계망 등을 활용할 수 있다. 이에 대한 구체적인 전략으로 교육 프로그램 참여자들의 지지모임을 형성하여 서로를 북돋아주는 그룹대화 실행, 동료를 통한 교육, 역할모델, 사회적 규범의 재정립, 학교 또는 직장 기반 교육 프로그램을 지원하는 가족구성원의 참여 등을 들 수 있다.

가족의 지지를 향상시키기 위해서는 다음과 같은 영양교육 전략을 흔히 활용한다. ① 부모 또는 보호자 대상의 영양, 신체활동, 부모기술에 대한 워크숍 실시, ② 학교 기반의 영양교육 프로그램에 가정이나 방과 후 학교에서 실시되는 학생-가족 연계의 특별활동 포함, ③ 대중매체나 IT 신기술의 활용, ④ 회사나 병원에서 직원이나 외래환자의 가족을 대상으로 한 워크숍이나 기타 다양한 활동 등 영양교육자는 기존의 사회적 관계망을 활용하거나 새로운 관계망을 구성할 수도 있다. 예를 들어 교내 학부모회나 직장 내 노조 등을 통하여 행

학교의 '가족의 밤' 행사에서 부모와 자녀가 함께 식사를 즐기고 있다.

동변화목적에 대한 지지를 향상시킬 수 있다. 또 새로운 관계망을 형성하여 사회적 지지를 유도할 수도 있는데, 가령 직장 내에서 체중 조절에 대한 관심을 공유하는 사람들을 모아 서로에게 사회적 지지를 제공하도록 도울 수 있다. 이때 서로를 지지하는 좋은 방법 중 하나로 소셜미디어가 있다.

(3) 환경적 기반: 조직 및 지역사회 수준

조직 및 지역사회 수준에서 영양교육자의 우선적인 역할은 정책입안자와 지도자에게 영양교육 현안의 중요성을 인식시키고 변화를 이끌기 위하여 그들과 협력 체계를 구축하는 것이다. 즉, 영양교육자는 식품 및 활동 환경의 접근성 Accessibility, 이용가능성 Availability, 기회 등을 개선하기 위하여 조직 및 기관과의 파트너십을 적극적으로 이루어야 한다.

영양교육자는 여러 장소에서 제공되는 식품과 관련하여 정책이 올바르게 제정될 수 있도록 조직을 도울 수 있다. 학교에서는 급식담당 직원, 행정가, 학생, 지역 내 관련 위원회 등과 협력하여 건강한 식품환경 장려를 위한 기술적 지원을 제공할 수 있다. 예를 들어, 교실 수업에서 보상으로 사용되는 식품의 종류, 교내 식품의 광고 또는 판매 등의 사안에 대하여 적절한 정책을 시행할 수 있도록 이들의 효율성을 검토하거나 평가하는 것을 지원할 수 있다.

영양교육자는 지역사회의 환경 개선을 유도하기 위해 지역문화센터, 지역사회 농장, 병원, 교회, 학교, 식당, 헬스장 등 다양한 곳과 연계하여 일해야 한다. 영양교육자는 식품, 영양, 신체활동 영역에 대한 전문적인 지식과 기술을 제공할 수도 있고, 보다 적극적으로 직접적인 조정자 또는 구성자로서의 역할을 할 수도 있다. 이를 위해서는 협력을 이끌어내고

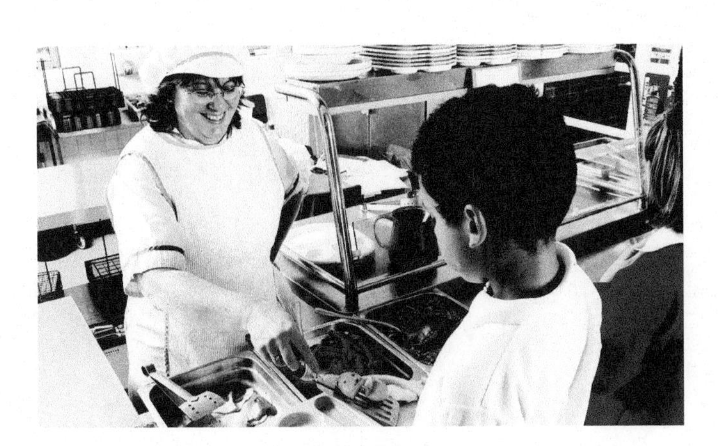

학교는 학생들에게 건강한 식품 섭취의 기회를 제공할 수 있다.

지역사회 역량을 강화하는 데 요구되는 새로운 기술을 갖추어야 한다. 즉, 영양교육자는 지역사회에 대해 충분히 이해하고 대상자의 다양한 배경을 존중할 줄 알아야 한다.

(4) 정책, 제도, 그리고 사회 구조

영양교육자는 정책적 지원과 사회 구조 및 제도의 변화를 창출해내기 위해 학교나 직장의 관리자, 지역사회 지도자, 정책입안자, 의원, 규제 담당자 등과 같이 대상자의 삶에 영향을 미치는 주요 결정권자를 교육해야 한다. 이들을 대상으로 주요 영양문제와 이에 대한 실행의 중요성을 이해시키고 이들의 지원활동을 이끌어내기 위해 협력적 파트너십을 이루어 일해야 한다. 정책적 실행에는 지침, 규정, 법령을 만들거나 대중매체 환경을 변화시키는 것이 포함된다.

다수의 지역사회 조직과 국가 조직이 식품정책에 관심을 두고 있다. 영양교육자는 이들과 협력하여 건강증진에 핵심적인 행동 실천을 지원하는 정책이 수립될 수 있도록 노력해야 한다. 이때 영양교육자는 기술적인 지원을 제공할 수도 있고 영향력을 미치는 역할을 수행할 수도 있다. 영양교육자는 관련 정책의 현황을 항상 인지해야 하며 이러한 정책이 올바르게 만들어지고 시행되도록 목소리를 내야 한다.

2) 사회생태학적 모델을 활용한 영양중재의 설계

영양중재를 설계함에 있어 행동변화를 위한 다각적 수준의 지지를 제공하기 위해 사회생태학적 모델을 이용한 좋은 사례로 Pro Children Project가 있다. 이 프로젝트의 목적은 유럽 아홉 개 국가에 걸쳐 적용할 수 있는 학령기 아동과 부모 대상의 채소와 과일 섭취 증진 중재 프로그램을 고안하고 실행 및 평가하는 것이었다(Klepp 등 2005). 연구자들은 이 중재 프로그램을 설계하고자 **그림 5-2**와 같이 사회생태학적 모델을 적용하여 세밀하면서도 포괄적인 평가를 하였다. 우선 아동의 채소와 과일 섭취 수준과 이의 개인적, 사회적 및 환경적 결정요인에 대한 정보를 수집하였다. 이후 이러한 결정요인을 바탕으로 이론을 근거로 하는 중재 프로그램을 개발하고 유럽 아홉 개 국가에서 실행하였다(Sandvik 등 2007). 프로그램의 활동으로는 학교에서 채소와 과일의 제공, 구체적인 지침이 있는 교실활동, 컴퓨터를 이용해 맞춤형으로 제

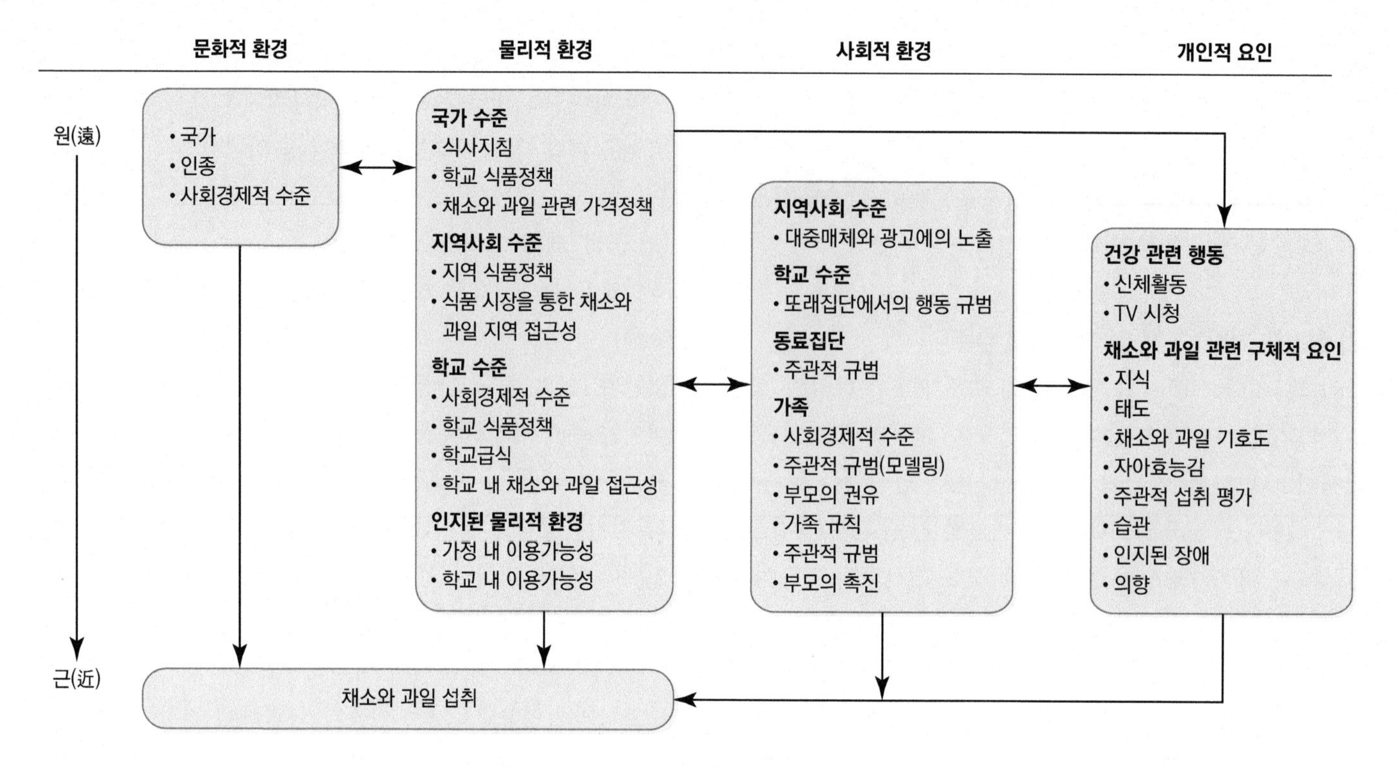

그림 5-2 사회생태학적 모델을 적용한 Pro Children Project의 기본 구조

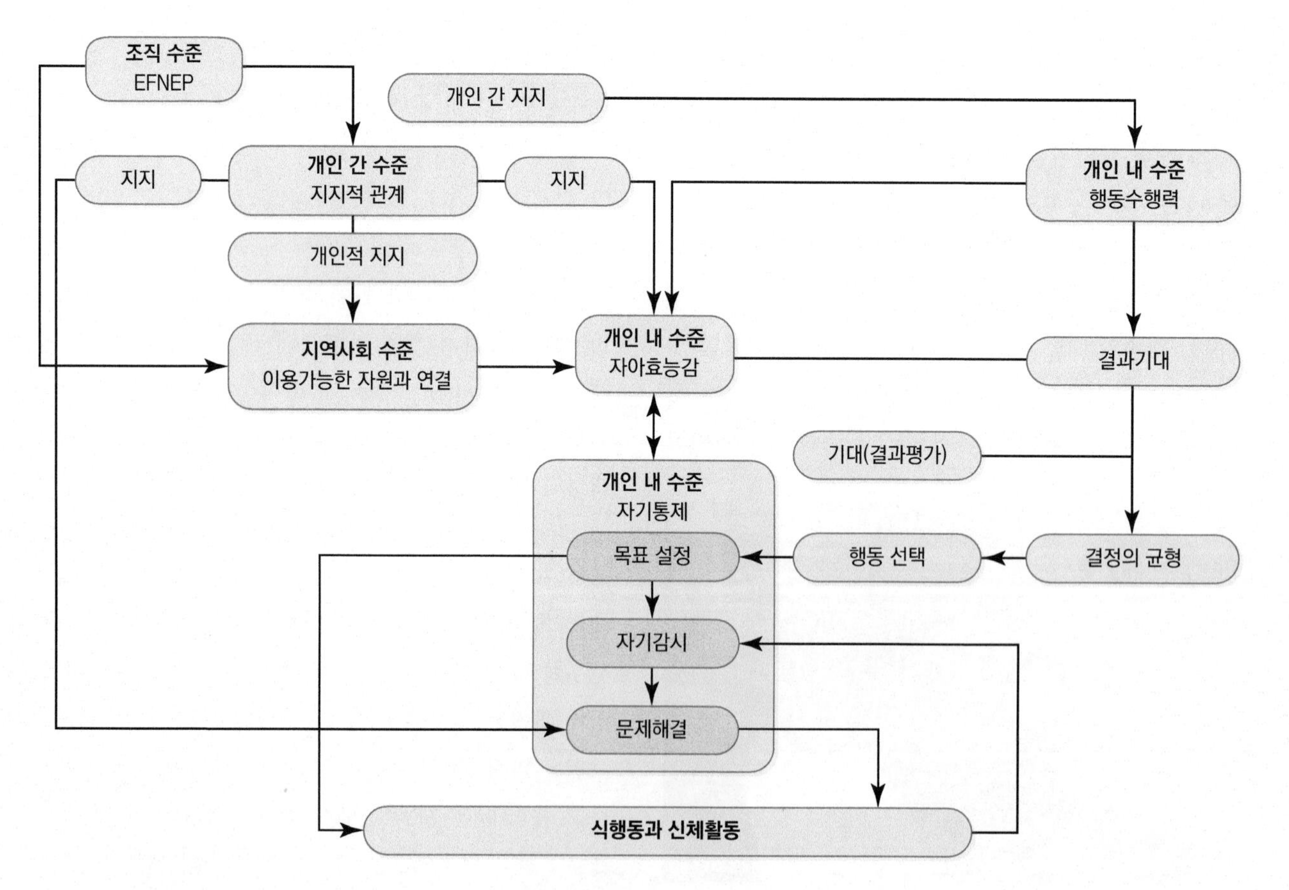

그림 5-3 Just for You 프로그램의 사회생태학적 모델 구조 내 다양한 이론 구성요소 간의 상호관계 모형

사례연구 5-1 멕시코의 학교환경 중재: Nutridinámicos

세계 여러 국가와 마찬가지로 멕시코에서도 아동의 과체중과 비만이 증가하고 있다. 학생들이 많은 시간을 보내는 학교는 자동판매기에서 식품을 구입할 수 있고 적극적인 건강교육이 미비해서 비만에 취약한 환경이다.

Nutridinámicos는 아동의 식행동과 신체활동 개선을 통해 궁극적으로 체중을 개선하고자 정책적·환경적 변화에 집중하는 중재 프로그램으로, 주요 대상자는 멕시코시티 저소득층 거주지역의 4학년과 5학년 학생이었다.

이론적 틀

이 프로그램은 사회생태학적 모델을 전체적인 기본 틀로 사용하였고 여러 중재 구성요소를 포함하였다. 구체적인 중재전략은 계획적 행동이론과 건강신념모델의 구성요소를 가지고 있는 사회인지론을 기반으로 하였다.

중재

이 프로그램의 중재활동은 추가적인 투자를 하기보다는 기존의 교내 인프라와 정책을 활용하여 지속가능하도록 구성하였다. 목표행동은 세밀한 평가를 통해 채소와 과일 섭취 늘리기, 물 마시기, 신체활동 늘리기, 건강한 점심 도시락 가져오기로 선정하였다. 구체적인 중재활동은 다음과 같다.

- 학생 워크숍: 2년간 2회/년, 동기유발과 기술에 초점
- 교사 워크숍: 체육교사를 대상으로 2회/년, 수업시간에 신체활동을 늘리는 전략
- 교사와 직원의 건강검진: 학생 건강에 대한 책임감을 고취
- 교내 정보 소통: 포스터, 게시판, 학부모와 교사를 위한 유인물
- 교내 환경과 정책: 각 교실에 마실 물 배치, 학생들의 신체활동을 늘리기 위해 학교 부지와 운동장비 개선
- 가족 워크숍(1회/년), 신문(4회/년): 건강한 도시락 준비와 가정에서 건강한 식생활과 신체활동을 실천하기 위한 구체적 기술
- 음식 판매자 워크숍: 쉬는 시간에 제공되는 음식의 지방과 당류 함량을 낮추기 위한 조리기술

평가

프로그램에 대한 무작위 중재연구 결과, 중재군에 속한 학교에서 건강식품의 이용가능성이 증가하였고 동시에 건강하지 않은 식품의 이용가능성이 감소하였다. 식품섭취량도 같은 경향으로 변하였다. 반면, 수업시간의 신체활동량과 체중 변화는 관찰되지 않아 보다 장기간의 강도 높은 프로그램이 필요함을 시사하였다.

© Courtesy of Nutri Campeones.

자료: Safdie, M., L. Levesque, I. Gonzalez-Casanova, et al. 2013b. Promoting healthful diet and physical activity in the Mexican school system for the prevention of obesity in children. Salud Publica Mexico 55(Suppl 3):S357-S373.; Safdie, M., N. Jennings-Aburto, L. Levesque, et al. 2013a. Impact of a school-based intervention program on obesity risk factors in Mexican children. Salud Publica Mexico 55(Suppl 3):S374-S387; Bonvecchio A, Théodore FL, Safdie M, Duque T, Villanueva MA, Torres C, and J Rivera. 2014. Contribution of formative research to design an environmental program for obesity prevention in schools in Mexico City. Salud Publica Mexicana 56(suppl 2):S139-S147. Bonvecchio A, Theodore F, Hernández-Cordero S, Campirano-Núñez F, Islas A, Safdie M y Rivera-Dommarco JA 2010. La escuela como alternativa en la prevención de la obesidad: la experiencia en el sistema escolar mexicano [The school as an alternative for the prevention of childhood obesity: Experience from the Mexican school system]. Rev Esp Nutrition Comunitaria 16(1):13-16.

사례연구 5-2 Treatwell 5-a-Day 프로그램에 적용된 이론과 잠재적 결정요인

요인의 수준	중재 대상자	이론적 모델	행동변화의 결정요인에 대한 가설	측정항목
개인 내	• 직원	• 사회인지론	• 식행동 변화에 대한 자아효능감이 높을수록 채소와 과일의 섭취가 증가할 것이다. • 식사와 암의 연관성에 대한 지식(결과기대, 인지된 이익)은 채소와 과일 섭취 증가와 양의 상관성이 있을 것이다.	• 자아효능감 • 결과기대
개인 간	• 가족 • 직장동료	• 사회적 지지 • 사회적 관계망과 유대 • 사회인지론	• 식행동 변화에 대한 가족과 직장동료의 지지가 높을수록 채소와 과일의 섭취가 증가할 것이다. • 식행동 변화에 대한 가족의 지지가 높을수록 가정 내 채소와 과일의 이용가능성이 증가할 것이다. • 가족 유대의 유형은 가족의 지지와 식행동 변화의 연관성에 영향을 미칠 것이다.	• 가족의 지지 • 직장동료의 지지 • 사회적 규범 • 가정 내 채소와 과일의 이용가능성 • 가족 유대의 유형
조직	• 직장	• 조직 변화와 발전 • 혁신의 확산 • 정책	• 채소와 과일 섭취 증가량은 채소와 과일의 이용가능성이 가장 높고 건강한 식품의 구입을 지지하는 급식정책을 펼치는 조직에서 가장 클 것이다. • 프로그램 실행도와 참여도는 효율적인 소통경로를 가진 조직에서 가장 높을 것이다. • 식행동 변화에 대한 직장동료의 지지는 직장동료 간 응집력이 높고 긍정적인 노사관계가 이루어진 직장에서 가장 높을 것이다.	• 직장의 특성
지역사회	• 대중매체(국가 캠페인) • 식품 시장	• 사회적 마케팅	• 국가적인 캠페인을 알고 있는 직원의 채소와 과일 섭취 증가량이 더 많을 것이다. • 식품 시장 캠페인에 참여한 직원의 채소와 과일 섭취 증가량이 더 많을 것이다.	• 식품 시장 캠페인의 인지도 • 식품 시장 캠페인의 참여도

자료: Sorensen, G., M. K. Hunt, N. Cohen, et al. 1998. Worksite and family education for dietary change: The Treatwell 5-a-Day program. Health Education Research 13:577?591. Used with permission.

사례연구 5-3 Shape Up Somerville(SUS) - 똑똑하게 먹고 열심히 활동하기: 사회생태학적 모델의 적용

지역사회 수준의 환경적 요인은 비만의 발생과 유지에 영향을 미칠 수 있다. 특히, 아동은 자신의 식품 선택과 신체활동에 대한 통제능력이 매우 낮다. 이를 위해 여러 학교 기반의 프로그램들이 개발된 바 있으나, 아동이 학교에서 보내는 시간은 깨어있는 시간의 50%에 미치지 못한다. SUS 프로그램은 학령기 아동의 비만을 예방하기 위하여 환경을 변화시키고자 개발되었다.

프로그램

- 기간: 3년
- 대상자: 1~3학년 아동
- 목적: 신체활동 증가와 건강한 식품 이용가능성의 개선을 통한 에너지 균형의 달성

SUS 프로그램의 구성	
등교 전 • 아침식사 프로그램 • 걸어서 등교하기 캠페인	**가정** • 학부모 지원과 교육 • 가족 이벤트 • 아동의 '건강 통지표'

SUS 프로그램의 구성	
학교 • 학교 보건실 • 학교 급식 • SUS 교실 수업 • 매주 30분의 영양 및 신체활동 수업 • 매일 10분의 'Cool Moves' • 쉬는 시간 증가 • 학교 건강정책 개발 **방과 후** • SUS 방과 후 프로그램 • 걸어서 하교하기 캠페인	**지역사회** • SUS 지역사회 자문위원회 • 소수민족 집단과의 협력 • 시공무원 대상의 건강 캠페인 • 농산물 직판장 개시 • SUS-인증 식당 • 5K 가족 피트니스 축제 • 대중매체를 통한 홍보 • 걷기와 자전거 타기에 친화적인 환경을 위한 시 조례 제정

평가

중재군과 대조군으로 각 세 개의 문화적 다양성에 대해 매칭된 지역사회가 선정되었다. 중재군에 속한 지역사회 내 공립학교에 재학하는 약 1,200명의 아동이 교실수업과 사전-사후 평가에 참여하였다.

(계속)

결과

- 학생: 중재 1년 후 중재군에서 통계적으로 유의한 체질량지수 z-점수가 감소되었으며, 다음 해에도 이러한 감소가 유지되었다.
- 학교환경: 채소, 과일, 통곡, 저지방 유제품의 이용가능성이 증가하였고, 급식메뉴와 주문항목이 가이드라인에 더욱 부합하게끔 변화하였다. 학생, 학부모와 보호자, 교원, 학교급식 직원의 태도가 개선되었으며, 교내 식품 관련 정책이 채택되었다.
- 식당: 약 1/3의 식당이 1인 분량을 줄이고 건강한 메뉴를 늘리는 것에 동의하여 SUS-인증 식당이 되었으며, 지역사회에 SUS-인증에 대한 홍보를 실시하였다.

자료: Economos, C. D., R. R. Hyatt, J. P. Goldberg, et al. 2007. A community intervention reduces BMI z-score in children: Shape Up Somerville first year results. Obesity 15:1325-1336; Economos, C. D., S. C. Folta, J. P. Goldberg, et al. 2009. A community-based restaurant initiative to increase availability of healthy menu options in Somerville, Massachusetts: Shape Up Somerville. Prevention of Chronic Disease 6(3). http://www.cdd.gov/pcd/issues/2009/jul/08_0165.htm; Goldberg, J. P., J. J. Collins, S. C. Folta, et al. 2009. Retooling food service for early elementary school in Somerville, Massachusetts: The Shape Up Somerville experience. Prevention of Chronic Disease 6(3):A103; and Economos, C. D., R. R. Hyatt, A. Must, et al. 2013. Shape Up Somerville two-year results: a community-based environmental change intervention sustains weight reduction in children. Preventive Medicine 57(4):322-327.

공되는 피드백과 조언, 가족과 함께 가정에서 할 수 있는 활동 등이 있었다. 또한 대중매체, 교내 보건서비스, 식품 시장 등을 개입시켜 지역사회의 영향을 강화시키고자 하는 선택적 중재활동도 포함되었다. 이 프로그램은 일부 국가에서 긍정적인 결과를 낳았는데, 이는 주로 과일의 섭취에서 나타났다 (Te Velde 등 2008).

Pro Children Project은 채소와 과일 섭취라는 구체적인 식행동을 목표로 삼았다. 주요 활동은 목표 식행동과 가까이 연결된 결정요인과 다소 멀게 연결된 결정요인을 모두 포함하였으나, 행동과 보다 가까이 연결된 결정요인이 더욱 강조되었다.

3) 사회생태학적 모델의 구조 내에서 이론을 활용한 영양중재의 설계

사회생태학적 모델은 매우 작은 규모의 중재 설계에도 이용되는데, EFNEP_{Expanded Food and Nutrition Education Program}가 진행한 저소득층의 출산 후 1년 이내 여성을 위한 Just For You 프로그램이 사례 중의 하나이다(Ebbeling 등 2007). 집중 집단면담에서 저소득층 산모들이 '주위 사람들이 자신을 종종 잊는다'고 인식하고 있으며 관심을 필요로 하고 산모 중심의 프로그램에 대한 선호도가 높을 것이라는 결과가 도출되었다. 문헌 고찰과 평가를 통하여 핵심 교육 메시지로 채소와 과일의 섭취 증진, 붉은 육류의 섭취 감소, 신체활동 증가를 설정하였다. 이 프로그램은 다음과 같은 다양한 수준의 요인에 초점을 두어 구성되었다. ① 개인 내 수준의 결과기대(인지된 이익), ② 행동수행력(지식과 기술), ③ 자아효능감, ④ 자기규제기술, ⑤ 개인 간 수준의 지지적 관계, ⑥ 지역사회 수준의 이용가능한 지역사회 자원과 대상자의 연결. 이 중재 프로그램은 비형식적 성인 교육Nonformal adult education 원리를 기반으로 하여 참여자 중심의 접근법을 활용하였다. 프로그램의 중재는 EFNEP가 파견한 '건강 멘토'로 불리는 동료 교육자에 의해 대상자의 가정에서 실행하였다. 각 교육 세션에 적용된 다양한 이론의 구성요소들과 사회생태학적 모델의 연결에 대한 개념적 구조를 **그림 5-3**에 제시하였다. **사례연구 5-1~3**에는 사회생태학적 모델을 적용한 실제 영양중재 프로그램을 소개하였다.

3 논리모델을 활용한 영양교육 계획

영양교육 프로그램이 지향하는 특정 행동목표에 영향을 미치기 위하여 다양한 수준의 영향요인을 어떻게 활용해야 할까? 우리가 이해하고 있는 다양한 결정요인을 어떻게 중재계획으로 전환해야 할까? 이러한 질문에 대한 해결책으로 영양교육 및 다른 분야의 프로그램 현장에서 적용되어온 논리모델Logic model을 활용할 수 있다. 이는 영양교육 프로그램을 어떻게 계획해야 하는가와 관련된 단순하고도 매우 논리적인 모델이다 (Medeiros 등 2005). 이 모델은 영양교육자가 프로그램을 계획할 때 다음 사항을 고려해야 한다고 설명한다. 이를 간단히 나타내면 **그림 5-4**와 같다.

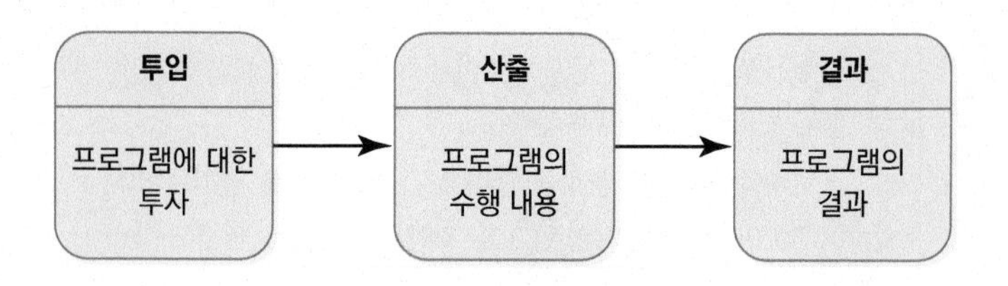

그림 5-4 논리모델의 구성요소

- 프로그램에 투입할 자원(투입)
- 프로그램에서 수행할 활동(산출)
- 프로그램의 결과로 나타나는 변화 또는 이익(결과)

영양교육자는 다음과 같이 지역사회 영양교육을 할 때 논리모델을 활용할 수 있다. 영양교육자가 우선적으로 할 일은 영양과학 근거, 건강정책, 대상자 평가 등으로부터의 주요 현황과 이슈를 바탕으로 프로그램이 초점을 둘 주요 행동변화 목적을 선정하는 것이다. 프로그램의 행동변화목적이 명확해지면 다음에 제시된 사항을 구체적으로 고려할 수 있다.

- **투입** 직원, 자원봉사자, 시간, 물질, 돈, 공간, 협력자, 동업자 등의 프로그램에 필요한 자원을 말한다.
- **중점 수준** 영양교육자는 개인 및 가족 대상의 직·간접적인 영양교육과 사회생태학적 모델이 제시한 여러 수준에 대한 중재를 구성할 때 논리모델을 활용할 수 있다.
- **산출** 영양교육자가 프로그램에서 수행하는 일, 즉 영양교육자가 계획한 전략과 활동이 이에 포함된다. 예시로서 교실 수업, 모둠활동, 인쇄 및 시각매체 개발, 인터넷을 이용한 활동, 가족, 지역사회 내 협력자 및 공공정책 입안자를 대상으로 한 활동, 대중매체를 이용한 활동 등이 있다. 이러한 활동 또는 전략은 이론과 연구 결과로부터 파악된 행동변화의 잠재적 결정요인에 대하여 실행되어야 한다.
- **결과** 영양교육자가 이론에 기초하여 계획하고 수행한 전략의 결과로, 평가의 기초가 된다. 다양한 수준의 영향요인에 대한 중재를 강조한 사회생태학적 모델을 적용한 경우, 궁극적으로 얻고자 하는 결과는 건강 증진, 질병위험의 감소, 행동변화목적을 지지하는 방향으로의 정책과 지역사회 환경의 변화와 같은 장기적인 이익이라고 할 수 있다.

중재 프로그램이 목표로 하는 행동변화를 대상자가 보다 잘 해낼 수 있도록 돕는 정책, 제도, 환경의 개선을 이끌어내기란 결코 쉽지 않다. 영양교육자는 단기적으로 주요 결정권자와 정책입안자가 프로그램이 지향하는 주요 현안의 중요성을 인지하도록 하는 데 집중해야 한다. 이후 중기적으로는 그들로부터 변화에 대한 약속을 얻어내야 하며, 장기적으로는 그들과 유기적으로 협력하여 행동변화목적을 성취해야 한다.

다음 **그림 5-5**는 다양한 수준과 기반의 영향요인을 포함하는 지역사회 영양교육의 논리모델이다. 이 프로그램은 미국 정부의 핵심 행동목적인 식사의 질, 신체활동, 식품안전, 식품위생, 식량자원관리에 대하여 계획된 것으로 식사지침과 식사구성안에 부합되는 식품 선택 증진을 위한 교육경험을 제공하는 것을 전반적인 목적으로 하였다. 특히 경제적으로 제한된 대상자에게 초점을 맞추어 구성되었다.

지역사회 영양교육 논리모델의 개요

	❹ 중점 수준/중재의 수준	❺ 산출		❻ 결과	❼ 주요 분야별 지표 예시			
		활동	대상자		식사의 질 & 신체활동	식품안전	식품위생	식량자원관리
❶ 현황 • 문제 분야의 현재 상황 파악	개인, 가정	교육자에 의한 직접 교육 정보제공에 의한 간접 교육 사회마케팅 캠페인	개인, 가족 목표 대상자 집단	인식 증가/영양적 우선사안에 대한 지식과 기술 행동변화를 위한 지식, 기술, 인식의 활용 위험요인의 감소 & 건강 증진	메뉴계획: 식사지침을 활용한 식품 선택 식사지침에 대한 순응도 증진 만성질병 위험요인 감소	비상상황을 대비한 식품자원 확보 정규 식품 프로그램 등록 가정 내 식품불안전성 감소	적절한 손 씻기 기술 교육 적절한 손 씻기 실천 증진 식품 오염으로 인한 질병 감소	이용가능한 식량 자원의 목록 작성 경제적인 장보기 기술의 활용 식품이 모자라는 경우 외부 자원에 지원 요청
❷ 중점 영역 • 식사 질 & 신체활동 • 식품안전 • 식품위생 • 식량자원관리 • 기타	환경적 기반	지역 내 파트너십 발굴 기회 파악 영양교육의 장애요인 제거	지역 내 기관 지역 내 조직	영양적 우선사안에 대한 인식 증가 서면 실행계획 형식의 변화에 대한 약속 지역사회 문제의 해결	지역사회 내 식품 개선의 기회와 과제 파악 지역 내 보다 건강한 식품의 제공 학교, 직장, 여가시설 내 고영양밀도 식품의 이용가능성 개선	비상상황 식품프로그램에서 식품의 질과 이용가능성 개선을 위한 기회와 과제 파악 비상상황 식품 프로그램의 식품 양과 질 개선 비상상황 및 정규 식품 지원 프로그램의 충분한 건강식품 확보	지역사회 행사에서 식품위생 개선을 위한 기회와 과제 파악 저소득층 대상의 지역사회 행사에서 안전한 식품취급행동 증진 지역사회 내 식중독 감소	지역 내 식품의 즉각적 이용가능성에 대한 기회와 과제 파악 저소득층을 위한 농산물직판장과 지역사회 농장의 설립 영양가 높고 경제적인 지역 식품의 즉각적 이용가능성 증진
❸ 투입 • 재정 • 요구도 조사 & 과정계획 • 물질 • 인력	영향력 부문	주요 분야에 관련된 사회 제도와 공공정책의 수정과 제정	대학 정부 비영리 조직 전문가 집단 보건 & 건강관리 제도 사기업 대중매체	영양적 우선사안의 이슈 정의 및 파악 파악된 요구를 해결하기 위한 협력 지속적 개선을 지원하는 법령, 정책의 수정 및 채택	파악된 요구에 대한 동의와 약속, 역할과 책임 결정 저소득층이 경제적이고 안전하며 쉽게 접근하여 걷거나 자전거를 탈 수 있는 공간 증대 저소득층의 신체활동 증진을 지원하는 토지 사용정책의 실행	파악된 요구에 대한 동의와 약속, 역할과 책임 결정 식품접근성 개선을 위한 비상상황 및 정규 프로그램, 굶주림 예방 기관 및 조직의 연계 참여도 향상을 위한 식품 지원 프로그램의 조정	파악된 요구에 대한 동의와 약속, 역할과 책임 결정 식품취급업자의 더욱 안전한 식품취급행동의 증진 급식시설 식품위생 인증의 확대 실행	파악된 요구에 대한 동의와 약속, 역할과 책임 결정 농산물직판장, 지역사회 농장, 기타 주정부 자원을 통한 지역 내 식품의 접근성 개선 식품 중개업자의 감소 또는 퇴출

가정 assumption

변화에 대한 영향

외부요인의 영향

단기 → 장기

지속적인 평가와 수정

그림 5-5 지역사회 영양교육 논리모델의 기본 구조

자료: Revision 3 of the CNE Logic Model. (February 2014). Aligns with Dietary Guidelines for Americans, 2010. Contact Helen Chipman, National Program Leader, Food and Nutrition Education, NIFA/USDA. Used with permission. http://www.nifa.usda.gov/nea/food/fsne/logicmodeloverview.pdf

연습문제

1. 그간 시도했던 식행동 변화를 생각해보시오. 식행동 변화에 도움이 되었거나 도움이 되지 않았던 환경적 요인을 다섯 개씩 기술하시오. 이 장에서 배운 내용을 바탕으로, 영양교육자가 어떠한 중재를 하였다면 당신의 식행동 변화에 도움이 되었을지를 설명하시오.
2. 직장, 학교, 또는 지역사회에서의 이상적인 건강한 식품과 환경을 생각해보고, 영양교육자로서 건강한 식행동을 유도하는 환경 개선을 위해 어떠한 역할을 할 수 있을지 설명하시오.
3. 영양교육에서 사회생태학적 모델의 적용이란 무엇인지 설명하시오.
4. 식생활 및 신체활동과 관련된 정책에는 어떠한 것들이 있는지 기술하시오. 교육, 환경의 변화, 정책이 어떻게 연결되어있는지, 그리고 정책 입안에서 영양교육자의 역할은 무엇인지를 설명하시오.
5. 건강 증진을 위한 환경과 정책의 변화를 이끌어내기 위해 영양교육자가 갖추어야 할 자질과 기술을 설명하시오. 이러한 자질과 기술을 기르기 위하여 어떠한 노력이 필요한지를 기술하시오.
6. 당신이 두세 명으로 이루어진 팀의 건강증진 프로그램 전문가로 일하고 있다고 가정하고 다음의 주어진 상황에 대한 질문에 답하시오.
   a. 지역사회 내 대학의 재정부서에서 근무하고 있는 행정 직원이 직장 건강증진 프로그램 수행에 대하여 조언을 구하고 있다. 교직원들은 학생들의 재정 지원에 대한 문의로 업무의 많은 시간을 학생들과의 전화 또는 대면상담에 할애하여 주로 사무실에서 근무한다. 오전 출근 후부터 점심시간까지 줄곧 책상 앞에 앉아서 일하는 것이 외근을 하는 것보다 편하게 느껴진다. 또한 거의 매주 누군가의 생일이거나 기념일이어서 휴식시간에는 함께 먹을 수 있는 케이크가 놓여있다. 이 집단의 장애요인은 무엇인가? 교직원들의 건강을 증진하기 위해 어떠한 전략을 사용해야 하는지 설명하시오. 또한 효과평가는 어떻게 실시할지도 설명하시오.
   b. 한 교정시설의 소장이 직원들의 건강에 대해 염려하고 있다. 교도소 직원들은 도시락을 싸오는데, 비상 제제로 인해 업무시간 후 퇴근을 하지 못하는 경우에 대비하여 대개 큰 보냉가방에 하루치 음식을 준비해온다. 때때로 이 보냉가방을 옆에 두고 보초를 서다가 음식을 한번에 다 먹기도 한다. 많은 직원이 상당한 스트레스를 호소하고 있으며, 이것이 과식으로 이어지고 있다. 이 집단의 장애요인은 무엇인가? 교도소 직원들의 건강증진을 위해 어떠한 전략을 사용해야 하는지 설명하시오. 효과평가를 어떻게 실시할지에 대해서도 설명하시오.

참고문헌

Abratt, R., and S. D. Goodey. 1990. Unplanned buying and in-store stimuli in supermarkets. *Managerial Decisions and Economics* 11:111-121.

Ammerman, A. S., C. H. Lindquist, K. N. Lohr, and J. Hersey. 2002. The efficacy of behavioral interventions to modify dietary fat and fruit and vegetable intake: A review of the evidence. *Preventive Medicine* 35(1):25-41.

Bandura, A. 1997. *Self efficacy: The exercise of control*. New York: WH Freeman.

———. 2001. Social cognitive theory: An agentic perspective. *Annual Review of Psychology* 51:1-26.

Baronberg, S., L. Dunn, C. Nonas, R. Dannefer, and R. Sacks. 2013. The impact of New York City's Health Bucks program on Electronic Benefit Transfer spending at farmers' markets, 2006-2009. *Preventing Chronic Disease* 10.

Bassett, M. T., T. Dumanovsky, C. Huang, L. D. Silver, C. Young, C. Nonas, et al. 2008. Purchasing behavior and calorie information at fast-food chains in New York City, 2007. *American Journal of Public Health* 98(8):1457-1459.

Beresford, S. A., B. Thompson, Z. Feng, A. Christianson, D. McLerran, and D. L. Patrick. 2001. Seattle 5 a Day worksite program to increase fruit and vegetable consumption. *Preventive Medicine* 32(3):230-238.

Berge, J. M., S. W. Jin, P. Hannan, and D. Neumark-Sztainer. 2013. Structural and interpersonal characteristics of family meals: Associations with adolescent body mass index and dietary patterns. *Journal of the Academy of Nutrition and Dietetics* 113(6):816-822.

Berkman, L. F., and T. Glass. 2000. Social integration, social networks, social support, and health. In *Social Epidemiology*, edited by L. F. Berk man and I. Kawachi. New York: Oxford Press.

Bhana, H., A. Islas, R. Paul, A. Rickards, I. R. Contento, H. Lee et al. 2014. Food, Health and Choices: Using focus group data to determine effective family supports. *Journal of Nutrition Education and Behavior* 46(4S):S134.

Blissett, J. 2011. Relationships between parenting style, feeding style and feeding practices and fruit and vegetable consumption in early childhood. *Appetite* 57(3):826-831.

Brambile-Macias, J., B. Shankar, S. Capacci, M. Mazzocchi, F. J. Perez-Cueto, F. J. Verbeke, and W. B. Traill. 2011. Policy interventions to promote healthy eating: A review of what works, what does not, and what is promising. *Food and Nutrition Bulletin* 32(4):365-375.

Burgess-Champoux, T. L., N. Larson, D. Neumark-Sztainer, P. J. Hannan, and M. Story. 2009. Are family meal patterns associated with overall diet quality during the transition from early to middle adolescence? *Journal of Nutrition Education and Behavior* 41(2):79-86.

Cornell University Division of Nutritional Sciences. n.d. Collaboration for Health, Activity, and Nutrition in Children's Environments. https://fnec.cornell.edu/Our_Initiatives/CHANCE.cfm

Child Nutrition and WIC Reauthorization Act. 2004, June 30. Local wellness policy. Section 204 of Public Law 108-265. Enacted by the 108th Congress of the United States of America.

Chipman, H. 2014. Community Nutrition Education (CNE) Logic Model Overview, Version 3. http://www.nifa.usda.gov/nea/food /fsne/ log icmodelover v iew.pdf Accessed 6/15/14.

Cohen, D. A. 2008. Obesity and the built environment: Changes in environmental cues cause energy imbalances. *International Journal of Obesity* 32:S137-S142.

Cole-Lewis, H., and T. Kershaw. 2010. Text-messaging as a tool for behavior change in disease prevention and management. *Epidemiological Reviews* 32:56-69.

Contento, I. R., S. S. Williams, J. L. Michela, and A. B. Franklin. 2006. Understanding the food choice process of adolescents in the context of family and friends. *Journal of Adolescent Health* 38(5):575-582.

Cousineau, T., B. Houle, J. Bromberg, K. C. Fernandez, and W. C. Kling. 2008. A pilot study of an online workplace nutrition program. *Journal of Nutrition Education and Behavior* 40:160-167.

Cullen, K. W., T. Baranowski, E. Owens, T. Marsh, L. Rittenberry, and C. de Moor. 2003. Availability, accessibility, and preferences for fruit, 100% fruit juice, and vegetables inf luence children's dietary behavior. *Health Education and Behavior* 30(5):615-626.

Daubert, H., D. Ferko-Adams, D. Rheinheimer, and C. Brecht. 2012. Metabolic risk factor reduction through a worksite health campaign: A case study design. *Online Journal of Public Health Infomatics* 4(2):e3.

Davis, E. M., K. W. Cullen, K. B. Watson, M. Konarik, and J. Radcliffe. 2009. A Fresh Fruit and Vegetable Program improves high school students' consumption of fresh produce. *Journal of the American Dietetic Association* 109(7):1227-1231.

DeMattia, L., and S. L. Denney. 2008. Childhood obesity prevention: Successful community-based efforts. *Annals of the American Academy of Political and Social Science* 615:83-99.

Dengel, D. R., M. O. Hearst, J. H. Harmon, A. Forsythe, and L. A. Lytle. 2009. Does the built environment relate to the metabolic syndrome in adolescents? *Health Place* 15(4):946-951.

Dickin, K. L., and J. Dollahite. 2012. The socio-ecological approach to healthy lifestyles: What do nutrition practitioners need to become environmental change agents? International Society for Behavioral Nutrition and Physical Activity Annual Meeting, Portugal:P041.

Dickin, K. L., T. F. Hill, and J. Dollahite. 2014. Practice-based evidence of effectiveness in an integrated nutrition and parenting education intervention for low-income parents. *Journal of the Academy of Nutrition and Dietetics* 114(6):945-950.

Dickin, K. L., and G. Seim. 2013, Sept. 13. Adapting the Trials of Improved Practices(TIPs) approach to explore the acceptability and feasibility of nutrition and parenting recommendations what works for low-income families? *Maternal and Child Health*. Epub ahead of print.

Dollahite, J., D. Kenkel, and C. S. Thompson. 2008. An economic evaluation of the Expanded Food and Nutrition Education Program. *Journal of Nutrition Education and Behavior* 40(3):134-143.

Ebbeling, C. B., M. N. Pearson, G. Sorensen, et al. 2007. Conceptualization and development of a theory-based healthful eating and physical activity intervention for postpartum women who are low income. *Health Promotion Practice* 8(1):50-59.

Economos, C. D., R. R. Hyatt, A. Must, J. P. Goldberg, J. Kuder, E. N. Naumova et al. 2013. Shape Up Somerville two-year results: A community-based environmental change intervention sustains weight reduction in children. *Preventive Medicine* 57(4):322-327.

Economos, C. D., and A. Tovar. 2012. Promoting health at the community level: Thinking globally, acting locally. *Childhood Obesity* 8:19-22.

Engbers, L. H., M. N. van Poppel, A. Paw, M. J. Chin, and W. van Mechelen. 2005. Worksite health promotion programs with environmental changes: A systematic review. *American Journal of Preventive Medicine* 29(1):61-70.

Escaron A. L., A. M. Meinen, S. A. Nitzke, and A. P. Martinez-Donate. 2013. Supermarket and grocery-store interventions to promote healthful food choices and eating practices: A systematic review. *Preventing Chronic Disease* 10:120-156.

Feenstra G., and J. Ohmart. 2012. The evolution of the school food and farm to school movement in the United States: Connecting childhood health, farms, and communities. *Child Obesity* 8(4):280-289.

Feuenekes, G. I. J., C. De Graff, S. Meyboom, and W. A. Van Staveren. 1998. Food choice and fat intake of adolescents and adults: Association of intakes within social networks. *Preventive Medicine* 26:645-656.

Fulkerson, J. A., D. Neumark-Sztainer, P. J. Hannan, and M. Stor y. 20 08. Family meal frequency and weight status among adolescents: Cross-sectional and 5-year longitudinal associations. *Obe sit y* (Silver Spring) 16(11):2529-2534.

Fulkerson, J. A., S. Rydel, M. Y. Kubic, L. Lylte, K. Boutelle, M. Story et al. 2010. Healthy Home Offerings via the Meal-time Environment (HOME): Feasibility, acceptability, and outcomes of a pilot study. *Obesity* (Silver Spring) 18(Suppl 1):S69-SS74.

Furst, T., M. Connors, C. A. Bisogni, J. Sobal, and L. W. Falk. 1996. Food choice: A conceptual model of the process. *Appetite* 26(3):247-265.

Geaney, F., C. Kelly, B. A. Greiner, J. M. Harrington, I. J. Perry, and P. Beirne. 2013. The effectiveness of workplace dietary modification interventions: A systematic review. *Preventive Medicine* 57:438-447.

Glanz, K. 2007. Nutrition Environment Measures Survey in Stores (NEMS-S): Development and evaluation. *American Journal of Preventive Medicine* 32(4):282-289.

Goodman, R. M., et al. 1999. Identif ying and defining the dimensions of community capacity to provide a basis for measurement. *Health Education and Behavior* 25:258-278.

Green, L. W., and M. W. Kreuter. 2004. *Health promotion planning: An educational and ecological approach*. 4th ed. New York: McGraw-Hill Humanities/Social Sciences/Languages.

Gugglberger, L., and W. Dur. 2011. Capacity building in and for health promoting schools: Results from a qualitative study. *Health Policy* 101(1):37-43.

Hamm, M. W., and A. C. Bellows. 2003. Community food security and nutrition educators. *Journal of Nutrition Education and Behavior* 35(1):37-43.

Hanks, A. S., D. R. Just, and B. Wansink. 2013. Smarter lunch-rooms can address new school lunchroom guidelines and childhood obesity. *Journal of Pediatrics* 162:867-869.

Harnack, L. J., S. A. French, J. M. Oakes, M. T. Story, R. W. Jeffery, and S. A. Rydell. 2008. Effects of calorie labeling and value size pricing on fast food meal choices: Results from an experimental trial. *International Journal of Behavioral Nutrition and Physical Activity* 5:63.

Harrington, D. W., and S. J. Eliot. 2009. Weighing the importance of neighborhood: A multilevel exploration of the determinants of overweight and obesity. *Social Science and Medicine* 68(4):593-600.

Harrington, K. F., F. A. Franklin, S. L. Davies, R. M. Shewchuk, and M. B. Binns. 2005. Implementation of a family intervention to increase fruit and vegetable intake: The Hi5+ experience. *Health Promotion Practice* 6(2):180-189.

He, M., M. Sangster Bouck, R. St. Onge, S. Stewart et al. 2009. Impact of the Northern Fruit and Vegetable Pilot Programme — a cluster-randomized trial. *Public Health Nutrition* 12(11):199-208.

Heany, C. A., and B. A. Israel. 2008. Social networks and social support. In *Health behavior and health education: Theory, research, and practice*. 4th ed., edited by K. Glanz, B. K. Rimer, and K. Viswanath. San Francisco: Jossey-Bass, pp. 189-210.

Hearn, D. M., T. Baranowski, J. Baranowski, et al. 1998. Environmental inf luences on dietary behavior among children: Availability and accessibility of fruits and vegetables enable consumption. *Journal of Health Education* 29:26-32.

Hendrie G., G. Sohonpal, K. Lange, and R. Golley. 2013. Change in the family food environment is associated with positive dietary change in children. *International Journal of Behavioral Nutrition and Physical Activity* 10:4.

Hill, T., K. Dickin, and J. S. Dollahite. 2012. Nutrition educators expand their roles to build capacity and community partnerships promoting healthy foods and active play in low-income children's environments. *Journal of Nutrition Education and Behavior* 44(Suppl 1):S16-S17.

Hingle, M. D., T. M. O'Connor, J. M. Dave, and T. Baranowski. 2010. Parental involvement in interventions to improve child dietar y intakes: a systematic review. *Preventive Medicine* 52(2):103-111.

Hunt, M. K., R. Lederman, S. Potter, A. Stoddard, and G. Sorensen. 2000. Results of employee involvement in planning and implementing the Treatwell 5-a-Day worksite study. *Health Education and Behavior* 27(2):223-231.

Isbell, M. G., J. G. Seth, R. D. Atwood, and T. C. Ray. 2015. Development and implementation of client-centered nutrition education programs in a 4-stage framework. *American Journal of Public Health* 105(4):e65-70.

Israel, B., B. Checkoway, A. Schulz, and M. Zimmerman. 1994. Health education and community empowerment: Conceptualizing and measuring perceptions of individual, organizational, and community control. *Health Education Quarterly* 21(2):149-170.

Kent, G. 1988. Nutrition education as an instrument of empowerment. *Journal of Nutrition Education* 20:193-195.

Kerr, J., F. Evans, and D. Carroll. 2000. Posters can prompt less active individuals to use the stairs. *Journal of Epidemiology and Community Health* 54:942-943.

Kerr, J., F. Evans, and D. Carroll. 2001. Six-month observational study of promoted stair climbing. *Preventive Medicine* 33:422-427.

Klepp, K-I., C. Pérez-Rodrigo, I. De Bourdeaudhuij, P. Due, I. Elmadfa, J. Haraldottir, et al. 2005. Promoting fruit and vegetable consumption among European schoolchildren: Rationale, conceptualization and design of the Pro Children project. *Annals of Nutrition and Metabolism* 49:212-221.

Kremers, S. P. J., G-J. de Bruijn, T. L. S. Visscher, W. van Mechelen, N. K. de Vries, and J. Brug. 2006. Environmental inf luences on energy-balance-related behaviors: A dual-process view. *International Journal of Behavioral Nutrition and Physical Activity* 3:9.

Kubik, M. Y., L. A. Lytle, and M. Story. 2001. A practical, theory-based approach to establishing school nutrition advisory councils. *Journal of the American Dietetic Association* 101(2):223-228.

Kwak, L., S. P. J. Kremers, M. A. van Baak, and J. Brug. 2007. A poster-based intervention to promote stair use in blue-and white-collar worksites. *Preventive Medicine* 45(2-3):177-181.

Lefebvre, R. C. and A. S. Bornkessel. 2013. Digital social networks and health. *Circulation* 127(17):1829-1836.

Lee, P. C., and D. E. Stewart. 2013. Does a socio-ecological school model promote resilience in primary schools? *Journal of School Health* 83:795-804.

Lent, M., R. F. Hill, J. S. Dollahite, W. S. Wolfe, and K. L. Dickin. 2012. Healthy Children, Healthy Families: Parents Making a Difference. A curriculum integrating key nutrition, physical activity, and parenting practices to help prevent childhood obesity. *Journal of Nutrition Education and Behavior* 44:90-92.

Li, F., P. Harmer, B. J. Cardinal, and N. Vongjaturapat. 2009. Built environment and changes in blood pressure in middle aged and older adults. *Preventive Medicine* 48(3):237-241.

Long, V., S. Cates, J. Blitstein, K. Deehy, P. Williams, R. Morgan, et al. 2013. *Supplemental Nutrition Assistance Program Education and Evaluation Study (Wave II)*. Prepared by Altarum Institute for the U.S. Department of Agriculture, Food and Nutrition Service.

Lu, A., K. L. Dickin, and J. S. Dollahite. 2012. The socio-ecological approach to healthy lifestyles: What do nutrition practitioners need to become environmental change agents? International Society for Behavior Nutrition and Physical Activity annual meeting, Texas.

Matson-Koffman, D. M., J. N. Brownstein, J. A. Neiner, and M. L. Greaney. 2005. A site-specific literature review of policy and environmental interventions that promote physical activity and nutrition for cardiovascular health: What works? *American Journal of Health Promotion* 19(3):167-193.

McLeroy, K. R., D. Bibeau, A. Steckler, and K. Glanz. 1988. An ecological perspective on health promotion programs. *Health Education Quarterly* 15:351-377.

Medeiros, L. C., S. N. Butkus, H. Chipman, R. H. Cox, L. Jones, and D. Little. 2005. A logic model framework for community nutrition education. *Journal of Nutrition Education and Behavior* 37(4):197-202.

Merrill, R. M., S. G. Aldana, J. Garret, and C. Ross. 2011. Effectiveness of a workplace wellness program for maintaining health and promoting healthy behaviors. *Journal of Occupational and Environmental Medicine* 53(7):782-787.

Mink ler, M. 2004. *Community organizing and community building for health*. 2nd edition. New Brunswick, NJ: Rutgers.

National Farm to School Network.. 2014. www.farmtoschool.org Accessed 4/10/14.

O'Connor T. M., S. O. Hughes, K. B. Watson, T. Baranowski, T. A. Nicklas, J. O. Fisher et al. 2009. Parenting practices are associated with fruit and vegetable consumption in pre-school children. *Public Health Nutrition* 13(1):91-101.

Patrick, H., and T. A. Nicklas. 2005. A review of family and social determinants of children's eating patterns and diet quality. *Journal of the American College of Nutrition* 24(2):83-92.

Patterson, R. E., A. R. Kristal, K. Glanz, D. F. McLerran, J. R. Hebert, J. Heimendinger, et al. 1997. Components of the Working Well trial intervention associated with adoption of healthful diets. *American Journal of Preventive Medicine* 13(4):271-276.

Pérez-Rodrigo, C., M. Wind, C. Hildonen, M. Bjelland, K. I. Klepp, and J. Brug. 2005. The Pro Children intervention: Applying the inter vention mapping protocol to develop a school-based fruit and vegetable promotion program. *Annals of Nutrition and Metabolism* 49(4):267-277.

Perry, C. L., D. B. Bishop, G. Taylor, D. M. Murray, R. W. Mays, B. S. Dudoviz, et al. 1998. Changing fruit and vegetable consumption among children: The 5-a-Day Power Plus program in St. Paul, Minnesota. *American Journal of Public Health* 88(4):603-609.

Reynolds, K. D., F. A. Franklin, D. Binkley, J. M. Raczynski, K. F. Harrington, K. A. Kirk, et al. 2000. Increasing the fruit and vegetable consumption of four t h-graders: Results from the High 5 project. *Preventive Medicine* 30(4):309-319.

Rody, N. 1988. Empowerment as organizational policy in nutrition intervention programs: A case study from the Pacific Islands. *Journal of Nutrition Education* 20:133-141.

Rogers, E. M. 2003. *Diffusion of innovations*. 5th ed. New York: Simon and Schuster.

Rohere, J., J. R. Pierce Jr., and A. Dennison. 2004. Walkability and self-rated health in primary care patients. *BMC Family Practice* 5:29.

Rosenthal, B. B. 1998. Collaboration for the nutrition field: Synthesis of selected literature. *Journal of Nutrition Education* 30(5):246-267.

Ross, N. J., M. D. Anderson, J. P. Goldberg, and B. L. Rogers. 2000. Increasing purchases of locally grown produce through worksite sales: An ecological model. *Journal of Nutrition Education* 32(6):304-313.

Rothschild, M. L. 1999. Carrots, sticks, and promises: A conceptual framework for the management of public health and social issues behaviors. *Journal of Marketing* 63:24-37.

Rundle, A., K. M. Neckerman, L. Freeman, G. S. Lovasi, M. Purciel, J. Quinn, et al. 2009. Neighborhood food environment and walkability predict body mass index in New York City. *Environmental Health Perspectives* 117(3):442-447.

Safdie, M., N. Jennigs-Aburto, L. Levesque, I. Janssen, F. Campirano-Nunez, N. Lopez-Olmedo et al. 2013a. Impact of a school-based intervention program on obesity risk factors in Mexican children. *Salud Publica Mexico* 55(Suppl 3):S374-S387.

Safdie, M., L. Levesque, I. Gonzalez-Casanova, D. Salvo, A. Islas, S. Hernandez-Cordero, A Bonvecchio, and J. A. Privera. 2013b. Promoting healthful diet and physical activity in the Mexican school system for the prevention of obesity in children. *Salud Publica Mexico* 55(Suppl 3):S357-S373.

Sandvik, C., R. Giestad, J. Brug, M. Rasmussen, M. Wind, A. Wolf et al. 2007. The application of a social cognition model in explaining fruit intake in Austrian, Norwegian, and Spanish school children using structural equation modeling. *International Journal of Behavioral Nutrition and Physical Activity* 14:57.

Senge, P., B. Smith, N. Kruschwitz, J. Laur, and S. Schley. 2010. *The necessary revolution: How individuals and organizations are working together to create a sustainable world*. New York: Broadway Books, Random House.

Shaya, F. T., V. V. Cirikov, D. Howard, C. Foster, J. Costas, S. Snitker, et al. 2014. Effect of social networks intervention in type 2 diabetes: A partial randomization study. *Journal of Epidemiology and Community Health* 68(4):326-332.

Singleton, U., A. Williams, C. Harris, and G. G. Mason. 2005.

Building breastfeeding friendly communities with community partners. Washington, DC: U.S. Department of Agriculture, Food and Nutrition Service.

Sorensen, G., J. Hsieh, M. K. Hunt, D. H. Morris, D. R. Harris, and G. Fitzgerald. 1992. Employee advisory boards as a vehicle for organizing worksite health promotion programs. *American Journal of Health Promotion* 6(6):443-450, 464.

Sorensen, G., M. K. Hunt, N. Cohen, A. Stoddard, E. Stein, J. Phillips, et al. 1998. Worksite and family education for dietary change: The Treatwell 5-a-Day program. *Health Education Research* 13(4):577-591.

Sorensen, G., M. K. Hunt, D. Morris, G. Donnelly, L. Freeman, B. J. Ratcliffe, et al. 1990. Promoting healthy eating patterns in the worksite: The Treatwell intervention model. *Health Education and Research* 5(4):505-515.

Sorensen, G., A. M. Stoddard, A. D. LaMontagne, K. Emmons, M. K. Hunt, R. Youngstrom, et al. 2002. A comprehensive worksite cancer prevention intervention: Behavior change results from a randomized controlled trial (United States). *Cancer Causes and Control* 13(6):493-502.

Sorensen, G., A. Stoddard, K. Peterson, N. Cohen, M. K. Hunt, R. Palombo, et al. 1999. Increasing fruit and vegetable consumption through worksites and families in the Treat-well 5-a-Day study. *American Journal of Public Health* 89(1):54-60.

Sorensen, G., B. Thompson, K. Glanz, Z. Feng, S. Kinne, C. DiClemente, et al. 1996. Work site-based cancer prevention: Primary results from the Working Well Trial. *American Journal of Public Health* 86(7):939-947.

Sternfeld, B., C. Block, C. P. Queensberry, T. J. Block, G. Husson, J. C. Norris, et al. 2009. Improving diet and physical activity with ALIVE: A randomized trial. *American Journal of Preventive Medicine* 36(6):475-483.

Story, M., K. M. Kaphingst, R. Robinson-O'Brien, and K. Glanz. 2008. Creating healthy food and eating environments: Policy and environmental approaches. *Annual Review of Public Health* 29:253-272.

Te Velde, S. J., J. Brug, M. Wind, C. Holdoned, M. Bielland, C. Pérez-Rodrigo, and K. I. Klepp. 2008. Effects of a comprehensive fruit-and vegetable-promoting school-based intervention in three European countries: the Pro Children Study. *British Journal of Nutrition* 99(4):893-903.

Travers, K. D. 1997a. Nutrition education for social change: Critical perspective. *Journal of Nutrition Education* 29(2):57-62.

———. 1997b. Reducing inequities through participatory research and community empowerment. *Health Education and Behavior* 24(3):344-356.

Twiss, J., J. Dickerson, S. Duma, T. Kleinman, H. Paulsen, and L. Riveria. 2003. Community gardens: lessons learned from California Healthy Cities and Communities. *American Journal of Public Health* 93(9):1435-1438.

U.S. Department of Agriculture. 2005. Healthy Schools: Local wellness policy requirements. http://www.fns.usda.gov/tn/healthy/wellness_policyrequirements.html Accessed 8/12/14.

U.S. Department of Agriculture. 2013. Supplemental Nutrition Assistance Program Education and Evaluation Study (Wave II). Nutrition Assistance Program Report. Food and Nutrition Service, Office of Policy Support, USDA. http://www.fns.usda.gov/sites/default/files/SNAPEdWaveII.pdf Accessed 6/17/15.

U.S. Department of Agriculture. 2014a. Farm to institution. www.usda.gov/documents/6-Farmtoinstitution.pdf Accessed 12/15/14.

U.S. Department of Agriculture. 2014b. Food deserts. http://apps.ams.usda.gov/fooddeserts/foodDeserts.aspx Accessed 11/30/14.

Wallerstein, N. 1992. Powerlessness, empowerment, and health: Implications for health promotion programs. *American Journal of Health Promotion* 6(3):197-205.

Wansink, B. 2006. *Mindless eating*. New York: Bantam Books.

Wansink B., D. R. Just, C. R. Payne, and M. Z. Klinger. 2012. Attractive names sustain increased vegetable intake in schools. *Preventive Medicine* 55(4):330-332.

Williams, A. E., T. M. Vogt, V. J. Stevens, C. A. Albright, C. R. Nigg, R. T. Meenan, et al. 2007. Work, Weight, and Wellness: The 3W Program: A worksite obesity prevention and intervention trial. *Obesity* (Silver Spring) 15(Suppl 1):16S-26S.

World Health Organization (WHO). 1996. *Local action: Creating health promoting schools* (WHO/NMH/HPS/00.3). Geneva, Switzerland: Author.

World Health Organization (WHO). 2013. What is a health promoting school? http://www.who.int/school_youth_health/gshi/hps/en/ Accessed 12/1/14.

© S. Tsuji /Shutterstock

PART II

영양교육의 실제

CHAPTER 6

© Africa Studio/Shutterstock

1단계: 영양중재의 행동변화목적 설정

개 요

이 장에서는 영양교육 프로그램을 설계 또는 개발할 때 유용하게 적용할 수 있는 절차에 대해 소개한다. Part I에서 성공적인 영양교육의 기초가 되는 이론과 객관적 증거들을 검토했다면 지금부터는 그 이론과 증거들이 영양교육에 어떻게 활용되며 영양교육 설계의 가이드로 어떻게 적용되는가를 중점적으로 다룬다. 다시 말해, 행동과학에 근거한 영양교육 이론들이 영양교육자들로 하여금 대상자들의 건강행동 수행 동기와 수행능력 향상방법을 이해하도록 도왔다면, 본 장에서는 영양교육자들이 영양교육을 수행하기 위해서 이런 이론들을 현실 상황에 적용시키는 과정과 그 중요성에 대해 언급할 것이다. 영양교육 설계과정인 Nutrition Education DESGIN Procedure은 행동이론에 바탕을 둔 명료하고 체계적인 영양교육 설계방법이며 6단계로 구성되어있다. 여기서는 영양교육 설계과정의 개괄적인 과정에 대한 개론과 6단계 중에서 첫 단계인 영양교육의 행동변화목적 설정 절차와 중요성에 대해 서술하며, 이해를 돕기 위한 사례를 제시한다.

목 표

1. 영양교육 설계에서 체계적 절차 적용의 필요성 및 중요성을 진술할 수 있다.
2. 영양교육 설계과정의 6단계를 서술할 수 있다.
3. 대상자의 최우선 영양문제 및 영양문제와 관련된 행동을 평가에 의해 선정할 수 있으며 평가에 적합한 도구를 선택할 수 있다.
4. 영양중재의 행동변화목적을 우선순위에 따라 선정할 수 있다.

1 영양교육 설계과정

영양교육의 수많은 교육 내용(메시지)을 대상자들에게 어떻게 효과적으로 전달할 것인지 고민하는 것은 매우 중요한 일이다. 국제적으로 통용되는 영양교육을 나타내는 용어인 Social and Behavior Change Communication에서 알 수 있듯, 대상자들의 식행동변화를 돕도록 대상자들의 실제 생활 속에서 영양교육이론을 잘 구현해내는 것은 영양교육의 핵심 과제 중 하나이다.

영양교육의 설계는 예술이자 과학이다. 영양교육을 설계할 때 이론과 증거에 기반하여 체계적인 절차를 활용한다는 점에서 보면 과학이며, 대상자에게 적합하고 흥미로운 활동을 교육자들이 자유롭게 만들어낸다는 점에서 보면 예술이다. 본 교재에서는 영양교육을 설계하는 절차를 영양교육 설계과정으로 명명하며 영양교육 이론과 증거들을 전략과 기술로 전환할 수 있는 방법을 제시한다.

1) 영양교육 설계과정의 이해

영양교육 설계과정은 6단계로 구성되며 각 단계별 주요 특징을 요약하면 **그림 6-1**과 같다. 영양교육 설계과정에서 가장 중요하게 강조할 점은 행동(또는 습관)의 결정요인을 규명하는 것이다. 결정요인(또는 전구물질Precursor, 예측요인Predictor) 중심의 영양교육 설계는 연구자들(Baranowski 등 1997; Baranowski 등 2009; Baker 등 2014)에 의해 강조되어온, 영양교육 설계의 핵심 활동이다. 영양교육 설계의 최종 결과물은 중재(프로그램) 활동계획이며 **그림 6-2**의 예시자료를 참고하여 영양중재(프로그램)에 포함되어야 할 구성요소를 항상 기억해야 한다.

(1) 1단계: 행동변화목적 설정

효과적인 영양중재(교육)를 설계하기 위해서는 구체적인 행동에 중점을 두는 것이 매우 중요하다. 행동변화목적 설정은 다음의 몇 가지 문제 제기에 따라 수행된다.

대상자가 누구인가?

대상자가 누구인지 생각하고 대상자를 세밀하게 분석한다.

대상자의 일반적인 영양문제 및 관련 식행동은 무엇인가?

일반적인 정보(문헌, 건강 및 영양 관련 통계자료, 정부 및 관련 기관의 보고서, 식생활 지침서 등)로부터 대상자의 보편적인 문제 행동이나 관심사를 수집하고 분석한다. 이 과정에서 영양중재 프로그램의 타당한 근거를 얻게 된다.

대상자의 구체적인 영양문제 및 관련 식행동은 무엇인가?

집단토의, 심층면접, 설문조사를 통해 대상자의 문제 행동이나 관심사에 대한 구체적인 정보를 얻는다.

영양중재의 행동변화목적은 무엇인가?

대상자의 영양문제 및 관련 행동의 분석 결과를 바탕으로 행동변화목적을 설정한다. 이것은 곧 영양중재(프로그램)의 직·간접적 활동, 환경 및 정책 지원활동 등의 목표가 된다.

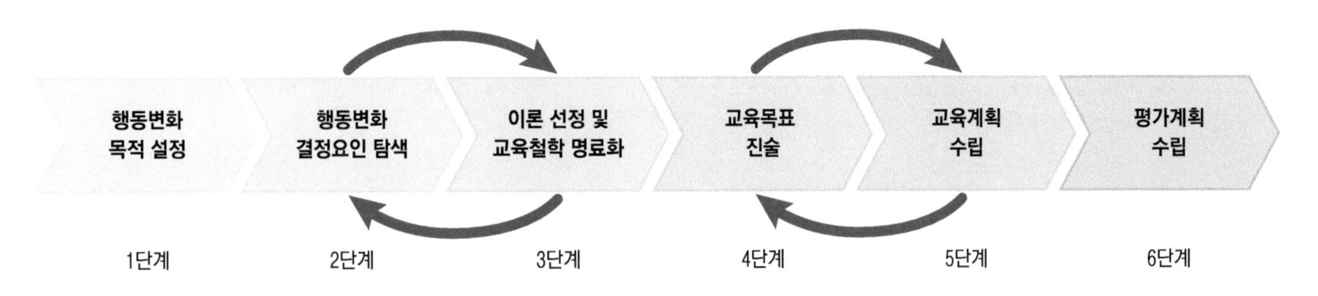

그림 6-1 영양교육 설계과정의 6단계

진단

1. 행동변화 목적 설정

대상자에 관한 일반적인 문제 진단
- 과체중 및 비만은 청소년의 가장 주요한 영양문제
- 청소년들은 당류와 지방의 섭취는 과도하고 채소 섭취량은 낮음

대상자에 관한 구체적인 문제 진단
- 국가 통계보다 비만율이 높음
- 하루 평균 단 음료 2잔, 과일 1회 분량 정도를 섭취하고 있으며 채소는 먹지 않음
- 주당 패스트푸드 섭취 빈도 높음, TV 시청률 높음/운동량 적음

행동변화목적
채소와 과일 섭취량 증진

2. 결정요인 탐색

동기이론 기반 행동변화 결정요인

대상자들에 대한 정보	결정요인
• 채소와 과일을 먹지 않는 식사의 위험성에 대한 지식이 없음	• 인지된 위험
• 채소와 과일은 맛이 없고 비싸며 조리가 번거롭다고 여김	• 인지된 장애
• 채소와 과일은 부모님이 먹으라고 하니까 먹는 것임	• 인지된 행동 통제
• 또래집단의 문화(채소를 먹지 않음)	• 사회적 규범
• 나의 식사는 절대로 나쁘지 않다는 생각을 함	• 인지된 위험(낮음)
• '이익이 뭐야? 나는 내가 먹는 것이 좋다'고 생각함	• 인지된 이익

이론에 기반한 행동변화 결정요인별 지식 및 기술

대상자들에 대한 정보	결정요인
• 매일 채소와 과일을 얼마나 먹어야 하는가?	• 인지적 기술
• 채소와 과일은 어디에서 손쉽게 구할 수 있는가?	• 행동수행력(예: 쇼핑)
• 채소와 과일을 어떻게 조리하는가?	• 행동수행력(예: 조리)
• 수학이나 과학 수업에서 목표 설정과 추적에 대해 배웠지만, 내가 먹는 것에 적용할 생각을 해본 적은 없다.	• 목표 설정, 자기규제 기술

실행

3. 이론 선정 및 교육 철학 명료화

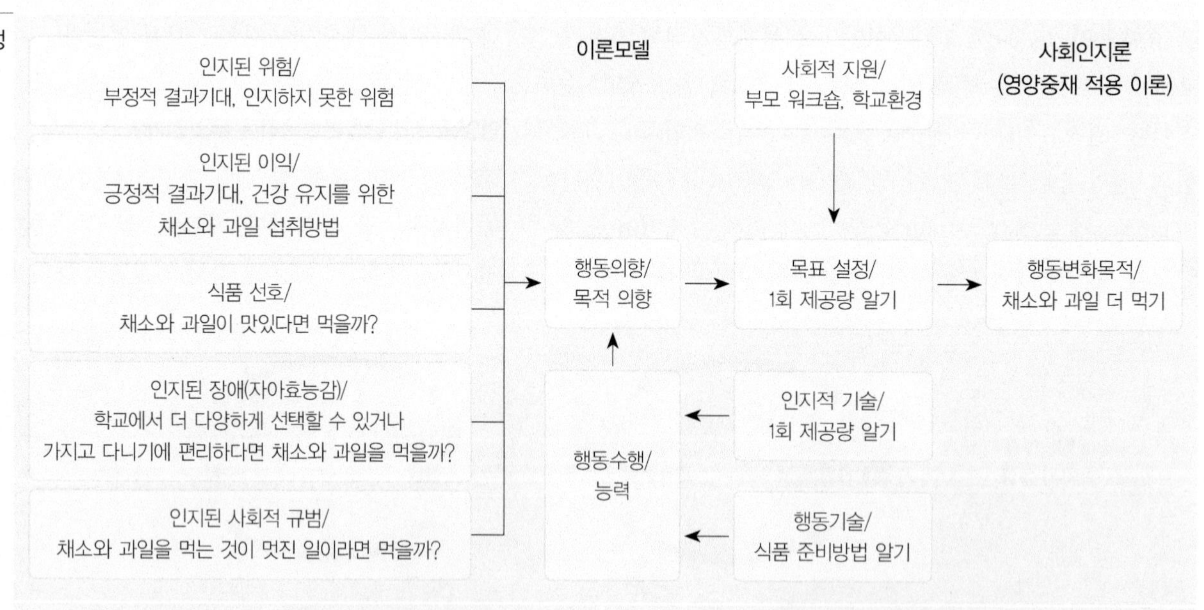

교육철학
청소년들은 자기 식생활의 주체이며 건강한 식품을 선택할 수 있으나 복잡한 식생활 환경에서 바람직한 식생활을 실천하기 위한 기술과 동기유발이 필요하다. 학교는 건강한 식생활 환경 조성에 대한 책임이 있고, 청소년들에게는 자아효능감과 개인수행력이 요구된다.

교육내용(즉 식품영양)에 대한 관점
청소년들은 최소한으로 가공된 식품, 영양밀도가 높은 식품 및 가급적 지역 생산물과 신선한 식품을 선택할 수 있는 지식과 기술의 습득이 필요하다. 여기서 체중문제는 직접적으로 거론되지 않을 것이며 건강한 식생활과 적극적인 신체활동이 강조될 것이다.

(계속)

		이론 기반 결정요인별 목표	목표 달성을 위한 활동
실행	4. 교육목표 진술 및 5. 교육계획 수립	**동기유발을 위한 결정요인별 목표** /대상자들은 ~할 수 있다/	
		• [인지된 위험] 채소와 과일을 먹지 않고 있다는 것을 인지	• 가장 최근의 식사 메뉴를 그린 후 식사구성안과 비교하기
		• [인지된 이익] 다양한 채소와 과일 섭취의 중요성을 서술	• 다양한 색깔 채소의 컬러 인쇄물, 색깔별 채소의 영양 및 역할에 대해 서술하기
		• [식품 선호] 다른 색을 가진 채소와 과일들의 다양한 맛을 평가	• 채소와 과일 만화를 읽고 토의하기
		• [인지된 장애] 채소와 과일 섭취의 어려움을 극복할 수 있는 방법을 모색	• 색깔별 채소를 맛보고 섬세하게 맛 표현하기
		• [자아효능감] 다양한 채소와 과일을 더 먹을 수 있는 능력 향상에 대한 자신감을 서술	• 인지된 장애를 극복하기 위한 방법에 대해 토의하기
		• [사회적 규범] 간식 선택 시 친구들이 미치는 영향을 인식	• 또래 친구들의 영향에 대해 토의하기, 바람직한 친구의 역할을 규명하기
		결정요인 관련 지식 및 행동적 기술 목표 /대상자들은 ~할 수 있다/	
		• [행동수행력] 하루에 먹어야 할 채소와 과일 섭취량을 제시	• 채소와 과일 섭취량 및 하루 제공량이 제시된 유인물
		• [행동수행력 및 자아효능감] 더 다양한 채소와 과일 섭취 및 준비 능력에 대한 자신감을 가질 수 있음을 증명	• 평소 식사에 채소와 과일을 추가할 수 있는 방안에 대한 그룹토의하기, 집에서 채소와 과일 준비·저장방법 알기, 학교급식에서 채소와 과일 먹기
		• [행동수행력 및 자아효능감] 채소와 과일 간식의 준비능력을 증명	
		• [자기규제] 더 다양한 채소와 과일 섭취 및 섭취량 증가 목표를 설정하고 모니터링	• 간식 준비 및 시식: 여러 가지 채소 과일 자르기, 간단한 소스와 같이 먹은 후 평가하기
		• [사회적 지원] 채소와 과일 섭취 증진을 위해 친구들과 협력할 수 있는 방법을 제시	• 채소와 과일 섭취를 위한 목표 설정 활동(활동지 활용하기) • 각자의 채소와 과일 섭취를 위해 설정한 목표 공유하기: 목표 달성을 도울 수 있는 방안에 대해 토의하기
평가	6. 평가계획 수립	**측정할 결과**	**결과 측정 도구**
		• 인지된 이익	• 각 차시별 활동지
		• 인지된 위험	• 토론 기록지
		• 인지된 장애	• 토론 기록지
		• 인지적 기술	• 사전-사후 평가
		• 목적 설정 기술	• 목표 설정 활동지
		• 채소와 과일 섭취량 증가	• 사전-사후 채소와 과일 섭취 관련 체크리스트
		과정평가를 위한 측정 도구 • 관찰기록지: 각 차시별 수행완성도 및 미흡한 점 • 관찰기록지: 학생들의 참여도 • 설문조사: 학생들의 프로그램 만족도	

그림 6-2 영양교육 설계과정의 적용 사례 요약

(2) 2단계: 행동변화 결정요인 탐색

이론과 증거에 입각하여 대상자의 사회문화적 배경, 동기와 능력 정도를 이해하고 목표행동변화에 관여될만한 결정요인을 탐색한다. 이 결정요인은 교육이나 활동, 정책 등에 의해 수정될 수 있으며 행동이나 습관의 변화를 중재하거나 이끌어낼 수 있다. 또한 이 단계에서는 대상자가 행동변화목적을 용이하게 달성할 수 있도록 관련 정책이나 환경의 지원 수준을 탐색할 수 있다.

(3) 3단계: 이론 선정 및 교육철학 명료화

영양중재 프로그램의 구조가 될 이론을 선정하고, 영양중재(프로그램)의 지침이 될 교육철학을 명료화한다.

BOX 6-1 관련 용어 해설

행동, 실행, 습관
습관은 좀 더 지속적인 행동 또는 지역사회에서 보편적으로 나타나는 행동이다. 예를 들어 모유수유, 지역농산물 구입 등과 같은 것을 나타내지만 본 장(교육설계)에서는 구분 없이 사용한다.

중재
중재(Intervention)는 체계적으로 계획되고 조직화된 교육활동이나 학습경험을 의미한다. 중재는 교육자 한 사람에 의해 진행되는 한 차시 또는 여러 차시의 교육이 될 수 있으며 다양한 요소로 구성된 프로그램, 장기간에 걸쳐 영양교육자들과 조력자들이 진행하는 프로그램 매체 등을 아우르는 용어이기도 하다.

직접 교육활동
교육자가 대상자들에게 직접 수행하는 교육활동을 뜻한다.

간접 교육활동
인터넷 기반 교육, 캠페인, 건강박람회, 또는 기타 경로에 의해 대상자들에게 교육내용이나 메시지를 전달하는 교육활동을 뜻한다.

BOX 6-2 영양상담과정

영양상담과정은 미국영양사협회(2008)에서 제안한 것으로 다음 4단계로 구성된다.

- 영양판정(Nutrition assessment and reassessment): 영양 관련 문제점을 파악하기 위한 각종 정보를 수집하고 확인하며 해석하는 과정
- 영양진단(Nutrition diagnosis): 의학적 영역이 아닌 영양 영역으로서의 진단 단계
- 영양중재(Nutrition intervention): 영양중재 목표를 설정, 명시하고 수행하는 단계
- 영양진단 및 평가(Nutrition monitoring and evaluation): 추후 관리 단계이자 상담 이전의 상태 혹은 표준상태와의 비교를 시행하는 단계

자료: 이경혜 등. 2015. 영양교육 및 상담의 실제.

(4) 4단계: 교육목표 진술

선정한 이론에 따른 행동변화의 결정요인에 입각하여 교육목표를 진술한다.

(5) 5단계: 교육계획 수립

결정요인을 변화시키는 데 적합한 교육전략 및 학습경험을 선정하고 조직한다.

(6) 6단계: 평가계획 수립

교육목표 달성 여부를 확인하기 위한 평가계획을 수립한다.

2) 영양교육 설계과정의 활용

영양교육 설계과정은 대상자들에게 영양중재나 프로그램의 개발뿐만 아니라 직·간접적 교육활동, 대상자의 행동변화를 지원할 수 있는 정책이나 환경변화 활동 등 간접적인 중재 활동을 개발할 때에도 적용된다. 이는 대상자의 행동변화에 기여할 수 있는 효과적인 활동이나 활동지, 교육매체 개발에도 적용할 수 있다. 앞의 **그림 6-2**는 영양교육 설계절차를 적용한 사례를 요약한 것으로, 각 단계별 적용과정을 개괄적으로 살펴볼 수 있다.

영양교육 설계과정을 로직모델로 나타내면 **그림 6-3**과 같다. 이 모델은 설계 단계별로 수행해야 할 과업과 생산해야 할 결과물을 보여준다. 1단계와 2단계의 주요 활동은 투입Input이며 자료의 수집 및 분석과 관련된다. 3~5단계는 프로그램의 산출Output이며 영양중재(프로그램)의 설계와 관련된다. 6단계는 프로그램의 결과Outcome이며 중재(교육, 프로그램)의 결과를 평가하는 것을 뜻한다. 영양교육 설계과정은 연속적인 순서로 나열되지만 각 단계가 매우 밀접하게 관련되어있어 실제 설계 과정에서는 단계별 사이를 오갈 수 있다.

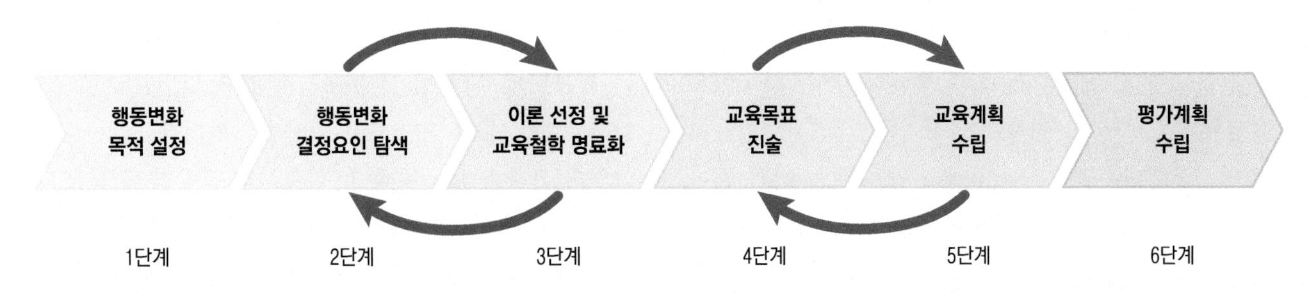

투입: 자료 수집		산출: 이론 기반 중재의 설계			결과: 평가계획
과업 • 대상자의 건강 및 영양문제에 기반한 영양중재의 행동목적 설정	과업 • 자료에 근거한 결정요인 탐색	과업 • 영양중재에 적용할 이론 선정 • 교육철학 명료화 • 교육내용에 대한 관점 명시	과업 • 영양중재 이론에 따른 결정요인별 교육목표 진술	과업 • 교육계획 수립 • 결정요인별 교육활동 계획 • 4Es 적용 교육내용 및 활동 조직화	과업 • 평가계획 수립 • 결과평가를 위한 평가 방법 및 평가 문항 선정 • 설계과정 평가 • 영양중재 수행과정을 측정할 수 있는 문항 개발
결과물 • 영양중재의 행동목적 진술	결과물 • 영양중재에서 다루게 될 결정요인(들)의 목록	결과물 • 영양중재 적용 이론 • 교육철학 진술 및 교육내용 관점 명시	결과물 • 이론에 따른 결정 요인별 교육목표	결과물 • 행동목적 달성을 위한 교육활동 계획	결과물 • 평가방법 및 평가문항 목록 • 과정평가를 위한 절차 및 평가방법

그림 6-3 영양교육 설계과정의 각 단계별 과업 및 결과물

2 행동변화목적 설정

1) 대상자 선정

대상자를 명료화하는 것은 무엇보다 중요하다. 대상자의 범주에는 아동, 청소년, 수유부 또는 고령자 등이 해당된다. 대상자는 대개 영양교육을 수행하는 기관, 조직 등에 의해 선정되는데, 건강이나 영양문제에 취약한 계층이나 노출 규모 등의 기준에 의해 정해진다. 예로는 소아비만(최근 증가하는 추세), 저소득층(건강 및 영양 취약계층), 당뇨병 환자(심각한 건강문제) 등이 있으며 대상자들이 얼마나 참여할 수 있는가를 고려하여 선정하기도 한다.

2) 대상자의 일반적 영양문제 및 관련 식행동 분석

영양중재(교육) 설계 시 대상자에 대한 심층적인 이해는 필수이다. 대상자를 대면하기 전에 대상자의 보편적인 영양문제 및 식행동을 이해하기 위해서는 충분한 정보가 필요하며, 수집된 정보들은 영양교육을 설계할 때 유용하게 활용된다. 대부분 영양중재(프로그램)의 주요 필요성은 대상자의 건강 및 영양문제에 기반을 두고 있는데, 제2형 당뇨병 유병률 증가의 위험성이라든지 청소년 시기 건강체중 유지의 중요성과 같은 것을 예로 들 수 있다. 건강문제 외에 먹거리 체계Food system(생태발자국, 탄소발자국 등), 식품 관련 사회적 관심사(전통 식문화 계승, 가족 식문화의 변화, 직거래 장터와 같은 식품 마케팅 등)가 주요한 필요성에 해당되기도 한다. 먹거리 체계의 경우에는 개인의 건강 및 영양문제에 직접적 관련이 없어 보이지만 장기적인 측면에서 관련이 있다. 최근 국제연합식량농업기구, 세계보건기구와 같은 국제기구에서는 식생활지침의 기본적인 요소로 "건강뿐만 아니라 환경과 지속가능한 발전에 기여할 수 있어야 한다"는 것을 강조하고 있다.

대상자의 보편적인 건강 및 영양문제, 식행동 경향 등에 대한 정보들은 국가정책 및 통계자료, 연구 보고서 및 학술논문 등을 통해 얻을 수 있다. 국가정책 및 통계자료에는 한국인을 위한 식생활지침, 한국인 영양소 섭취기준, 국민건강영양조사, 청소년건강행태온라인조사(https://yhs.cdc.go.kr) 등이 있으며 국가통계포털(http://kosis.kr/index/index.do)은 건강 및 영양 관련 통계자료 및 평균수명, 인구 변화 및 구성 등에 대한 요약된 자료를 제공한다. 연구보고서 및 학술논문은 국내외 학술검색사이트(PubMed, KoreaMed, RISS, NDSL 등)에서 공유된다.

3) 대상자의 구체적 영양문제 및 관련 식행동 분석

대상자의 일반적인 영양문제 및 식행동에 대한 분석과 함께 대상자의 구체적이고 객관적인 건강 및 영양문제 또는 관심사, 식행동에 대한 자료를 수집하고 분석해야 한다. 이 과정은 대상자의 필요와 요구에 적합한 영양교육 프로그램 구성에 필수적이다. 대상자의 구체적인 자료 및 정보는 인터뷰 또는 집단토의, 관찰법, 설문조사와 같은 방법으로 수집한다. 인터뷰에는 개별, 집단 또는 인터셉트 인터뷰Intercept interview가 있으며 관찰법에는 형식적·비형식적 관찰법, 설문조사에는 설문지, 또는 간단한 체크리스트를 사용하는 방법이 있다. 대상자로부터 얻을 수 있는 구체적 자료의 예시는 다음과 같으며 체크리스트의 예는 BOX 6-3에 제시하였다.

- **식품 구입 관련 행동 또는 습관** 구입 목록을 사용하는가, 할인쿠폰을 사용하는가, 가격이나 품질을 비교하는가 등에 대한 자료를 얻을 수 있다.
- **식품섭취빈도** 식품섭취빈도 조사지를 활용한다(전반적인 식품섭취패턴을 파악하거나, 채소와 과일처럼 목표가 되는 식품에 중점을 둘 수도 있음). 영양교육 활동 시에는 간단한 체크리스트만으로도 활용할만한 자료를 얻을 수 있다.

BOX 6-3 식행동 체크리스트의 예

항목	점수
매일 한 가지 이상의 과일을 먹습니까?	
지난 1주일 동안 감귤류를 먹었습니까?	
매일 한 가지 이상의 채소를 먹습니까?	
하루 두 접시 이상의 채소를 먹습니까?	
간식으로 채소와 과일을 먹습니까?	
매일 우유를 마십니까?	
지난 1주일 동안 우유를 시리얼과 같이 먹거나 음료로 마셨습니까?	
지난 1주일 동안 생선을 먹었습니까? (예: 2점, 아니오: 1점)	
닭고기는 껍질을 제거하고 먹습니까?	
식품을 구입할 때 영양표시를 확인합니까?	
탄산음료를 마십니까?	
스포츠 음료, 과일맛 음료 등을 구입합니까?	
자신의 평소 식사 질을 평가한다면? (매우 나쁨: 1, 나쁨: 2, 보통: 3, 좋음: 4, 매우 좋음: 5)	
먹을 음식이 매달 부족합니까?	

※ 점수 기준: 전혀 아니다(1), 약간 그렇다(2), 어느 정도 그렇다(3), 자주 그렇다(4), 항상 그렇다(5); 평가 점수가 적혀 있는 항목의 경우에는 해당 점수 참고하여 기입.

자료: Townsend MS 등. 2003. Selecting items for a food behavior checklist for limited-resources audiences. Journal of Nutrition Education and Behavior 35: 69-82.

- **관찰가능한 구체적 식행동** 저지방 우유 선택, 도정곡보다는 전곡류 섭취하기, 고기류의 지방 부분을 제거하고 먹기 등을 조사할 수 있으며, 식품위생 관련 행동(또는 습관)도 조사할 수 있다(Shannon 등 1997; Medeiros 등 2001).
- **식사패턴** 아침식사를 하는가, 간식으로 과일을 먹는가, 세끼 식사를 하는가 등의 자료를 얻을 수 있다.
- **식사의 질** 식사의 질에 대한 대상자의 주관적인 평가 또는 24시간 회상법과 같은 방법으로 자료를 수집할 수 있다. 수집한 자료는 권장식사구성안 등과 비교하여 평가한다.

대상자들에게는 건강 및 영양문제, 먹거리 체계, 그리고 식품 관련 사회적 관심사 등 다양한 주제나 건강 및 영양문제가 있을 수 있으므로 우선순위를 정할 필요가 있다. 예를 들어 적은 양의 채소와 과일 섭취, 고칼로리 가공식품 섭취, 과도한 단 음료 섭취, 충분하지 못한 신체활동, 저조한 유제품 섭취 등 여러 식행동 문제가 나타날 수 있는데 제한된 시간과 자원 내에서 영양중재의 결과기대를 높이기 위해서는 우선순위 평가기준에 따라 우선으로 할 목표 식행동을 결정하여야 한다. 우선순위를 정할 때는 대상자들로부터 수집한 자료를 바탕으로 '어떤 주제가 더 바람직한 결과를 낳을 것인가', '어떤 주제가 교육적 관점에서 더 적합한가', '어떤 주제가 대상자에게 가장 중요한가'와 같은 사항을 고려해야 한다.

(1) 우선순위 선정기준: 얼마나 중요한가

수집된 정보로부터 규명된 대상자의 행동이나 습관은 객관적인 연구 결과에 근거하여 그 중요도를 평가할 수 있다. 즉 특정 행동의 변화가 대상자들에게 얼마나 중요한 일인가를 평가하는 것인데, 예를 들어 심혈관계질환의 유병률은 고지방 식사, 채소와 과일의 섭취 부족과 매우 밀접하게 관련되어 있다. 모유수유는 영아의 건강에 중요한 영향을 미치는 행동이므로 이러한 행동이 해당 대상자들에게 중요하다고 볼 수 있다.

(2) 우선순위 선정기준: 교육으로 변할 수 있는가

대상자에게 중요하다고 규명된 행동들은 교육에 의해 얼마나 변할 수 있는지, 가능한 일인지 검토한다. 어떤 행동은 영양중재에 적합하지 않을 수 있으며 교육에 의한 변화가능성에 대한 객관적인 증거가 부족할 수 있다. 변화가능성에 대한 검토는 문헌이나 대상자의 관점에서 수행될 수 있다. 문헌 분석의 경우 선행 연구에서 나타난 결과들로부터 변화 가능성에 대한 자료를 얻을 수 있으며 대상자들의 관점은 몇 가지 질문을 통해 대상자들이 특정 행동을 수용하고 적용할 것인지 평가할 수 있다.

- **상대적 이익**Relative advantage 현재 나의 행동보다 무엇이 나은가?
- **복잡성**Complexity 내가 충분히 이해하고 잘 수행할 수 있는가?
- **공존가능성**Compatibility 내가 살아가는 방식과 어떻게 관련되어있는가? 기존 삶의 방식에서 크게 벗어나지 않고 적용할 수 있는 것인가?
- **시도가능성**Trialability 지속적인 수행 약속을 하기 전에 한 번 시도해볼 수 있는 것인가?
- **관찰가능성**Observability 특정 행동을 할 때, 나 또는 다른 사람들에게 무슨 일이 일어나는지 관찰가능한가(가시적으로 보이는 긍정적인 면이 있는가)?

(3) 우선순위 선정기준: 실현가능한가

규명된 행동들은 영양중재(프로그램)로 설계 또는 실행될 수 있는지를 고려한다. 그리고 영양교육자가 프로그램 수행에 얼마나 전념할 수 있는지, 즉 시간이나 자원을 어느 정도 지원할 수 있으며, 프로그램은 어느 정도의 기간 동안 제공될 수 있는지, 주어진 시간과 자원의 범위 내에서 변화를 충분히 이끌어낼 수 있는지를 검토한다.

(4) 우선순위 선정기준: 적합한가

영양중재(프로그램)에서 목표행동에 대해서 대상자들이 현실적으로 실천가능하며 실천이 용이한지(장애요인은 없는지) 검토한다.

(5) 우선순위 선정기준: 측정가능한가

평가가 측정가능한 것이라면 영양중재(프로그램)가 효과적이었는지를 알 수 있다. 따라서 행동변화 또는 실천으로 나타

BOX 6-4 **행동변화목적 진술 시 고려사항**

구체적일 것

행동변화목적은 구체적이고 명료하게 진술될 것이 강조된다. 그 예는 다음 비교를 통해 설명할 수 있다.

a. 채소와 과일 섭취량을 늘려야 한다.
b. 하루 두 컵 이상의 채소와 과일을 먹는다.

위의 두 진술 중에서는 후자가 더 명료하게 목표를 진술한 형태이다.

a. 출산 후 모유수유 하기
b. 출산 후 최소 3개월간 모유수유 하기

위의 두 진술 중에서도 후자가 더 구체적으로 목표를 진술한 형태이다. 영양중재의 전반적인 행동변화목적은 일반적인 행동변화목적으로 진술되지만 수업별 행동변화목표는 전반적인 행동변화목적보다 구체적이어야 한다.

목표행동에 중점 두기

때에 따라서는 서로 관련되어있다고 판단될 경우 두 가지의 행동변화목적을 설정하기도 한다. 예를 들어 단 음료 대신 물 마시기, 당이 많은 가공간식류 대신 과일 먹기와 같은 것을 설정할 수 있는데, 한 가지 분명히 알아야 할 것은 너무 많은 메시지를 대상자들에게 제시하면 어떤 것도 하지 않을 수 있으며 중요한 핵심을 놓칠 가능성이 있다는 것이다. 예를 들어 한 차시 교육에 식품구성자전거의 모든 식품군에 대한 내용을 담는다면, 대상자들은 무엇을 수행할지보다는 식사 구성에 대한 일반적인 정보 정도만 받아들일 것이다.

단기 목적과 장기 목적

행동변화목적은 단기 목적과 장기 목적으로 설정될 수 있다. 장기 결과 기대인 행동변화목적은 단기간에 그 결과가 나타나지 않을 수 있는데, 어머니가 자녀에게 채소와 과일을 권장량으로 제공하도록 하는 것이 장기 교육목적인 경우, 오후 간식으로 과일 1개 제공하기 정도가(세부 행동변화목적이기도 함) 단기 목적으로 바람직할 수 있다. 영양중재의 시간이 충분하지 못한 경우에는 목적 달성을 평가하기 위해 행동변화 평가 대신 행동의향을 측정하기도 한다.

나는 결과들은 측정가능해야 한다.

4) 행동변화목적 설정

행동변화목적은 대상자의 건강 및 영양문제, 그리고 관련 식행동의 분석 결과에 따라 몇 가지로 결정되며, 영양중재(프로그램)에서 대상자들에게 기대되는 바람직한 행동변화로 진술되어야 한다. 앞서 언급한 것처럼 행동변화목적은 구체적인 행동이나 습관이어야 한다. 청소년의 채소와 과일 섭취량 늘리기, 저소득층 여성의 칼슘 섭취량 늘리기, 초등학생의 건강간식 선택비율 높이기, 고등학생의 단 음료 섭취량 줄이기 등과 같다.

이 장의 끝부분에 등장하는 **활동 6-1**은 행동변화목적을 설정하는 과정에 대한 예시로, 대상자들에게 해당되는 잠재적 목적행동 네 가지를 규명한 뒤 각각의 행동변화목적에 대해 영양교육에 의한 수정가능성을 검토한 것이 진술되어있다. 이 과정에 의해 영양교육(프로그램)에서 좀 더 집중해야 할 구체적인 행동변화목적을 결정하게 되는 것이다. 영양중재의 행동변화목적은 한두 가지로 제시하며, 연속으로 진행되는 중재(프로그램)인 경우 전체를 아우르는 핵심 목적을 하나 설정하고, 프로그램 개별 수업의 세부 행동변화목표는 한두 가지로 핵심 목적 범위 내에서 진술할 것을 제안한다. 예를 들어, 소아비만 예방 프로그램의 목적행동 주제는 에너지 균형과 관련된 행동이 될 수 있으며 각 수업은 에너지 균형을 위한 세부적인 행동들로 구성될 수 있다. 당뇨병 위험군의 경우에는 당뇨병 예방을 위한 식사습관과 신체활동, 고혈압 위험군의 경우에는 DASH Diet Approaches to Stop Hypertension 다이어트가 세부 내용이 될 수 있다.

BOX 6-5 **행동변화목적과 교육목표**

교육목표는(Educational objectives) 종종 행동변화목적(Behavior change goals)과 혼동된다. 교육목표는 행동변화목적을 달성하기 위한 교육활동을 개발할 때 지침이 되는 것이다. 예를 들어, 행동변화목적인 '채소와 과일 섭취량 늘리기'의 교육목표는 '다양한 채소와 과일 섭취 시 좋은 점 말하기', '채소와 과일의 맛 표현하기', '알맞은 섭취량 말하기' 등이 될 수 있다.

3 적용 사례

본 교재의 6장부터 11장까지 제시되어있는 사례 연구는 영양교육 설계과정의 진행과정을 보여주기 위해 설정한 상황이며 본 장에서는 1단계의 각 구성요소가 완성되어가는 과정을 보여준다. 영양교육 설계 절차를 수행하기 위해 가정한 상황은 아래와 같다.

운영기관 대학

수행장소 대학 소재 지역의 중학교 1개교

현황

지역사회의 경제적 수준은 다양하며 운영기관인 대학의 경우 해당 중학교에 일반적인 건강교육 서비스를 제공한 적은 있지만 영양중재 프로그램을 개발하여 수행한 적은 없다. 청소년의 식습관 향상을 위한 영양중재의 필요성에 대한 확신은 있지만 대상자들에 대한 구체적인 자료도 없으며 어떤 종류의 영양중재를 개발해야 할지에 대한 정보도 없는 상태이다. 따라서 지역사회의 청소년들이 당면한 영양 관련 건강문제 및 이슈부터 규명할 필요가 있다.

행동변화목적

1단계에서 서술한 단계에 따라 해당 중학교 청소년의 영양 관련 건강문제를 측정한 결과 프로그램에서 추구해야 할 바람직한 행동변화목적은 다음과 같다.

- 하루 2.5컵 이상의 채소와 과일 섭취
- 하루 1만 보 이상 신체활동
- 고에너지·저영양 간식 섭취 칼로리 하루 150kcal 이하로 줄이기
- 단 음료는 하루 1컵 이하로 줄이기

프로그램 구성

프로그램의 명칭은 "Taking Control: Eating well and Being fit"이며 다음과 같이 구성하였다. 이 모든 프로그램의 구성은 학생의 행동변화를 지원하는 것이 목적이며 각 결과는 프로그램 평가의 기반이 될 것이다.

- 학생교육: 10차시 교실수업으로 구성하였으며 그 과정은 6~11장에 서술되어있다.
- 학부모교육: 학생들의 식행동변화를 지원하기 위한 목적으로 구성하였으며 2차시의 오프라인 교육과 가정통신문으로 구성되었고 그 과정은 12장에 기술되어있다.
- 학교환경 및 정책 지원: 학생들의 교육을 지원하기 위해 전반적인 학교활동으로 (구성되었으며) 이 과정은 11장에 기술되어있다.

© PhotoDisc

연습문제

1. 대상자의 요구, 관심거리, 문제 등을 평가해야 하는 중요한 이유는 무엇인가?
2. 도시 지역의 저소득층 가정 청소년을 대상으로 영양중재 프로그램을 설계한다면 대상자의 건강이나 영양문제 진단을 위해 어떤 정보를 활용하겠는가?
3. 영양교육의 행동변화목적을 설정할 때는 한두 가지로 제한할 것을 제안하였다. 한두 가지 행동에 중점을 두는 것이 왜 중요하다고 생각하는가?
4. 영양교육(프로그램)의 목표행동을 어떻게 선정하겠는가? 선정기준과 그 이유는 무엇인가?

참고문헌

이경혜, 김경원, 이연경, 이송미, 손숙미. 2015. *영양교육 및 상담의 실제*. 라이프사이언스.

American Dietetic Association. 2008. Nutrition Care Process and Model Part I: The 2008 update. *Journal of the American Dietetic Association* 108:1113-1117.

Australian National Health and Medical Research Council. 2013. *Eat for Health: Australian Dietary Guidelines — Providing the scientific evidence of healthier Australian diets*. Canberra, Australia: National Health and Medical Research Council.

Baker, S., G. Auld, C. MacKinnon, A. Ammerman, G. Hanula, B. Lohse, et al. 2014. Best practices in nutrition education for low-income audiences. http://snap.nal.usda.gov/snap/CSUBestPractices.pdf Accessed 1/15/15.

Baranowski, T., J. Baranowski, K. W. Cullen, T. Marsh, N. Islam, I. Zakeri, L. Honess-Morreale, and C. deMoor. 2003. Squire's Quest! Dietary outcome evaluation of a multimedia game. *American Journal of Preventive Medicine* 24(1):52-61.

Baranowski, T., E. Cerin, and J. Baranowski. 2009. Steps in the design, development, and formative evaluation of obesity prevention-related behavior change. *International Journal of Behavioral Nutrition and Physical Activity* 6:6.

Baranowski, T., L. S. Lin, D. W. Wetter, K. Resnicow, and M. D. Hearn. 1997. Theory as mediating variables: Why aren't community interventions working as desired? *Annals of Epidemiology* 7:589-595.

Block, G., C. Gillespie, E. H. Rosenbaum, and C. Jenson. 2000. A rapid food screener to assess fat and fruit and vegetable intake. *American Journal of Preventive Medicine* 18:284-288.

Block, G., F. E. Thompson, A. M. Hartman, F. A. Larkin, and K. E. Guire. 1992. Comparison of two dietary question-naires validated against multiple dietary records collected during a 1-year period. *Journal of the American Dietetic Association* 92:686-693.

Bonvecchio, A., G. H. Pelto, E. Escalante, E. Monterrubio, J. P. Habicht, F. Navada, et al. 2007. Maternal knowledge and use of a micronutrient supplement was improved with a programmatically feasible intervention in Mexico. *Journal of Nutrition* 137:440-446.

Booth-Butterfield, S., and B. Reger. 2004. The message changes belief and the rest is theory: The "1% or less" milk campaign and reasoned action. *Preventive Medicine* 39:581-588.

Contento I. R., P. A. Koch, H. Lee, and A. Calabrese-Barton. 2010. Adolescents demonstrate improvement in obesity risk behaviors following completion of *Choice, Control & Change*, a curriculum addressing personal agency and autonomous motivation. *Journal of the American Dietetic Association* 110:1830-1839.

Food and Agricultural Organization. 2013. Food-based dietary guidelines by country. http://www.fao.org/ag/humannutrition/nutritioneducation/fbdg/en/ Accessed 12/2/14.

Green, W., and M. W. Kreuter. 2005. *Health education planning: An educational and ecological approach*. 4th ed. New York: McGraw-Hill.

Gussow, J. D., and K. Clancy. 1986. Dietary guidelines for sustainability. *Journal of Nutrition Education* 18(1):1-4.

Hawkes, C. 2013. *Promoting healthy diets through nutrition education and changes in the food environment: An international review of actions and their effectiveness*. Rome,

Italy: Nutrition Education and Consumer Awareness Group, Food and Agriculture Organization of the United Nations. Avail-able at http://www.fao.org/docrep/017/i3235e/i3235e.pdf Accessed 6/18/15.

Health Council of the Netherlands. 2011. *Guidelines for a healthy diet: The ecological perspective*. The Hague: Health Council of the Netherlands publication no. 2011/08E.

Heath C., and D. Heath. 2010. *Switch: How to change things when change is hard*. New York: Random House.

Hersey, J., J. Anliker, C. Miller, R.M. Mullis, S. Daugherty, S. Das, et al. 2001. Food shopping practices are associated with dietary quality in low-income households. *Journal of Nutrition Education and Behavior* 33:S16-S26.

Hunsberger M., J. O'Malley, T. Block, and J. C. Norris. 2012. Relative validation of Block Kids Food Screener for dietary assessment in children and adolescents. *Maternal and Child Nutrition*. Sep 24. doi: 10.1111/j.1740-8709.2012.0044.

McClelland, J. W., D. P. Keenan, J. Lewis, S. Foerster, S. Sugerman, P. Mara, et al. 2001. Review of evaluation tools used to assess the impact of nutrition education on dietary intake and quality, weight management practices, and physical activity of low-income audiences. *Journal of Nutrition Education* 33:S35-S48.

Medeiros, L., V. Hillers, P. Kendall, and A. Mason. 2001. Evaluation of food safety education for consumers. *Journal of Nutrition Education* 33:S27-S34.

Ozer, E. J. 2007. The effects of school gardens on students and schools: Conceptualization and considerations for maximizing healthy development. *Health Education & Behavior* 34(6):846-863.

Reger, B., M. Wootan, S. Booth-Butterfield, and H. Smith. 1998. 1% or less: A community-based nutrition campaign. *Public Health Reports* 113:410-419.

Rogers, E. M. 2003. *Diffusion of innovations*. 4th ed. New York: Free Press.

Shannon, J., A. R. Kristal, S. J. Curry, and S. A. Beresford. 1997. Application of a behavioral approach to measuring dietary change: The fat and fiber-related diet behavior questionnaire. *Cancer Epidemiology, Biomarkers and Prevention* 6:355-361.

Thompson, B., and L. Amoroso. 2010. *Combating micronutrient deficiencies: Food-based approaches*. Rome, Italy: Food and Agricultural Organization of the United Nations and CAB International.

Townsend, M. S., L. L. Kaiser, L. H. Allen, A. Block Joy, and S. P. Murphy. 2003. Selecting items for a food behavior check list for a limited-resources audience. *Journal of Nutrition Education and Behavior* 35:69-82.

U.S. Department of Agriculture. n.d. *Choose MyPlate 10 Tips to a Great Plate Nutrition Education Series*. http://www. choosemyplate.gov/healthy-eating-tips/ten-tips.html Accessed 9/15/14.

U.S. Department of Hea lth and Human Ser v ices. 2010. Dietary Guidelines for Americans. www.health.gov/dietaryguidelines/ Accessed 9/20/14.

U.S. Department of Health and Human Services. 2008. Physical Activity Guidelines for Americans. www.health.gov/paguidelines Accessed 9/20/14.

Whitehead, F. 1973. Nutrition education research. *World Review of Nutrition and Dietetics* 17:91-149.

Willett, W. C., R. D. Reynolds, S. Cottrell-Hoehner, L. Sampson, and M. L. Browne. 1987. Validation of a semi-quantitative food frequency questionnaire: Comparison with a 1-year diet record. *Journal of the American Dietetic Association* 87:43-47.

World Health Organization. 2003. *Diet, nutrition and the prevention of chronic diseases*. Report of a joint WHO/FAO expert consultation. WHO Technical Report Series 916. Geneva, Switzerland: WHO.

Yaroch, A. L., K. Resnicow, and L. K. Khan. 2000. Validity and reliability of qualitative dietary fat index questionnaires: A review. *Journal of the American Dietetic Association* 100(2):240-244.

영양교육 설계과정

행동변화 목적 설정	행동변화 결정요인 탐색	이론 선정 및 교육철학 명료화	교육목표 진술	교육계획 수립	평가계획 수립
1단계	2단계	3단계	4단계	5단계	6단계

활동 6-1

아래에 제시된 내용은 영양중재 장소 및 대상자들을 결정한 후 대상자들의 문제를 진단하기 위해 실시한 1단계 수행과정이다.

1단계: 행동변화목적 설정

영양중재(프로그램)를 설계하기 전에 대상자를 이해하는 것은 매우 중요하다. 대상자로부터 수집한 정보를 통해 영양중재에서 중점을 두어야 할 건강 관련 영양문제 및 식행동을 결정할 수 있을 것이다.

대상자가 누구인가?

도시형 중학교 1~2학년 학생

대상자들에 관한 일반적인 정보

국가나 연구기관 등에서 실시한 대상자 관련 연구에서 나타난 건강 관련 영양문제나 식생활 문제는 무엇인가?

- 대다수 청소년들에게서 과체중 및 비만율이 높고 빠르게 증가하는 추세임
- 아동기의 과체중은 장·단기적 건강문제와 관련되어있음
  {예: 콜레스테롤 증가(단기적 문제), 심혈관계 질환 및 제2형 당뇨병(장기적 문제)}
- Health Plan 2020에서 비만을 중요 문제로 언급하였음
- 정부 보고 자료에는 청소년들의 단 음료 및 간식류의 섭취량이 증가하고 있고, 우유나 채소 섭취량은 감소하고 있는 것으로 나타남. 첨가당과 지방의 섭취량은 권장수준보다 높음
- 청소년들의 채소와 과일 섭취 수준이 권장수준에 미치지 못함

대상자들에 관한 구체적 정보

설문조자, 인터뷰, 또는 방문조사 등으로 알아낸 대상자들의 구체적 정보는 무엇인가?

- 대상자들의 과체중 및 비만율은 전국 평균보다 높음
- 54% 정도의 학생들만 일주일에 1회 또는 그 이상의 체육수업에 참여함
- 35%의 학생들은 평일에 3시간 이상 TV를 시청하며 신체활동이 권장수준에 미치지 못함. 집에서 컴퓨터를 하는 학생들은 매일 1시간 이상 비디오 게임을 하거나 인터넷 서핑을 함

(계속)

- 학생들은 '체중'을 중요한 문제로 생각하고 있음. 당뇨병, 천식, 식품알레르기와 같은 기타 건강문제도 인지하고 있으며 자신이나 가족, 주변의 친한 친구들이 이런 문제를 가진다는 것이 중요한 문제라고 생각하고 있음
- 학생들은 매일 평균 1접시 분량의 채소와 과일을 먹고 있음
- 매일 단 음료를 평균 1L 정도 마심
- 매일 스낵을 평균 3봉지 정도 먹음(쿠키, 감자칩 등)
- 일주일에 평균 4번 정도 가족이나 친구와 함께 패스트푸드점에 감
- 학생 대부분이 등굣길 외에는 걷지 않음. 친구와 공원에 가거나 야구를 하는 경우는 가끔 있음

영양중재에서 행동변화목적이 될 수 있는 것은 무엇인가?

앞서 기술된 정보 중에서 영양중재의 잠재적 행동목적을 나열하고 중요성, 실현가능성, 적합성 등을 검토해보자.

잠재적 행동변화목적	고려사항 • 중요한가: 대상자들에게 얼마나 중요한 문제인가? • 실현가능한가: 주어진 시간 및 자원의 범위 내에서 변화할 수 있는가? • 적합한가: 대상자의 관점에서 변화할 수 있는가? • 변화가능한가: 교육에 의해 변화할 수 있는가? • 측정가능한가: 행동변화를 측정할 수 있는가?
채소와 과일 섭취량 늘리기	채소와 과일 섭취는 체중관리에 도움이 됨. 적은 채소 섭취는 심혈관 질환 및 암 발생과 관련되어있음. 맛보기와 같은 체험활동으로 채소 섭취량은 증가될 수 있음. 학생들은 과일은 어느 정도 먹지만 채소 섭취량은 매우 낮음. 이는 식품섭취빈도조사 및 24시간 회상법에 의해 측정할 수 있음
단 음료 섭취량 줄이기	단 음료 섭취는 에너지 섭취 증가 및 비만, 과체중과 관련이 있음. 따라서 단 음료의 당 함량을 제시함으로써 당 섭취에 대한 청소년들의 인식을 높일 수 있음. 생수나 과일향 첨가 생수는 단 음료의 대체품이 될 수 있음. 단 음료 섭취량 감소는 체중과 에너지 섭취 조절에 도움이 된다는 것을 확신할 수 있음. 행동변화 결과는 식품섭취빈도 및 24시간 회상법에 의해 측정가능함
패스트푸드 섭취량 줄이기	패스트푸드는 맛있는 음식이지만 엄청난 에너지 탓에 체중 증가를 불러옴. 또한 첨가당, 지방, 소금이 첨가된 가공식품으로 만성질환 유발과 관련이 있음. 패스트푸드점은 접근성이 좋고 유행하고 있기 때문에 섭취량을 줄이기가 쉽지 않음. 식품섭취빈도 및 24시간 회상법에 의해 측정가능함
신체활동 늘리기	신체활동은 에너지 균형과 과체중 및 비만을 조절하는 데 도움이 됨. 신체활동 참여율은 아동기 및 청소년기를 거쳐 감소됨. 좌식생활은 과체중과 관련되어있음. 아동은 신체활동을 좋아하는 경향이 있지만 학교는 적극적인 신체활동을 지원하지 않음. 비디오 게임은 신체활동의 대체재가 되고 있음. 매력적인 외모에 대한 욕구는 청소년들에게 중요하게 거론되고 있음. 운동빈도는 측정할 수 있음

영양교육 설계과정

행동변화 목적 설정	행동변화 결정요인 탐색	이론 선정 및 교육철학 명료화	교육목표 진술	교육계획 수립	평가계획 수립
1단계	2단계	3단계	4단계	5단계	6단계

행동변화목적은 무엇인가?

앞서 언급된 정보들을 평가한 뒤 영양중재(프로그램)의 목적을 정한다.

학생들의 채소와 과일 섭취량이 늘어날 것이다*

- 학생들의 단 음료 섭취량이 줄 것이다.
- 학생들의 패스트푸드 섭취량이 줄 것이다.
- 학생들의 신체활동량이 늘 것이다.

* 사례연구에서 다루게 될 행동변화목적은 '채소와 과일 섭취량 늘리기'에 중점을 둘 것이다. 영양중재는 대상자와 영양중재기간에 따라 다양한 영역을 포함할 수 있으며 하나 이상의 잠재적 행동변화목적을 설정할 수도 있다.

대상자들이 행동 수행으로 얻는 이익은 무엇인가?

채소와 과일 섭취량 증가는 만성질환, 암, 심혈관계질환 감소 등을 함축하고 있는 비만문제를 다루는 것과 같다. 학생들이 지역식품이나 제철식품 구입에 대해 배운다면 지속가능한 먹거리 체계뿐만 아니라 식품 생산에 공정한 대가를 지불하는 데 기여하게 될 것이다.

활동 6-2

영양교육 설계과정 활동지

<table>
<tr><td rowspan="6">진단</td><td rowspan="2">1. 행동변화 목적 설정</td><td>대상자에 관한 일반적인 문제 진단</td><td>대상자에 관한 구체적인 문제 진단</td></tr>
<tr><td colspan="2">행동변화목적</td></tr>
<tr><td rowspan="4">2. 결정요인 탐색</td><td colspan="2">동기유발 이론 기반 행동변화 결정요인</td></tr>
<tr><td>대상자들에 대한 정보</td><td>결정요인</td></tr>
<tr><td colspan="2">이론에 기반한 행동변화 결정요인별 지식 및 기술</td></tr>
<tr><td>대상자들에 대한 정보</td><td>결정요인</td></tr>
<tr><td rowspan="2">실행</td><td rowspan="2">3. 이론 선정 및 교육 철학 명료화</td><td colspan="2">이론모델</td></tr>
<tr><td>교육철학</td><td>교육내용(즉 식품영양)에 대한 관점</td></tr>
</table>

(계속)

<table>
<tr><td rowspan="2">실행</td><td rowspan="2">4. 교육목표 진술 및
5. 교육계획 수립</td><td>이론 기반 결정요인별 목표</td><td>목표 달성을 위한 활동</td></tr>
<tr><td>동기유발을 위한 결정요인별 목표
/대상자들은 ~할 수 있다/

결정요인 관련 지식 및 행동적 기술목표
/대상자들은 ~할 수 있다/</td><td></td></tr>
<tr><td rowspan="2">평가</td><td rowspan="2">6. 평가계획 수립</td><td>측정할 결과</td><td>결과 측정도구</td></tr>
<tr><td>과정평가를 위한 측정도구</td><td></td></tr>
</table>

Memo

CHAPTER 7

© Africa Studio/Shutterstock

2단계: 행동변화목적의 결정요인 탐색

개 요

이 장에서는 대상자를 이해하고 그에 맞는 행동변화목적의 결정요인을 구성하는 방법을 알아본다. 또 영양교육 설계과정의 2단계를 살펴보고 대상자에 맞는 교육 프로그램을 기획하기 위해 사회심리적 결정요인을 탐색한다.

목 표

1. 대상자의 가정, 지역사회, 문화를 충분히 이해할 수 있다.
2. 교육활동에 필요한 적절한 행동변화목적의 사회심리적 결정요인을 체택할 수 있다.
3. 다양한 평가자료의 장단점을 비교할 수 있다.

1 대상자와 환경 탐색

개인의 식습관과 운동습관은 각자 살아온 환경 및 기억과 관련된 신념, 감정 등에 복잡한 영향을 받는다. 그렇기에 1단계에서 결정한 행동변화목적을 바로 실천하는 것은 다소 어려운 일이 될 수 있다. 동기유발, 능력, 기회는 대상자마다 다를 수 있으므로 영향력 있는 교육을 하려면 이를 이해할 필요가 있다.

그림 7-1은 2단계에 속하는 행동변화목적의 사회심리적 결정요인 탐색을 나타낸 것이다. 이 단계에서는, 대상자가 식품 선택을 왜 하는지, 어떻게 행동을 선택하고 동기를 유발시키는지 알아낼 수 있다.

1) 대상자의 사회문화적 정보 탐색

사회문화적 요소, 종교적 신념, 인종, 생활습관 등은 모두 현재의 식행동과 신체활동에 영향을 준다. 이런 다양한 요인 또한 행동변화를 결정하는데 영향을 미친다. 이론에서 설명하는 사회심리적 변수들과 대상자의 행동은 그들의 문화를 바탕으로 한 것이다(Liou와 Contento 2001).

개인의 사회심리적 결정요인을 깊이 탐색하기 전에 대상자가 전반적인 문화적 맥락, 생애주기, 가족관계에 대해 어떻게 인식하는지를 이해해야 한다. 사회적 상황과 문화적 맥락에 따른 대상자의 신념, 감정, 동기유발, 능력 등을 알아내고 다음과 같은 질문을 해보아야 한다.

- **생활습관 및 작업양식** 그들은 일과 가족, 여가, 사회적 의무가 건강한 식품과 활동 선택의 의지와 능력에 미치는 영향을 어떻게 인식하는가?
- **생애주기와 삶의 궤도** 현재 대상자가 생애주기의 어느 단계에 있는가? 자녀 양육 단계인가? 정년퇴임 이전 삶의 경험과 궤도 또는 생애주기의 고려사항이 현재 대상자에

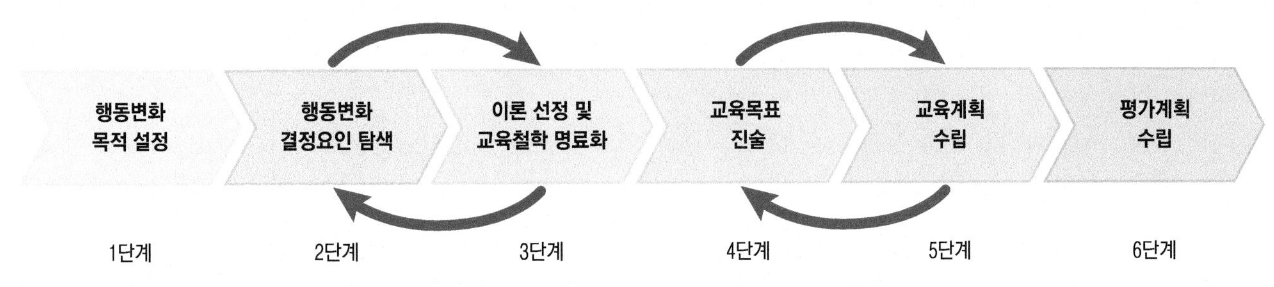

투입: 자료 수집		산출: 이론 기반 중재의 설계			결과: 평가계획
과업 • 대상자의 건강 및 영양문제에 기반한 영양중재의 행동목적 설정	과업 • 자료에 근거한 결정요인 탐색	과업 • 영양중재에 적용할 이론 선정 • 교육철학 명료화 • 교육내용에 대한 관점 명시	과업 • 영양중재 이론에 따른 결정요인별 교육목표 진술	과업 • 교육계획 수립 • 결정요인별 교육활동 계획 • 4Es 적용 교육내용 및 활동 조직화	과업 • 평가계획 수립 • 결과평가를 위한 평가 방법 및 평가 문항 선정 • 설계과정 평가 • 영양중재 수행과정을 측정할 수 있는 문항 개발
결과물 • 영양중재의 행동목적 진술	결과물 • 영양중재에서 다루게 될 결정요인(들)의 목록	결과물 • 영양중재 적용 이론 • 교육철학 진술 및 교육내용 관점 명시	결과물 • 이론에 따른 결정 요인별 교육목표	결과물 • 행동목적 달성을 위한 교육활동 계획	결과물 • 평가방법 및 평가문항 목록 • 과정평가를 위한 절차 및 평가방법

그림 7-1 결정요인 탐색을 위한 영양교육의 설계 절차

게 얼마나 중요한가?

- **일반적인 문화 및 종교적 신념** 그들의 식사 및 활동양식에 영향을 미치는 일반적인 문화 또는 종교적 신념은 무엇인가?
- **문화의 다양성** 대상자가 다문화 가정에 속해 있을 경우, 우리나라 언어와 문화에 얼마나 익숙한가? 한글과 우리나라 음식에 대해 얼마나 아는가? 누구와 사회적 관계를 맺고 있는가?

2) 개인 및 지역사회의 장점 또는 자산 탐색

대상집단과 공동체는 건강 증진을 위한 관행, 신념 및 태도를 지니고 있을 수 있다. 영양교육자는 교육 프로그램의 행동변화목적 달성을 위해 다음과 같은 것들을 기반으로 할 수 있다.

- **행동과 실천** 대상자가 이미 실천하고 있는 건강한 행동방식은 어떤 것인가? 건강 결과와 행동변화목적을 달성하기 위해 어떤 교육계획을 개발할 수 있는가?
- **신념과 태도** 교육에 의한 행동변화 측면에서 이미 발달된 신념과 태도는 무엇인가? 대상자가 지닌 개인 또는 문화 신념과 태도가 건강이나 먹거리 체계의 지속가능성에 긍정적으로 기여하는가? 건강과 식량문제에 대해 그들이 이미 알고 있는 것은 무엇인가? 어떤 지역사회 지원이나 환경요인이 건강한 식생활, 활동적인 생활 및 지속가능한 식량체계를 지지하는가?

2 행동변화의 사회심리적 결정요인 탐색

대상에 대한 몇가지 일반적인 배경요소를 이해하고 나면, 대상을 보다 구체적으로 이해하도록 한다. 이때 이론이 질문과 응답을 구성하는 틀을 제공하게 된다.

1) 결정요인 탐색에서 이론의 역할

대상자에게 삶의 모든 것을 질문할 수는 없다. 그것은 시간이 많이 걸리고 방해되며 불필요한 일이다. 대신에 이론을 도구로 사용하여 현재의 행동과 행동변화의 결정요인, 예를 들어 신념, 태도, 감정, 정체성 또는 변화에 대한 자신감에 대해 질문할 수 있다. 이것은 특정 사회심리적 결정요인이 앞으로 설계할 교육전략 및 학습경험의 주요 대상이 되므로 중요하다. 따라서 이론은 영양교육 그 자체를 수행하는 것과 마찬가지로, 요구진단 단계에서 질문하고 답변을 구성하기 위한 중요하고 효율적인 체계를 제공할 수 있다. 이론에 대한 지식을 통해 보다 철저하고 정확하고 완전하게 대상자를 분석할 수 있는 것이다(Baranowski 등 2009).

목표로 하는 행동변화목적을 두 가지 이상 정했다면, 각 결정요인을 따로 평가해야 할 수도 있다. 예를 들어 건강에 좋지 않은 음식(예: 고지방 음식 또는 가당음료)의 양을 줄이는 것과 건강에 좋은 음식(채소와 과일)을 추가하는 행동은 동기유발과 장애요인이 서로 다를 수 있다. 결정요인의 종류는 식행동과 신체활동 간에도 다를 수 있다. 목표행동의 수를 제한하면 평가가 더 쉽게 되고 영양교육의 실행가능성이 높아지며 효과적일 수 있다.

2) 행동변화의 잠재적 동기유발 탐색

이론은 변화의 잠재적 영향 또는 결정요인에 대해 체계적으로 질문할 수 있는 틀을 제공한다. 영양교육을 구조화할 때는 사용하는 이론에 따라 이후 열거되는 결정요인 중 일부를 고려할 수 있다.

3단계에서는 2단계에서 찾은 결정요인을 토대로 교육의 구성을 안내하는 이론의 틀을 만든다. 어떤 이론이 적절한지 확실하지 않다면 우선 다음에 나열하는 것과 같은 행동변화 또는 이론의 다양한 결정요인 관련 정보를 수집해야 한다. 이 정보들은 교육 내용을 구성하는 데 사용된다(Shaikh 등 2008). 또한, 대상자에게 행동변화의 동기를 유발시킬 수 있는 구체적인 요인에 대해 물어본다.

기존 이론을 이미 선택했거나 이전 연구의 강력한 증거를 바탕으로 행동변화목적 및 대상자를 위한 교육이 이미 구성된 경우, 2단계에서는 결정요인만 선택하면 된다.

동기유발을 위한 잠재적 결정요인에 관한 질문

표 7-1은 중학생들이 동기유발을 묘사한 것과 각 동기유발이

표 7-1 중학생들이 표현한 행동변화를 위한 동기유발과 기술을 이론의 결정요인으로 맞춘 예

중학생들의 동기유발요소	이론의 결정요인
건강을 유지하고 싶다. 체중을 감량하고 싶다. 신체적으로 더 강하고 똑똑해지고 싶다. 좋은 시력과 피부를 유지하고 싶다. 탄산음료만 마셨더니 얼굴에 여드름이 너무 많이 생겼다.	결과기대
평소 충분히 걷지 않는다. 군것질을 너무 많이 한다. 평소 패스트푸드를 주로 먹는다. 물을 마시지 않는다.	자기평가
하루에 내가 얼마나 걷는지 알고 싶다. 몸이 어떻게 건강해지는지 알고 싶다.	자기 조절
목표를 정하고 성공할 수 있다. 감자칩을 그만 먹을 수 있음을 증명해 보이고 싶다.	자아효능감
의사가 건강한 식품이랑 과일을 더 먹어야 한다고 했다. 엄마가 나에게 물을 충분히 마시지 않는다고 했다.	사회적 규범
중요하다. 이루고 싶은 목표다.	가치
따르기 쉽다.	장애 지각
걷기를 좋아하고 채소도 좋아한다.	감정, 태도

속한 결정요인을 나타낸 것이다.

행동변화에 대한 잠재적 동기유발 결정요인은 다음과 같다. 이 결정요인들 각각에 대해 대상자의 특정 행동변화에 참여할 수 있는 잠재적 동기유발을 평가한다. 가족의 습관과 문화적, 종교적 신념이 결정요인에 영향을 미칠 것이라는 점도 기억해야 한다.

- **인지된 위험(부정적인 결과를 인지함)** 건강문제의 심각성과 그에 대한 개인의 감수성 또는 취약성에 대한 그들의 믿음은 어떠한가? 예를 들어, 심장병을 앓을 가능성이 얼마나 높다고 생각하는가? 또는 그들의 아이들이 비만이 될 가능성은? 문화적·종교적 신념이 특히 중요할 수 있다. 교육내용이 식품유통의 구조적 문제를 다룰 경우 현재 구입하는 식품으로 인해 개인적 건강에 위험을 느끼고 있는지 물어볼 수 있겠다.
- **인지된 이익(긍정적 결과기대)** 목표된 행동변화가 건강문제의 위험을 감소시키거나 건강을 향상시킬 수 있다는 기대치를 말한다. 채소와 과일의 섭취를 늘리는 것과 같이 목표로 한 행동변화의 이점(개인 건강 또는 탄소발자국)은 무엇인지 물을 수 있다.
- **인지된 장애** 대상자가 행동변화에 어떤 장애를 가지고 있는지 파악한다. 비용이나, 행동변화로 인해 교환 혹은 희생해야 하는 이익이 있는지 알아본다.
- **태도(인지적)** 행동변화에 대한 대상자의 태도를 말한다.

태도나 동기유발은 대상자의 신념과 결과기대치에 의존한다.

- **태도(감정적)** 행동변화에 대해 대상자가 어떤 감정을 가질 것인지, 행동을 변화하지 않으면 후회할지를 말한다.
- **가치** 대상자가 실행을 고려할 것인지에 영향을 줄 수 있는 가치는 무엇인지, 대상자가 가진 가치가 어떻게 심리적인 결정요인에 영향을 미치는지를 말한다.
- **식품선호도와 즐거움(긍정적 결과기대)** 식품에서 좋아하는 점이나 싫어하는 점은 무엇인가? 맛은 식품 선택의 가장 중요한 매개체 중 하나이다. 어떻게 교육내용이 권장하는 식품들을 대상자들이 먹고 좋아하고 만족하게 할 수 있을까?
- **사회적 규범 혹은 집단 압력** 대상자 자신에게 중요한 특정 개인이나 사회 및 문화 단체가 영양교육에서 권장하는 특정 행동을 수행해야 하거나 하지 않아야 한다고 생각하는지, 그들이 어떻게 행동해야 하는지에 대한 기대에 본인이 어느 정도 따르고자 하는지를 알아본다.
- **사회적 역할** 집단이나 사회에서 특정 위치를 차지하는 사람들에게 적절하거나 바람직한 행동은 무엇인가?
- **자기정체성** 자신은 건강에 민감한 소비자, 친환경 소비자, 채식주의자 또는 다른 정체성을 가진 사람인가?
- **인지된 행동수행력 혹은 통제능력** 대상자는 자신의 행동이나, 건강 및 환경을 어느 정도 통제할 수 있다고 믿는가? 그들이 그것들을 스스로 책임질 수 있다고 믿는가? 특히 문화적 신념은 그것과 관련될 수 있다.
- **인지된 자아효능감** 바람직한 건강행동을 수행하는 능력에 대한 자신감은 어떠한가? 예를 들어, 대상자들은 혈당조절이 제2형 당뇨병 관리방법이라고 알고는 있지만, 혈당 수치를 모니터하기 위해 혈당측정기로 손가락을 매일 찌를 것임에는 확신하지 못할 수도 있다.
- **실행의 동기유발 준비 단계** 전체적으로 대상자가 행동을 취하기 위한 동기유발의 어떤 준비 단계에(실행전 또는 행동변화 준비 단계) 있는가? 구체적으로 고려전Precontemplation, 고려Contemplation, 준비, 행동, 혹은 유지 단계 중 어느 단계에 있는가?
- **특정 문화 또는 종교에 따른 건강 및 식품에 관한 신념** 영양교육의 행동변화목적에 대한 인지된 이익 및 장애에 영향을 주는 특정 문화적 또는 종교적 건강 신념은 무엇인가? 자아효능감과 자율성, 사회 규범 등은 어떻게 영향을 미치는가?
- **문화 및 민족 정체성** 대상자의 문화적, 민족적 정체성은 무엇인가? 다문화 가족인 경우, 문화 적응 정도는 어떠한가? 문화 적응도는 체류기간보다 식이 태도와 식생활을 평가하는 데 더 나은 척도라고 알려졌다(Liou와 Contento 2001). 이러한 정체성은 자신의 건강 신념, 태도, 자아효능감 등에 영향을 미칠 수 있으므로 이에 대한 탐색이 필요하다.

동기유발에 관한 정보는 대상자가 자신의 행동을 변화해야 하는 이유를 이해하고 인식하도록 돕기 위한 교육자료 및 미디어 캠페인을 개발하는 데 중요하다. 그러나 그러한 정보만으로는 성공적인 교육을 계획하기에 충분하지 않을 수 있다. 대상자는 행동을 수행하는 데 필요한 지식과 기술에 접근이 용이해야 한다.

3) 행동변화의 잠재적 촉진요인 탐색

(1) 행동수행력

행동수행력이란 건강과 영양 유지를 위해 사람들이 행동할 수 있도록 식품과 영양 관련 지식과 인지, 정서 및 행동기술을 익힐 수 있는지를 가리키는 용어이다. 그러한 지식과 기술은 사람들이 그들의 동기유발 요인에 맞게 행동하는 데 중요하게 작용한다.

교육적 개입을 하기 전에 우선 대상자가 자신의 동기유발에 필요한 영양정보와 기술을 가지고 있는지 알아보아야 한다.

- **목표한 행동변화(사실적·절차적 또는 방법적 지식, 영양지식능력)를 수행하기 위한 식품과 영양 관련 지식** 대상자가 채소와 과일을 얼마나 먹어야 하는지 알고 있는가? 어떤 식품에 포화지방이 많은가? 좋아하는 간식의 영양가는? 그들이 필요로 하거나 배우고 싶어 하는 정보는 무엇인가?
- **식품과 영양 관련 행동적 기술** 식품 표시 읽기, 식품안전

실습, 조리기술, 메뉴 수정기술, 모유수유방법 등 여러 기술 중에서 대상자가 어떤 기술을 필요로 하고 또는 습득하고자 하는가?

- **비판적 사고능력** 다양한 종류의 식품 및 식품관행(예: 전통, 유기농, 유전자 변형식품)의 장단점에 대해 토론할 수 있는가?
- **오인** 대상자들이 잘못 알고 있는 정보는 무엇인가?

(2) 자기통제기술

자발적으로 선택하고 의식적으로 자신의 행동을 책임지게 하기 위한 자기통제기술(자기주도적 기술)은 무엇인가?

- **실행계획 수립능력과 목표 설정 및 자기감시기술** 변화 양상은 어떠한가? 대상자는 자신의 식단을 분석하고 행동변화목적을 달성하기 위한 실행계획을 수립할 수 있는가? 그들은 전에 실행계획을 세워본 적 있는가? 그 계획은 얼마나 유용했는가? 자신의 실행계획에 대한 진행 상황을 모니터하고 진행과정을 수정하거나 보다 적절한 목표를 수립할 수 있는가?
- **감정대처기술** 식품으로 스트레스에 대처하는가? 특정 상황에서 특별한 어려움을 겪고 있는가? 대상자가 스트레스에 대처하는 데 식품을 사용하지 않고 이를 보다 적절하게 다루는 기술을 가지고 있는가?
- **보상 구조** 대상자가 가진 행동에 대한 보상 구조는 무엇인가?

이처럼 대상자에게 행동변화를 위한 장애를 극복하고 변화를 실행하는 데 필요한 지식과 기술에 대해 질문해야 한다.

4) 행동변화의 잠재적인 사회심리적 결정요인을 탐색하는 방법

(1) 간접적인 방법: 일반적인 정보

행동변화의 동기유발과 식습관에 대한연구들을 검토하면 대상자의 태도, 신념 및 기타 결정요인을 간접적으로 파악할 수 있다. 따라서 대상자 또는 유사한 집단(예: 청소년, 폐경기 여성 등)에 대한 정보를 탐색하면 된다. 이때 정부와 업계의 여론조사 또는 사람들의 신념과 태도 조사, 식품 및 마케팅 조사, 심리적 변수에 의한 인구 세분화 연구, 또는 대상자의 기존 기록을 살펴본다(Contento 등 2002).

(2) 직접적인 방법: 대상자로부터 받는 정보

가능하다면 대상자로부터 직접 정보를 얻는 것이 가장 좋다. 정보를 얻을 때는 기존의 설문방법 또는 간략한 설문지를 이용한다. **표 7-2**는 저소득 대상자를 상대로 동기유발 준비 단계를 알아보는 검증된 설문지의 예이다. **표 7-3**은 지방 섭취와 관련하여 자아효능감에 대해 구체적으로 질문하게 해주는 검증된 도구이다.

표 7-2 저소득층 대상의 채소와 과일 섭취에 대한 사회심리적 요인을 평가하는 도구

결정요인/이론 구성요소	평가 항목
인지된 이익	채소와 과일을 더 먹으면 건강해진다.
	채소와 과일을 먹지 않으면 건강문제가 발생할 수 있다.
인지된 장애	나는 그 과일이 너무 비싸다고 느낀다.
	과일을 사고 싶어도 가게에서 항상 구할 수 있지 않다.
	과일은 준비하는 데 시간이 많이 걸린다.
	우리 가족은 과일을 좋아하지 않는다.
	과일은 맛이 없다.
인지된 통제능력	집에서 누가 주로 장을 봅니까?
	집에서 누가 주로 조리합니까?

(계속)

결정요인/이론 구성요소	평가 항목
자아효능감	다음 주에는 더 많은 과일을 식사나 간식으로 먹을 수 있다.
	채소나 과일을 간식으로 먹을 수 있다.
	앞으로 조리할 때 채소를 더 넣을 것이다.
	저녁에 두 가지 이상의 채소를 먹을 수 있다.
사회적 지지	채소와 과일을 사고 준비하고 먹을 것을 권유하는 다른 사람이 있습니까? (자녀, 배우자, 어머니, 아버지, 기타)
인지된 규범	우리 가족은 내가 채소와 과일을 먹어야 한다고 생각한다.
	의사가 채소와 과일을 더 많이 먹을 것을 권했다.
의향: 채소와 과일의 섭취 준비 여부	과일을 더 많이 먹는 것을 고려하고 있지 않다(1단계: 고려전 단계).
	과일을 더 많이 먹는 것을 고려하고 있다(2단계: 고려 단계).
	다음 달에 더 많은 과일을 먹을 계획이다(3단계: 준비 단계).
	과일을 더 많이 먹으려고 노력 중이다(4단계: 실행 단계).
	이미 과일을 하루 두 종류 이상 먹고 있다(5단계: 유지 단계).
식생활의 질	당신의 식습관을 어떻게 평가합니까?(5점 척도: 매우 나쁨부터 매우 좋음까지).

메모: 항목은 부분적으로 선택 표기하였다.
1~3점: (1) 동의하지 않는다, (2) 동의하지도 안 하지도 않는다, (3) 동의한다.
설명: "해당사항 모두 선택." 척도: 아니오 = 0 = 지원 없음; 네 = 1 = 한 사람에게 지원받음; 네 = 2 = 두 명 이상에게 지원받음.
설명: "한 사항만 선택."

자료: Townsend M.S., Kaiser S.S. 2005 Development of a tool to assess psychosocial indicators of fruit and vegetables intake for two federal programs. Journal of Nutrition Education and Behavior 37:170-184.(학회지로부터 허락받음).

표 7-3 미국 국립암연구소의 식품 태도 및 행동 조사

이번 주에 다음의 사항을 실천할 수 있고 적어도 1개월간 지속할 수 있다는 확신이 얼마나 듭니까? (항목당 하나의 척도에만 × 표시를 하며, 척도 1은 전혀 자신 없음, 5는 매우 자신 있음을 나타냄)

다음의 내용을 할 수 있다고 얼마나 확신합니까?	전혀 자신 없음 1	2	3	4	매우 자신 있음 5	적용 안 됨
배고플 때 채소나 과일 같은 건강에 좋은 간식을 먹는다.	□	□	□	□	□	□
피곤할 때 채소나 과일과 같은 건강에 좋은 식품을 먹는다.	□	□	□	□	□	□
집 안에 칩, 과자 또는 사탕과 같은 가공식품이 있더라도 채소나 과일 같은 건강식품을 먹는다.	□	□	□	□	□	□
케이크, 과자, 사탕, 아이스크림, 또는 과자 대신 후식으로 과일을 먹는다.	□	□	□	□	□	□
가족 및 친구가 칩, 쿠키 또는 사탕과 같은 간식을 먹더라도 채소나 과일을 먹는다.	□	□	□	□	□	□
채소나 과일을 사거나 집에서 가져와 직장에서 먹는다.	□	□	□	□	□	□
TV를 볼 때 가공식품보다는 채소나 과일 간식을 먹는다.	□	□	□	□	□	□

자료: Erinsosho T.O., Pinard C.A., Nebeling L.C., Moser R.P., Shaikh A.R., Resnicow K. et al. 2015. Development and implementation of the National Cancer Instituete's Food Attitudes and Bahaviors Survey to assess correlates of fruit and vegetable intake in adults. PLoS ONE 10(2):e0115017. DOI:10.1371. February 23, 2015.

사례연구 7-1 개방형 질문

다음의 질문들은 지역대학 프로그램에서 다인종의 젊은 성인(16~25세)이 가지고 있는 채소와 과일에 관한 의견을 평가하는 데 사용되었다.

- **매일 얼마나 많은 채소와 과일을 먹어야 할까요? 그렇게 응답한 이유는 무엇입니까?**
  응답은 다양했다. 대다수는 하루에 2~5개라고 대답했다. "몸에 좋으니까" 등의 건강 관련 내용이 매일 채소와 과일을 먹는 가장 큰 이유였다.
- **채소와 과일에 관한 다음과 같은 사실을 알게 된다면 채소와 과일을 더 많이 섭취하게 될까요?**
  "채소와 과일을 먹으면 건강하고 아름다운 치아, 잇몸, 피부, 머리카락을 가질 수 있다.", "채소와 과일을 섭취하면 암, 심장병 또는 뇌졸중 등의 만성질환 발생위험이 줄어든다."
- **무엇이 채소와 과일을 더 많이 먹도록 도와줍니까?**
  신선도, 가용성 및 선택 범위의 증가, 그리고 건강이 가장 큰 이유로 언급되었다.
- **채소와 과일을 먹는 것이 당신에게 얼마나 중요합니까?**
  71%가 "매우 중요하다"고 했으며 21%는 "다소 중요하다"고 했다.
- **식당에서 채소와 과일을 먹습니까? 그 이유는 무엇입니까?**
  75%는 맛이나 건강 때문에 식당에서 채소와 과일을 먹었다고 답했다. 먹지 않는 사람들은 주된 이유로 신선도와 유용성 부족을 언급했다.
- **자동판매기에서 음료를 구입할 때 일반적으로 어떤 것을 선택합니까?**
  탄산음료, 물, 비탄산소다가 자주 선택되었다. 5%만이 보통의 과일주스를 구입했다. 39%는 자동판매기에서 판매한다면 100% 과일주스를 구입할 것이라고 답했다.
- **아침, 점심, 저녁 또는 간식시간 중 언제 채소와 과일을 가장 많이 먹고 싶습니까?**
  점심시간에 채소와 과일을 먹길 원하는 응답자가 좀 더 많았으나 전체적으로 응답자는 모든 시간대에 분포되어있었다.
- **어떤 방식으로 영양정보를 받길 원하십니까?**
  시식, 전단지, 포스터, 수업, 캠퍼스 건강클리닉, 라디오 및 TV 직원의 소개 등이 영양정보 전달방법으로 선호되었다.

자료: California Project LEAN, California Department of Health Service. 2004. Community-based social marketing: The California Project LEAN experience. Sacramento, CA: Author. http://www.californiaprojectlean.org.

사례연구 7-2 Wellness IN the Rockies

Wellness IN the Rockies는 혁신적이며 효과적으로 비만문제를 해결하고자 하는 연구, 교육 및 홍보 프로젝트이다.

프로그램의 초점

프로젝트의 전반적인 목표는 식량, 신체활동 및 신체 이미지와 관련된 태도 및 행동을 개선하고 지역사회가 이러한 변화를 육성하고 유지할 수있는 역량을 키우도록 도와줌으로써 개인의 복지를 향상시키는 것이다.

평가

직원들은 이 프로젝트의 프로그램을 개발하기 전에 신체활동, 식품 및 식사, 신체 이미지와 관련된 서술이나 생활을 인터뷰하고 성인 103명과 포커스그룹 토의를 통해 관련 내용을 수집하였다. 토의 내용을 녹음하고, 핵심 인용문을 확인했으며, 근거있는 이론을 사용하여 이야기의 주제를 146개의 코드로 그룹화하였다.

가치

가치는 중요한 주제다. 여기서 말하는 중요성이란 생산적이고 열심히 일하며 자원을 낭비하는 것이 아니다. 신체활동은 생산적이어야 하며 잔디를 깎거나 다른 집안일을 하는 것과 같이 어떤 목적을 가져야 한다. 이때 운동하거나 그냥 산책하러 체육관에 가는 것은 생산적인 것으로 보지 않았다. 이러한 활동은 성취할 수 있는 활동 및 가족 또는 공동체와 함께하는 다른 일과 비교할 때 시간 낭비로 여겨졌다. 같은 의미에서 음식을 낭비하는 것 역시 자원을 낭비하지 않는다는 중요한 가치를 위반하는 것으로 보았다. 여기서 가치란 접시를 닦고 음식을 낭비하지 않는 것이 중요하다는 것을 의미한다.

타인의 힘

이 연구에서는 사람들이 신체 및 신체능력에 대한 개인의 감정에 평생 깊은 영향을 받는다는 사실이 발견되었다. 이러한 감정은 정체성에 기여하고, 대상자의 생활방식과 장기 건강에 영향을 줄 수 있다. 인터뷰 내용에 따르면 영양전문가는 대상자, 특히 청소년의 경우 비판적이거나 상처가 되는 평가 대신 긍정적으로 지지하는 사회적 환경을 조성해야 한다고 제안했다. 이처럼 개인의 다양한 신체조건을 존중하는 것은 매우 중요한 일이다.

자료: Pelican S., VandenHeede F., Holmes B. et al. 2005. The power of others to shape our identity: Body image, physical abilities, and body weight. Family and Consumer Sciences Research Journal 34:57-80; Wardlaw M. K. 2005. New you/health for every body: Helping adults adopt a health-centered approach to well-being. Journal of Nutrition Education and Behavior 37:S103-106; Pelican S., VandenHeede F., Holmes B. 2005. Let their voices be heard: Quotations from life stories related to physical activity, food and eating, and body image. Chigago, IL: Discovery Association Publishing House.

표 7-4 대상자에 대한 다양한 평가방법의 장단점

구분	장점	단점
기존 정보 검토		
연구자료와 설문자료 검토	빠르고 저렴하며 위협적이지 않음	대상자에 특화된 자료가 아님
국가 조사 및 모니터링 자료, 여론 조사	빠르고 저렴하며 위협적이지 않음	대상자에 특화된 자료가 아님
대상자의 기존 기록 검토	대상자에 대한 특정 정보(빠르고, 저렴하며, 위협적이지 않음)	자료의 품질과 범위가 제한됨
대상자 설문조사		
전화 설문	대상에 대한 특정한 정보(인식되고 실제적인 필요에 대한 상세한 통찰)	비용이 많이 듦, 면접관 훈련 필요, 전화기가 없거나 번호가 비공개된 대상자는 제외됨
단체 설문	빠르고 저렴하며 대상에 대한 특정한 정보	설문도구를 개발하고 시험해야 함
인터넷 설문	빠르고 저렴하며 대상에 대한 특정한 정보: 대상자들이 호의적임	설문도구를 개발하고 시험해야 함, 적절한 온라인 프로그램이 저렴하게 제공되어야 함, 대상자의 이메일 주소를 알아야 함, 컴퓨터를 이용할 수 없는 사람들은 제외됨
우편 설문	대상자에 대한 특정한 정보, 정직한 대답을 얻을 가능성이 높음	문해력이 낮은 개인은 제외될 가능성이 높음, 면접조사보다 개방적이지 않은 응답이 나올 수 있음, 비용이 비교적 많이 듦, 정보를 얻는 데 시간이 지연됨, 응답률이 낮음
개인 인터뷰		
약식 인터뷰	대상자에 대한 특정한 정보로 저렴함	체계적이지 않음
공식 면접 인터뷰	대상자에 대한 특정한 정보로 포괄적인 통찰 가능	비용이 많이 듦, 광범위한 훈련이 필요, 시간이 오래 걸림
단체 회의 형식		
단체 토론	비교적 저렴함, 신속함	참석자들이 대상집단을 대표하지 않을 수 있음, 충분히 생각할 시간이 없을 수 있음
포커스그룹	신념, 감정, 태도에 대한 자세한 내용을 제공	비용이 많이 듦, 훈련이 필요함
관찰	행동에 관한 객관적인 정보를 수집할 수 있음	비용이 많이 듦, 방해될 수 있음, 대상자가 의식하여 행동을 달리할 수 있음

메모: 항목은 부분적으로 선택되어 표기하였다.
1~3점: (1) 동의하지 않는다, (2) 동의하지도 안 하지도 않는다, (3) 동의한다.
설명: "해당사항 모두 선택." 척도: 아니오 = 0 = 지원 없음; 네 = 1 = 한 사람에게 지원받음; 네 = 2 = 두 명 이상에게 지원받음.
설명: "한 사항만 선택."

자료: Townsend M.S., Kaiser S.S. 2005 Development of a tool to assess psychosocial indicators of fruit and vegetables intake for two federal programs. Journal of Nutrition Education and Behavior 37:170-184.(학회지로부터 허락받음).

집단 또는 개인으로 이야기하는 것은 매우 바람직한 일이므로 이를 위해 포커스 그룹이나 개인 심층 인터뷰를 수행할 수 있다.

3 적용 사례: 영양교육 설계과정의 2단계

"잘 먹고 건강하게"라는 영양교육 프로그램에서는 중학생을 대상으로 다음과 같은 네 가지 행동변화목적을 수립했다.

- 채소와 과일의 섭취량을 늘린다.
- 단 음료의 섭취량을 줄인다.
- 패스트푸드 섭취량을 줄인다.
- 신체활동량을 늘린다.

영양교육자는 영양교육 계획 시, 모든 행동에 대한 프로그램이 동일하지는 않으므로 네 가지 행동 모두에 대해 동기유발과 행동 촉진요인을 개별적으로 탐색하고 규명해야 한다. 예를 들어, 채소와 과일 섭취량 늘리기와 관련된 동기유발요소는 단 음료 섭취량 줄이기와 관련된 동기유발요소와 다를 수 있다. 여기서는 네 가지 행동변화목적 중에서 채소와 과일 섭취량 늘리기에 대해 집중적으로 살펴보고자 한다. 이에 따라 중학생들으로 하여금 채소와 과일을 더 많이 먹게 하는 행동을 잠재적으로 증가시킬 수 있는 결정요인에 대해 영양교육자가 수행한 포괄적인 평가 결과를 다룰 것이다. 결과는 **활동 7**에 자세하게 제시하였다.

4 2단계: 결정요소 탐색 활동지 완성하기

활동지는 다음과 같이 구성한다.

- 사회문화적 환경, 생애주기 단계 및 대상자의 삶에 대해 기술한다.
- 대상자의 개인 및 공동체 자산 또는 장점에 대해 기술한다. 이미 옳게 하고 있는 것은 무엇인지 적는다.
- 변화를 유도하고 행동변화목적을 달성하게 해주는 특정한 결정요인 목록을 작성한다.

2단계까지의 과정을 거친 후에는 다음에 관해 진술한다.

- 최우선 순위의 행동을 교육목표로 삼는다. 저소득 여성을 위한 교육목표로는 식품안전행동 개선을 정할 수 있다.

© PhotoDisc

연습문제

1. 교육활동을 시작하기 전에 행동에 대한 잠재적인 결정요인을 파악하는 것이 중요한 이유를 서술하시오.
2. 대상자에 대한 진단평가를 수행하기 전에 식사 또는 활동양식을 변경한 2~3명을 찾아 결정요인 탐색 절차를 연습하시오. 그들에게 행동변화의 동기유발에 관하여 설명을 요청하고, 어려운 일이 무엇인지 질문하시오. 동기유발의 결정요인이 무엇인지 그들의 대답에서 확인할 수 있는가? 이에 관해서는 표 7-1을 참고하시오. 또 그들에게 행동변화를 위한 지식과 기술을 가지고 있다고 생각하는지 질문하시오. 만약 그렇지 않다면 그들에게 무엇이 필요한지 서술하시오.
3. 행동변화의 결정요인을 평가하기 위한 여러 방법을 검토하시오. 현재 고려 중인 대상자에게 유용하다고 여겨지는 평가방법은 무엇이며 그 방법의 상대적 장단점을 서술하시오.

참고문헌

Baranowski, T., E. Cerin, and J. Baranowski. 2009. Steps in the design, development, and formative evaluation of obesity prevention-related behavior change. *International Journal of Behavioral Nutrition and Physical Activity* 6:6.

Baranowski, T., L. S. Lin, D. W. Wetter, K. Resnicow, and M. D. Hearn. 1997. Theory as mediating variables: Why aren't community interventions working as desired? *Annals of Epidemiology* 7:589-595.

Contento, I. R., J. S. Randell, and C. E. Basch. 2002. Review and analysis of evaluation measures used in nutrition education intervention research. *Journal of Nutrition Education and Behavior* 34:2-25.

Heath and Heath. 2010. *Switch: How to change when change is hard*. New York: Random House.

Liou, D., and I. R. Contento. 2001. Usefulness of psychosocial va riables in explaining fat-related dietary behavior in Chinese America ns: Association with degree of acculturation. *Journal of Nutrition Education and Behavior* 33:322-331.

Shaik h, A. R., A. L. Yaroch, L. Nebeling, M. C. Yeh, and K. Resnicow. 2008. Psychosocial predictors of fruit and vegetable consumption in adults: A review of the literature. *American Journal of Preventive Medicine* 34(6):535-543.

영양교육 설계과정

행동변화 목적 설정	행동변화 결정요인 탐색	이론 선정 및 교육철학 명료화	교육목표 진술	교육계획 수립	평가계획 수립
1단계	2단계	3단계	4단계	5단계	6단계

활동 7

2단계: 행동변화의 결정요인 탐색

영양교육에서 행동변화목적을 결정했다면 목표행동을 할 때 동기를 유발하고 촉진시킬 수 있는 결정요소를 파악해야 한다. 영양교육설계과정을 진행할 때는 대상자에 관해 알게 된 것을 항상 염두에 두도록 한다. 이와 함께 목표행동과 관련된 지식과 기술에 대한 대상자의 신념과 감정에 대한 정보를 모두 고려함으로써 교육의 틀이 될 이론적 결정요인을 규명한다.

대상자의 사회문화적 환경에 대해 무엇을 알게 되었나?

대상자와 대화하고 그들의 지역사회를 탐방하여 대상자의 기호와 사회문화적 배경을 파악한다.

대상 학교에 다니는 학생은 약 1,750명이었다. 마지막 인구조사에 의하면 대상 학교가 위치한 곳은 다인종 지역사회로 인구의 55%가 백인, 30%는 흑인 또는 아프리카계 미국인, 10%는 스페인계, 5%는 다른 인종이었다. 가구 소득은 3만 2,000달러였고 가족 수입은 약 4만 달러였다. 인구의 약 20%는 빈곤 수준 이하였다. 학생과 부모의 인구 통계는 이 지역사회의 인구 통계를 반영했다. 주요 대상자는 7학년과 8학년에 속하는 청소년들이었다. 이 시기의 학생들은 신체적·정서적으로 큰 변화를 겪을 수 있고 청소년이 되면서 개인의 자유를 더 부여받았다. 그들은 점점 더 친구 및 동료의 영향을 받게 되며 부모의 영향은 덜 받게 된다. 모든 학생은 부모 또는 다른 보호자와 살고 있었다. 60%는 집안일부터 더 어린 형제나 자매 돌보기 등에 정기적으로 참여하였다. 이들은 보통의 중학생보다 바빴다. 학교 밖에서는 40%가 스포츠와 관련된 활동을 했고 50%는 학교와 관련된 방과 후 활동(예: 야구, 미술클럽, 졸업앨범 만들기)을 했다. 방과 후에 친구들과 식당 및 패스트푸드점에서 외식하는 것이 바로 이들이었다. 학생들의 인구 통계와 그들이 살고 있는 지역사회는 다양했는데, 식품 선택에 영향을 미치는 문화적·종교적 신념은 크게 두드러지지 않았다.

대상자의 장점은 무엇인가? 대상자와 이야기하고 지역을 방문하는 활동을 통해 개인 또는 지역사회의 어떤 장점을 알게 되었나?

- 20% 이상의 학생이 정기적으로 하나 이상의 행동목표를 이루었다.
- 중학생들은 취향과 편의성뿐만 아니라 건강과 체중문제를 포함하여 다양한 식품 선택기준을 위한 자기규제과정에서 동기유발과 인식을 통합할 수 있는 능력을 가지고 있었다.
- 학교건강증진위원회가 편성되어있었다.
- 학생 리더십과 관련된 전통이 있었다(예: 모든 갈등 중재에 학생 한 명이 포함). 리더로 간주되는 학생 중 일부는 행동목표 중 하나 이상에 도달해 있었다.

영양교육 설계과정

행동변화 목적 설정	행동변화 결정요인 탐색	이론 선정 및 교육철학 명료화	교육목표 진술	교육계획 수립	평가계획 수립
1단계	2단계	3단계	4단계	5단계	6단계

대상자가 행동을 변화시키고 싶은 이유는 무엇일까?

대상자의 사회문화적 환경과 지역사회의 장점에 대해 파악한 것을 염두에 두고, 행동목표에 대한 대상자의 신념과 느낌을 탐색해본다. 그리고 생각한다. 그들이 행동을 바꾸거나 행동을 취하도록 하는 것에는 무엇이 있을까? 이때 가능하다면 대상자의 정보를 사용한다. 이는 연구문헌 또한 동기유발요소를 규명하는 데 도움이 될 수 있다. 아래 표의 왼쪽 열에 대상자가 언급한 동기유발요소를 쓰고, 오른쪽 열에는 사회심리적 이론에 해당하는 동기유발 결정요인을 적어보자.

대상자의 동기유발요소	사회심리이론 결정요인
10대 여학생들은 맛이 좋다면 채소를 먹을 것이라고 했다.	결과기대
10대 여학생들은 친구들이 좋다고 하면 채소와 과일을 학교에서 먹을 것이라고 했다.	인지된 사회적 규범
학생들이 채소와 과일을 먹었을 때의 구체적인 이점, 즉 몸을 건강하게 유지하고 건강체중을 유지하는 방법 및 채소와 과일 섭취의 이로운 점을 알고 싶다고 했다.	인지된 이익/긍정적 결과기대

영양교육 설계과정

행동변화 목적 설정	행동변화 결정요인 탐색	이론 선정 및 교육철학 명료화	교육목표 진술	교육계획 수립	평가계획 수립
1단계	2단계	3단계	4단계	5단계	6단계

어떤 지식과 기술을 가지고 대상자가 행동을 바꾸게 할 수 있을까?

대상자로부터 파악한 것을 염두에 두고, 행동과 관련된 대상자의 지식과 기술에 대해 알아본다. 여기에는 식품을 선택하고 준비하는 데 필요한 기술과 목표 설정 및 자기모니터링 등의 기술이 포함된다. 가능한 경우 대상자로부터 받은 정보를 사용한다. 연구문헌은 행동변화 촉진요인을 규명하는 데 도움이 될 수 있다. 표의 왼쪽 열에 촉진요인을 나열한 후, 오른쪽 열에 사회심리 이론에 해당하는 결정요인을 나열해보자.

대상자의 행동변화 촉진요인	사회심리이론 결정요인
10대 여학생들은 맛있는 간식을 준비하는 방법을 배우고 채소와 과일을 먹을 것이라고 말한다.	조리기술
10대 여학생들은 전화로 매일 알림 메시지를 받으면 학교에서 채소와 과일을 먹을 것이라고 말한다.	자기 모니터링
학생들은 채소와 과일의 권장량을 알지 못한다고 대답했다.	행동수행력/인지능력

교육에는 어떤 동기유발요인이나 행동변화 촉진요인이 유용할까?

행동변화목적을 염두에 두고 위의 표에서 영양교육에 사용할 결정요인을 결정한다.

CHAPTER 8

© Africa Studio/Shutterstock

3단계: 이론 선정과 교육철학 명료화

개 요

이 장에서는 대상자에 대한 이해와 선행연구에서 알게 된 근거를 바탕으로 중재 프로그램 또는 수업의 행동변화를 위한 전략과 활동을 개발하는 데 가장 적절한 이론을 선정하는 방법을 설명한다. 또한 중재의 바탕이 되는 교육철학을 설명한다.

목 표

1. 특정 중재 프로그램 또는 수업을 설계하기 위해 적절한 이론을 선정하거나 모델을 만들 수 있다.
2. 영양교육자의 교육적 접근에 대한 철학이 영양중재 프로그램의 특성에 어떻게 영향을 미치는가를 깊이 이해할 수 있다.
3. 영양과 식품에 대한 내용이 어떻게 전달되어야 하는지에 대한 자신의 신념과 관점을 찾을 수 있다.

1 서론: 사전계획

대상자에 대한 평가를 통해 그들의 신념, 태도, 기술, 장애요인, 사회적 관계망, 문화, 지역사회 등의 다양한 측면을 이해하는 것은 효과적인 영양교육 계획에서 매우 중요한 선행 단계이다. 하지만 대상자를 충분히 이해했다고 해서 곧바로 교육자료를 준비하거나 재미있는 모둠활동을 개발하는 업무를 하기보다는 사전계획 단계를 반드시 거치는 것이 좋다. 이 단계는 영양교육 설계과정의 3단계에 해당하며 중재 프로그램 또는 수업을 설계하기 위해 적절한 이론을 선정하거나 모델을 개발하고, 교육적 접근방식에 대한 자신의 철학과 영양 및 관련 사안에 대한 관점을 명료화하는 단계이다(그림 8-1). 이 사전계획 단계를 마치면 행동변화의 수정가능한 결정요인을 중심으로 하여 교육목표를 기술하는 단계로 나아갈 준비가 된 것이다. 아울러 적절한 이론에 기초하여 행동변화전략과 교육활동을 구성할 수도 있다.

2 적절한 이론의 선정 또는 개발

영양교육 설계과정의 2단계에서 파악한 행동변화에 대한 잠재적 결정요인은 영양교육활동의 직접적인 대상이 된다. 하지만 결정요인에 대한 정보만으로는 충분하지 않다. 이때 이론을 활용하여 결정요인을 영양교육에 적합한 형태의 유의미한 행동변화의 예측인자로 조직화할 수 있다. 즉, 이론은 영양교육에서 무엇을 어떻게 제공할 것인가에 대한 마인드맵을 제공한다. 따라서 중재 프로그램을 구체적으로 계획하기에 앞서 이론이나 모델을 명확히 규정해야 한다. 다음은 이론 선정 시 주요 고려사항이다.

- **대상자의 행동 실행에 대한 준비 단계** 대상자에게 아직 행동 실행에 대한 인식이나 동기가 없을 수도 있고, 이미 동기유발이 되어있어 실행을 촉진할 수 있는 기술이나 관련 자원이 필요할 수도 있다. 그렇다면 중재 프로그램에

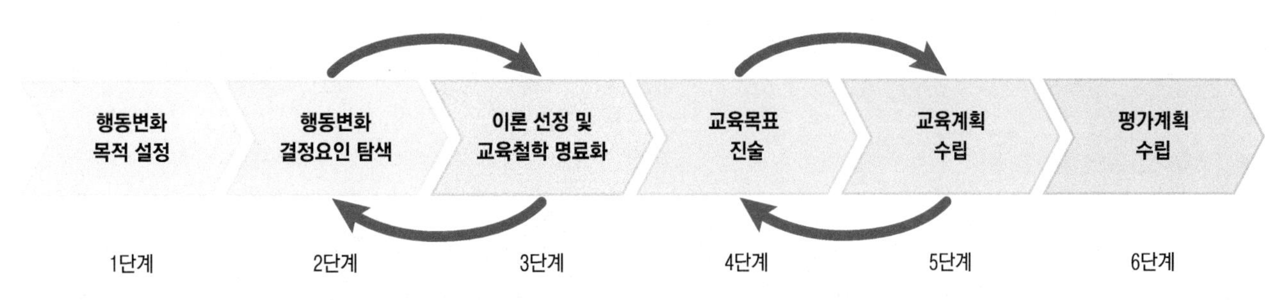

투입: 자료 수집		산출: 이론 기반 중재의 설계			결과: 평가계획
과업 • 대상자의 건강 및 영양문제에 기반한 영양중재의 행동목적 설정	과업 • 자료에 근거한 결정요인 탐색	과업 • 영양중재에 적용할 이론 선정 • 교육철학 명료화 • 교육내용에 대한 관점 명시	과업 • 영양중재 이론에 따른 결정요인별 교육목표 진술	과업 • 교육계획 수립 • 결정요인별 교육활동 계획 • 4Es 적용 교육내용 및 활동 조직화	과업 • 평가계획 수립 • 결과평가를 위한 평가 방법 및 평가 문항 선정 • 설계과정 평가 • 영양중재 수행과정을 측정할 수 있는 문항 개발
결과물 • 영양중재의 행동목적 진술	결과물 • 영양중재에서 다루게 될 결정요인(들)의 목록	결과물 • 영양중재 적용 이론 • 교육철학 진술 및 교육내용 관점 명시	결과물 • 이론에 따른 결정 요인별 교육목표	결과물 • 행동목적 달성을 위한 교육활동 계획	결과물 • 평가방법 및 평가문항 목록 • 과정평가를 위한 절차 및 평가방법

그림 8-1 영양교육 설계과정: 이론의 선정과 교육철학의 명료화 3단계

서는 문제에 대한 인식을 높여주고 동기를 유발시키는 데 중점을 두어야 할까? 아니면 행동 실행의 기술과 능력에 중점을 두어야 할까? 또는 두 가지 측면에 모두 접근해야 할까?

- **행동변화 결정요인에 대한 근거의 강도** 2단계에서 파악한 특정 사회심리적 결정요인에 대한 과학적 근거가 얼마나 확실한가에 대한 정보는 이론 선정에서 중요한 고려사항이 된다. 중재 프로그램이 설정한 특정 행동목표와 특정 대상자의 결정요인에 대한 구체적인 근거가 있다면 가장 이상적일 것이다. 예로는, 임신한 여성의 채소와 과일 섭취 또는 청소년의 고칼슘 식품의 섭취를 높이는 데 효과적인 구체적인 결정요인에 대한 선행연구 등을 들 수 있다(Baranowski 등 2009; Diep 등 2014).

한 가지 결정요인에 대한 행동변화 전략과 교육활동을 개발하는 데에 많은 시간과 에너지, 그리고 자원이 소모되며 대상자에게도 노력과 시간이 소요된다. 따라서 영양교육자는 매우 신중히 중재 프로그램에 적용할 이론과 이론의 구성요소를 선정해야 한다.

1) 사회문화적 맥락의 이론

영양교육자는 매우 다양한 문화적 배경, 생애주기, 사회경제적 위치를 가진 대상자를 만난다. 이처럼 다양한 대상자의 상황에 어떻게 이론을 적용할 수 있을까? 문화와 사회적 상황 같은 외부적 요인은 각 개인에 의해 해석되고 내면화되어 행동에 영향을 미친다. 문화와 사회적 상황은 외부적 요인일 뿐만 아니라 개인의 내부적 요인인 주관적 문화Subjective culture와 주관적 사회상황Subjective social situation이 된다. 이처럼 내면화된 신념과 느낌은 개인의 사회심리적 특성의 일부가 되고 나아가 사회심리적 이론에 포함된 행동의 결정요인이 된다. 예를 들어 자신의 행동변화가 자기 건강에 미치는 영향보다 가족에게 미치는 영향이 더욱 중요하다면, 이는 개인의 높은 사회적 규범Social norm으로 나타날 수 있다. 따라서 중재의 이론을 선정하거나 개발할 때 이러한 문화적 영향을 고려해야 한다.

2) 대상자의 동기유발에 유용한 이론

만일 대상자가 중재 프로그램의 목표행동을 매우 낮게 인식하고 있다면 교육목표는 아마 인식의 증가, 적극적 고려Active contemplation 증진, 동기유발, 모호한 사안에 대한 이해 및 해결 지원 등이 될 것이다. 신념, 태도, 느낌, 감정은 실행에 대한 동기의 핵심적 요소이다. 영양교육자는 숙고 또는 고려 단계에 있는 대상자를 위해 가족, 문화, 지역사회 내 맥락에서 이 행동을 왜 실행해야 하는지 이해하도록 도와야 한다.

다음은 실행에 대한 인식과 동기를 높이는 메시지와 활동을 구성하는 데에 좋은 안내자 역할을 할 수 있는 이론을 제시한 것이다. 이 단계에 속한 대상자로부터 얻고자 하는 결과는 대상자가 적극적인 고려와 신중한 의사결정 과정Decision-making process을 통하여 실행의향을 형성하는 것이다.

- 개인의 의사결정과 동기요인에 초점을 맞춘 사회심리적 이론, 건강신념모델, 계획적 행동이론과 감정 또는 느낌·가치·자기정체성, 개인적 규범을 포함하는 이의 확장이론들, 목표지향 행동모델, 자기결정이론, 태도-변화이론
- 식품기호도, 감정, 기분, 식품이 신체에 미치는 사회심리적 영향에 대하여 주목한 식품 선택모델들Models of food choice
- 특정 대상자의 개인적 및 문화적 의미, 가치, 자기정체성에 초점을 두어 수행된 해석적 또는 질적 연구로부터의 모델들

3) 실행능력 촉진에 특히 유용한 이론

동기와 의향을 행동으로 변환시키는 것은 누구에게나 어려운 일이며, 이를 돕는 것은 영양교육자의 주요 과업 중 하나이다. 높은 의향을 가진 대상자는 실행의향Implementation intention를 형성하거나 단순한 실행계획을 수립하기 시작한다. 반면, 낮은 의향을 가지고 있는 대상자에게는 실행을 상기시키거나 행동의 계기를 제공해야 한다. 식품 선택과 조리기술과 같은 식품 및 음식에 대한 구체적인 지식과 기술도 중요하다. 비판적 사고기술을 적절히 활용하는 것도 중요하다. 이때 어떻게 실행할지에 대한 정보와 기술이 강조되어야 한다.

아울러 자기규제 기술 또는 자신의 행동에 영향을 미치고 신중한 선택을 하도록 돕는 기술(목표 설정, 자기감시) 등도 대상자로 하여금 자신이 택한 동기와 의향을 실천하고 개인 수행력Personal agency을 발휘하게 하는 데 중요하다. 다음은 실행계획과 자기규제 기술에 있어 좋은 안내자 역할을 할 수 있는 이론들을 제시한 것이다.

- 자아효능감, 목표 설정/실행계획, 자기감시, 자기규제를 강조한 사회인지론(Bandura 1997, 2001, 2004)
- 목표 달성을 위한 구체적인 계획과 목표 서약을 기술한 자아효능감과 자기규제이론들(Schwarzer와 Renner 2000; Gollwitzer 1999; Bagozzi와 Edwards 1999; Abraham과 Sheeran 2000; Sniehotta 2009), 자율적 행동 선택의 수단으로 자기규제 과정을 강조한 자기결정이론Self-Determination Theory

4) 동기유발과 실행기술 배양에 유용한 이론

영양교육자는 대개 동기유발과 실행 단계의 활동, 즉 실행의 이유와 방법 모두를 포함시키고자 한다. 이러한 경우는 다양한 범위와 깊이에 걸쳐 나타난다. 어떤 경우에는 한 차시의 수업이 동기유발 활동으로 시작되어 실행방법에 대한 활동으로 마치게 되고, 각 활동요소가 간단한 형태를 이룬다. 또 각 단계의 활동이 수차례의 수업에 걸쳐 진행되기도 하며, 직접적 활동과 더불어 대중매체로 동기유발 메시지를 전달하는 간접적 활동이 수반되기도 한다.

- 이를 위해 확장된 계획적 행동이론이 유용하게 쓰인다. 이 이론은 특히 동기와 태도를 강조하며, 행동의향(목적의향) 설정, 의향을 수행하고자 하는 구체적인 실행계획을 주요 구성요소로 포함한다(**3장 그림 3-4**).
- 사회인지론은 특정 행동에 대한 목표 설정과 자기규제 또는 자기통제 연습을 통해 동기를 행동으로 변환시키는 것에 대한 안내를 폭넓게 제공한다. 이 이론은 개인과 환경의 상호작용을 강조하여 환경에 대한 중재를 반드시 포함하도록 설명한다(**4장 그림 4-1**). 간혹 환경요소를 포함하지 않고 사회인지론을 사용하는 영양교육자도 있는데, 엄밀한 의미에서 보면 사회인지론의 올바른 사용이라고 하기는 어렵다.
- 건강행동과정 접근모델 또한 동기유발 단계와 실행계획 과정 모두에서, 그리고 두 과정의 자아효능감 증진에 유용한 모델이다(**4장 그림 4-3**).
- 범이론적 모델은 단계별 변화과정을 제시하고, 이러한 과정에 기초한 변화를 위한 전략과 절차를 제안한다(**4장 그림 4-4**).

5) 여러 이론의 공통 결정요인

다양한 사회심리적 이론은 다수의 결정요인을 공유하기 때문에 서로 겹치는 부분이 있다. 식품 및 영양 관련 행동의 중요한 동기유발요인이거나 식사 변화의 주요 결정요인이 되면서 여러 이론이 공유하는 구성요소들은 다음과 같다.

- 결과기대/기대하는 결과에 대한 신념(인지된 이익, 인지된 장애, 행동변화의 장단점을 포함)
- 태도와 감정(느낌)
- 위험의 인식/현재 행동의 위협
- 감각정서적 요인Sensory affective factors에 기초한 식품기호도 및 향유Enjoyment
- 인지된 사회적·개인적 규범(대개 문화적 규범의 산물)
- 목표행동 수행에 대한 자아효능감 또는 인지된 통제력

다수의 연구에서 실행능력 촉진에 중요하다고 언급한 공통적 구성요소는 다음과 같다.

- 자아효능감
- 인지된 행동통제력 또는 개인수행력
- 목표 설정 및 자기감시와 같은 자기규제/자기주도 기술
- 행동수행력 또는 식품 및 영양과 관련된 구체적인 지식과 기술(예: 식품조리기술, 신체활동기술, 비판적 평가기술)

여러 주요 이론에서 행동변화 결정요인들이 어떻게 중복되는지에 대하여 **그림 8-2**에 나타내었다.

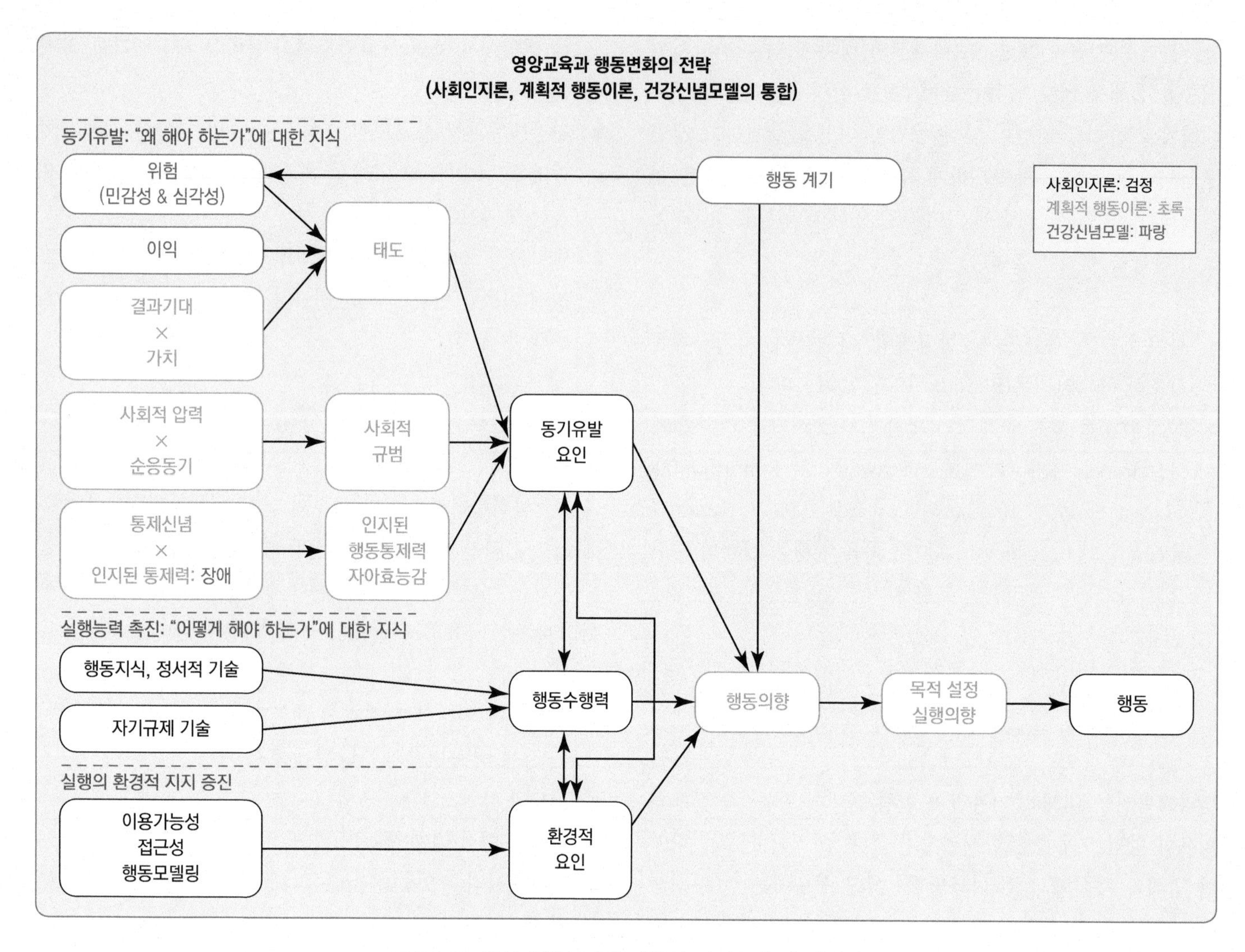

그림 8-2 핵심 사회심리적 이론의 결정요인 간 연관성

6) 관련 이론의 결정요인을 결합한 모델의 사례

(1) 건강행동변화 결정요인의 통합적 모델

행동변화 결정요인에 대한 일반적 또는 통합적 모델(그림 8-3)은 건강신념모델, 계회적 행동이론, 사회인지론을 개발한 핵심 연구자들을 포함하는 Institute of Medicine 내 위원회에 의해 개발되었다. 이 모델은 계획적 행동이론의 기본 구성요소(태도, 사회적 규범, 인지된 행동통제력), 건강신념모델의 인지된 이익, 사회인지론의 기술과 환경적 제한이 결합된 형태로 환경적 장애 또는 지지의 중요성을 인정하기는 하지만 상세히 설명하지는 않는다. 이는 다른 이론의 구성요소를 포함하는 형태로 수정된 계획적 행동이론의 최신 업데이트 버전과 매우 유사하다(Montano와 Kasprzyk 2008; Fishbein과 Azen 2010).

(2) 건강행동과정 접근모델

건강행동과정 접근모델은 다수의 모델이 공통적으로 포함하고 있는 건강신념모델의 인지된 위험과 사회인지론의 결과기대와 자아효능감을 결합한 것이다. 여기에 범이론적 모델의 변화 단계 변인과 다소 유사한 실행전 동기유발 단계와 실행단계로 이루어진 시간영역을 포함시켰다. 이 모델은 자아효능감이 변화의 모든 단계(동기유발, 실행계획, 행동 개시, 행동 유지)에 필요하다고 설명한다. 이 모델도 건강행동변화 결정요인의 통합적 모델과 마찬가지로 환경적 장애 또는 지지의 중요성을 인정하지만 중재 프로그램에서의 적용방안을 상세히 설명하지는 않는다.

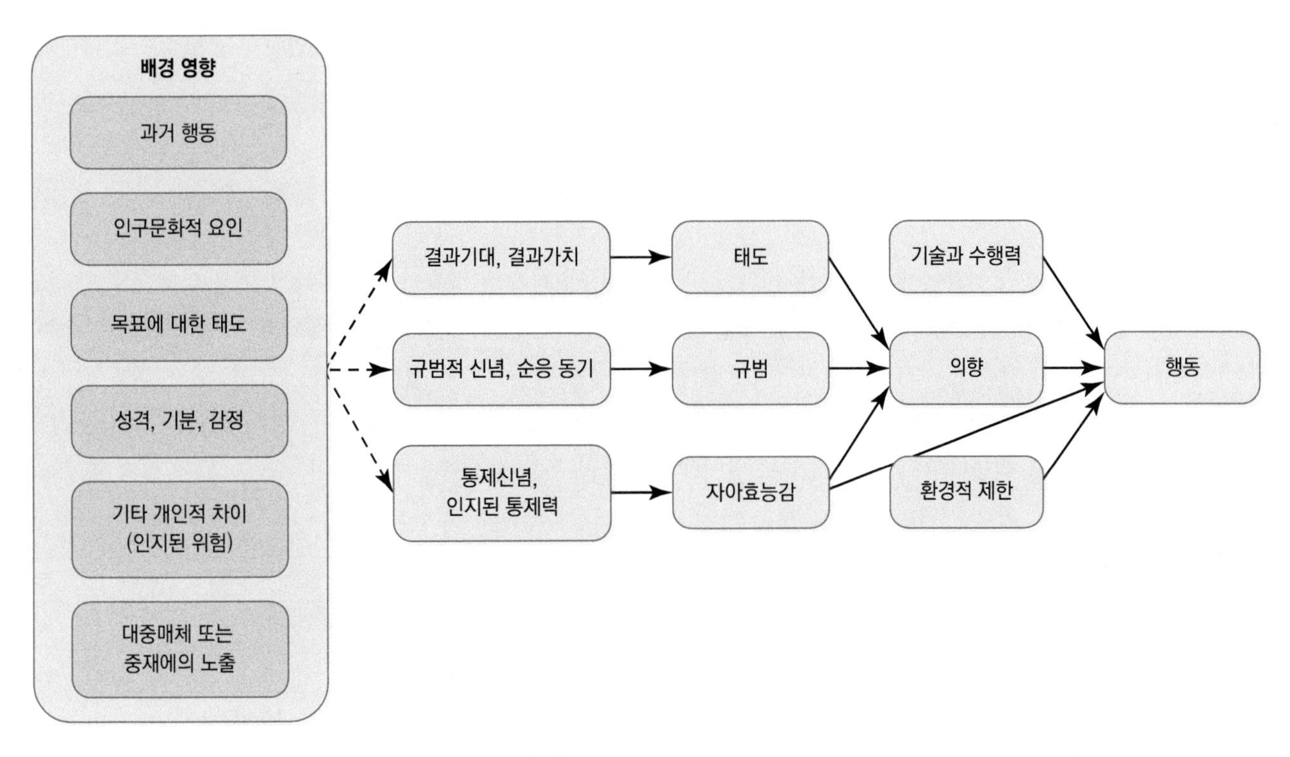

그림 8-3 건강행동변화 결정요인의 통합적(일반적) 모델

7) 중재이론 모델의 선정 또는 구성

대상자가 목표행동에서 주로 고려전 또는 실행전 단계에 머물고 있다면 건강신념모델, 계획적 행동이론, 목표지향 행동모델 등과 같은 동기유발 이론이 적합하다. 만일 이미 대상자의 동기수준이 높아서 단지 실제적인 지식과 기술만을 필요로 한다면, 행동변화 전략이나 기술에 초점을 둔 이론을 적용하는 것이 적합하다. 대상자가 영양교육 수업에 자발적으로 참여한다면, 그는 아마도 어느 정도 동기유발이 되어있는 상태일 것이다. 하지만 대부분의 대상자는 누군가의 권유를 받거나 의무적으로 수업에 참석하는 경우가 많다. 이들도 약간은 동기유발이 되어있을 수 있지만, 그들은 여전히 동기유발을 촉진시킬 필요가 있는 단계이다. 따라서 대부분의 수업에서 동기유발과 기술에 대한 활동, 두 가지 모두에 초점을 맞추어야 한다. 사회인지론은 이러한 목적에 흔히 쓰이며, 범이론적 모델을 사용하는 것도 유용할 수 있다(Prochaska와 Velicer 1997).

이론을 선정했다면 다음에 할 일은 선정된 이론을 특정 대상자에게 맞도록 운영하는 것이다. 즉, 선정된 이론의 모든 결정요인을 포함할지 또는 일부만 포함할지를 결정해야 한다. 특정 대상자의 영양중재에서 어떤 구성요소가 목표행동 변화의 결정요인으로 나타났는지에 대한 최신 연구 결과를 살펴보는 것도 도움이 된다. 또 결정요인의 개수와 종류를 선정하는 데 있어 중재의 기간 또는 수업의 횟수와 가용 자원도 고려해야 한다.

영양교육 설계과정의 2단계 결과에 기초하여 특정 대상자에게 부합되는 중재이론 모델의 구성 시 여러 이론의 구성요소를 결합하는 것이 가장 유용하다고 판단할 수 있다. 예를 들어, 특정 대상자에서 건강 관련 결과기대와 자아효능감이 행동변화를 가장 잘 예측하며 행동목표 설정, 계획, 자기규제 기술이 필요하다고 가정해보자. 이들 결정요인은 여러 이론에 공통적으로 포함되어있다. 건강 관련 결과기대는 사회인지론에 포함되어있는데, 이는 계획적 행동이론에서도 제시되며 건강신념모델에서는 인지된 이익으로 불린다. 이때 영양교육자가 중복되는 이론을 모두 사용한다고 언급할 필요는 없다. 대신 이들 중 하나를(예: 가장 포괄적인 사회인지론) 택하여 시작하면 된다. 이번에는 2단계에서 자기정체성과 도덕적 책무가 대상자에게 중요한 결정요인으로 파악되었다고 가정해보자. 이들은 확장된 계획적 행동이론의 고유한 요인이다. 이때 영양교육자는 중재이론 모델을 사회인지론의 건강 관련 결과기대, 자아효능감, 행동목표 설정과 확장된 계획적 행동이론의 자기정체성과 도덕적 책무를 기반으로 하여 구성할 수 있다.

영양교육자는 중재이론을 구성함에 있어 2단계 평가 결과를 반영하여 결과기대, 가치, 태도, 정서, 자아효능감 등을 명확하게 구체화시켜야 한다. 단순히 결정요인의 명칭인 "결과기대"라고 제시하는 대신 "임신한 여성들은 모유수유가 신생아의 건강에 좋을 것이라고 믿는다"라고 구체적으로 제시해야 한다. 이론의 구성요소 간 연관성을 도식으로 나타내어 사용하는 것도 매우 유용하다.

8) 영양교육의 실제와 이론의 연결에 대한 개념적 틀

행동변화의 결정요인을 이해하고 이를 바탕으로 중재모델을 구성하는 것이 영양교육의 실제와 어떤 연관이 있을까? **그림 8-4**는 영양교육의 실제와 이론 간 연결을 도식화한 개념도이다. 이 개념도는 중재 설계도구로서 이론 활용과 논리모델의 산출 부문에 중점을 두었으며, 행동이론을 실제 현장에서 영

그림 8-4 행동이론을 효과적인 실제 영양교육으로 전환시키는 개념도

양교육을 수행하기에 알맞은 형태로 변환시키고 있다.

이 개념도에는 여러 이론에 공통적으로 포함되는 구성요소가 사용되었다. 이 틀은 식행동 변화가 네 개의 하위 단계(실행 고려Considering action, 실행 결정Deciding on action, 실행 개시Initiating action, 실행 유지Maintaining action)로 이루어진 두 단계를 거쳐 진행된다고 설명한다. 또 영양중재의 목적이 단계에 따라 달라져야 한다고 제안한다. 이 개념도는 이론의 결정요인, 변화 단계, 그리고 영양중재의 목적의 연결을 나타낸다. 즉 단계별 주요 결정요인, 유용한 이론의 종류, 영양중재의 목표를 제시한다. 환경적 지지 역시 매우 중요한 요소이다.

3 중재 또는 수업의 교육철학 명료화

어떤 이론을 선정했는지와 상관없이, 영양교육자의 수업 또는 중재에 대한 접근법과 이론을 실제 교육에서 어떻게 해석할 것인가는 영양교육자의 교육철학에 의해 큰 영향을 받는다. 그러므로 교육을 시작하기에 앞서 철학을 명확히 해야 한다. 자연과학에 대한 풍부한 배경지식을 갖춘 영양교육자로서, 업무를 수행할 때 철학을 이용해야 한다고는 미처 생각하지 못했을 수도 있다. 하지만 영양교육자는 현장에서 교육철학을 활용해야 한다.

건강교육자, 건강전문가, 사회복지사 등과 마찬가지로 영양교육자는 타인에게 도움을 주는 전문가이다. 이러한 점은 대상자를 돕고자 하는 영양교육자와 자기결정권을 원하는 대상자 사이에 긴장을 야기하는 딜레마가 되기도 한다. 따라서 영양교육자는 대상자에게 도움을 제공할지 말지, 돕는다면 어떻게 도울지에 대한 교육철학을 갖추는 것이 매우 중요하다.

1) 도움와 교육: 문제와 해결의 책임이 누구에게 있는가?

이러한 사안에 대한 접근 방법 중 하나로 문제와 해결의 책임이 누구에게 있는지 생각해볼 수 있다. 이 접근방법은 Brickman 등(1982)에 의해 개발되어 이후 Achterberg와 Lytle-Trenkner(1990)에 의하여 영양교육 분야에 적용될 수 있도록 다듬어졌다.

(1) Brickman의 도움모델

Brickman 등은 **표 8-1**의 문제와 해결에 대한 책임의 속성을 바탕으로, 네 가지의 도움모델Model of helping을 제안하였다.

- **의료적 모델**Medical model 문제와 해결의 책임 소재가 모두 대상자에게 있지 않다고 보는 경우다. 가령 대상자의 고혈압과 이에 대한 해결책이 대상자의 책임이 아니라고 보는 철학적 관점이다. 이때 대상자는 전문가에 의한 약물치료를 필요로 한다. 다수의 전문가가 의료적 모델이 문제 해결을 신속하게 해주고 대상자가 자기 문제에 대한 자책이나 비난 없이 도움을 받을 수 있어 이를 선호한다. 이는 아마도 응급의료 상황과 같은 특정 상황 또는 조건에 적합할 수 있다. 영양교육자는 이러한 접근법을 사용할 때 정보와 힘을 가진 지배적인 전문가가 되며, 대상자에게는 자율성이 거의 허락되지 않고 영양교육자가 모든 결정권을 갖게 된다(Achterberg와 Lytle-Trenkner 1990). 교육에 이 모델을 차용하면 대상자에게 수용가능한 대안이나 행동에 대한 선택권이 없어 상당히 강압적이 될 수 있다. 정도의 차이는 있겠지만, 이 모델은 대상자를 의존적으로 만들 수 있다.
- **윤리적 모델**Moral model 문제와 해결의 책임이 대상자에게 있다고 보는 철학적 관점으로, 의료적 모델과 정반대의 특성을 지닌다. 문제의 책임이 전적으로 대상자에게 있다고 보는 동시에 해결에 대한 책임도 대상자에게 있는 것으로 간주한다. 이 모델에서는 대상자가 상당한 수준의 자기통제력을 가진 것으로 본다. 따라서 대상자에게는 무엇보다 동기가 필요하다고 여긴다. 널리 인정받는 관점이다. 선택의 자유가 있는 자유사회, 다양한 종류의 식품을 제공받는 식품체계에서 개인은 식품 섭취에 대한 통제력

표 8-1 도움모델

문제에 대한 자기 책임	해결에 대한 자기 책임	
	높음	낮음
높음	윤리적 모델 (동기가 필요)	계몽적 모델 (훈련이 필요)
낮음	보상적 모델 (역량이 필요)	의료적 모델 (치료가 필요)

을 가지고 있는 것으로 간주된다. 이에 따라 이 모델에서는 개인의 건강상태를 스스로의 선택과 행동의 결과로 본다. 이때 영양교육자의 역할은 대상자의 관심을 높여주고 동기를 유발하는 것이다. 이 모델의 단점은 문제가 있는 대상자 개인을 비난하는 결과를 초래할 수 있다는 것이다. 이 모델은 건강에 영향을 미치는 유전적 요인의 역할, 행동을 유발하는 식품마케팅과 사회적 상황과 같은 환경의 강한 영향력, 선택을 제한시키는 자원 부족 등과 같은 사실을 간과하기 쉽다.

- **계몽적 모델**Enlightenment model 문제의 책임은 개인에게 있으나 해결의 책임은 개인에게 없다고 보는 관점이다. 대상자는 자신의 생활양식과 건강 관련 행동이 당뇨병, 체중 증가, 고혈압 등과 같은 문제를 일으켰다고 인지하지만 이러한 문제에 대해 스스로 할 수 있는 것이 별로 없다고 느낀다. 대상자들은 문제의 본질을 제대로 깨닫기 위해 외부로부터의 가르침과 훈련을 필요로 한다.
- **보상적 모델**Compensatory model 문제의 책임은 개인에게 있지 않으나 해결의 책임은 개인에게 있다고 본다. 따라서 개인은 자기 문제에 관해 비난받지 않으면서도 문제 해결에 대한 책임을 가진다. 이 관점에 따르면 개인이 현재 겪는 문제는 스스로 만든 것이 아니라 영양가 높은 식품에 대한 접근성, 영양교육 등과 같은 서비스를 제공해야 하는 사회적 환경이 실패했기 때문이라고 설명한다. 여기서 이들에게 무엇보다 필요한 것은 역량Power이다. 영양교육자의 역할은 대상자가 활용할 수 있는 자원을 동원해주고, 환경에 효과적으로 대처할 수 있도록 효율적이고 유능한 기술을 습득하도록 돕는 것이다.

Brickman 등은 이 네 가지의 관점 중에서 보상적 모델을 가장 선호하는데, 이 모델이 영양교육자가 대상자를 돕는 행동을 정당화함과 동시에 대상자에게 여전히 자기 삶에 대한 적극적인 통제의 여지가 있다고 여기는 유일한 모델이기 때문이다. 또한 Brickman 등은 특정 중재 내에서 영양교육자와 대상자가 동일한 기대와 철학적 관점을 가지는 것이 중요하다고 설명한다. 최소한 영양교육자와 대상자는 서로의 철학적 관점을 인지해야 하며, 서로 기대하는 바에 차이가 있다면 그 간극을 좁혀야 한다.

(2) 인간의 자유의지

인간에게는 주체성Agency 또는 자유의지Free will가 있다. 자유의지는 인간에게만 존재하며 인간에게 존엄성을 부여한다. 이 자유의지로 인해 인간의 행동은 여러 합리적 또는 비합리적 결정요인의 영향을 받게 되어, 개인의 행동변화는 어려운 일이 된다. 영양교육자는 대상자가 자신, 가족, 그리고 지역사회를 위해 가장 가치 있다고 여기는 삶의 방식에 대해 대화하며 영양교육의 실마리를 찾을 수 있다.

(3) 자기결정권

자기결정이론에서는 심리적 성장, 웰빙, 그리고 목표지향 행동의 성취가 자율성, 유능감, 관계에 대한 본질적 요구를 만족시키기 위한 인간의 능력에 상당 부분 의존한다고 설명한다. 영양교육자가 대상자의 자율적 경험을 지지하고, 그가 책임을 느끼고 실행능력을 보여준 상황에 대하여 긍정적인 피드백을 제공하며, 대상자와 안정적인 관계를 형성한다면, 대상자의 자율적 동기와 자기결정권을 불러일으킬 수 있다.

(4) 교육현장에서의 도움 및 2단계 과정

영양교육 현장에서 대상자들은 동기를 필요로 하거나 역량과 기술을 필요로 하거나, 두 가지 모두를 필요로 하기도 한다. 변화과정에서의 상호 참여는 다음과 같은 2단계를 통해 가장 잘 이루어진다. 1단계는 가족, 문화, 지역사회 맥락에서의 동기유발 단계로 신뢰를 쌓고 감정과 기대를 표현하며 동기를 키우는 시간을 가지는 것이다. 2단계는 대상자가 행동변화를 선택하고 내면화하며 유지할 수 있도록 돕는 기술을 제공하는 것이다(Kolbe 등 1981; Achterberg와 Lytle-Trenkner 1990; Miller와 Rollnick 2013; Laidsaar-Powell 등 2013). 즉 1단계에서는 적극적인 고려와 동기유발이 강조되며, 2단계에서는 대상자가 식품 및 영양에 대한 지식과 기술, 자기규제기술 등을 습득하여 역량을 갖추도록 하는 것에 중점을 두게 된다. 영양교육자는 대상자의 동기, 의지, 실행을 지원하는 구조와 교육자원을 제공하며 대상자는 자신에게 중요한 목적과 이를 이루는 방법을 선택하게 된다. 즉 영양교육자와 대상자가 각각 고유의 역할을 갖게 된다.

2) 기타 고려사항

(1) 열린 삶

Achterberg와 Lytle-Trenkner(1990)는 영양교육자에게 "Life is open-ended"라는 유용하고 사려 깊은 관점을 제시하였다. 즉 변화는 항상 가능하다는 것이다. 영양교육자는 대상자를 포기하지 않아야 한다. 영양교육자가 제공한 정보와 활동은 지금 당장은 아닐지라도 언젠가 대상자에게 유의미하게 인식되어 행동으로 나타날 수 있다. 이는 영양교육자는 대상자에게 행동변화는 자신이 원하는 때에 언제든지 가능하다고 장려할 수 있음을 의미한다. 비록 지금은 아니더라도 가족, 문화, 지역사회의 상황이 행동을 실행하기에 좀 더 나아진다면 변화는 가능해질 것이다.

(2) 삶의 고충

인생은 누구에게나 어렵다. 영양교육이 진행되는 순간에도 대상자의 삶에는 많은 염려와 문제가 있을 수 있고, 이때 건강한 식생활과 신체활동은 대상자에게 우선해야 할 사안이 아닐 수 있다. 영양교육자는 이를 인정해야 한다. 또 영양교육자는 영양교육이 어려운 모험과 같으며, 쉽게 해결할 수 없는 다양한 딜레마를 동반한다는 것을 인정해야 한다. 영양중재 프로그램의 철학과 관점의 사례를 **사례연구 8-1**에 제시하였다.

사례연구 8-1 Wellness In the Rockies 프로젝트

프로젝트 개요와 철학

- 개요: Wellness In the Rockies(WIN the Rockies)는 비만을 혁신적이고 효과적으로 다루고자 하는 연구, 교육, 봉사 프로젝트이다.
- 철학: 개인의 건강에 대한 책임은 각자에게 있다. 그러나 지역사회는 건강을 장려하고 건강한 선택사항을 제공하는 환경을 만들어야 한다.
- 미션: 다음에 제시된 대상자 교육에 대하여 지역사회를 지원한다.
  - 건강을 가치 있게 여긴다.
  - 신체 크기의 차이를 존중한다.
  - 자기수용(Self-acceptance)의 장점을 즐긴다.
  - 건강하고 행복한 식사를 즐긴다.

대상자별 프로젝트의 구성요소

- 성인
  - A New You(Health for EveryBody): 10차시로 구성된 각 1시간 분량의 소규모 집단 대상의 수업
  - Cook Once(Eat for Two Weeks): 교실 또는 집에서 직접 할 수 있는 가족 식사 프로그램으로 레시피와 식품구입 방법 등의 정보 포함
  - WIN Steps: 지역사회의 걷기 프로그램
- 아동
  - WIN Kids Lessons: 13차시로 구성된 식품, 식행동, 신체활동, 신체 크기 차이에 대한 존중 등을 다루는 수업
  - WIN Kinds Fun Days: 아동을 대상으로 한 총 40개의 활동
  - WIN the Rockies Jeopardy: 아동을 대상으로 한 퀴즈게임
- 환자
  - 전문 의료인과의 상담을 통한 성인 환자 대상의 건강 개선 목표 설정

4 식품 및 영양 주제에 대한 중재의 관점 명료화

모든 영양교육자는 영양교육 주제에 대한 자기만의 관점을 지니며, 이는 식품 및 영양 관련 내용을 어떻게 전달할지에 영향을 미친다. 따라서 영양교육자와 영양교육팀은 다루고자 하는 영양중재 주제의 범위와 본질에 대한 개인 또는 조직의 태도를 명확히 해야 한다. 중재 또는 수업에서 다음에 제시된 사안을 어떻게 다룰지 생각해보자.

- **체중** 신체 크기별 건강한 체중Health at every size을 장려할 것인가? 아니면 건강한 식생활과 함께 체중조절 또는 체중감소를 장려할 것인가?
- **모유수유** 모유수유를 선호하는가? 아니면 분유수유를 선호하는가? 두 방법 모두 영양적 측면에서 동등하게 만족스러운 방법이라고 교육할 것인가? 이에 대한 영양교육자의 관점은 교육활동 구성에 영향을 미친다.
- **보충제** 보충제 섭취를 권장할 것인가? 권장하지 않을 것인가?
- **식품의 적합성** 모든 식품은 건강한 식사를 구성할 수 있고All foods fit '좋은 식품'과 '나쁜 식품'은 없으며 모든 식품이 동등하게 우수하며 건강한 식사의 구성요소가 될 수 있다

는 입장을 취할 것인가? 또는 모든 식품이 건강한 식사를 구성할 수는 있지만 다른 식품보다 영양적으로 더 우수한 식품이 있다는 입장을 취할 것인가? '가끔 먹어야 하는 식품'과 '매일 먹을 수 있는 식품' 또는 식품신호등 접근법을 사용할 것인가? 미국의 식사지침인 U.S. Dietary Guideline(2010)은 '더 먹어야 하는 식품'과 '덜 먹어야 하는 식품'이라는 접근법을 제시하였다. 영양교육자로서 대상자에게 식품을 권고할 때 이러한 접근법을 사용할 것인가?

- **자연식품**Whole foods **및 가공된 강화식품**Fortified highly processed foods 영양소가 강화된 식품(예: 비타민이 강화된 정제 곡류) 또는 자연식품(예: 최소한으로 정제된 통곡류)을 섭취하는 것에 어떤 입장을 취할 것인가? 칼슘보충제나 칼슘 함유식품에 대해서는 어떤 입장인가? 이는 영양교육을 계획하고 수행하는 영양교육자에게 매우 중요하다.
- **지속가능한 식품체계** 최근 들어 지속가능한 식품 또는 친환경 식생활 개념의 중요성이 대두되고 있으며 국가 식사지침에도 권장사항으로 포함되고 있다(World Health Organization 2003; Autralia National Health and Medical Research Council 2013). 영양교육자로서 교육에 이를 반영하여, 식품 섭취 권장 시 식품이 어떻게 자라고 가공되며 운송되는지를 고려할 것인가? 대상자에게 채소와 과일 섭취 증가를 장려할 때 유기농 농산물 또는 지역 농산물의 선택을 제안할 것인가? 아니면 가공 여부, 생산지역 등에 상관없이 모든 종류의 채소와 과일 섭취를 권장할 것인가? 만일 대상자가 저소득층이라면 이러한 쟁점을 어떻게 풀어나가야 할 것인가? 이러한 사안에 대한 영양교육자의 생각은 영양교육 주제와 메시지 선정에 영향을 미친다.

5 다양한 출처의 교육자료 사용에 대한 중재의 관점 명료화

영양중재 시에는 흔히 자금이 넉넉하지 않아 양질의 교육자료나 신기술을 이용한 매체를 사용하기 어려울 수 있다. 이런 경우 질이 높고 시각적으로 매력적인 다양한 외부 자료를 사용할 수 있다. 외부 자료는 비영리단체, 식품회사, 기타 영리업체 등 다양한 곳에서 제공받을 수 있다. 영양중재팀은 로고나 브랜드 홍보를 포함한 외부 자료를 사용할 때 이것의 장점과 단점을 신중히 검토하여 중재 내 정책을 정해야 한다. 다음은 이와 관련하여 국제소비자연맹International Organization of Consumers Unions(1990)이 제시한 가이드라인이다.

- **정확성** 제공되는 정보가 사실 또는 최신 근거에 부합해야 한다. 이를 쉽게 찾아볼 수 있도록 참고문헌을 올바르게 인용해야 한다.
- **객관성** 모든 핵심 및 관련 관점이 공정하게 제시되어야 한다. 논쟁의 여지가 있는 쟁점에 대해서는 찬성 논리와 반대 논리를 균형 있게 제시해야 한다.
- **완전성** 자료에는 모든 관련 정보가 포함되어야 하며, 생략이나 의뢰에 의해 호도하거나 감추지 않아야 한다.
- **비차별성** 글과 그림에는 특정 대상에 대한 경멸이나 고정관념으로 보일 수 있는 어떠한 언급이나 특징이 포함되지 않아야 한다.
- **비영리성** 교육적 이용을 위하여 제작된 후원자료를 사용할 때는 이 점을 명확히 제시해야 한다. 홍보자료는 교육적 목적으로 제시되지 않아야 한다. 영업적 메시지나 상품 구매 권고가 암시 또는 명시되지 않아야 한다. 회사로고는 후원업체 명시와 추가정보 질문에 대한 연락처 제공 시에만 제시되어야 한다. 글이나 그림에 후원업체의 브랜드명이나 상표가 나타나지 않아야 한다.

6 영양교육자로서의 요구와 접근법

영양교육자는 다음 사항에 대하여 스스로를 점검해보아야 한다.

- 가르치기, 워크숍 진행하기, 매체 만들기 등에 대한 기술과 경험, 전문성 교육, 영양 그리고 식품 및 식품체계 쟁점에 대한 이해도
- 선호하는 집합 수업의 형태(강의, 토론, 활동, 현장학습, 시범, 조리실습 등)

BOX 8-1 효과적인 영양교육의 요소

일반사항
- 대상자의 특정 식행동에 집중하기
- 적합한 이론과 선행연구 결과를 바탕으로 행동변화목적에 직접적으로 관련된 행동변화 전략과 교육활동 사용하기

동기유발을 위한 의사소통과 교육활동
- 특정 인구집단에서 개인적인 의미를 가진 동기유발 요인 활용하기
- 대상자의 행동변화 실행에 대한 동기 단계 고려하기
- 가족과 지역사회의 맥락에서 문화적 적절성과 세심함 갖추기
- 건강과 지속가능한 식품체계에 미치는 영향에 관하여 개인 맞춤형의 식행동 자가진단을 시행하고 권장사항과 비교하여 피드백 제공하기
- 식품의 직접 경험을 통하여 건강식사의 즐거움, 실행동기, 자아효능감 증진하기
- 적극적인 참여 높이기
- 적절한 이론과 근거를 바탕으로 비개인적 매체(신문, 웹 등)를 통한 의사소통하기
- 대중매체 건강 캠페인을 통하여 문제인식, 정서적 신념, 태도, 목표행동 관련 지식 높이기
- 새로운 기술(스마트폰, 테블릿, 소셜미디어 등) 사용하기

실행과 행동변화 유지의 촉진전략
- 체계적인 목표 설정과 자기규제(자기주도 변화)과정 사용하기
- 복잡한 식품 관련 쟁점에 대하여 충분히 설명하기
- 충분한 기간과 강도의 중재 실행하기
- 소규모 집단의 수업과 활동 이용하기
- 대상자의 문화적 맥락과 이용 가능한 자원 고려하기
- 친숙도, 즐거움, 습관화 증진을 위해 새로운 식품섭취방식 지속적으로 경험하기

정책과 환경 중재(12장)
- 가족, 또래집단 등의 사회적 지지 활용하기
- 건강한 식품환경(학교, 직장, 지역사회) 조성을 위해 정책입안자, 행정가, 조직, 지역사회 지도자 등과 협력하기
- 건강한 선택사항 제공 정책과 환경을 만들기 위해 지역사회의 역량과 집단수행력 증진하기
- 여러 경로를 이용하여 다양한 수준의 영향요인에 대한 교육 제공하기

영양교육자 요인
- 영양교육자의 열정
- 영양교육자의 대상자에 대한 존중과 대상자와의 관계
- 영양교육자의 신뢰성, 열린 마음, 공정성
- 체계적이고 조직적인 교육
- 영양교육자의 상황 대처능력
- 대상자의 발달수준, 연령, 학습유형, 문화, 자원 등에 대한 세심한 고려

- 영양교육 직무에 대한 개인적 우선순위와 동기(나는 왜 영양교육자가 되고자 하는가?)

여러 연구로부터 규명된 효과적인 영양교육 중재를 위한 핵심요소를 BOX 8-1에 소개하였다.

7 사례 연구: 영양교육 설계과정 3단계 적용 사례

이 장의 마지막 부분에 제시한 **활동 8**은 영양교육 설계과정 3단계를 적용한 사례로, 앞서 소개했던 가상의 중학생 대상 영양중재 프로그램에 대한 이론과 교육철학, 식품 및 영양 주제에 대한 접근법을 기술한 것이다.

1단계에서는 중재 프로그램의 행동변화목적으로 채소와 과일의 섭취 증가, 단 음료의 섭취 감소, 고에너지의 가공식품 섭취 감소, 신체활동 증가 등의 네 가지를 선정하였다. 또 1~2단계의 결과를 바탕으로 행동목적을 달성하기 위한 구성요소로 다음의 세 가지를 선정하였다.

- 교실 수업
- 부모 요소
- 정책, 제도, 환경변화 요소

활동 8에 제시된 교육철학과 식품 및 영양 주제에 대한 관점은 세 가지의 구성요소에 모두 적용된다. 중재 이론으로 소개된 사회인지론은 교실 수업요소에 한해 적용된다. 교실 수업요소는 총 10차시의 수업을 포함한다(소개 수업 1차시, 한 가지 행동목적당 수업 2차시, 결론 수업 1차시).

© PhotoDisc

연습문제

1. 영양교육 중재나 수업의 이론 선정에 사용할 수 있는 기준을 최소 세 가지 기술하시오. 이러한 기준을 활용하여 중재의 이론을 선정하거나 이론모델의 구성방법을 기술하시오.
2. 중재의 목적을 달성하기 위해 여러 이론을 결합한 모델을 사용하는 경우의 장점과 단점을 설명하시오.
3. 인식과 동기유발에 초점을 두는 중재에 유용한 이론들이 공통적으로 포함하는(최소 두 가지 이론에 포함) 결정요인 세 가지를 답하고 간단히 설명하시오. 중재모델을 개발하는 데 이러한 결정요인을 어떻게 활용할지 설명하시오.
4. 실행능력 증진에 초점을 두는 중재에 유용한 이론들이 공통적으로 포함하는(최소 두 가지 이론에 포함) 결정요인 세 가지를 답하고 간단히 설명하시오. 중재모델을 개발하는 데 이러한 결정요인을 어떻게 활용할 수 있을지에 대해 설명하시오.
5. 네 가지 종류의 도움모델인 의료적 모델, 윤리적 모델, 계몽적 모델, 보상적 모델의 특징을 비교하고 평가하시오. 영양교육 현장에서 각 모델을 언제 또는 어떻게 사용할 수 있을지, 혹은 꼭 사용해야 하는지에 대하여 설명하시오.

참고문헌

Abraham, C., and P. Sheeran. 2000. Understanding and changing health behavior: From health beliefs to self-regulation. In *Understanding and changing health behavior: From health beliefs to self-regulation*, edited by P. Norman, C. Abraham, and M. Conner. Amsterdam: Harwood Academic Publishers.

Achterberg, C., and L. Lytle-Trenkner. 1990. Developing a working philosophy of nutrition education. *Journal of Nutrition Education* 22:189-193.

Australian National Health and Medical Research Council. 2013. *Eat for Health: Australian Dietary Guidelines — Providing the scientific evidence of healthier Australian diets*. Canberra, Australia: National Health and Medical Research Council.

Bagozzi, R. P., and E. A. Edwards. 1999. Goal striving and the implementation of goal intentions in the regulation of body weight. *Psychology and Health* 13:593-621.

Bandura, A. 1997. *Self-efficacy: The exercise of control*. New York: WH Freeman.

———. 2001. Social cognitive theory: An agentic perspective. *Annual Review of Psychology* 51:1-26.

———. 2004. Health promotion by social cognitive means. *Health Education and Behavior* 31 (2):143-164.

Baranowski, T., E. Cerin, and J. Baranowski. 2009. Steps in the design, development and formative evaluation of obesity prevention-related behavior change trials. *International Journal of Behavioral Nutrition and Physical Activity* 6:6.

Brickman, P., V. C. Rabinowitz, J. Karuza, D. Coates, E. Cohn, and L . Kidder. 1982. Models of helping and coping. *American Psychologist* 37:368-385.

Buchanan, D. 2004. Two models for defining the relationship between theory and practice in nutrition education: Is the scientific method meeting our needs? *Journal of Nutrition Education and Behavior* 36:146-154.

Deci, E. L., and R. M. Ryan. 2000. The "what" and "why" of goal pursuits: Human needs and the self-determination of behavior. *Psychological Inquiry* 11(4):227-268.

———. 2008. Facilitating optimal motivation and psychological well-being across life's domains. *Canadian Psychology* 49:14-23.

Diep, C. S., T. A. Chen, V. F. Davies, J. C. Baranowski, and T. Baranowski. 2014. Inf luence of behavioral theory on fruit and vegetable intervention effectiveness among children: A meta-analysis. *Journal of Nutrition Education and Behavior* 46(6):506-546.

Fishbein, M. 2000. The role of theory in HIV prevention. *AIDS Care* 12(3):273-278.

Fishbein, M., and I. Ajzen. 2010. *Predicting and changing behavior: The reasoned approach*. New York: Psychology Press.

Gollwitzer, P. M. 1999. Implementation intentions — strong

effects of simple plans. *American Psychologist* 54:493-503.

Institute of Medicine. 2002. *Speaking of health: Assessing health communication strategies for diverse populations.* Washington, DC: National Academies Press.

International Organization of Consumers Unions. 1990. Code of good practice. In *IOCU code of good practice and guide-lines for business sponsored educational materials used in schools.* Policy statement. London: Author.

Kok, G., H. Schaalma, H. De Vries, G. Parcel, and T. Paulussen. 1996. Social psychology and health. *European Review of Social Psychology* 7:241-282.

Kolbe, L. J., D. C. Iverson, W. K. Marshal, G. Hochbaum, and G. Christensen. 1981. Propositions for an alternate and complementary health education paradigm. *Health Education* 12(3):24-30.

Laidsaar-Powell, R. C., P. N. Butow, S. Bu, C. Charles, W. W. Lam, J. Jansen, et al. 2013. Physician-patient-companion communication and decision-making: A systematic review of triadic medical consultations. *Patient Education and Counseling* 91(1):3013.

Miller, R. W., and S. Rollnick. 2013. *Motivational interviewing: Helping people change*, 3rd edition. New York: Guilford Press.

Montano, D. E., and D. Kasprzyk. 2008. Theory of reasoned action, theory of planned behavior, and the integrated behavioral model. In *Health Behavior and Health Education: theory, research , and prac tice* , ed ited by K. Glanz, B. K. R imer, and K. Viswanat h. San Francisco: Wiley.

Prochaska, J. O., and W. F. Velicer. 1997. The transtheoretical model of health behavior change. *American Journal of Health Promotion* 12:38-48.

Schwarzer, R., and B. Renner. 2000. Social-cognitive predictors of hea lt h behav ior: Action self-efficacy and coping self-efficacy. *Health Psychology* 19(5):487-495.

Sniehotta, F. F. 2009. Towards a theory of intentional behavior change: Plans, planning, and self-regulation. *British Journal of Health Psychology* 14:261-273.

World Health Organization. 2003. *Diet, nutrition and the prevention of chronic diseases.* Report of a joint WHO/FAO expert consultation. WHO Technical Report Series 916. Geneva: Author.

영양교육 설계과정

행동변화 목적 설정	행동변화 결정요인 탐색	이론 선정 및 교육철학 명료화	교육목표 진술	교육계획 수립	평가계획 수립
1단계	2단계	3단계	4단계	5단계	6단계

활동 8

3단계: 이론 선정과 교육철학 명료화

영양교육 수업에 어떤 이론(또는 이론들의 결합)을 적용할 것인가?

2단계에서 파악된 결정요인과 3~4장에서 소개한 이론을 비교하여, 2단계에서 파악된 결정요인을 가장 잘 반영하는 이론을 선정한다.

사회인지론

중재의 이론적 틀을 도식으로 나타내시오.

중재에 적용할 이론을 구성할 때는 2단계에서 파악한 결정요인을 반영하여 선정된 이론을 대상자에 부합하도록 수정한다. 결정요인의 상호연관성이 나타나도록 중재의 이론을 시각적으로 제시한다.

(중재에 적용된) 사회인지론

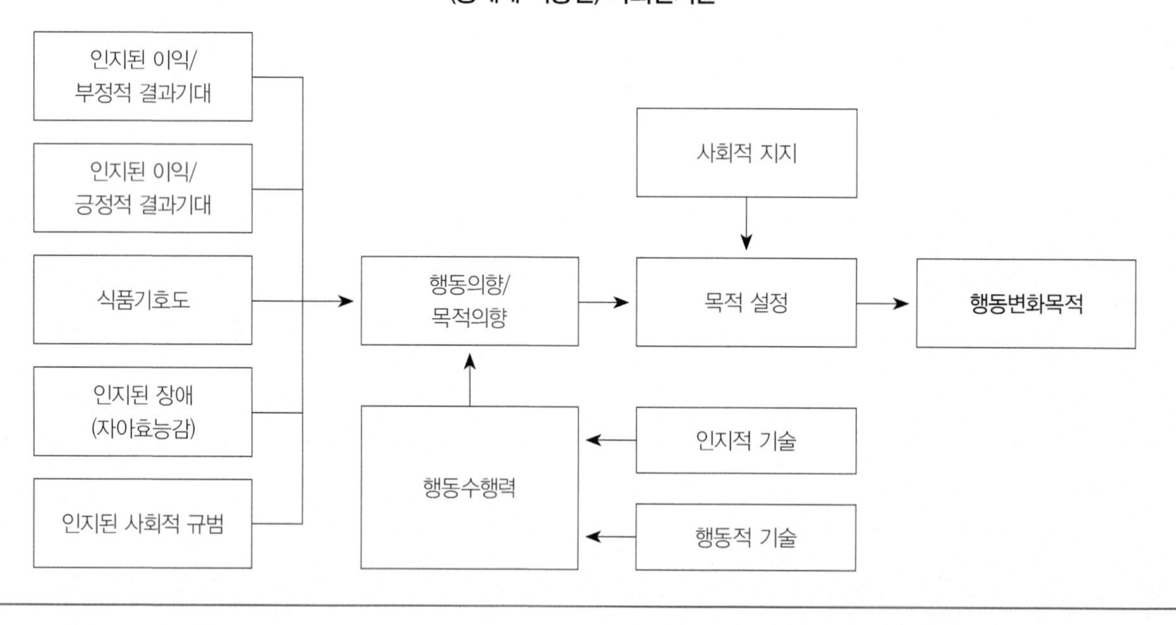

영양교육 설계과정

행동변화 목적 설정	행동변화 결정요인 탐색	이론 선정 및 교육철학 명료화	교육목표 진술	교육계획 수립	평가계획 수립
1단계	2단계	3단계	4단계	5단계	6단계

교육철학은 무엇인가?

영양교육자로서 자신의 교육적 접근법을 살펴본다. Brickman의 네 가지 모델 중에서 목표로 하는 대상자와 행동변화 목적에 적합하다고 판단되는 모델을 선정한다. 왜 그 모델이 적합하다고 생각하는지, 중재 또는 수업에 어떻게 적용할지를 설명한다.

청소년은 자기 건강에 대한 책임이 있으며 건강한 식품과 신체활동을 선택할 수 있는 능력이 있다고 믿는다. 그들에게는 지식, 동기유발, 현재의 쉽지 않은 식품환경을 극복할 수 있는 도구가 필요하다. 청소년이 건강한 행동을 선택할 수 있는 환경을 만들어주는 것은 학교와 가정의 책임이라고 믿는다. 대상자에게는 기술과 환경적 지지가 필요하다. 따라서 보상적 모델이 적합하다고 생각된다. 청소년들이 자신의 행동과 행동에 영향을 미치는 환경의 힘을 인지하고 환경적 장애를 극복하여 건강한 식품 선택을 할 수 있는 역량을 높일 수 있는 중재를 설계한다. 중재활동은 목적 설정과 자기규제 과정을 통하여 자신의 식행동과 신체활동에 책임감을 갖도록 하는 내용으로 구성한다. 중재는 대상자의 건강한 행동을 지지하는 환경적 요소를 포함한다.

식품 및 영양 관련 주제에 대한 관점은 어떠한가?

수업 또는 중재에서 다루어질 식품 및 영양 관련 사안에 대한 자신의 관점을 기술한다.

청소년들은 영양적으로 우수하고 최소한으로 가공된 자연식품, 주어진 자원과 제한된 이용가능성 내에서 최대한 신선하고 지역사회에서 자라난 식품을 섭취하도록 교육받아야 한다고 믿는다. 또 체중에 대한 사안은 직접적으로 언급하지 않도록 한다. 대신에 건강한 식사와 신체활동양식을 강조한다.

CHAPTER 9

© Africa Studio/Shutterstock

4단계: 행동이론을 교육목표로 전환하기

개 요

이 장에서는 영양교육 시 목표를 왜 세워야 하는지, 이는 무엇인지 알아보고 행동이론을 교육목표로 전환할 때의 주요 이슈를 설명한다. 또 중재 프로그램의 행동변화목적을 달성하기 위한 행동변화의 결정요인과 변화전략에 초점을 맞춘 교육활동을 만들기 위해 교육목표를 서술하는 방법에 대해 설명한다.

목 표

1. 영양교육 수업과 중재에서 교육목표 서술의 중요성을 인식할 수 있다.
2. 행동변화의 결정요인을 교육목표로 어떻게 전환하는지 설명할 수 있다.
3. 사고(인지적), 감정(정서적), 행동(운동기능적) 영역의 교육목표와 각 영역 내 학습경험의 단계를 설명할 수 있다.
4. 행동결정요인에 근거한 수업과 중재의 행동변화목표를 달성하기 위해 학습 결과의 교육목표를 서술할 수 있다.
5. 행동결정요인과 변화전략에 근거하여 각 수업의 활동이나 학습경험 참여를 안내하는 구체적 학습목표를 서술할 수 있다.

1 목표를 통해 행동이론을 영양교육활동으로 전환

목표 진술은 DESIGN 과정의 네 번째 단계이다. 교육목표는 일반적 교육목표General educational objectives와 구체적 교육목표Specific educational objectives로 나눌 수 있다. 일반적 교육목표에서는 전체 중재 프로그램에 관해 작성하며, 구체적 교육목표에서는 각 교육 수업에 관해 작성한다. 구체적 교육목표는 각 수업의 구체적인 활동 개발의 안내 역할을 한다. 단 1회 교육이나 그룹 토의라고 하더라도, 교육목표나 교육계획은 교육이나 그룹 토의를 어떻게 진행할지에 대한 맵을 제시하므로 중요하다. 분명한 계획이 없다면 교육이나 토의에서 메시지를 명확하게 제시하기 어렵다.

4단계에서는 그동안 수집한 정보와 3단계에서 선택한 이론모델에 근거하여 구체적인 목표를 설정하는데, 이는 중재에서 지향하는 행동변화목적의 결정요인에 관한 결과Outcomes에 대해 분명하게 진술하는 것이다. 4단계의 과업과 결과물은 그림 9-1의 로직모델에 제시되어있다.

목표와 관련하여 유사한 의미를 나타내는 여러 다른 용어, 즉 목적, 목표, 수행목표, 수행지표, 행동목표, 교육의 기준, 영양 Competencies 등의 용어가 사용되고 있다. 이는 모두 교육 프로그램에서 달성하고자 하는 결과물에 관한 것이다. 영양교육자는 이러한 용어 사용에 엄격할 필요는 없다. 이 책에서 목적Goals은 1단계에서 정한 중재의 행동변화목적만을 의미하며, 목표Objectives의 의미는 다음에 제시된 바와 같다.

2 행동변화목적의 결정요인을 위한 교육목표 서술

영양교육에서 교육목표Educational objectives는 건강행동 변화의 결정요인을 교육활동으로 전환하고 조작하기 위한 방법이다.

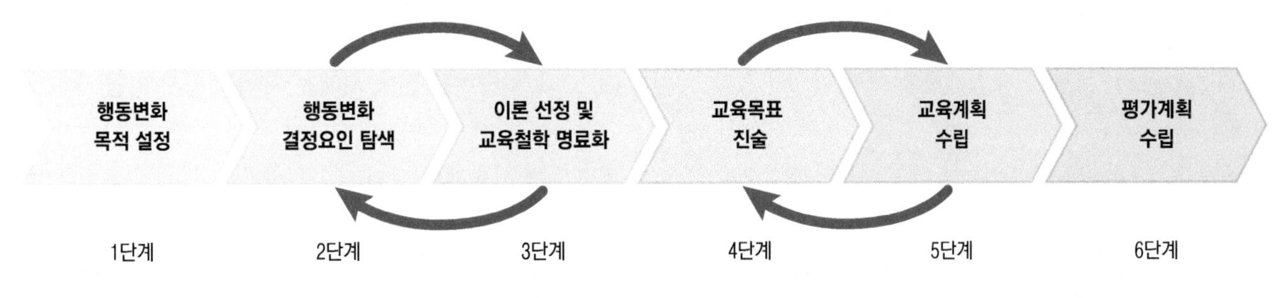

투입: 자료 수집		산출: 이론 기반 중재의 설계			결과: 평가계획
과업 • 대상자의 건강 및 영양문제에 기반한 영양중재의 행동목적 설정	과업 • 자료에 근거한 결정요인 탐색	과업 • 영양중재에 적용할 이론 선정 • 교육철학 명료화 • 교육내용에 대한 관점 명시	과업 • 영양중재 이론에 따른 결정요인별 교육목표 진술	과업 • 교육계획 수립 • 결정요인별 교육활동 계획 • 4Es 적용 • 교육내용 및 활동 조직화	과업 • 평가계획 수립 • 결과평가를 위한 평가 방법 및 평가 문항 선정 • 설계과정 평가 • 영양중재 수행과정을 측정할 수 있는 문항 개발
결과물 • 영양중재의 행동목적 진술	결과물 • 영양중재에서 다루게 될 결정요인(들)의 목록	결과물 • 영양중재 적용 이론 • 교육철학 진술 및 교육내용 관점 명시	결과물 • 이론에 따른 결정 요인별 교육목표	결과물 • 행동목적 달성을 위한 교육활동 계획	결과물 • 평가방법 및 평가문항 목록 • 과정평가를 위한 절차 및 평가방법

그림 9-1 이론에 근거한 영양교육 설계과정: 4단계 과업과 결과물

교육목표는 직접적인 교육활동(예: 교육 수업, 그룹별 활동 등)과 간접적인 교육활동(예: 교육자료, 컴퓨터나 인터넷 기반의 영양교육, 다른 채널을 통해 제공된 교육 등)을 위해 필요하다.

1) 교육목표는 이론에 제시된 결정요인에 근거

교육목표는 구체적인 결정요인에 근거하는데, 이러한 결정요인은 중재 프로그램의 안내자로 3단계에서 설정한 이론모델의 부분이다. 즉 결정요인은 중재나 수업에서 행동변화목적을 달성하기 위해 주요한 것이며 인지된 위험, 태도, 감정/정서, 인지된 이익과 장애요인, 결과기대, 가치, 인지된 책임감, 자아효능감, 사회적 규범, 목적설정기술 등이 이에 해당된다.

주어진 시간과 자원 내에서, 행동의 동기나 행동기술을 개선하려면 중재나 수업에서 현실적으로 다룰 수 있는 결정요인만을 선택하는 것이 중요하다. 대부분의 영양교육자는 너무 많은 것을 다루려는 경향이 있다. 그러므로 프로그램에서 실제로 다룰 수 있는 요인을 세심하게 선택할 필요가 있다.

2) 교육목표 서술 시 고려사항

교육 시 행동변화의 각 결정요인을 다루는 활동을 계획할 때는 하나 혹은 그 이상의 교육목표를 서술한다. 결정요인은 이러한 목표를 통해 학습활동계획을 안내할 유용한 형태로 전환된다. 교육목표는 원하는 학습 결과에 대한 진술이며, 학습자 측면에서 서술된다. 즉 학습자가 중재를 통해 무엇을 얻는지, 교육의 결과로 학습자가 생각하거나 느끼는 것, 할 수 있는 것은 무엇인지에 관해 서술하는 것이다.

- **일반적 교육목표** 중재나 수업(하나 또는 여러 수업)의 활동을 개발하도록 안내해준다.
- **구체적 교육목표** 주어진 수업 내에서 각 활동을 개발하도록 안내해준다.

(1) 학습목표와 교육목표

목표는 학습자나 참여자의 관점에서 서술되며 학습목표 Learning objectives라고 한다. 이 용어는 교육목표Educational objectives와 혼용되는데, 학습은 참가자가 하는 것이고 교육은 교육자가 학습을 돕기 위해 하는 것이다. 이 두 용어는 원하는 동일한 결과를 얻기 위해 같은 활동에 사용된다. 이 책에서는 두 용어를 사용하지만 교육목표를 선호하는데, 그 이유는 영양교육자로서 학습을 촉진하기 위해 무엇을 해야 하는지 알려주기 위해서이며 '학습'은 정보나 지식에 한정되지 않는다.

(2) 목표는 수단이 아닌 결과

목표는 중재나 프로그램에서 결과에 도달하기 위한 수단이 아니라, 의도한 결과나 성과를 나타내기 위해 사용된다. 목표는 중재 후 참여자가 도달해야 하는 것을 진술한다. 이는 영양교육자가 무엇을 할지(예: 음식 준비기술 시연, 필름 보여주기), 대상자가 무엇을 할지(예: 토론, 샐러드 만들기)에 관한 서술이 아니다. 학습목표는 원하는 행동변화목적 달성을 위해 요구되는 구체적인 행동변화 요인에 관해 대상자가 무엇을 알고 느끼며 할 수 있는지에 관한 진술이어야 한다.

(3) 교육/학습목표 진술 시에는 구체적 동사 사용

교육목표를 세울 때는 학습자가 무엇을 할 수 있는지에 관해 정확하게 서술해야 한다. 또 측정가능하며, 행동이나 행동변화의 결정요인(예: 자아효능감, 인지된 이익, 인지된 행동 통제력, 목표 설정 등) 중에 무엇에 도달해야 할지를 나타내야 한다. 예를 들어 구체적인 교육목표는 "수업/중재 후에 참여자들은 ~을 할 수 있다"의 형식으로 써야 하며 '서술한다', '진술한다', '찾는다', '해석한다', '판단한다' 등의 동사로 서술해야 한다.

3) 일반적 교육목표

선택한 이론에 근거하여 교육에서 다룰 3~6개의 주요한 결정요인을 찾아 각 요인에 관해 일반적인 교육목표를 서술하고, 4단계에 해당하는 일반적 목표를 설정하는 활동지에 기록해본다. 다음은 사례에 제시된 일반적인 교육목표의 예로, 행동변화의 목적은 '채소와 과일 섭취를 늘리는 것'이다. 이 목표는 두 수업의 교육활동을 이끌게 된다.

행동의 결정요인	일반적 교육목표
	수업 후에 청소년들은 ~을 할 수 있다.
결과기대 (인지된 이익)	다양한 채소와 과일 섭취의 중요성을 이해한다.
인지된 위협	채소와 과일의 권장 섭취수준과 자신의 섭취수준을 평가한다.
자아효능감	매일 다양한 채소와 과일을 섭취할 수 있다는 자신감을 키운다.
지식과 기술	자신의 일상식사에서 채소와 과일 섭취를 늘리기 위한 지식과 기술을 갖춘다.
목표설정 기술	채소와 과일 섭취를 증가시키기 위한 목표 설정 및 의사결정기술을 이용하여 행동계획을 준비한다.

이론에 근거한 행동결정요인	2단계 결과에 근거한 결정요인	각 결정요인에 관한 구체적 교육목표
	각 결정요인에 관한 대상자의 생각과 감정 (2단계)	수업 후에 대상자들은 ~을 할 수 있다.
결과기대 (인지된 이익)	학생들이 채소와 과일의 맛, 먹음직스러움, 뼈건강에 이로움 등 채소와 과일 섭취의 장점을 인지한다면 이를 먹을 것이다.	채소와 과일 섭취의 구체적인 이익을 진술한다.
장애요인/ 자아효능감	학생들은 채소와 과일을 준비하기 쉽거나 점심식사로 가져가기 편리하다면 이를 먹을 것이다.	채소와 과일 섭취의 장애요인과 이의 극복 방법을 찾을 수 있다.

4) 구체적 교육목표

이제부터는 구체적 학습목표를 작성하는데, 이는 일반적 교육목표 달성을 위해 각 수업에서 구체적인 학습/교육활동을 개발하는 데 도움이 된다. 구체적 학습목표는 각 수업에서 교육활동이나 학습경험을 설계하는 것을 안내해준다. 즉 각 구체적 학습목표는 선택한 이론에 제시된 결정요인 중 하나와 관련이 있고 행동변화의 특정한 결정요인의 변화를 가져올 하나 또는 두 가지 활동을 개발하는 데 있어 안내의 역할을 한다. 하나의 구체적인 목표를 달성하기 위해 두 개나 그 이상의 활동을 하기도 하고, 두 개나 그 이상의 교육목표 달성을 위해 하나의 활동을 하기도 한다.

사례의 구체적 학습목표는 각 수업의 학습경험 안내를 위해 작성되었으며, 이는 2단계에서 수집한 정보에 따라 3단계에서 선택한 이론의 결정요인과 관련이 있다. 이는 또한 일반적 교육목표와 연결되어있다. 구체적 교육목표의 예는 다음과 같다.

실제로 영양교육자는 교육목표를 설정하면서 일반적 교육목표와 구체적 교육목표를 반복하여 살펴볼 것이다. 적절하고 흥미로운 활동을 계획할 때 영양교육자는 중재의 행동변화목적을 달성하기 위한 구체적 교육목표를 신중히 고려해야 하며, 구체적 교육목표가 일반적 교육목표와 어떻게 관련되는지도 살펴보아야 한다. 만약 구체적 교육목표가 일반적 교육목표나 목적 달성에 도움이 되지 않는다면 이러한 활동을 할 필요가 없다.

사례연구 9-1에서는 초등학생 대상의 비만예방 프로그램에서 행동의 사회심리적 요인이 일반적 교육목표로 어떻게 서술되었는지 볼 수 있다. 1단계에서 3단계의 진단을 통해 행동변화 목적에서는 '에너지 균형 행동'에 초점을 두었고 사회인지론과 자기결정이론을 활용하여 변화의 결정요인을 파악하였으며, 교육목표는 제시된 바와 같다.

사례연구 9-1 식품, 건강과 선택: 초등학생 대상의 비만예방 교육 프로그램

식품, 건강과 선택(Food, Health & Choices, FHC)은 에너지 균형 관련 행동에 초점을 맞춘 비만예방 교육 프로그램이다. 이 프로그램은 FHC 교실 수업 23회와 복지정책요소(Positively Healthful Classrooms: 교실에서 댄스 브레이크 등 간단한 신체활동, 건강한 교실 식품정책 등)로 구성되어있다.

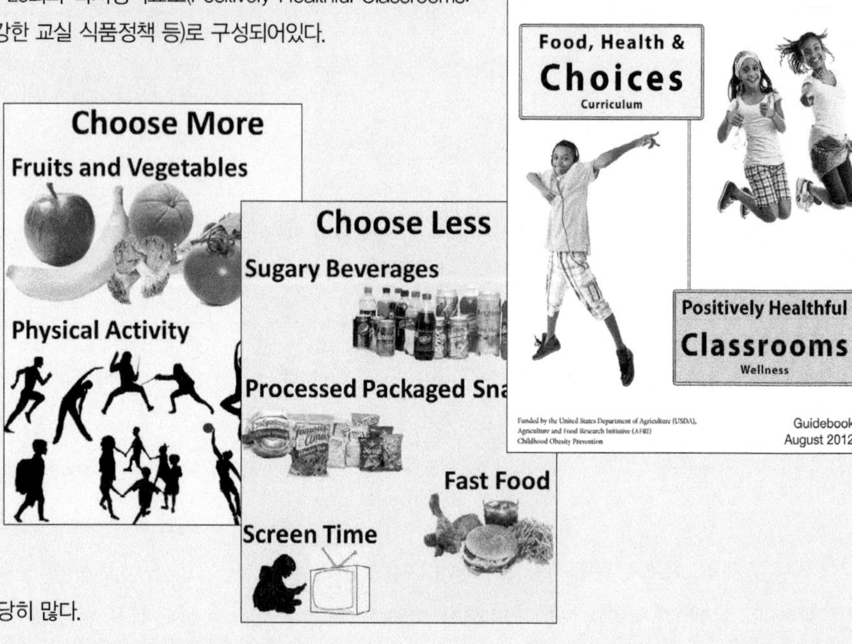

행동변화목적

채소와 과일 섭취와 신체활동 늘리기, 가당음료, 가공스낵과 패스트푸드, 좌식행동 덜 선택하기

이론모델

사회인지론과 자기결정이론에 근거하여 행동변화의 결정요인 중 일부를 선택하였다.

교육목표와 행동이론의 연계

다음 표는 이론에 제시된 행동변화의 결정요인을 교육목표로 어떻게 서술하였는지를 보여준다. 총 23회로 구성된 이 프로그램의 일반적 교육목표는 아래 표에 제시한 것 외에도 상당히 많다.

이론에 제시된 결정요인	일반적 교육목표
	이 수업을 마친 후에 학생들은 ~을 할 수 있다.
결과기대	• 에너지 균형 유지가 왜 중요한지 설명한다. • 다양한 채소와 과일 섭취와 충분한 신체활동의 중요성을 이해한다. • 가당음료, 가공스낵과 패스트푸드의 지나친 섭취, 과다한 스크린 이용(컴퓨터, 핸드폰 등)과 관련된 건강 문제를 인식한다.
자아효능감	• 채소와 과일 섭취 늘리기와 가당음료, 가공스낵과 패스트푸드 섭취 줄이기에 관한 자아효능감을 높인다. • 신체활동 늘리기와 좌식행동(스크린 이용) 줄이기의 자아효능감을 높인다.
의향	• 채소와 과일 섭취와 신체활동 시간을 늘린다는 의향을 말한다. • 가당음료, 가공스낵과 패스트푸드 섭취, 좌식행동을 줄이겠다는 의향을 말한다.
행동수행력(사실적 지식)	• 에너지 균형의 개념을 설명한다. • 채소와 과일, 수분의 하루 권장 섭취수준을 말한다. • 가당음료, 가공스낵과 패스트푸드의 하루 최대 섭취수준을 말한다. • 신체활동과 좌식행동(스크린 이용시간)의 하루 권장수준을 말한다.
목표설정기술/자기조절	• 현재 식행동과 신체활동 행동을 분석하고 각 행동의 목표를 정한다. • 행동변화목적 달성을 위한 과정과 진행상태를 모니터할 수 있다.
능력	건강에 좋은 식품 선택과 신체활동 증가를 위한 기술에서 자신감 상승을 표현한다(건강에 좋은 식품을 선택하고, 신체활동을 늘릴 수 있는 능력이 증가되었음을 표현한다.).
신체활동 자율성	건강에 좋은 식품 선택과 신체활동 증가에서 자율성이 높아짐을 표현한다.
신체활동 관련성	사례 커리큘럼의 드라마에 제시된 인물과 자신을 유사하게 느끼며 이해하는 감정을 표현한다.

자료: Abrams EM 등(2014). J Nutr Educ Behav 46(4S): S137.

3 대상자의 사고, 감정, 행동을 반영한 교육목표 설정

사람들은 두뇌와 마음, 손을 사용한 활동에 참여할 때 행동을 수행하거나 변화시키기 쉽다. 따라서 영양교육자가 지식·사고(두뇌), 감정(마음), 행동(손)을 사용할 기회를 제공하여 대상자의 적극적인 참여를 유도하는 학습경험을 계획한다면 영양교육의 효과가 더 커질 것이다. 인간 기능의 이 세 영역은 정신적, 감정적, 신체적 기능으로 분류된다. 결과적으로 영양교육자는 인간 경험의 세 영역, 즉 인지적Cognitive, 정의적Affective, 심동적Psychomotor 영역을 포함한 구체적인 활동을 개발할 수 있는 교육목표를 설정하게 된다. 따라서 이 세 영역에 참여하는 활동이 개발되도록 교육목표를 서술해야 한다.

- **인지적 영역의 목표** 생각, 이해, 인지적 기술과 능력을 키우는 활동 개발을 안내한다.
- **정의적 영역의 목표** 태도, 느낌, 감정의 변화가 일어나도록 활동 개발을 안내한다.
- **심동적 영역의 목표** 신체적 또는 조작적 기술 증진을 유도하는 활동 개발을 안내한다.

교육활동은 의도하는 학습 결과(매우 단순한 것에서 복잡한 것 순으로)에 맞출 수 있다. 활동은 대상자와 행동변화목적에 따라 매우 단순한 것부터 복잡한 학습 과업까지 포함하는데, 이때 학습목표와 과업의 난이도가 일치해야 한다. 또 특정 수업이나 중재에서는 단순한 것뿐만 아니라 복잡한 이해를 위한 목표도 포함해야 한다. 아동이라고 해도 그들의 발달 단계에 맞게 구성된 활동에서는 비교나 분석 등 복잡한 학습 과업을 수행할 수 있다. 인지적·정의적·심동적 영역에서 의도하는 학습 결과의 개요와 교육목표로 사용할 수 있는 동사의 목록은 **표 9-1~9-3**에 제시하였다.

1) 인지적(지식 또는 사고) 영역

인간은 사고하는 존재이다. 사람들이 하는 모든 일에는 그에 대한 생각과 해석이 수반된다. 교육목표는 사실의 간단한 기억부터 새 아이디어의 조합과 종합에 이르기까지 다양하게 설정된다. 1950년대에 교육 측정 및 평가 전문가들은 교육에서 흔히 사용되는 인지적 영역 목표를 구분하는 시스템을 개발하고 이를 분류체계Taxonomy라고 하였다. 1950년대에 Bloom이 개발한 분류체계는 2000년대에 수정·보완되었는데

표 9-1 인지적 영역: 사고의 수준

사고의 수준 (의도하는 학습 결과의 난이도 수준)	설명	유용한 동사
기억	정보를 배운 대로 기억함	열거한다, 회상한다, 명명한다, 정의한다, 진술한다, 말한다, 기록한다
이해	이해했음을 표현하려고 정보를 설명함	묘사한다, 설명한다, 요약한다, 비교한다, 논의한다, 식별한다, 분류한다, 비평한다, 탐색한다
적용	습득한 정보를 새로운 상황에 적용함	적용한다, 시연한다, 사용한다, 해석한다, 보여준다, 수정한다, 운영한다, 예측한다, 극화한다, 묘사한다, 해결한다
분석	조직적 구조를 이해하기 위해 습득한 정보를 구성요소로 나눔	분석한다, 계산한다, 실험한다, 비교한다, 대비한다, 비평한다, 도식화한다, 구분한다, 감정한다, 논쟁한다, 연관시킨다, 조사한다, 검사한다, 범주화한다
평가	적절한 기준을 이용하여 사물이나 행동의 가치에 대해 평가함	평가한다, 비교한다, 가치를 둔다, 조정한다, 판단한다, 선택한다, 측정한다, 결론짓는다, 정당화한다, 비평한다
종합 또는 창작	새로운 의미나 구조 창조를 강조하며, 구성요소와 부분을 통일된 조직이나 전체로 통합함	구성한다, 제작한다, 계획한다, 제안한다, 디자인한다, 형성한다, 배열한다, 구성한다, 조직한다, 관리한다, 준비한다, 연관시킨다

자료: Bloom BS 등(1956): Taxonomy of educational objectives. Handbook I: Cognitive domain. Anderson LW 등 Eds (2000): A taxonomy of learning, teaching, and assessing: A revision of Bloom's taxonomy of educational objectives.

주요한 변화가 바로 명사에서 동사로 변화했다는 것이다. 인지적 분류체계에서는 이해의 수준을 여섯 개로 제시하며 이는 기억, 이해, 적용, 분석, 평가, 종합(또는 제작)하는 능력을 말한다. 의도하는 학습 결과의 수준은 표 9-1에 제시하였다.

(1) 인지적 영역과 영양교육

이론에 근거한 영양교육의 측면에서 볼 때, 영양교육 수업을 위해 선택되는 결정요인은 대상자의 인지적 이해수준의 특정 단계로 표현할 수 있다. 즉 대상자가 특정 사실을 기억하거나 이해하기를 원하는지, 정보를 적용·분석하거나 또는 평가하기를 원하는지에 따라, 어느 정도의 동기와 기술, 행동변화의 난이도 등 2단계의 진단 결과에 따라 이해도의 난이도나 복잡성 정도를 고려하여 변화를 측정할 수 있다. 단일 수업 혹은 일련의 수업에서는 목표의 난이도를 간단한 것부터 좀 더 복잡한 것으로 높여가는 것이 좋다. 다른 종류의 지식과 인지적 기술에 관해서는 4장을 참고한다.

- **기억**Remember 학습한 많은 정보를 기억하는 것으로 이는 사실적 지식이 된다. 기억과 암기는 낮은 수준의 학습으로, 영양교육자들은 이러한 수준의 목표를 설정할 때 대상자들이 특정 사실이나 정보 및 용어를 기억하는 데 초점을 맞춘다. 예를 들어 식품군의 식품, 영양소 급원식품, 하루에 먹어야 하는 채소와 과일의 섭취횟수 등을 교육할 때 사용한다.
- **이해**Understand 학습한 내용을 이해했음을 나타내기 위해 정보를 자신만의 표현방식으로 보고하는 것이며, 사실적 지식에 해당된다. 이 수준은 이해의 첫 단계로, 대상자가 학습내용을 자신의 언어로 바꾸어 말하거나 정보를 이해할 수 있게 되었음을 의미한다. 이를 통해 대상자들은 습득한 정보를 관련된 새 정보나 아이디어, 예상되는 바로 간단하게나마 추론할 수 있게 된다. 이 수준에서의 교육목표는 예를 들어 '대상자들이 건강위험요인을 이해하고 이를 자신에게 적용하며, 채소와 과일 섭취가 건강의 위험성을 낮추어줄 것을 이해할 것이다'라고 설정할 수 있다.
- **적용**Apply 새롭거나 구체적인 상황에 습득한 정보를 사용하여 문제를 해결하려는 것으로, 절차적 지식이라고 부른다. 이 수준의 학습에서 대상자들은 정보나 원리, 개념과 이론을 새롭고 복잡한 상황에 적용할 수 있다. 예를 들어 이 수준에서의 교육목표는 '대상자들이 채소와 과일 섭취를 위해 목표를 어떻게 설정할지', '설정한 목표를 새 행동에 어떻게 적용할지' 등이 될 수 있다.
- **분석**Analyze 조직적인 구조가 이해되도록 정보를 나누는 것으로, 비교적 높은 단계의 인지적 영역이며 주요한 사고기술이다. 이 수준에서는 요소를 파악하기 위해 정보를 구성요인으로 나누고 상호관련성을 살펴보며 구조나 조직적 원리를 알아보게 된다. 이때 사실과 의견, 적절한 것과 관련성이 없는 것 등을 구분한다. 이 수준에서 교육목표는 '대상자들은 저지방과 저탄수화물 식사가 건강과 체중에 미치는 영향을 비교할 수 있다', '모유수유와 조제분유 수유의 장단점에 관해 논쟁할 수 있다'로 세울 수 있다.
- **평가**Evaluate 특정 목표를 위해 사물이나 행동의 가치를 판단하는 것으로, 이 또한 높은 단계의 인지적 영역이자 주요한 사고기술이다. 이 수준에서 대상자들은 정보나 경험의 가치를 판단할 수 있게 되는데, 이는 외적 판단기준(목적의 적합성)이나 내적 판단기준(의미 등)을 근거로 한다. 이 기준은 주어지거나 개인이 만들 수 있다. 이 수준의 목표는 판단기준에 근거한 의식적인 가치 판단뿐만 아니라 위에 언급된 이전 단계의 요소를 포함한다. 예를 들

어린아이들도 분석 관련 활동을 위한 목표를 세우고 활동할 수 있다.

ⓒ Jose Luis Pelaez/Getty Images.

어 이 수준에서 교육목표는 '대상자들이 아동의 건강한 식습관 습득을 돕는 여러 방법을 평가할 수 있다', '근거에 기초한 식품영양문제에 관해 건전한 판단을 할 수 있다'로 설정한다.

- **종합**Synthesize **또는 창작**Create 종합은 정보를 통일된 방법으로 수합하는 것으로, 이 또한 높은 단계의 인지적 영역이자 주요한 사고기술이다. 이 수준에서 대상자들은 통일된 틀이나 새로운 의미 창조를 위해 정보나 경험을 재조합할 수 있고 새로운 방식으로 상황에 대해 사고할 수 있다. 예를 들어 이 수준에서의 교육목표는 '대상자들이 영양교육에서 학습, 경험한 것을 자신의 식습관 개선을 위해 활용할 수 있다', '식품 관련 생각을 실험하기 위해 가설을 세울 수 있다'로 설정한다.

(2) 영양정보 이해력, 행동수행력과 인지적 영역

영양정보 이해력Nutrition literacy은 영양이나 식품 관련 문제에 관해 행동할 수 있는 기술이라고 일컬어지며 식품표시 읽기, 식품을 저장하고 준비하기, 현명하게 장보기, 식품예산관리 등의 능력을 말한다. 인지적 영역에서 이러한 학습 결과는 기억, 이해나 적용수준을 포괄한다. 사회심리학에서는 이와 유사한 능력을 행동수행력Behavioral capability이라고 한다. 따라서 사회인지론에서 결정요인인 행동수행력은 영양교육 수업에서 인지적 목표의 진술과 이와 관련된 활동으로 전환되며, 이러한 기술은 난이도에 차이가 있다.

앞서 말한 바와 같이 교육목표와 활동은 여러 다른 수준의 인지적 분류에 맞추어질 수 있다. 낮은 수준의 목표는 '아동은 하루에 먹어야 할 채소와 과일의 권장 섭취횟수를 말할 수 있다'로 설정할 수 있다(사실적 지식에 관한 활동계획). 다른 교육목표는 '당뇨병 환자는 학습한 교환단위수를 가정에서 식사할 때 적용할 수 있다'로 설정할 수 있다(습득한 내용을 적용하는 과정적 또는 절차적 지식에 관한 활동계획). 교육목표는 '교육 참여자들은 여러 다른 식품과 가공식품의 생산과 사용으로 인한 이산화탄소 배출량에 관한 자료를 평가하고 이 중 이산화탄소 배출량이 낮은 것을 선택할 수 있다'로 세울 수 있다(참여자들에게 이산화탄소 배출량에 관한 그래프, 수치, 다른 형식의 자료를 제공하고 환경에 미치는 영향이 가장 적은 것을 계산·선택하는 집단활동으로 계획).

2) 정의적(감정) 영역

인간은 사고하며 감정과 정서를 가진 존재이다. 감정과 태도, 가치, 인정과 관심은 우리가 무엇을 하려는 동기에 기여하며, 이들을 통틀어 정서Affect라고 부른다. 모든 교육활동은 인지적 학습뿐만 아니라 감정과 태도를 포함한다. 학창시절에 특정 과목을 좋아했다면 그 과목을 통해 즐거운 경험을 했거나 무엇인가 이루었다고 느낀 기억이 있을 것이다. 반대로 부정적인 학습경험이나 환경에 처했다면 이 과목이나 주제에 관심을 두지 않았을 것이다. 교육자들은 사람이 행동을 취하도록 하기 위해서는 정서적 영역과 관련된 활동도 계획해야 한다고 말한다. 학자들은 교육에서 인지적 영역의 분류뿐만 아니라 사람들의 정서적 영역과 원하는 결과의 내재화에도 관심을 가져야 한다고 생각하였으며, 그에 따라 정서적 영역의 분류체계도 만들게 되었다.

정서적 영역은 참여와 내재화의 다섯 단계로 분류된다. 이 단계들은 메시지에 주의 집중 또는 수용에서 메시지에 반응, 가치 두기, 자신의 생활을 메시지에 맞게 조직화(예: 유기농 채소를 먹겠다는 개인의 식품정책 개발), 가치의 내면화(예: 채식주의자로 알려짐)로 나누어진다(표 9-2).

영양교육에서 정의적 영역

효과적인 영양교육을 위해 대상자들은 메시지나 정보를 이해할 뿐만 아니라, 이에 가치를 두고 정보의 적합성을 믿으며 그것이 중요하다고 느껴야 한다. 정서적 영역의 목표는 정서적 참여와 내면화 과정에 초점을 맞춘다. 정서적 영역목표는 태도나 행동, 행동을 안내하는 원리를 좀 더 잘 인식하고 이에 흥미와 가치를 두며 이를 받아들이는 개인의 내적 성장과 변화의 수준으로 분류된다.

이론에 근거한 영양교육의 측면에서, 수업을 위해 선택한 결정요인은 요구진단에 근거하여 선택한 참여의 특정 수준에서도 강조될 수 있다. 교육 참여자들은 수업 중에 느끼는 감정을 어떻게 다룰지를 명확히 하는 것이 도움이 된다. 수업을 계획할 때 대상자들이 어느 정도의 수준으로 정서적 참여를 할 것인지 생각해봐야 한다. 예를 들어 대상자들이 영양교육 메시지를 수동적으로 받을지, 아니면 적극적으로 참여하면서 이에 가치를 두기를 원하는지를 영양교육자로서 생각해보아야 한다. 또 대상자들이 행동을 습득하거나 변화시키겠다는 약속을 하도록 영양교육 메시지에 가치를 두기를 원하는지 생각해봐야 한다. 영양교육의 일반적인 전략은 대상자들이 정서적 참여와 약속의 수준이 높아질 기회를 제공하는 것이다. 따라서 수업의 목표는 다음 분류에 따라 낮은 단계에서 점차 높은 단계로 서술될 수 있다. 자세한 내용은 **표 9-2**와 같다.

- **수용: 관심 표현**Receiving: paying attention 이 수준에서 대상자들은 영양교육자나 다른 의사소통을 통해 전달되는 것을 들으려고 하며, 전달되는 아이디어나 메시지를 인식한다. 수동적인 입장에서 대상자들은 방해물이나 다른 자극에도 불구하고 의사소통에서 전달되는 바에 주의를 기울이려는 마음이 있다. 이 수준에서 목표를 정할 때 대상자들은 채소와 과일 섭취의 중요성 등 교육자의 메시지를 경청하려는 것으로 설정할 수 있다.
- **반응: 적극적 참여**Responding: active participation 이 수준에서 대상자들은 처음에 열정적인 반응은 아니지만 무엇인가 참여하려는 의지를 보인다. 영양교육에 참여하도록 권유받은 참여자들은 자발적으로 반응하고 참여 시 만족감과 즐거움을 느끼는 참여자로 변화하게 된다. 이 수준에서 교육목표는 대상자들이 영양교육활동 시 방관자에서 참여자로 변화할 것을 기대하는 것이다. 목표는 대상자가 교육자의 기대에 순종하는 것에서 자신의 입장을 개발하고 자신에 대한 책임감을 갖는 것으로 좀 더 높게 설정될 수 있다. 이 수준의 목표는 *태도, 동기, 자아효능감*의 변화를 추구하는 형태로 설정된다.
- **가치화: 특정 사물이나 행동에 대해 긍정성을 보이는 지속적 행동**Valuing: consistent behavior reflecting positive regard for something 이 수준에서 특정 문제나 행동은 다루거나 할만한 가치가 있는 것으로 여겨진다. 이렇게 가치가 있다고 생각되는 감정은 가치의 수용에서 행동에 반영된 가치까지 그 범위가 넓다. 행동은 신념이나 태도를 반영한다. 따라서 이 수준은 행동을 하겠다는 개인의 약속으로 동기가 부여된 행동을 특징으로 한다.

표 9-2 정의적 영역: 정의적 참여의 수준

참여와 통합의 수준	설명: 수준 내 단계	유용한 동사
수용(관심 표현)	1. 특정 입장 없이 인식 2. 정보에 주목, 수용하려는 의지가 있음 3. 자극을 피하지 않음	대답한다, 선택한다, 설명한다, 따른다, 찾아낸다, 명명한다, 가리킨다, 고른다
반응(적극적 참여)	1. 교육자의 기대에 순응 2. 자신의 입장 진술, 옹호 3. 자신의 감정적 반응 개시(의견/입장 형성)	대답한다, 지원한다, 돕는다, 따른다, 의논한다, 말한다, 읽는다, 수행한다, 보고한다, 적는다, 반복한다, 고른다
가치화 (어떤 사물이나 행동에 대한 긍정적 생각에 근거한 행동)	1. 재평가할 마음을 갖고 잠정적으로 수용 2. 확신 3. 행동 약속: 자신의 관점을 내면화하기 시작 (타인을 따르기 위한 가치에 의해 더 이상 동기가 유발되지 않음, 자신의 관점을 내면화하기 시작)	완료한다, 입증한다, 설명한다, 시작한다, 참여한다, 제안한다, 보고한다, 공유한다, 조사한다, 작업한다
조직화 (원리에 따른 행동)	1. 자신의 주요한 가치 개념화 및 타인의 관점과 다를 수 있음을 이해 2. 갈등 해소와 고유의 가치체계 형성으로 행동 가이드를 위한 일관된 가치체계 구축(행동을 안내할 자신의 가치나 정책 개발)	고수한다, 변경한다, 배열한다, 조합한다, 옹호한다, 설명한다, 일반화한다, 통합한다, 순서화한다, 조직한다, 연관시킨다, 종합한다
가치의 내면화 (일관된 세계관에 부합되게 행동)	1. 자신의 지속적, 전체 세계관에 가치 통합 2. 개인 행동이 일관적이고 예측가능하며 가치를 반영한 특징이 있음(가치에 따른 지속적이고, 인식 가능한 삶의 방식 개발)	행동한다, 식별한다, 표현한다, 영향을 준다, 변경한다, 수행한다, 실천한다, 제안한다, 자격을 갖춘다, 질문한다, 보완한다, 해결한다, 증명한다

자료: Krathwohl DR 등(1964): Taxonomy of educational objectives. Handbook II: Affective domain. Gronland NE & Brookhart SM(2008): Gronland's writing instructional objectives(8th ed).

이 수준의 교육목표는 대상자들이 기꺼이 행동하도록 목표행동이나 문제에 관한 대상자의 가치를 높이는 것이다. 이는 한편으로 대상자들이 추후에 재평가하지만, 타인의 조언을 받아들여 잠정적으로 행동함을 의미할 것이다. 다른 한편으로 대상자들은 행동이나 문제에 관한 확신을 갖게 되며, 그것은 행동의향 또는 약속으로 이어진다. 이렇게 하면 대상자들은 더 이상 타인의 의견에 따라 동기를 부여받는 것이 아니라 행동에 근거하여 자신의 관점과 가치를 내면화하기 시작한다. 한 예로 이 수준의 교육목표는 대상자들이 '채소와 과일 섭취의 증가를 결정할 때 애매모호함에서 벗어나 매일 채소와 과일 섭취를 늘리겠다고 결정하고, 실제로 섭취를 증가시키는 것'이 된다.

- **조직화: 일련의 원리에 따른 행동** Organization: behaving according to a set of principles 이 수준에서 대상자들은 의식적으로 선택을 한다. 이들은 자신의 가치 외에 다른 가치도 존재한다는 것을 이해한다. 조직수준의 목표는 사람들이 서로 다른 가치를 가지며 이들 간 갈등을 해소하여 내재된 지속적인 가치체계(행동 안내를 위한 판단기준)를 형성하도록 돕는 것이다. 이때 개인은 자신의 태도와 가치의 근거를 인식하고 이를 정의하며, 자신만의 식품정책을 개발하기 시작한다. 이 수준에서의 교육목표는 대상자들이 지속가능한 건강 또는 체계에 관심을 갖게 하는 것, 사회 정의 문제, 식품과 영양 관련 문제의 선택기준으로 개인이나 사회문화적 가치에 관한 학습경험과 활동을 하는 것으로 구성한다. 이렇게 하면 대상자들은 개인의 선택을 안내할만한 개인 식품(활동)정책을 개발할 수 있게 될 것이다.

요리교실에 참여함으로써 인지적·정의적·심동적 영역의 목표를 모두 달성할 수 있다.

자료: Courtesy of Fredi Kronenberg.

- **가치의 내면화: 일관성 있는 세계관에 부합된 행동** Internalizing values: behaving according to a consistent worldview 이 수준에서 가치는 일관성 있고 내재화된 세계관으로 통합되며 개인은 이러한 가치로 식별된다. 이 단계에서 개인은 자신의 독특한 생활양식을 개발했다고 볼 수 있다. 이 수준의 교육목표를 세울 때는 대상자의 세계관에 변화를 가져오고 이 세계관에 부합하는 생활양식을 유도하는 교육활동이나 학습경험으로 구성해야 한다. 이러한 교육활동으로 인해 대상자들은 채식주의자, 환경을 생각하는 소비자, 건강을 의식하는 부모 등과 같은 일관성 있는 새 식습관을 실천할 수 있다.

3) 심동적 영역

심동적 영역에서 강조하는 부분은 정도의 차이는 있지만 운동기능 기술을 개발하는 것이다. 이 영역은 단순한 것부터 복잡한 것으로 점진화된 순서로 진행된다. 낮은 수준에서 대상자들은 의식적인 노력이 더 필요하지 않으며, 행동이 자연스럽게 일어나도록 숙련된 활동을 수행하는 사람(예: 레시피 준비)을 관찰하고 그를 모방하며 실천하면 된다. 이에 따라 대상자들은 그 활동을 받아들이며 수행하게 된다(표 9-3).

표 9-3 운동기능적 영역: 운동기능 기술의 수준

수행과 기술의 수준	설명	유용한 동사
관찰	숙련된 행동을 관찰함	관찰한다, 지켜본다
모방	감독하에 지시를 따름	모방한다, 흉내낸다
연습	일상이 될 때까지 반복해서 순서대로 실천함	연습한다, 실천한다
채택	행동을 채택하거나 결과 개선을 위해 행동을 수정함	채택한다, 수정한다, 보완한다

학교에서 하는 농구는 학생들의 심동적 영역을 개발시켜주는 좋은 신체활동이다.
ⓒ Gennadiy Titkov/ShutterStock.

- **관찰**Observing 이 수준의 목표에서 대상자들은 보다 숙련된 사람이 기술을 수행하는 것을 관찰하게 된다. 이 경험은 행동의 방향을 읽는 것(예: 레시피)으로 대체할 수 있으나, 대부분 읽는 행동은 직접적 관찰과 함께 일어난다.
- **모방**Imitating 이 수준의 목표에서 교육자는 세심한 관리하에 대상자들이 어떤 일을 할 것인지 고려하고 그것을 알맞은 방향과 순서에 따라 수행할 기회를 제공한다. 이때 대상자들은 행동을 순서대로 수행하도록 주의 깊게 노력해야 한다.
- **연습**Practice 이 수준의 목표에서 교육자는 주의 깊은 노력이 더 이상 필요하지 않고 반복적이며 전체 순서대로 행동이 일어날 기회를 제공한다. 행동이 점차 습관화되면 대상자들이 필요한 기술을 습득한 것으로 볼 수 있다. 예를 들어 대상자들은 채소를 이용한 레시피대로 준비할 수 있고 이를 저지방의 레시피로 변경할 수 있다.
- **채택**Adopting 이 수준의 목표는 더 나은 결과를 위해 행동을 채택하거나 수정할 능력을 포함한다. 이는 대상자들이 개인이나 가족의 입맛에 맞는 레시피를 채택할 능력이 있음을 말한다.

4) 종합

교육목표는 행동변화를 위한 활동계획을 구체화하는 데 도움을 준다. 교육목표와 활동은 사람들의 인지적 영역과 정의적 영역에 방향을 맞출 수 있고 동시에 학습과 성장, 변화를 최대한으로 장려할 수 있다. 즉 교육수업에서는 인지적(사고), 정의적(감정) 목표와 활동을 분명히 표현하는 것이 바람직하다. 식품 준비 등을 포함한 심동적 영역을 강조할 수도 있을 것이다.

인지적(지식) 영역에서 교육활동은 대상자가 쉬운 과업(예: 사실적 지식, 정보 기억)뿐만 아니라 어려운 학습 과업(예: 절차적 지식, 주요한 사고기술)에 도달하는 것을 돕도록 시도해야 한다. 정의적(감정) 영역에서 대상자들이 적극적으로 참여하고 권장하는 바를 시도해보게 교육 메시지를 고려하거나 이에 가치를 두게 돕는 활동을 계획하는 것이 좋다. 종종 목표는 대상자의 참여가 낮은 수준(예: 메시지 수용, 경청 등)에 도달하는 것으로 설정된다. 세 가지 영역에서 행동의 결정요인을 다루는 학습목표의 예는 BOX 9-1에 제시하였다.

상세하고 구체적인 목표 작성

교육계에서 학습은 특정 자극에 대해 관찰되는 반응이라는 전제를 근거로 하여, 교육목표가 주로 '행동목표'로 간주된다. 즉 인지적 영역이든 정서적 영역이든 각 목표의 달성은 구체적으로 관찰가능한 행동으로 증명된다. 목표는 주로 다음과 같은 요소를 포함한다.

1. 학습자에게 기대되는 관찰가능한 행동
2. 관찰가능한 행동이 보여지는 조건. 즉 구체적 목표는 주로 다음의 양식을 따른다: ______________하에 (조건이나 자극), 학습자(대상자)는 ______________(원하는 관찰가능한 행동)을 할 것이다. 한 예로, "식품구성자전거의 정보에 따라 대상자들은 식품을 식품군으로 올바르게 배치할 수 있다".
3. 숙달 정도는 보통 세 번째 요소로 추가된다. 이 경우 목표는 "식품구성자전거의 정보에 따라 대상자들은 12개 식품을 식품군으로 올바르게 배치할 수 있다"가 된다.

BOX 9-1 세 영역에서 행동의 결정요인을 다루기 위한 학습목표의 예

각 예에 해당하는 목표는 다음과 같고, 각 목표의 결과 측정방법은 다음 내용을 참고한다.

"중재(또는 수업) 후에 참여자들은 ~을 할 수 있다"

동기부여 결정요인

- 인지된 위협: 가공스낵의 비중이 높은 식사가 심장병의 위험성을 높인다는 것을 이해한다(중재나 수업 후에 설문지에 올바르게 응답함).
  → 인지적 영역: 이해 수준, 정서적 영역: 반응 수준
- 문제나 이슈에 관한 관심: 자신의 심장병에 걸릴 가능성을 이해하고 있음을 보여준다(가족 중 심장병으로 사망한 사람이 있는 경우 이야기하고 이 사건으로 가족들이 무엇을 느꼈는지 논의함).
  → 정서적 영역: 반응 수준
- 결과기대(인지된 이익): 채소와 과일의 비중이 높은 식사가 심장병과 암의 발생 가능성을 낮춤을 이해함을 보여준다(중재나 수업 후에 설문지에 올바르게 응답함).
  → 인지적 영역: 이해 수준, 정서적 영역: 반응 수준
- 가치화: 가공스낵을 섭취하였을 때 느끼는 심리적 장애를 극복하는 것이 중요함을 인정한다(장애요인을 말하고 다음 주에 이 장애요인을 어떻게 극복할 것인지 행동을 서술함).
  → 인지적 영역: 이해 수준, 정서적 영역: 가치 수준
- 자아효능감: 지방 함량이 낮은 식품을 준비할 능력이 있다는 믿음을 보여준다(다음 교육 때 대상자들과 저지방 레시피를 공유함).
  → 인지적 영역: 이해 수준, 정서적 영역: 가치 수준
- 사회적 영향: 식품 선택 시 동료나 친구의 역할이 중요함을 인식한다(동료가 먹는 것을 먹지 않았던 예를 들고 이때 어떻게 느꼈는지 말함).
  → 인지적 영역: 이해 수준, 정서적 영역: 가치 수준

촉진적 결정요인: 행동수행 능력의 촉진

- 지식: 암 발생 위험을 줄이기 위한 식사 권장사항을 이해한다(교육자료를 참고하지 않고 적절한 식사지침 중 세 가지를 말함).
  → 인지적 영역: 적용 수준
- 기술
  a. 인지적: 식품구성자전거, 국민공통식생활지침 또는 다른 자료의 권장사항을 적용하는 능력을 보여준다(권장사항과 자신의 24시간 식사섭취량을 비교하고 이렇게 하는 것의 의미를 설명함)
  → 인지적 요인: 적용 수준
  b. 정의적: 고지방·고에너지 식품 섭취에 관해 친구의 영향을 받지 않을 수 있음을 보여준다(점심식사로 친구가 고른 고지방 식품을 선택하지 않고 샐러드를 먹으며 자신의 선택에 관한 입장을 설명함)
  → 인지적 요인: 평가 수준, 정서적 요인: 조직 수준
  c. 행동수행력: 지방을 적게 사용하고 채소를 요리하는 능력(예: stir-fry)을 보여준다(시연을 따라 하면서 집에서 같은 요리를 만듦).
  → 인지적 영역: 이해 수준, 운동기능적 영역: 모방 수준
  d. 자기조절기술: 자신의 식사 변화를 체계적으로 계획한다(변화를 원하는 행동 탐색, 행동변화계획 수립, 자기 모니터링, 목적 달성에 관한 진척 사항을 집단구성원과 공유).
  → 인지적 영역: 평가 수준, 정서적 영역: 가치 수준
  e. 자신의 식사변화목적 달성의 만족감을 표현한다(영화 관람으로 보상).
  → 정서적 영역: 가치 수준
- 사회적 지지: 가족, 친구와 선택한 식사에 관해 감정/느낌을 나누고 주위 사람들에게서 지지를 구하는 기술을 보여준다(가족에게 자신의 채식주의자 식사패턴을 지지하고 도움을 주게 요구함).
  → 인지적 영역:이해 수준, 정서적 영역: 가치 수준

목표는 이러한 형식에 따라 구체적으로 작성할 수 있으나 이는 시간과 노력을 요하며, 실제로 학습영역이나 각 교육목표를 위해 영역 내 수준을 명시할 필요가 없을 수도 있다. 영양교육자는 주어진 수업이나 중재에서 어느 정도로 작성할 것인지 판단할 필요가 있다. 그러나 각 수업에서 교육목표가 세 가지 영역에 해당되고, 각 영역마다 여러 다른 수준이 있으며 그것들을 대상으로 해야 한다는 것이 중요한데, 이는 영양교육활동이 여러 다른 수준의 난이도를 다루기 위함이며 간단한 것에서 어려운 것으로, 뇌와 마음과 손으로 하는 활동을 포함하기 위함이다.

4 사례연구: The DESIGN procedure in action

이 장에서도 청소년 대상의 영양교육을 하나의 사례로 하여 활동지에 그 내용을 작성해본다. 중재에서 네 개의 행동변화 목적이 선택되었지만, 제한된 공간으로 인해 하나의 행동(청소년의 채소와 과일 섭취 증진)에 초점을 두었다. 이 행동의 중재는 두 개의 수업으로 구성된다.

- 두 개 수업의 일반적 교육목표는 이 장의 마지막 부분에

있는 활동(4단계: 일반적 교육목표 설정)에 있다. 일반적 교육목표는 3단계에서 본 중재를 위한 이론모델에 근거하여, 프로그램에서 대상으로 하는 행동변화의 사회심리적 결정요인에 중점을 두고 있다.

- 각 수업이나 교육계획의 구체적 교육목표도 제시되었으며, 활동은 사례의 5단계 활동(10장 마지막 부분)에 제시되어있다. 이 목표들은 행동변화의 각 결정요인에 근거한다. 영양교육자들은 각 구체적인 교육목표에 대해 교육활동이 일어날 수 있는 영역 관련 정보를 추가하며, 각 영역의 활동에 참여하는 집단의 인지적 난이도와 정의적 참여도 수준을 예상할 수 있다.

5 영양교육계획: 4단계 워크시트에 일반적 교육목표 제시하기

3단계에서 선택한 이론모델을 다시 검토하고, 이 장의 마지막 부분에 위치한 '4단계: 일반적 교육목표 설정'을 이용하여 주요한 결정요인에 관한 교육목표를 작성한다. 하나의 수업만 계획한다면 3~5개의 일반적 교육목표를 작성한다. 여러 개의 수업을 계획한다면 더 많은 목표가 필요하다. 이 목표에 따라 5단계에서 구체적 목표를 작성하고 활동을 구성하게 된다. 마찬가지로, 구체적 목표는 수업의 각 활동의 선택과 제작을 안내하는 역할을 할 것이다.

© PhotoDisc

연습문제

1. 영양교육에서 교육목표의 진술이 왜 중요한지 그 이유를 세 가지 설명하시오.
2. 특정 수업이나 중재에서 일반적 교육목표와 행동변화의 결정요인 간 관계를 설명하시오.
3. 목표는 주로 학습의 인지적, 정의적, 심동적 영역에서 서술되는데 이 영역이 무엇인지, 영역 간 차이가 무엇인지 설명하시오. 이러한 영역이 영양교육을 어떻게 계획하도록 안내하는지 설명하시오.
4. 10대 여성 청소년을 대상으로 한, 칼슘이 풍부한 음식의 섭취 증가의 결정요인에 관한 교육목표를 서술하시오. 각 목표의 학습영역을 표시하고, 행동목적 달성에 주요하다고 생각되는 수준을 쓰시오.
   - 결과기대/인지된 이득
   - 자아효능감
   - 개인의 행동목적

참고문헌

Anderson, L. W., and D. R. Krathwohl, Eds. 2000. *A taxonomy for learning, teaching, and assessing: A revision of Bloom's taxonomy of educational objectives*. Boston: Pearson.

Bloom, B. S., M. D. Engelhart, E. J. Furst, W. H. Hill, and D. R. Krathwohl. 1956. *Taxonomy of educational objectives. Handbook I: Cognitive domain*. New York: David McKay.

Gronland, N. E., and S. M. Brookhart. 2008. *Gronland's writing instructional objectives*. 8th ed. Upper Saddle River, NJ: Prentice Hall.

Krathwohl, D. R., B. S. Bloom, and B. B. Masia. 1964. *Taxonomy of educational objectives: The classification of educational goals. Handbook II: Affective domain*. New York: David McKay.

Marzano, R. J., and J. S. Kendall. 2007. *The new taxonomy of educational objectives*. 2nd ed. Thousand Oaks, CA: Sage Publications.

University of Michigan. 1976. *The professional teachers handbook*. Ann Arbor: University of Michigan.

영양교육 설계과정

행동변화 목적 설정	행동변화 결정요인 탐색	이론 선정 및 교육철학 명료화	교육목표 진술	교육계획 수립	평가계획 수립
1단계	2단계	3단계	4단계	5단계	6단계

활동 9

4단계: 일반적 교육목표 설정

교육계획에서 선택한 행동이론을 교육목표로 전환하는 것이 필수적이다. 행동변화의 목적을 생각해 보고 이 단계 작업의 가이드로 이론적 틀을 이용하며 일반적 목표를 개발한다. 이 목표들은 평가계획도 안내할 것이다.

각 행동변화목적을 위한 일련의 일반적 교육목표가 필요하다. 단 하나의 행동변화목적(예: 채소와 과일 섭취 증가)를 계획한다면 이 목적 달성을 위해 하나이거나 여러 수업이거나 무관하게 한 세트의 일반적 교육목표(동기부여, 촉진 교육목표)를 세우게 될 것이다. 특정 행동변화와 목적 달성을 위한 실제적 고려사항을 염두에 두고, 4단계 활동지(일반적 교육목표 설정)를 이용하여 교육목표를 세워본다.

1단계의 행동변화목적 중 일반적 교육목표에서 중점적으로 다룰 것은 무엇인가?
학생들은 채소와 과일의 섭취를 늘린다.

어떤 일반적 동기유발 목표로 중재나 수업을 안내할 것인가?
표의 왼쪽 칸에는 3단계에서 찾은 동기를 유발시키는 이론의 결정요인을, 오른쪽 칸에는 각 결정요인에 관한 일반적 교육목표를 작성한다. 목표를 작성할 때 목표를 나타내는 적합한 동사를 고려하고, 다음 페이지 맨 아래에 있는 단어 표(인지적, 정의적, 심동적 동사)를 이용한다.

동기를 유발시키는 사회심리적 결정요인	일반적 교육목표 참여자들은 …을 할 수 있을 것이다(동사)
인지된 사회적 규범	대상자들은 친구들에게 왜 채소와 과일을 더 먹어야 하는지 설득력 있게 논쟁할 수 있다.
인지된 이익/긍정적 결과기대	대상자들은 다양한 채소와 과일 섭취의 중요성을 설명할 수 있다.
인지된 위험/부정적 결과기대	대상자들은 자신의 채소와 과일 섭취가 권장수준과 얼마나 차이가 있는지 인식할 수 있다.
식품 선호	대상자들은 여러 채소와 과일의 맛을 느낄 수 있다.
인지된 장애(자아효능감)	대상자들은 채소와 과일 섭취에 따른 인지된 장애요인을 극복할 전략·방법을 찾아낼 수 있다.
인지된 사회적 규범	대상자들은 나의 간식 선택에 친구들이 미치는 영향을 인식할 수 있다.

영양교육 설계과정

행동변화 목적 설정	행동변화 결정요인 탐색	이론 선정 및 교육철학 명료화	교육목표 진술	교육계획 수립	평가계획 수립
1단계	2단계	3단계	4단계	5단계	6단계

어떤 일반적 촉진목표로 중재나 수업을 안내할 것인가?

이제 행동을 촉진하는 이론의 결정요인과 각 요인의 일반적 교육목표를 작성한다. 아래에 있는 단어 표를 이용하여 목표를 나타내는 적합한 동사를 사용한다.

행동을 촉진시키는 사회심리적 결정요인	일반적 교육목표 참여자들은 …을 할 수 있을 것이다(동사)
식품과 영양 기술	대상자들은 먹고 싶은 마음이 드는 채소와 과일 간식을 준비할 수 있다.
행동수행력·능력: 인지적 기술	대상자들은 어떻게 채소와 과일의 섭취를 늘릴지(양, 다양성) 설명할 수 있다.
행동수행력·능력: 행동적 기술	대상자들은 채소와 과일을 이용한 간식을 만들 수 있다.
목적 설정	대상자들은 채소와 과일의 섭취 증가(양, 다양성)를 위한 목표를 설정하고 모니터링할 수 있다.
자아효능감	대상자들은 채소와 과일의 섭취 증가(양, 다양성)에 관한 자신감을 높일 수 있다.

인지적 동사	
기억	열거한다, 기록한다, 진술한다, 정의한다, 명명한다, 설명한다, 말한다, 기억한다
이해	설명한다, 묘사한다, 요약한다, 분류한다, 논의한다, 비교한다
적용	묘사한다, 수행한다, 사용한다, 해결한다, 구성한다, 역할극을 한다, 시연한다, 실시한다
분석	실험한다, 분별한다, 비평한다, 감정한다, 계산한다, 측정한다, 논쟁한다
평가	평가한다, 감정한다, 정당화한다, 논쟁한다, 결론짓는다, 검토한다, 옹호한다
종합/창작	개발한다, 계획한다, 수집한다, 만든다, 구성한다, 제작한다, 설계한다, 통합한다

정의적 동사
표현한다, 가치를 둔다, 느낀다, 마음을 쓴다, 방어한다, 도전한다, 판단한다, 질문한다, 채택한다, 옹호한다, 정당화한다, 협조한다, 설득한다, 인정한다, 선택한다, 지지한다, 논쟁한다

심동적 동사
자른다, 준비한다, 요리한다, 선택한다, 측정한다, 시연한다, 조립한다, 만든다, 적응한다, 배열한다, 실행한다, 조작한다, 분류한다, 그린다, 조립한다

© Africa Studio/Shutterstock

CHAPTER 10

5단계: 교육활동 개발 및 교육계획 수립

개 요

이 장은 행동변화의 결정요인과 전략으로부터 교육활동을 개발하고, 수업이나 영양중재에서 학습자가 행동목적에 대한 동기가 유발되고 행동을 실행할 수 있도록 교육활동들을 교육계획에 적절히 배열하는 방법을 제공한다.

목 표

1. 행동변화전략과 교육활동을 설계하고 연결시키는 체계적인 교수설계과정의 중요성을 설명할 수 있다.
2. 동기유발과 실행능력 증진에 초점을 맞춘 행동의 결정요인에 대한 이론 기반의 행동변화전략의 종류를 말할 수 있다.
3. 이론 기반의 행동변화전략을 실행할 수 있는 특정 교육활동이나 학습경험을 설계할 수 있다.
4. 4Es를 사용한 교육계획 수립을 위해 교육목표와 교육활동을 차례로 배열할 수 있다.

1 이론 기반의 영양교육활동 개발 체제

영양교육 설계과정의 다섯 번째는 행동변화목적을 달성하기 위해 대상자에게 적합한 메시지와 활동을 개발하는 단계이다. 여기서는 4단계에서 설정한 교육목표를 구체적 목표(학습목표)로 변환시키기 위한 많은 아이디어와, 교육활동을 개발한다. 이 단계에서는 대상자가 행동변화를 실행하고자 하는 동기가 유발되고 실제로 행동할 수 있도록 식품과 영양에 관한 교육내용을 전달하고, 실행능력을 강화시키며, 실행의 향을 촉진시키는 방법을 개발한다. 이러한 활동은 1~2단계에서 수집된 대상자에 대한 이해를 기반으로 개발되어야 한다. 이러한 과정을 거쳐 각 수업을 위한 교육계획 또는 수업안Lesson plan을 개발할 수 있다.

이 단계에서는 집단 수업을 위한 교육계획을 수립하거나. 결정요인, 교육목표, 교육활동을 대상자와 연계한 일련의 또 다른 간접적인 교육활동들을 개발한다(**그림 10-1**).

그림 10-2는 영양교육을 설계할 때 행동변화의 결정요인을 교육목표 및 교육전략과 연계하는 방법에 대한 구조를 제시한 것이다. 5단계 과정은 동기유발 단계와 실행 단계의 두 단계로 이루어진다.

동기유발 단계 동안에 대상자들은 실행하고자 하는 생각을 하거나 실행을 하겠다고 결정하게 된다. 이때 교육목표는 동기를 유발시키고 의사결정을 하게 만드는 것이다. 이 교육목표를 달성하는 데 사용될 행동변화전략은 **그림 10-2**에 제시되어있다. 이 전략들은 그 대상자가 행동을 취해야 하는 이유를 이해하는 데 도움을 줄 수 있는 결정요인에 기초를 두고 있다. 이때 결정요인은 위험과 이익에 대한 인식, 실행에 따른 장애들, 또는 자아효능감과 같다.

행동 실행 단계에서의 주요 교육목표는 행동을 실행할 수 있는 능력을 증진시키거나, 자기들의 삶을 책임지기 위한 자기규제나 자기주도 기술을 강화하는 것이다.

행동 실행 단계의 첫 번째인 실행 개시의 영양교육목적은

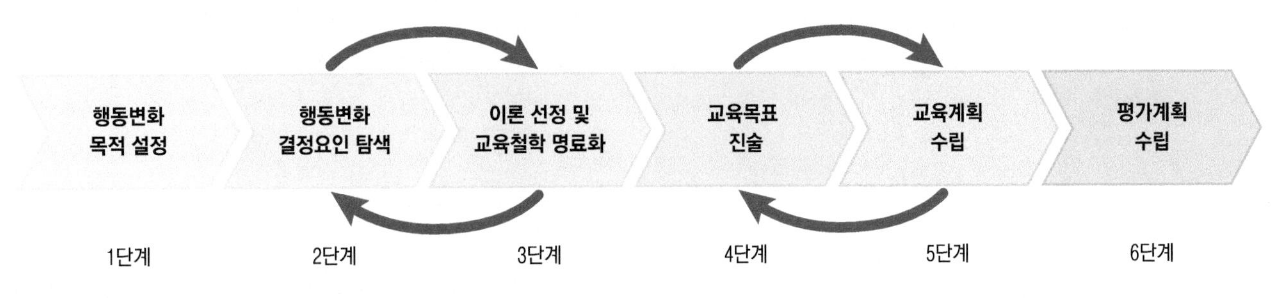

투입: 자료 수집		산출: 이론에 기반한 중재의 설계			결과: 평가계획
과업 • 대상자의 건강 및 영양문제에 기반한 영양중재의 행동목적 설정	과업 • 자료에 근거한 결정요인 탐색	과업 • 영양중재에 적용할 이론 선정 • 교육철학 명료화 • 교육내용에 대한 관점 명시	과업 • 영양중재 이론에 따른 결정요인별 교육목표 진술	과업 • 교육계획 수립 • 결정요인별 교육활동 계획 • 4Es를 적용한 교육내용 및 활동 조직	과업 • 평가계획 수립 • 결과평가를 위한 평가 방법 및 평가 문항 선정 • 설계과정 평가 • 영양중재 수행과정을 측정할 수 있는 문항 개발
결과물 • 영양중재의 행동목적 진술	결과물 • 영양중재에서 다루게 될 결정요인(들)의 목록	결과물 • 영양중재 적용 이론 • 교육철학 진술 및 교육내용 관점 명시	결과물 • 이론에 따른 결정요인별 교육목표	결과물 • 행동목적 달성을 위한 교육활동 계획	결과물 • 평가방법 및 평가문항 목록 • 과정평가를 위한 절차 및 평가방법

그림 10-1 영양교육 설계과정: 일반 계획안

그림 10-2 행동이론을 행동변화전략으로 전환시키는 개념도

실행을 시작할 능력을 갖도록 도와주는 것이며, 교육전략은 대상자가 실행계획을 수립하고 행동변화목적과 관련된 식품영양 지식과 인지적·정서적·행동적 기술을 익힐 수 있도록 도와주는 것이다. 두 번째 실행 유지의 영양교육목적은 대상자의 자기규제 기술을 강화시키고, 자기만의 식품정책을 마련하도록 도와주며, 다른 사람과 함께 집단으로 환경 변화를 주도해나가는 것이다.

2 행동이론을 교육으로 실행하기: 결정요인, 행동변화전략, 교육활동 및 교육계획

행동이론을 교육에서 실행할 때 꼭 해야 할 일은 행동변화목적과 교육목표를 달성할 수 있도록 이론 기반의 실천적 교육활동을 설계하고, 배열하고, 전달하는 것이다(**그림 10-3**).

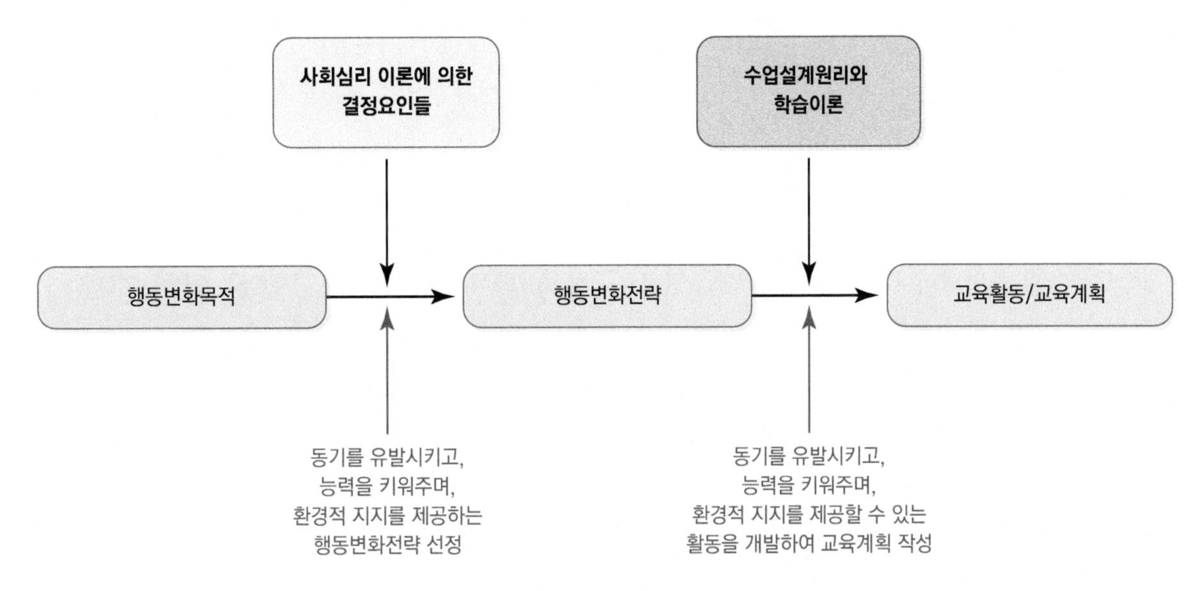

그림 10-3 교육활동과 교육계획 개발을 위한 사회심리 이론과 수업설계의 역할

1) 용어의 정의

- **행동변화전략**Behavior change strategy 교육방법들이 행동변화를 촉진하는 데 사용될 수 있도록, 이론으로부터 결정요인을 다루는 방법을 의미하는 용어이다. 이 전략들은 다른 연구에서 행동변화기법Behavior change technology(BCT)(Michie 등 2011; Michie 등 2013), 진행과정Procedure(Baranowski 등 2009; Baranowski 등 2010; Diep 등 2014), 또는 방법Method(Bartholomew 등 2011)으로 불리기도 한다.
- **교육활동**Educational activity **또는 학습경험**Learning experience 행동변화전략을 실제 수행하는 방법들로, 교육현장에서의 학습이론, 수업설계 또는 수업이론에 기초하여 설계·전달된다. 교육활동은 재미있고 참여가 가능하며, 인지적 영역뿐 아니라 정의적, 행동적 영역도 포함된 것이어야 한다. 예를 들어 골다공증의 인지된 위험에 대한 사회심리적 결정요인은 이 위험인자를 줄이기 위해 칼슘이 풍부한 식품을 먹게 하는 것(동기유발인자)이다. 이때의 행동변화전략은 위험인자(골다공증)에 대한 정보를 제공하는 것이며, 실천적 교육활동이나 학습경험이란 골다공증과 관련한 영상, 그림, 도표나 통계자료를 보여주거나, 개인 사례를 제시하거나, 또는 대상자의 경험을 이야기하게 하는 것이다.
- **교육계획(수업안)** 교육을 하기 위해 교육활동이나 학습경험을 어떻게 적절하고 논리적으로 배열하는지를 보여주는 단계적 절차에 대한 개요이자 설명서이다.

2) 행동변화전략과 교육활동의 관계

영양교육 수업을 개발하고 전달하는 순서를 요약하면 다음과 같다.

> 행동변화목적 설정 → 사회심리 이론 기반의 행동변화 결정요인 규명 → 행동변화전략 선정 → 학습이론과 교수이론에 근거한 교육목표와 활동 개발

3 대상자의 관심과 참여 유발

동기유발과 행동 실행을 위한 활동을 설계하려면, 대상자를 교육에 참여시켜 관심과 열정을 불러일으키며 행동을 취하겠다는 생각이 들게 하고, 실제로 행동할 의향이 들게 하는 방법을 생각해야 한다.

1) 대상자가 적극 참여하는 의미 있는 활동

직접 체험활동은 대상자가 교육에 적극 참여할 수 있게 만드는 중요한 방법이다. 체험활동은 대상자가 학습에 참여할 마음을 갖게 함으로써 동기를 유발시킨다. 예를 들어 대상자에게 다양한 패스트푸드의 지방량이나 음료의 당 함량을 말로만 알려주기보다는 그들이 직접 스푼으로 담아보게 한다. 이러한 활동은 의미 있는 활동이어야 하며 행동변화목적과 관련하여 대상자에게 진정으로 중요한 학습경험을 제공해야 한다.

2) 대상자에게 적합한 학습경험과 학습 유형 파악

영양교육자는 어떤 학습경험이 대상자에게 적합하며, 대상자가 좋아하는 학습경험은 무엇인지 평가해야 한다. 예를 들어, 한 영양교육팀이 산업체 점심 급식시간에 활용할 활동을 계획하였다고 하자. 이 활동들은 이론에 기반하며, 다른 대상자에게는 이미 효과가 입증된 것이었으나 이 회사 직원들은 이 활동을 싫어했다. 그들은 고콜레스테롤혈증으로 진단받은 적이 있어 그것에 상당히 자극받은 상태였으며, 20분 내에 자기 자리로 돌아갈 수 있는 간단한 내용과 도움이 되는 자료를 원하고 있었다. 체험활동은 원칙적으로 교육에 도움이 되지만, 모든 대상자에게 적용되지는 않으므로 대상자가 선호하는 학습 유형이 무엇인지를 확인해야 한다.

3) 토론과 촉진적 대화

영양교육자는 2인 1조, 3인 1조, 또는 소집단 토론에 대상자를 참여시킬 수 있다. 이는 협동학습을 장려하는 방법인데, 협동학습은 대상자가 문제를 자신의 생활환경에 비추어 신중히 생각하게 하고, 자기 자신의 태도를 점검하며, 더 많은 것을 학습하고 싶게 해준다(Johnson과 Johnson 1987). 촉진적 대화Facilitated dialogue는 대화 촉진자로서의 교육자와 대상자 간의 적극적인 대화를 기반으로 한다. 촉진적 대화에서는 강의를 배제하고 적극적인 참여를 장려하며, 모두에게 의미 있는 학습경험을 만들기 위해 계속 질문하고, 긍정적으로 경청하며, 집단 내 모든 사람들의 생각을 존중해야 한다. 이 같은 토론이나 대화방식의 교육활동을 할 때도 교육목표에 따른 교육계획이 수립되어있어야 한다.

4 행동변화의 동기유발을 위한 교육활동 개발

동기유발전략은 대상자의 흥미와 열정, 관심을 자극하고, 사고를 불러일으키는 데 초점을 둔다. 이 전략들은 각 개인이 영양이나 먹거리 체계와 관련한 중요 문제를 인식하고, 그들 자신의 요구, 바람, 느낌, 동기, 그리고 행동을 통제하는 요인을 더 잘 이해하며, 그들의 식품 관련 행동에 대한 가족과 지역사회, 문화의 중요한 역할을 되돌아볼 수 있게 하고, 그 문제들을 적극적으로 생각하게 하여 모호함을 해결하고, 주어진 환경에서 행동을 취할지 말지를 결정하게 도와준다(Black 등 2011; Sobal과 Bisogni 2009; Sobal 등 2012).

표 10-1은 동기유발과 관련된 내용으로 행동변화의 결정요인인 이론 기반의 행동변화전략을 제시하고, 관련된 실천적 교육활동이나 학습경험의 예를 제시하였다.

1) 위험인자 인식 관련 행동변화전략과 교육활동

어떤 이슈에 대한 걱정, 개인적 위험에 대한 인지, 또는 현재 행동의 부정적 영향에 대한 이해는 한 개인이 행동을 취할 준비를 하는 데 중요한 요소이다. 인지된 위험이나 우려는 행동변화를 일으키는 즉각적이거나 직접적인 결정요인은 아니다. 위협과 두려움은 현존하는 문제를 다루기 위해서라기보다는 미래 문제에 대처하기 위한 행동을 취하는 데 더 유용하게 사용될 수 있다. 다음에 기술된 전략들은 범이론적 모델의 의식 증가와, 극적인 안심 또는 변화에 대한 감정적 각성을 다루도록 설계한 전략들과 유사하다.

(1) 행동의 부정적 결과나 위험인자에 대한 정보 제공하기

위험인자를 인식하게 하는 접근방식을 사용할 때는, 메시지의 첫 부분에서 위험인자와 위험을 피하겠다는 동기를 유발시켜야 한다.

표 10-1 동기유발을 위한 이론 기반의 결정요인, 행동변화전략, 실천적 교육활동의 연계

행동변화의 결정요인 (이론의 구성요소)	행동변화전략	실천적 교육활동, 학습경험, 내용 또는 메시지
인지된 위험/부정적 결과, 결과기대 (건강신념모델, 사회인지론, 건강행동과정 접근모델)	• 행동의 부정적 결과나 위험인자에 대한 정보 제공하기(범이론적 모델: 의식 증가와 극적인 안심)	• 자극적인 정보 제공: 자극 영상, 그림, 차트, 국가 또는 지역의 충격적인 통계자료, 개인 사례, 역할극, 위험에 대한 분명한 이미지를 담은 시연 • 실행에 대한 메시지 제공: 실행 가능성을 보여주고, 실행하면 위험이 줄 수 있다는 메시지 제공
	• 권장사항과 비교한 개인별 자기평가 기회 제공하기(범이론적 모델: 자신 재평가)	• 자기평가 체크리스트, 건강 위험 평가서, 식사나 신체활동을 기록하고 권장사항과 비교하기
긍정적 결과기대/인지된 이익 (건강신념모델, 사회인지론, 건강행동과정 접근모델, 합리적/계획적 행동이론, 목표지향 행동모델)	• 행동의 긍정적 성과나 결과에 대한 정보 제공하기	• 식생활과 건강과의 관계, 식생활과 먹거리 체계, 또는 환경과의 관련성에 대한 과학적 증거에 기초한 발표, 시각자료, 메시지, 활동
	• 일반적 또는 개별적인 인지된 이익에 대한 정보 제공하기	• 개인의 행동변화가 자신의 건강, 가족 복지, 지역사회에 미칠 이익과, 나아가 먹거리 체계와 환경에 미칠 이익에 대해 토의하기
인지된 장애/자아효능감 (건강신념모델, 사회인지론, 합리적/계획적 행동이론)	• 인지된 장애 규명하기 • 장애 재인식하기	• 장애를 규명하고 극복하는 방법: 장애와 장애 극복방법에 대한 브레인스토밍과 토의 토론, 실행에 성공한 사회적 모델 활용 • 장애가 되는 오개념 바로 잡아주기
	• 권장행동을 수행할 수 있다는 자신감 재인식하기	• 실행에 따른 어려움(장애)을 줄이고 자신감(자아효능감) 증가시키기: 성공방법에 대한 토의, 대중매체 메시지 활용, 조리 시연
인지된 행동통제 (사회인지론, 건강행동과정 접근모델, 합리적/계획적 행동이론, 목표지향 행동모델, 자기결정이론)	• 통제에 대해 재인식하기	• 반성적 질문, 시각자료, 행동 통제 정도에 대한 토의, 잘못된 인식 수정하기
정서적 태도/감정 (사회인지론, 합리적/계획적 행동이론, 목표지향 행동모델)	• 기대되는 감정과 느낌을 생각하기	• 태도를 분명하게 하는 활동 – 대상자가 선택해서 그에 대해 논의할 수 있는 태도 진술 제공하기 – 감정에 기초하여 메시지 전달하기
	• 개인적 의미 구축하기	• 집단 토론이나 쓰기활동: 행동변화목적과 관련된 식품에 대해 개인이 가진 특별한 의미 탐색하기
	• 예상되는 후회에 대해 생각하기	• 토의나 시각자료를 통해 행동을 취하지 않았을 때의 결과 알아보기
식품기호도 (합리적/계획적 행동이론, 사회인지론, 목표지향 행동모델)	• 건강한 식품을 직접 경험하게 하기 • 반복 노출시키기	• 시식, 조리 시연, 조리 실습
인지된 사회 규범과 기대 (합리적/계획적 행동이론, 사회인지론, 목표지향 행동모델)	• 타인의 기대와 동의에 대해 생각하기 • 인지된 규범 재구성하기	• 인쇄물, TV, 온라인 광고, 비디오나 영화를 보고 분석하기 • 실행에 대해 자기에게 중요한 타인(부모, 친구 등)의 기대, 동의, 부동의 분석하기 • 긍정적인 사회적 모델이나 동료 교육자 활용하기
서술적 규범 (합리적/계획적 행동이론, 사회인지론, 목표지향 행동모델)	• 타인의 행동과 태도에 대한 믿음 탐색하기 • 문화적 관습 탐색하기	• 문제 행동에 관한 통계자료, 비디오 장면, 활동 제공하기 • 문화적 관습을 탐색할 수 있는 활동, 영화, 토의 질문 제공하기
자기정체성 (합리적/계획적 행동이론, 사회인지론)	• 자기정체성에 대한 생각 자극하기 (범이론적 모델: 자신 재평가)	• 쓰기활동, 자극적인 진술이나 시나리오로 자기 평가하기 – 건강, 환경적 지속가능성, 문화 등의 용어로 자기정체성 알아보기 – 식품과 식행동에 대한 이상 자아나 기대되는 자아와 실제 자아 간의 차이 탐색하기

(계속)

행동변화의 결정요인 (이론의 구성요소)	행동변화전략	실천적 교육활동, 학습경험, 내용 또는 메시지
개인적 규범과 도덕적 규범 (합리적/계획적 행동이론)	• 개인적 규범과 도덕적 규범 탐색하기	• 개인적 책임과 도덕적 의무감에 대해 탐구하기 위한 자극적인 시나리오나 토의 질문
습관 (합리적/계획적 행동이론, 사회인지론)	• 무의식적인 행동에 직면하기	• 최근 습관에 대한 체크리스트 • 무의식적인 행동, 습관, 일상을 의식할 수 있는 자기 관찰 도구
	• 실행계기(단서) 제공하기	• 물질적 계기(냉장고 자석, 장바구니 등) • 대중매체 메시지(카페테리아 신호) • 디지털 기술(이메일 등)로 상기시키기
행동의향/목적의향 (사회인지론, 건강행동과정 접근모델, 합리적/계획적 행동이론, 목표지향 행동모델)	• 의사결정의 균형과, 실행이나 변화에 대한 장단점 분석하기	• 행동변화나 실행에 대한 장단점 분석을 위한 활동지나 토의토론 • 실행을 위한 여러 대안 중 선택 기회 제공
	• 가치 명료화하기	• 실행 여부를 결정할 때 사용하게 될 개인이나 집단을 위한 가치 명료화 활동
	• 저항과 모호함 해결 장려하기	• 저항과 모호함 알아차리기: 이슈에 대한 발표, 공개 토의, 집단 토론 • 내면적 대화 다루기
	• 의향를 갖도록 지원하기	• 자신의 행동의향을 글로 진술하기: 서약서, 실행계획, 계약서, 다짐서 만들기 • 서약서, 다짐서 등 발표하기
	• 집단 의사결정과 공공 서약을 위한 토론회 개최하기	• 실행을 위한 특정 목적에 대해 집단 토론을 한 후 집단 의사결정하기 • 공공 서약과 약속하기

- **자극적인 정보** 자극적인 영상, 그림, 도표, 국가나 지역 통계, 개인 사례, 그리고 또 다른 직면전략이나 의식증가 전략은 대상자가 자신의 삶을 생각하게 하고, 관련 문제에 대해 과학적 근거를 기초로 한 관심을 가지게 하는 데 사용될 수 있다.
- **실행에 대한 메시지** 메시지의 두 번째 부분에서는 사람들이 두려움을 줄이기 위해 특정 행동을 취할 수 있다는 것을 보여주고 그 행동을 취할 장소, 시간, 방법을 정확히 알려주어야 한다.

(2) 권장사항과 비교해보는 자기평가 기회 제공하기

권장사항과 비교되는 식품 관련 행동들에 대한 개별화된 자기평가는 영양교육의 시작점이며 효과적인 동기유발활동이다. 이 활동의 핵심은 위험인자에 대한 정확한 자기평가이다. 자신의 행동을 정확히 알아야 문제에 대해 더 심사숙고하게 되며, 동기유발도 더 잘된다.

- **체크리스트** 대상자들은 행동변화목적에 맞는 정보를 제공하는 체크리스트로 자신의 실태를 점검할 수 있다(BOX 10-1).
- **건강 위험인자 평가서** 이 평가서는 자기평가의 한 예이다.
- **24시간 회상법** 24시간 동안의 식품 섭취 내용을 회상하게 하고, 그것을 식사구성안의 권장식사패턴과 비교하게 한다.
- **보도계**步度計, Pedometer 신체적 활동 분야에서는, 보도계나 신체활동 모니터링으로 얻은 정보가 동기유발에 효과적이다.
- **공동체 자기평가** 자기평가는 관련 공동체나 조직의 행동과 실천 행위를 평가하는 데 활용될 수 있다. 조직이나 공동체의 구성원들은 공동체의 위험인자가 얼마나 큰지 또는 문제가 얼마나 심각한지를 알기 위해, 식품 관련 행동과 자원에 대해 평가할 수 있다.

BOX 10-1 나트륨 섭취 자가 진단표: 동기유발적 자기평가

나의 나트륨 섭취 수준이 궁금해요

다음 문항 중 자신에게 해당되는 곳에 ✓표 하세요.

문항	예	아니오
1. 생채소보다 김치를 좋아한다.		
2. 별미밥이나 덮밥을 좋아한다.		
3. 양식보다 중식, 일식을 좋아한다.		
4. 말린 생선이나 고등어 자반 등을 좋아한다.		
5. 명란젓 같은 젓갈류가 식탁에 없으면 섭섭하다.		
6. 음식이 싱거우면 소금이나 간장을 더 넣는다.		
7. 국, 찌개, 국수 등의 국물을 남김없이 먹는다.		
8. 튀김, 전, 생선회 등에 간장을 듬뿍(잠길 정도로) 찍어 먹는다.		
9. 외식을 하거나 배달시켜 먹는 일이 잦다.		
10. 요리에 마요네즈나 드레싱을 잘 사용한다.		
11. 라면 국물을 다 먹는다.		
12. 젓갈, 장아찌를 잘 먹는다.		

계산법: 예 1점, 아니오 0점

결과: 5점 이상이면 나트륨 섭취 수준이 위험 수준입니다.

자료: 식품의약품안전처, 우리 몸이 원하는 삼삼한 밥상. 『손숙미 등. 대국민저염섭취 영양사업을 위한 사전조사. 보건복지부 보고서, 2006』에서 일부 발췌하고 수정한 것

2) 긍정적 결과기대나 인지된 이익 관련 행동변화 전략과 교육활동

(1) 행동에 대한 긍정적 결과기대나 인지된 이익에 대한 정보 제공하기

바람직한 결과에 대한 정보는 행동을 변화시키며 실행할 이유가 된다. 영양교육자들은 대상자들이 행동변화에 심사숙고할 수 있도록, 행동변화에 따른 긍정적 결과나 이익(건강적 이익 등)을 증거에 기초하되, 대상자에게 개인적으로 의미 있는 것으로 정확하게 제시해야 한다.

- **간단하고, 분명하며, 이해하기 쉽고, 자기와의 관련성을 느낄 수 있는 언어 사용하기** 이렇게 해야 대상자가 수업 내용을 더 잘 처리할 수 있다. 또 대상자가 방심하지 않도록 메시지를 계속 반복하여 제공하고, 강화시킨다.
- **실행의 효과에 대한 과학적 또는 증거에 기초한 의미 있는 정보 제공하기** 결과에 대한 의미 있는 통계자료로 인지된 이익을 제시하면 더 효과적이다.
- **관심을 끌 수 있는 그래픽 사용하기** 비디오 화면, 포스터, 게임, 인터넷 시각자료, 또는 인기 잡지의 발췌자료를 보여줌으로써 권장 기술에 대한 기대 이익이나 긍정적 결과를 알려준다.
- **이익 제시하기** 기억에 남거나, 예상치 못하거나, 특이하며, 대상자 자신의 문화에 맞고, 가장 중요하고, 개인적으로 관련이 있고, 대상자에게 중요한 긍정적 결과를 강조하는 방식으로 이익을 제시한다.
- **득과 실을 열거하기** 대상자의 행동으로 얻게 되는 것과 잃게 되는 것을 알려준다.
- **적극적인 참여 격려하기** 재미있고, 매력적이며, 적극적으로 참여할 수 있는 활동을 설계한다.

(2) 집단별로 개별화된 인지된 이익에 대한 정보 제공하기

서로 다른 인지된 이익이나 실행 이유에 대한 상대적 중요성은 행동과, 집단 또는 대상자에 따라 다를 수 있다. 예를 들어 채소와 과일을 먹는 것은 젊은 여성에게는 피부를 밝게 해주어 중요할 수 있는 데 반해, 남성들에게는 암에 대한 위험을 낮추어주므로 중요할 수 있다. 그러므로 실행에 따른 예상 결과나 이익에 대한 메시지는 집단에 따라 개별적으로 의미를 지녀야 한다.

3) 인지된 장애와 자아효능감 관련 행동변화전략과 실천적 교육활동

인지된 장애를 규명하고 재구성하기

자아효능감은 동기유발과 행동 실행 모두에 중요하다. 인지된 장애는 자아효능감 및 인지된 행동 통제와 밀접하게 연관되어있다. 자아효능감은 장애가 극복될 때 증가하며, 자아효능감이 증가하면 인지된 장애는 감소한다. 인지된 장애와 자아효능감의 결정요인은 대부분의 건강행동과 관련된 사회심리적 모델들이다.

- **장애를 규명하고 극복하는 방법** 영양교육자는 집단이 그들의 어려움을 공유하고 이해할 수 있도록 지원하고, 건강한 식행동 실천의 장애가 무엇인지 규명할 수 있도록 지원하며, 집단 스스로 그 장애들을 극복하는 방법에 대해 브레인스토밍하게 한다. 목표 행동에 참여하여 성공한 각 개인은 자신의 경험을 서로 공유할 수 있다. 이 방식은 모든 연령층에게 유용한 전략이다.
- **행동을 규정할 가치 있는 사회적 모델의 사례 활용하기** 스포츠 스타나, 모유수유에 성공한 엄마와 같은 사회적 모델을 활용하면 대상자들은 행동의 결과가 그 모델에게 이익이었음을 알게 된다.
- **장애가 되는 잘못된 개념 바로잡기** 대상자 각자가 지닌 자신의 행동능력에 대한 잘못된 개념을 수정해준다. 예를 들어 '채소와 과일은 쉽게 상할 수 있다는 것'이 장애라면, 대상자들에게 부패를 줄이면서 오래 저장하는 방법, 또는 냉동이나 캔 등 다른 형태의 채소와 과일의 구매방법에 대해 조언해준다.
- **장애를 줄이고 자아효능감을 증가시키는 대중매체 메시지 전달하기** 채소와 과일이 그려진 그림, 관련 메시지가 적힌 지역사회 광고 게시판과 광고 쪽지로 채소와 과일 섭취와 관련된 흥미로운 대중매체 캠페인을 전개한다.
- **조리 시연하기** 간단한 조리법을 시연하면 건강에 이로운 음식은 만드는 시간이 오래 걸리고 준비하기 어렵다는 인지된 장애를 줄일 수 있다.

4) 정서적 태도와 감정에 관한 행동변화전략과 실천적 교육활동

(1) 기대되는 감정과 느낌에 대해 생각해보기

행동의 결과에 대한 신념은 태도의 인지적 구성요소이며, 행동의향의 중요한 동기유발요소이다. 태도의 정의적 구성요소인 반성적 느낌Reflecting feeling 또한 강력한 동기유발요소이다. 영양교육에서는 각 개인이 건강 증진에 관심을 가지고 변화할 수 있도록 식품영양과 관련된 행동에 대한 자신의 느낌과 감정을 알아차리게 도와야 한다.

- **기호도와 느낌을 알아차리는 경험** 긍정적 태도와 감정은 식품을 맛보고 준비하는 등의 긍정적 교육경험으로부터 얻을 수 있다.
- **태도를 분명하게 하는 활동(태도 규명활동)** 특정 행동에 대한 태도를 말하고, 그것에 대해 토의하거나 각자 탐구하게 한다. 이때 태도 노선Attitude line을 형성하는 전략을 쓸 수 있다. 예를 들어 "내 아이에게 오로지 모유수유만 하는 것은 만족스러운 경험이다", "건강에 도움이 되는 음식은 준비에 시간이 많이 걸린다"와 같은 진술로 자신의 태도를 표현하고, 그에 대해 동의하는 정도(매우 그렇다 또는 전혀 그렇지 않다 등)를 표현하게 한다. 그리고 각 개인이 동료와 함께 자신의 반응에 대해 토의하게 한다.

(2) 개인적 의미 구축하기

개인적 의미는 중요하다. 예를 들어 청소년들은 그들의 독립심과 개인적 의지를 표현하고, 부모의 권위에 도전하며, 한계를 실험하기 위해 정크푸드 같은 음식을 먹는다. 영양교육자는 대상자가 자신의 개인적 의미를 파악하고 그것들을 쌓아가도록 도와주어야 한다.

- **집단토의** 각 개인이 식품과 식사에 대해 부여하는 개인적이고 기능적인 의미를 파악하기 위해 촉진적 대화를 유도하거나 학습자 중심활동을 마련한다.
- **쓰기활동** 대상자가 자신의 느낌을 개인적으로 파악하도록 질문에 참여하고 도전할 수 있는 활동지를 활용한다. 그리고 서로 공유할 기회를 제공한다. 만약 공유하게 할 수 없다면 집으로 가져가 자신이 쓴 것으로 무엇을 하고 싶은지 생각해보게 한다.

(3) 예상되는 후회에 대한 반성 장려하기

행동 결과나 실패에 대해 예상되는 후회나 걱정은 건강행동의 동기유발요소가 될 수 있다.

- **시각화활동**Visualization activity 대상자들은 실행 여부를 결정한 후 스스로에 대해 어떻게 느끼는지를 시각화하거나 상상함으로써 자극받는다.

5) 식품기호도 관련 행동변화전략과 실천적 교육활동

미각은 식품 선택의 강력한 결정요인이다. 미각은 여러 가지 면에서 식품 섭취의 예상 결과이자 중요한 심리적 요소이다. 건강에 이로운 식품의 맛을 강조하고, 대상자가 그 식품을 즐기면서 친숙해지게 하려면 건강에 도움이 되는 맛있는 음식을 맛보는 활동을 개발해야 한다.

건강식품을 직접 경험할 기회 제공하기

- **시식하기** 사람들은 전에 먹어본 적이 없는 데도, 친숙하지 않거나 맛이 좋지 않을 것 같은 음식(식품)은 먹지 않으려고 한다. 따라서 친숙하거나 적어도 비슷한 음식을 먹어보게 하면 영양교육의 대상이 되는 식품을 먹을 동기유발이 증가된다. 영양교육에서는 대상자들을 건강식품에 반복적으로 노출시켜야 한다.
- **식품 준비와 조리** 식품 관련 체험활동은 동기와 자아효능감을 증진시키는 데 아주 중요하다. 식품 준비와 조리를 통해 대상자가 직접 활동에 참여하고 자신이 만든 음식을 먹는다면 생생하고 동기유발적인 경험을 할 수 있다.

6) 사회적 규범과 서술적 규범 관련 행동변화전략과 실천적 교육활동

인지된 규범 재구성하기

사회적 규범이나 사회적 기대Social expectation(제제적 규범: 다른 사람들이 생각하는 것을 해야 한다는 것)와, 서술적 규범(경험적 규범Experiential norm: 다른 사람들이 생각하거나 행한 것)은 행동의 중요한 결정요인이다. 영양교육자는 집단이나 대상자들에게 사회적 규범이 자신의 행동에 미치는 영향을 인식할 만한 활동을 설계해줄 수 있다.

- **TV와 인쇄 홍보물 분석하기** 예를 들어 모유수유 여성에 대한 광고를 분석하고 그 광고에 대한 느낌을 공유하게 할 수 있다. 부정적 규범에 저항하기 위해 그들이 할 수 있는 아이디어에 대해 토의하고 실천할 수도 있다.
- **사회적 기대(사회적 규범) 분석하기** 대상자는 자기에게 중요한 타인(배우자, 부모, 친구 등)이 자신이 선택한 행동에 대해 어떻게 생각하는지(사회적 규범)에 대해 인식해야 한다.
- **다른 사람의 태도와 행동에 대한 인식(서술적 규범) 분석하기** 여러 장소에서 여러 사람과 식사를 할 때나 식품을 선택할 때 영향을 미치는 많은 다른 사회적 요인들을 분석한다.
- **긍정적인 사회적 모델 활용하기** 예를 들어 모유수유 여성, 단 음료 대신 물을 마시는 청소년 등(서술적 규범)과 같이 목표집단과 비슷한 사람들이 어떻게 건강행동을 하는지를 알려주기 위해 매체, 영상, 통계자료를 사용할 수 있다. 영양교육자의 경험이나 다른 신뢰할만한 사회적 모델의 경험에 대해 토의할 수도 있다.
- **모델 저항**Model resistance 사회적 규범을 정중히 거절하는 방법에 대한 비디오를 보여주거나 그러한 사회적 상황에 대해 토의한다.
- **동료 영양교육자 활용하기** 청소년, 가족, 노인 대상의

영양중재를 효과적으로 수행해본 동료 영양교육자를 활용할 수 있다.

7) 자신에 대한 신념 관련 행동변화전략과 실천적 교육활동

(1) 자기정체성과 자기평가적 신념Self-evaluative belief 되돌아보기

자기정체성이나 사회적 정체성Social identity과 같은 자기 표현Self-representation은 건강한 식사와 적극적인 삶에 대한 동기유발의 중요한 영향인자로, 영양교육에 활용할 수 있다.

- **자기평가활동** 자신에 대한 평가 글쓰기를 활용한다. 자기 자신의 이미지를 평가하고, 이 이미지를 긍정적인 용어로 표현하고자 할 때 범이론적 모델의 자신 재평가를 활용할 수 있다.
- **개인적 책임과 도덕적 의무** 개인적이든 사회적이든 행동변화목적과 관련된 책임과 도덕적 의무를 탐구하는 토의 질문이나 활동을 개발한다.
- **개인적 이념** 이념을 인식하고 자신이 얼마나 현실주의적인지 건강주의적인지 파악할 수 있는 메시지와 활동을 만들어, 개인이 이념적 자아와 실제 자아 간의 모순을 알아차리도록 도와준다. 이때 영상이나 서면자료도 잘 사용하면 도움이 되지만, 자기 파악과 이해의 적극적인 방법, 장단점Pros & cons 토론과 토의가 가장 효과적인 전략이 될 수 있다.

(2) 개인적 규범과 도덕적 규범 탐색하기

나와 가족의 건강과 복지에 대한 개인적 의무감은 식행동의 중요 동기유발요소이다. 예를 들어 엄마들은 대개 가족에게 건강한 식품을 먹여야 한다는 의무감을 느낀다. 또한 식품과 관련된 문화적 전통을 유지해야 한다는 도덕적 의무감도 느낄 수 있다.

- **개인적 책임과 도덕적 의무** 개인적이든 사회적이든 행동변화목적과 관련한 자기 책임과 도덕적 의무를 탐구하는 토의 질문이나 활동을 개발한다.

8) 습관과 일상(적 행동) 관련 행동변화전략과 실천적 교육활동

(1) 무의식적인 행동에 직면하기

사람들의 많은 행동은 무의식적으로 일어난다. 습관과 일상은 행동의 중요한 동기유발요소이다. 따라서 대상자의 행동변화를 위해 그러한 태도와 상황의 계기(단서)를 인식할만한 영양교육활동을 개발한다.

- **최근의 일상과 습관 인식하기** 개인이 의식하지 않고도 바로 행동할만한 계기(예: 빵 냄새를 맡거나 아이스크림 보기 등)를 찾아내거나, 음식을 먹게 만드는 일련의 사건을 알아차릴만한 활동을 개발한다. 궁극적으로 그들이 무엇을 먹고 있는지 인식할 수 있게 한다.
- **일상 대체하기** 긍정적이지 않은 일상(고에너지 간식 먹기 등)을 인식할만한 영양교육활동을 개발하여 좀 더 긍정적인 일상과 습관으로 대체하게 한다. 긍정적인 행동에는 더 많은 노력이 필요하기 때문에(예: 채소와 과일 자르기 등), 새로운 일상을 개발할 수 있도록 도움말이 적힌 쪽지, 체크리스트, 활동들을 개발한다.

(2) 실행계기(단서) 제공하기

사람들은 많은 경우 어느 정도 동기유발이 되어있음에도, 실행하기 위한 조언을 필요로 한다.

- **실행계기 제공하기** 실행을 위한 계기(단서)로 냉장고 자석, 북마크, 장바구니, 메시지가 적힌 연필을 제공할 수 있다. 대중매체 메시지와 홍보 게시판 메시지도 이러한 역할을 한다. 전화 걸기, 이메일 보내기, 모바일 활용, 편지 메모 등을 활용할 수도 있다.

9) 행동의향 관련 행동변화전략과 실천적 교육활동

영양교육활동은 대상자의 관심을 자극하고, 그들 자신의 개인적 바람, 느낌, 행동을 더 잘 인식하게 하며 자기 행동을 통제(관리)할 수 있는 동기와 요인(원인), 모호함(양면성)을 알아차리고, 심사숙고하여 그 모호함(양면성)을 해결하며 자신이 처한 환경에서 행동 실행을 결정할 기회를 제공한다.

행동 결과에 대한 개인의 태도와 신념은 다양하며, 가끔은 모순되고 경쟁적이기도 하다. 모호함(양면성)이란 여러 모순된 감정이나 태도뿐 아니라, 한 행동의 결과에 대한 긍정적이고 부정적인 신념(예: 초콜릿은 맛있지만 먹으면 살이 찜)이 한 개인 내부에 모두 존재함을 의미한다.

다음에서 살펴볼 내용은 의사결정을 활성화하고, 모호함을 해결할 수 있도록 도와주며, 행동의향을 갖도록 격려할 수 있는 전략들이다. 이 전략들은 인지적·정의적 영역에 해당되며, 범이론적 모델의 자신 재평가와 자신 해방의 과정과 동일한 것이다.

(1) 결정균형과 변화의 장단점 분석하기

- **행동 실행에 따른 비용과 이익 평가하기** 영양교육에서는 활동지나 토의활동을 통해 개인이 행동 실행이나 행동 변화로 생기는 이익(또는 Pros)과 비용(또는 Cons)을 분석할 기회를 제공한다. 대상자는 그 반대, 즉 행동하지 않았을 때 잃게 되는 것도 점검해봐야 하는데 이때 아래와 같은 장단점 교차표를 활용할 수 있다. 대상자는 이러한 활동을 통해 행동 실행 여부를 결정할 수 있다.

구분	장점(Pros)	단점(Cons)
만약 실행하지 않는다면?		
만약 실행한다면?		

- **여러 대안 중에서 선택하기** 개인은 아무것도 없는 상태에서는 변화 또는 실행에 대해 결정하지 못한다. 대신 여러 가능한 행동이 있다면 그중에서 어떤 대안 행동을 선택하게 된다(예: 후식으로 과일을 먹을지 치즈케이크를 먹을지, 모유수유를 할지 인공수유를 할지 등). 활동지는 대안 행동 중 자신의 시간이나 집중 정도와 맞는지를 평가하여 적절한 대안 행동을 선택하게 할 때 도움이 된다.

(2) 가치 명료화하기

개인은 어떤 행동을 통해 자신이 가치를 두는 결과나 목적에 도달할 수 있다면, 실행의 동기를 얻는다. 단기간에 도달할 수 있는 목적에는 맛, 체중 감소, 매력적으로 보이기와 같은 포상적 가치가 있다. 그러나 사람들은 자기 존중, 성취감, 대등감, 사회적 인정, 즐거움, 진정한 친구관계, 활기찬 삶, 미의 세계, 내적 조화, 자유, 행복, 성숙, 현명함, 가치 있는 삶 등과 같은 더 큰 최종 가치에 기반하여 의사결정을 하기도 한다. 몇몇 사람에게는 이 최종 가치가 단기간에 얻는 포상적 가치보다 중요하다. 따라서 대상자들은 자신의 현재 행동이 최종 가치와 어떻게 관련 있는지, 현재 행동을 변화시키는 것이 무엇을 의미하는지를 규명할 필요가 있다.

- **가치 진술** 영양교육자는 대상자가 가치를 진술하고, 그것에 대해 토의하게 한다.
- **시각적 이미지화** 대상자들이 자신의 감정을 이해하고 처리하는 것을 도와줄 수 있는 활동으로는 잡지, 인터넷, 공동체의 사진, 사람들이 식품이나 건강과 관련한 활동에 참여하는 그림(식품 구매, 직거래 장터 참여, 음식 조리, 모유수유 등) 수집하기가 있다. 영양교육자는 대상자들에게 그림들을 보여주고, 생각나는 감정을 글로 적거나 말로 표현하게 하여 대답을 기록하고, 토의할 집단에게 다시 이야기한다. 다음 단계는 이 특정 감정이 왜 생겼는지 탐구하고 이 감정, 특히 문제적 감정에 대해 이해하는 것이다. 그렇게 하면 집단은 그림이 묘사 또는 암시하는 문제를 설명하고 해결할 방법을 찾아낼 수 있게 된다.

(3) 반대(저항)와 모호함 해결 장려하기

영양교육전략과 메시지는 긍정적인 생각, 느낌, 행동 실행의 힘을 강하게 만들어야 한다. 이때 대상자들이나 메시지를 접하는 사람들이 저항할 수도 있는데, 다음의 실천적 교육활동이 저항과 모호함을 이해하고 해결하는 데 도움을 줄 것이다.

- **모호함과 저항 인식하기** 영양교육자는 대상자들의 입장을 존중하고 이해하며, 모순된 행위를 지적해주고, 문제에 대해 생각할 수 있는 대안을 제시하며, 그들이 대안을 선택하도록 도와주어야 한다. 이를 위해 발표 형식으로 문제를 이야기하여 해결할 수 있고, 집단구성원들이 그것을 공개 토의하고, 집단 토론하여 해결할 기회를 제공할 수도 있다.
- **내면적 대화 다루기** 메시지에 반대하는 대상자의 잠재

사례연구 10-1 식품, 건강, 선택의 교육과정

식품, 건강, 선택(Food, Health & Choice, FHC)의 교육과정은 초등학생의 비만 예방을 위한 것이다. 이 교육과정은 총 23개 수업으로 구성되어 있고 활동이 매우 다양하다.

1. 행동변화목적

이 교육과정은 채소와 과일, 그리고 신체활동은 더 많이 선택하고, 단 음료, 가공 간식, 패스트푸드, 오락시간은 더 적게 선택하도록 하는 것이 목적이다.

2. 이론모델

사회인지론과 자기결정이론이 통합된 행동변화 결정요인들에 기초를 둔다.

3. 일반적 교육목표

- 많이 선택하고 적게 선택하는 행동의 중요성을 설명할 수 있다(결과기대)
- 더 많이 선택하고 더 적게 선택하는 데 따르는 장애(어려움)를 찾아낼 수 있다(인지된 장애).
- 더 많이 선택하고 더 적게 선택함으로써 증가된 자아효능감을 나타낼 수 있다(자아효능감).
- 더 많이 선택하고 더 적게 선택하고자 하는 행동의향을 서술할 수 있다(행동의향).
- 자신의 최근 식생활과 신체활동을 분석하고 각 대상 행동에 대한 개별 목적을 설정할 수 있다(목적 설정).
- 더 건강한 식품을 선택하며 신체활동을 더 많이 할 수 있는 기술에 대한 증가된 자신감을 표현할 수 있다(능력).
- 더 건강한 식품을 선택하며 신체활동을 더 많이 할 수 있는 증가된 자율감을 말할 수 있다(능력).

결정요인	행동변화전략	구체적 교육목표(학습목표)	교육활동, 학습경험, 또는 학습내용
결과기대 (인지된 이익)	행동의 긍정적 결과에 대한 정보 제공하기	채소와 과일 섭취의 이점을 말할 수 있다.	• '무지개 먹기'와 '무연결(연결 없음)' 퍼즐
		식품을 색깔별로 먹어야 하는 이유를 설명할 수 있다.	• 채소와 과일 먹기가 우리의 몸과 마음에 어떻게 이로운지에 대한 과학적 증거에 대해 집단 토론하기 • 각 색깔의 이점이 적힌 카드
		신체활동의 이점을 말할 수 있다.	• 스쿼트 점프를 하고, 신체활동에 대한 몸의 반응 느끼기 • 신체활동의 이점에 대한 활동지 완성하기
결과기대 (인지된 위험)	행동의 부정적 결과나 위험요소에 대한 정보 제공하기	채소와 과일을 적게 먹거나 신체활동을 충분히 하지 않았을 때의 건강상 위험을 말할 수 있다.	• 음료의 설탕량과 패스트푸드의 지방량을 하루 최대 권장량과 비교하기 • 집단활동: 가상 혈당 모의실험, 혈전 모의실험
		단 음료, 가공 간식, 패스트푸드를 많이 먹고, 장시간 오락을 했을 때의 위험을 말할 수 있다.	
결과기대 (인지된 위험)	개인적 위험에 대한 자기평가	위 행동에 대한 자신의 위험을 평가할 수 있다.	• 자신의 채소와 과일 섭취를 권장량과 비교하기 • 자신의 신체활동 수준을 권장수준과 비교하기
인지된 장애	장애에 대한 인식 재구성하기	채소와 과일 먹기와 신체활동 하기에 대한 어려움을 말할 수 있다.	• 채소와 과일 먹기와 신체활동의 어려움에 대한 집단 브레인스토밍
		권장행동에 대한 어려움 극복방법을 제시할 수 있다.	• 장애 극복방법에 대한 집단 브레인스토밍
행동의향	결정균형을 하도록 함	채소와 과일 더 먹기와 신체활동 더 많이 하기, 단 음료, 가공 간식, 패스트푸드 적게 먹기와 오락 적게 하기에 따른 장단점(pros와 cons)을 평가할 수 있다.	• 채소와 과일 먹기와 신체활동의 이점과, 단 음료 및 가공 간식, 패스트푸드를 많이 먹고 장시간 오락을 했을 때의 단점을 재검토하기
		더 먹을 식품 하나, 덜 먹을 식품 하나를 선택하겠다는 의향을 말할 수 있다.	• 선택한 목적을 적을 개인별 활동지
행동수행력	사실적 지식 제공하기	목적행동과 관련한 영양지식과 신체활동을 구상(생각)하고 설명할 수 있다.	• 배운 것에 대해 재검토하는 학급 토의
목적 설정 기술	실행목적을 설정하도록 장려하기	목적행동에 도달할 수 있는 실행계획과 모니터링에 대해 말할 수 있다.	• 개인별 실행계획 활동지 • 학생들이 되고 싶은 것의 가치와 그 이유 적기

(계속)

결정요인	행동변화전략	구체적 교육목표(학습목표)	교육활동, 학습경험, 또는 학습내용
자기규제	자기 모니터링과 피드백 돕기	목적에 도달했을 때 더 좋아지는지 평가할 수 있다.	• 목적에 도달하는 것에 대한 성공과 도전을 기록하고, 그것이 왜 중요한지를 친구들과 공유할 수 있는 활동지
능력	자기 모니터링과 피드백 돕기	행동변화목적에 도달할 수 있는 능력 평가하기	• 장애를 극복하고 성공적으로 목적에 도달하는 방법을 친구들과 공유하기
자율성	자율적 지지 제공	자율적으로 선택할 수 있는 능력을 말할 수 있다.	• 자신들이 선택한 목적을 시도할 수 있도록 지원하기 • 자기의 목적이 왜 중요하며, 그것을 수행한 후 느낀 점 표현하기

자료: Abrams E., Burgermaster M., Koch P. A., Contento I. R., Gray H.L., 2014. Food, Health, & Choices: Importance of formative elevation to create a well-delivered and well-received intervention. *Journal of Nutrition Education and Behavior* 44(4S):S137.

적·내면적 대화를 인정하고, 그것에 대해 공감하며, 적절할 때 반론을 제기하고, 의심 때문에 행동 실행이 방해받지 않을 것을 다시 확신시키며 저항(반대)을 쉽게 포기하는 방법이나 아직 행동을 취할 준비가 안 되었다고 또는 행동하길 원하지 않는다고 말하는 방법을 알려준다면, 영양교육의 효과는 더 커질 것이다. 예를 들어 대상자가 "우리 할아버지는 평생 고지방 식사와 흡연을 하셨지만 심장병에 걸리지 않으셨습니다. 그런데 내가 왜 걱정해야 하나요?"와 같이 내면적으로 저항한다면, 영양교육자는 "할아버지가 건강하지 못한 식사를 하셨고 담배를 피우셨지만 건강하게 오래 사셨는데 운이 참 좋으셨네요. 당신도 그렇게 운이 좋을 수도 있지만 나쁠 수도 있습니다. 만약 할아버지 친구 50명 중 반이 당신 할아버지처럼 나쁜 식습관을 가지셨고, 나머지 반은 건강에 이로운 식사와 운동을 하고 담배도 피우지 않으셨다면, 평균적으로 나중에 언급한 분들이 더 오래 건강히 사셨을 겁니다. 따라서 자신을 돌보는 것이 암이나 심장질환과 같은 만성질환의 위험인자를 줄이는 일입니다."라고 조언해준다.

(4) 의향을 갖도록 지원하기

영양교육자는 대상자가 행동을 취하거나 행동을 변화시키는 것에 대한 호감 정도와 가능성을 평가하도록 도와주어야 한다. 만약 그들이 행동하기로 결정한다면, 그 결정이 바로 행동의향이며, 목적의향이 된다.

- **목적의향에 대한 분명한 진술** 영양교육자는 대상자가 자기의 행동의향을 분명하게 진술하도록 도와주는 것이 좋다. 서약서 형식, 실행계획, 계약서, 다짐서 등과 같이 글로 쓰게 하면 더 좋다. 집단 앞에서 말로 약속할 수도 있다. 집단이 공공 서약을 하면 그들은 책임감을 가지게 되고, 공약을 실행하기 위해 서로 사회적 지원을 할 것이다. 영양교육에서 이 의향은 대개 한 개인의 행동변화목적이다. 만약 영양중재의 행동변화목적이 '하루 4컵 이상의 채소와 과일 먹기'처럼 특정한 것이라면 행동의향은 "나는 하루 4컵 이상의 채소와 과일을 먹을 것이다."가 된다.

(5) 집단의 의사결정과 공공 서약을 위한 토론회 개최하기

대상자는 그들의 태도와 공약이 개인적일 때보다 공공적일 때, 특히 친구들과 함께 공약 수행의 책임을 느낄 때, 특정 행동이나 행동 양식을 더 잘 따른다.

집단의 역동적이고 사회적인 영향과 같은 이슈에 대한 Lewin과 동료들의 연구(집단결정연구) 결과에 따르면(Lewin 1943; Radke와 Caso 1948), 실행 공약은 그 집단의 사회적 영향력이나 지지가 있다면 더 잘 이행된다. 이 연구에 따르면, 집단이 관심을 공유하고 공공 서약을 만드는 과정은 개인의 자기 이미지, 공약, 그리고 행동 실행에 강력한 효과를 발휘할 수 있다.

10) 실천적 교육활동 개발을 위해 결정요인과 행동변화전략 사용하기: 식품, 건강, 선택의 교육과정

식품, 건강, 선택의 교육과정Food, Health & Choice Curriculum 개발은, 그 교육과정의 행동변화목적을 달성하기 위해, 구체적 교육목표(학습목표), 전략, 실천적 교육활동을 개발하는 데 결정요인을 어떻게 활용할 수 있는지 설명해준다. 이러한 내용은 **사례연구 10-1**에 나타내었다.

5 행동변화와 실행능력을 촉진하는 교육활동 개발

표 10-2는 행동변화와 행동 실행을 촉진하기 위해 행동변화의 결정요인, 행동변화전략, 실제적 교육전략이나 학습경험 간의 연계를 나타낸 것이다.

1) 식품영양과 관련한 지식과 기술 쌓기: 행동수행력

방법적 지식이나 식품영양정보에 대한 이해력은 한 개인에게 식품영양과 관련된 행동의 동기를 유발하거나, 자신의 식생활을 변화시키고자 하는 동기를 불러일으키는 데는 불충분하지만, 그들이 동기를 행동으로 옮기고 행동변화목적에 도달하도록 하는 데는 분명히 필요한 일이다. 그러므로 영양교육은 복잡한 인지적 기술뿐만 아니라 기초적인 지식을 향상시키는 방향으로 이루어져야 한다.

표 10-2 행동 실행을 촉진하기 위한 이론 기반의 결정요인, 행동변화전략, 실천적 교육활동의 연계

행동변화의 결정요인 (이론의 구성요소)	행동변화전략	실천적 교육활동, 학습경험, 내용 또는 메시지
행동수행력 또는 능력: 지식과 인지적 기술(사회인지론, 자기결정이론, 자기규제 모델)	행동과 관련된 사실적 지식 제공하기	• 강의, 슬라이드, 유인물, 시각자료를 이용하여 행동변화와 관련된 사실적 정보 제공, 이해하고 기억하기
	행동 수행방법(절차직 지식) 지도하기	• 행동 수행방법(절차직 지식)을 알려주고 학습하게 하기: 모유수유, 안전한 식품 취급 등과 같이 배운 것을 적용하는 방법을 포함
	행동과 관련된 인지적 사고기술 자극하기	• 분석, 평가, 종합을 포함하는 고도의 학습경험 제공하기: 토의, 역할극, 토론, 게임, 상호작용 학습경험을 통해 행동에 필요한 식품영양 기술 가르치기
행동수행력 또는 능력: 정서적 기술(사회인지론, 자기결정이론, 자기규제 모델)	효과적인 의사소통 기술 익히기	• 요구사항 전달과 같은 정서적 기술을 개발할 수 있는 토의, 시나리오, 역할극, 비디오, 활동지
	욕구 지연 장려하기	• 의미 있게 먹기와 상상 훈련(Visualization exercise)
	대처반응 계획 수립하기(자기규제 기술의 일부이기도 한 정서적 기술 익히기)	• 토의, 비디오, 그리고 닥칠 어려움에 대처하는 방법의 예시
	촉진적 토의나 대화하기	• 생각과 느낌을 자극하는 질문에 대한 감정과 경험을 집단구성원과 공유하기
	건강하지 못한 규범들에 저항하는 기술 익히기	• 건강하지 못한 규범에 저항하는 기술의 모델을 제시하고 연습하기
행동수행력 또는 능력: 행동적 기술(사회인지론, 자기결정이론, 자기규제 모델)	활발한 숙달 경험이나 실습 기회 제공하기(자아효능감도 증가시키기)	• 식품 준비나 조리기술, 육아실습 시범을 보여주고, 조리, 모유수유, 안전한 식품 취급 등의 기술을 개발할 수 있도록 실습지침에 따라 실습하게 한 후 피드백 주기
자아효능감 (사회인지론, 자기결정이론, 합리적/계획적 행동이론, 건강행동과정 접근모델, 자기규제 모델)	행동 모델을 제시하고 시연하기(실습과는 별개 또는 그 일부로)	• 쉽게 이해하고 할 수 있는 바람직한 행동하기 • 믿을 수 있거나 존경할만하거나 관련이 있는 사회적 모델로 하여금 저지방 음식 만들게 하기, 통곡류 조리법 등과 같은 시범을 보이게 하기
	실습 지침 제공하기	• 개인이 성공하도록 도와주기 – 분명한 교수법 제공 – 행동 시범 – 실습과 구체적인 경험 제공(예: 식품 준비나 조리, 혈당 모니터링 등)

(계속)

행동변화의 결정요인 (이론의 구성요소)	행동변화전략	실천적 교육활동, 학습경험, 내용 또는 메시지
자아효능감 (사회인지론, 자기결정이론, 합리적/계획적 행동이론, 건강행동과정 접근모델, 자기규제 모델)	자기 의심을 극복할 수 있도록 수행에 대한 피드백 제공하기	• 성공과 이미 극복한 어려움을 강조하여 수행에 대한 피드백과 격려해주기 • 새로운 식품이나 행동에 대한 반응인 우려 완화시키기
자기규제: 목적 설정(사회인지론, 자기결정이론, 건강행동과정 접근모델, 자기규제 모델)	실행목적(또는 실행계획, 실행의향) 설정 자극하기	• 특정 행동이나 실행을 위한 목적 설정 기술 가르치기 • 계약이나 약속, 또는 실행계획의 양식 제공하기
자기규제: 기술(사회인지론, 자기결정이론, 건강행동과정 접근모델, 자기규제 모델)	자기 모니터링과 피드백 조장하기(범이론적모델: 대체행동 형성, 보상 관리, 자극조절)	• 실행목적 설정 후, 자기 모니터링 양식을 제공하고, 실행목적에 대한 진행과정을 피드백한 후 실행 팁 주기
	목적 유지를 격려하기	• 경쟁적인 목적이 무엇인지 확인하고 우선순위를 매기도록 지원하기 • 방해물들로부터 실행목적을 방어하도록 다짐시키기: 의미 있게 먹기, 의식적으로 의지 다지기, 큰 그림에 초점 맞추기, 실행목적을 자기정체성에 연결하기
	재구성된 인식과 속성/인지적 재구조화 격려하기	• 정보를 재해석하도록 도와주기 • 어떤 식품이나 상황을 어떻게 인식하는지, 대상자가 그들의 성공과 실패를 어떻게 해석하는지 재구성하도록 도와주기
	대처반응(대처 자아효능감) 계획 기술 습득하기	• 발생할 어려움에 대처하는 방법을 개발할 수 있도록 도와주기
	환경적 계기(단서)를 관리하는 기술 습득하기	• 유혹적인 상황과 장소에 대해 계획을 세우는 마음가짐을 개발할 수 있도록 도와주기
	개인 식품정책과 일상화 장려하기	• 식품 구매, 식사 패턴(예: 매일 아침밥 먹기, 직장에 점심 도시락 싸가기 등) 및 외식에 대한 개인 식품정책을 만들 수 있는 조언 활동지 제공하기
	건강에 도움이 되는 식품을 반복해서 소비하도록 격려하기	• 건강에 도움이 되는 식품을 반복해서 접하면 그것들을 좋아하게 될 것을 확신시키기
자율성(자기결정이론)	자율적 지지 제공하기	• 행동변화와 선택에 대한 지지의 관점에서 선택권 제공하기
사회적 지지 (사회인지론, 자기결정이론, 자기규제 모델)	사회적 맥락 관리와 사회적 지지를 위한 계획 수립 기술 향상시키기	• 어려운 선택에 대해 균형을 잡는 기술 도와주기 • 지지 집단 환경 만들기
강화(사회인지론, 자기규제 모델)	강화와 보상 제공하기	• 언어적 칭찬, 티셔츠, 경품 추첨, 상장
실행계기 (건강신념모델, 사회인지론, 자기규제 모델)	실행계기 계획하기	• 게시판, 장바구니, 대중매체 메시지, 신문 기사, 냉장고 자석, 메시지가 담긴 열쇠고리
집단 효능감/영향력 (사회인지론)	홍보기술 향상시키기	• 집단을 구성하여 요구와 우려를 규명하고 이들에 대한 우선순위를 매기기 • 바람직한 행동을 위한 권고안이나 실행계획을 개발하여 정책입안자들에게 제안하기 • 과정을 모니터링하고, 미래 행동에 대한 피드백에 반영하기

행동수행능력을 증가시키려면 대상자의 현재 지식과 기술 수준을 파악해야 하며, 대상자들이 적절한 수준의 사고(인지적 영역), 감정적·정서적 참여 의향(정의적 영역), 행동변화 목적에 도달할 수 있는 심동적 기술(심동적 영역)을 획득할 수 있도록 교육활동을 설계해야 한다(Anderson 등 2000).

(1) 지식과 인지적 기술 관련 행동변화전략과 교육활동

교육활동을 설계할 때는, 대상자가 각 활동을 통해 얻고자 하는 지식의 수준, 그리고 이해와 기술의 복합성을 고려해야 한다. 여기서의 인지적 수준은 ① 예전에 배웠던 여러 사실적 정보 기억(지식), ② 정보 이해(이해), ③ 학습한 정보를 새롭고 구체적인 상황에 적용·사용(적용), ④ 정보를 분석하거나 여러 구성요소로 분류(분석), ⑤ 정보의 가치를 각자의 목적에 따라 평가하거나 판단(평가), ⑥ 정보를 새로운 방법으로 종합하기나 결합(종합)하는 것이다. 이때 사실적 지식에만 초점을 맞추어서는 안 된다. 어느 연령대에서든 앞서 언급한 여섯 개의 수준을 모두 행할 수 있다.

행동과 관련된 사실적 지식 제공하기

사실적 지식이란 사실적 정보를 기억하는 것이다(Anderson 등 2000). 지식이란 식생활지침과 같은 사실적 정보를 회상하는 능력을 말하며, 이해란 정보의 의미와 해석을 이해하는 것을 말한다. 이 두 가지 인지적 수준을 얻기 위한 교육활동은 다음과 같다.

- **흥미로운 발표자료나 매체** 기초지식은 강의, 유인물, 슬라이드 등으로 제공할 수 있다. 개인 사례나 일상의 예 또한 효과적이다.
- **시각자료** 그래프, 사진, 식품 모형 등이 있다. 사진이나 식품 모형은 1인 분량을 측정하는 데 도움을 준다.
- **시연** 찻숟가락으로 햄버거에 포함된 지방량을 접시에 담아보는 활동 등을 한다.
- **기타 방법** 신문 기사, 광고, 웹 기반 프로그램을 이용한다.

행동수행방법 지도하기

절차적 지식이란 어떤 것을 행하는 방법에 대한 지식이나, 인지적 작업을 해결하기 위한 의사결정방식에 대한 지식이다. 행동수행방법에는 조리서 읽기와 같이 간단한 것도 있고, 모유수유와 같은 좀 더 복잡한 것도 있다. 실제적인 교육활동은 다음과 같다.

- **시연** 조리서 읽는 방법이나 안전한 식품 취급 실습을 통해 식품을 자르고 보관하는 방법과 같은 행동수행방법을 알려준다.
- **시각자료** 비디오, 포스터, 유인물과 같은 시각자료는 행동수행능력을 지도하는 데 효과적이다.

인지적 사고기술 자극하기

행동을 취하고 행동변화를 유지하기 위해서는, 사실적 지식뿐만 아니라 소위 지식 구조나 스키마Schemas라고 불리는 개념틀이 필요하다. 이때는 인지수준 중 분석, 평가, 종합의 수준을 이용해야 한다. 이런 기술을 습득하게 하는 것은 사실적 정보나 절차적 정보를 제공하는 것보다 훨씬 어렵다. 활동지와 의미 있는 체험활동은 주어진 문제에 대한 개념들을 연결하고 자신만의 개념틀을 만드는 데 도움을 준다. 다음은 인지적 사고기술을 학습할 수 있는 고차원적 학습방법이다.

- **분석** 여러 음료의 설탕량이나 패스트푸드의 지방량을 조사해본다.
- **평가** 가장 좋은 칼슘 급원을 선택하기 위해 가격 등과 같은 기준으로 칼슘 급원식품의 순위를 매기거나 포장할 때 소비된 에너지량과 같은 기준으로 두 식품 포장 중 어느 것이 더 환경친화적인지 판단하는 활동 등을 해볼 수 있다.
- **종합** 4½컵 또는 그 이상의 채소와 과일을 포함한 하루 식단 작성하기 등을 해볼 수 있다.

비판적 사고와 의사결정 향상을 위해 세 가지 기술 통합하기

목표 행동과 관련된 문제와 논쟁이 무엇인지 조사하게 함으로써 대상자가 분석, 평가, 종합의 세 가지 기술을 개발하도록 도울 수 있다. 예를 들어, 체중 감량 시 식사에서 지방을 적게 먹을지 아니면 탄수화물을 적게 먹을지, 또는 모유수유를 할지 아니면 인공수유를 할지에 대해 고민해볼 수 있다.

영양교육은 대상자들이 모순을 분석하고 해결하며, 자신의 식품 관련 활동에 대한 개인적인 정책을 만들 수 있게 도울 수 있다. 먹거리 체계와 그 영향력을 이해하면 행동을 실행하는 데 필요한 맥락을 알 수 있다. 식품영양 관련 행동은 변화를 유지하기 위해 이해할 필요가 있는 더 큰 사회적·환경적·정치적 맥락 속에 포함되어있다.

- **자극적인 영상이나 웹 화면** 비판적 사고기술을 향상시키기 위해 자극적인 영상과 토의를 이용할 수 있다. 이를 통해 대상자들은 논의 중인 문제를 평가하거나 복잡한 내용을 이해할 수 있다.
- **적극적 활동** 활동지와 인상적인 체험활동은 문제의 양면 모두를 이해하고, 개념을 연결하며, 특정 문제에 대한 자신들의 개념틀을 만드는 데 도움을 준다.
- **토의·토론** 말이나 글로 비평하거나 토의하는 활동 또한 문제를 분석하는 데 적합하다. 이 활동을 사용할 수 있는지는 학습 유형 선호도와 대상자가 그 활동에 편안함을 느끼는지에 달려 있다. 토론은 말로 하든 글로 하든 간에 흥미로운 활동이지만 신중을 기해야 한다. 문해력이 낮은 대상자에게는 말로 하는 토론은 배제해야 한다.

(2) 정서적 기술 관련 행동변화전략과 교육활동

대상자들이 건강을 위해 자신의 식습관을 변화시켜야 한다는 것을 인식하더라도, 현재의 습관이 심리적·문화적으로 더 이롭다고 생각할 수 있다. 대부분의 사람은 자기가 먹는 방식을 좋아하고, 그것이 가족이나 문화적 규범과 기대에 더 잘 맞다고 생각하며 자기가 그렇게 행동하는 이유라고 여긴다. 결과적으로 식습관 변화는 양면적 가치를 지닌다. 따라서 영양교육을 할 때는 대상자의 정서적·감정적 기술을 향상시킬 수 있는 활동을 개발해야 한다.

여러 수준의 정서적 참여를 위한 교육활동 설계하기

정서는 행동변화에서 특히 중요하다. 영양교육 프로그램을 설계할 때는 대상자들이 설계된 활동에 감정적(정서적)으로 얼마나 참여할 수 있을지에 대해 고려해야 한다. 정서적 참여 수준이란 다음과 같다.

- **수용** 메시지를 수용하고 권장행동이나 행동변화에 대해 인식한다(대중매체는 이 수준에 해당).
- **반응(교육하는 동안 적극적으로 반응하기)** 단순히 듣거나 관찰하는 대신 참여하고, 교육활동에 만족스럽게 반응하고 자신의 의견을 제시하기 시작한다.
- **가치화(권장행동에 대한 가치 평가)** 처음에는 시험 삼아, 나중에는 확신을 가지고 권장행동에 관심을 쏟고 몰두한다. 이때 대상자는 행동을 취할 준비를 하고 의향을 가진다. 즉 의향이 실행으로 이어진다.
- **조직화** 대상자가 자신의 삶에서 우선적으로 행동을 변화시키고, 자기 삶을 조직하는 것에 대한 자아효능감과 행동변화를 할 수 있음을 느끼게 된다.
- **내면화** 대상자가 행동변화를 지속할 수 있으며, 실행이 그들의 가치관 전체와 세계관의 일부가 될 정도로 권장행동의 가치를 내면화한다.

대부분의 영양교육은 권장행동에 관심을 가지고 행동변화에 우선권을 부여하는 것을 목표로 하기 때문에 가치화와 조직화 수준의 목표에 도달할 수 있도록 활동을 설계해야 한다.

효과적인 의사소통기술 익히기

사람은 다른 사람에게 건강한 식생활에 관한 요구사항을 이야기하고, 바라는 것을 요청하고, 동시에 협상하면서 자신의 정서적 기술을 연마한다. 또한 많은 사람이 친구 집에서 하는 식사와 같은 사회적 상황이나 특별한 환경에서 제공된 식품에 대해서는 다른 사람의 기분을 상하게 할까 두려워 거절하기 어려워한다. 이를 극복하려면 단정적이면서도 협력적인 기술을 학습해야 한다. 이때 역할극이나 토의가 유용하다.

욕구 지연 장려하기

사람들은 자신의 식사에 건강한 식품이 추가되면, 덜 건강한 식품은 잘 먹지 않는다고 한다(Verplankton과 Faes 1999). 대상자들이 덜 건강하지만 맛있는 음식을, 건강식품으로 의미있게 먹을 수 있도록 그들의 욕구를 지연시키는 것을 도와주어야 한다. 대상자들에게 맛있지만 덜 건강한 식품이 단기적으로 그리고 장기적으로 자신의 몸에서 어떤 일을 일으키는지 상상하게 한다. 그리고 건강한 식품이 몸에 미치는 영향을 상상하게 한다. 이렇게 하면 장기적이고 긍정적인 개인적·사회적 이익을 위해 자신들의 단기적인 욕구를 지연시키는 데 도움이 될 것이다.

대처반응을 위한 계획 수립하기

대상자들에게는 스트레스받는 식사 상황(지루하거나 화나거나 등)에 대처할만한 조언이 필요하다. 따라서 대상자들이 자신의 스트레스 상황을 인지하고 탐구하여, 자신이 그 상황을 어떻게 조절할지에 대한 계획을 세우게 한다.

촉진적 토의나 대화하기

소집단에서의 촉진적 토의나 대화는 영양교육자가 대상자들에게 느낌과 감정적 문제를 다룰 수 있도록 도울 수 있는 하나의 방법이다. 집단구성원들은 촉진적 대화를 통해 느낌과 경험을 서로 공유한다.

(3) 행동적 기술 관련 행동변화전략과 교육활동

식생활을 변화시키려면 되풀이되는 일련의 부수적 행동과, 그 행동의 원인이 되는 특정한 행위(식품 구매, 저장, 식사 준비 등)에 주의를 기울여야 한다.

행동적 기술은 식품 구매와 같은 다양한 실제적 기술, 가정의 식품관리기술, 또는 시간관리기술 등을 포함한다. 구매 기술이란 식료품점에서 행동변화목적에 도달할 수 있는 적절한 식품을 찾고 선택하는 기술을 포함한다. 신체적 기술이란 식품 준비, 조리, 모유수유, 텃밭 가꾸기, 스포츠 활동 참여와 같은 기술을 의미한다.

자아효능감은 행동변화의 중요한 결정요인이다. 사회인지론에서는 한 개인의 자아효능감이나 행동수행능력이 그 개인이 목표행동Target behavior을 행할지 여부에 결정적이라고 주장한다(Bandura 1986). 따라서 행동적 기술을 획득하는 것은 의향이 행동실행으로 이어지게 하는 데 필수적이다.

숙달 경험이나 실습 기회 제공하기

기술이 숙달되도록 도와주는 실제적인 교육활동은 다음과 같다.

- **바람직한 수행방법을 분명하게 알려주기** 행동수행방법을 분명하고 사실적으로 가르쳐주면 목표행동을 수행할 수 있다는 자신감이 향상된다. 예를 들어 저지방이지만 맛있는 음식을 만드는 방법, 채소와 과일을 금방 상하게 하지 않고 오래 저장하는 방법을 가르쳐주는 것이다. 이러한 내용의 지도방법으로는 직접 강의, 시청각매체 활용, 역할극, 인쇄물을 사용할 수 있다.
- **모델링/행동 시연** 조리 시연이 대표적 예이다. 이때 직접 시연뿐만 아니라 비디오, TV, 인터넷 동영상, 인쇄물 등을 이용할 수 있다. 모델링 또한 중요한 지도 방법이다.
- **실습 기회와 피드백 주기** 기술을 가르치고 자아효능감을 향상시키는 가장 효과적인 방법이다. 조리실습은 조리시연보다 조리와 관련된 지식, 태도, 행동을 더 많이 알려준다(Levy와 Auld 2004). 대상자들에게 실습 기회를 제공하며, 그들이 바람직한 행동을 하면 바로 피드백을 한다. 이때 격려가 매우 중요하다. 슈퍼마켓에 가서 영양 면에서 건강하고 생태학적으로 건전한 식품을 구입하는 실습을 함으로써 기술을 향상시킬 수도 있다.

2) 자기규제(자기주도적 변화)과정과 개인수행력 강화하기

자기주도적 변화Self-directed change는 한 개인의 동기가 유발되고, 식품영양 관련 인지적·정서적·행동적 기술을 획득하는 것뿐만 아니라 자기규제 기술을 가질 때 일어난다. 자기규제란 개인이 자신의 행위나 행동에 영향을 미치고 주도하는 능력을 개발하는 과정으로, 통제하는 능력 또는 자발적인 의사결정을 할 수 있다고 느끼는 것을 의미하며, 자기통제Self-control라고도 불린다. 따라서 건강행동변화의 실행 단계를 종종 의지력의 단계, 의식적 선택 단계, 또는 실행 통제 단계라고 하며, 몇 가지 이론에서 이 단계를 기술한다(Bandura 1997; Gollwitzer 1999; Schwarzer와 Renner 2000). 자기규제는 의지력뿐만 아니라 자기주도적 변화에 필요한 특정 기술의 개발을 통해 이루어진다. 따라서 영양교육자는 대상자들에게 이러한 기술을 향상시키고, 개인수행력과 능력감Sense of empowerment을 키울 기회를 제공해야 한다.

사례연구 10-2는 선택, 통제 그리고 변화의 프로그램을 설명한 것이다. 여기에서는 개인수행감Sense of personal agency과 자기주도적 변화 개발이 중재의 초점이 된다.

사례연구 10-2 선택, 통제, 그리고 변화

식품의 선택, 통제, 변화(Choice, Control, Change: 3C) 프로그램은 중학생의 비만 예방을 위한 연구 기반의 과학교육 및 건강 프로그램이다. 이 프로그램의 목적은 과식과 앉아있는 것을 부추기는 환경에서 청소년들이 개인수행력을 갖고, 자기 환경을 다룰 줄 아는 능숙한 섭취자(competent eater)가 되게 하는 것이다. 이 프로그램은 사회인지론과 자기결정이론을 기반으로 하며 결과기대에 초점을 맞추어 변해야 하는 이유를 생물학과 개인 행동, 먹거리 체계의 상호작용에서 알아내고, 과학교육을 위한 여러 국가기준에 대해 논의한다. 학생들은 건강하게 먹고 많이 운동하는 것이 왜 중요한지 이해하기 위해 과학적 증거를 수집한다. 변화 방법에 대한 정보는 인지적 자기규제 기술을 가르치고, 능력과 개인수행력을 향상시키는 데 초점을 맞춘다. 과학교육과 영양교육이 통합된 프로그램이다.

프로그램

5개 단원의 19개 수업으로 구성된다. 의미 있는 체험활동과 과학활동이 포함된다.

- 1단원 – 우리의 선택 조사하기: 학생들은 자신들의 환경이 자신들이 먹고 활동하는 것에 영향을 미치는 자신들의 생물적 성향과 어떻게 상호작용하는지 탐구한다.
- 2단원 – 동적 평형: 학생들은 인체의 에너지 균형과 그것이 균형을 이룰 때 신체가 왜 그리고 어떻게 더 잘 기능하는지에 대해 배운다.
- 3단원 – 자료로부터 건강 목적으로: 학생들은 자신의 식품과 신체활동 자료를 수집하고 분석한다. 학생들은 그 자료를 3C 목적과 비교하고, 변화를 위한 실행계획을 수립하며, 자신들의 변화과정을 모니터링한다. 이때 학생들에게 토의·토론과 그들이 행한 개인적 변화를 지지할 기회를 제공한다.
- 4단원 – 선택의 효과: 학생들은 실행계획대로 행동해나가면서 이 변화가 장기적 건강 유지와 심장병 및 당뇨병 위험인자 감소에 왜 중요한지 알게 된다.
- 5단원 – 수행능력 모니터링: 학생들은 식품과 신체활동을 건강과 연결하며 과학을 이해하고, 그들의 개인적 건강 약속을 확실시한다.

평가

10개 중학교의 1,146명을 대상으로 한 연구에서, 프로그램에 참여한 학생들은 단 음료와 가공식품을 적게 먹고 패스트푸드점에서도 음식을 적게 먹는 것으로 나타났다. 그러나 채소, 과일, 물 섭취량에는 변화가 없었다. 학생들은 의도적으로 많이 걸었고 행동에 대한 결과기대, 자아효능감, 목적의향, 능력감, 자율성 면에서 긍정적으로 변하였다.

자료: Contento I. R., Koch P. A., Lee H., Calabrese-Barton A. 2010. Adolescents demonstrate improvement in obesity risk behavior following completion of Choice, Control & Change, a curriculum addressing personal agency and autonomous motivation. *Journal of American Dietetic Association* 110:1830-1839.

(1) 목적 설정/실행계획 자극하기

자기규제/자기주도 기술을 획득할 수 있는 가장 중요한 전략이 바로 목적 설정이다. 여기서 목적 설정이란 실행목적 설정을 의미한다(Bandura 1986; Locke와 Latham 1990). 즉 대상자가 행동변화목적에 도달할 수 있도록 도움을 주는 작은 단위의 실행 가능한 목적을 뜻한다. 실행계획은 영양교육에서 설정한 행동변화목적에 도달하도록 도움을 준다. 이 실행계획은 실행의향으로 불리기도 한다(Gollwitzer 1999).

실행계획은 동기를 유발시키며, 의향과 실행 사이를 연결해주고, 실행을 유지하게 해주며, 책임감을 느끼게 한다. 대상자들은 계획을 세움으로써 식품 선택의 상황마다 새로운 의사결정을 하지 않게 되어 정신적 부담을 덜 느끼며, 이를 일상생활화할 수 있다. 목적 설정은 대상자들이 식품을 선택할 때 보다 의식적이며 의미 있는 선택을 할 수 있게 한다. 또한 목적 설정은 대상자들이 자기의 행동을 통제한다고 느끼게 한다. 따라서 대상자들은 자아효능감과 숙달된 기술을 인식하게 된다. 목적 설정은 목적을 달성하며 느끼는 자기만족Self-satisfaction과 성취감을 느끼게 하며, 그 과정에 적극적으로 참여함으로써 내면적 흥미Intrinsic interest를 불러일으킨다. 실행계획 수립은 범이론적 모델의 자신 해방 과정과 비슷하다.

1단계: 대상자의 자기평가 도구를 선택하거나 개발하기

자기평가란 중재 프로그램의 행동변화목적과 관련하여 대상자가 최근 행하는 특정 행위를 규명하는 것이다. 예를 들어, 중재 행동변화목적이 지방 섭취를 줄이는 것이라면, 자신이 먹는 것 중 지방 섭취에 원인이 되는 식품이 무엇인지 알아내는 것이다. 자기평가에는 대부분 식사 기록, 24시간 회상법, 또는 목표 식품이나 습관에 대한 체크리스트 등과 같은 기록 방식을 이용한다.

2단계: 효과적인 실행목적이나 실행계획 수립을 위한 방법 제공하기(SMART 실행목적)

구체적 실행목적을 설정하는 일반적인 방법은 실행목적을 SMART 하게 만드는 것이다. 실행목적은 도달할 수 있을 만큼 충분히 실제적이고, 충분히 중요하게 여겨져야 가장 좋다.

- **Specific(구체적)** 실행목적은 구체적이어야 한다. 그래야 실행의 대상이 분명해진다. 예를 들어 하루 1~2컵의 채소와 과일 섭취 늘리기가 목적이라면, 특정 실행목적은 '아침에 오렌지주스를 마시고, 점심식사에 채소를 더 추가한다'로 세우는 것이다.
- **Measurable(측정가능한)** 실행목적은 도달 여부를 측정할 수 있는 것이어야 한다. 위에서 제시한 예는 행위를 측정할 수 있는 것이다.
- **Achievable(도달가능한)** 실행목적은 성과에 도달할 수 있는 능력 내에서 세워야 한다.
- **Relevant and realistic(관련 있고, 실제적인)** 실행목적은 결과적으로는 일반적인 행동변화목적에 도달할 수 있는 가장 중요한 것이자 자신의 생활환경에서 실행 가능한 것이어야 한다.
- **Time-bound(시간 제한)** 가까운 미래에 성취할 수 있는 실행목적은 먼 미래를 위한 것보다 효과적이다. 먼 미래를 위한 실행목적은 미루기 쉽다.

3단계: SMART 실행목적을 위한 실행계획 만들기

실행목적에 대한 서약은 목적을 추구하는 개인의 해결책이다. 개인 서약은 개인과 미래 행동을 묶는 약속으로 강화된다. 이때 실행계획에 관한 서식이나 활동지가 실행계획 작성에 도움이 된다(그림 10-4). 표 10-3에서는 서약서 서식에 넣을 몇 가지 조언을 제시하였다. 아동의 경우 집단 서약서를 교실에 게시하여 이를 항상 상기시킬 수 있다. 어른, 특히 문해력이 낮은 어른에게는 말로 된 공공 서약이 적합하다. 만약 1회 수업이라면 이런 활동을 하기는 어렵다. 이 활동은 중재를 잘 마무리시켜줄 것이다.

4단계: 추적과 피드백 서식(자기관찰과 자기평가) 개발하기

여러 회차의 수업을 계획하고 있다면, 개인이나 집단이 그들의 실행목적에 맞게 잘하고 있는지 추적Tracking하게 한다. 자기관찰과 자기평가는 행동변화를 유지하는 데 매우 중요하다. 대상자들은 추적 서식에 자신의 실행 내용을 적으며 영양교육자는 대상자가 완성한 추적 서식을 검토하여 그들에게 피드백을 할 수 있다. 피드백을 할 때는 실패보다는 긍정적인 성공에

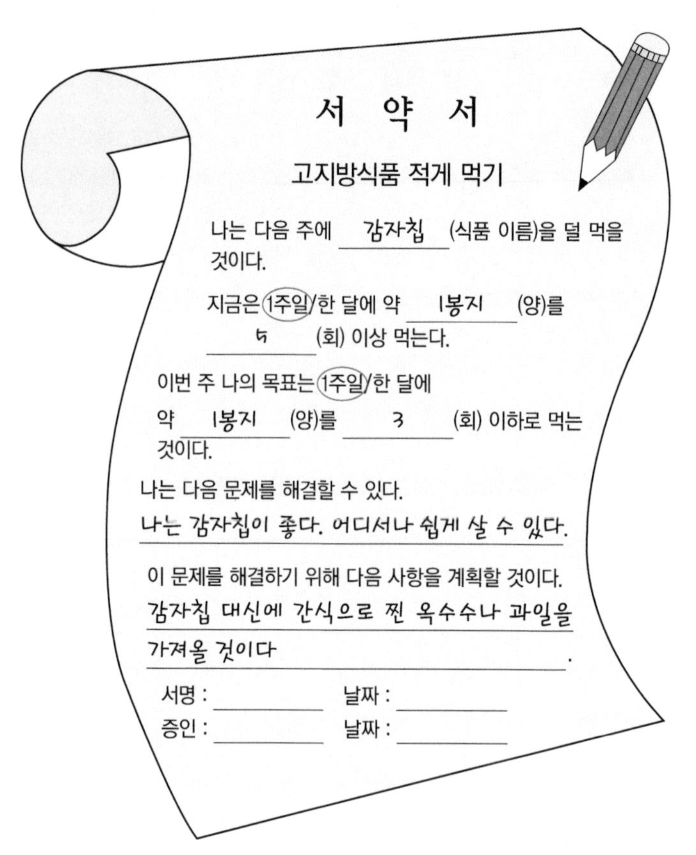

서 약 서

고지방식품 적게 먹기

나는 다음 주에 감자칩 (식품 이름)을 덜 먹을 것이다.

지금은 1주일/한 달에 약 1봉지 (양)를 5 (회) 이상 먹는다.

이번 주 나의 목표는 1주일/한 달에 약 1봉지 (양)를 3 (회) 이하로 먹는 것이다.

나는 다음 문제를 해결할 수 있다.
나는 감자칩이 좋다. 어디서나 쉽게 살 수 있다.

이 문제를 해결하기 위해 다음 사항을 계획할 것이다.
감자칩 대신에 간식으로 찐 옥수수나 과일을 가져올 것이다.

서명 : 날짜 :
증인 : 날짜 :

그림 10-4 고지방식품 섭취를 줄이기 위한 실행계획의 예

표 10-3 행동변화를 이루고자 할 때 해야 할 일과 하면 안 되는 일

해야 할 일	하면 안 되는 일
현실적인 목적을 세우고, 그 목적을 달성가능한 작은 단계로 나눈다.	비현실적인 목적을 세운다.
좋아하지 않는 식품은 고려 대상으로 한다.	좋아하지 않는 식품도 반드시 포함시킨다.
조금만 변화시킨다.	극단적으로 변화시킨다.
쉽게 구할 수 있는 식품을 선택한다.	구하기 힘든 식품을 선택한다.
가족이나 친구의 지지를 구한다.	모든 변화를 스스로 혼자 시도한다.
융통성 있게 한다. 즉 어떤 상황에서는 타협한다.	엄격하게 한다. 즉 어떤 상황에서도 변화를 실천한다.

대한 것을 강조하도록 한다.

대해 언급한다.

5단계: 보상과 격려 해주기

실행목적 달성에 대한 보상은 상황에 따라 영양교육자가 직접 할 수도 있고, 대상자 집단이 할 수도 있고, 대상자가 스스로 할 수도 있다. 강화로는 집단과의 상호작용 시 하는 격려, 미소, 만족시키는 데 치중한 무비판적인 언어, 또는 열쇠고리나 티셔츠와 같은 물질적인 것, 복권 제공 등이 있을 수 있다. 또한 영양교육자는 새 옷 구매 등과 같이 확실한 방법이나, 스스로에게 칭찬하기 등의 방법으로 자신을 스스로 강화할 수 있도록 격려한다. 심리적·외부적 강화 역시 목적 달성에 영향을 미친다. 예를 들어 혈청 콜레스테롤 수치가 낮아졌다는 것을 알게 되면 저지방식사를 하겠다는 약속을 더 잘 지키게 된다.

(2) 목적 유지 격려하기(재발 방지)

대상자들이 이미 행동변화목적을 실행하고 있다면, 그들이 행동변화를 유지하도록 도울 수 있다. 식생활에서 목적을 유지하는 것은 재발 방지보다 더 중요하다. 먹는다는 것은 수많은 대체행동 속에서 매일 식품 선택의 지속적인 협상을 요구하는 일이다. 식사에서 어떤 식품이나 영양성분을 제거하는 것보다는 식사에 어떤 식품(채소와 과일 등)을 추가하는 것이 실행하기도 유지하기도 더 쉽다.

- **일반적인 식사구성안 제공하기** 특정 식단이 아닌 일반적인 식사구성안을 사용하는 것이 재발 방지에 더 효과적이다(Bowen 등 1993; Urban 등 1992). 영양교육자는 대상자들이 협상능력을 향상시킬 수 있도록, 자기 식사를 변화시키고 대체 메뉴를 제시할 수 있는 방법을 한 가지 이상 알려준다.
- **자기 모니터링 규약**Protocol 재발 방지를 위한 또 다른 효과적인 방법으로는 사용과 실행이 쉬운 자기 모니터링 시스템이 있다. **그림 10-5**를 보면, 식사 지방에서 가시지방(버터나 식용유 등)은 찾기 쉽고, 변화를 쉽게 모니터링할 수 있다. 일반적으로 초기 동기유발은 행동변화로 예상되는 긍정적 결과(결과기대)에 의해 생기지만, 유지는 변화에 의해 실제로 나타나는 긍정적 결과로 인해 이루어진다.
- **경쟁적 목적들에 우선순위 매기기** 건강한 습관을 유지하는 데 중요한 과제는 서로 충돌하는 목적이나 바람에 우선순위를 매기는 것이다. 영양교육자는 대상자들이 자신이 선택한 실행목적을 평가할 수 있도록 도와야 한다. 대상자들은 이러한 평가를 통해 경쟁적인 목적들로부터 자신이 선택한 행동변화목적을 고수할 방법을 생각해낼 수 있다. 영양교육자는 대상자들이 도달하고자 하는 목적을 각각 재점검할 수 있도록 목적의 긍정적 가치와 중요성을 언급하면서, 그것이 대상자의 더 큰 생애 목표와 어떤 관련이 있는지, 그것을 달성하거나 달성하지 않았을 때 어떻게 느껴질지, 그리고 그것에 얼마나 많은 시간이나 노력 등을 투자했는지를 언급하는 방식으로 격려한다. 그러고 나서 그들이 세운 목적에 대한 약속을 재확인시킨다.
- **방해물로부터 실행목적 지키기(의미 있는 식생활 실천하기)** 실행목적의 유지는 의식적인 관리와 태도에 달려 있다. 따라서 주의를 산만하게 하고 방해하는 상황들로부터 대상자들이 자신의 실행목적을 지키도록 도와야 한다. 예를 들어 맛있는 고지방식품으로 가득한 식탁은 저지방 식품 섭취를 목적으로 하는 대상자를 혼란스럽게 한다. 같이 먹는 사람, 메뉴를 보는 것, 분위기, 조명 등의 먹는 환경은 식품 섭취량에 영향을 미친다(Wansink 2006). 대상자들이 방해 상황을 찾아 그것을 무시할 수 있는 계획을 세우게 한다. 그리고 그들이 먹는 것이 의미 있는 것임을 상기시킨다.
- **구체적 실행목적 달성을 위해 일반적 행동변화목적에 초점 맞추기** 구체적 실행목적을 달성하기 어려운 상황에 부딪쳤을 때 대상자들은 큰 그림, 즉 그들이 달성하고자 하는 일반 행동변화목적을 기억해야 한다. 그렇게 하면 안정을 되찾고, 구체적 실행목적을 쉽게 선택할 수 있다.
- **구체적 실행목적을 자기정체성과 연결하기** 실행목적이 대상자가 가진 정체성의 일부라면, 다른 목적이 나타났을 때 원래의 목적이 평가 절하되거나 연기될 가능성이 줄어든다. 영양교육자는 대상자가 자신에 대해 생각하게 해야 한다. 만약 스스로 건강을 의식하거나 생태적으로 책임감을 가지고 음식을 먹는 사람이라 생각한다면, 채소와 과일을 더 많이 먹겠다는 결심을 더 잘 유지할 것이다.

식사일지

아래 예시를 이용하여 자신의 식사일지를 완벽하고 정확하게 기록한다.

날짜:		요일:	
시간	장소	먹은 음식	먹은 양
오후 3:30	학교 앞 분식점	떡볶이	1인분
오후 5:30	집 TV 앞	감자칩	1/2봉지

채소와 과일 권장량과 비교하기

'채소와 과일 섭취' 첫 칸에 평소 자기가 먹던 양을 막대 그래프로 표시하고, 다음 칸부터 권장행동 실행 이후의 양을 표시하여 비교한다.

	10*						
	9						
권장량 이상	8						
권장량 이하	7						
	6						
	5						
	4						
	3						
	2						
	1						
		섭취량 날짜:		섭취량 날짜:		섭취량 날짜:	

* 채소와 과일 섭취량(1인 1회 분량/일)

실행계획 수립과 모니터링 과정

나의 계획: 아침, 점심, 저녁, 간식에 채소와 과일 추가하기

시행 요일:

모니터링 서식

날짜	요일	실행 여부	먹은 식품	비고*
		예, 아니오		
		예, 아니오		
		예, 아니오		
		예, 아니오		
		예, 아니오		
		예, 아니오		
		예, 아니오		
		예, 아니오		
		예, 아니오		
		예, 아니오		
		예, 아니오		

* 실천했다면 어떻게 했는지, 느낌이 어땠는지를 적는다. 실천하지 못했다면 그 이유가 무엇인지, 다음에는 실천할 수 있겠는지 기록한다.

그림 10-5 채소와 과일 섭취에 대한 자기평가, 권장량과의 비교, 자기모니터링 예시

(3) 인식과 원인을 재구성하고, 인지를 재구조화하도록 격려하기

대상자는 식행동 변화를 시도하면서 성공과 실패를 모두 경험하게 된다. 이때 경험하는 성공이나 실패의 원인은 그들의 자아효능감과 미래 행동에 영향을 미치게 될 것이다.

- **정보를 재해석하고 재구성하도록 도와주기** 영양교육자는 대상자가 어떤 식품이나 상황에 대한 인식을 재해석하고 관련 정보를 재구성하도록(인지 재구조화Cognitive restructuring) 도와야 한다. 대상자들은 그 상황을 극복할 수 없는 것으로 여길 수도 있다. 이때 그들이 장애를 재구성하고, 행동을 작은 단계로 나누는 것이 실행에 더 효과적임을 재인식시켜준다.
- **성공과 실패의 원인(귀인) 재구성하기** 대상자들은 자기의 성공이 불안정한 것(예: 행운) 때문이라고 믿기보다는, 능력과 같이 안정된 이유 때문이라고 여길 때 다음에도 성공할 것이라고 기대할 것이다. 만약 실패하였다면 그 효과는 반대가 된다. 이러한 원인(귀인)을 자기 대화Self-talk라고 하는데 영양교육자는 대상자가 좀 더 정확한 귀인을 찾고, 새로운 생각이나 자기 대화의 방법을 개발하도록 도와야 한다. 예를 들어 대상자가 자신은 서툴지 않으며, 능숙하다고 말하고, 스스로 준비한 음식이 운 좋게 그냥 만들어진 것이 아니라 획득한 기술로 만들어진 것이라고 재인식하며, 또다시 할 수 있다고 말하도록 도와야 한다. 범이론적 모델에서는 이 과정을 대체행동 형성이라고 한다.

(4) 대처반응Coping response계획 기술 습득하기

목적을 유지하는 것은 자기가 세운 목적에 도달하지 못했을 때 느끼는 우려감이나 실패감과 같은 감정대처전략Emotion-coping strategy에 달려 있다. 이 전략은 식품영양과 관련된 여러 습관이 많은 노력을 요하기 때문에 특히 중요하다. 장애 극복 능력에 대한 개인의 낙관적 신념은 새로운 행동이 그들의 예상보다 더 어려울 때 특히 유용하다. 이러한 신념을 대처 자아효능감Coping self-efficacy이라고 부른다.

- **자기 감정을 극복할 방법 계획하기** "될 때까지 여러 번 시도하더라도 건강한 식생활을 고수할 수 있다", "건강한 식생활을 일상화하려면 시간이 많이 걸리지만 반드시 건강한 식생활을 고수할 것이다" 등이 좋은 예이다(Schwarzer와 Renner 2000). 영양교육자는 대상자가 대처 자원Coping resources을 가질 수 있음을 인식하게 도와야 한다. 대상자들이 스스로 행동할 수 있음을 깨닫게 하려면 긍정적이고 행동지향적인 자기 대화를 실천할 수 있는 프로그램을 실행하면 유용하다.

(5) 환경적 계기(단서)를 관리하는 기술 습득하기

계기(단서) 관리란 덜 건강한 식생활을 하게 하는 계기(구실)를 제거하고, 좀 더 건강한 식생활을 하게 하는 계기를 추가하는 과정이다.

- **개인환경이나 가족환경을 재구조화하는 방법 가르치기** 예를 들어 가정에 있는 덜 건강한 식품 수를 줄이거나, 그것을 보이지 않게 치워버릴 수 있다. 반대로 건강한 식품인 채소나 과일은 잘 씻어서 쉽게 먹을 수 있도록 용기에 담아두거나 냉장고에 넣어둔다.
- **환경적 계기(단서)를 인식하도록 도와주기** 영양교육자는 대상자들이 통제하기 어려운 상황에서도 환경적 계기를 인식하고, 그 상황을 극복할 수 있는 대처전략을 개발하도록 도와야 한다. 식품 구매의 2/3는 계획 없이 이루어지며, 가게의 전시나 판매전략의 영향을 받는다. 그러므로 계획적인 식품 구매를 위해서는 구매 목록을 작성해야 한다.

(6) 개인 식품정책 개발과 일상화 장려하기

식생활 변화 관리 단계에서 주된 목적은 새로운 행동이 자동적 또는 습관적으로 행해지게 하는 것이다(Bargh와 Barndollar 1996).

- **행동을 반복하는 것이 더 쉬움을 깨닫게 하기** 특정 상황에서 행동을 반복하면(예: 아침식사로 오렌지주스 마시기), 동기유발(예: 과일 더 먹기)과 실행(예: 아침식사로 오렌지주스 마시기)이 통합되어 그 상황이 되었을 때 바로 그 특정 행동이 의식적인 의사결정 없이도 자동으로

일어난다. 상황에 맞는 특정 행동의 반복은 노력하지 않고도 그 행동을 계속 실행하게 한다.

- **활동지나 토의 안내서 만들기** 이들 자료를 활용하여 대상자가 자신의 식생활 선택과 식품 관련 행동에 대한 개인적인 식품정책을 개발하게 한다. 매일 아침밥 먹기, 점심식사 시 반드시 채소 먹기 등이 좋은 예이다.

(7) 건강한 식품의 반복적 소비 격려하기

대상자는 중재 목표인 건강한 식품 먹기를 즐길 때 그 행동을 더 잘 유지하게 된다. 어떤 식품을 반복적으로 섭취하면 그 식품을 더 좋아하게 된다.

- **식품섭취패턴을 변화시키기로 결정하면 결국 그것을 좋아하게 된다는 것 상기시키기** 예를 들어 음식을 덜 짜게 먹기로 결심한 사람은 실제로 덜 짠 음식을 좋아하게 된다. 이러한 예는 채소나 과일, 기타 건강한 식품에 모두 적용된다.
- **설탕이나 지방 대체물은 적용하기는 쉽지만 냄새에 대한 기호나 행동을 변화시키지 못함을 지적하기**(Bowen 등 1993) 예를 들어 지방대체물을 넣은 음식을 먹는 사람은 여전히 지방의 향을 좋아하지만, 저지방음식으로 바꾸어 먹는 사람은 지방에 대한 기호도가 줄어든다(Matters 1993; Grieve와 VanderWeg 2003).
- **처음에는 박탈감을 느끼지만 시간이 지나면 변한다는 것을 재확인시키기** 사람들은 자기가 좋아하는 것을 먹지만, 먹는 것을 좋아하게 되기도 한다(Bowen 등 1993). 따라서 선택한 식생활을 유지하면서 새로운 식품이 좋아지고 그것을 먹으면 즐거워질 때까지, 계속 그 식생활을 고수해야 함을 상기시킨다.

(8) 사회적 맥락관리와 사회적 지지를 위한 계획수립 기술 향상시키기

음식을 먹는 것은 가정에서는 가족과 함께, 나아가 친구들과 함께하는 것을 포함하여 대부분 사회적 상황(맥락)에서 일어난다. 이러한 사회적 맥락을 관리하고 사회적 지지를 이끌어내는 것은 행동 유지에 있어 매우 중요하다.

- **사회적 맥락을 고려하고 협상하는 것을 도와주기** 대부분의 사람은 행동을 변화시키기 위해 자신뿐만 아니라 가족의 요구를 받아들여야 한다. 예를 들어 한 어머니가 체중을 감량하고 고혈압 위험을 줄이기 위해 식물성 식품과 전곡류 위주의 식사를 하기로 결정하려고 하는데, 다른 가족들은 햄버거와 감자튀김을 원할 수도 있다. 그렇다면 이때 두 가지 식사 중 어느 것을 선택해야 할까? 이 경우 어머니는 자신의 건강과 가족들과의 좋은 관계를 유지하고 싶다는 바람 사이에서 협상해야 한다.
- **촉진적 집단토의** 개인이 아이디어와 도전, 그리고 그 도전을 극복하는 방법을 공유하기 위해서는 좋아하는 사람들과 토의하는 것이 매우 중요하다. 그러면 그 집단으로부터 환영받는 사회적 지지를 제공받을 수 있다.

(9) 홍보기술 향상시키기

집단효능감이란 집단이나 공동체가 자신의 환경을 변화시키기 위해 집단적 행동을 취할 수 있다는 믿음이다. 이것은 집단구성원이 자신의 관심사가 무엇인지 찾고 그것을 다루기 위해 목적을 작은 단계로 설정하는 과정에서 생성되며, 눈에 보이는 명백한 결과가 나오면 그때 그들이 살고 있는 사회적 정치적 환경을 변화시킬 수 있다고 믿게 된다. 목적을 환경에 적용하는 행동으로 변환시키는 가장 좋은 방법은 홍보이다. 홍보기술을 향상시키는 실제적인 교육활동은 다음과 같다.

- **집단구성원 간의 협동작업으로 집단과정 개발하기** 집단구성원들은 집단과정Group procedure을 통해 그들이 우려하는 문제가 무엇인지 찾고, 그것과 관련한 그들의 선지식과 선경험을 이끌어내고, 문제의 근본 원인을 이해하며, 그것을 다루기 위한 목적을 설정하게 된다. 그리고 그들의 문제를 다룰 수 있는 지역기업, 지역정부, 의사결정자, 정책입안자들에게 집단과정의 결과를 추천하고 요구할 수 있다. 그러고 나면 그 집단은 권장안의 진행과정을 모니터링하며, 나아가 적절한 홍보활동을 하게 된다.
- **조언과 다른 일반적으로 사용되는 실제 경험들 공유하기** 필요하다면 편지, 전화, 전자매체와 같은 다양한 매체를 통해 그들의 대표자들과 만나 로비하는 방법을 공유한다.

- **기술적 지원 제공하기** 컴퓨터 사용, 웹사이트 개발, 편지 쓰기, 협조할 수 있는 다른 사람이나 정책입안자들과의 만남 등과 같은 기술적 지원을 제공한다.

6 4Es로 교육활동을 조직하고 배열하기: 교육계획 또는 수업안

교육활동을 개발할 때는, 학습을 증진시킬 수 있는 방법으로 그것을 어떻게 배열할 것인지도 생각해야 한다.

1) 4Es에 따라 수업이나 다른 교육현장 배열하기

표 10-4는 수업 사태를 조직하고 배열(전개)하는 방법, 즉 수업을 진행하는 동안 여러 활동을 어떻게 배열(전개)할 것인가를 나타낸 것이다. 이는 가네Gagne의 수업이론에 기초한 것으로(Gagne 1965; Gagne 1985; Gagne 등 2004) 다양한 매체를 활용한 수업에도 널리 활용되었으며, 수정되어 건강교육 설계에 적용되었다(Kinzie 2005). 이 배열(전개)은 좋은 수업이나 교수의 원리와 비슷하다(Merrill 2009; Reigeluth와 Carr-Chellman 2009). 여기에서도 서로 다른 학습 유형은 고려되어야 한다. 이것을 4EsExcite, Explain, Expand, Exit라고 부르는데 {Koch(2013)가 이를 4Es라고 명명하였다} 4Es의 전개과정은 다음과 같다.

- **홍미 유발Excite: 주의 집중시키기** 관심을 자극하고, 흥미를 유발하며, 생각을 이끌어내고, 인식을 높이는 활동을 만든다. 이는 대개 위험 정보나 권장행동과 비교한 자기평가를 통해 위험에 대한 인식을 높이는 데 초점을 맞추거나, 행동 실행에 따른 이익에 초점을 맞추는 활동들이다. 여기서는 위험이나 행동 실행에 따른 이익에 대한 인식을 높이는 시각자료, 인상적인 통계자료, 개인 사례, 또는 자기평가와 같은 구체적인 경험이 도움이 된다. 영양교육을 하는 동안에는 반성, 회고, 공유 등이 유용하다.
- **설명하기Explain: 자극과 새로운 매체 제시하기** 이 단계에서는 주로 '왜 행동해야 하는가?'에 대한 동기를 유발시킬 수 있는 정보에 초점을 맞추고, 대상자의 사전 지식, 경험, 문화적 배경, 가치를 고려하여 활동과 메시지를 만든다. 건강, 먹거리 체계와 관련된 성과, 개인적 이익, 사회적 규범, 가치, 자아효능감 등을 얻을 수 있는 목표행동의 효과성을 설명함으로써 동기를 유발시키는 데 초점을 맞추는 것이다. 그러고 나서 바람직한 행동을 쉽게 이해하고, 쉽게 행할 수 있는 정보를 제공한다. 간단한 강의나 학습활동, 시각자료 시청 등을 이용한다.

표 10-4 수업 내 영양교육전략의 배치: 4Es

수업 사태의 배열	이론에 근거한 영양교육 전략
흥미 유발: 주의 집중시키기	• 행동변화목적에 관해 개인적으로 대상자와 관련 있는 주의집중(Attention getter) 이용하기 • 권장행동과 비교한 자기평가를 통해, 위험이나 실행에 따른 이익에 대한 인식 높이기 • 이전 수업에 대해 복습하고 되새겨보기
설명하기: 새로운 매체를 제시하고, 행동을 취해야 하는 이유에 초점 맞추기	• 대상자의 이전 지식과 가치에 맞추어 메시지 수정하기: 메시지를 개인적으로 의미 있는 것으로 만들기 • 결과기대나 인지된 이익: 동기유발을 증진시키기 위해 바람직한 행동의 관찰 가능한 효과 보여주기 • 정서적 태도: 실행에 따른 감동과 느낌에 대한 감상 증가시키기 • 장애/자아효능감: 바람직한 행동을 쉽게 이해하고 행할 수 있게 만들기
발전시키기: 안내서를 제공하고 실습해보고, 실행방법에 초점 맞추기	• 실행에 필요한 식품영양 관련 지식과 인지적 기술 제공하기 • 능력과 자아효능감을 개발할 수 있도록 실제 실습기회 제공하기, 피드백 주기/코치하기, 동료끼리 협동하기 • 학습내용에 맞는 매체를 통해 신뢰할만한 사회적 모델 활용하기 • 정서적 기술 증진시키기
정리하기: 적용하고 마무리하기	• 적용 향상시키기 • 목적 설정과 실행계획 기술 향상시키기 • 사회적 지지와 실행계기(단서) 제공하기

- **발전시키기Expand: 실행방법에 대한 안내서를 제공하고 실습하기** 이 단계에서는 바람직한 행동을 취하는 데 필요한 지식과 기술을 제공한다. 학습 유형을 고려하여 시연을 한다든지 조리실습과 같은 체험활동을 해서, 각 개인에게 실천력을 갖게 하고 자아효능감을 높여준다.
- **정리하기Exit: 적용하고 마무리하기** 이 단계에서는 대상자들이 목적을 설정하고, 자신의 실행계획(또는 실행의향)을 수립함으로써 학습한 것을 잘 적용하도록 도와주어야 한다. 학습하는 동안 자기규제(자기주도 기술과 개인 수행력)를 강화시킨다. 대상자의 실행계획을 위한 사회적 지지를 제공한다. 요약하고, 정리하고, 수업을 마무리한다.

위의 과정은 20분짜리 수업이든, 2시간짜리 수업이든 상관없이 어떤 수업에나 유용하다. 만약 시간이 많이 없다면 4Es 단계별로 한두 개의 전략이나 활동을 선택해서 하면 된다. 만약 서너 차시의 수업이 가능하다면 첫 수업에서는 동기유발활동을 하고, 두 번째 수업부터는 실행단계활동을 하면 된다.

2) 범이론적 모델에 따라 배열(전개)하기

범이론적 모델에서 제시하는 식행동 변화에 대한 개인의 준비성에 따라 교육활동과 학습을 배열할 수도 있다. **표 10-5**는 범이론적 모델의 10단계 변화과정을 제시한 것이다(4장 참조). 모든 단계에 모든 변화과정이 사용되겠지만 일반적으로 경험적 과정은 동기유발 준비성 단계의 초기 단계에서 좀 더 자주 사용되고, 행동적 과정은 후반부 단계에서 자주 사용된다. 초기 단계에서 강조되는 경험적 과정에는 의식 증가, 극적인 안심, 환경 재평가, 자신 재평가가 있다. 동기유발 준비

표 10-5 범이론적 모델: 변화과정과 중재전략

변화과정	자주 사용되는 단계	개인 내 변화과정	중재 전략
의식 증가	고려전 단계에서 고려 단계	원인과 결과에 대한 자기 인식 증가, 건강 행동에 대한 새로운 정보 찾기	자기평가, 피드백, 자기 직면, 미디어 캠페인 등을 통해 개인의 식사패턴에 대한 인식 증가시키기
극적인 안심/감정적 각성	고려전 단계에서 고려 단계	실행했을 때 느끼게 될 위협감에 대한 해방감	감정을 다루는 개인적 선서, 역할극, 자극 영상, 미디어 캠페인, 위험을 의인화하기
환경 재평가	고려전 단계에서 고려 단계	자신의 행동이 타인과 물질적 환경에 미치는 영향 평가하기	감정 이입 훈련, 다큐멘터리
자신 재평가	고려 단계에서 준비·행동 단계	자신의 이미지에 대한 평가	자신의 가치를 명확하게 할 수 있도록 도와주기(활기차고 건강한 자신을 상상하기, 행동변화가 자기 자신의 일부라고 믿기)
자신 해방	고려 단계에서 준비·행동 단계	변화 능력 믿기(의식적으로 확고하게 실행하기)	서약하기와 공공 집단 의사결정과 같은 약속 이행 기술
조력 관계	행동 단계에서 유지 단계	건강 행동변화를 위한 사회적 지지 목록 만들기	라포 형성(집단, 짝, 전화통화 등을 통해 지지 환경 만들기)
대체행동 형성	행동 단계에서 유지 단계	건강하지 못한 식행동을 다른 생각과 행동으로 대체하기	행동에 대한 새로운 사고방법(자기 대화), 식품영양과 관련한 새로운 기술
보상관리	유지 단계	건강 식행동에 대한 보상은 늘리고, 건강하지 못한 식행동에 대해서는 보상 줄이기	명시적인 보상(예: 티셔츠, 인센티브, 언어적 강화), 자기 보상방법 알려주기
자극조절	유지 단계	덜 건강한 식행동의 계기(단서) 제거하고, 건강한 식행동의 계기 추가하기	환경을 재구축하는 방법 알려주기: 상기시키는 내용이 담긴 냉장고 자석, 팁이 적힌 종이 등
사회적 방면	모든 단계	건강한 음식 준비를 도와줄 환경을 선택하고 홍보하기	학교나 직장에 더 많은 채소와 과일과 같은 지지 환경 구축, 지지 정책 마련

성 단계에서 다음 단계로 이동하는 데 도움이 되는 교육활동의 배열은 4Es와 이후 언급하게 될 건강소통Health communication 단계와 유사하게 하면 된다. 단계 후반부에서 행동변화에 자주 사용되는 변화과정은 대체행동 형성, 보상관리, 환경적 자극조절, 사회적 방면이다. 결론적으로 범이론적 모델로 교육활동과 학습경험을 설계하고 싶다면 각 단계에 적절한 중재활동을 하면 된다.

7 대상자의 특성과 중재 고려사항 탐색하기

교육활동과 수업안을 개발하기 전에는, 학습자와 관련된 실제적인 고려사항을 분명히 알고 있어야 한다.

1) 대상자의 특성 규명하기

대상자와 관련한 특이사항을 찾아낸다. 예를 들어 아동의 신체적 수준과 인지적 수준, 읽고 쓰고 계산하는 능력, 선호하는 학습 유형과 수업 형태, 감정적·사회적 특별 요구사항 등을 알아낸다.

2) 실천적 고려사항과 중재 고려사항

실천적 고려사항과 중재 고려사항은 영양중재의 지속성과 강도를 나타내준다. 자세한 사항은 다음과 같다.

- 영양교육 중재를 위해 재정적으로 어떤 자원을 이용할 수 있는가?
- 이 중재는 얼마나 할 수 있는가? 얼마나 하는 것이 바람직한가? 1차시? 아니면 그 이상?
- 주어진 환경에서 어떤 경로(방법)로 교육할 것인가? 집단수업, 시청각매체나 인쇄매체, 건강박람회, 또는 대중매체 캠페인을 이용할 것인가? 또는 이 모든 방법을 활용할 것인가?
- **시간** 수업은 몇 시간 동안 할 것인가?
- **장소와 배열** 어느 장소에서 할 것인가? 장소의 제약은 없는가? 만약 있다면 먼저 장소를 방문하여 그 장소 관계자와 협의해야 한다.
- **시설과 장비** 어떤 장비가 필요한가? 필요한 장비를 공급받을 수 있는가?
- **직원의 지원** 관련 직원이 얼마나 협조적인가? 고장 처리, 홍보, 수업하는 동안의 기술적 지원을 얼마나 잘해줄 수 있는가?

8 교육계획 작성하기: 기본요점

교육활동은 교육계획에 따라 배열되어야 한다. 이렇게 만든 계획안은 1회차 수업에서는 수업안 또는 교육계획, 여러 차시로 진행되는 수업에서는 교육과정, 매체 메시지 계획Message plan 또는 여러 요소로 구성된 영양중재에서는 영양중재 안내서(지도서) 등 여러 가지로 불린다. 교육계획은 어디에서, 어느 대상자에게, 몇 시간(20분짜리 교육이든, 1시간짜리 교육이든)을 교육하든 반드시 필요하다. 뉴스레터나 웹사이트를 위한 매체와 같은 간접적 교육활동에서도 이러한 계획과정을 거쳐야 한다.

1) 각 수업의 개요를 개발하기 위한 매트릭스 도구로 시작하기

실행하고 싶은 활동이 많더라도 이를 계획안에 적기 전에 시간을 충분히 가지고 개요를 짜야 한다. 여기서 제공하는 계획안 매트릭스 도구Matrix tool는 결정요인을 교육활동으로 연결시키는 데 도움을 줄 것이다. 이 매트릭스를 이용하여 수업을 계획하였다면, 다음은 그것을 대상에게 적용할 형식으로 변환해야 한다. 이 지도 형식Teaching format을 교육계획(또는 수업안)이라고 부른다.

(1) 매트릭스 형식의 계획안 도구

이 계획안 도구Planning tool는 결정요인과 결정요인에 대한 행동변화전략들을 어떻게 교육목적으로 진술하는지 알려준다. 그러고 나서 그 교육목적에 도달할 수 있는 매력적이고 효과적인 교육활동을 개발하게 된다. 이 도구는 모든 교육활동을 논리적인 순서로 배열하는 데도 도움이 된다. 관련 내용은 이 장의 마지막 부분에 제시한 **활동 10-1**을 참고한다.

결정요인을 정하면, 그 결정요인을 변화시키기 위해 사용할 행동변화전략을 **표 10-1**과 **표 10-2**에서 선택하고 행동변화목적을 설정한다. 이 행동변화전략은 수업 교육목표 설정의 지침이 된다. 그리고 결국 이 교육목표는 수업의 교육활동과 학습경험 개발의 지침이 된다. 수업계획의 개요를 거꾸로 정리하면 다음과 같다.

> 행동변화목적 ← 변화의 결정요인 ← 행동변화전략 ← 구체적 교육목표 ← 교육활동

(2) 교육목표와 교육활동 간 교차 점검

대상자들이 행동변화를 꾀하고 실천하게 하는 데 도움을 줄 수 있는 재미있고 관련성이 높은 교육활동을 생각한다. 그러고 나서 이 활동들이 이전에 세운 교육목표와 얼마나 잘 연관되는지 검토한다. 왕복 접근법Back and forth approach을 활용하여 교육목표를 다듬고, 더 의미 있고 효과적인 교육활동을 개발한다. 교육목표는 물론 대상자들에게 세 가지 영역(인지적, 심동적, 정의적 영역)의 학습경험을 할 수 있게 하는 것이고, 대상자들이 각 영역의 교육활동을 통해 인지적 어려움과 정서적 연대 및 내면화의 수준을 높이고, 심동적(행동적) 기술을 적정수준으로 향상시키는 것이어야 한다.

(3) 교육활동의 배열: 4Es

앞서 언급한 바와 같이 4Es를 적용하여 교육활동을 배열해본다. 교육활동의 배열은 아주 유연한 과정으로, 교육활동을 적절히 이곳저곳에 배열해볼 수 있다.

2) 최종 교육계획 수립하기: 대상자에게 제공할 지도 형식 수립

실제로 교육계획을 대상자에게 제공할 때는 교육계획의 정보들을 대화 형식이나 지도 형식으로 변환하여야 한다. 이것은 실제 수업에서 사용되며 차시별로 되도록 상세하게 작성해야 한다. 지도 형식을 너무 길게 쓸 필요는 없다. 관련 내용은 이 장의 마지막 부분에 제시한 교육계획의 지도 형식(수업지도안) **활동 10-2**를 참고한다.

9 영양교육 설계 되돌아보기: 5단계의 교육계획 활동지 만들기

여기서는 이 장에서 배운 것을 적용하여 각 수업을 위한 교육목표를 진술하고, 이 교육목표에 도달할 수 있는 교육활동과 학습경험, 또는 전달메시지를 설계해본다. 관련 내용은 이 장의 마지막에 제시된 **활동 10-1**을 참고한다.

1) 수업 제목(수업명), 행동변화목적, 교육목표

행동변화목적에 대한 수업 제목은 대상자의 관심을 자극할 수 있도록 흥미로운 것을 개발한다. 그러고 나서 결정요인에 근거하여 교육목표를 설정한다. 이를 근거로 전략을 설정하고, 실천적 교육활동을 개발한다. 같은 행동변화목적으로 2회차 이상의 수업을 개발한다면, 각 수업에 사용할 교육목표를 설정한다. 동일한 결정요인과 교육목표를 하나 이상의 수업에 사용할 수도 있지만 일반적으로 각 수업의 구체적 교육목표(학습목표)를 설정한다.

2) 계획안 매트릭스 도구를 활용한 수업 개요 작성

5단계 교육계획 활동지는 수업안이나 교육계획을 개발하는 데 유용하다. 따라서 이 장의 마지막에 있는 **활동 10-1**을 참고한다. 수업안이나 교육계획을 개발할 때는 먼저 수업의 행동변화목적을 진술하고, 행동변화목적에 도달할 교육목표를 설정한다. 그러고 나서 다음과 같이 계획 매트릭스를 완성한다.

- **1열** 수업 절차를 흥미 유발, 설명하기, 발전시키기, 정리하기의 4가지로 적는다.
- **2열** 이론모델로부터 추출한 행동변화의 잠재적 결정요인(영양교육이론의 구성요소)을 적는다.
- **3열** 결정요인을 작동시키는 데 활용할 행동변화전략을 적는다. 각 결정요인에 대한 행동변화전략은 **표 10-1**과 **표**

10-2에 기술되어있다. 이 전략들을 활용하여 교육목표에 도달할 수 있는 학습경험, 교육활동, 학습내용을 개발하게 된다.

- **4열** 각 결정요인과 행동변화전략에 대한 교육목표를 진술한다. 교육목표는 3개 영역(인지적, 심동적, 정의적 영역)을 모두 포함해야 하며 간단한 것부터 복잡한 것 순서로 배열한다.
- **5열** 대상자들이 교육목표에 도달하는 데 도움을 줄 수 있는 실천가능한 교육활동, 학습경험, 메시지를 적는다.

3) 교육계획: 대상자에게 제공할 지도 형식 개발

계획안(또는 수업안) 매트릭스를 수업에서 실제로 사용할 좀 더 상세한 대화 형식이나 지도 형식으로 바꾼다. 상세한 내용은 이 장의 끝부분에 제시된 **활동 10-2**를 참고한다.

- 수업 제목은 동기를 유발시키며 관심을 끌 수 있도록 의미 있고 흥미로운 것으로 정한다.
- 수업에 대한 행동변화목적을 설정한다.
- 수업지도안 시작 부분에 활동과 매체의 개요를 적는다.
- 각 학습활동에 제목을 붙인다. 이 제목은 행동변화전략과 결정요인을 나타내며 수업을 할 때 즉각적이고 시각적인 계기(단서)가 된다. 또한 변화시키고자 하는 결정요인의 관점에서 활동의 목적이 된다.
- 매트릭스에 있는 각 교육활동을 좀 더 꽉 채워 적거나 대화 형식으로 만든다. 대상자에게 제공할 특정 정보와 활동에 대한 간단한 안내도 포함시킨다.
- 다른 교육전문가에게 그것을 전달할 방식으로 교육계획을 적는다.
- 수업에 시연이 포함되어있다면 수업에 필요한 모든 매체를 점검하여 준비한다. 만약 조리실습 활동이 포함되어있다면 조리법을 점검하고, 필요한 식품을 준비해둔다.
- 필요한 핵심 배경지식을 포함시킨다(예: 여러 스낵의 지방 함량이 몇 작은 술인지…). 긴 정보에는 추가적인 배경 설명을 넣는다.
- 지도 순서(4Es: 흥미 유발, 설명하기, 발전시키기, 정리하기)에 따라 교육활동을 배열한다. 만약 수업에 체험활동이 포함되어있다면, 그 흐름과 규모를 생각한다.
- 수업의 마무리는 대상자들에게 학습한 것을 적용해볼 수 있는 귀중한 시간이다. 따라서 이해하기 쉬운 가정 학습 메시지나 실행목적을 설정하고, 간단한 실행계획을 이행하는 것이 좋다.
- 교육계획은 수업의 길이와 행동의 복잡성에 따라 여러 페이지로 구성할 수 있다. 유인물이나 다른 매체도 여러 페이지로 만들 수 있다.

4) 교육계획 예비 실행하기

예비 실행은 아주 유용하다. 식품을 사용한다면 조리법을 점검하고, 기호도와 조리가능성을 위해 조리과정을 시험해본다. 표적 집단 인터뷰, 직접 관찰, 인터뷰를 이용하여 활동이 의도하는 대상자들에게 받아들여지고 효과적인지를 평가한다.

5) 교육계획 실행하기

교육계획이나 수업안의 유무는 매우 중요하다. 그러나 실제 수업에서는 교육계획이 융통성 있고 자연스럽게 실행되어야 한다. 수업은 상황에 맞게 진행되어야 한다. 반대로 수업이 학습자 중심교육에 초점을 맞춘 비형식적인 접근방식에 입각한 것이라도, 이론에 기초한 든든한 교육계획이 수립되어야 한다. 교육계획은 대상자와 협력하여 개발하는 것이 가장 이상적이다. 영양교육자는 대상자와 항상 상호작용하고 필요에 따라 학습내용과 활동을 조정해야 한다.

© PhotoDisc

연습문제

1. 학습의 의미는 무엇인가? 학습을 교육과 행동변화와 연계하여 기술하시오.
2. 행동변화의 결정요인, 행동변화전략, 실천적 교육활동 간의 관계를 기술하시오.
3. 영양교육자에게 행동변화전략에 근거한 교육활동과 결정요인에 근거한 전략을 선정하는 것이 왜 중요한지 서술하시오.
4. 영양교육 중재에서 실행계획 수립이 왜 중요한지 논의하시오.
   a. 효과적인 실행목적의 특징은 무엇인지 설명하시오.
   b. 목적 설정을 지도할 수 있는 몇 가지 실제적인 방법을 논하시오.
5. 자기규제 기술을 강화하기 위해 행할 수 있는 세 가지 특정 교육활동이나 학습경험을 기술하시오.
6. 영양교육 수업 동안 4Es의 각각을 언제, 왜 사용하는지 기술하시오. 그 순서가 유용하다고 생각하는지, 만약 그렇지 않다면 그 이유를 설명하시오
7. 10대 소녀들에게 고칼슘 식품 섭취를 늘리기 위한 수업을 한다고 가정하고, 각 동기유발 결정요인과 행동변화 결정요인을 촉진시키는 하나 이상의 행동변화전략과 그와 관련한 교육활동을 다음 표와 같은 예시를 사용하여 기술하시오.

목표	결정요인	행동변화전략	교육활동이나 학습경험
동기 유발	인지된 위험		
	결과기대/인지된 이익		
	인지된 장애		
	감정 또는 느낌		
	행동의향		
행동 실행	대처 자아효능감		
	사회적 지지		
	실행계기		

참고문헌

Abrams, E., P. Koch, I. R. Contento, L. Mull, H. Lee, J. DiNoia, and M. Burgermaster 2013, July. Food, Health & Choices: Using the DESIGN Stepwise Procedure to Develop a Childhood Obesity Prevention Program. *Journal of Nutrition Education and Behavior* 45(Suppl. 4):S13-S14.

Anderson, A. S., D. N. Cox, S. McKellar, J. Reynolds, M. E. Lean, and D. J. Mela. 1998. Take Five, a nutrition education intervention to increase fruit and vegetable intakes: Impact on attitudes towards dietary change. *British Journal of Nutrition* 80(2):133-140.

Anderson, L. W., D. R. Krathwoh l, P. W. Airasian, K. A. Cruikshank, R. E. Mayer, P. R. Pintrich, et al. 2000. *A taxonomy for learning, teaching, and assessing: A revision of Bloom's Taxonomy of Educational Objectives*. New York: Pearson, Allyn & Bacon.

Armitage, C. 2004. Evidence that implementation intentions reduce dietary fat intake: A randomized trial. *Health Psychology* 23:319-323.

Bandura, A. 1986. *Foundations of thought and action: A social cognitive theory*. Englewood Cliffs, NJ: Prentice Hall.

———. 1997. *Self-efficacy: The exercise of control*. New York: WH Freeman.

Baranowski, T., E. Cerin, and J. Baranowski. 2009. Steps in the design, development, and formative evaluation of obesity prevention-related behavior change trials. International Journal of Behavioral Nutrition and Physical Activity 6-6.

Baranowski, T., T. O'Connor, and J. Baranowski. 2010. Initiating change in children's eating behaviors. *International handbook of behavior, diet, and nutrition*, edited by V. R. Preedy, R. R. Watston, and C. R. Martin. New York:Springer.

Bargh, J. A., and K. Barndollar. 1996. Automaticity in action: The unconscious as repository of chronic goals and motives. In *The psychology of action: Linking cognition and motivation to behavior*, P. M. Gollwitzer and J. A. Bargh, editors. New York: Guildford Press.

Bartholomew, K., S. Parcel, G. Kok, N. H. Gottlieb, and M. E. Fernandez. 2011. *Planning health promotion programs: An intervention mapping approach*. 3rd ed. Hoboken, NJ: Wiley.

Bisogni, C. A., M. Jastran, M. Seligson, and A. Thompson. 2012. How people interpret healthy eating: Contributions of qualitative research. *Journal of Nutrition Education and Behavior* 44(4):282–301.

Blake C. E., E. Wethington, T. J. Farrell, C. A. Bisogni, and C. M. Devine. 2011. Behavioral contexts, food-choice coping strategies, and dietary quality of a multiethnic sample of employed parents. *Journal of the American Dietetic Association* 111(3):401–407.

Bowen, D. J., H. Henr y, E. Burrows, G. Anderson, and M. H. Henderson. 1993. Inf luences of eating patterns on change to a low-fat diet. *Journal of the American Dietetic Association* 93:1309–1311.

Buchanan, D. R. 2000. *Anethic for health promotion: Rethinking the sources of human well-being*. New York: Oxford University Press.

Cohen, M. 1991. A comprehensive approach to effective staff development: Essential components. Presented at Education Development Center, meeting for Comprehensive School Health Education Training Centers. Cambridge, MA.

Contento, I., G. I. Balch, Y. L. Bronner, L. A. Lytle, S. K. Maloney, C. M. Olson, and S. S. Swadener. 1995. The effectiveness of nutrition education and implications for nutrition education policy, programs, and research: A review of research. *Journal of Nutrition Education* 27(6): 277–422.

Contento, I. R., P. A. Koch, H. Lee, and A. Calabrese-Barton. 2010. Adolescents demonstrate improvement in obesity risk behaviors following completion of Choice, Control & Change, a curriculum addressing personal agency and autonomous motivation. *Journal of the American Dietetic Association* 110:1830–1839.

Cox, D. N., A. S. Anderson, J. Reynolds, S. McKellar, M. E. J. Lean, and D. J. Mela. 1998. Take Five, a nutrition education intervention to increase fruit and vegetable intakes: Impact on consumer choice and nutrient intakes. *British Journal of Nutrition* 80(2):123–131.

Cullen, K. W., T. Baranowski, and S. P. Smith. 2001. Using goal setting as a strategy for dietary behavior change. *Journal of the American Dietetic Association* 101:562–566.

Dewey, J. 1929. *The sources of a science of education*. New York: Liveright.

Diep, C. S., T. A. Chen, V. F. Davies, J. C. Baranowski, and T. Baranowski. 2014. Influence of behavioral theory on fruit and vegetable intervention effectiveness among children: A meta-analysis. *Journal of Nutrition Education and Behavior* 46(6):506–546.

Freiere, P. 1970. *Pedagogy of the oppressed*. New York: Continuum.

———. 1973. *Education for critical consciousness*. New York: Continuum.

Gagne, R., W. W. Wager, J. M. Keller, and K. Golas. 2004. *Principles of instructional design*. Boston: Cengage.

Gagne, R. 1965. *The conditions of learning*. New York: Holt, Rinehart & Winston.

———. 1985. *The conditions of learning and theory of instruction*. 4th ed. New York: Holt, Rinehart & Winston.

Gollwitzer, P. M. 1999. Implementation intentions: Strong effects of simple plans. *American Psychologist* 54:493–503.

Grieve, F. G., and M. W. Vander Weg. 2003. Desire to eat high- and low-fat foods following a low-fat dietary intervention. *Journal of Nutrition Education and Behavior* 35:93–99.

Haidt, J. 2006. *The happiness hypothesis: Finding modern truth in ancient wisdom*. New York: Basic Books.

Heath, C., and D. Heath. 2010. *Switch: How to change when change is hard*. New York: Random House.

Iowa Department of Public Health. 2014. Pick a better snack. http://www.idph.state.ia.us/inn/PickABetterSnack.aspx?pg=Educators Accessed 7/1/15.

Johnson, D. W., and R. T. Johnson. 1987. Using cooperative learning strategies to teach nutrition. *Journal of the American Dietetic Association* 87(9 Suppl.):S55–S61.

Katz, D. L ., M. O'Connel l, V. Y. Nji ke, M. C. Yeh, and H. Nawaz. 2008. Strategies for the prevention and control of obesity in the school setting: Systematic review and meta-analysis. *International Journal of Obesity (London)* 32(12):1780–1789.

Kinzie, M. B. 2005. Instructional design strategies for health behavior change. *Patient Education and Counseling* 56:3–15.

Koch, P. A. 2013. The 4Es. Personal communication.

Levy, J., and G. Auld. 2004. Cooking classes outperform cooking demonstrations for college sophomores. *Journal of Nutrition Education and Behavior* 36:197–203.

Lewin, K. 1943. Forces behind food habits and methods of change. In *The problem of changing food habits*. Bulletin of the National Research Council. Washington, DC: National Research Council and National Academy of Sciences.

Liquori, T., P. D. Koch, I. R. Contento, and J. Castle. 1998. The Cookshop Program: Outcome evaluation of a nutrition education program linking lunchroom food experiences with classroom cooking experiences. *Journal of Nutrition Education* 30(5):302.

Locke, E. A., and G. P. Latham. 1990. *A theory of goal setting and performance*. Upper Saddle River, NJ: Prentice Hall.

Manoff, R. K. 1985. *Social marketing: New imperatives for public health*. New York: Praeger.

Mattes, R. D. 1993. Fat preference and adherence to a reduced fat diet. *American Journal of Clinical Nutrition* 57: 373-377.

Merrill, M. D. 2009. First principles of instruction. In *Instructional-design theories and models. Volume III. Building a common knowledge base*. C. M. Reigeluth and A. A. Carr-Chellman, editors. New York: Routledge.

Michie, S., M. Richardson, M. Johnston, C. Abraham, J. Francis, W. Hardeman, et al. 2013. The Behavior Change Technique taxonomy (v1) of 93 hierarchically clustered techniques: Building an international consensus for the reporting of behavior change techniques. *Annals of Behavioral Medicine* 46(1):81-95.

Michie, S., S. Ashford, F. F. Sniehotta, S. U. Dombrowski, A. Bishop, and D. P. French. 2011. A refined taxonomy of behavior change techniques to help people change their physical activity and healthy eating behaviors: The CALO-RE taxonomy. *Physiology and Health* 26(11):1479-1498.

Pelican, S., F. Vanden Heede, B. Holmes, S. A. Moore, and D. Buchanan. 2005. The power of others to shape our identity: Body image, physical abilities, and body weight. *Family and Consumer Sciences Research Journal* 34:57-80.

Petty, R. E., and J. T. Cacioppo. 1986. *Communication and persuasion: Central and peripheral routes to attitude change*. New York: Springer-Verlag.

Petty, R. E., J. Barden, and S. C. Wheeler. 2009. The elaboration likelihood model of persuasion: Developing health promotions for sustained behavioral change. In *Emerging theories in health promotion practice and research*, R. J. DiClemente, R. A. Crosby & M. C. Kegler, editors (2nd ed., pp. 185-214), San Francisco: Jossey-Bass.

Radke, M., and E. Caso. 1948. Lecture and discussion-decision as methods of inf luencing food habits. *Journal of the American Dietetic Association* 24:23-41.

Reicks, M., A. C. Trof holz, J. S. Stang, and M. N. Laska. 2014. Impact of cooking and home preparation interventions among adults: Outcomes and implications for future programs. *Journal of Nutrition Education and Behavior* 46:259-276.

Reigeluth, C. M., and A. A. Carr-Chellman. 2009. Understanding instructional-design theory. In *Instructional-design theories and models. Volume III. Building a common knowledge base*, C. M. Reigeluth and A. A. Carr-Chellman, editors. New York: Routledge.

Rokeach, M. 1973. *The nature of human values*. New York: Free Press.

Rollnick, S., W. R. Miller, and C. C. Butler. 2008. *Motivational interviewing in health care: Helping patients change behavior*. New York: Guilford Press.

Schwarzer, R., and B. Renner. 2000. Social cognitive predictors of health behavior: Action self-efficacy and coping self-efficacy. *Health Psychology* 19:487-495.

Shilts, M. K., M. Horowitz, and M. Townsend. 2004. An innovative approach to goal setting for adolescents: Guided goal setting. *Journal of Nutrition Education and Behavior* 36:155-156.

———. 2009. Guided goal setting: Effectiveness in a dietary and physical activity intervention with low-income adolescents. *International Journal of Adolescent Medicine and Health* 21(1):111-122.

Sobal, J., and C. A. Bisogni. 2009. Constructing food choice decisions. *Annals of Behavioral Medicine* 38(Suppl 1):LS37-46.

Sobal, J., C. Blake, M. Jastran, A. Lynch, C. A. Bisogni, and C. M. Devine. 2012. Eating maps: places, times, and people in eating episodes. *Ecology of Food and Nutrition* 51(3):247-264.

Thompson, C. A., and J. Ravia. 2011. A systematic review of behavioral interventions to promote intake of fruit and vegetables. *Journal of the American Dietetic Association* 111(10):1523-1535.

Tyler, R. W. 1949. *Basic principles of curriculum and instruction*. Chicago: University of Chicago Press.

Urban, N., E. White, G. Anderson, S. Curry, and A. Kristal. 1992. Correlates of maintenance of a low fat diet in the Women's Health Trial. *Preventive Medicine* 21:279-291.

Verplanken, B., and S. Faes. 1999. Good intentions, bad habits, and effects of forming implementation intentions on healthy eating. *European Journal of Social Psychology* 29:591-604.

Wansink, B. 2006. *Mindless eating: Why we eat more than we think*. New York: Bantam Dell.

Waters, E., A. de Silva-Sanigorski, B. J. Hall, T. Brown, K. J. Campbell, Y. Gao, et al. 2011. Interventions for preventing obesity in children. *Cochrane Database of Systematic Reviews* 7(12):CD001871.

Wiman, R. V., and W. C. Mierhenry. 1969. *Editors, educational media: Theory into practicea*. Columbus, OH: Charles Merrill.

Wong, D., and D. Stewart. 2013. The implementation and effectiveness of school-based nutrition promotion programmes using a health-promoting schools approach: A systematic review. *Public Health Nutrition* 16(6):1082-1100.

영양교육 설계과정

행동변화 목적 설정	행동변화 결정요인 탐색	이론 선정 및 교육철학 명료화	교육목표 진술	교육계획 수립	평가계획 수립
1단계	2단계	3단계	4단계	5단계	6단계

활동 10-1

5단계: 교육계획 작성

1단계에서 설정한 이 수업의 행동변화목적은 무엇인가?

학생들은 채소와 과일의 섭취를 늘린다.

이 수업에서 역점을 두는 일반적 교육목표는 무엇인가?

- 다양한 채소와 과일 섭취의 중요성을 설명할 수 있다.
- 채소와 과일 섭취에 따른 인지된 장애를 극복할 전략을 찾아낼 수 있다.
- 채소와 과일을 다양하게 많이 섭취하는 방법을 서술할 수 있다.
- 나의 간식 선택에 친구들이 미치는 영향을 인식할 수 있다.
- 채소와 과일을 이용한 간식을 만들 수 있다.
- 채소와 과일을 더 많이, 그리고 더 다양하게 먹겠다는 목적을 설정하고 모니터링할 수 있다.
- 채소와 과일을 더 많이, 더 다양하게 먹을 수 있다는 자신감을 높일 수 있다.

영양교육 설계과정

행동변화 목적 설정	행동변화 결정요인 탐색	이론 선정 및 교육철학 명료화	교육목표 진술	교육계획 수립	평가계획 수립
1단계	2단계	3단계	4단계	5단계	6단계

수업 개요 설계: 교육목표에 따라 대상자들을 어떤 활동으로 지도할 것인가?

이 수업의 행동변화목적을 달성하기 위해 선택한 결정요인과 일반적 교육목표를 사용하여 구체적 교육목표를 설정한다. 구체적 교육목표를 고려하여 교육활동을 계획하고, 4Es(흥미 유발, 설명하기, 발전시키기, 정리하기)에 따라 교육활동을 배열한다.

배열: 4Es	결정요인	행동변화전략	구체적 교육목표	실천적 교육활동, 학습 경험, 내용
흥미 유발	인지된 이익, 긍정적 결과기대	긍정적 결과에 대한 정보 제공	다양한 색깔의 채소와 과일 섭취의 장점을 말할 수 있다.	채소와 과일에 대한 장점 재검토하기
흥미 유발	인지된 장애 (자아효능감)	장애에 대한 인식 재구성	다양한 색깔의 채소와 과일 섭취에 따른 장애를 말할 수 있다.	마지막 수업 후 더 다양한 채소와 과일을 먹었을 때의 경험에 대해 토의하기
설명하기	행동수행력/능력: 인지적 기술	사실적 지식 제공	즐겁게 먹을 수 있는 채소와 과일 간식을 찾을 수 있다.	먹을 수 있는 채소와 과일 간식과 채소와 과일 간식을 보다 쉽게 먹을 수 있게 하는 조언에 대해 토의하기
설명하기	인지된 사회적 규범	인지된 규범 재구성	채소와 과일 간식 먹기에 대한 긍정적인 사회적 규범을 인식할 수 있다.	• 간식 선택에 친구들이 미치는 영향에 대해 토의하기 • 긍정적인 채소와 과일 역할모델 찾기
발전시키기	행동수행력/능력: 행동적 기술	안내된 연습 기회 제공	맛있는 채소와 과일 간식을 만들 수 있다.	간식 만들기와 맛보기
발전시키기	목적 설정	실행목적 설정	더 다양한 채소와 과일을 섭취하겠다는 목적과 실행계획을 수립할 있다.	SMART 목적 훈련, 모델링, 안내된 연습
정리하기	사회적 지지	사회적 지지	다른 중요한 사람과 목적을 공유할 수 있다.	목적 공유나 공유 계획 세우기

대상자에게 전달하기 위한 대화체 지도 형식의 교육계획, 구체적인 수업 전달 과정은 무엇인가?

수업시간에 진행될 교육활동의 절차를 상세하게 기술한다. 수업의 '흥미 유발'과 '정리하기' 단계는 동기유발적 결정요인이 해당되며, 설명하기와 발전하기 단계는 촉진적 결정요인에 해당된다. 그러나 이는 대상자와 수업에 따라 달라질 수 있다. 수업을 시작할 때는 전체 수업에 대한 개요와 필요한 교육매체를 제시해야 한다.

영양교육 설계과정

행동변화 목적 설정	행동변화 결정요인 탐색	이론 선정 및 교육철학 명료화	교육목표 진술	교육계획 수립	평가계획 수립
1단계	2단계	3단계	4단계	5단계	6단계

활동 10-2

수업지도안 작성

수업 제목

똑똑한 간식을 위한 똑똑한 목적

행동변화목적

학생들은 채소와 과일의 섭취를 늘린다.

개관(지도 포인트)

건강한 생활양식을 적용하는 데는 장애가 많다. 이 장애를 극복하기 위한 방법 중 하나는 스스로 스마트한 목적을 설정하는 것이다.

일반적 교육목표

- 다양한 채소와 과일 섭취의 중요성을 설명할 수 있다.
- 채소와 과일 섭취에 따른 인지된 장애를 극복할 전략을 찾아낼 수 있다.
- 채소와 과일을 다양하게 많이 섭취하는 방법을 서술할 수 있다.
- 나의 간식 선택에 친구들이 미치는 영향을 인식할 수 있다.
- 채소와 과일을 이용한 간식을 만들 수 있다.
- 채소와 과일을 더 많이, 더 다양하게 먹겠다는 목적을 설정할 수 있다.
- 채소와 과일을 더 많이, 더 다양하게 먹을 수 있다는 자신감을 높일 수 있다.

교수매체

게시자료, 채소와 과일 관련 만화, 다양한 색깔의 채소와 과일 간식, 접시, 냅킨, 가정통신문, SMART 목적 설정 활동지

수업 과정

① 도입(흥미 유발)

긍정적 결과에 대한 정보 제공하기: 다양한 채소와 과일을 먹어야 하는 이유 검토하기(인지적 이익)

다양한 채소와 과일을 먹어야 하는 이유 검토를 시작으로 다음 내용 확인하기: 필수 비타민, 무기질, 식이섬유, 그 외 영양소들을 제공함, 머리카락과 피부를 건강하게 함, 신체활동을 위한 골격과 근육을 튼튼하게 함, 일부 질병 유병률 감소, 채소와 과일은 건강한 간식이라는 사실(5분)

(계속)

인식 재구성: 다양한 채소와 과일 섭취에 따른 장애에 대해 브레인스토밍(인지적 장애)

지난 수업 참여자를 초대하여 수업 후 채소와 과일을 섭취하면서 느낀 어려움에 대해 질문하기, 모든 질문에 답한 후 그 대답을 차트에 기록하기, 다음 주제 확인하기(시간 부족, 구하기 어려움, 부모가 채소와 과일을 사지 않거나 조리하지 않음, 친구들이 채소와 과일을 근사하다고 생각하지 않고 그 맛을 싫어함). 언급된 장애들을 극복할 수 있는 전략을 간략히 토의(5분)

② 설명하기

사실적 지식 제공: 간식으로 채소와 과일을 먹는 방법 설명하기(인지적 기술)

대상자에게 좋아하는 채소와 과일 간식이 무엇인지 질문하기, 식탁에 채소와 과일 두기나 채소를 간식으로 바로 먹을 수 있게 잘라두면 좋다는 등의 조언해주기(5분)

인지된 규범 재구성: 동료의 영향에 대해 토의하고, 역할모델 제공하기(인지된 사회적 규범)

채소와 과일을 먹거나 그것을 간식으로 가져오면 친구들이 어떻게 말하는지 질문하기, 이와 관련하여 토의하기, 만약 대상자들이 그것을 별로 좋지 않다고 생각한다면 채소와 과일 섭취가 근사한 것(좋은 것)으로 보일 수 있는 대안적 사례나 대중모델 제공하기, 가능하다면 채소와 과일을 먹고 있는 같은 학교 친구나 선생님의 사진 보여주기(5분)

③ 발전시키기

안내된 실습 제공하기: 쉽고 빠르게 채소와 과일 간식 만들고 맛보기(행동적 기술)

레몬 요구르트, 과일 샐러드 등 채소와 과일 간식 종류 알려주기, 모든 학생이 참여하여 조리하기: 먼저 시연하고, 기술을 습득하게 돕고, 음식을 만든 후 맛보게 하기, '토하지 않기' 등의 규칙 정하기, 이전 수업에서 배운 정교한 식품 어휘를 활용하도록 장려하기, 뒷정리 등 식품 안전 실천하기(15분)

실행 목적 설정하기: SMART 목적(목적 설정)

적절한 개인 일화를 이용하여 행동변화를 시도할 때의 목적 설정 가치에 대해 토의하기, 간식으로 여러 색깔의 채소와 과일을 선택하기 위한 SMART한 목적(S: 특정한, M: 측정 가능한, A: 도달 가능한, R: 실제적인, T: 시간 내 할 수 있는) 설정 예시 보여주기(예: 다음 주에는 학교에서 배운 간식 중 하나를 만들어 7일 중 4일은 평소 먹던 간식 대신 이것을 먹는다), 목적 설정 활동지를 이용하여 목적 설정하기, 교실을 돌아보며 학생들이 독립적으로 목적을 설정하도록 도와주기(10분)

④ 정리하기

사회적 지지 제공: 친구들과 목적 공유하기

지원자가 자신의 SMART한 목적을 학급 전체와 공유하기, 다른 학생들은 소집단 내에서 목적 공유하기, 만약 목적 공유를 불편해하는 학생이 있다면 수업 후 자신이 목적을 공유하고 싶은 친구 이름을 적게 하기, 가정에서 활용할 수 있는 채소와 과일 관련 팁 주기(5분)

CHAPTER 11

© Africa Studio/Shutterstock

6단계: 평가계획

개 요

강의나 중재의 효과를 평가하는 것은 영양교육자와 대상자 모두에게 유용하다. 따라서 영양교육이나 프로그램의 개발과 동시에 평가에 대해서도 같이 고려해야 한다. 평가계획을 수립하는 것은 영양교육 설계과정에 포함되며, 중재와 평가 결과에 긍정적인 영향을 미친다. 이 장에서는 수업이나 중재가 행동변화목적에 맞게 계획되었는지 평가하기 위한 과정을 안내한다.

목 표

1. 영양교육 중재를 평가해야 하는 이유를 설명할 수 있다.
2. 주요 평가 유형을 형성평가, 결과평가, 과정평가로 구분할 수 있다.
3. 교육목표, 결정요인, 결과 측정 간의 관계를 설명할 수 있다.
4. 결정요인과 행동을 평가할 측정 유형을 설명할 수 있다.
5. 평가방법을 계획할 때 고려해야 할 주요 특성을 설명할 수 있다.
6. 중재와 대상자에 따른 다양한 평가설계가 적합한지를 판단할 수 있다.
7. 영양교육중재를 위해 평가를 설계할 수 있다.

1 평가의 필요성

이론과 근거에 기반하여 신중하게 설계된 중재활동을 왜 평가해야 하는가? 그것은 설계된 수업이나 중재가 효과가 있는지를 알고 싶기 때문이다. 따라서 수업과 활동을 설계하는 것과 동시에 평가에 대해서도 계획을 세우는 것이 중요하다. 그림 11-1에서 볼 수 있듯이 평가는 영양교육계획의 필수 요소이다. 프로그램을 평가하면 다음과 같은 사실을 알 수 있다.

- 중재가 의도했던 건강성과Intended health outcomes, 목표행동변화Targeted behavior changes 및 행동결정요인Determinants of behaviors에 영향을 미쳤는지 여부
- 정보나 내용이 대상자에게 적합했는지 여부
- 교육활동(형식, 기간 및 빈도 등)이 대상자에게 적절했으며, 행동변화목적 및 교육목표를 달성하는 데 기여했는지 여부
- 중재나 수업이 계획대로 진행되었는지, 그렇지 않다면 그 이유는?
- 중재를 통해 지원기관의 목표나 사회의 더 큰 목표를 달성했는지 여부(예: 만성질환 감소, 저소득 가정을 위한 건강식 또는 보다 지속가능한 식량 시스템 등)

이러한 정보를 통해 영양교육 프로그램을 개선하고, 프로그램의 전반적인 가치를 판단할 수 있다.

평가는 정치사회적 기능을 수행할 수도 있다. 예를 들어, 평가를 통해 프로그램이나 중재가 대중에게 얼마나 효과가 있었는지 공개하고 공공 또는 민간 부문의 기금이 얼마나 가치 있게 사용되었는지 보여줌으로써 영양교육을 홍보할 수 있다. 여러 미디어에 발표된 평가보고서는 영양교육을 수행하는 기관의 가시성을 높이거나 영양교육 분야의 입법 조치에 정치적 영향력을 발휘할 수도 있다.

마지막으로, 평가는 심리적 기능을 제공할 수 있다. 수업이나 기타 교육활동이 효과적이라는 것을 알게 되면 영양교육 중재에 참여한 사람들과 영양교육자들에게 동기를 유발할 수

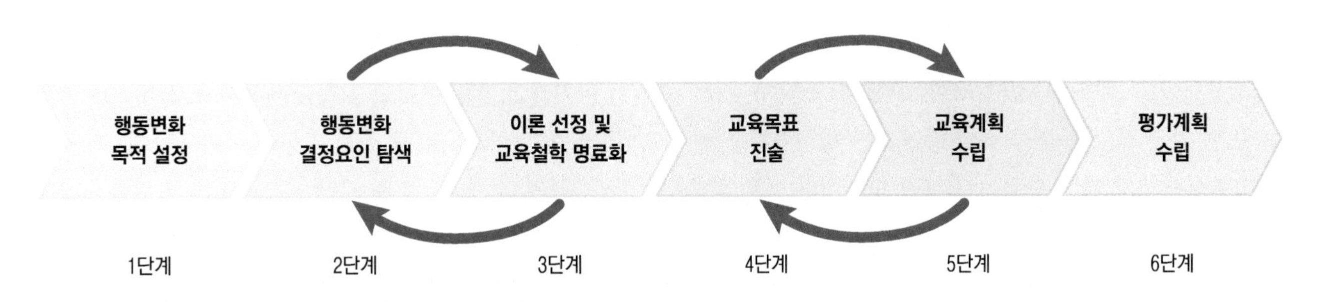

투입: 판정 자료 수집		산출: 이론 기반 중재설계			결과: 평가계획
과제 • 대상자의 건강 및 영양문제에 기반한 영양중재의 행동목적 설정	과제 • 자료에 근거한 결정요인 탐색	과제 • 영양중재에 적용할 이론 선정 • 교육철학 명료화 • 교육내용에 대한 관점을 명시	과제 • 영양중재 이론에 따른 결정요인별 교육목표 진술	과제 • 교육계획 수립 • 결정요인별 교육활동 계획 • 4Es를 적용한 교육내용 및 활동 조직	과제 • 평가계획 수립 • 결과평가를 위한 평가 방법 및 평가 문항 • 설계과정평가 • 영양중재 수행과정을 측정할 수 있는 문항 개발
결과물 • 영양중재의 행동목적 진술	결과물 • 영양중재에서 다루게 될 결정요인(들)의 목록	결과물 • 영양중재 적용이론 • 교육철학 진술 및 교육내용 관점 명시	결과물 • 이론에 따른 결정요인별 교육목표	결과물 • 행동목적 달성을 위한 교육활동계획	결과물 • 평가방법 및 평가문항 목록 • 과정평가를 위한 절차 및 평가방법

그림 11-1 영양교육 설계과정: 평가계획 6단계

있다. 행동변화 또는 평가의 목표가 충분히 달성되지 않은 경우라도 평가를 통해 프로그램을 개선하기 위한 지침을 제공할 수 있다.

2 무엇을 평가해야 하는가: 평가 유형

중재평가는 수업이나 관련 활동의 필요성, 기간, 강도에 따라 세 가지 유형으로 나누어진다. 형성평가Formative evaluation는 프로그램을 시작할 때 이루어지는 예비조사이다. 결과평가Outcome evaluations는 프로그램 또는 중재의 전반적인 효과를 평가하기 위해 프로그램을 마친 후 이루어지며, 영향평가Effect evaluation라고도 한다. 과정평가Process evaluation에서는 프로그램에 참여한 인원수 및 수업이나 프로그램의 가치를 평가하여 중재가 잘되었는지 또는 잘못되었는지를 파악하도록 돕고, 프로그램이 설계된 대로 구현되었는지 여부를 평가한다.

1) 형성평가

이전에 수행되었던 수업이나 간접적인 자료(예: 소식지, 소셜미디어 또는 기타 경로)들을 계속 활용하려면 형성평가를 해야 한다. 형성평가에 의해 수집된 정보는 수업이나 프로그램을 만드는 데 도움이 된다.

대상자에 대한 사전 분석은 교육목표의 적절성, 대상자의 수준에 적합한 활동 및 시간 내 수행 여부 등을 파악하는 데 도움이 될 수 있다. 이런 정보를 사용하여 프로그램의 목표 및 교육활동을 수정할 수 있다. 또 계획한 식품 관련 활동과 조리법을 시험해볼 수 있다. 개발한 평가도구가 대상자에게 적합하고 타당하고 신뢰할 수 있는지 확인하는 것은 매우 중요하다. 대규모 교육을 계획한 경우, 보다 체계적인 평가를 위해 교육이나 프로그램이 적용될 현장에서 형성평가를 실시하는 것이 더 바람직하다. 예를 들어, 현장에서 활동하는 영양사나 교사에게 수업계획이나 활동 지침에 따라 유사한 집단에게 수행해보도록 하여 ① 목표가 명확한지 ② 다루는 주제가 대상자들과 관련되는지 ③ 교육활동이 적절하고 흥미로우며 실행가능한지 ④ 평가절차가 유용한지를 검토하도록 요청하는 것이다.

영양교육자가 프로그램을 설계할 때 고려해야 할 사항으로는 행동변화목적, 교육목표 및 적절한 활동이 있다.

© Jones & Bartlett Learning, Photographed by Christine Myaskovsky.

2) 결과평가: 단기, 중기 및 장기결과

결과평가는 영양교육 등 중재의 교육목표 및 행동변화목적에 근거하며 단기, 중기 또는 장기간에 달성가능한 결과로 나타낼 수 있다. 자세한 내용은 **그림 11-2**를 참조한다.

(1) 단기결과: 행동변화의 결정요인Determinants of Behavior Change

대부분의 영양교육에서 실제 행동이 변화되는지 확인하고 싶지만, 단기 중재 시 짧은 기간, 강도 또는 범위를 고려할 때 평가할 수 있는 결과로는 참여율, 문제 및 행동의 위험에 대한 인식, 행동수행으로 얻어지는 이점에 대한 인식, 건강에 좋은 음식에 대한 선호, 자아효능감 및 의향 등과 같은 목표행동변화의 결정요인들이 해당된다. 때로는 식품영양 관련 지식과 기술, 목표 설정 및 자기주도기술Self-directed skills을 측정할 수도 있다. 이런 요인들은 단기간에 변화를 관찰할 수 있기 때문에 단기결과라 한다. 어떤 경우에는 행동 단계의 변화가 평가될 수도 있다.

결정요인의 변화에 대한 평가를 식행동변화의 결과로 평가할 수 있다는 것이 결정요인과 행동 간에 강한 상관관계를 보이는 연구 결과들에서 입증되었다. 예를 들어, 프로그램 대상자의 자아효능감 증가와 행동변화의 관련성은 유의적으로 높게 나타나는데, 자아효능감의 변화는 중재나 교육활동이 어떻게 그리고 왜 효과가 있는지 설명하는 데 도움이 될 수 있다.

(2) 중기결과: 행동변화

행동중심이론에 근거한 영양교육에서 주요 평가 결과는 일반적으로 프로그램의 목표인 건강 및 식품 관련 문제해결에 도움이 되는 행동을 하는가이다(예: 채소와 과일의 소비 증가, 모유수유, 농민시장에서 이용할 수 있는 전자카드 사용 등). 이러한 행동 결과는 **그림 11-2**(Chipman 2014)의 지역사회 영양교육 논리모델에서 중기에 달성가능한 것으로 간주된다.

(3) 장기결과: 생리학적 결과 또는 건강 결과

일부 중재에서는 혈청 콜레스테롤 수치나 체중 변화, 영양실조, 비타민 결핍 등의 생리학적 변수의 변화가 주요 평가기준이 된다. 이는 상당한 강도와 기간의 교육적 중재 후에 변화가 나타날 것으로 기대되기 때문에 장기결과로 간주된다.

3) 과정평가

과정평가를 통해서는 다음 사항의 해답을 얻을 수 있다. 프로그램이 의도된 대상자에게 실행되었는가? 얼마나 많은 사람이 참석했는가? 프로그램이 설계된 대로 실행되었는가? 계획된 모든 활동을 구현했는가? 어느 정도까지? 무엇이 효과가 있었고 무엇이 효과가 없었는가? 왜 효과가 없었는가? 대상자들은 중재활동을 어떻게 평가하는가?

실패한 중재에 대한 평가도 성공한 중재를 평가하는 것만큼이나 중요하다. 실패는 계획이나 프로그램의 내부 실행에 문제가 있음을 의미한다. 또한 실패는 프로그램에서 달성할 수 없는 한계를 이해하는 데 도움이 된다.

4) 중재설계와 평가계획 연계

교육 중재를 계획할 때는 평가절차도 같이 설계하도록 한다. 중재 실행 전후에는 실시할 평가에 필요한 정보를 계획하고 적절한 측정도구를 설계할 수 있다.

3 결과평가계획

그림 11-2는 결과평가를 설계하기 위한 틀을 제공한다. 달성결과는 단기, 중기 및 장기에 걸쳐 측정할 수 있다. 결과평가

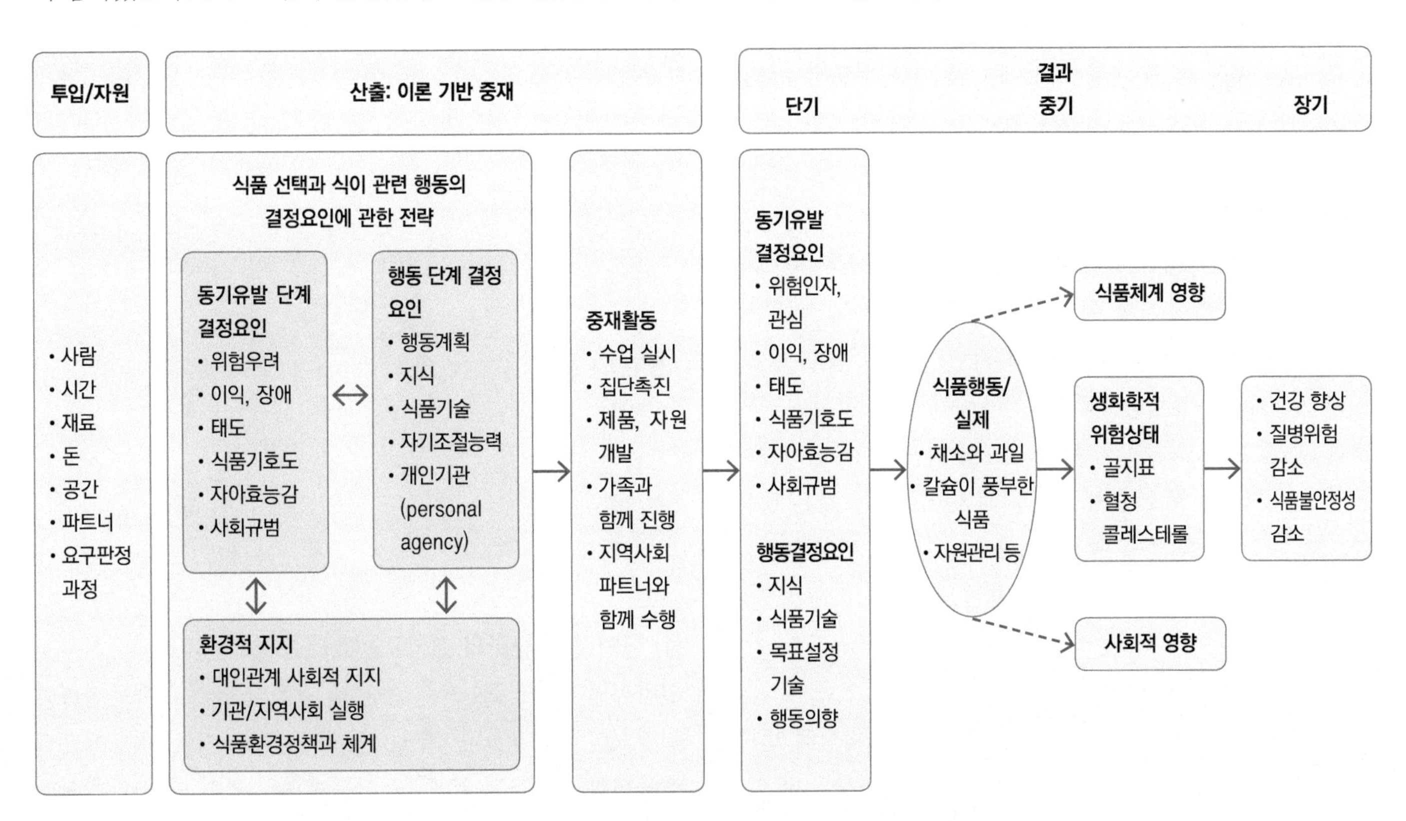

그림 11-2 논리모델을 이용한 이론 기반 영양교육 평가설계

계획은 다음과 같이 진행한다.

1) 평가지표 정하기

결과평가는 중재의 교육목표 및 행동변화목적을 기반으로 한다. 실제로 교육목표를 기술하는 방식으로 평가 결과를 설명할 수 있다. 예를 들어, 행동변화목적이 "청소년의 채소와 과일 섭취를 늘리는 것"이라면 평가할 결과는 "청소년의 채소와 과일 섭취를 늘릴 것이다"가 된다. 또는 교육목표가 "대상자들이 더 많은 채소와 과일을 먹을 수 있다는 자신감의 향상"이라면, 사후 평가에서 자아효능감을 정확히 측정해야 한다. 따라서 목표가 신중히 작성되었다면 평가계획에서는 이러한 결과를 측정하는 데 사용할 실제 방법이나 도구를 정한다.

(1) 행동변화의 결정요인

한두 회 정도의 수업을 진행한다면, 단기간에 달성가능한 행동의지, 동기유발과 관련 지식과 기술 등 행동변화의 결정요인의 개선 정도를 평가할 수 있고 이것이 실질적인 교육목표가 된다. 따라서 바람직한 방향으로 결정요인이나 행동의지가 변화되기에 충분한지, 행동변화단계의 고려 단계에서 개선되기에 충분한지, 중재에 따라 개인 또는 기관에서 능력강화를 증명하는 것이 중요한 결과가 될 수도 있다.

(2) 행동변화 및 실행

행동변화는 행동 중심 영양교육의 주요 관심사이다. 따라서 중재로 인한 행동이 무엇을 의미하는지 명확히 해야 한다. 예를 들어, 실제 행동변화(예: 채소와 과일 섭취량 증가) 및 의도된 대상자의 목표행동(예: 농민시장에서 구매) 달성을 결과효과Outcome effectiveness의 기준Criterion으로 할 것인가, 단기간의 중재라면 새로운 채소를 제공했을 때 먹어보려는 작은 행동변화도 적절한가를 물을 수 있다. 때로는 기존의 건강한 행동을 유지하는 것이 적절한 목표행동일 수도 있다.

(3) 생리학적 결과 및 건강 결과

목표행동에 참여함으로써 나타나게 될 체중, 생화학적 변수 및 위험인자의 변화로 중재활동의 효과를 평가할 수 있다.

(4) 대상자의 선택

대상자들은 어떻게 변할 것인지, 또는 변화할지 말지 여부를 선택하게 되는데, 이 경우 프로그램의 효과를 평가하기 위해 어떤 기준을 사용할 것인지 정해야 한다.

2) 자료 수집방법 및 도구 선정

어떤 결과를 평가할지 명확해졌다면 다음 단계는 결과 자료를 수집하는 방법과 사용할 측정도구를 정하는 것이 된다. 측정도구Measures는 결과 자료 수집에 사용되는 특정 도구이다. 집단지도 및 관련 영양교육활동의 경우, 일반적으로 펜과 종이, 인터뷰, 온라인 또는 기타 매체에서 설문 도구를 이용하여 질문한다.

결과평가를 위해서는 다음과 같은 표를 이용하여 결정요인, 행동변화, 건강 결과의 세 범주에서 가능한 방법 및 도구/질문을 결정한다. 이후로는 ① 단기결과: 행동변화목적의 결정요인, ② 중기결과: 행동변화목적, ③ 장기결과: 생리학적 매개변수, 각각에 대한 자료 수집방법과 평가도구를 제시하였다.

결과	자료 수집방법	결과평가 도구/질문
(일반교육목표에 의해 다루어진) 결정요인에 대한 결과 채소와 과일을 다양하게 먹는 것이 중요하다는 인식의 증가	설문조사	다양한 채소와 과일을 먹는 것이 얼마나 중요합니까? (전혀 중요하지 않다, 약간 중요하다, 중요하다, 매우 중요하다)
행동변화 결과 가당음료 섭취 감소	식품 섭취빈도법	어제 탄산음료, 가당 아이스티, 과일음료 등의 가당음료를 얼마나 마셨습니까? (________개)
건강 결과 혈청 콜레스테롤 수준 향상	혈액검사	손끝 채혈 또는 혈액 채취 및 실험실에서 혈청 콜레스테롤 수준 분석

(1) 단기결과: 변화의 결정요인에 대한 효과평가

일반적인 교육목표, 전략 선택 및 활동의 근거로 행동변화의 결정요인을 이용한다. 결정요인은 단기결과의 근거가 되므로 행동변화목적, 교육목표 및 활동계획을 세울 때 평가계획도 같이 설계한다.

표 11-1 행동변화의 가능한 정신사회적 결정요인의 영향 평가: 예시

결정요인에 대한 결과	방법	도구/질문
결과기대/ 인지된 이익	설문조사	다양한 채소와 과일을 먹는 것이 얼마나 중요합니까? (전혀 중요하지 않다, 약간 중요하다, 중요하다, 매우 중요하다)
장애요인	활동지	어떤 팁이 당신이 채소와 과일을 더 많이 다양하게 먹을 수 있게 하는데 도움이 될 것 같습니까? (개방형 서면 응답)
기호도	집단토의	이 음식을 묘사할 수 있는 구체적이고 정교한 형용사는 무엇입니까? (개방형 서면 응답)
자아효능감	설문조사	집에서 채소요리를 할 자신이 얼마나 있습니까? (전혀 자신 없다, 약간 자신 있다, 자신 있다, 매우 자신 있다)
행동수행력	관찰	학생들이 채소와 과일 간식을 안전하게 자르고, 섞어서 제공할 수 있습니까? (체크리스트 관찰 양식)

중학생 대상 영양교육 사례는 표 11-1에 나타내었다. 자세한 결과, 방법 및 도구를 이 장의 마지막 부분에 있는 사례연구에 제시하였다.

(일반적인 교육목표로 구체화된) 결정요인을 전부 다 측정할 필요는 없다. 어떤 결정요인은 중재의 효과를 판단하는 데 다른 결정요인보다 중요할 수 있으며, 일부 결정요인은 활동을 유도하는 데는 유용할 수 있지만 평가도구로는 유용하지 않을 수도 있다. 따라서 실제로 측정할 결정요인은 3~5개 이내로 정한다.

설문조사: 설문조사 및 설문지

가장 일반적인 방법은 측정도구를 사용하여 질문하는 것이지만, 결정요인에 대한 결과는 다양한 방법으로 측정할 수 있다. 결정요인은 일련의 질문에 대한 대상자 응답을 통해 얻을 수 있다. 조사할 때는 대부분의 결정요인에 대해 전혀 그렇지 않다(1점), 그렇지 않다(2점), 보통이다(3점), 그렇다(4점), 매우 그렇다(5점)의 5점 척도로 응답하게 한다. 이때 다양한 형식을 사용할 수 있다.

- **설문조사 자료를 점수화하기** 행동변화의 결정요인 개선 정도를 평가하기 위해 이러한 변수의 점수 변화를 계산한다. 중재 시작과 종료 시에는 동일한 질문지로 사전평가 및 사후평가를 실시하여 얻은 점수의 평균을 구한다. 그 다음 점수가 개선되었는지 통계적으로 유의한지 분석한다. 가능하면 중재에 참여하지 않은 그룹(대조군)과 비교하여 중재의 영향인지를 확인한다.

설문지 개발

설문지는 사진이나 그림 등 시각자료를 이용하여 흥미를 유발하고 동기가 부여되도록 만든다. 그림 11-3은 5학년 학생들의 청량음료 섭취량을 조사하는 설문지이다(Contento 등 2014). 설문지는 명확한 지침을 주고 배치가 명확해야 한다. 몇 가지 식품 항목에 대해 묻는 질문에서 식품의 사진이 제시되지 않을 때는 식품의 명칭을 제시한다. 그림 11-4는 각 음료수를 보여주는 사진이 있는 설문도구로, 대상자가 질문에서 묻는 내용을 분명히 알 수 있다. 그림 11-5는 중학생을 대상으로 하여 온라인으로 작성된 유사한 도구로(Majumdar 등 2013) 사진으로 많은 예시를 보여주어 질문 문구에 예시가 필요하지 않으며 질문의 의향을 이해하는 데 혼란이 없다. 문해

아동은 재미있는 질문을 하는 설문지를 좋아한다.

자료: Courtesy of Linking Food and the Environment, Teachers College Columbia University.

날짜	학교	반	이름

나의 음료와 간식 평가

지난주에 먹고 마신 것을 생각해서 이 설문지를 작성해주시기 바랍니다. 질문은 섭취한 양과 빈도, 식품과 음료에 대한 의견에 대한 것입니다.

〈예시〉

지난주에 마셨다.	0회	1~2회	3~4회	거의 매일	매일 2회 이상
물	○	○	●	○	○

지난주에 다음 음료를 얼마나 마셨는지 각각 표시하시오.

지난주에 마셨다.	0회	1~2회	3~4회	거의 매일	매일 2회 이상
1. 과일음료 & 가당아이스티(스내플, 카프리썬, 쿨에이드, 아리조나 등)	○	○	○	○	○
2. 탄산음료(콜라, 펩시, 세븐업, 스프라이트, 루트비어 등)	○	○	○	○	○
3. 스포츠음료(게토레이, 파워에이드 등)	○	○	○	○	○
4. 향을 첨가한 물(비타민워터 등)	○	○	○	○	○
5. 에너지 음료(락스타, 레드불, 몬스터, 풀쓰로틀 등)	○	○	○	○	○
6. 우유(흰우유, 초콜릿우유, 딸기우유 포함)	○	○	○	○	○

그림 11-3 5학년 대상 식품섭취빈도조사지

자료: Food, Health & Choices, Contento IR 등. 2014.

활동지

각 항목을 보고 지난주에 마신 음료 용량에 동그라미를 하시오.

지난주에 마신 음료의 용량은 어느 정도인가?					
30. 과일음료, 가당아이스티, 탄산음료(카프리썬, 스내플, 콜라, 스프라이트 등)					
마시지 않음	235mL 미만	235mL	355mL	590mL	590mL 이상
○	○	○	○	○	○
31. 스포츠음료나 향첨가물(게토레이, 파워에이드, 비타민워터 등)					
마시지 않음	235mL 미만	235mL	355mL	590mL	590mL 이상
○	○	○	○	○	○

그림 11-4 5학년을 대상으로 음료별 다른 크기의 사진으로 섭취한 양을 물어보는 식품섭취조사도구

자료: Food, Health & Choices, Contento IR 등. 2014.

6. 과일음료나 가당 아이스티 등을 얼마나 자주 마십니까?

○ 매일 2회 이상	○ 주당 3~4회
○ 매일 1회	○ 주당 1~2회
○ 주당 5~6회	○ 마시지 않는다

그림 11-5 질문에 언급된 음료 종류의 사진을 보여주는 온라인에서 작성된 중학생 대상 식품섭취 빈도지

자료: Majumdar D 등. "Creature-101"; A Serious Game to Promote Energy Balance-Related Behaviors Among Middle School Adolescents. Games Health J. 2013 Oct;2(5):280-290.

활동지

다음의 문장을 읽고 자기에게 가장 맞는 답을 선택하시오.

칩, 사탕, 쿠키 등 포장된 간식을 많이 먹으면…	전혀 아니다	아니다	보통이다	그렇다	매우 그렇다
20. 학교생활에 도움이 된다.	○	○	○	○	○
21. 건강한 체중을 유지하는 데 도움이 된다.	○	○	○	○	○
22. 기분이 좋아진다.	○	○	○	○	○

다음의 문장을 읽고 자기가 할 수 있다고 얼마나 확신하는지 표시하시오.

나는 확신한다.	전혀 아니다	아니다	보통이다	그렇다	매우 그렇다
23. 집에서 칩, 사탕, 쿠키 등 가공 간식을 먹지 않을 수 있다.	○	○	○	○	○
24. 학교에서 점심을 먹을 때 가공 간식을 가져오지 않을 수 있다.	○	○	○	○	○
25. 친구들과 있을 때 가공 간식을 먹지 않을 수 있다.	○	○	○	○	○

다음의 문장을 읽고 자기에게 가장 맞는 답을 선택하시오

나는 믿는다.	전혀 아니다	아니다	보통이다	그렇다	매우 그렇다
26. 건강한 식생활을 위한 목표를 세울 수 있다.	○	○	○	○	○
27. 목표가 있을 때 잘 따라갈 수 있다.	○	○	○	○	○
28. 식사섭취량을 평가하는 방법을 알고 있다.	○	○	○	○	○
29. 식습관을 파악하는 방법을 알고 있다.	○	○	○	○	○

그림 11-6 5학년용 가공 간식을 덜 먹기 위한 자아효능감 및 목표설정기술 측정도구

채소와 과일 관련 문항

이 질문들은 채소와 과일에 대한 것입니다. 대답에 맞고 틀린 것은 없습니다.
각 항목을 읽고, 평소 느낀 대로 응답하시면 됩니다.

ID# ____________________ 날짜 ______ /______ /______

	그렇다	보통이다	그렇지 않다
1. 채소와 과일을 더 많이 먹으면 내 몸에 도움이 될 것이다.	○	○	○
2. 채소와 과일을 먹지 않는다면 건강에 문제가 생길 수 있다.	○	○	○

	그렇다	보통이다	그렇지 않다
3. 채소나 과일을 간식으로 먹을 수 있다.	○	○	○
4. 다음에 장 볼 때 채소를 더 많이 살 수 있다.	○	○	○
5. 다음 주에 더 많은 과일을 식사나 간식으로 먹을 계획을 세울 수 있다.	○	○	○
6. 저녁에 채소를 2회 이상 먹을 수 있다.	○	○	○
7. 다음 주에 채소를 더 많이 먹도록 식사를 계획할 수 있다.	○	○	○
8. 캐서롤과 스튜에 채소를 더 넣을 수 있다.	○	○	○

	훌륭하다	아주 좋다	좋다	좋지 않다	형편없다
9. 당신의 식사는 어떻습니까?	○	○	○	○	○

그림 11-7 채소와 과일 섭취의 정신사회적 결정요인 측정: University of California Fruit and Vegetable Inventory, 2006

자료: Townsend MS와 Kaiser L. Fruit and Vegetable Inventory. University of California, Davis. All rights reserved. From J Am Diet Assoc. 2007; 107:2120-2124.

도구 .... 유형 1

목표: 신뢰도, 타당도 및 가독성 향상

4 유형 연구, 인터뷰 30건
푸드뱅크, 헤드스타트, FSNE, UPNEP 대상자

유형 #1 글만

매일 한 종류 이상의 채소를 먹습니까?

○ 아니오 ○ 가끔 먹는다 ○ 자주 먹는다 ○ 항상 먹는다

도구 .... 유형 2

유형 #2 글 + 선 그림

매일 한 종류 이상의 채소를 먹습니까?

○ 아니오 ○ 가끔 먹는다 ○ 자주 먹는다 ○ 항상 먹는다

도구 .... 유형 3

유형 #3 글 + 흑백사진

매일 한 종류 이상의 채소를 먹습니까?

○ 아니오 ○ 가끔 먹는다 ○ 자주 먹는다 ○ 항상 먹는다

도구 .... 유형 4

유형 #4 글 + 컬러 사진

매일 한 종류 이상의 채소를 먹습니까?

○ 아니오 ○ 가끔 먹는다 ○ 자주 먹는다 ○ 항상 먹는다

그림 11-8 식행동 진단표의 개발 진행

자료: University of California Cooperative Extension; University of California, Davis. [Townsend MS 등. Improving readability of an evaluation tool for low-income clients using visual information processing theories. J Nutrition Education Behavior 2008;40:181-186.

력이 낮은 대상자에게는 시각자료를 사용하면 질문을 이해하는 데 도움이 되며 적절한 형식과 공백을 사용한다. 질문의 문해력 수준도 매우 중요하다. 이는 특히 아동 대상의 설문조사에 적용된다. 식품, 건강 및 선택 교과과정 연구에서 Food, Health & Choices curriculum study 5학년에 사용된 조사도구의 예는 **그림 11-6**에 제시했다(Contento 등 2014). 이 조사도구는 가공식품을 간식으로 먹는 것과 관련된 결정요인으로 자아효능감 및 목표설정기술에 대해 질문하는데, 질문에는 어린 대상자(10~11세)가 이해할 수 있는 어휘를 사용하였다. 대상자는 아이패드나 응답전자시스템 휴대용 장치를 통해 응답할 수 있으며, 응답 결과는 관련 컴퓨터 프로그램으로 직접 전송된다.

- 저소득층의 채소와 과일 섭취의 사회심리적 결정요인을 측정하기 위한 도구의 형식은 **그림 11-7**에 있다. 설문지 전체는 7장의 **표 7-2**에 나와 있다. 항목은 대상자가 읽기 적절한 서술식의 짧은 문장으로 구성하고, 시각자료 및 여백을 두어 쉬워 보이도록 한다. 이러한 도구는 (가장 일반적으로) 연필과 종이로 구성된 형식을 사용한다. 어리거나 글을 읽지 못하는 대상자가 있다면 소리내어 읽어준다.
- 읽기능력이 부족한 대상자를 위한 많은 조사도구가 여러 이론에 근거하여 개발되어있다(Townsend 2006; Townsend와 Kaiser 2005, 2007; Townsend 등 2003; Townsend 등 2008; Townsend 등 2012; Townsend 등 2014). 일반적인 원칙은 특히 자체 평가도구인 경우, (전

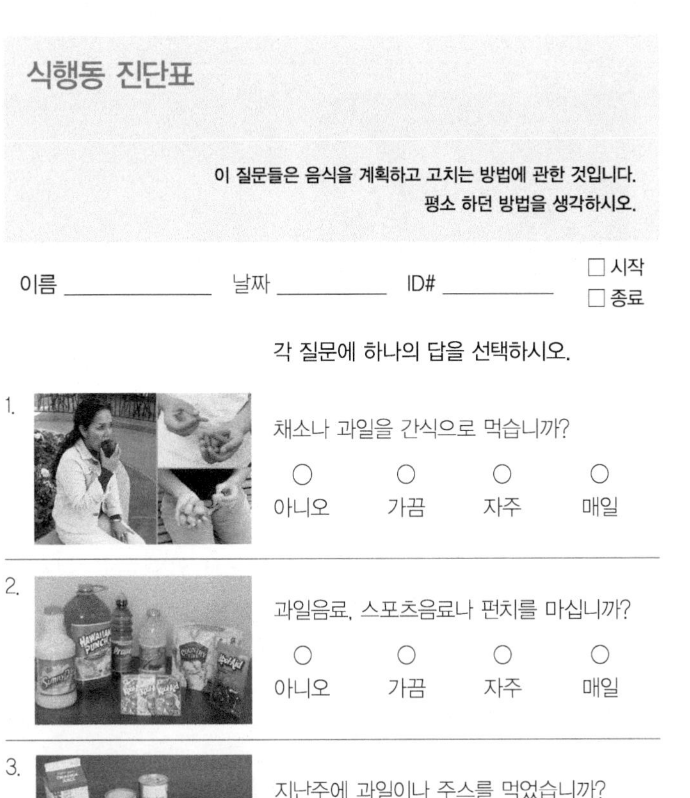

식행동 진단표

이 질문들은 음식을 계획하고 고치는 방법에 관한 것입니다.
평소 하던 방법을 생각하시오.

이름 ________ 날짜 ________ ID# ________ □ 시작 □ 종료

각 질문에 하나의 답을 선택하시오.

1. 채소나 과일을 간식으로 먹습니까?
○ 아니오 ○ 가끔 ○ 자주 ○ 매일

2. 과일음료, 스포츠음료나 펀치를 마십니까?
○ 아니오 ○ 가끔 ○ 자주 ○ 매일

3. 지난주에 과일이나 주스를 먹었습니까?
○ 예 ○ 아니오

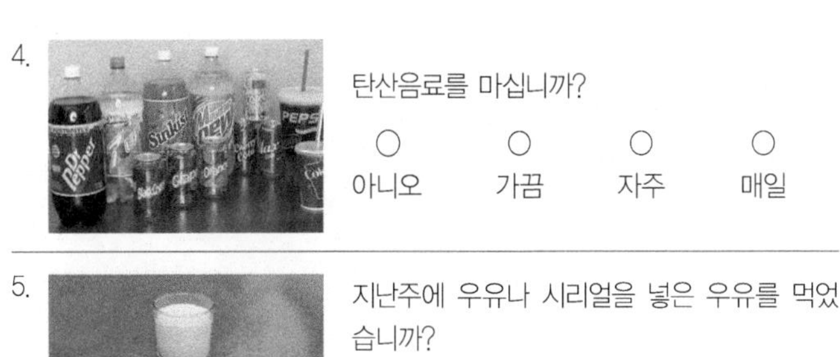

4. 탄산음료를 마십니까?
○ 아니오 ○ 가끔 ○ 자주 ○ 매일

5. 지난주에 우유나 시리얼을 넣은 우유를 먹었습니까?
○ 예 ○ 아니오

6. 과일: 매일 얼마나 먹습니까?

○ 먹지 않음 ○ ½컵 ○ 1컵 ○ 1½컵 ○ 2컵 ○ 2½컵 ○ 3컵 이상

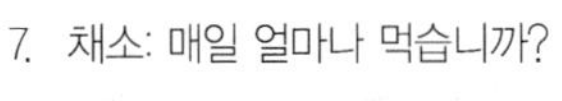

7. 채소: 매일 얼마나 먹습니까?

○ 먹지 않음 ○ ½컵 ○ 1컵 ○ 1½컵 ○ 2컵 ○ 2½컵 ○ 3컵 이상

그림 11-9 캘리포니아대학교의 식행동 진단표

자료: Townsend MS 등. 2003. Selecting items for a food behavior checklist for a limited-resources audience. Journal of Nutrition Education and Behavior 35:69-82. University of California Cooperative Extensionl University of California, Davis. http://townsendlab.ucdavis.edu. Reprinted with permission.

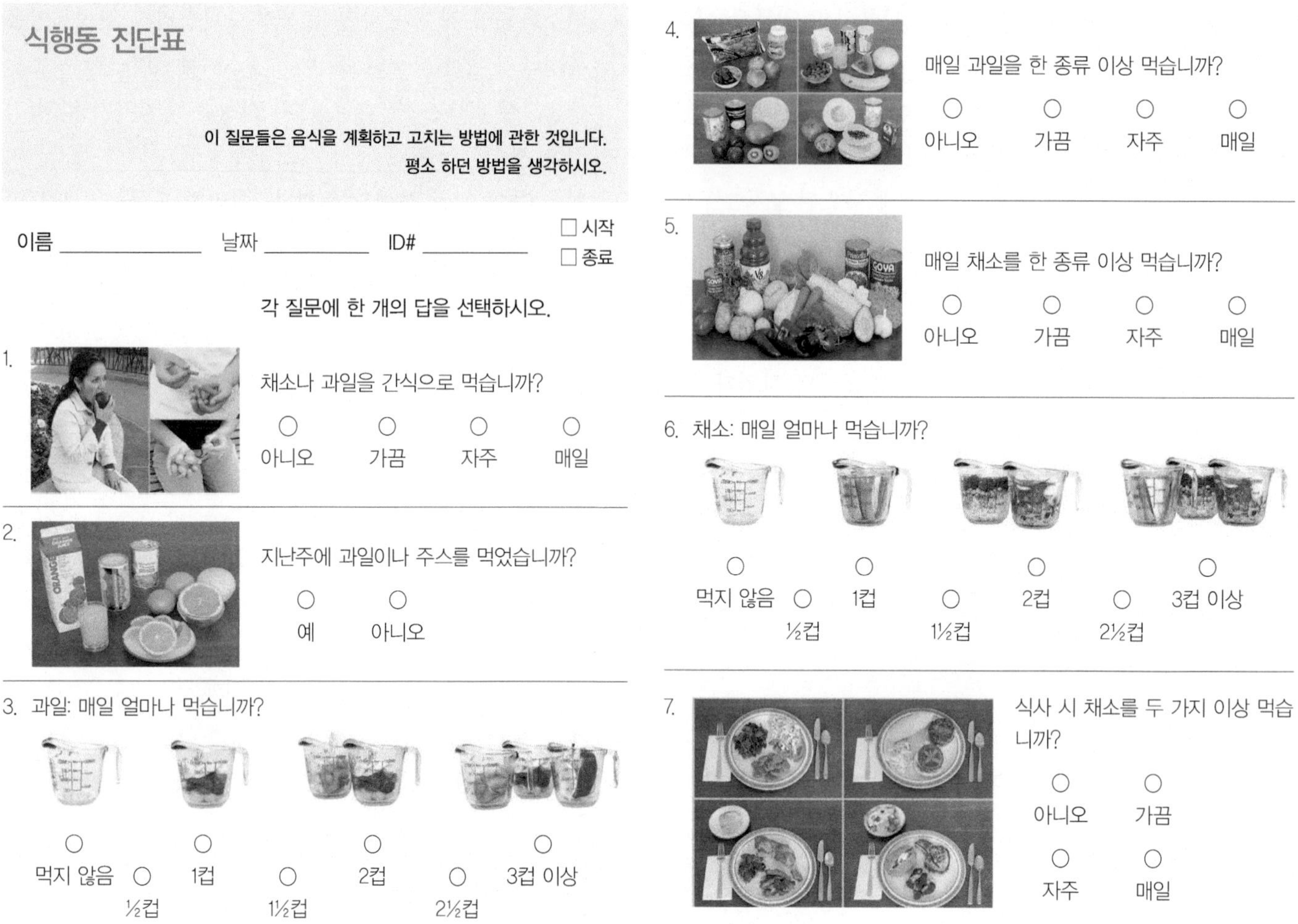

식행동 진단표

이 질문들은 음식을 계획하고 고치는 방법에 관한 것입니다.
평소 하던 방법을 생각하시오.

이름 ________ 날짜 ________ ID# ________ □ 시작 □ 종료

각 질문에 한 개의 답을 선택하시오.

1. 채소나 과일을 간식으로 먹습니까?
○ 아니오 ○ 가끔 ○ 자주 ○ 매일

2. 지난주에 과일이나 주스를 먹었습니까?
○ 예 ○ 아니오

3. 과일: 매일 얼마나 먹습니까?
○ 먹지 않음 ○ ½컵 ○ 1컵 ○ 1½컵 ○ 2컵 ○ 2½컵 ○ 3컵 이상

4. 매일 과일을 한 종류 이상 먹습니까?
○ 아니오 ○ 가끔 ○ 자주 ○ 매일

5. 매일 채소를 한 종류 이상 먹습니까?
○ 아니오 ○ 가끔 ○ 자주 ○ 매일

6. 채소: 매일 얼마나 먹습니까?
○ 먹지 않음 ○ ½컵 ○ 1컵 ○ 1½컵 ○ 2컵 ○ 2½컵 ○ 3컵 이상

7. 식사 시 채소를 두 가지 이상 먹습니까?
○ 아니오 ○ 가끔 ○ 자주 ○ 매일

그림 11-10 채소와 과일 섭취 진단표

자료: Sylva K 등. 2007. Fruit and Vegetable Checklist. University of California Cooperative Extension; University of California, Davis. http://townsendlab.ucdavis.edu. Reprinted with permission.

문가의 요구가 아니라) 대상자의 요구를 먼저 반영해야 한다는 것이다(Bradburn 등 2004). 사실주의 이론Realism theoroy에 근거하여 조사도구에 실제로 시각적 단서를 추가하면 대상자가 정보를 더 쉽게 저장하고 검색할 수 있다(Berry 1991). 단서합계이론Que Summation Theory에 근거하여 조사도구에 제시하는 시각적 단서의 수를 늘릴수록 대상자가 더 잘 이해할 수 있는 것이다(Serverin 1967). 특히, 색상은 단서를 보다 사실적으로 만들어 기억하고 사용하기 쉽게 해준다.

그림 11-8은 식행동 진단표를 개발한 도구의 발전과정을 보여준다. 식행동 진단표 발췌 내용은 **그림 11-9**에 나와 있다. 채소와 과일 섭취 진단표는 **그림 11-10**에 나와 있다. 시각적으로 향상된 도구는 질문에 대한 주의력 및 이해력을 높여주며, 평가과정에 더 관심을 갖게 한다(John과 Townsend 2010).

또한 식사계획과 식품안전 등 식행동을 측정할 수 있는 EFNEP 진단표(Townsend 등 2013) 도구가 개발되었다. 응답자들은 질문 형식보다 "나는 식사를 계획한다"와 같은 서술문을 훨씬 더 잘 이해할 수 있다. 이 도구는 **그림 11-11**과 같다.

정성적 방법

결정요인에 대한 수업 결과는 심층 인터뷰, 포커스 그룹 및 기타 정성적 방법을 통해 조사할 수 있다(Staus와 Corbin 1990). 인터뷰의 경우, 먼저 기록하고 해석적 접근을 통해 범

그림 11-11 EFNEP 진단표

자료: Twonsend MS 등. Checklist version 3 for 2013-2014. Outcome evaluation tool of selected food behaviors for low-leterate EFNEP participants. 4-page booklet using color visuals to repalce text to improve readability. Accompanies other data collection tools.

주와 떠오르는 주제를 분석한다. 분석은 먼저 사례를 검토하고 이전 연구나 프로그램 목표를 기반으로 자료를 범주화 또는 코드로 그룹화시키는 과정을 반복한다. 새로운 사례가 검토되면 코딩방식에 추가시켜 범주와 주제를 바꿀 수 있다. 모든 정보를 얻었다는 확신이 들 때까지 이 과정을 반복한다. 분석한 결과의 타당성을 대상자(수신자)Recipient가 검증할 수도 있다.

간접 영양교육활동에 대한 평가

다른 관련 커뮤니케이션, 자료 및 활동을 평가할 수 있는 방법과 도구는 다음과 같다.

- 포스터 또는 전단지 등의 자료를 본 기억
- 자료에 대한 이해를 평가하기 위한 간단한 설문지(배운 것 확인하기)
- 실행에 따른 인지된 이익 등에 대한 간단한 설문조사
- 소셜미디어를 통한 간단한 설문조사 참여

(2) 중기결과: 행동변화목적의 효과평가

모두가 원하는 주요 결과는 행동변화중심의 영양교육에서 행동변화목적에 대한 참여도를 증가시키는 것이다. 정확도, 평가목적, 집단 규모 및 사용가능한 자원에 따라 사용되는 행동 측정도구는 달라진다.

식품섭취

- **간이 식품섭취진단표 또는 선별검사** 지방섭취 선별검사 또는 채소와 과일 섭취 선별검사와 같은 간단한 식품목록의 매우 짧은 식품섭취빈도지이다. 질병통제예방센터 Centers for Disease Control and Prevention(CDC)의 행동위험요소 감시체계Behavioral Risk Factor Surveillance System(BRFSS)(SerDula 등 1993), 국립암연구소의 5 A Day 채소와 과일 섭취 선별검사(National Cancer Institute 2000), 지질섭취나 채소와 과일 섭취량을 평가하기 위한 간이식품선별검사(Block 등 2000) 등이 있다. 이 검사들은 응답자 부담Respondent burden이 적다.
- **식품섭취빈도 조사지** 음식 목록이 상당히 긴 표준 식품섭취빈도조사지이다. 개인이 지난 한 해 동안 또는 일정 기간 목록에 있는 음식을 얼마나 자주 먹었는지를 조사한다. 소집단이라면 수동으로 또는 컴퓨터 기반 식단 분석 프로그램을 사용하여 행동변화목적인 개별 음식에 점수를 매길 수 있다. 이렇게 표준화된 설문지는 일반적으로 광학 스캔할 수 있는 양식을 사용하며 집단 스스로 관리하기도 한다. 대상자들의 응답자 부담은 보통 정도이다(Willett 등 1987; Block 등 1992).
- **간이식품섭취빈도지 및 식품섭취빈도지 사용 시 주의점** 식품 목록은 조사대상자가 일반적으로 섭취하는 식품으로 적절히 구성하며, 대상자가 식품의 이름을 명확하게 이해할 수 있어야 한다(인종, 국가 및 지역에 따라 다를 수 있음). 식품섭취빈도지는 대상자의 섭취빈도를 신속하게 파악할 수 있지만 간이식품섭취빈도지의 경우 변화 반영에 덜 민감하다. 보통 한 달에서 1년간 섭취량을 조사하며, 이는 단기 프로그램에 적합하지 않을 수도 있다.
- **24시간 회상법** 일반적으로 하루 전날 24시간 동안 섭취한 음식을 회상한다(Willett 2012). 개별적으로 전날 24시간 동안 섭취한 모든 음식과 음료를 기억해야 한다. 이러한 인터뷰를 수행하는 데는 특별한 훈련이 필요하다(Raper 등 2004; http://www.ars.usda.gov/Services/docs.htm?docid=7710). 그다음 컴퓨터 식단 분석 프로그램이나 미국의 슈퍼트랙커 프로그램Supertracker program을 사용하여 채소나 과일 또는 철이 많은 식품 등의 목표식품 섭취량을 기억하도록 한다(www.supertracker.usda.gov/foodtracker.aspx). 24시간 회상법의 응답자 부담은 보통 수준이다. 자동 온라인 자가관리 24시간 회상법도 이용할 수 있다{ASA24(Sibar 등 2012)와 FIRSSt4(Baranowki 등 2014)}.
- **식사기록법** 대상자가 1일, 3일 또는 7일 동안의 식이 섭취량을 기록한다. 24시간 회상법과 마찬가지로 프로그램을 이용해 목표로 하는 식품을 분석할 수 있다. 응답자 부담이 크다.
- **실측법** 제공된 음식을 얼마나 먹고 남기는지를 관찰하는 방법이다. 잔반측정법이라고도 불린다. 평균 1회제공량Serving size을 알 수 있도록 제공된 각 항목의 평균 1회제공량을 미리 측정해둔다. 그다음 함께 앉아 학생 개인이나 집단을 관찰하거나 식판을 두고 가게 하여 식판에 남

아있는 양을 미리 준비한 기록지에 기록한다. 또는 식사 전후의 섭취량을 촬영하고 나중에 분석할 수도 있다. 이 방법은 채소, 과일, 곡류 또는 유제품과 같은 특정 식품군 및 섭취한 음식의 총량을 분석하는 데 사용할 수 있다. 실측은 중재 전후에 이루어지며, 섭취한 식품의 양의 차이를 계산하게 된다. 매우 노동 집약적인 방법으로 숙련된 인력이 필요하다. 대개 연구에서 사용된다.

식행동 및 식사패턴

- **식행동 진단표 및 설문지** 채소와 과일 섭취, 향토식품이나 유기농식품 구입, 구매습관, 식품안전행동 또는 식품불안정성과 같은 특정한 식행동을 측정한다(Kristal 등 1990, Yaroch 등 2000). 검증된 식행동 진단표(Townsend 등 2003, Townsend 등 2008)는 미국 정부 지원 영양교육 프로그램 평가 시 널리 사용된다. 발췌 내용은 **그림 11-9**에 나와 있다. 도구의 전체 문항은 6장의 **BOX 6-3**에 나와 있다. 응답자 부담이 적다.
- **식습관 설문지** 이 설문지에서는(Shannon 등 1997) 식단에서 지방을 줄이는 것과 관련된 행동으로 지방을 낮추기 위해 음식을 변경하거나, 조리할 때 넣는 것을 피하거나, 저지방 대체식품을 사용하거나, 고지방 식품을 청과물 및 다른 저지방 식품으로 대체하는 것을 제시한다. 식이섬유와 관련된 행동으로는 시리얼과 곡류 섭취, 채소와 과일 섭취, 저식이섬유소 식품을 고식이섬유소 식품으로 대체할 수가 있다.
- **식사패턴도구** 건강한 식사패턴 여부는 건강 결과 등의 기준으로 평가하며, 수업에서 목표로 하는 특정 식사패턴에 대한 정보를 제공하는 도구를 만들 수 있다. MyPlate 식사패턴을 이용하면 매우 유용하다.
- **식사계획 및 식품안전 등의 식행동** EFNEP 진단표(Townsend 등 2012)와 같은 도구로 측정할 수 있다.

식사의 질

- **식사의 질 또는 식사지수** "당신의 식사 질은 어떻습니까?"와 같은 질문을 사용하여 측정할 수 있다. 또 다른 도구들은 전반적인 식사의 질에 대한 평가를 제공한다. USDA Healthy Eating Index(HEI)는 전반적인 식사의 질에 관한 정보를 제공하는 연구도구이기도 하다.

(3) 장기결과: 생리적 매개변수에 대한 효과평가

일부 영양교육 프로그램에서 예상되는 결과는 만성질환 또는 건강 증진에 대한 위험 감소이다. 이때 지표는 영양상태(철결핍, 골 건강) 또는 생리학적 질환 위험의 개선이 된다. 여기에는 다음과 같은 측정방법이 포함된다.

- **생화학적 또는 생리학적 측정** 측정하고자 하는 결과에 따라 다양한 생물학적 또는 생리적 변수가 측정된다. 당뇨병 환자의 경우에는 적절한 혈당치를 유지하는지 측정한다. 체중 증가 예방 프로그램의 경우 체질량지수(BMI)가 주요 측정 결과가 된다. 심장병 예방 프로그램의 경우 혈청 콜레스테롤 수치가 결과 척도로 사용된다.

효과의 기준

프로그램을 평가하려면 선택한 각 척도에 대해 효과가 있다고 판단할 변화 수준을 결정해야 한다.

- 채소와 과일 섭취량의 증가 또는 모유수유 비율의 효과가 통계적으로 유의한 변화인가? 아니면 변화가 기준 수준(예: 하루 4컵 이상의 채소와 과일 섭취 또는 6개월간의 완전 모유수유)에 도달해야 하는가? 변화 준비 단계에서는 어떠한 행동을 인정할 것인가? 또는 행동이 고려 단계에서 행동 단계로 이어져야 하는가?(예: 고려전 단계나 고려 단계에서 준비 단계나 행동 단계에 이르기까지)

3) 평가도구 선택 및 개발

중재는 특정 행동변화를 목표로 하기 때문에, 행동변화를 측정할 도구를 선택하거나 개발해야 한다. 단기 중재의 경우, 행동의향의 개선과 행동변화의 사회심리적 결정요인psychosocial determinants을 측정한다. 이러한 요인이 강하다면 시간이 지나 행동변화로 이어질 것이다.

이때 가능하면 기존에 검증된 도구를 사용한다. 그러나 출판된 도구(NCCOR 2013)가 많더라도 완벽하게 적합한 것을 선택하기는 어려우며 설계 중인 수업이나 중재에 정확히 적합한 도구를 찾는 것이 쉽지는 않다. 예를 들어 저소득층 성인을 대상으로 검증된 도구는 식단에서 지방을 줄이거나 채소와 과일 섭취를 늘리는 영역에서만 유효하다. 초등학교 고학년을 대상으로 유효성이 입증된 도구는 성인용으로는 인정받을 수 없다. 새로운 도구를 선택·변경 또는 개발할 때는 다음에서 논의되는 문제를 고려해야 한다(Coaly 2014).

(1) 적절성

대상자들이 참여하여 완료하게 될 교육활동을 평가해야 한다. 예를 들어, 학교 및 지역사회 영양교육 시 대상자들이 학습의 일부로 행하고 완료한 교육활동들을 평가하는 것이 가장 좋다. 이 경우, 활동 결과를 평가 차원에서 기록하도록 한다.

대부분의 경우 영양교육자는 교육활동과 별개로 관리하는 특정 도구를 사용한다. 이러한 측정도구는 의도된 대상에게 적절한 것이어야 한다. 한 번의 수업이나 단기중재의 경우라도 평가도구를 설계하기란 쉽지 않다. 그러한 도구에 얼마나 많은 시간과 노력을 투자해야 하는지는 평가의 목적과 요구되는 측정 정확도에 따라 달라진다.

평가도구를 선택하고 개발하는 가장 일반적인 과정은 행동중심이나 결정요인의 관점에서 중재에 적절한 도구인지를 확인하고 특정 대상자에게 사용하기 위해 이들을 수정하거나 적용하는 것이다. 예를 들어 청소년이나 저소득층을 대상으로 할 경우, 잠재적으로 유용하다고 밝혀진 도구가 대상에 맞게 개발·검증되었는지 확인해야 한다.

(2) 타당성

타당성Validity이란 정확성을 나타내는 일반적인 용어로, 해당 도구가 지식, 변화의 결정요인 및 행동과 같은 변수들을 적절하고 정확하게 측정하는지를 나타낸다. 다음은 다양한 유형의 타당성에 대한 간략한 설명으로 평가도구를 선택하거나 개발할 때 다음의 내용을 확인하도록 한다.

- **내용타당성**Content validity 진단표, 평가지 또는 설문지의 항목이 합리적인 대표성을 갖는가? 식이 섭취의 경우 식품섭취빈도 설문지의 항목이 대상자에게 전형적인 것을 대표하는가? 채소와 과일에 대한 지식 측정에 관심이 있다면 해당 영역을 대표하는 항목인가?
- **안면타당성**Face validity 안면타당성은 의도된 대상자의 예비조사에서 도구가 적합한지 알아보는 것에서 비롯된다. 즉, 질문에서 사용된 언어와 형식 및 절차가 대상자의 관점에서 이해할 수 있고 합당한지를 의미한다.
- **준거타당성**Criterion validity 도구에 의해 생성된 점수가 기준 척도로 얻은 자료와 잘 일치하는지를 의미한다. 예를 들어, 채소와 과일 설문지는 기준으로 간주되는 7일간의 식품기록법이나 혈청 카로티노이드 수치와 관련이 있는가 등을 살펴보면 된다.
- **구인타당성**Construct validity 해당 도구가 결과기대outcome expectations 또는 자아효능감처럼 측정해야 할 구성개념을 명확하게 측정하는지를 의미한다.

(3) 신뢰성

신뢰성Reliability이란 도구의 일관성과 의존성을 측정하는 것이다. 신뢰성에는 몇 가지 종류가 있다.

- **재현성**Reproducibility **또는 검사-재검사 신뢰성**Test-retest reliability 시간이 지남에 따른 일관성 또는 안정성을 말한다. 동일한 사람을 다른 시간에 측정해도 동일한 결과를 낼 수 있는 정도를 의미한다. 이러한 유형의 신뢰도 측정 시 일반적으로 한 개인을 2~3주와 같은 짧은 시간에 동일한 도구로 두 번 측정한다.
- **내적 일관성**Internal consistency 일련의 항목 간의 일관성을 말한다. 도구가 내부적으로 안정적인지 또는 일관성이 있는지를 의미한다. 예를 들어 네 개의 자아효능감 항목에 일관성이 있는지, 그러한 결정요인에 대해 각 항목과 총 항목과의 상관관계 또는 Cronbach의 알파계수를 계산한다(Cronbach 1951, Coaley 2014). 지식을 측정하는 항목의 경우, 반분검사 신뢰도Split-half reliability 또는 KR-20 계수를 계산한다.
- **평가자 간 신뢰성**Interrater reliability 평가 자료를 수집하는 사람들 간의 일관성을 말한다. 두 명 이상의 사람들이 정보를 수집하거나 코딩하는 경우 평가자 간 신뢰성이 설정되었는지를 살펴보면 된다. 예를 들어, 24시간 회상법으로 조사한 채소와 과일 섭취량을 두 명의 영양학자가 같은 방식으로 코딩하였다면, 두 평가자가 코딩한 결과에

일관성이 있어야 한다.

(4) 변화에 대한 민감성

민감성이란 중재로 인한 변화를 감지할 수 있는 정도이다.

(5) 가독성과 이해력

- **가독성** 어휘, 문장 길이, 글쓰기 유형 및 기타 요인을 고려하여 대상자가 평가도구를 쉽게 이해할 수 있도록 한다.
- **이해력** 가독성을 넘어 평가도구의 내용을 대상자가 의도한 대로 이해하는지를 의미한다. 이것은 대상자에게 각 질문이 의미하는 바를 이야기하게 하거나 물어봄으로써 판단할 수 있으며 이를 인지검사Cignitive testing라고 한다(Alaimo 등 1999). 기존 도구를 선택하여 그대로 사용하더라도 특정 대상이 이해할 수 있는지를 확인해야 한다.

(6) 정성 자료

관찰, 심층 인터뷰, 포커스 그룹 및 개방형 설문조사와 같은 정성적 자료 역시 신뢰성과 타당성을 고려해야 한다. 이 경우 기준은 다음과 같다.

- **신뢰성**Dependability 결과를 어떻게 얻었는지 이해하기 위해 원조사자의 절차와 결정과정을 따라야 한다는 점에서 신뢰성Reliability과 유사하다. 모든 단계는 문서화되어야 한다.
- **조사 결과의 신뢰성**Credibility or trustworthiness 타당도Validity를 나타낸다. 신뢰도는 충분히 시간을 들여 현상을 이해하고, 지속적으로 관찰하며, 여러 문헌과 여러 방법을 사용하여 동일한 현상에서 일관된 정보를 산출해낼수록 높아지는데 이 과정을 삼각측량Triangulation 또는 동료 디브리핑Peer debriefing이라고 한다. 검증 결과는 대상자들과 공유한다. 보고된 결과는 진실만을 전달해야 한다.

(7) 검증 및 예비조사도구

예비조사는 도구 및 자료 수집 시 반드시 필요하다. 정확하고 의미 있는 자료를 얻으려면 특정 대상자에게 기존 도구나 새

평가도구는 대상자의 문해력 수준에 맞게 조정되어야 정확한 자료를 얻을 수 있다. 대상자가 답변을 완료하면 보상이 주어져야 한다.

자료: Courtesy of Linking Food and the Environment, Teachers College Columbia University.

로 개발된 도구를 테스트해봐야 한다. 1회 교육이나 몇 차시의 프로그램을 진행하면서 예비조사를 하지 못할 수도 있다. 그러나 가능하다면 동료에게 도구 검토를 요청하여 내용 타당성을 확인한다. 또 의도된 대상자의 일부 구성원에게 평가를 해보게 하고 가독성과 이해력을 확인하고 그들의 의견을 물어 사용 전에 수정한다. 도구의 가독성은 타당성과 신뢰성 강화와 대상자를 위한 동기유발에 매우 중요하다.

(8) 도구의 검증연구 사례

평가도구를 검증할 때는 일반적으로 개발한 도구를 기준과 비교한다. 한 연구에서는 3일 식사기록법을 기준으로 칼슘이 풍부한 음식(짧은 시간에 완료)으로 구성된 간이식품섭취빈도지의 온라인조사와 설문지조사를 비교하여 상관관계를 확인하였다(Hacker-Thomson 등 2009).

그림 11-9의 식행동 진단표에서는 저소득층을 대상으로 하여 채소와 과일 관련 항목을 혈청 카로티노이드 수치와 비교하여 검증하였다(진단표는 **BOX 6-3**에도 나와 있음) 다른 식품 항목은 24시간 회상법을 3회 실시하여 분석한 영양소 섭취량과 비교하여 검증하였다(Murphy 등 2001; Townsend 등 2003; Townsend와 Kaiser 2007). 행동변화의 결정요인을 측정하는 채소와 과일 섭취의 간이 평가도구 검증에도 유사한 과정이 적용되었다(Townsend와 Kaiser 2007).

4) 평가계획설계

평가계획설계는 교육 중재의 추진력, 기간 또는 강도, 평가환경(맥락), 재정, 평가에 투자할 수 있는 시간 및 전문성에 따라 크게 달라진다.

(1) 실험설계

영양학 및 임상영양연구에서 실시하는 실험설계True experimental designs나 무작위 대조연구Randomized control trial(RCT)는 이상적인 설계이다. 이 설계에서는 개인, 보건소WIC, 학교 및 직장에서 영양교육 프로그램(중재군)에 참여하는 군과 평소의 교육이나 중재와 관련 없는(대조군) 군인 두 집단으로 무작위 배정한다. 동일한 기간 및 강도로 두 집단 모두 중재 전후에 평가를 실시한다. 이 설계의 주요 이점은 무작위 배정으로 인해 결과에서 나타나는 중요한 차이가 프로그램 효과로 인한 것임을 확신할 수 있다는 것이다. 가장 큰 단점은 영양교육을 실시하는 실제 환경에서는 무작위 배정Randomization이 매우 어렵다는 것이다.

(2) 준실험설계

준실험설계Quasi-experimental designs는 현장평가연구에 보다 적합한 모델로 간주된다. 가장 일반적인 설계는 프로그램에 참여하는 집단(실험집단)과 프로그램에 참여하지 않는 유사한 집단(비교집단)에서 사전평가 및 사후평가를 실시하는 비교집단 사전·사후평가 설계Comparison-group design with pretest and post-test이다. 비교집단은 성별, 민족성 또는 사회경제적 지위 등의 특성을 실험집단과 유사하도록 맞춘다. 두 집단 모두 사전·사후 평가를 실시하여, 그 점수를 비교한다. 이 설계가 결과를 모두 설명해주진 않지만, 많은 프로그램을 실시할 때 실행가능한 방법이며 여러 중요한 오류를 통제할 수 있다.

(3) 비실험설계

비실험설계Nonexperimental designs에는 일반적인 접근법이 두 가지 있다. 단일집단 사전·사후평가 설계One-group pretest and post-test design는 다른 비교집단 없이 동일 집단 내 프로그램 전후의 점수를 비교하는 것이다. 비동일 비교집단 사후평가 설계Post-test-only design with nonequivalent comparison groups에는 사전평가 없이 교육을 받은 집단과 대조군의 점수를 비교한다. 이러한 설계는 결과에 대한 다른 설명을 배제시키기 어렵다. 이는 실제 환경Setting에서만 가능한 설계이며, 중요한 통찰력을 제공해줄 수 있다.

(4) 시계열설계

중단된 시계열설계Interrupted time series designs란 일정 기간 관찰을 통해 기준선Baseline을 잡은 다음 프로그램을 시작하는 것이다. 그다음 프로그램 종료 후에 다시 관찰한다. 프로그램 이전에 일정 기간 동안 유지된 점수가 프로그램 직후에 증가하고 프로그램 이후 얼마 동안 더 높은 수준으로 일정하게 유지된다면, 이는 프로그램의 효과일 수 있다. 관찰 결과가 대조군의 시계열 관찰 결과와 비교된다면 이 결론은 강화된다. 이 설계는 오차가 많긴 하지만, 프로그램 효과에 대한 통찰력을 제공해줄 수 있다.

(5) 감시연구

감시연구Surveillance Studies는 식이 섭취나 식습관 태도 등의 관심 결과에 대해 집단을 모니터링하는 것이다. 이러한 연구는 시간이 지남에 따라 집단의 상태를 파악할 수 있지만, 관찰된 상태의 원인을 설명할 수는 없다.

(6) 정성적 평가설계

정성적 평가설계Qualitative Evaluation Designs는 관찰, 개인 및 집단 인터뷰, 포커스 그룹, 기록, 사진 음성 인터뷰(대상자가 관련 사진을 찍은 다음 그 사람들에 대해 이야기하는 방식) 및 설문지를 이용한다. 정량적 방법은 중재의 결과에만 집중하는 경향이 있기 때문에 정성적 방법은 역학 및 변화의 맥락에 초점을 맞춤으로써 정량방법의 유용성을 높일 수 있다. 또한 정성적 방법은 관찰 영역을 확대하여 실제적이고 종종 의도하지 않은 변화를 포착한다. 대상자의 관점에 초점을 맞춤으로써, 중재가 대상자들에게 영향을 미치는지, 누구에게 어떻게 효과적이었는지 이해할 수 있게 도와준다. 정성적 방법은 대상자의 현재 습관, 가치 및 태도, 리더십 유형, 인력 배치 패턴, 프로그램 활동 간의 관계 같은 프로그램 요소를 확인하고 이해하는 데 도움이 될 수 있다.

5) 평가윤리

모든 평가는 윤리적으로 수행되어야 한다. 즉, 프로그램 진행 시 대상자에게 평가에 참여하여 정보를 제공하는 것에 대한 동의를 얻어야 한다. 대상자는 무기명으로 평가할 수 있어야 하며, 어떠한 방식으로든 평가를 완료하도록 위협을 받아서는 안 된다. 대상자는 응답이나 미응답으로 인해 불이익을 받아서는 안 된다.

4 과정평가계획

과정평가는 간단하며, 결과평가보다 설계하기가 더 쉽다. 학기 말에 실시하는 강의평가나 학회 워크숍이 끝난 후 이루어지는 평가가 바로 과정평가이다. 과정평가는 중재가 보다 효과적으로 진행되도록 해주며, 결과평가를 이해할 수 있는 맥락을 제공하는 데 도움을 줄 뿐만 아니라 대상자들에게 중재가 어떻게 받아들여지는지에 대한 정보를 제공한다(Baranowski와 Stables 2000, Steckler와 Linnan 2002, Baranowski와 Jago 2005 등 2013).

과정평가에서 할 수 있는 질문의 종류는 다음과 같으며, 평가 자료를 수집하는 방법은 프로그램의 규모와 평가에 드는 시간 및 자원에 따라 달라진다.

1) 과정평가: 중재실행방법

과정평가는 중재가 실제로 어떻게 진행되었는지를 이해하는 데 도움이 될 수 있다. 여기서는 누가 이 중재를 받았는지(참여하였는가), 대상자는 중재에 만족했는지, 행동목표와 활동이 적절했는지 등의 질문과 함께 자료를 수집하는 방법을 제시하였다. 이러한 질문에 대한 답은 결과를 이해하고 설명하는 데 도움을 준다.

(1) 프로그램 도달범위

프로그램이 의도된 대상에게 전달되었는지, 어느 정도까지 전달되었는지를 뜻한다. 예를 들어, '5학년 학생의 학부모를 대상으로 프로그램을 계획했지만 참석자의 절반이 1~2학년 학생의 학부모였다면', '외래 진료소를 다니는 약 100명을 대상으로 제2형 당뇨병 예방 워크숍을 실시하였는데 단 10명만 참석했다면' 등을 질문할 수 있으며 이것을 도달Reach이라고 한다.

> **자료 수집방법**
> 출석부는 대상자 수 및 인구통계 또는 중재와 관련된 기타 정보를 제공한다. 웹 기반 활동을 위해, 일종의 추적 시스템을 고안할 수도 있다.

(2) 대상자 만족도

자료 내용, 학습활동 및 매체 정보 및 전달형식에 대한 대상자 및 영양교육자의 만족도는 어느 정도였는지를 의미한다. 즉 프로그램의 어느 부분이 좋거나 유용했는지, 그렇지 않은 부분은 무엇이었는지를 질문하게 된다.

> **자료 수집방법**
> 직접 또는 온라인으로 작성할 수 있는 평가 양식을 개발하여 대상자의 영양교육 경험에 대한 만족도 평가를 실시할 수 있다(단회성 강의부터 몇 달간의 중재까지). 평가 시에는 중재의 어느 부분이 가장 유용하고 가장 유용하지 않았는지, 어떤 내용이 더 깊이 있게 다루어져야 하는지, 어떤 활동이 좋고 싫었는지, 그리고 왜 그런지 등을 평가해야 한다.

(3) 프로그램 실행 및 충실도

사전평가 및 사후평가를 통해 결과평가를 실시할 때는 수업을 설계한 대로 완전하게 했다고 가정하지만, 그렇지 않은 경우도 있다. 실제로 수업을 전달하는 영양교육자는 집단관리 문제와 같은 내부적 요인 또는 영양교육자의 통제를 벗어나는 외부적 요인 때문에 수업을 완료하지 못할 수 있다. 또는 영양교육자가 수업을 할 때 수업내용을 변경할 수도 있다. 이러한 변경 사항은 사전평가와 사후평가 결과에 영향을 미친다. 따라서 과정평가는 중재가 설계한 대로 실시된 정도를 이해하는 데 도움이 될 수 있다.

- 프로그램을 위해 제작된 자료나 활동이 어느 정도까지 전달되었는가를 실행 완료Completion of implementation라고 한다.

이때 영양교육자가 모든 활동을 완료할 수 있었는지, 그렇지 않다면 왜 안 되었는지를 질문하게 된다.

- 프로그램을 설계한 대로 실행했는가를 프로그램의 충실도Fidelity or faithfulness to the program라 한다. 영양교육자가 실행과정에서 자료 또는 활동을 추가했는지, 그렇다면 왜인지, 자료나 활동을 뺐는지, 그렇다면 왜인지 등을 질문하게 된다.
- 실행 완료 및 충실도를 투여량Dose delivered이라 한다. 투여량이 설계된 대로 완전히 전달되지 않았다면 왜인지, 장애물은 무엇인지 등을 질문하게 된다.
- 전달된 프로그램을 대상자는 완전히 받아들였는지, 즉 소음, 조명, 빈약한 슬라이드 또는 작은 목소리, 장비 고장 등과 같은 산만한 물리적 상황이나 교실 관리문제 등 과 같은 사회적 상황 없이 대상자가 프로그램에 집중할 수 있는 상태였는지를 질문하게 된다. 이를 프로그램 수신Program reception 또는 수신량Dose received이라고 한다.

자료 수집방법
프로그램의 실행 및 충실도의 완전성을 평가하려면 각 수업마다 점검 목록과 같은 도구를 작성하여 영양교사가 수업 내용을 얼마만큼 전달했는지 확인하고, 생략된 부분과 다른 자료가 있는지 확인한다(Lee 등 2013). 대상자에게 3일 식사기록법을 작성하도록 했다면, 프로그램의 행동목표를 준수하는지 확인하기 위해 이러한 기록이 제출되었는지 여부를 추적할 수 있는 방법을 고안해야 한다.

(4) 중재설계 검토

- 프로그램의 행동목표와 교육목표는 1단계에서 확인한 문제에 대한 것인가?
- 행동목표와 교육목표를 달성하기 위해 행동태도전략과 학습경험이 적절하게 설계되었는가?
- 영양행동이론에 따라 행동양식이 적절하게 변했는가?
- 연령 집단, 학습 유형 및 대상자의 특성에 적합한 행동변화전략과 학습경험이 있는가?

자료 수집방법
전반적인 중재의 설명, 교육계획 및 대상자에게 제공된 유인물 등의 설계된 자료는 잘 보관되어야 하며 쉽게 접근할 수 있어야 한다(바인

(계속)

더 또는 컴퓨터 파일). 이 자료는 행동목표와 교육목표가 1단계와 2단계의 요구 분석 자료와 일치하는지 여부와 행동변화전략과 학습활동이 이론과 근거에 일치하는지 여부를 평가하는 데 필요하다.

(5) 프로그램 관리

중재에서 집단지도, 웹 기반 자료 및 소식지 등 수행해야 하는 여러 유형의 활동이 있는 경우에는 이를 적절한 때에 필요한 사람들에게 잘 제공하고 있는지, 중재나 프로그램이 적절하다면 프로그램이 얼마나 잘 관리되고 있는지를 평가하여야 한다.

자료 수집방법
이러한 정보를 얻으려면 개별 인터뷰나 온라인 또는 직접 설문조사를 실시할 수 있다. 기존 문서를 검토하여 문제를 밝힐 수도 있다.

2) 과정평가자료: 실행과 결과를 연결

중재를 설계하고 실시하려면 많은 단계와 구성요소가 필요하다. 직접 교육을 하지 않을 경우에는 다른 전문가가 계획대로 중재를 실시하여 대상자에게 충분히 수용될 수 있게 만들어야 한다. 가능하면 이 단계 각각에 주목하고 장애물을 해결한다. 실행과정에 영향을 미치는 외부적 요인 및 경쟁 프로그램도 있다. 이 모든 요소들은 중재가 목표로 하는 결정요인과 행동변화에 영향을 미친다. 정량적 자료는 관찰진단표, 인터뷰 또는 설문조사의 형태로 사용할 수 있다. 정성적 방법의 평가자료는 중재가 대상자에게 영향을 미칠 수 있는 다른 방식이나 방법을 이해하는 데 도움이 된다.

과정평가를 수행하기 위한 개념적 틀은 **그림 11-12**에 나타내었다. 당뇨병 예방이나 외래환자 관리, 저소득층 가정의 부모를 위한 워크숍 등의 다른 설정에도 개념적 기본 틀을 쉽게 적용할 수 있다. 여기에서 수신량은 실행이라 하며, 설계된 중재의 충실도와 완성도로 구성된다. 이러한 평가는 관찰자가 수업별 평가지를 작성하거나 교사와 인터뷰하는 것으로 이루어진다. 수신량은 수용이라 하며, 학생참여도와 학생만족도로 구성된다. 학생참여도는 각 강의에서 개발한 관찰양

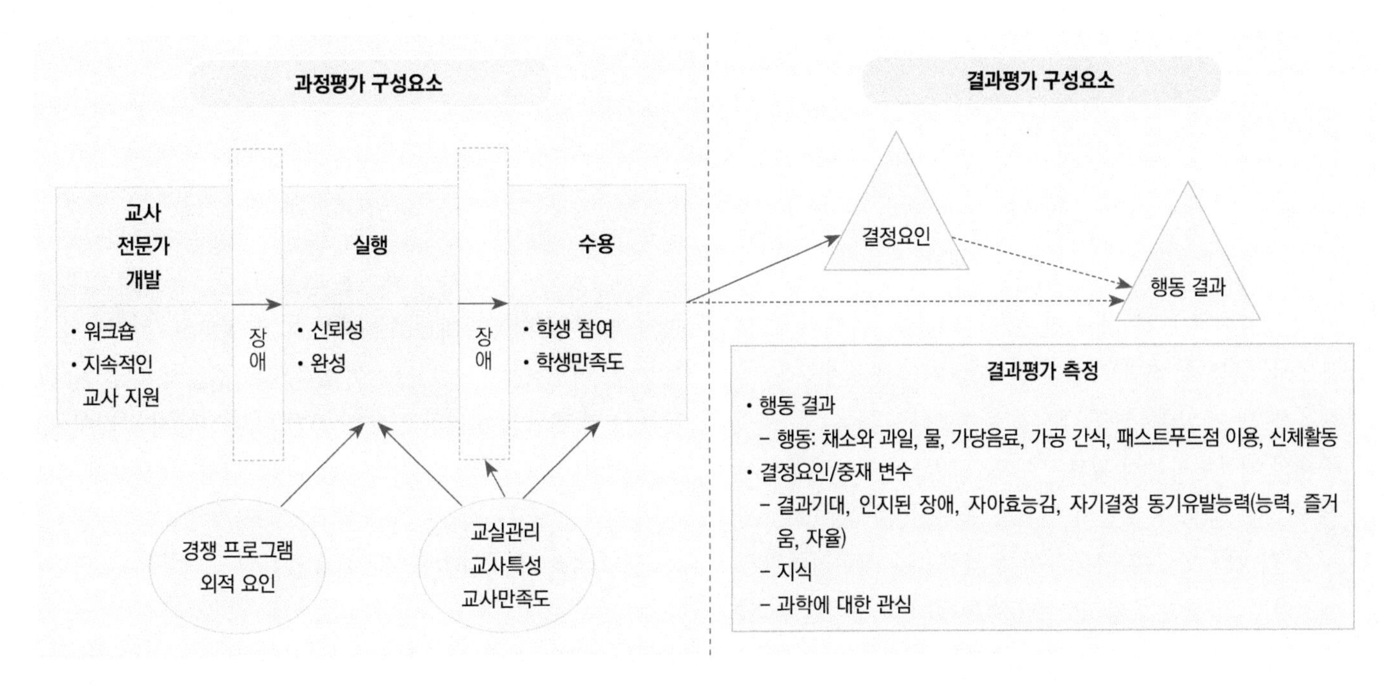

그림 11-12 선택, 통제 그리고 변화 교과과정 중재의 평가 개념모델

자료: Lee HW 등. 2013. Using a systematic conceptual model for process evaluation of amiddle-school curriculum intervention: Choice, Control & Change. Journal of Nutrition education and Behavior. 45(2):126-36

식을 사용하여 평가하고, 학생만족도는 중재가 끝날 때 설문조사를 통해 평가한다.

평가 시에는 문맥상의 요인을 포착해서 기술하는 것이 중요하다. 예시에서는 교실 관리문제, 교사의 특성 및 교사의 중재만족도로 구성된다. 이 연구에서 이러한 실행요소는 심리 사회적 및 행동 결과에 영향을 미치는 것으로 나타났다 (Lee 등 2013).

3) 과정평가자료 활용

과정평가자료를 활용하면 참여율 및 중재만족도를 향상시키는 방법, 더 나은 교육과 교육자료 및 보다 명확한 중재전략 등의 교육방법을 개선하는 방법, 관리 개선방법을 찾을 수 있다. 중재 중 또는 중재 후에 수집된 자료는 모든 이해 관계자가 중재에서 수행한 작업에 대한 충분한 설명이 될 수 있다. 과정평가자료는 중재에서 원했던 영양목표를 달성하는 데 무엇이 효과적이었는지 또는 효과적이지 않았는지를 구체적으로 확인하는 데 사용될 수 있다. 즉, 과정평가정보는 중재의 효과(또는 중재 부족)에 대한 결과평가정보를 해석하는 데 도움이 될 수 있다. 예를 들어, 부정적 결과가 나타났다면 중재가 완전히 충실하게 이행되지 않았거나 주의가 산만했기 때문일 수 있다. 이 경우 중재를 충실히 수행하고 실행과정을 개선해야 한다.

5 사례연구: 설계과정의 6단계

중학교 청소년 대상의 사례에서는 채소와 과일 섭취 증가 및 여러 행동변화목적을 다루고 있다. 이용가능한 자원을 감안할 때, 이러한 중재는 변화의 결정요인, 행동 결과(채소와 과일 섭취의 향상) 및 체중상태(건강 결과)의 개선 측면에서 결과평가를 실시할 것이다. 영양교육 담당자는 중재를 받지 않은 학생들을 중재 학생들의 변화와 비교할 수 있도록 비교집단의 중재 전과 후의 자료 수집을 계획해야 한다. 이는 준 실험평가 설계이다. 사례연구의 6단계 평가계획 활동지는 이 장의 마지막 부분에 나와 있다.

1) 결과평가

- **변화의 사회심리적 결정요인 결과** 활동지는 먼저 변화의 결정요인에 대한 결과를 측정하는 방법을 정하도록 한다. 영양교육자들은 이론모델 결정요인을 기반으로 교육목표를 다시 언급한 다음, 필요한 정보를 얻을 방법과 목적/결정요인에 대한 실제 질문을 제시한다. 이를 통해 설문조사, 활동지, 집단토의 및 관찰 등 다양한 방법을 결정했음을 알 수 있다. 질문 예시를 보여준다.
- **중재의 행동변화목적 결과** 이 청소년들의 행동변화목적은 다양한 채소와 과일의 섭취를 증가시키는 것이다. 24시간 회상법 도구를 사용하여 분석한 1일 식이섭취량은 채소와 과일 섭취 증가 및 여러 행동에 대해 분석할 수 있게 해준다. 효과의 기준은 채소와 과일 섭취량 기준 및 대조군과 비교하여 통계적으로 유의하게 증가했는지 분석한다.
- **관심 있는 건강문제 결과** 이 청소년들은 비만율에 관심이 높다. 결과적으로, 건강 결과는 10차시에 걸친 중재 전과 후의 체중상태를 측정하고 중학생 비교집단과 비교하여 얻는다.
- 세 가지 결과에 대한 효과기준은 변화의 결정요인이 통계적으로 유의미한 향상을 보이는 것이다. 채소와 과일 섭취량 및 체중상태를 포함한 행동을 기준과 비교하고 비교집단 중학생의 섭취량과 비교한다.

2) 과정평가

활동지 과정평가의 구성요소는 강의가 어떻게 진행되었는지 묻는다. 보건교육 교사가 강의를 완료했는지, 추가하거나 생략한 부분 없이 계획대로 수행했는지, 학생들이 강의에 만족했는지, 학생에 따라 향상될 수 있는지를 질문하게 된다. 설문조사 및 관찰은 이러한 정보를 얻기 위해 고안된 방법이다.

6 실습: 6단계 평가계획의 완성

영양교육 프로그램 설계는 여러 단계를 반복하는 과정이다. 평가계획 수립은 교육활동 설계와 관련이 있다. 따라서 4단계에서 변화의 결정요인을 정하는 교육목표를 제시할 때, 5단계에서 교육활동을 개발할 때, 목표의 성취도와 활동의 영향을 평가하는 방법을 고려하도록 한다. 6단계는 평가방법의 마무리 단계이다.

사례연구를 참고하여 이 장의 끝에 있는 설계활동지의 6단계 평가계획을 완성해보자. 결과를 평가하는 방법에는 여러 가지가 있다. 이는 매우 중요하고 만족스러운 활동이 될 것이다.

© PhotoDisc

연습문제

1. 영양교육에서 평가가 중요한 이유 세 가지를 간단히 설명하시오.
2. 결과평가와 과정평가를 구별하여 설명하시오.
3. 평가측면에서 교육목표와의 관계를 나타내는 다음 각각의 용어에 대해 설명하시오.
   a. 결과
   b. 도구
   c. 평가계획
   d. 자료 수집방법
4. 다음을 측정하기 위한 네 가지 방법을 설명하시오.
   a. 행동 결과
   b. 행동변화목적의 결정요인
5. 평가도구의 측면에서 타당성과 신뢰성을 구별하고, 이 두 가지 특성의 관계를 설명하시오
6. 문해력이 낮은 사람들의 영양교육 평가도구를 보다 효과적으로 만드는 방법을 설명하시오.
7. 저소득층 여성에게 6차시 영양교육을 실시하려 한다. 프로그램의 영향을 측정하기 위한 좋은 평가 설계는 무엇인가? 실제로 측정할 수 있는 결과 및 결과의 종류를 기술하시오.

참고문헌

Alaimo, K., C. Olson, and E. Frongillo. 1999. Importance of cognitive testing for survey items: An example from food security questionnaires. *Journal of Nutrition Education* 31:269-275.

Banna, J., and M. S. Townsend. 2011. Assessing factorial and convergent va lidit y and reliability of a food behavior check list for Spanish-speaking participants in USDA nutrition education programs. *Public Health Nutrition* 14(7):1156-1176.

Banna J., L. E. Vera-Becerra, L. L. Kaiser, and M. S. Townsend. 2010. Using qualitative methods to improve questionnaires for Spanish speakers: Assessing face validity of a food behavior checklist. *Journal of the American Dietetic Association* 110:80-90.

Baranowski, T., and G. Stables. 2000. Process evaluations of the 5-a-day projects. Health Education and Behavior 27(2):157-166.

Baranowski, T., and R. Jago. 2005. Understanding the mechanisms of change in *children's physical activity programs*. Exercise and Sport Science Reviews 33(4): 163-168.

Baranowski, T., N. Islam, D. Douglass, H. Dadabhoy, A. Beltran, J. Baranowski, et al. *2014. Food Intake Recording Software* System, version 4 (FIRSSt4): a self-completed 24-h dietary recall for children. Journal of Human *Nutrition and Dietetics 27* Suppl 1:66-71.

Berr y, L . H. 1991. The interaction of color rea lism and pictorial recall memory. *Proceedings of Selected Research Presentations at the Annual Convention of the Association for Educational Communications and Technology, 1991.*

Block, G., C. Gillespie, E. H. Rosenbaum, and C. Jenson. 2000. A rapid screener to assess fat and fruit and vegetable intake. *American Journal of Preventive Medicine* 18:284-288.

Block, G., F. E. Thompson, A. M. Hartman, F. A. Larkin, and K. E. Guire. 1992. Comparison of two dietary questionnaires validated against multiple dietary records collected during a 1-year period. *Journal of the American Dietetic Association* 92:686-693.

Bradburn, N. M., S. Sudman, and B. Wansink. 2004. *Asking questions: the definitive guide to questionnaire design for market research, political polls, and social and health questionnaires.* Newark, NJ: John Wiley & Sons.

Chipman, H. 2014. *Revision 3 of the CNE Logic Model (February 2014). Aligns with Dietary Guidelines for Americans, 2010.* NIFA/USDA.

Coaley, K. 2014. *An introduction to psychological assessment and psychometrics.* Thousand Oaks, CA: Sage.

Contento, I. R., J. S. Randell, and C. E. Basch. 2002. Review and analysis of evaluation measures used in nutrition education inter*vention research. Journal of Nutrition Education* and Behavior 34:2-25.

Contento, I. R., P. A. Koch, and H. Lee. 2014. Reducing

childhood obesity: An innovative curriculum with wellness policy support. Journal of *Nutrition Education and Behavior 45(Suppl.* 4):S80.

Cronbach, L. J. 1951. Coefficient alpha and the internal structure of tests. *Psychometrika 16*(3):297-334.

Green L., and M. W. Kreuter, 2005. *Health program planning: An educational and ecological approach.* 4th ed. New York: McGraw-Hill.

Hacker-Thompson, A., T. P. Robertson, and D. E. Sellmeyer. 2009. Validation of two food frequency questionnaires for dietary calcium assessment. *Journal of the American Dietetic Association* 109(7):1237-1240.

Hersey, J., J. Anliker, C. Miller, R. M. Mullis, S. Daugherty, S. Das, et al. 2001. Food shopping practices are associated with dietary quality in low-income households. *Journal of Nutrition Education and Behavior* 33:S16-S26.

Institute of Medicine. 2007. *Progress in preventing childhood obesity: How do we measure up?* Washington, DC: National Academies Press.

Johns, M., and M. S. Townsend. 2010. Client driven tools: Improving evaluation for low-literate adults and teens while capturing better outcomes. *The Forum for Family and Consumer Issues* 15(3):1540-5273. http://ncsu.edu/ffci/publications/2010/v15-n3-2010-winter/johns-townsend.php Accessed 5/29/15.

Keenan, D. P., C. Olson, J. C. Hersey, and S. M. Parmer. 2001. Measures of food insecurity/security. *Journal of Nutrition Education* 33(Suppl. 1):S49-S58.

Klare, G. R. 1984. Readability. In *Handbook of Reading Research*, P. D. Pearson, ed. (pp. 681-744). New York: Longman.

Kristal, A. R., B. F. Abrams, M. D. Thornquist, L. Disogra, R. T. Croyle, A. L. Shattuck, and H. J. Henry. 1990. Development and validation of a food use checklist for evaluation of community nutrition interventions. *American Journal of Public Health* 80:1318-1322.

Lee, H. W., I. R. Contento, and P. Koch. 2013. Using a systematic conceptual model for process evaluation of a middle-school curricu lum inter vention: Choice, Control & Change. *Journal of Nutrition Education and Behavior* 45(2):126-136.

———. 2015. Linking implementation process to intervention outcomes in a middle school obesity prevention curriculum: Choice, Control & Change. *Health Education Research.*

Levie, W. H. and R. Lentz. 1982. Effects of text illustrations: a review of research. *Education and Communication Technology Journal* 30(4):195-232.

Majumdar, D., P. A. Koch, H. Lee, I. R. Contento, A. Islas de Lourdes Ramos, and D. Fu. 2013. A serious game to promote energy balance-related behaviors among middle school adolescents. *Games for Health: Research, Development, and Clinical Applications* 2(5):280-290.

McLaughlin, G. H. 1969. SMOG grading: A new readability formula. *Journal of Reading* 12:639-646.

Medeiros, L., V. Hillers, P. Kendall, and A. Mason. 2001. Evaluation of food safety education for consumers. Journal of Nutrition Education 33:S27-*S34.*

Medeiros, L . C., S. N. Butkus, H. Chipman, R. H. Cox, L. Jones, and D. Little. 2005. A logic model framework for community nutrition education. Journal of N*utrition Education and Behavior* 37:197-202.

Microsoft Office. 2010. Test your document's readability. https://support.office.com/en-us/article/Test-your-documents-readability Accessed 4/26/15.

Murphy S., L. L. Kaiser, M. S. Townsend, and L. Allen. 2001. Evaluation of validity of items in a Food Behavior Check-list. *Journal of the American Dietetic Association* 101:751-756, 761.

National Cancer Institute. 2000. *Eating at America's Table Study: Quick food scan.* Bethesda, MD: National Cancer Institute, National Institutes of Health. http://riskfactor.cancer.gov/diet/screeners/fruitveg/allday.pdf Accessed 1/26/15.

National Center for Educational Statistics. 2003. The 2003 National Assessment of Adult Literacy. Institute of Education Sciences, U.S. Department of Education. http://nces.ed.gov/NAAL/ Accessed 1/26/15.

Nationa l Collaborative on Child hood Obesit y Research (NCCOR). 2013. Measures registry. http://tools.nccor.org/measures Accessed 2/16/15.

Nitzke, S., and J. Voichick. 1992. Overview of reading and literacy research and applications in nutrition education. *Journal of Nutrition Education* 24:262-266.

Raper, N., B. Perlof f, L. Ing wersen, L. Steinf ield, a nd J. Anand. 2004. An overview of USDA's dietary intake data system. *Journal of Food Composition and Analysis* 17:545-555.

Serdula, M., R. Coates, T. Byers, et al. 1993. Evaluation of a brief telephone questionnaire to estimate fruit and vegetable consumption in diverse study populations. *Epidemiology* 4:455-463.

Severin, W. 1967. Another look at cue summation. *AV Communication Reviews* 15:233-245.

Shannon, J., A. R. Kristal, S. J. Curry, and S. A. Beresford. 1997. Application of a behavioral approach to measuring dietary change: The fat and fiber-related diet behavior questionnaire. *Cancer Epidemiology, Biomarkers and Prevention* 6:355-361.

Steckler, A. and L. Linnan. 2002. *Process Evaluation for Public Health Interventions and Research*. San Francisco, CA: Jossey-Bass.

Stockmeyer, N. O. 2009, January. Using Microsoft Word's readability program. *Michigan Bar Journal*: 46-47.

Straus, A. L., and J. Corbin. 1990. *Basics of qualitative research: Grounded theory procedures and research*. Newbury Park, CA: Sage.

Subar, A. F., S. I. Kirkpatrick, B. Mittl, T. P. Zimmerman, F. E. Thompson, C. Bingley C, et al. 2012. The Automated Self-Administered 24-hour dietary recall (ASA24): a resource for researchers, clinicians, and educators from the National Cancer Institute.

Townsend, M. S., and L. L. Kaiser. 2005. Development of a tool to assess psychosocial indicators of fruit and vegetables intake *for two federal programs*. *Journal of Nutrition* Education and Behavior 37:170-184.

———. 2007. Brief psychosocial fruit and vegetable tool is sensitive for the U.S. Department of Agriculture's Nutrition Education Programs. Journal of the Amer*ican Dietetic Association 107(12):2120-2124*.

Townsend, M. S., C. Ganthavorn, M. Neelon, S. Donohue, and M. C. Johns. 2014. Improving the quality of data from EFNEP participants with low literacy skills: A particip*ant-driven model*. *Journal of Nutrition Educa*tion and Behavior 46(4):309-314.

Townsend, M. S., C. Schneider, C. Ganthavorn, et al. 2012. Enhancing quality of EFNEP data: Designing a diet recall *form for a group setting and the low literate* participant. Journal of Nutrition Education and Behavior 44(Suppl. 4):S16-S17.

Townsend, M. S., K. Sylva, A. Martin, D. Metz, and P. Wooten-Swanson. 2008. Improving readability of a*n evaluation tool for low-income clients usi*ng visual information processing theories. Journal of Nutrition Education and Behavior 40(3):181-186.

Townsend, M. S., L. L. Kaiser, L. H. Allen, A. Block Joy, and S. P. Murphy. 2003. S*electing items for a food behavior checklist* for a limited-resources audience. Journal of Nutrition Education and Behavior 35:69-82.

Townsend, M. S. 2006. Evaluating Food Stamp nutrition education: Process for development and validation of evaluation measure*s. Journal of Nutrition Education and* Behavior 38:18-24.

U.S. Department of Agriculture. 2005, September. Nutrition education: Principles of sound impact evaluation. Office of Analysis, Nutrition, and Evaluation Newsletter. http://www.fns.usda.gov/ora/menu/FSNE/FSNE.htm Accessed2/10/13.

U.S. Department of Agriculture. USDA Automated Multiple-Pass Met hod http://www.a rs.usda.gov/ser v ices/docs.htm?docid=7710.

Willett, W. C., R. D. *Reynolds, S. Cottrell-H*oehner, L. Sampson, and M. L. Browne. 1987. Validation of a semi-quantitative food frequency questionnaire: Comparison with a 1-year diet record. Journal of the American Dietetic Association 87(1):43-47.

Willett, W. C. 2012. Nutritional *epidemiology. 3rd ed. New York: Oxford Uni*versity Press.

Yaroch, A. L., K. Resnicow, and L. K. Khan. 2000. Validity and reliability of qualitative dietary fat index questionnaires: A review. *Journal of the American Dietetic Association* 100(2):240-244.

영양교육 설계과정

행동변화 목적 설정	행동변화 결정요인 탐색	이론 선정 및 교육철학 명료화	교육목표 진술	교육계획 수립	평가계획 수립
1단계	2단계	3단계	4단계	5단계	6단계

활동 11

6단계: 평가계획

수업 시작 전에 평가를 계획하면 성공을 확신할 수 있다. 수업계획은 평가계획을 확정한 후에도 조정하거나 되돌릴 수 있다. 평가계획을 수행할 때, 먼저 교육목표와 행동목표를 달성하는 데 성공한다면 그 결과가 무엇일지 정해야 한다. 그다음 그 결과들을 측정할 방법을 정한다. 이때 평가계획 활동지를 사용하면 평가계획 설계에 도움이 될 것이다.

대상자가 목표를 달성했는지 어떻게 알 수 있을까? 교육목표를 아래 표에 적어보고 교육목표 달성을 판단할 수 있는 적절한 방법을 적어보자. 마지막으로 평가를 위한 질문을 작성해보자.

교육목표(이론적 결정요인)	방법	결과평가를 위한 질문 예시
대상자들은 집에서 채소요리를 할 자신감을 가질 수 있다(자아효능감).	설문조사	집에서 채소요리를 할 자신이 얼마나 있습니까? (전혀 자신 없다, 약간 자신 있다, 자신 있다, 매우 자신 있다)
대상자들은 다양한 채소와 과일 섭취의 중요성을 설명할 수 있다(인지된 이익).	설문조사	다양한 채소와 과일을 먹는 것이 얼마나 중요합니까? (전혀 중요하지 않다, 약간 중요하다, 중요하다, 매우 중요 하다)
대상자들은 자신의 채소와 과일 섭취가 권장량에서 얼마나 부족한지 인식할 수 있다(인지된 위험).	활동지	최근 식사는 USDA의 MyPlate과 얼마나 일치합니까? (개방형 서면 응답)
대상자들은 채소와 과일의 다양한 특성을 인식할 수 있다(식품기호도).	집단토의	이 음식을 묘사할 수 있는 구체적이고 정교한 형용사는 무엇입니까? (개방형 서면 응답)
대상자들은 채소와 과일 섭취에 따른 인지된 장애를 극복할 전략을 찾아낼 수 있다(인지된 장애).	활동지	어떤 팁이 당신이 채소와 과일을 더 많이 다양하게 먹을 수 있게 하는 데 도움이 될 것 같습니까? (개방형 서면 응답)
대상자는 나의 간식 선택에 친구들이 미치는 영향을 인식할 수 있다(인지된 사회규범).	집단토의	친구와 동료들은 당신이 먹는 것에 어떤 식으로 영향을 미칩니까? (개방형 서면 응답)
대상자들은 어떻게 채소와 과일의 섭취를 늘릴지(양, 다양성) 설명할 수 있다(행동능력: 인지적 기술).	설문조사	6학년 학생들이 채소와 과일을 더 많이 먹도록 하기 위해서 어떤 말을 해주겠습니까? (개방형 서면 응답)
대상자들은 채소와 과일을 이용한 간식을 만들 수 있다(행동능력: 행동적 기술).	관찰	학생들이 채소와 과일 간식을 안전하게 자르고, 섞어서 제공할 수 있습니까? (체크리스트 관찰 양식)
대상자들은 채소와 과일을 더 많이, 그리고 더 다양하게 먹겠다는 목적을 설정하고 모니터링할 수 있다(목적 설정).	활동지	채소와 과일의 스마트 목표는 무엇입니까? 스마트 목표를 달성하기 위해 취할 행동은 무엇입니까? (개방형 서면 응답)
대상자들은 채소와 과일을 더 많이, 더 다양하게 먹을 수 있다는 자신감을 높일 수 있다(자아효능감).	설문조사	채소와 과일을 더 많이 섭취할 수 있다고 확신합니까? (전혀 자신 없다, 약간 자신 있다, 자신 있다, 매우 자신 있다)

영양교육 설계과정

행동변화 목적 설정	행동변화 결정요인 탐색	이론 선정 및 교육철학 명료화	교육목표 진술	교육계획 수립	평가계획 수립
1단계	2단계	3단계	4단계	5단계	6단계

대상자가 행동변화목적을 달성했는지를 어떻게 알 수 있는가? 표에 행동변화목적을 적고, 목표가 달성됐는지를 확인할 적절한 방법을 적어보자. 마지막으로 평가를 위해 대상자에게 할 질문을 적어보자.

행동변화목적	방법	결과를 평가할 질문 예시
대상자는 가당음료를 덜 마신다.	식품섭취빈도법	당신은 어제 탄산음료, 가당 아이스티, 과일음료 등의 가당음료를 얼마나 마셨나요? (______잔)
대상자는 채소와 과일 섭취를 늘린다.	24시간회상법	전체 식사에서 채소와 과일을 선택하시오(사전-사후).

관심문제의 개선 여부를 어떻게 알 수 있는가? 이것은 다차시 중재에만 적용된다. 1단계에서 확인한 관심문제를 적고 관심문제가 개선되었는지를 확인할 적절한 방법을 적어보자. 마지막으로 평가를 위해 대상자에게 할 질문을 적어보자.

관심문제	방법	결과를 평가할 질문 예시
소아비만	신체계측	신장(사전-사후); 체중(사전-사후) 신장(사전-사후); 체중(사전-사후)
소아비만	신체계측	신장(사전-사후); 체중(사전-사후) 신장(사전-사후); 체중(사전-사후)

가능한 방법
설문조사, 인터뷰, 포커스 그룹, 식이 섭취회상법, 식품섭취빈도법, 식사일기, 집단토의, 프로젝트, 활동지, 집단에서 질문에 대한 답을 제시하기, 대상자 응답, 신체계측, 생화학적 지표, 관찰

영양교육 설계과정

1단계	2단계	3단계	4단계	5단계	6단계
행동변화 목적 설정	행동변화 결정요인 탐색	이론 선정 및 교육철학 명료화	교육목표 진술	교육계획 수립	평가계획 수립

강의는 어떻게 진행되었는가? 아래 표를 사용해서 강의 과정평가를 위한 정보 수집방법을 생각해보자. 이때 정보를 수집할 대상자와 시간을 고려해야 한다. 이후 유사한 강의나 비슷한 대상자를 교육할 예정이라면 특히 중요한 과정이다.

과정요소	방법	질문 예시
프로그램을 완료했는가?	관찰 체크리스트	얼마나 많은 수업을 완료했는가?
계획대로 했는가?	관찰 체크리스트	• 어떤 활동을 완료했는가? • 어떤 활동이 완료되지 않았는가?
대상자가 강의에 만족했는가?	설문조사	수업을 얼마나 좋아했는가? (전혀 아니다, 거의 아니다, 약간 좋아했다, 많이 좋아했다)
대상자는 무엇을 개선할 수 있다고 생각했는가?	설문조사	전체 식사에서 채소와 과일을 선택하시오(사전–사후).
기타:		

영양교육 설계 절차를 완료하는 데 사용한 자료는 무엇인가?

[1] Ogden CL, Carroll MD, Flegal KM. High body mass index for age among US children and adolescents, 2003–2006. JAMA. May 28 2008; 299(20);2401–2405.

축하합니다! 영양교육 설계 절차를 완료했습니다.

Memo

CHAPTER 12

© Africa Studio/Shutterstock

환경적 지지를 위한 영양교육 설계

개 요

이 장에서는 영양중재에 참여하는 대상자들이 행동변화를 용이하게 할 수 있도록 환경적 지지를 구축하기 위해 영양교육 설계를 적용하는 방법을 예를 들어 설명한다. 중점 내용은 사회생태학적 모델의 다양한 수준에서 지지활동을 어떻게 제공하는지이다. 여기서 사회생태학적 모델의 다양한 수준이란 사회적 지지를 포함한 개인 간 수준, 직장, 조직 및 지역사회를 포함한 환경적 수준, 정책·사회구조 및 시스템 수준을 말한다.

목 표

1. 환경적 요인 중 잠재적 결정요인을 다룰만한 보편적인 활동을 서술할 수 있다.
2. 영양중재에서 의사결정자 또는 정책입안자와 협력하는 것의 중요성을 설명할 수 있다.
3. 6단계 절차에 따라 잠재적 환경영향요인을 선정하여, 환경적 지지 목표를 수립하고, 활동계획과 평가계획을 세울 수 있다.

1 행동변화목적을 달성하기 위한 사회적·정책적·환경적 지지

영양중재에서 행동변화목적을 달성하기 위해서는 개인의 동기나 기술도 중요하지만 환경적 지지가 필요한 것이 사실이며, 이는 이론 기반 영양교육에서 ① 실행동기의 신장, ② 실행능력의 촉진, ③ 실행을 위한 환경적 지지로 나타낼 수 있다. 세 번째 구성요소의 목표는 대상자가 주변 환경에서 건강한 식품을 손쉽게 선택하고, 실행할 기회를 가지며, 장애요인을 감소시키는 것이다. 식품이나 영양과 관련된 많은 문제는 영양교육자 혼자 처리할 수 없으며, 이러한 문제를 다루기 위해서는 개인의 행동변화뿐만 아니라 환경의 변화도 동반되어야 하므로 다른 분야와의 협력이 필요하다.

개인의 식행동에 영향을 미치는 다양한 사회환경적 수준은 사회생태학적 모델에 제시된 것과 같으며 본 교재의 5장에 설명되어있다. 영양중재 설계 시 어떤 조직과 협력할지를 결정하는 것은 행동변화목적을 달성하기 위해 지지할 수 있는 사회적·정책적·환경적 지지의 기술과 자원을 얻는 것과 같다. 다음에 제시되는 협력체들은 지지적 환경 조성을 위한 조력자가 될 수 있으며 중요한 역할을 수행할 수 있다.

> 학교장과 관리자, 학교나 직장의 급식 제공자, 정부나 지방자치단체 조직(예: 공중보건 관련 부서 또는 교육부서), 종교 조직, 식품이나 영양 관련 지역사회 조직(예: 푸드뱅크, 무료급식센터, 학교급식지원센터 등), 식품이나 건강 및 신체활동과 관련 있는 비영리단체(예: 식생활교육네트워크, 푸드포체인지 등).

영양교육 설계과정에 따라 환경적 지지 구축을 설계하는 과정은 **그림 12-1**에 요약 제시하였다.

2 1단계: 프로그램의 행동변화목적 설정

1단계에서 영양중재의 행동변화목적을 설정하는 방법은 6장에서 설명한 내용과 같다. 설정된 행동변화목적은 영양중재가 어떤 집단이나 매체를 통해 전달되든 동일하며 사회적·환

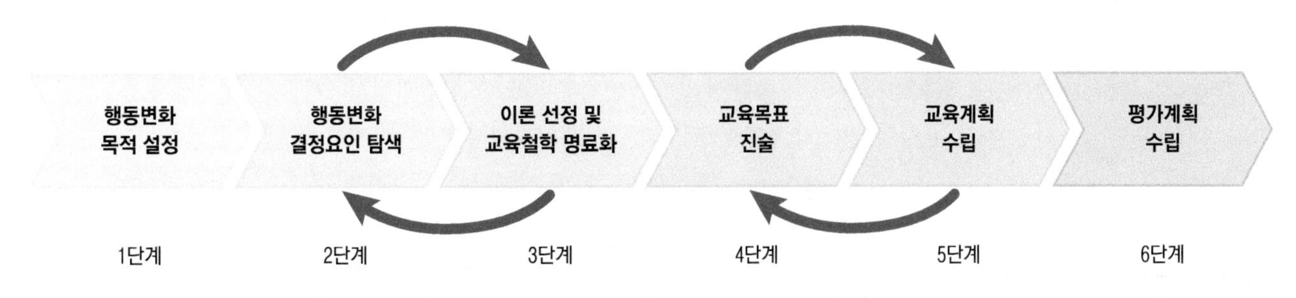

투입: 자료 수집		산출: 이론 기반 중재의 설계			결과: 평가계획
과업 • 대상자의 건강 및 영양문제에 기반한 영양중재의 행동변화목적 설정	과업 • 정책, 시스템(체계), 환경적 지지 탐색	과업 • 구성요소, 소통경로 선정 • 각 수준별 적합 이론 및 모델 선정 • 프로그램 철학 명료화	과업 • 정책, 시스템, 환경적 지지 목표 설정	과업 • 정책, 시스템 및 환경에 대한 계획 수립 • 결정요인별 활동 계획	과제 • 결과평가 계획 수립 • 과정평가 계획 수립
결과물 • 영양중재의 행동변화 목적 진술	결과물 • 행동변화목적을 위한 환경 및 정책적 지지 목록화	결과물 • 구성요소, 소통경로 목록화 • 프로그램 구성요소별 적용 이론 • 프로그램 철학 진술	결과물 • 프로그램의 정책, 시스템 및 환경적 목표에 대한 목록	결과물 • 목적 달성을 위한 지지 계획	결과물 • 평가방법 및 평가 문항 목록 • 과정평가를 위한 절차 및 평가방법

그림 12-1 영양교육 설계과정: 행동변화를 위한 정책, 시스템 및 환경적 지지 설계과정

경적·정책적 지지활동 설계에도 그대로 반영된다.

3 2단계: 행동변화를 위한 환경적 지지 탐색

환경적 결정요인을 이해한다는 것은 식품 공급자, 정부 조직 또는 지역사회 조직과의 협력 도모가 시작된다는 것을 의미한다. 영양중재의 설계에서 환경 분석을 수행하는 것은 적합한 활동을 개발하는 데 유용하다. 다음에 제시하는 예는 영양중재에서 식생활환경 분석에 활용할 수 있는 평가내용들이다.

1) 개인 간 사회환경

(1) 가족환경

'주요 대상자가 성인이라면 식품 구입과 준비는 누가 하는가? 자녀, 배우자, 다른 가족 등 배려가 필요한 다른 사람들과 식사하는가? 목표행동에 대한 가족구성원의 지지는 어느 정도인가? 어떻게 가족의 지지를 얻을 수 있는가? 어떤 매체(예: 워크숍, 신문, 이메일, 문자 메시지, 비디오, 웹사이트)를 사용해야 그들에게 더 지지받을 수 있는가?' 등의 가족환경을 조사한다. 대상자가 청소년일 때도 유사한 형태의 질문을 적용할 수 있다.

(2) 사회적 관계망 및 사회적 지지

'대상자는 직장 동료 또는 다른 학부모 등의 동료집단으로부터 목표행동을 실행하고 유지할 수 있는 지지를 받는가? 누구로부터 어떤 형태의 지지를 받는가(예: 정서적·기술적 지지, 피드백)? 사회적 미디어를 사용하는가? 그들 스스로 사회적 지지 참여에 관심을 갖는가?' 등의 질문을 통해 대상자의 사회적 관계망과 사회적 지지 정도를 파악해야 한다.

2) 환경적 장소: 조직 및 지역사회 수준

(1) 목표식품의 접근성

행동변화에 필요한 식품을 주변 환경, 직장, 학교급식 등에서 이용할 수 있는지, 접근하기 쉬운지를 조사한다.

(2) 물리적 환경의 접근성

물리적 환경이 영양중재의 행동변화목적 달성에 적합한지 조사한다. 예를 들어 영양중재에서 목표가 되는 식품을 파는 상점이나 레스토랑 등을 지도에 표시하여 물리적 환경의 접근성을 평가할 수 있다. 이런 활동을 하기 어렵다면 최소한 영양중재가 수행되는 지역의 식생활환경을 살펴보아야 한다.

(3) 지역사회 수행력 및 역량

'대상 집단이 식품 및 신체활동의 환경을 좋게 하는 데 관심을 가지는가? 만약 그렇다면 지역사회의 환경 변화를 위해 어떤 활동을 했는가? 조직 구성이나 협력, 활동설계 등과 관련하여 어떤 기술을 가지고 있는가?' 등 지역사회 수행력 Community capacity 및 역량을 살펴보아야 한다.

3) 영향력 부문: 정책, 사회구조, 시스템

(1) 정책

'근로자의 건강정책에는 어떤 것이 있는가? 학교에 식품 및 신체활동과 관련된 정책이 있는가? 지자체 또는 정부에는 식품 및 건강과 관련한 정책이 수립되어 적용되고 있는가?' 등 식품 및 신체활동과 관련된 정책을 파악해야 한다.

(2) 사회구조: 통신과 마케팅 환경

영양중재에서 정보환경으로 활용될 수 있는 것들에는 무엇이 있는지 파악한다. 예를 들어 '직장 사무실이나 학교의 교실에 어떤 식품 포스터가 게시되어있으며, 식당에는 어떤 식품이 진열되어있는가? 공공장소에서의 식품이나 음료 광고 정책은 있는가?' 등을 살펴본다. 또한 영양교육 대상자를 겨냥한 식품 마케팅에는 어떤 것들이 있는지 등을 파악한다.

(3) 식품 및 건강 관련 시스템

'어떤 식품 지원 프로그램이 있는가? 영양중재의 주요 대상자들은 건강증진센터에 접근이 용이한가?' 등을 파악한다.

4 3단계: 프로그램 구성요소 및 이론 선정

1단계 및 2단계 검토 내용으로부터 3단계의 프로그램 구성요소 선정에 필요한 근거자료를 얻었다면 지금부터는 어떤 프로그램 구성요소를 얼마나 선정할 것인지를 정하고 적절한 이론을 선정한다.

1) 프로그램의 구성요소 정하기

프로그램 구성요소를 선정하기 위해 필요한 내용은 '프로그램의 행동변화목적과 대상자와 관련한 문헌이나 식생활지침에서 효과적인 것으로 제시한 구성요소와 소통경로는 무엇인가? 프로그램에 어떤 자원들을 활용할 수 있는가?'라는 질문

표 12-1 프로그램 구성요소와 수행을 위한 자료의 예

프로그램 구성요소	프로그램 수행을 위한 자료
학교 기반 프로그램	
교실	교육과정 또는 지침서 활동지 및 과제 동영상 자료 인센티브 및 보상 계획 조리수업 또는 미각수업 재료 텃밭활동 재료
교사의 전문성 개발 수업	교사의 전문성 개발 지침서 또는 절차
보호자 참여 • 교육 • 기타활동	 보호자 교육용 지침서 및 자료 보호자 활동자료(가정 내에서 수행할 수 있는 자료) 뉴스레터 또는 기타 안내자료 가족모임 시 활용할 수 있는 활동 자료(조리법 등)
학교환경(협력 필요) • 학교급식	 학교급식의 전문성 개발 지침서 메뉴 지침서 생산자 직거래 계획(필요시)
• 학교의 식생활 관련 정책	학교의 식생활환경 평가도구 학교 건강증진위원회(가칭) 모집 및 활동 절차 학교 건강증진정책 지침서
• 학교 정보 환경	포스터 부착(교실, 복도, 급식실 등) 공지사항 게시
가정환경	가정통신문, 활동지, 조리법, 모바일 또는 온라인 매체 활용 메시지
직장 프로그램	
교육 • 개시 행사	 개시활동에 대한 절차/ 매체
• 교육	차시별 수업 계획/활동 지침서 활동지, 배부자료
• 활동	건강박람회 절차, 조리 시연 절차 체중/신장 측정기 영양퀴즈

(계속)

프로그램 구성요소	프로그램 수행을 위한 자료
직장 프로그램	
• 정보 제공	피드백 자료가 포함된 책자, 자기평가지 최신 정보 자료
직장환경 • 식당/카페테리아	권장메뉴 제공/ 메뉴 변경 지침
• 급식정책	급식정책 문서
• 정보환경	영양정보(급식메뉴/자판기)
지역사회 프로그램	
지역사회 교육	차시별 교육활동 계획/지침서 활동지, 배부자료 요리교실(수업기술, 조리법) 미각수업 자료, 간식 재료
사회적 마케팅	사회적 마케팅 메시지, 자료 접근 기회 증진을 위한 매체 모음
직거래 장터	직거래 장터 둘러보기 및 조리 시연 등에 관한 활동 지침서 조리법, 배부 자료

을 통해 얻을 수 있다. 이때 얼마나 많은 영양교육자가 참여할 수 있는지, 협력 조직이 있는지, 교육기간(시기)이나 개발에 소요되는 시간은 어느 정도인지를 고려해야 한다. 그리고 바람직한 환경과 지지 정책을 제공할 협력자나 파트너가 있는지, 프로그램을 수행할 때 필요한 것은 무엇인지, 가령 교육계획이나 교육매체 및 메시지 등이 필요한지를 검토해야 한다. **표 12-1**은 프로그램 구성요소와 수행을 위한 자료들에 대한 예시이다.

2) 적합한 이론 선정하기

사회생태학적 모델은 대상자들의 식습관에 관한 여러 영향요인을 이해할 수 있는 구조를 제공한다. 이러한 구조는 사회생태학적 모델의 어느 수준에 중점을 두고 중재 프로그램을 계획해야 하는지를 아는 데 도움이 된다. 그러나 이 모델은 이론이 아니므로 개인 내, 개인 간, 환경적 수준별로 어떤 변화가 일어나는지, 중재의 어느 수준에 적합한지를 설명해줄 수 있는 이론을 찾아야 한다. 이에 적합한 이론에 대해서는 5장에 잘 설명해두었다. 여기서는 각 수준에 적합한 이론을 몇 가지만 살펴보도록 한다.

- **개인 내 수준** 건강신념모델, 합리적/계획적 행동이론, 사회인지론, 자기결정이론, 건강행동과정 접근모델, 자기규제 모델과 같은 사회심리 이론이 적합하다.
- **개인 간/사회적 지지 수준** 사회인지론과 그 밖에 사회적 지지와 사회적 관계망 이론들이 적합하다.
- **기관, 조직 및 지역사회의 참여활동을 위한 환경 조성** 조직과 지역사회에서 혁신 이론을 확산시키고 파트너십과 협력 체제를 구축하며, 지역사회 수행력을 기르고, 지역사회 행동으로 접근해나갈 수 있는 이론이 적합하다.
- **정책과 시스템 수준** 의사결정자와 정책입안자가 건강한 식생활과 적극적인 삶을 지지할 수 있도록 정책과 시스템을 변화시키거나 개발하도록 교육하고 홍보하는 접근방식이 적절하다.

(1) 목표 행동변화에 대한 여러 수준의 중재를 위한 이론 적용

목표 행동변화에 대한 여러 수준의 중재를 위해 이론을 적용한 예로는 뉴욕주에서 실시한 식품영양교육 확장 프로그램(EFNEP, Expanded Food and Nutrition Education Program) 중 아동비만을 줄이기 위한 아동 환경의 건강, 활동, 영양을 위한 협력 프로그램(CHANCE, Collaboration for Health,

표 12-2 영양중재에서 사회인지론 및 사회생태학적 모델 적용의 예

활동내용	사회인지론: 구성요소	사회생태학적 모델의 수준 또는 영역
학교관리자: 학교텃밭사업 개시	환경: 상호결정론	정책과 시스템
학교관리자: 최소 한 달에 한번 모든 학급이 텃밭 체험활동을 하도록 하기	환경: 상호결정론	정책과 시스템
지역식품을 급식에 제공하기	환경: 상호결정론	환경설정: 제도적 장치
학교가 시식회 개최하기	개인: 기대	환경설정: 지역사회
교사가 학교급식에서 채소와 과일을 먹는 역할모델 되기	개인: 사회적 모델링, 정적 강화	개인 간 수준: 사회적 지지
농부가 정기적으로 학교 방문하기(급식실 또는 교실)	개인: 기대	개인 간 수준: 사회적 지지
맛 테스트 실시하기	개인: 기대, 정적 강화	개인 내 수준
교실에서 음식을 준비하거나 나누어 먹기	개인: 기대, 행동수행력, 자아효능감	개인 내 수준

Activity, and Nutrition in Children's Environment)이 있다.

(2) 목표 행동변화에 대한 여러 수준의 중재를 위한 통합이론 적용

영양중재 계획 시 행동변화목적에 도달할 교육활동을 개발하는 데 사용되는 이론들은 수준별로 다를 수 있다. 하지만 중재의 목적에 좀 더 중점을 둘 수 있는 통합 이론모델도 있다. 그중에서 사회인지론은 행동변화를 개인적, 행동적, 환경적 요인이 각기 또는 상호작용적으로 영향을 준 결과라고 설명하는데 이를 상호결정론이라고 한다. 환경적 요인에는 사회생태학적 모델의 여러 수준, 즉 기관/조직 수준, 지역사회 수준, 정책 수준의 여러 영향요인이 포함되어있다. 행동의 여러 결정요인이 사회인지론에 포함되며 이에 관한 내용은 **표 4-1**에 자세히 설명되어있다.

Berlin과 동료들은 사회생태학적 모델의 여러 수준이 포함된 Farm-to-School 프로그램에 사회인지론을 적용하였는데(Berlin 등, 2013a, 2013b) 구체적인 활동내용은 **표 12-2**와 같다.

5 4단계: 행동변화목적 달성을 위한 환경적 지지 목표 설정

이전 단계에서 얻은 증거를 바탕으로 일반적인 환경적 지지 목표Environmental support objevtives를 선정한 후에는 수준별 또는 부문별 목표를 설정한다. 일반적 교육목표 진술에 대한 예는 **사례연구 12-1**에 제시되어있으며, 환경적 구성요소에 대한 일반적 지지 목표 진술의 예는 다음과 같다.

사례연구 12-1 자녀가 채소나 과일을 즐겨 먹도록 장려하기 위한 부모/가족 대상의 교육계획

행동변화목적

부모나 가족구성원이 적절한 방법을 활용하여 자녀가 채소나 과일을 먹을 수 있게 한다.

일반적 교육목표

- 자녀가 다양한 채소나 과일을 먹어야 하는 것의 중요성을 말할 수 있다.
- 자녀가 좀 더 쉽게 채소나 과일을 먹을 수 있는 방법(기술)을 사용할 수 있다.
- 자녀가 채소나 과일을 잘 먹게 하기 위한 적절한 양육 기술을 개발할 수 있다.
- 적절한 양육기술을 사용하여 자녀의 채소와 과일 섭취를 용이하게 할 수 있다.

개관(지도 포인트)

적절한 양육기술을 이용하면 자녀가 좀 더 다양한 채소나 과일을 먹게 할 수 있다.

(계속)

교수매체

다양한 색의 채소와 과일(또는 사진), 채소와 과일을 활용한 간단한 음식의 조리법 또는 인쇄자료, 민주적인 양육기술에 대한 인쇄자료, 실행계획에 대한 인쇄자료

수업과정

- 도입(흥미 유발)
  - 개별 자기평가(채소와 과일의 섭취량 및 기호도 조사): 다양한 채소와 과일을 제시하고 그중에서 무엇을 먹어보았는지, 무엇을 좋아하고 싫어하는지에 대해 조사하기, 자녀들이 그중에서 무엇을 얼마나 먹는지 조사하기, 자녀의 연령에 맞는 채소와 과일 섭취 권장량을 제시하고 비교하기
- 설명하기
  - 채소와 과일 섭취 시 긍정적 결과에 대한 정보: 브레인스토밍이나 이익 목록 만들기 활동, 또는 자극적인 사진이나 인터넷 영상을 이용하여 자녀의 채소와 과일 섭취에 따른 이익에 관하여 알기
- 발전시키기
  - 촉진적 대화를 통한 자아효능감: 자녀의 채소와 과일 섭취와 관련된 부모의 성공담 나누기
  - 행동수행력: 적절한 양육기술에 대해 사고할 수 있도록 자극하기
  - 자녀의 채소와 과일 섭취량 증진을 위해 어떤 양육기술을 적용할 수 있는지 토의하기

〈예〉
- 사례 제시: 부모가 채소와 과일을 즐겨 먹는다는 것을 보여주기
- 채소와 과일이 건강에 좋고 매력적으로 보일 수 있도록 주방 꾸미기
- 식탁에 항상 채소와 과일 놓아두기
- 채소와 과일을 먹을 수 있도록 만들어 냉장고의 아이들 눈에 잘 띄는 곳에 놓아두기
- 누구에게나 같은 음식 제공하기, 간편식 요리 그만하기, 식품 선택의 범위를 정해두고 그 안에서 어느 정도의 선택 허용하기
- 음식이 아닌 것으로 보상하고, 관심 가져주기
- 함께 식사하기, 식사할 때 서로에게 관심 갖기, 식사 중에는 TV를 끄고 전화하지 않기, 즐겁게 대화하고 식사하기

  - 촉진적 집단토의(장애와 문제 극복방법): 위에서 논의된 양육기술을 적용할 때 발생할 수 있는 문제와 극복방법에 대해 토의하기
- 정리하기
  - 실행목적 설정(구체적 실행목적 설정하기): 교육 초기에 작성했던 설문지를 보고 자녀의 채소와 과일 섭취사항에서 추가하거나 장려할 부분을 검토한 후, 부모가 실행할 수 있는 2~3가지 정도의 구체적인 실행목적을 정하기

- **학교급식** 학교급식 메뉴에서 대상자의 흥미를 불러일으킬만한 채소와 과일 메뉴를 제공한다.
- **학교** 식품과 신체활동 환경이 건강 증진에 기여하도록 정책을 강화한다.
- **부모** 가당음료나 가공된 간식류를 자녀에게 덜 제공한다.

그림 12-2는 영양중재가 각 수준별 부문에 어떻게 직접적으로 관여하는지를 보여주며 단기, 중기, 장기 수준을 로직모델에 따라 선정한 사례이다(Chipman 2014).

6 5단계: 사회적 지지를 강화시키기 위한 계획 수립

영양중재계획을 수립할 때는 사회인지론에서 제안하는 전략들을 활용하여 환경적 지지 강화계획을 수립할 수 있으며, 이러한 예들은 5장에 언급되어있다. 프로그램 계획 시 각 구성요소별 활동내용 및 일정에 대한 사례는 **표 12-3**에 제시하였다.

사례연구 12-2는 지역사회 수준의 환경적 지지활동의 사례를 제시한 것이다.

투입	산출		결과		
자원	활동	대상자	단기	중기	장기
	개인 내 수준		개인/가족		
	직·간접적 방법을 활용한 이론 기반 교육 프로그램(예: 교육매체, 인터넷, 첨단장비)	아동, 청소년, 성인, 다문화집단	학습과 동기유발(자각, 동기유발, 지식 및 기술 증진)	행동실행(행동 변화를 위한 동기유발, 지식, 기술 활용)	건강 증진(위험요인 감소, 건강 향상)
	사회적 마케팅: 소비자 중심 다채널 활용	구체적으로 분류되는 집단			
재정자원	개인 간 사회환경 수준				
인적자원(직원, 봉사자)	사회적 지지, 사회적 관계망	제휴 대상자(가족, 사회적 관계망)			
시간	환경적 기반(기관/조직, 지역사회, 협회 등)		협력조직		
자료 요구 조사, 계획과정	지역의 협력조직 개발 전략, 지역사회 수행력 공동 구축, 환경적 장애요인 축소	지역사회 조직 및 지도자, 지역의 유관 기관 및 조직과 협력관계	자각 증진(협력관계 조성, 목표행동 지지를 위한 기회 명료화)	변화에 대한 약속(협력조직들이 목표행동을 다룰 실행계획 수립)	지역사회 문제해결(지역사회 조치들이 목표행동이나 쟁점을 개선시킴)
	영향력 부문(사회구조, 시스템 및 정책)		정책입안자		
	목표행동이나 관심 주제에 대한 접근성 강화를 위한 사회시스템과 공공정책 수립 및 개정을 위한 노력	관련 정책입안자	목표행동의 규명 및 관련 문제의 명료화	목표행동의 지원을 위한 공동 협력	정책 개정과 반영

그림 12-2 지역사회 기반 영양중재 로직모델

표 12-3 영양중재 구성요소별 수행 일정 예

중재 전에 수행할 사항

- 행정관계자, 정책입안자 면담(영양중재에 대한 적극적 지원을 얻기 위함)
- 학부모조직 면담(학부모 워크숍 등의 논의)
- 영양중재에 대한 토론을 위해 건강증진정책위원회 회의 참석
- 교사를 대상으로 한 전문성 개발 자료 제공
- 영양중재의 목표식품에 대한 급식 종사자 연수

중재의 구성요소 및 활동내용	1주	2주	3주	4주	5주
교실 수업(2회/주)	×	×	×	×	×
학부모/가족 워크숍		×		×	
학부모/가족 신문			×		×
유명인사 모임	×				

(계속)

중재의 구성요소 및 활동내용	1주	2주	3주	4주	5주
건강증진정책위원회 회의	×				×
건강증진활동(미각 테스트, 쉬는 시간의 신체활동)		×			×
학급별 텃밭활동		×		×	
정보환경(포스터, 게시자료)	×	×	×	×	×
학교급식	×	×	×	×	×
학교텃밭	×	×	×	×	×

사례연구 12-2 록 온 카페

록 온 카페(Rock on Cafe)는 협력관계를 통해 학교급식에 지속가능한 시스템을 도입하고자 하는 지역사회 풀뿌리 프로그램이다. 이 프로그램은 '보다 건강한 뉴욕을 위한 단계적 대책' 중 일부로 4곳의 지역사회와 15곳의 학교지구가 참여하였다.

정보 평가

- '보다 건강한 뉴욕을 위한 단계적 대책'에서 가장 우려되는 문제는 당뇨병, 비만, 천식이었다.
- 이 문제들의 원인 행동 및 습관은 영양불량, 신체활동 부족, 흡연이었다.

중재

- 중재이론: 사회인지론을 중심으로 사회마케팅 원리를 적용하였다.
- 영양교육 프로그램 목표: 적용한 이론에 근거하여 다음과 같이 목표를 설정하였다.
  1. 개인적 수준: 학생, 학부모, 학교급식 관계자를 교육한다.
  2. 학교 수준: 건강한 식품 선택을 정립하고, 영양가가 낮은 식품은 제한한다.
  3. 학교와 지역사회의 사회적 규범: 건강한 식품 선택을 수용가능한 규범으로 만들기 위한 홍보물에 학교와 지역사회의 역할모델을 포함시킨다.
  4. 식품환경 변화를 위한 지역정책: 식품 조달, 메뉴 개발, 상품화와 관련한 지역 식품정책을 수립한다.

중재의 구성요소와 과정

일정과 주요 활동	중재의 구성요소	중재과정
1년: 프로그램 계획과 팀 구성	• 지역 계획 팀 구성 • 지역 식품 조달 시작 • 영양사 업무 계약	• 급식관리자, 학교, 관리자의 든든한 지지 • 요구평가 실시 • 장단기 팀 목적 설정
2년: 참여와 훈련을 통한 수행력 개발	• 급식관리자 교육 • 전자매체를 활용한 급식 음식의 분석 • 급식메뉴 표준화	• 학생 설문조사와 맛 테스트 • 새 조리법 개발 • 학교급식 관계자 훈련
3년: 중재 실시	• 사회적 마케팅과 상품화 • 주요 이해관계자 참여 • 학생과 학부모 교육	• 지역사회 동반자의 지지 얻기 • 메시지 전파를 위한 공공 캠페인 시작 • 사회적 마케팅(스티커, 포스터, 앞치마, 메뉴판 등) • 자료 모니터링

효과평가 결과

- 학교
  1. 신선한 과일과 채소 구매량이 14% 증가하였다.
  2. 학교급식에서 지방 30% 이하 수준의 지침을 꾸준히 지켰다.
  3. 학교급식 참여율이 3% 증가하였다.
- 학부모: 학교급식에서 건강한 선택을 할 수 있게 되었다고 생각하는 학부모의 비율이 38%에서 45%로 약 7% 늘어났다.
- 학교급식: 영양사와 통합된 식품조달방식이 매우 높게 평가되었다.
- 총평: 팀 조성, 조직적인 학습, 지역사회 협력관계, 사회마케팅이 이 모든 성공과 지속가능한 장기적인 변화에 기여한 것으로 보인다.

자료: Johnson Y., Denniston R., Morgan M., Bordeau M. 2009. Steps to Healthier New York: Achieving sustainable systems changes in school lunch programs. Health Promotion Practice 10:100S-108S.

7 6단계: 평가계획

영양교육 설계의 마지막 단계는 평가계획의 수립이다. 표 12-4는 영양교육 평가의 구조적 틀에 대한 사례이며, 개인 간 수준(부모가 자녀에게, 직장에서 관리자가 근로자에게)에서 프로그램 효과평가에 활용될 수 있는 목표나 평가방법 및 도구를 제시한 것이다. 환경이나 정책의 변화를 평가하는 도구로는 학교 건강증진정책 평가(Schwartz 등 2009) 또는 식품판매점이나 식당의 질 평가(Glanz 등 2007; http://www.med.upenn.edu/nems/measures.shtml) 등이 있다.

조직수준의 환경적 지지의 변화를 측정하는 목표와 평가도구는 표 12-5를 참고하고, 지역사회 식품환경과 정책적 지지를 측정하는 목표와 평가도구는 표 12-6을 참고하도록 한다.

표 12-4 개인 간 수준에서의 건강 행동에 대한 지지 평가(예)

지지 전략	목표	결과평가 방법 또는 도구
부모/가정		
행동변화	가정에서 부모가 자녀에게 목표 식품에 대한 접근성 및 이용성을 증가시킨다.	• 부모가 식사나 간식으로 목표 식품 제공하기
	부모가 자녀의 건강 식행동과 관련된 실천 내용이나 규칙을 정하고 실행한다.	• 부모가 정한 항목에서 자녀가 먹은 새로운 음식의 종류와 먹은 양 표시하기; 식사와 관련된 양육습관에 관한 설문지: 보상, 허용범위, 격려 등(Blisset 2011)
결과기대 (인지된 이익)	채소와 과일 섭취가 건강에 미치는 영향에 대한 부모의 이해도를 높인다.	• 건강과 질병 관련 채소와 과일에 대한 지식 평가(구술 또는 지필)
역할모델	부모나 보호자가 목표 식품(영양중재에서 중점적으로 강조되는 식품)을 자녀에게 제공한다.	• 부모가 섭취한 채소나 과일의 빈도수 및 양 보고(Reynolds 등 2002)
직장		
사회적 지지	직장 동료 또는 가족이 목표 식행동을 지지한다.	• 개별 설문 • 건강식행동 실천에 대한 칭찬 • 먹어보고자 하는 채소나 과일 가져오기 • 채소와 과일을 먹도록 격려하기(Sorensen 등 1998)
사회적 관계망	사회의 지지 조직 수와 집단 내 역할 수준을 증가시킨다.	• 지지 조직의 기능 관찰 및 체크리스트

표 12-5 조직 수준의 정책, 시스템 및 환경적 지지 평가(예)

지지 전략	목표	결과평가 방법 또는 도구
식품환경		
식당 등 외식업체에서 건강한 식품 제공	외식업체 관계자 또는 식품 판매상들이 목표 식품 및 목표 식행동변화를 위해 제안된 조리방법 및 구매방법을 따른다.	• 체크리스트에 의한 면접 또는 관찰 • 식품구매 목록 검토
	영양중재에서 제안된 변화를 식품의 질에 반영한다.	• 식단 분석 • 제공되는 식품의 현장 조사
구내식당에서의 식품 관련 활동	구내식당 관계자나 식품 판매업체가 목표 식품과 관련된 활동을 수행한다.	• 활동에 대한 월별 점검 • 홍보된 식품의 질에 대한 검토: 체크리스트 또는 관찰
학교 또는 상점에서 목표식품 제공	조직 내 매점의 가이드라인을 개발하고 실행한다(매점 내 목표식품의 가짓수와 수량을 증가시킨다).	• 가이드라인 검토 • 매점에서 이용 가능한 건강한 식품의 종류 및 수량 파악

(계속)

지지 전략	목표	결과평가 방법 또는 도구
식품환경		
지역농산물 또는 지역 가공식품	학교와 직장 내 식당에서 지역식품을 이용한다.	• 계절에 맞는 지역농산물의 공급 여부 파악
학교텃밭	학교텃밭을 개시하고 운영한다.	• 관찰 또는 설문조사
정보환경		
영양중재의 목표 식행동을 지지할 수 있는 정보환경	정보매체를 이용하여 학교나 조직에서 긍정적이고 지속적으로 목표 식행동 및 목표 식품에 대한 정보를 제공한다.	• 게시되거나 계획된 포스터의 수량 파악(내용 검토) • 배부된 인쇄물, 신문 수량 파악 • 학생 또는 근로자 대상 설문조사
	포스터를 통해 계단 이용을 장려한다.	• 관찰에 의한 포스터 수량 파악 • 관찰을 통해 포스터가 계단 이용에 미친 영향 분석
정책환경 또는 조직환경		
영양중재의 목표 식행동을 지지할 수 있는 조직들의 식품정책	학교관리자가 건강증진정책위원회 활성화를 약속한다. 학교급식관계자가 목표식품의 섭취 증진을 위한 활동계획을 수립하고 실행한다.	• 관련 문서 검토, 인터뷰 • 회의 시간 검토, 참가자 현황 및 회의 주제 검토 • 업무 진술서, 직장 정책 관련 연례회 보고서;
	직장 내 정책입안자가 근로자 자문위원회 개선활동에 참여한다. 즉, 근로자가 일과 중 건강증진활동에 참여할 수 있도록 보장한다.	
조직의 지지적 분위기	조직에 행동변화목적을 지지하는 긍정적인 분위기를 조성한다.	• 참여 전략에 대한 설문조사{예: 목표 달성을 위해 위원회를 어떻게 활성화하였는지 또는 중재 프로그램과 관련하여 얼마나 많은 활동을 수행하였는지 등(Linnan 등 1999; Ribisl와 Reischl 1993)} • 학교: 학교의 건강 지표 점수의 변화 • 직장: 직장정책과 환경의 점수 변화(Fischer와 Golaszewski 2008)

표 12-6 지역사회 수준의 정책, 시스템 및 환경적 지지 평가 예

지지 전략	목표	결과평가 방법 또는 도구
목적 달성을 지지할 수 있는 지역사회 수행력 증가	협력조직 구축하기(협력조직과 함께 영양중재에서 지향하는 목적을 달성하기 위해 협력하기)	• 참여 조직 수 • 참여 수준과 범위를 평가할 수 있는 기준 • 영양중재 관련 협의회 개최 빈도
지지적 정보환경	미디어 보급과 지역사회 이벤트 늘리기(사회적 규범 강화)	• 인쇄매체: 신문기사 수 • 전자매체: 방송 분량, 방송시간대의 금전적 가치
영양중재의 목표 식행동 달성을 지지할 수 있는 지역사회의 식품환경	지역농산물 시장에서 목표 식품의 홍보, 접근성 늘리기	• 식품협회의 식품판매량에 대한 자료 • 현장평가, 관찰

© PhotoDisc

연습문제

1. 효과적인 영양교육 설계를 위한 대상자의 사회적 지지 집단을 설정하고 핵심적인 특징을 서술하시오.
2. 현존하는 사회적 관계망을 아동이나 성인을 위한 좀 더 지지적인 관계망으로 만들 수 있는 방법을 서술하시오.
3. 사회생태학적 모델의 다양한 수준별로 영양중재를 계획할 때 적합한 이론을 어떻게 선정할 것인지 서술하시오.

참고문헌

Ammerman, A. S., C. H. Lindquist, K. N. Lohr, and J. Hersey. 2002. The efficacy of behavioral interventions to modify dietary fat and fruit and vegetable intake: a review of the evidence. *Preventive Medicine* 35(1):25-41.

Berlin L., K. Norris, J. Kolodinsky, and A. Nelson. 2013a. Farm-to-school: Implications for child nutrition. Food System Research Collaborative, Center for Rural Studies, University of Vermont. *Opportunities for Agriculture Working Paper Series* 1:1.

———. 2013b. The role of social cognitive theory in farm-to-school-related activities: implications for child nutrition. *Journal of School Health* 83:589-595.

Blissett, J. 2011. Relationships between parenting style, feeding style and feeding practices and fruit and vegetable consumption in early childhood. *Appetite* 57(3):826-831.

Centers for Disease Control and Prevention (CDC). 2011. School health guidelines to promote healthy eating and physical activity. *Morbidity and Mortality Weekly Report* 60(RR-5):1-71. http://www.cdc.gov/mmwr/pdf/rr/rr6005.pdf Accessed 5/30/15.

Chipman, H. 2014, February. Revision 3 of the CNE Logic Model. Food and Nutrition Education, NIFA/USDA.

Fisher, B. D., and T. Golaszewski. 2008. Heart Check lite: modifications to an established worksite heart health assessment. *American Journal of Health Promotion* 22(3):208-212.

Glanz, K., B. K. Rimer, and K. Viswanath 2008. *Health behavior and health education: Theory, research, and practice.* San Francisco: Jossey-Bass.

Glanz, K., J. F. Sallis, B. F. Saelens, and L. D. Frank. 2007. Nutrition Environment Measures Survey in stores (NEMS-S): Development and evaluation. *American Journal of Preventive Medicine* 32(4):282-289.

Glanz, K., and A. L. Yaroch. 2004. Strategies for increasing fruit and vegetable intake in grocery stores and communities: Policy, pricing, and environmental change. *Preventive Medicine* 39(Suppl. 2):S75-S80.

Green, L. W., and M. M. Kreuter. 2005. *Health promotion planning: An educational and ecological approach*. Fourth ed. Mountain View, CA: Mayfield Publishing.

Gregson, J., S. B. Foerster, R. Orr, et al. 2001. System, environmental, and policy changes: Using the social-ecological model as a framework for evaluating nutrition education and social marketing programs with low-income audiences. *Journal of Nutrition Education* 33:S4-S15.

Institute of Medicine (IOM). 2007. *Nutrition standards for foods in schools: Leading the way towards healthier youth.* Washington, DC: National Academies Press.

Kubik, M. Y., L. A. Lytle, and M. Story. 2001. A practical, theory-based approach to establishing school nutrition advisory councils. *Journal of the American Dietetic Association* 101:223-228.

Lent, M., R. F. Hill, J. S. Dollahite, W. S. Wolfe, and K. L. Dickin. 2012. Healthy Children, Healthy Families: Parents Making a Difference: A curriculum integrating key nutrition, physical activity, and parenting practices to help prevent childhood obesity. *Journal of Nutrition Education and Behavior* 44:90-92.

Linnan, L. A., J. Fava, B. Thompson, K. Emmons, K. Basen-Engquist, C. Probart, et al. 1999. Measuring participatory strategies: instrument development for worksite populations. *Health Education Research* 14(3):371-386.

Marsh, T., K. W. Cullen, and T. Baranowski. 2003. Validation of a fruit, juice, vegetable availability questionnaire. *Journal of the American Dietetic Association* 35:93-97.

McLeroy, K. R., D. Bibeau, A. Steckler, and K. Glanz. 1988. An ecological perspective on health promotion programs. *Health Education Quarterly* 15:351-377.

Reynolds, K. D., A. L. Yaroch, F. A. Franklin, and J. Maloy. 2002. Testing mediating variables in a school-based nutrition intervention program. *Health Psychology* 21: 51-60.

Ribisi, K. M., and T. M. Reischl. 1993. Measuring the climate for health at organizations. Development of the worksite health climate scales. *Journal of Occupational Medicine* 35(8):812-824.

Safdie, M., L. Levesque, I. Gonzalez-Casanova, D. Salvo, A. Islas, S. Hernandez-Cordero, A Bonvecchio, J. A. Privera. 2013. Promoting healthful diet and physical activity in the Mexican school system for the prevention of obesity in children. *Salud Publica Mexico* 55(suppl 3): S357-S373.

Schwartz M., A. Lund, H. Grow, E. McDonnell, C. Probart, A. Samuelson, and L. Lytle. 2009. A comprehensive coding system to measure the quality of school wellness policies. *Journal of the American Dietetic Association* 109(7):1256-1262.

Sorensen, G., A. Stoddard, and E. Macario. 1998. Social support and readiness to make dietary changes. *Health Education Behavior* 25:586-598.

Story, M., K. M. Kaphingst, R. Robinson-O'Brien, and K. Glanz. 2008. Creating healthy food and eating environments: Policy and environmental approaches. *Annual Review of Public Health* 29:253-272.

Story, M., M. S. Nanney, and M. B. Schwartz. 2009. Schools and obesity prevention: Creating school environments and policies to promote healthy eating and physical activity. *Milbank Quarterly* 87(1):71-100.

United States Department of Health and Human Services. 2010. *Dietary Guidelines for Americans*. www.health.gov/dietaryguidelines/ Accessed 8/14/14.

World Health Organization(WHO). 1996. *Local Action: Creating Health Promoting Schools*(WHO/NMH/HPS/00.3). Geneva, Switzerland: Author.

World Health Organization(WHO). 2013. What is a health promoting school? http://www.who.int/school_youth_ health/gshi/hps/en/Accessed 6/4/15.

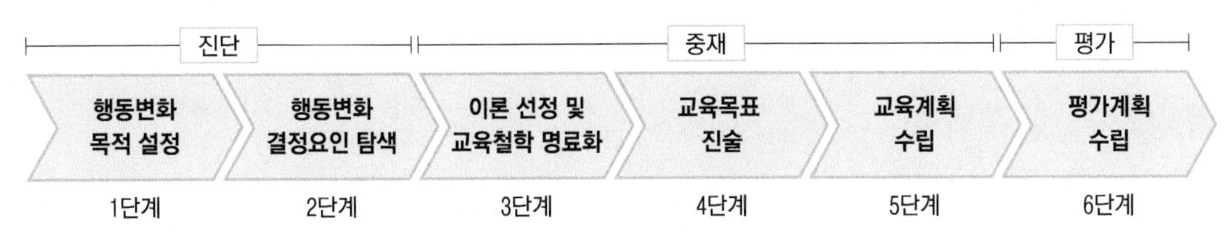

활동 12

환경적 지지 활동을 위한 영양교육 설계과정

1단계: 행동변화나 실행목적 설정

영양교육 중재를 설계할 때는 우선 대상자를 파악하는 것이 중요하다. 이를 통해 영양중재에 초점을 맞출 행동이나 관심사를 선정할 수 있다. 이 과정을 1단계에서 실시한다.

행동변화나 실행목적 설정은 6장의 활동 6-1과 같다.

대상자가 누구인가?

도시형 중학교의 1, 2학년 학생

행동변화목적은 무엇인가?

- 학생들은 채소와 과일의 섭취를 늘린다.*
- 학생들은 단 음료의 섭취를 줄인다.
- 학생들은 패스트푸드의 섭취를 줄인다.
- 학생들은 신체활동을 늘린다.

* 사례연구에서 다루게 될 행동변화목적은 '채소와 과일의 섭취 늘리기'에 중점을 둘 것이다. 대상자와 영양중재 기간에 따라 영양중재는 다양한 영역을 포함할 수 있으며 하나 이상의 잠재적 행동변화목적을 설정할 수도 있다.

대상자들이 행동 수행으로 얻는 이익을 대상자에게 어떻게 적용할 것인가?

채소와 과일 섭취의 증가를 비만과 관련하여 언급할 것이다. 결국 채소와 과일 섭취량 증가는 암이나 심혈관계질환과 같은 만성질환 발병을 감소시키게 된다. 채소와 과일은 학생에게 필요한 비타민과 무기질을 공급하여 그들을 더 건강하게 해줄 것이다. 또한, 학생들이 지역식품이나 제철식품 구입에 대해 배우게 되면 지속 가능한 먹거리 체계뿐만 아니라 식품 생산에 공정한 대가를 지불하는 데 기여하게 될 것이다.

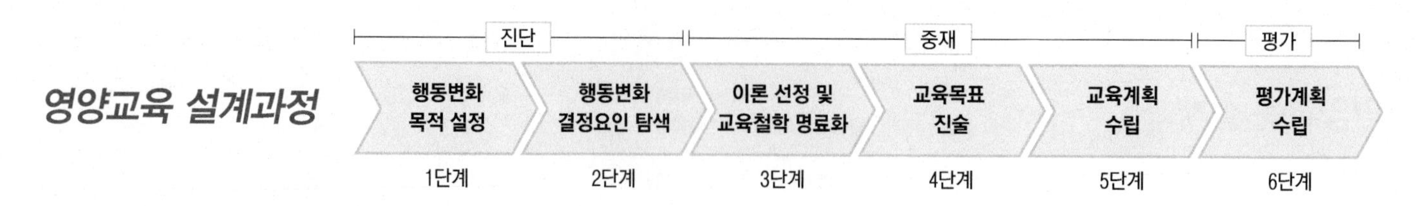

2단계: 변화의 환경적 결정요인 탐색

7장의 활동을 참고한다.

대상자의 사회 문화적 환경은 어떠한가? 7장을 활용하여 적는다.

대상자의 정책, 시스템, 환경적 자산은 어떠한가? 중재의 행동변화목적을 지지해줄 현재의 정책, 시스템, 그리고 환경적 지지 요소는 무엇인가?

학교에는 학교텃밭과 건강해지고자 하는 열정적인 교사들이 있다. 학교관리자는 학생들의 건강에 관심은 많지만 건강 증진을 위해 노력할 시간적 여유는 없다. 교사와 학부모 간의 관계가 끈끈하고, 학부모들은 자녀의 건강에 관심이 많다.

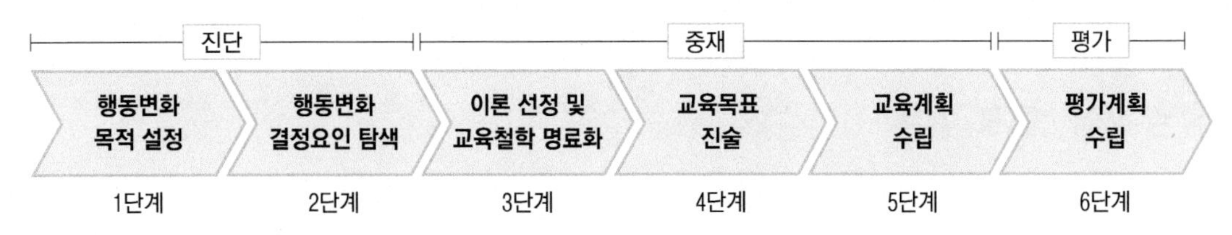

행동변화목적을 지지하려면 대상자의 어떤 환경을 바꾸어야 할까?

아래 제시된 정책, 시스템, 환경적 요소를 어떻게 변화시켜야 대상자들이 행동변화를 쉽게 수행할 수 있는지 탐색해본다. 이때 문헌이나 다른 자료뿐만 아니라 대상자로부터 얻는 정보도 활용한다.

개인 간 지지/사회적 지지	지지 유형
부모가 자신들의 경험을 서로 공유하면, 자녀들이 건강한 식생활을 할 수 있도록 더 잘 도와줄 수 있다.	사회적 지지
부모는 자녀의 건강에 관심이 있고, 정보를 공유할 수 있는 워크숍을 좋아한다.	사회적 지지
부모들은 바쁘더라도 단순 강의가 아니라면, 그리고 문화적으로 비슷한 누군가가 만드는 집단모임에는 기꺼이 참여한다.	사회적 지지, 사회적 모델링
선생님들이 가끔 교실에서 단 음료를 마신다.	사회적 지지, 사회적 모델링(부정적)

환경적 지지	지지 유형
식당에서 파는 과일이 포장된 가공 간식보다 싸다.	건강한 식품 제공
학교급식에서 제공하는 채소와 과일이 학생들의 흥미를 더 잘 유발하도록 해야 한다.	건강한 식품 제공
식당에서 맛보기 테스트를 하면 학생들은 더 많이 먹겠다는 동기가 유발된다.	식당에서의 식품 관련 활동
식당 벽과 복도에 동기를 유발시킬 수 있는 총천연색의 포스터를 게시하면 채소와 과일 섭취 장려에 도움이 된다.	정보 환경

정책/시스템 지지	지지 유형
건강한 식품정책을 개발하는 학교 건강증진정책위원회를 활성화시킨다.	조직적인 식품정책
학교 건강증진정책위원회에서는 좀 더 활성화되고, 견고하며, 학급에서 사용할 수 있는 식품정책을 수립한다.	조직적인 식품정책
학교텃밭을 책임질 특정 개인이나 위원회를 정한다.	조직적인 식품정책
학교텃밭을 학교 교육과정과 연계한다. 건강한 식생활을 위해서는 텃밭을 교과학습과 연계하는 것이 중요하다.	조직적인 식품정책

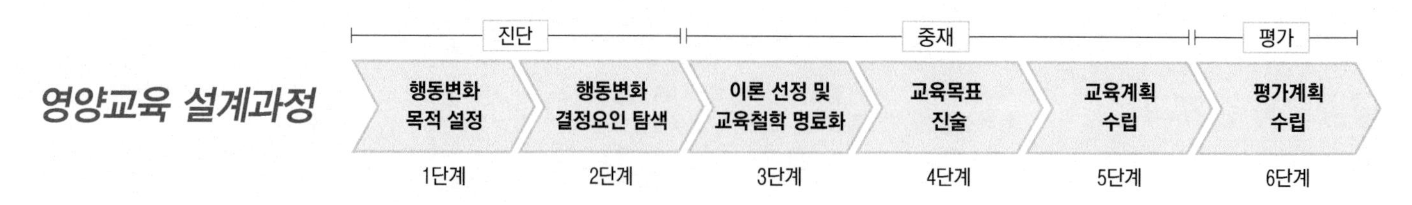

3단계: 중재 구성요소와 적절한 이론 선정

프로그램에 포함할 구성요소는 무엇인가?

프로그램의 구성요소를 목록화하거나 도식화한다. 예를 들어 정책, 시스템 및 식품과 활동 환경 등을 정리한다.

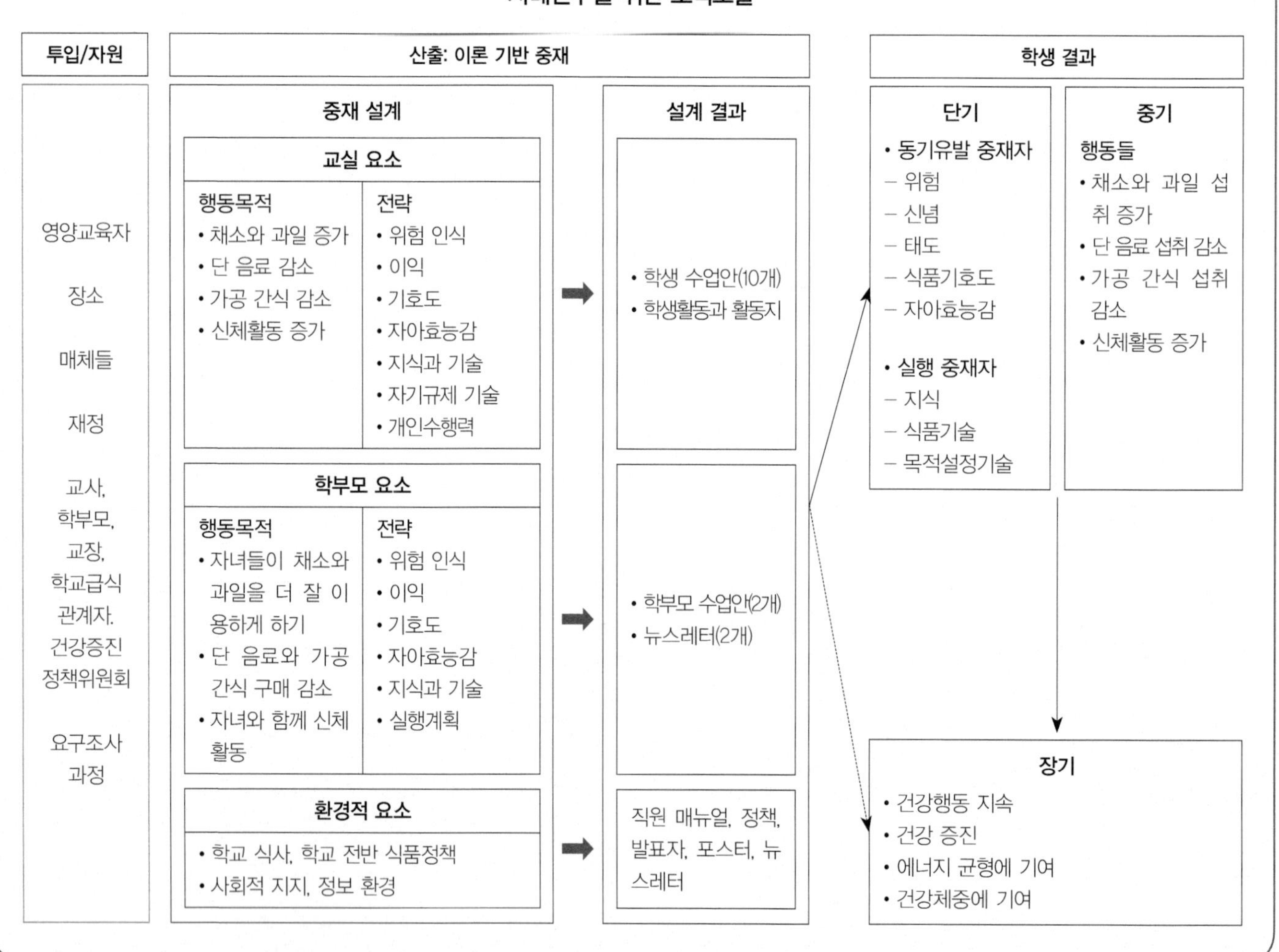

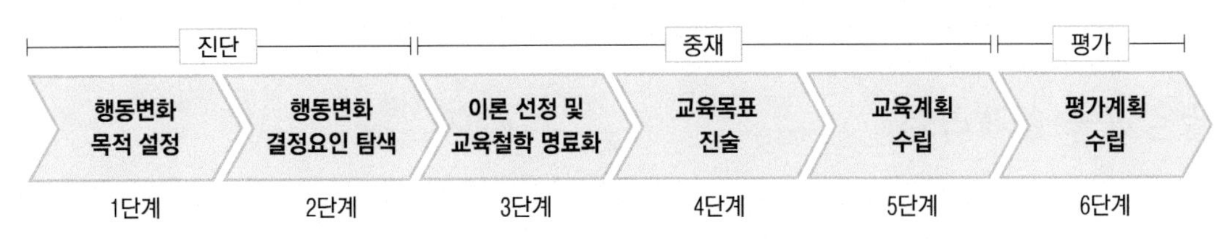

프로그램에 맞는 개념도는 무엇인가?

2단계의 정책, 시스템, 환경적 지지를 상기하고 중재의 각 수준에 맞는 이론을 제시한다. 이론 기반 개념도나 모델을 만들기 위해 여러 다른 이론의 구성요소들을 통합한다.

중재의 여러 수준에서의 정책, 시스템 및 환경적 변화를 이론의 환경적 요소들과 통합하는 사회인지론으로 선정한다.

개념도를 어떻게 표현할 것인가?

모델이나 개념도를 도식화한다. 가능하다면 행동변화의 결정요인들이 서로 어떻게 연관되는지, 그리고 행동변화와 어떻게 관련되어있는지를 나타낸다.

환경적 지지를 위한 이론적 개념도

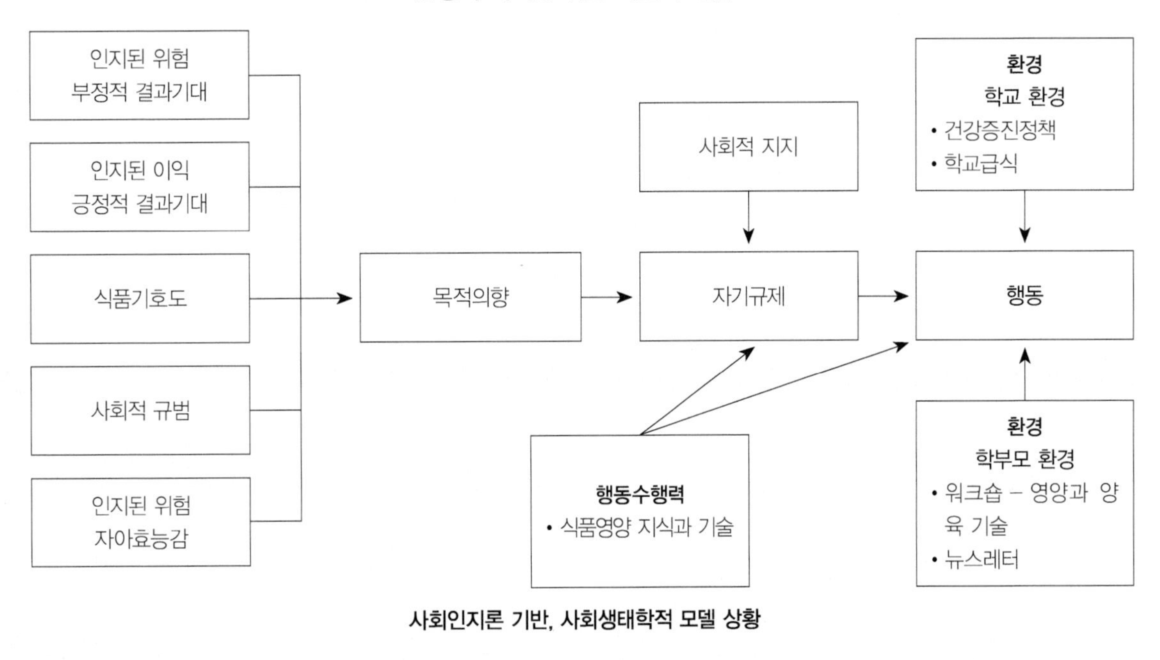

사회인지론 기반, 사회생태학적 모델 상황

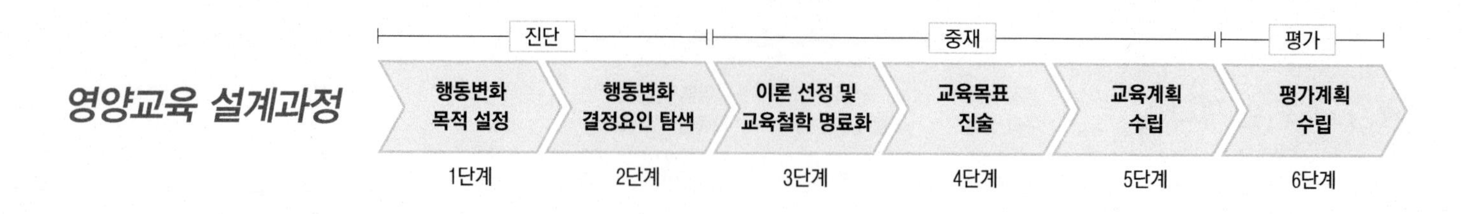

교육철학은 무엇인가?

영양중재에 적용할 교육철학을 간단히 기술한다.

영양교육자로서 나는, 학생들은 건강하며 좋은 식품과 건전한 활동을 선택할 능력은 있지만 현재 처한 어려운 환경을 변화시키려면 이에 대한 이해와 동기유발, 변화 도구가 필요하다고 믿는다. 학생들에게 지지 환경을 제공하고 건강한 선택권을 갖게 돕는 것은 학교와 가정의 책임이라고 생각한다.

식품과 영양에 대한 철학은 무엇인가?

영양중재의 행동변화목적과 관련된 식품영양 관련 내용과 문제에 대한 견해를 간단히 기술한다.

우리는 아동에게 적게 가공되고 자연적이며 영양밀도가 높고 신선한 지역식품을 먹어야 한다는 것을 가르쳐야 한다. 가르칠 때는 체중문제를 직접적으로 다루지 않으며, 대신에 건강한 식습관과 신체활동을 강조할 것이다.

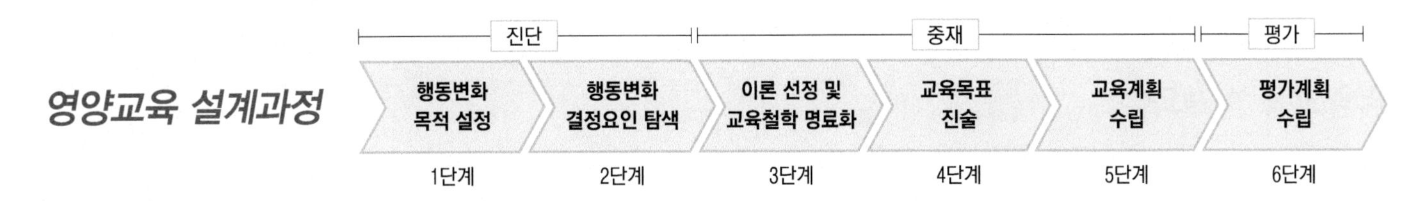

4단계: 환경적 지지 목표 진술

환경적 지지활동의 설계를 위한 목표를 적는다.

환경적 지지 목표를 다룰 행동변화목적은 무엇인가?

중재의 행동변화목적을 여기에 재진술한다.

학생들은 채소와 과일의 섭취를 늘린다.

지지활동을 안내할 환경적 지지 목표는 무엇인가?

이론모델이나 개념도에서 추출한 핵심 결정요인이나 전략을 사용하여, 행동변화목적에서 추출된 모든 요소들을 위한 무엇보다 중요한 정책, 시스템, 환경적 지지활동에 대한 일반적 지지 목표를 적는다.

환경적 지지 전략	일반적 지지 목표
식품환경	학교에서 건강한 식품을 권장한다.
사회적 지지	• 학교는 학부모들이 영양과 양육기술에 대해 학습하는 것을 돕는다. • 학교는 건강한 식생활의 긍정적 역할모델을 장려한다.
식품환경	• 학교급식 관계자와 학생들이 협력하여 채소와 과일을 맛볼 기회를 많이 제공한다. • 학교급식 관계자는 맛있어 보이는 채소 음식과 과일을 더 많이 제공한다.
정보환경	학교 누리집이나 블로그 등의 게시판, 뉴스레터, 기타 매체 등을 통해 채소와 과일 섭취를 지지한다.
조직적 식품정책	• 학교 관리자는 학교 건강증진위원회가 유지될 수 있도록 노력하고 지지한다. • 학교 관리자는 학교텃밭이 유지될 수 있도록 노력하고 지지한다.
조직적 식품환경	학교 주변에서 학부모와 아동이 더 건강한 식품을 선택할 수 있도록 한다.

진단 | 중재 | 평가

영양교육 설계과정

1단계	2단계	3단계	4단계	5단계	6단계
행동변화 목적 설정	행동변화 결정요인 탐색	이론 선정 및 교육철학 명료화	교육목표 진술	교육계획 수립	평가계획 수립

5단계: 환경적 지지 계획 수립

이 단계에서는 여러 환경적·정책적 요소들에 대한 정책, 시스템, 환경적 지지 계획과 개인 간 지지 계획을 세운다. 즉 영양중재 프로그램의 행동변화목적이 더 많이 지지받도록 여러 가지 환경이나 정책을 변화시키기 위한 활동을 구성한다.

이 단계에서는 3단계에서 진술한 영양중재의 각 요소에 대해 각각의 지지계획을 세운다. 4단계의 일반적 지지 목표들을 살펴보고, 주어진 요소에 적용할 목표를 선정하여, 그 목표를 주어진 요소에 대한 좀 더 구체적인 목표와 활동들을 개발한다. 하지만 각 요소를 모든 수준에서 전부 다룰 필요는 없다. 자신의 중재와 관련된 수준의 계획만 수립하면 된다.

지지적 교육목표(suport educational objects)를 다룰 행동변화목적은 무엇인가?

중재의 행동변화목적을 여기에 재진술한다.

학생들은 채소와 과일의 섭취를 늘린다.

개인 간 수준의 지지 목표에 도달하기 위해 어떤 활동을 할까?

개인 간 수준의 지지 전략	구체적 지지 목표	활동
사회적 지지	교사는 학생들이 단 음료를 적게 먹도록 지지한다.	학생들이 교실에서 단 음료대신 물을 마시도록 격려한다. 음료 대신 물을 마셨을 때는 정적 강화를 해준다.
사회적 지지	직원은 학생들이 점심시간에 채소와 과일을 먹도록 권한다.	학교급식 관계자들은 배식할 때 학생들에게 미소를 짓고, 채소와 과일을 권한다.
사회적 지지	학부모는 자녀들에게 채소와 과일을 주고, 적절한 부모교육 실습에 참여한다.	학부모협의회가 지역 EFNEP와 협상하여 학교에서 체험학습과 학부모 참여 워크숍을 개최한다.
사회적 지지	학생들은 건강한 역할모델을 갖는다.	학교 집회에 지역 명사를 초대하여 건강한 식생활을 해야 하는 이유에 대해 이야기하게 한다.

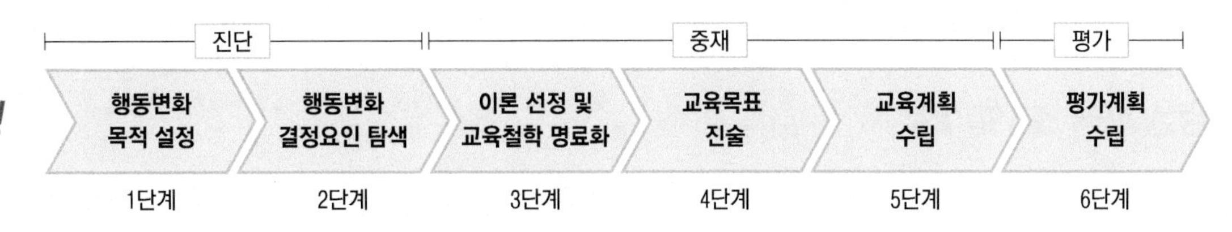

정책, 시스템, 환경적 지지 목표에 도달하기 위해 어떤 활동을 할까?

조직 수준의 지지 전략	구체적 지지 목표	활동
식품환경	채소를 먹고 싶어 보이도록 만들어 제공한다.	학교급식 관계자를 위한 워크숍을 개최하고, 정보가 적힌 유인물을 배부한다.
식품환경	학생들이 잘 조리된 채소를 맛보게 한다.	학생들이 채소를 잘 먹을 수 있는 방안에 대해 조사한다. 학교급식 관계자와 협력하여 식당에서 맛보기 테스트를 실시한다.
정보환경	채소와 과일 먹기가 좀 더 규범적인 행동이 되게 한다.	급식관계자, 학교장, 교사가 총천연색의 매력적이며 동기를 유발시키는 포스터를 식당 벽과 학교 복도에 게시한다.
조직 식품정책	학교 건강증진위원회는 학교 내에 채소와 과일 섭취를 증가시키는 식품환경 지침서를 개발한다.	의사결정자들에게 건강한 음식 섭취의 중요성을 교육한다. 지침서 개발을 위한 기술적 지지를 한다.
조직 식품정책	학교관리자는 학교텃밭이 유지되도록 격려하고 지지한다.	텃밭 유지를 위해 직원을 배정하고 시간을 투자한다. 교사 전문가가 텃밭활동을 교육과정에 통합한다.

지역사회 수준의 지지 전략	구체적 지지 목표	활동
협력적 지역사회 식품정책	학교 주변의 작은 상점에서 건강한 간식을 판매한다.	학교 주변의 작은 상점과 협력하여, 등하교하는 학생들을 위한 유익하고 그럴듯한 대체 건강 간식을 찾아낸다.
협력적 지역사회 식품정책	학교텃밭에서 수확한 식품을 먹는다.	학부모협의회를 조직하여 주말에 학교텃밭에서 수확한 식품을 맛볼 수 있게 한다.

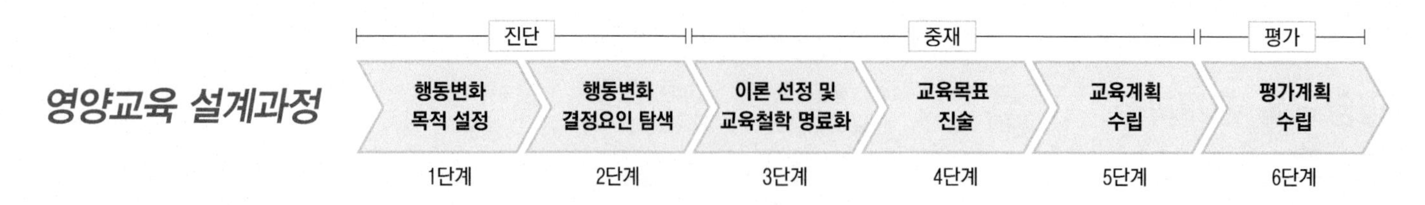

6단계: 평가계획 수립

이 단계에서는 영양중재의 환경적 지지 활동을 평가할 계획을 수립한다.

지지 목표에 도달하였는지 어떻게 알 수 있을까?

개인 간 수준의 지지 목표(전략)	평가방법	결과평가를 위한 간단한 질문
협력관계 형성을 위해 사회적 관계망 집단을 만든다(사회적 지지).	인터뷰	다른 학부모들과 자발적으로 학교텃밭활동을 하는 것이 식품에 대해 자녀들과 대화하는 데 얼마나 영향을 미쳤는가?
직원은 학생이 점심시간에 채소와 과일을 먹도록 격려한다(사회적 지지).	식당 관찰	학교급식 관계자들은 학생들이 채소와 과일을 먹도록 권하는가?
학부모는 자녀에게 채소와 과일을 주고, 적절한 부모교육 실습에 참여한다(사회적 지지).	설문조사	어제 자녀에게 채소와 과일을 아침, 점심, 저녁 중 언제 주었는가?

조직의 정책, 시스템, 환경적 지지 목표(전략)	평가방법	결과평가를 위한 간단한 질문 또는 방법
학교급식 관계자는 건강한 식품을 제공하기 위해 권장하는 식품 구매와 준비방법을 따른다(식품환경).	내용 분석	이번 달에 구매한 식재료 중 채소와 과일의 비율은 얼마나 되는가?
채소가 맛있어 보이도록 준비한다(학교급식 환경).	식당 관찰	채소가 맛있어 보이는가? 채소요리는 맛있는가?
학교 건강증진위원회는 학교 내 채소와 과일 섭취량을 증가시키는 식품환경 지침서를 개발한다(학교 식품정책).	내용 분석	학교의 식품 지침서를 검토한다.

지역사회의 정책, 시스템, 환경적 지지 목표(전략)	평가방법	결과평가를 위한 간단한 질문 또는 방법
지역의 이해 관계자들 간에 협력관계를 형성한다.	교장 인터뷰	지역의 어느 집단이 학교와 협력하고 있는가?
학교 주변의 작은 상점에서 건강 간식을 판매하게 한다(지역사회 식품환경).	관찰 체크리스트	채소와 과일 구입이 얼마나 편리한가?
지역사회는 학교텃밭에서 수확한 식품을 먹는다(지역사회 식품환경).	사진	학교텃밭에서 지역사회 행사를 하는 사진을 확인한다.

영양교육 설계과정

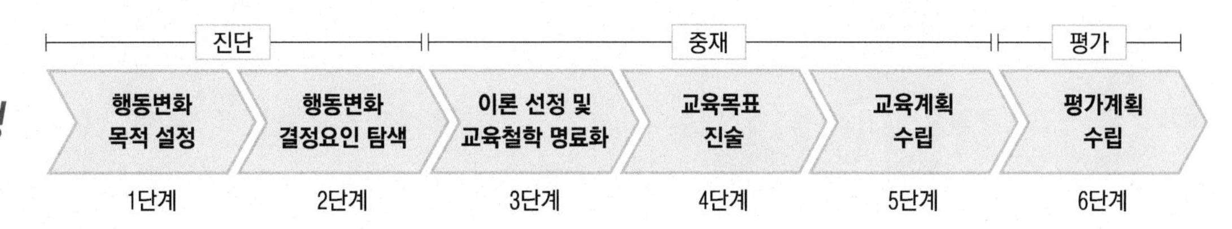

영양교육 설계과정을 완성하기 위해 어떤 자료를 이용하였는가?

환경적 지지 활동에 대한 설계를 하기 위해 사용한 참고자료나 문헌을 적는다.

축하합니다! 환경적 지지활동을 위한 영양교육 설계과정을 완료하셨습니다.

CHAPTER 13

© Africa Studio/Shutterstock

영양교육방법 및 매체 활용

개 요

이 장에서는 효과적인 영양교육을 위한 의사소통의 주요 원칙과 집단지도 시 적절한 교수법과 시각매체, 인쇄매체, 영상매체, 웹 기반 온라인 이미지 등 다양한 경로의 매체 활용방법을 소개한다. 중재 내용과 활동을 주의 깊게 계획한 후에도 실제 집단활동을 수행하고 추가 보조활동을 개발하려면 많은 기술이 요구된다. 잘못 설계된 강의를 효과적으로 바꿀 수는 없지만, 아무리 훌륭하게 설계된 강의라도 전달을 잘하지 못하면 실패하게 된다. 즉, 실제로 강의를 전달하는 방법은 매우 중요하다.

목 표

1. 영양교육을 위한 의사소통의 기본 원칙을 설명할 수 있다.
2. 촉진된 집단토의의 주요 특성을 설명할 수 있다.
3. 교육계획에 따라 집단지도를 효과적으로 할 수 있다.
4. 설계원칙을 적용하여 집단지도 및 강의에 활용할 시각매체를 제작할 수 있고 시각매체 활용 시 지켜야 할 지침을 말할 수 있다.
5. 조리실습, 시장 견학, 건강박람회 등의 활동을 통한 영양교육방법을 설명할 수 있다.
6. 인터넷과 디지털 및 소셜미디어와 같은 최신 기술을 이용한 영양교육방법을 설명할 수 있다.

1 영양교육방법

1) 의사소통의 기본원칙

영양교육자는 대상자를 만나는 순간부터 의사소통Communication을 시작하여 언어적으로나 비언어적으로 끊임없이 의사소통한다. 이러한 의사소통은 영양교육 성공 여부에 큰 영향을 미친다.

의사소통은 라틴어의 코미시스Commonis에서 유래된 것으로 '공통'이란 뜻이며 개인 간에 생각과 느낌을 전달하는 모든 방법을 의미한다. 대부분의 '의사소통' 정의를 살펴보면 정보Messages를 보내고Sending 받는Receiving 과정이며 정보의 전송Transmission이 성공하려면 의사소통자Communicator와 수신자 사이의 상호 이해가 이루어져야 한다는 것이 공통된 개념이다. 의사소통은 언어(분명하게 발음하는 단어)나 비언어(말이 아닌 감정)로 표현되는 것으로, 넓은 의미로는 사고나 감정을 전달할 수 있는 모든 방법을 포함하며 개인과 집단뿐만 아니라 다양한 매체와 사람 사이의 상호작용을 말한다.

대인관계 의사소통Interpersonal communication이란 1 대 1 또는 소그룹에 관계없이 사람 간에 직접대면 상호작용Face-to-face interaction을 하는 의사소통을 의미한다. 매개 의사소통Mediated communication이란 텔레비전이나 라디오, 인쇄물, 전화, 광고, 이메일, 인터넷 또는 소셜미디어와 같은 비개인Nonpersonal 채널을 통해 발생하는 의사소통이다.

의사소통 기본모델은 **그림 13-1**처럼 다음의 구성요소로 배열되며, 영양교육의 상황에 따라 확대된다.

영양교육에서 송신자Sender인 영양교육자는 정보("채소와 과일을 많이 먹자"와 같이 간단한 내용일 수도 있고, 부모가 자녀를 건강하게 먹도록 돕는 방법같이 훨씬 복잡한 내용일 수도 있음)를 강의, 발표, 집단토의, 소식지, 양방향 매체Interactive media, 이메일, 인터넷 또는 대중매체 캠페인 등의 경로Channel를 통해 수신자Receiver인 대상자(저소득층 아동, 노인복지관에서 급식을 제공받는 노인, 당뇨병 환자, 대학의 운동선수 또는 방과 후 프로그램의 청소년 등)에게 보낸다. 수신자는 강의에 참석하여 인지적·감정적으로 정보를 이해하고 처리하여 수용하거나 거부한다. 정보는 중재를 통해 행동변화목적에 대한 단순한 정보(예: Eat Your Colors)나 보다 복잡한 정보를 대상자가 이해할 수 있도록 구체적이고 간단한 방식으로 표현하는 것이다.

그림 13-1의 기본모델은 일방향적으로 정보를 수신자에게 전달하며, 이는 다소 수동적이다. 이 모델은 집단 구성원 간 상호작용이 거의 없는 프레젠테이션이나 강의식 교육에 적용된다. 집단토의에서는 말하기 경로를 통해 모든 구성원들이 송신자가 되거나 수신자가 된다. 이 기본모델의 구성요소(**그림 13-2**) 및 사회의 복잡한 상호작용에 따른 의사소통과정의 수정모델은 **그림 13-3**과 같다.

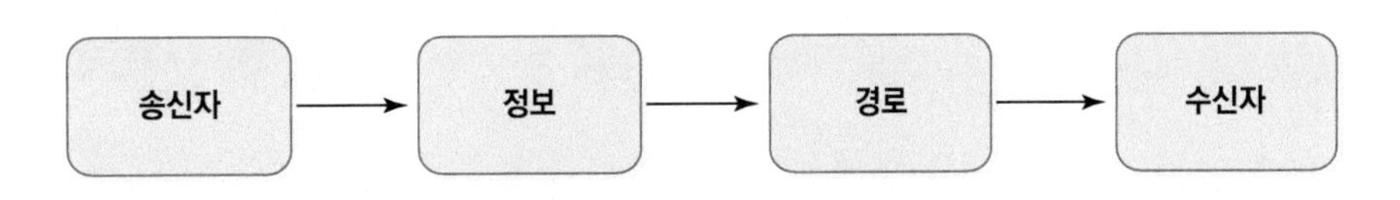

그림 13-1 의사소통 기본모델

송신자	정보	경로	수신자
• 높은 신뢰성 • 역동성과 열정 • 대상자의 공통점 • 문화적 민감성	• 동기유발이 되는 정보 • 기억에 남는, 의미 있는, 따뜻한 정보 • 정보처리능력 • 명확하고 산만하지 않은 정보	• 프레젠테이션 • 집단토의 • 소식지 • 양방향매체 • 대중매체 캠페인	• 개인화 • 신념, 자산, 태도 • 문화적으로 적절 • 준비 • 교육기술 • 생활 여건 • 사회적 역할 • 학습선호도

그림 13-2 의사소통과정의 구성요소별 주요 특성

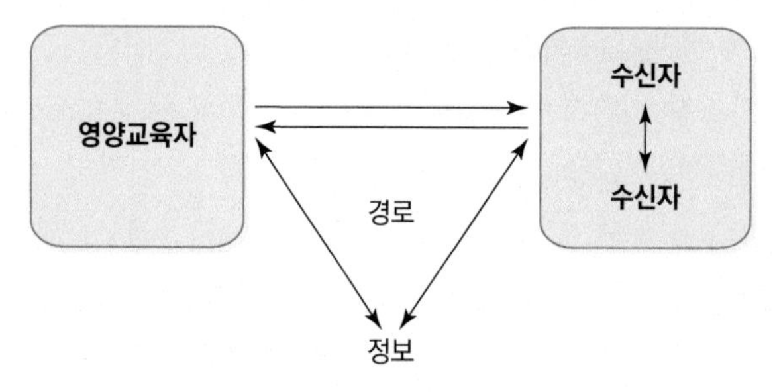

사회적 맥락 Social context**에서의 의사소통**
- 의사소통은 역동적이다.
- 송신자와 수신자는 서로에게 영향을 미치며, 이는 정보에도 영향을 미친다.
- 수신자는 정보에 대한 다른 사람들의 말과 생각에 끊임없이 영향받는다.

그림 13-3 상호작용하는 의사소통

2) 학습 유형의 이해

대상자의 특성 중 염두에 두어야 할 것은 개인마다 학습 유형이 다를 수 있다는 것이다. 그러므로 강의마다 다양한 유형의 학습활동이 필요하다.

Kolb의 학습경험연구에서는 다음과 같은 학습 유형을 제안하였다(Kolb, 1984). 먼저, 지각Perception의 관점에서 보면 사람마다 세상에 대한 자신의 경험을 이해하고 적응하는 방식이 다르다. 개인은 지각하는 방식에 따라 감각/감정형과 사고형으로 나눌 수 있다. 감각/감정형 개인은 자신이 경험한 현실을 자신만의 방식으로 감지하고 느낀다. 사고형 개인은 지성을 통해 경험을 논리적으로 분석하는 경향이 있다. 이 두 종류의 지각은 각각 강점과 약점이 있고, 둘 다 가치가 있다. 학습자에게는 두 가지 관점이 모두 필요하다.

사람들이 서로 다르게 학습하는 또 다른 관점은 경험과 정보를 처리Process하는 방법이다. 어떤 사람들은 새로운 것을 학습할 때, 먼저 관찰한 후 반영하여 자신의 가치 체계를 통해 경험을 걸러낸다. 반면 어떤 사람들은 즉각적으로 행동하고 반영을 나중에 저장한다. 관찰자는 내면화하며, 행위자는 행동한다. 어느 한쪽이 더 바람직한 것은 아니지만, 학습에서는 두 가지 특성을 다 반영하는 것이 좋다.

이 두 종류의 지각과 처리를 같이 살펴보면, 네 개의 사분면 학습 유형 모델이 형성된다(**그림 13-4**).

- 상상력 학습자Imaginative learners는 정보를 반사적이고 직관적이며 감각적으로 처리한다. 이들은 세상이 자신에게 의미 있는 장소가 되기를 바란다. 그러므로 학습하는 콘텐츠에 개인적 의미를 부여하려고 노력한다. 자신의 경험을 믿고 사람과 문화에 관심이 많다.
- 분석적 학습자Analytic learners는 정보를 추상적으로 인식하고 반사적으로 처리한다. 이들은 개념을 통해 사고하고 전문가의 의견에 주의를 기울여 학습한다. 근면하며 전통적인 강의 형식에서 학습효과가 높다. 분석적 학습자는

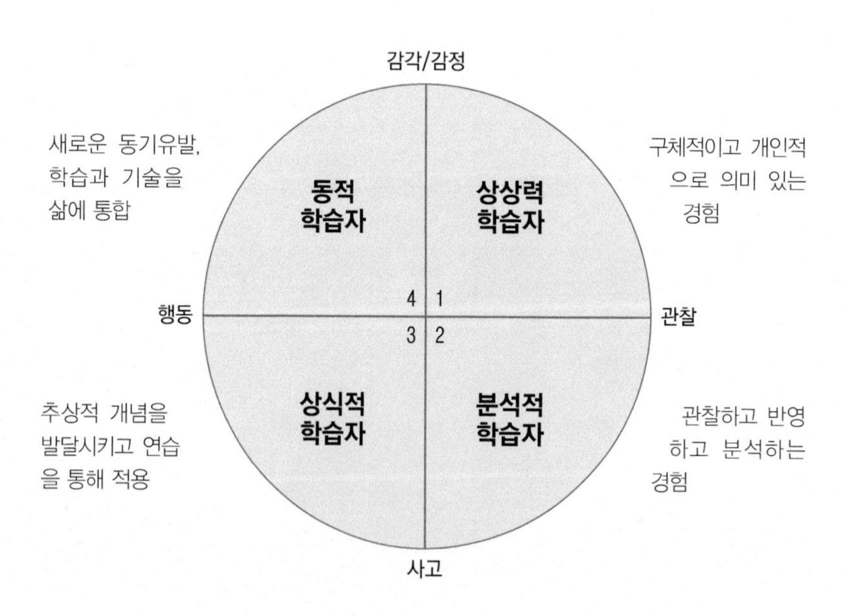

그림 13-4 네 가지 학습 유형별 교육활동

때로 아이디어가 사람보다 매력적이라고 생각한다.

- 상식적 학습자Commonsense learners는 정보를 추상적으로 인식하고 적극적으로 처리한다. 이론을 실습에 적용하여 배우는 적극적 문제해결자이다. 영양교육 강의에서 배운 것이 어떻게 작용하는지, 어떻게 사용되는지 궁금해한다.
- 동적 학습자Dynamic learners는 정보를 구체적으로 인식하고 적극적으로 처리한다. 시행착오를 통해 배우고 새로운 것에 열중한다. 사람들과 편하게 지내며 위험을 감수하고 변화를 즐긴다. 다양한 경로를 통해 관심사를 추구하므로 일반적인 강의 형식을 제한적이라고 여긴다.

3) 집단지도 교수법

(1) 강의

강의는 여전히 가장 많이 사용되는 교육 전달방법이다. 사람들은 들은 것의 10%만 기억하므로 이는 대중에게 다가가는 가장 바람직한 방법은 아니다.

그러나 강의를 완전히 배제해서는 안 된다. 새로운 정보를 제시하는 강의실 환경이나 새로운 정보를 제공해주는 전문가 회의에서 이는 매우 유용하다. 일부 유형의 학습자는 강의를 선호한다. 예를 들어, 한 연구에서는 회사 임원들의 외식행동 개선을 위한 사회인지론에 기반한 전략으로 미각테스트, 역할극, 브레인스토밍, 목표설정의 유용성을 조사했다(Olson과 Kelly 1989). 연구 결과에 따르면 바쁜 임원들은 시간이 많이 걸리는 실습 위주의 행동 기반 활동은 싫어했고, 식습관을 바꾸는 데 이미 관심이 많기에 신속하고 간결한 정보 습득을 원했다. 이렇듯 설계과정 2단계의 요구도 분석에서 대상자의 학습 유형 선호도를 파악하는 것은 매우 중요하다.

소강의(Mini-lectures)

일반적으로 학습 유형에 맞는 짧은 강의가 가장 효과적이다. 평균적으로 사람들이 집중하여 청취하는 시간은 10분 이내이다. 차트, 그래프, 그림 같은 시각매체는 정보의 표현력을 향상시켜 강의에 집중하지 않는 학습자의 수용성을 높이도록 도와준다. 분석적 학습 유형에서는 강의시간이 길어도 잘 따라오지만, 동적 학습 유형에서는 강의가 시작된 지 5분 정도 되면 몸이 뒤틀리기 시작한다. 물론 자신이 관심 있는 주제라면 어떤 강의라도 짧게 느껴질 것이다.

이 강의는 다른 활동 기반 강의에 포함될 수 있다. 예를 들면, 긍정적 또는 부정적인 행동 결과에 대한 과학적 증거를 제시할 때 매우 유용하다. 또 개인, 지역사회 및 어떤 환경에서나 효과적인 건강개선행동에 대한 근거 기반 정보를 제공하기에 유용하다.

(2) 능동학습

활동과 경험을 통한 능동학습Active learning은 수동학습Passsive learning에서는 할 수 없는 방식으로 학습성과를 높인다. "들은 것은 잊어버리고, 본 것은 기억하며, 경험한 것은 이해한다"는 말처럼 능동학습은 인지도를 높일 뿐만 아니라 동기유발을 시킨다. 동적 학습자와 상식적 학습자는 실습을 선호한다. 식품의 지방 또는 설탕 함량 계산, 진단표 작성, 항목을 범주로 분류, 비용 및 영양적 측면에서 식품 비교, 지역 식당 메뉴 분석 등 많은 활동 및 학습 과제가 바로 이 능동학습에 속한다. 그 밖에 미각테스트, 조리실습, 농민시장 견학 등의 활동도 있다. 활동지, 유인물, 조언 및 참고자료 등의 보충자료는 강의정보 활용에 큰 도움이 된다.

(3) 토의

토의는 가장 건설적인 학습전략 중 하나다. 과거에는 조용한 교실에서 학습이 잘된다고 여겼지만 아는 것, 모르는 것, 알고 잘하는 것 등을 말로 표현해야 복잡한 인식이 요구되는 고차원적 사고가 촉진된다(Johnson과 Johnson 1998).

집단지도 시에는 대상자들이 서로 의견을 나누도록 독려해야 한다. 듣기만 하는 수동적 학습 시에는 기억력, 정교함, 태도 변화를 촉진시키는 인지과정이 작동하지 않으므로 대상자의 열정을 자극하여 학습을 촉진시켜야 한다. 상상력 학습자에게는 "만약에 ~라면" 같은 질문을, 분석적 학습자에게는 "왜"라는 질문을, 상식적 학습자에게는 "어떻게"라는 질문을 자주 하도록 한다. 동적 학습자에게는 세 가지 질문 모두 적합하다.

(4) 브레인스토밍

브레인스토밍Brainstorming은 창의적인 아이디어를 내기에 효과적인 방법이다. 이 방식을 사용할 때는 누구든지 창의적일 수 있으므로 좋은 아이디어만 선별하여 기록해서는 안 된다. 다음의 규칙을 지킨다면 대상자들은 안심하고 계속 의견을 낼 수 있다. 동적 학습자와 상상력 학습자는 수동학습에 속하는 브레인스토밍을 선호한다. 브레인스토밍은 다음의 단계별 규칙을 따라 진행한다.

1단계

- 모든 아이디어가 중요하므로 비판하지 않는다.
- 처음에는 다듬어지지 않은 아이디어가 나온다. 그 아이디어에 대해 판단하지 않으면, 자연스럽게 많은 생각이 쏟아질 것이다. 실용성은 이 단계에서 중요하지 않다.
- 질이 아닌 양이 중요하다.
- 아이디어를 공유하고 다른 사람들의 아이디어를 기반으로 구축해나간다.

2단계

- 비판적 판단을 적용하여 아이디어가 타당한지 평가한다.
- 행동에 옮기기에 가장 적합한 아이디어를 한두 개 정한다.
- 이 방법은 청소년의 건강한 식생활을 방해하는 요인, 건강식을 더 많이 섭취하도록 하는 방법, 또는 직장 여성이 준비하기 쉬운 식사 등에 대한 아이디어를 수집하기에 유용하다.

브레인스토밍은 모든 사람을 영양교육 수업에 참여시키는 효과적인 상호작용방법이다.

(5) 시범

시범은 많은 기능을 한다. 어떻게 하는지 시범을 보여주면 동기유발은 물론 아이디어와 태도를 탐구하도록 도울 수 있다. 조리 시연에서는 기술을 가르칠 수 있고, 대상자들의 행동장벽Barrier to action을 줄여 동기유발 및 행동을 유도할 가능성을 높일 수 있다. 구체적인 기술을 가르치지 않더라도 동기유발을 할 목적으로 고안된 시범도 있다. 그 예로 사람들이 많이 먹는 패스트푸드나 가당음료에 들어있는 지방이나 설탕의 양을 숟가락으로 세어볼 수 있다. 이때 식품의 빈 포장용기를 가져와 보여주는 것이 더 적절하다.

시범은 미리 연습하여 해당 시범이 강의환경에서 잘 이루어질지 확인하는 것이 중요하다. 특히 조리 시연은 사전 연습이 중요하다.

플라스틱 튜브를 가지고 깨끗한 혈관과 함께 해로운 식이 패턴으로 좁아진 혈관을 통과하는 혈액을 보여준다.

(6) 토론

토론은 주제의 양면성을 강조하는 방법이다. 논란이 되는 문제에 대해 강의하는 대신, 대상자들이 장단점을 직접 조사하여 토론하도록 하는 것이다. 좋은 토론이라면 모든 학습자들이 좋아하지만, 특히 동적 학습자와 상식적 학습자가 주로 선호하며, 관찰자 유형의 학습자는 경청하는 것만으로도 만족해한다. 좋은 토론 주제로는 식이 보충제의 섭취 여부, 아동의 저지방 우유 섭취 등이 있다.

(7) 촉진된 집단토의

강의 전체가 토의 형태로 진행되는 교육을 촉진된 집단토의, 촉진된 대화 또는 학습자 기반 교육이라 하는데 이는 영양교육자의 리더십 정도에 따라 효과에 다소 차이가 있다(Abusabha 등 1999, Sigman-Grand 2004, Husing과 Elfant 2005).

촉진된 집단토의식 강의나 소규모 강의에서 집단토의를 이끄는 영양교육자의 역할은 눈에 띄지 않게 토의를 이끌면서 상호작용을 촉진하는 것이다. 한 의견이 나왔을 때 "이 제안에 대한 다른 의견 있어요?"라고 질문한다면 의견을 낸 사람은 진행자를 쳐다보게 되며, 다른 사람의 반응을 얻으려면 그들을 바라봐야 한다는 생각을 갖게 된다. 처음에 집단 상호작용을 높이는 좋은 방법으로는 지목된 사람이 말한 후 다음에 말할 사람을 선택하는 것이다.

영양교육자는 통제를 언제 그리고 어떻게 해야 하는지 알아야 한다. 불확실하고 소심한 태도 및 자유방임적 태도는 리더의 권위를 약화시킬 수 있다. 개방적이고 안전하며 민주적인 분위기를 조성하면서도 권한은 유지할 수 있다. 집단이 주제를 벗어난다면 "중요한 문제이지만 우리가 현재 다루고

사례연구 13-1 교육계획과 활동 연계

무엇을 마셔야 하는가 청소년 방과 후 프로그램 교육계획(계획적 행동이론)

행동목적 사춘기 여학생들에게 가당음료보다 물을 많이 섭취하도록 만든다.

교육목표

- 가당음료 섭취의 위험과 비용 및 물 섭취의 이점을 설명할 수 있다(결과기대).
- 가당음료의 섭취량을 평가할 수 있다(결과기대/자기평가).
- 가당음료 섭취 감소의 방해요인을 확인할 수 있다(결과기대/인지된 장애).
- 물 섭취량 증가에 긍정적인 태도를 보일 수 있다(태도).
- 가당음료 섭취량을 줄이고 물 섭취량을 늘릴 의사가 있다(행동의향).

* 활동에서 다루는 계획된 행동이론의 결정요인은 아래에 굵은 이탤릭체로 표시하였다.

행동 중심 사회심리적 이론에 기반한 교육계획	강의를 위한 교육의 학습 이론 및 교수 설계 이론 원리
1. 소개, 개요, 기본 규칙(5분). 안녕하세요. 저희는 OO보건소 영양사입니다. 지난번 방문 때 파악한 정보를 토대로 여러분들과 중요한 영양문제에 대해 오늘 이야기를 나눠보려 합니다. 건강을 위한 한 가지 방법은 가당음료의 섭취를 줄이고 물 섭취를 늘리는 것입니다. 그 이유와 방법을 살펴보도록 하겠습니다. 여러분들에게 재미있고 유익한 시간이 되기를 바라고, 교육시간은 90분입니다. 이 시간에는 다른 사람들의 의견을 서로 존중해주시기 바랍니다. **흥미 유발(Excite): 관심을 얻는다.**	→ 영양교육자는 따뜻한 미소를 띠고, 복장은 단정해야 한다. 주위에 배치된 좌석, 명찰(안전한 학습환경); 신뢰와 공통점을 만들기 위한 소개; 열정적인 목소리, 역동적 매너; 강의 제목과 앞으로 다룰 내용 = 미리 계획(Ausubel); 프레젠테이션: 짝 활동. → 대부분의 활동은 정의적 및 인지적 영역 학습을 다룬다. 더 높은 수준의 사고(Anderson과 Krathwohl)와 높은 수준의 정의적 참여(Krathwohl)를 목표로 삼는다.
2. 활동지 작성 ***자기평가*** 어제의 음료 소비량 기록(5분).	→ 자기평가로 동기유발; 학습 원리(Merrill) 활성화, 특히 상상력이 풍부한 학습자를 위한 구체적인 경험(Kolb); 능동 학습.
3. 음료의 설탕량 시연: *결과기대/인지된 위험*(10분) • 마트에서 자주 볼 수 있고 인기 있는 여섯 가지 음료(탄산음료, 스포츠음료 등)를 가져왔습니다. 어제 이 음료를 마신 분은 손을 들어주세요. • 도우미 분은 해당 음료 한 잔에 들어있는 설탕의 양을 측정해서 실제 양을 알려주세요. **설명(Explain): 새로운 자료 제공**	→ 인지된 위험 = 동기유발 이유 – 정보; 시각적이며 기억에 남음; 특히 분석 학습자는 관찰하고 반영한다. 인지적 영역뿐만 아니라 정의적 영역을 다룬다.

(계속)

4. 활동지를 사용하여 음료의 개인 설탕 섭취량을 평가(5분) ***결과기대/개인위험***	→ 자기평가가 동기를 부여한다. 개인적으로 의미 있는 학습(Ausubel) 구체적인 경험; (Kolb) 능동학습
5a. 과도한 가당음료 섭취로 인한 건강 위험에 대한 브레인스토밍 및 기록(6분) ***결과기대***/부정 • 칼로리, 충치 및 칼슘 등의 영양소 부족; 1일 1병 = 연간 72파운드의 설탕	→ 정보에 대한 동기유발; 능동학습; 영양교육자는 각 의견을 검증하고 비판적인 응답을 하며 사람들의 이름으로 불러준다(안전한 학습환경). 프레젠테이션; 말하기, 차트.
5b. 물 섭취의 이점에 대한 브레인스토밍과 기록(6분): *결과기대*/긍정 • 필수영양소, 수분, 칼로리가 없어 운동 시 효과가 좋으며 비용 및 첨가물도 없습니다.	→ 동기유발 이유: 정보; 유효한; 안전한 학습환경(Sappington), 프레젠테이션; 말하기와 차트
6. 활동지를 사용하여 음료 섭취비용을 평가(10분): *개인적 규범* 학생들은 음료기록지를 사용하여 매주, 매년 얼마나 많은 병들을 버리는지(300병) 계산합니다. 주당 및 연당 비용을 보고하십시오. • 개인적 규범: 돈이라는 측면에서 가치 있는 비용, 병을 만드는 공장의 화학적 낙진, 매립 **확장(Expand): 안내 및 연습 제공**	→ 의미 있고 적극적인 학습; 특히 분석적이고 상식적인 학습자에게 적합하다.
7. 변화에 대한 장애요인에 대해 토론(10분): *인지된 행동 통제력*(Perceived behavioral control) 집단을 두 개로 나눕니다. 가당음료 섭취가 높은 집단에서는 섭취를 줄이는 것의 장애요인을 기록합니다. 가당음료 섭취가 낮은 집단에서는 설탕 음료 소비가 높은 사람들의 소비를 줄이는 것의 장애요인을 논의하고 이를 기록합니다. 소비가 낮은 집단은 도움이 될만한 전략을 소개합니다. 소그룹의 내용은 전체 그룹과 공유됩니다. • 가당음료 섭취를 줄이는 것의 장애요인은 다음과 같습니다: 맛, 카페인 중독, 습관, 대중적, 집에서만 마시는 것, 정상적인 음료 **종료: 적용 후 정리**	→ 응용(Merrill), 적극적인 의미 있는 학습(Ausubel), 상식 학습자(Korb)에게 좋은 방법임; 안전한 학습환경을 위한 소그룹(Sappington); 프레젠테이션; 짝 활동.
8. 행동목적, 설정과정(10분): *행동의향/실행의향* '약정서'를 나눠주고 다음 주에 달성하고자 하는 목표를 표시하도록 하십시오. 또한 약정서 뒷면을 달력으로 활용하게 합니다. 다른 한 명을 증인으로 세워 서명하도록 하여, 자신이 세운 행동목적을 공유하게 하십시오.	→ 통합 원칙, 동료 참여(Merrill); 공약(Lewin); 안전한 학습환경(Sappington); 프레젠테이션 : 짝 활동.
9. 물병을 배포하고 마무리하기(5분) 참가한 모든 대상자에게 감사드리며 물병을 나눠주고, 근처에 있는 식수대의 위치를 알려주십시오.	→ 영양교육자들의 청중에 대한 긍정적인 고려와 존중은 행동목적 실행을 도울 수 있다.

있는 문제는 이것이다"라고 말하여 논점으로 다시 돌아오게 해야 한다.

2 시각매체 활용

시각매체 활용의 주된 장점은 교육내용을 보다 정확하고 생생하게 표현할 수 있다는 것이다. 시각매체(예: 슬라이드, 괘도Flip chart)를 이용하면 전달하려는 주요 정보를 요약하여 제시할 수 있다. 실물이나 사진, 통계자료의 그래프를 보여줄 수도 있다. 이러한 자료들은 정보를 생생하게 만들어 흥미를 자극하고, 대상자들은 교육내용을 더 잘 기억하게 된다. 다음은 활용할 수 있는 다양한 시각매체에 대한 설명이다. 시각매체는 다음의 질문을 참고하여 선택하도록 한다.

- 대상자가 누구인가? 어떤 종류의 시각매체가 가장 적합한가? → 대상자의 지식 정도에 따라 시각자료의 종류도 달라져야 한다.
- 대상자의 관심은 무엇인가?
- 어떻게 세팅할 것인가? 긴 강의실에서는 뒤에서도 슬라이드를 볼 수 있지만, 식품 등의 실물을 강의실 앞쪽에 전시하면 뒤에 있는 사람들이 볼 수 있을까?

- 대상자의 규모(10명, 25명, 50명 또는 100명 이상)는 어떠한가? → 소규모일 경우에는 식품모형 등이 적합한 반면, 대규모 집단일 경우 슬라이드 같은 시각자료가 낫다.
- 강의실에서 사용가능한 장비는 무엇인가?
- 교육에 주어진 시간은 얼마만큼인가? 시간 안에 사용하기 적합한 시각매체는 어떤 것인가? DVD는 시간이 많이 필요하므로, 발췌해서 사용할 수도 있다.
- 시각매체를 준비하는 데 시간이 얼마나 걸리는가?
- 시각매체를 개발하는 데 어떤 기술이 필요한가? 보조인력이 필요한가? 필요한 자료가 이미 개발되어 이용되고 있는가?

1) 시각매체의 종류

실제 식품부터 슬라이드에 이르기까지 다양한 시각매체를 활용하면 교육 내용을 보강하고 강화할 수 있다.

(1) 실물: 식품 및 식품포장지

행동목표를 분명하게 제시할 때 실제 식품이나 식품포장지를 활용하면 그 효과가 크다. 다양한 채소와 과일 섭취의 중요성을 교육하고자 한다면 다양한 채소와 과일을 준비해서 그것들을 아는지, 맛본 적이 있는지 물어보면서 강의를 시작할 수 있다. 식품표시 읽기나 가공식품을 적게 먹는 법을 교육한다면, 다양한 식품포장지를 준비한다. 또는 지역농산물을 보여주기 위해 현지 농산물 시장에서 판매하는 다양한 식품을 가져올 수도 있다. 영화관에서 판매하는 팝콘이나 탄산음료의 1인 분량Portion size(대, 중, 소)을 제시할 때도 실물은 매우 유용하다.

특히 건강에 좋지 않은 식품(음료수나 팝콘)은 빈 용기를 제시해야 한다. 빈 용기는 가져가기 쉽고, 대상자들이 먹을 것을 걱정할 필요도 없다. 그러나 보여줄 시간이 될 때까지는 대상자들의 눈에 띄지 않도록 한다. 음식의 1회 제공량을 보여줄 때 계량컵과 스푼을 가져오는 것도 유용하다.

- 장점: 실제적이고 인상적이며, 동기유발률을 높인다. 교육 내용의 이해를 돕고 기억력을 높여준다. 식품 및 식품포장지는 운반이 용이하다.
- 단점: 일부 식품은 상하기 쉽다. 대상자가 15~20명을 넘으면 적합하지 않다.

(2) 식품모형 및 영양 관련 모형

식품모형은 플라스틱이나 고무 재질을 이용하여 식품을 실물 크기로 만든 입체 모형이다. 특히 식사지침에서 권장하는 식품의 1회 제공량을 보여주기에 유용하다. 심장모형이나 혈전으로 막힌 동맥모형 등도 있다.

- 장점: 식품모형은 실물과 유사하고 운반하기 쉬우며 식품의 실제 1회 제공량을 보여줄 수 있다. 복잡한 장기나 그 과정을 설명할 수 있는 모형도 있다.
- 단점: 대상자가 15~20명을 넘으면 잘 보이지 않는다.

(3) 포스터 게시판

체육관이나 급식실처럼 강의시설이 갖추어져 있지 않은 경우에는 포스터 게시판이 효과적이다. 포스터 게시판에 다양한 그림이나 식품 포장지를 붙일 수도 있고, 주머니를 달아 다양한 그림이나 카드를 넣어두고 필요할 때 꺼내서 사용할 수도 있다. 원형차트, 막대그래프, 선그래프로 보여줄 수도 있다. 다양한 주제별로 포스터 게시판을 만들어놓을 수도 있다.

포스터 게시판은 잘 서 있도록 튼튼한 포스터판이나 폼보드판을 사용하고, 책상이나 의자 위에 세워두거나 벽에 걸어둘 수 있어야 한다.

- 장점: 저렴하고 운반이 용이하며, 강의시설에 장비가 부족할 때 도움이 된다.
- 단점: 운반 중 부서지기 쉽고, 제시할 수 있는 정보의 양이 제한적이다. 대규모 집단지도에는 적합하지 않고, 사용하면 마모된다.

(4) 괘도

세워둘 수 있는 이젤이 달린 괘도는 여러 장비가 없더라도 교육하기에 유용하다. 괘도는 큰 판에 신문지처럼 큰 종이들의 상단이 고정되어있다. 이 종이에 진한 색 펜이나 크레용으로 모두 볼 수 있게 내용을 크게 적는다. 그래프, 원형차트, 개요를 적거나 클립아트 등을 미리 작성해놓을 수도 있다. 적혀

괘도는 대상자가 참여할 수 있는 값싸고 쉬운 방법이다.

자료: Courtesy of Program in Nutrition, Teachers College Columbia University.

있는 내용을 다 보면 그 페이지를 위로 넘기면 된다. 이는 집단 브레인스토밍 활동 시 유용하며 아이디어를 기록한 다음 종이를 찢어서 벽이나 칠판에 붙이면 모두 볼 수 있다. 회의가 끝난 후에는 종이를 가져갈 수도 있다. 만들 때는 여러 색깔의 펜을 적절히 사용하면 좋다.

- **장점** 저렴하다. 집단지도 시 제작된 괘도들은 다시 사용할 수 있다. 다른 장비나 공간이 없을 경우 적합하다. 정보를 수집하기 좋고, 수집된 정보를 보관할 수 있다.
- **단점** 대상자가 20~25명을 넘으면 잘 보이지 않는다. 운반하기 어렵다. 집단에서 논의된 아이디어를 정리하여 적을 사람이 필요하다. 사용하다 보면 마모된다.

(5) 칠판

칠판은 내용을 시각적으로 전달하는 데 도움을 준다. 칠판에 내용을 쓸 때는 읽기 쉽고 모두 볼 수 있게 크게 적어야 한다. 이때 대상자에게 등을 돌리고 칠판만 쳐다보며 이야기해서는 안 된다. 판서할 때는 시간이 걸리므로, 가능한 한 대상자들을 바라보고 이야기하며 판서하는 연습이 필요하다.

- **장점** 저렴하고, 사용하기 쉽고, 어떤 상황에서도 사용가능하다.
- **단점** 칠판을 향해 이야기하거나, 판서하는 데 시간이 오래 걸리거나, 악필일 경우 교육의 효과가 떨어진다.

(6) 슬라이드

컴퓨터를 활용하여 글자, 그래프, 차트, 표 등을 넣은 이미지를 만들어 발표하는 경우가 많아지고 있다(그림 13-5). 사진을 스캔해서 넣기도 하고 애니메이션, 사운드 및 비디오클립을 포함시켜 멀티미디어 프레젠테이션을 선보이기도 한다. 여러 가지 색으로 필요한 모든 크기의 이미지를 만들 수도 있다(그림 13-6). 프레젠테이션은 교육 전후 인쇄해서 유인물로 나눠주어 대상자들이 참고하거나 복습하도록 하면 된다.

- **장점** 파워포인트 형식의 슬라이드는 고품질의 서체, 차트 및 그래픽을 제공한다. 색상과 애니메이션을 잘 사용하면 동기유발을 시킬 수 있다. 파일은 USB에 저장해서 쉽게 운반할 수 있다. 일단 프로그램 사용법을 배우기만 하면 슬라이드를 쉽게 만들 수 있다.
- **단점** 필요한 장비는 비싸며 노인복지관, 방과 후 교실, 지역사회 보건소 등의 모든 환경에서 다 이용할 수 있는 것이 아니다. 슬라이드를 사용하면, 특히 조명을 꺼야 하는 경우 대상자가 잘 보이지 않아 대상자와의 거리감이 생길 수 있다. 자칫 너무 많은 정보를 슬라이드에 넣기도 쉽다.

2) 시각매체 설계원칙

다음의 지침은 다양한 시각매체들을 효과적으로 준비하도록 도와준다(Smith와 Alford 1989, Knight와 Probart 1992, Raines와 Williamson 1995). 루카스(2011)는 영양교육에 적용할 수 있는 유용한 지침을 다음과 같이 제시했다.

(1) 명확하고 단순하게

시각매체는 단순하고 명확하며, 전달하려는 정보와 직접적인 관련이 있어야 한다. 시각매체는 중심이 아니라 보조도구로 슬라이드, 괘도, 투시자료 등은 간결하게 만든다. '6의 법칙'에 따라 문장은 여섯 줄 이하로, 한 줄에 여섯 단어 이상 사용하지 않도록 한다(Raines와 Williamson 1995). 또한 여백까지 정보를 채우지 않도록 한다.

(2) 잘 보이게 크게

많은 정보를 넣으려다 보면 글씨를 작게 넣기 쉽다. 그러나

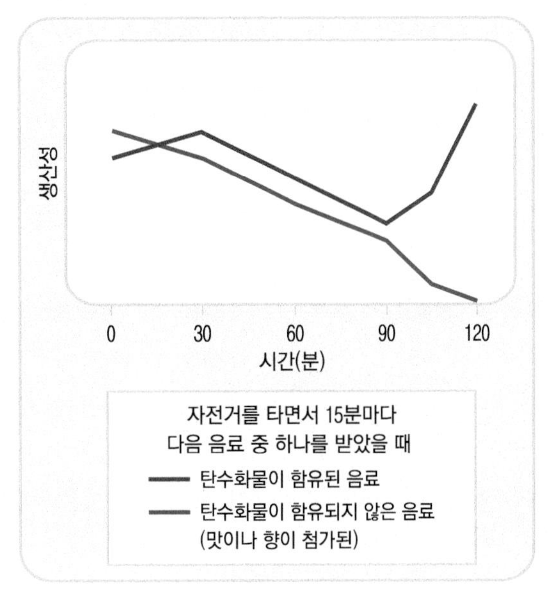

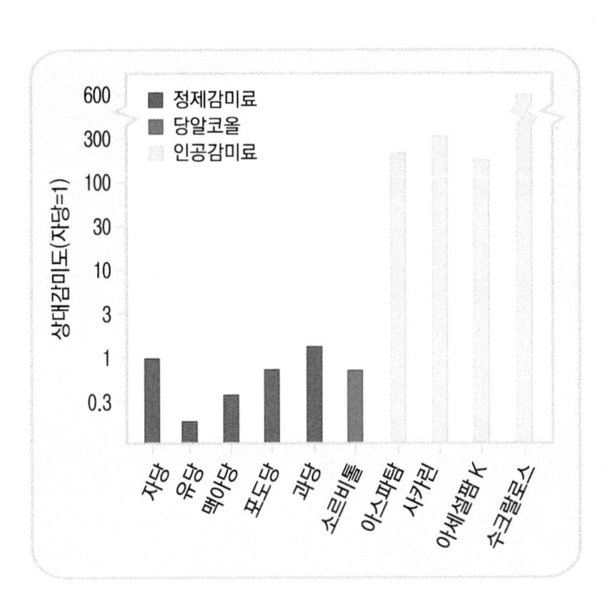

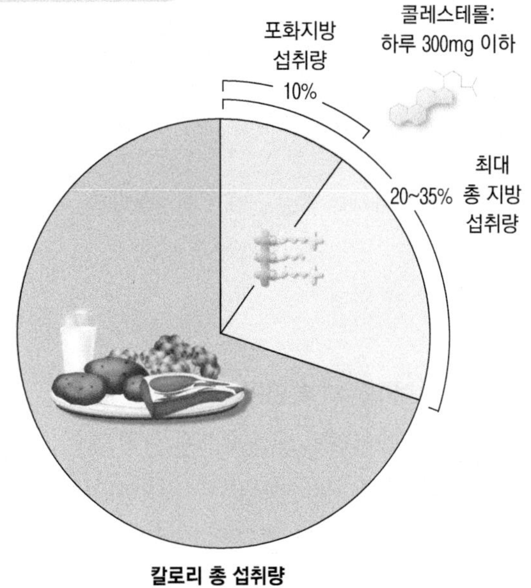

그림 13-5 효과적인 선그래프, 막대그래프, 원그래프의 예

더 건강해지는 두 가지 방법

그릇의 반을 채소와 과일로

체중관리뿐만 아니라 암, 심장질환,
당뇨병과 같은 만성질환을
예방해줍니다.

매일 운동하기

균형 있는 몸을 유지하고,
에너지 소비량을 증가시키며,
혈중 지표를 개선하고,
만성질환을 예방합시다.

그림 13-6 효과적인 슬라이드의 예

자료: Courtesy of Pamela Koch, EdD, RD.

잘 보이지 않는다면 쓸모없는 자료일 뿐이라는 것을 기억하도록 한다.

(3) 눈에 잘 띄는 색상

색을 사용하면 주의력이 높아진다. 너무 많은 색상은 피하고, 세심하고 신중하게 설계한다. 색은 세 가지 이내로 일관되게 사용한다. 시각매체에서 가장 강조할 부분을 정하고 그 부분의 색상을 먼저 선택한다.

(4) 적절한 서체

대부분의 컴퓨터에는 수십 가지의 서체가 저장되어있다. 서체는 간단하고 읽기 쉬운 것이 가장 좋다. 프레젠테이션에 사용하는 서체의 수는 제한해야 한다.

3) 시각매체 활용지침

대상자가 관심 있는 시각매체를 선택·설계했다면, 집단에 적용할 때는 그 방법을 신중하게 고려해야 한다. 그래야 정보를 효과적으로 전달할 수 있다.

(1) 시각매체가 잘 보이는지 확인한다

포스터 게시판을 사용하려면 교육장소에 미리 가서 모든 사람이 잘 볼 수 있도록 배치해두어야 한다. 이젤이 있는지 살펴보고 없다면 넘어지지 않게 어디에 세워놓을지를 정한다. 실물을 사용할 경우 모두 볼 수 있게 어디에 놓을지 생각하고 슬라이드를 사용한다면 장비 앞에 서서 시야를 가리지 않도록 해야 한다.

(2) 시각매체를 적절한 시점에 보여준다

식품, 식품모형, 식품포장지 등을 사용할 경우 필요한 순간까지 준비한 자료를 보여주지 않도록 한다. 상자나 가방에 넣거나, 책상 위에 놓는다면 덮어두도록 한다. 포스터 게시판이나 괘도도 마찬가지다. 빈 종이나 강의 제목이 적혀 있는 면이 보이도록 둔다. 슬라이드도 마찬가지로 제목 슬라이드를 사용하고 시각매체를 사용하지 않을 때는 빈 화면을 열어두도록 한다. 시각매체를 다 사용했다면 대상자들의 주의를 분산시키지 않도록 덮어두거나 치운다.

(3) 대상자들과 매시간 소통한다

슬라이드, 포스터 게시판 등을 사용할 때는 시각매체를 잠깐씩 확인해가며 대상자들과 지속적으로 대화하고 눈을 맞춘다.

(4) 유인물 및 자료를 적절하게 활용한다

영양교육자가 설명하는 동안 사진이나 물건 등의 시각자료를 돌려볼 경우에는 한 개씩만 제시해야 한다. 이때 돌려보는 사람들의 주의가 분산되어 설명에 관심을 잃을 수도 있다. 일반적으로 유인물은 맨 마지막에 주는 게 좋다. 매시간 유인물을 주고 싶다면, 시작 전에 나눠주도록 한다. 단, 수업이 산만해질 수 있음을 명심해야 한다.

3 다양한 교육활동

영양교육자는 집단토의, 프레젠테이션, 인쇄매체와 시각매체 개발 이외에도 여러 활동에 참여한다. 건강박람회나 시장견학, 조리실습 활동처럼 말이다. 이러한 활동 역시 시각매체 설계원칙과 과정에 따라 계획한다. 원칙과 과정은 PART II에 자세히 기술되어있다.

1) 활동계획

다음의 사항을 확인하면 활동의 효과가 향상된다.

- **활동의 구체적인 목적은 무엇인가?** 활동 시에는 교육목표를 분명히 해야 한다. "이 활동의 목적이 대상자가 중재의 행동변화목적을 따라올 수 있도록 식품 선택이나 조리기술을 가르치는 것이다"라면, 행동을 취하고 의사결정을 하도록 동기유발을 강화할지(행동을 취해야 하는 이유를 강조), 이미 동기유발이 된 사람들에게 식품영양정보를 제공하고 기술 습득을 촉진하도록 할지(행동을 취하는 방법을 강조), 아니면 두 가지 모두인지, 어떤 이론적 틀이 사용되고 있는지, 행동변화의 결정요인은 무엇인지 고려해야 한다.
- **대상자들이 실천해야 할 행동이나 활동은 무엇인가?** 건강박람회는 대상자들이 건강박람회 같은 프로그램을 알

고 참석하는 것인지, 특정 행동목표를 가진 독립적인 교육활동인지를 살펴보고 혈압이나 체지방률을 검사하거나 채소와 과일 섭취량을 진단표로 평가해보는 활동으로 구성할 수 있다. 진단 후에는 무엇을 해야 하는지를 유인물을 통해 안내해도 좋다. 이때 활동을 통해서 얻어질 행동결과가 무엇인지 분명하게 설명하도록 한다.

2) 다양한 교육활동지침

조리실습, 건강박람회 또는 시장 견학 등의 활동은 영양교육에서 식이 변화의 동기유발 및 촉진에 유용하다. 이때 다음 지침이 도움이 될 수 있다.

(1) 조리실습

사람은 모두 음식에 관심이 있으며 조리실습에 참여하는 것이 동기유발이 될 수 있다. 조리실습은 활동 기반 영양교육 활동의 여러 실습(Liquori 등 1998, Brown과 Hermann 2005, Reicks 등 2014) 이상으로 영양교육의 효과적인 수단이다. 영양교육 프로그램에 조리실습 및 함께 식사하는 활동을 교육에 포함시키는 경우가 많다. 다음은 그러한 활동을 수행하기 위한 몇 가지 팁이다.

시작할 때

다음 사항을 고려하도록 한다.

- **교육목표는 무엇인가?** 조리실습활동 시에는 목적을 분명히 한다. 마음이 내키지 않는 활동은 교육이 될 수 없다. 활동을 통해 동기유발을 강화하고 싶은가? 아이들에게 새로운 음식을 시도하도록 장려하고 싶은가? 아니면 이미 동기유발이 된 사람들의 기술 개발을 위한 활동인가? 대상자들에게 친숙한 요리법을 이용해서 더 건강한 새로운 방법을 배우도록 하고 싶은가? 당뇨병을 진단받은 사람들은 무엇을 요리하고 조리방법을 어떻게 바꿔야 하는지 알고 싶어한다.
- **시간계획은 어떠한가?** 이 활동을 할 수 있는 기간은 얼마나 되는가? 일회성 교육인가? 교육시간은 얼마나 걸리는가? 동일한 집단에서의 연속적인 조리교육인가? 이와 같은 문제는 목표, 조리법 및 활동의 선택에 영향을 미친다.
- **대상자는 누구인가?** 문화적 배경이 서로 다른 다양한 인종인가, 아니면 동일한 인종인가? 저소득층인가? 이와 같은 문제는 레시피 개발에 영향을 미친다.
- **대상자의 조리수준은 어떠한가?** 조리경험이 거의 없는 10대 청소년인지 또는 조리실력이 꽤 있는 중년의 여성인지 고려한다. 어떤 경우든 이 활동과 나머지 영양교육의 관련성을 분명히 설명하도록 한다.
- **시설은 어떠한가?** 가스레인지를 사용해야 하는지, 휴대용 가스레인지를 가져와야 하는지, 기구가 있는지, 미리 시설을 확인해야 한다. 조리시설이 없고 열원을 가져올 수 없는 경우에는 샐러드 같은 음식을 조리할 수 있다.
- **대상 집단의 규모는 얼마나 되는가?** 집단 구성원 모두가 같은 조리법으로 참여하는지, 아니면 여러 방법으로 조리할 수 있는 조리대가 있는지 고려한다.
- **필요한 재료는 무엇인가?** 식재료 외에 필요한 식기류도 재료에 포함된다. 부패되기 쉬운 식품을 가져올 때는 냉장보관할 수 있는 아이스박스나 얼음팩을 사용하거나 실온에 얼마나 둘 것인가 등의 식품안전문제도 고려해야 한다. 조리대 개수에 맞춰 도구도 여러 개 필요할 수 있다. 식재료가 많은 경우 바퀴가 달린 튼튼한 상자나 여행 가방이 필요하다.

동기유발

다음 지침이 도움이 될 수 있다.

- 대상자에 맞추어 조리실습을 계획한다.
- 문화적 배경을 적절히 고려한 조리실습이 되도록 한다.
- 조리법을 미리 신중하게 시험해본다.
- 항상 모든 대상자를 존중해야 한다.
- 실습작업을 소그룹별로 '분담'하게 한다.
- 각 집단에 필요한 모든 재료 및 기구를 미리 준비한다.
- 전체 대상자와 함께 조리법을 검토한다.
- 교육시간 내에 조리실습을 하기에 적절한 시간을 선택한다.
- 집단에서 책임감 있게 조리실습을 하는지 검사한다.

(2) 시장 및 농민시장 견학

시장이나 농민시장 견학은 모든 연령층에게 훌륭한 경험이 될 수 있다. 견학은 소규모 시장부터 대형 시장까지 모두 실시할 수 있으며 이를 통해 여러 목적을 달성할 수 있다.

시작할 때

다음 사항을 고려하도록 한다.

- **교육목표는 무엇인가?** 시장 및 농민시장 견학 시에는 목적을 분명히 한다. 이 활동을 통해 동기유발을 강화하고 싶은 것인지, 이미 배운 내용을 적용해보고자 하는 것인지, 아니면 이미 동기유발이 된 사람들을 위한 기술 개발 활동인지를 생각한다.
- **대상자는 누구인가?** 대상자가 아동인지 성인인지에 따라 활동을 계획하는 데 차이가 생긴다. 특정 민족 또는 문화집단에 속해 있는지, 경제적으로 어려운지도 살펴본다.

계획하기

시장 견학을 하기 전에는 승인을 받아야 한다. 대상이 아동이라면 더욱 그렇다. 승인은 관리자에게 요청하도록 한다. 미국에서 실시하는 과일 및 채소 먹기 운동Eat More 캠페인은 시장에서 아이들에게 견학을 제공하도록 장려하며, 시장에서는 이러한 캠페인을, 가족들이 더 많은 채소와 과일을 먹고 긍정적인 지역사회관계를 형성하고 언론에 홍보를 할 좋은 기회라고 본다. 시간은 대상자 및 시장 모두 편리한 때로 예약해야 한다. 대부분의 농민시장에서는 승인 절차가 필요하지 않지만, 견학을 시장 관리자에게 미리 알려두면 도움이 된다.

- **견학 교육계획을 세워야 한다** 계획은 설계과정 4단계에서 수립한다. 이때 견학의 구체적인 교육목표를 결정하고 이를 달성하기 위한 활동들을 설계하도록 한다. 아동 및 성인 대상자가 시장에서 수행할 수 있는 활동이 담긴 활동지도 개발한다. 저지방 식품이나 과일 및 채소 등 특정 식품을 찾아내는 활동을 통해, 대상자들이 식품 탐정이 되도록 한다. 흥미가 넘치고 도전할 수 있으며 재미있고 머리를 써야 하는 활동을 만들어보자.
- **견학 진행의 세부 계획을 세워보자** 대상자들에게 견학 내용을 설명할만한 모임장소를 알아보고, 시장의 직원이 견학에 어느 정도 관여할지도 결정한다.

동기유발

견학은 육체적으로나 정신적으로 실제적인 경험이어야 한다. 식품에 대해 이야기하며 그냥 지나가는 것으로는 충분하지 않다. 처음에는 언어적 활동을 실시한다. 예를 들어 과일 및 채소 가게를 둘러볼 때, "이 채소와 과일이 무슨 색이지?", "이 붉은 과일은 이름이 뭘까? 이 초록색 과일은?" 등의 질문을 할 수 있다.

- **클립보드 같은 것을 준비해서 대상자들이 작성해보도록 한다** 관심 있는 식품에 관한 자기평가를 해보게 한다. 그다음 질문이 적혀 있는 활동지를 가지고 나가 식품을 조사해오도록 한다. 다양한 활동 완료 시 지정된 점수를 부여한다. 시장에서는 채소와 과일을 맛보거나 그들이 제시한 조리법을 시험해볼 수 있다. 이러한 활동을 통해 대상자는 모든 감각에 도전하게 된다.
- **대상자들에게 유익하며 관련이 있어야 한다** 특히 성인의 경우, 견학을 통해 동기유발뿐만 아니라 기술도 가르쳐주어야 한다. 다양한 채소의 전처리법, 조리법, 저지방 식품, 다양한 종류의 통곡식 등에 관해 알려줄 수 있다.

이처럼 대상자 집단이 관심을 갖는 주제 내에서 창의력을 발휘하여 많은 활동을 개발한다.

(3) 건강박람회

건강박람회Health Fairs를 개최하는 것은 직장이나 대학, 지역보건소에서 하기에 유용한 영양교육 프로그램이다. 시작할 때는 활동의 목적과 박람회에 참가함으로써 얻게 될 행동을 분명히 이해할 필요가 있다. 건강박람회 개최에는 약간의 노력과 계획이 필요하며, 시작은 일찍 해야 한다. 시간계획은 다음의 사항을 고려하여 수립하도록 한다.

시작할 때

박람회의 목적이나 교육목표를 분명히 한다. 사람들이 집단지도나 신체활동 교육 프로그램 등 다른 활동에 참여하도록 동기유발을 하고 관심을 모으기 위한 행사인지, 아니면 방법적 기술을 제공해주고 개인이 행동을 취하도록 동기를 유발하는 독립적 행사인지를 확실히 한다.

계획하기

다음 사항을 고려하도록 한다.

- **장소** 장소를 선택할 때는 참석하는 대상의 규모에 따라 결정한다. 토론활동이 있는지, 모든 활동이 한 장소에서 진행되는지 아니면 다른 공간이 필요한지 고려한다.
- **기타 잠재 대상자** 직원이 모든 활동을 진행할지 아니면 다른 유사 기관이나 단체를 섭외할지 고려한다. 예를 들어 건강박람회 주제가 채소와 과일 섭취를 높이는 것이라면 동기유발 차원에서 인근 병원에 혈압 측정을 요청할 수 있다. 또 지역 체육관이 참여하여 가정에서 할 수 있는 운동을 알려줄 수도 있다. 이런 식으로 부스를 몇 개 설치할지 결정한다.
- **사은품** 건강박람회 참여 유도를 위해 행운권 당첨 이벤트를 계획한다면, 체육관 회원권 같은 상품을 제공할만한 지역 판매자에게 편지나 전화로 도움을 요청한다.
- **활동** 집중해야 할 행동이나 문제에 대해 브레인스토밍을 하여 중심 메시지를 결정한다. 각 메시지나 주제에 대한 포스터를 부스에 설치한다. 퀴즈, 활동, 유인물은 적절하게 활용하며 이는 동기유발과 정보 제공에 필요하다. 이러한 활동은 부스에서 간단히 할 수 있다.
- **촉진과 홍보** 교육기관에 포스터 게시, 여러 부서나 지역사회에 초청장 발송, 선별된 대상자에게 이메일로 공지, 기관의 소식지나 지역 신문에서 소개하는 등 다양한 방식으로 홍보한다.

농민시장 견학에서 영양교육이 이루어지는 모습이다.

자료: Courtesy of Linking Food and the Environment, Teachers College Columbia University.

직장 내 건강박람회에서 영양교육이 이루어지는 모습이다.

자료: Courtesy of Program in Nutrition, Teachers College Columbia University.

동기유발

영양교육 직원 또는 자원봉사자는 이름표를 달고 대상자를 맞을 준비를 한다. 직원들은 다른 공급업체 등 대상자들이 준비하는 것을 도와준다. 퀴즈나 다른 활동을 완료하면 행운권을 추첨하여 상품을 준다는 것을 알 수 있게 책상 위에 전시해놓는다. 사진을 찍어 게시할 경우, 지속적인 동기유발이 되고 후기를 쓸 수 있으며 평가 또는 문서화 용도로 사용할 수도 있다.

4 새로운 기술

첨단 통신채널은 영양교육에 접목해볼만한 많은 가능성을 가지고 있다. 정보, 영양, 기술이 교차되는 영양정보학Nutrition informatics은 경제적인 이점뿐만 아니라 손쉽게 널리 보급될 수 있어 많은 사람에게 영향을 미칠 수 있다.

1) 기기

계속해서 많은 장치Devices들이 개발되고 있다. 영양교육 시에는 이러한 최신 기술을 도입하여 사람들이 관심을 가질 수 있도록 유도하는 것이 중요하다.

(1) 컴퓨터 및 태블릿

영양교육 시 컴퓨터와 태블릿 활용의 이점은 많다. 컴퓨터 또는 태블릿으로 웹사이트에 접속하여 교육 프로그램을 살펴보거나 소셜 네트워킹SNS의 사회적 지지를 통해 행동을 변화시킬 수 있다.

(2) 전화

전화는 사람들과 직접 소통할 수 있게 함으로써 새로운 건강증진전략을 제공해준다.

(3) 비디오 게임

신체활동이 필요한 비디오 게임을 영양교육에 적용하면 활동적인 게임과 건강한 행동변화가 결합된 새로운 돌파구가 열릴 수 있다.

(4) 개인 디지털 보조 장치

PDAPersonal Digital Assistant는 펜을 사용할 수 있는 휴대용 컴퓨터로, 데이터를 수집하는 등 영양교육에 사용할 수 있다. PDA를 이용한 영양교육 프로그램은 중년 및 노인의 채소 및 통곡식 섭취량을 증가시켰다(Atienza 등 2008).

2) 기기를 통해 이용할 수 있는 도구

(1) 웹사이트

많은 사람이 웹에서 건강정보를 찾고 그중에서도 간결하고 정확한 정보를 제공해주는 웹사이트를 찾는다(Hearn 등 2013). 믿을만한 자료가 있고, 디자인이 흥미로우며 관심을 끄는 웹사이트는 영양정보를 전달하는 매우 좋은 방법이다. 단, 영양교육자가 웹 디자이너와 협력해서 프로그램을 개발해야 하므로 비용이 많이 드는 단점이 있다.

웹사이트는 새로운 영양평가방법을 제공해준다. 웹 기반 24시간회상법을 측정하는 식품섭취량 기록 소프트웨어 시스템은 1만 개 이상의 음식 이미지를 보여주며, 섭취량을 추정하는 데 도움이 되는 추가 이미지도 함께 제시하여, 초등학교 3학년 정도의 아동도 사용할 수 있다(Baranowski 등 2014).

(2) 웹 세미나 및 온라인 과정

웹 세미나와 온라인 과정은 웹사이트와는 약간 다르다. 이는 많은 사람이 상호작용할 수 있는 인터넷에서 세미나를 열고, 질문하고, 아이디어도 공유하는 등의 교육방법이다. 웹 세미나는 웹사이트에 접속하거나 특정 소프트웨어를 다운로드하여 액세스할 수 있다.

(3) 소셜미디어 플랫폼

소셜미디어 플랫폼Social media platforms은 사용자가 직접 콘텐츠를 생성하고 교환하는 온라인 애플리케이션이다. 공동 프로젝트(예: 위키피디아), 블로그나 마이크로 블로그(예: 트위터), 콘텐츠 커뮤니티(예: 유튜브), 소셜 네트워킹 사이트(예: 페이스북), 가상게임이나 가상사회(예: Second Life) 등이 있다(Williams 등 2014).

페이스북은 영양교육에 사용되는 가장 일반적인 소셜미디어 플랫폼이다. 페이스북에 접근 권한이 있는 젊은 성인들은 신체활동을 높이고 체중을 감소시키고자 영양교육자들의 사회적 지원을 이용했다(Napolitano 등 2013; Valle 등 2013). 소셜미디어의 구성요소는 플랫폼에 의존하기보다는 행동변화를 위한 영양교육 중재도구로 이용되어야 한다.

(4) 이메일

이메일은 개인에게 영양 및 신체활동 목표를 상기시키거나 중재에 참여하도록 초대하는 등 다양한 목적을 위해 개별이나 그룹 또는 대규모로 보낼 수 있다. 한 연구에서는 직장 프로그램에 직원 참여를 권유하는 이메일을 일괄 발송하였고, 참여한 사람들은 식이요법과 신체활동에 관한 건강평가도구를 작성하고 즉각적인 피드백을 받았다. 계속 참여하는 사람들에게는 신체활동 증가, 채소와 과일 섭취 증가 및 포화지방, 트랜스지방, 첨가당 섭취를 감소를 요구했다. 그 후 3개월 동안 매주 개인별로 소소한 미션을 수행하도록 했다. 그 결과 영양 및 신체활동이 크게 개선되었다(Sternfeld 등 2009). 직장에서의 이메일 활용의 장점은 대상자가 일단 가입만 하면 별다른 노력 없이도 중재에 참여하게 된다는 것이다(즉, 대상자가 프로그램을 적극적으로 찾을 필요가 없음).

(5) 전자 및 디지털 게임

전자 및 디지털 게임은 컴퓨터, 태블릿, 휴대전화 및 비디오 게임 기기에서 재생할 수 있다. 비디오 게임은 다양한 사람들이 참여하며 건강행동 변화중재를 흥미로운 방식으로 제공하기 위해 연구되고 있다(Baranowski 등 2008, 2013, DeSmet 등 2014).

(6) 전화 및 화상회의

전화기 자체는 특별히 발전된 기기는 아니지만 새로운 영양교육방법을 제공할 수 있다. 예를 들어, 전화를 통한 동기유발은 효과적이다.

동기유발 외에도 전화는 화상회의에 사용될 수 있다. 한 연구에서는 저소득층의 과체중 및 비만인 어머니들에게 체중 증가를 예방하기 위한 중재방법으로 화상회의를 진행한 바 있다(Chang 등 2014).

(7) 앱

스마트폰과 컴퓨터로 식품 섭취 및 신체활동 소비량을 추적하거나 팟캐스트Podcasts(디지털 오디오 녹음) 같은 다양한 앱을 다운로드 할 수 있다. 한 연구에서는 대상자들에게 6개월 동안 섭취 및 활동 모니터링 모바일 앱을 사용해서 매주 영양교육 관련 팟캐스트를 2개씩 듣도록 했다. 대상자들은 체중이 성공적으로 감소되었다(Turner-McGrievy와 Tate 2011). 학교에서 10대 청소년을 대상으로 8개월간 실시한 중재에서도 모바일 앱이 이용되었다(Smith 등 2014).

영양교육에 널리 사용되는 스마트폰 앱

자료: Bloom Productions/Getty Images.

(8) 문자 메시지

휴대전화나 스마트폰의 문자 메시지는 식행동을 자기모니터링 하는 데 매우 유용하다(Fjeldsoe 등 2009). 개인 영양상담이나 집단교육 후에는 선택에 따라 매일, 또는 하루에도 몇 번씩 문자로 알림이나 유용한 정보를 받을 수 있다. 문자 메시지는 사람들이 체중을 감량하거나 혈당을 조절하게 하는 데 유용하다(Patrick 등 2009, Newton 등 2009). 문자 메시지는 아동의 가당음료 섭취량, 신체활동 및 TV 시청시간 등 자기모니터링(Shapiro 등 2008), 여성의 식이 권장사항 준수(Glanz 등 2006), 당뇨병 환자를 위한 지원(Franklin 등 2006)에도 도움이 된다.

(9) 연속극

드라마와 광고에서의 다양한 피드백, 지식, 전략을 이용한 멀티미디어 접근법은 지방 섭취량을 줄이는 데 효과적이다(Campbell 등 1999).

3) 개인 맞춤형 정보

개인 맞춤형 정보Individualized messages는 개인화되지 않은 매체Non-personal media(편지, 소식지 및 컴퓨터 등)의 의사소통 효과를 높여준다. 예를 들면 직원 또는 병원 환자와 같은 특정 목표집단에게 목표행동과 관련하여 현재 자신의 습관뿐만 아니라 신념, 태도, 사회적 규범, 인지된 장애, 변화상태 등을 묻는 설문지를 보낸다. 그다음 설문 응답을 토대로 컴퓨터가 그들의 특정 신념과 습관에 맞춰 자동으로 작성한 편지를 보내면 된다. 이러한 접근법에서는 목표 대상자와 개인적으로 관련 있고, 그들이 선택해야 하는 관련 문제를 다룬다. 이는 일반적인 커뮤니케이션 방식보다 효과적이다(Brug 등 2003). 행동이론의 구성요소뿐만 아니라 그 집단의 핵심가치에 기초한 맞춤형 접근은 의사소통의 효과를 향상시킨다(Kreuter 등 2003).

이 방법은 컴퓨터가 생성한 개인 맞춤형 편지, 소식지 및 잡지를 이용한 접근방식이 병원의 환자, 건강한 직장인, 건강한 자원 봉사자, 퇴직자, 건강관리기관 회원, 교회의 교인 등 다양한 대상자에게 활용되었다.

그 외 다른 경로의 양방향 컴퓨터 접근방식Interactive computer

모든 연령대에서 정보를 찾는 데 컴퓨터를 사용하며, 이를 통해 온라인 영양교육 프로그램을 접할 수 있다.

approach도 있다. 과체중 예방을 위해 교실에서 컴퓨터를 사용하거나(Ezendam 등 2007), 상담 및 후속 전화상담 때 터치스크린 컴퓨터를 사용하는 것이다(Stevens 등 2002). 또한 영양교육에서 영양판정, 목표설정 및 모니터링과 같은 웹 기반 맞춤 메시지Web-based tailored messages 및 양방향 접근법Interactive approaches이 여러 연령대에서 인기를 얻고 있다(Oenema 등 2001, De Bourdeaudhuij 등 2007; Atkinson 등 2009; Werkman 등 2010; Mouttapa 등 2011).

4) 최근에 사용하는 첨단기술

오늘날 청소년 세대는 첨단기술을 사용하며 자라왔다. 따라서 새로운 첨단기술을 영양교육에 활용하면 흥미를 유발할 수 있다. 체계적인 리뷰와 메타 분석 결과, 학교에서 이루어지는 일반적인 수업보다는 컴퓨터 맞춤형 개인화된 교육Computer tailored personalized education이 에너지 균형과 관련된 바람직한 행동을 향상시킨 것으로 확인되었다(De Bourdeaudhuij 등 2011; Delgado-Noguera 등 2011).

5 요약

영양교육의 핵심은 집단지도이다. 이 장에서는 영양교육자들이 집단에서 할 수 있는 다양한 교육방법을 설명하였다. 교육방법은 대상자, 상황 및 목적에 따라 달라지지만, 집단에서 정보를 적극적으로 받아들여 동기유발이 되고, 적절한 때에 행동을 취하도록 설계된 행동변화정보를 효과적으로 전달하고자 한다는 목적은 같다. 효과적인 의사소통을 위해서는 의사소통과정과 영향을 미치는 요소에 대한 이해가 필요하다. 또 집단의 다양한 학습 유형을 이해하고 모든 사람에게 안전하고 도전적인 학습환경을 조성하는 최선의 방법이 요구된다.

집단지도계획 및 전달은 어려운 일이다. 그러나 안전한 환경에서 신중하게 계획되어 효과적이고 열정적으로 전달된 학습경험은 동기강화 및 행동변화를 유도할 가능성이 높으며, 영양교육자와 대상자들에게 좋은 경험이 될 수 있다.

영양교육은 다양한 현장에서 이루어질 수 있다. 이 장에서는 사용할 수 있는 몇 가지 기본 경로와 매체에 대해 설명하였다. 각 경로 및 지원매체 사용 시에는 목표를 신중하게 결정해야 한다. 집단지도 시에는 실제 식품과 식품포장지부터 괘도 및 슬라이드까지 다양한 시각매체를 사용하여 교육효과를 높일 수 있다. 시각매체는 재미있고 단순해야 한다. 이는 "잘 안 보이시겠지만…"이라는 말이 나오지 않도록 명확하고 크기가 적당해야 한다. 브로슈어, 전단지 및 유인물과 같은 인쇄매체도 널리 사용된다. 이때, 자료들은 대상자에 맞게 작성되어 동기를 부여하고 친근해야 효과적이다. 다른 지원 경로로는 조리실습, 시장 견학 및 건강박람회 등이 있다.

이 장에서는 대상자 교육에 적용할 수 있는 수많은 경로 중 일부만 설명하였다. 많은 웹사이트에서 영양교육이 제공되며, 이들은 매우 빠르게 발전하고 있다. 영양교육자들은 이렇게 발전되어가는 기술을 익혀야 한다.

© PhotoDisc

연습문제

1. 영양교육자의 입장에서 집단지도 시 '효과적인 의사소통'과 '비효율적인 의사소통'의 특성 다섯 개를 적고 간략하게 설명하시오. 이러한 관점에서 현재 자신의 강점과 약점을 검토하고, 그중 가장 개선하고 싶은 세 가지를 선택하시오.
2. 집단지도 시 강의, 시범, 토론 및 집단토의를 비교하여 설명하시오.
3. 집단지도 시 시각매체를 사용하여 얻을 수 있는 주요 이점은 무엇인가?
4. 집단지도 시 어떤 종류의 시각매체를 사용할 수 있는가? 방과 후 프로그램의 청소년이나 노인복지관의 노인의 경우 시각매체를 다르게 선택해야 할 수도 있다.
5. 시각매체 활용 시 집단에게 "잘 안 보이시겠지만"이라고 말하지 않도록 지켜야 할 설계원칙을 설명하시오.
6. 하나의 아이디어나 주제를 제시하기 위해 집단지도 시 사용할 포스터를 준비하고, 의도하는 대상자에서 포스터를 활용해 얻고자 하는 목표를 기술하시오. 포스터의 품질을 향상시키기 위한 설계원칙을 사용하여 분석하시오.
7. 시각매체를 활용하여 영양교육을 하고자 할 때, 시각매체를 효과적으로 사용하기 위한 다섯 가지 지침을 설명하시오.
8. 영양교육 중재를 위해 조리실습을 할 경우, 이 장에서 학습한 내용을 토대로 조리실습이 대상자들에게 성공적인 경험이 되기 위해 고려해야 할 세 가지 지침을 설명하시오.
9. 건강박람회에서 영양교육 행사를 조직하면 어떤 목적을 달성할 수 있는가? 목적 달성을 확인하기 위한 세 가지 팁을 설명하시오.
10. 소셜미디어 구성요소(예: 페이스북)를 사용하여 중재를 계획할 때, 대상자 참여율을 높이기 위한 목표 대상자 및 전략을 기술하시오.
11. 식품영양 관련 앱 중 마음에 드는 것을 선택하여 그 앱이 대상자의 행동목표를 달성하도록 돕기 위해 고안된 것으로 가정하고 행동변화를 이루기 위해 어떻게 사용해야 할지 주의 깊게 검토하시오.
12. 대상자들이 매일 음료수를 덜 마시도록 도와주는 스마트폰 앱을 개발하고자 한다면, 설계과정을 어떻게 적용할까?

참고문헌

Abercrombie, A., D. Sawatzki, and L. Doner Lotenberg. 2012. Building partnerships to build the Best Bones Forever!: Applying the 4Ps to partnership development. *Social Marketing Quarterly* 18:55-66.

Abusabha, R., J. Peacock, and C. Achterberg. 1999. How to make nutrition education more meaningful through facilitated group discussions. *Journal of the American Dietetic Association* 99:72-76.

Achterberg, C. 1988. Factors that influence learner readiness. *Journal of the American Dietetic Association* 88:1426-1428.

Ahlers-Schmidt, C. R., T. Hart, A. Chesser, A. Paschal, T. Nguyen, and R. R. Wittler. 2011. Content of text messaging immunization reminders: What low-income parents want to know. *Patient Education and Counseling* 85(1):119-121.

Allicock, M., L. Ko, E. vander Sterren, C. G. Valle, M. K. Campbell, and C. Carr. 2010. Pilot weight control intervention among US veterans to promote diets high in fruits and vegetables. *Preventive Medicine* 51(3-4):279-281.

Anderson, L. W., and D. R. Krathwohl, editors. 2000. *A taxonomy for learning, teaching, and assessing: A revision of Bloom's taxonomy of educational objectives*. Boston: Pearson.

Andreasen, A. R. 1995. *Marketing social change: Changing behavior to promote health, social development, and the environment*. San Francisco: Jossey-Bass.

Atienza, A. A., A. C. King, B. M. Olveira, D. K. Ahn, and C. D. Gardener. 2008. Using hand-held computer technologies to improve dietary intake. *American Journal of Preventive Medicine* 34:514-518.

Atkinson, N. L., S. L. Saperstein, S. M. Desmond, R. S. Gold, A. S. Billing, and J. Tian, 2009. Rural eHealth nutrition education for limited-income families: An iterative and user-centered design approach. *Journal of Medical Internet Research* 11(2):e21.

Ausubel, D. P. 2000. *The acquisition and retention of knowledge: a cognitive view*. New York: Springer Science+Business.

Bandura, A. 1986. *Foundations of thought and action: A social cognitive theory*. Englewood Cliffs, NJ: Prentice Hall.

———. 2004. Health promotion by social cognitive means. *Health Education and Behavior* 31(2):143-164.

Baranowski, T., and L. Frankel. 2012. Let's get technical! Gaming and technology for weight control and health promotion in children. *Childhood Obesity* 8(1):34-37.

Baranowski, T., J. Baranowski, D. Thompson, R. Buday, R. Jago, M. Juliano Griffoth, et al. 2011. Video game play, child diet, and physical activity behavior change: A randomized clinical trial. *American Journal of Preventive Medicine* 40(1):33-38.

Baranowski, T., J. Baranowski, K. W. Cullen, T. Marsh, N. Islam, I. Zakeri, et al. 2003. Squire's Quest: Dietary outcome evaluation of a multimedia game. *American Journal of Preventive Medicine* 24:52-61.

Baranowski, T., N. Islam, D. Douglass, H. Dadabhoy, A. Beltran, J. Baranowski, et al. 2014. Food Intake Recording Software System, version 4 (FIRSSt4): A self-completed 24-h dietary recall for children. *Journal of Human Nutrition and Dietetics* 27(Suppl. 1):66-71.

Baranowski, T., R. Buday, D. I. Thompson, and J. Baranowski. 2008. Playing for real: Video games and stories for health-related behavior change. *American Journal of Preventive Medicine* 34:74-82.

Baranowski, T., R. Buday, D. Thompson, E. J. Lyons, A. S. Lu, and J. Baranowski. 2013. Developing games for health behavior change: Getting started. *Games for Health Journal* 2(4):183-190.

Beatty, B. J. 2009. Fostering integrated learning outcomes across the domains. In *Instructional-design theories and models. Volume III. Building a common knowledge base*, edited by C. M. Reigeluth and A. A. Carr-Chellman. New York: Routledge.

Bloom, B. S., M. D. Engelhart, E. J. Furst, W. H. Hill, and D. R. Krathwohl. 1956. *Taxonomy of educational objectives. Handbook I: The cognitive domain*. New York: David McKay.

Bort-Roig, J., N. D. Gilson, A. Puig-Ribera, R. S. Contreras, and S. G. Trost. 2014. Measuring and inf luencing physical activity with smartphone technology: A systematic review. *Sports Medicine* 44(5):671-686.

Brookfield, S. 1986. *Understanding and facilitating adult learning: A comprehensive analysis of principles and effective practices*. San Francisco: Jossey-Bass.

———. 2013. *Powerful techniques for working with adults*. San Francisco: Jossey-Bass.

Brown, B. J., and B. J. Hermann. 2005. Cooking classes increase fruit and vegetables intake and food safety behaviors in youth and adults. *Journal of Nutrition Education and Behavior* 37:1004-1005.

Brug, J., A. Oenema, and H. Raat. 2005. The Internet and nutrition education: Challenges and opportunities. *European Journal of Clinical Nutrition* 59(Suppl.):S130-S139.

Brug, J., A. Oenema, and M. Campbell. 2003. Past, present, and future of computer-tailored nutrition education. *American Journal of Clinical Nutrition* 77(4 Suppl):1028S-1034S.

Campbell, M. K., L. Honess-Morreale, D. Farrell, E. Carbone, and M. Brasure. 1999. A tailored multimedia nutrition education pilot program for low-income women receiving food assistance. *Health Education Research* 14:257-267.

Centers for Disease Control and Prevention. 2014a. Social marketing for nutrition and physical activity web course. http://www.cdc.gov/nccdphp/dnpao/socialmarketing/index.html Accessed 12/3/14.

———. 2014b. Case studies. http://www.cdc.gov/nccdphp/dnpao/socialmarketing/casestudies.html. Accessed 12/3/14.

Chang, M. W., S. Nitzke, R. Brown, and K. Resnicow. 2014. A community based prevention of weight gain intervention (Mothers in Motion) among young low-income overweight and obese mothers: Design and rationale. *BMC Public Health* 14(1):280.

De Bourdeaudhuij, I., E. Van Cauwenberghe, H. Spittaels, J. M. Oppert, C. Rostami, J. Brug, et al. 2011. School based interventions promoting both physical activity and eating in Europe: A systematic review within the HOPE project. *Obesity Research* 12(3):205-216.

De Bourdeaudhuij, I., V. Stevens, C. Vandelanotte, and J. Brug. 2007. Evaluation of an interactive computer-tailored nutrition intervention in a real-life setting. *Annals of Behavorial Medicine* 33(1):39-48.

Deci, E. L., and R. M. Ryan. 2008. Facilitating optimal motivation and psychological well-being across life's domains. *Canadian Psychology* 49:14-23.

Delgado-Noguera, M., S. Tort, M. J. Martínez-Zapata, and X. Bonfill. 2011. Primary school interventions to promote fruit and vegetables consumption: a systematic review and meta-analysis. *Preventive Medicine* 53(1-2):3-9.

DeSmet, A., D. Van Ryckeghem, S. Compernolle, T. Baranowski, D. Thompson, G. Crombez, et al. 2014. A meta-analysis of serious digital games for healthy lifestyle promotion. *Preventive Medicine* 69:95-107.

Direito, A., L P. Dale, E. Shields, R. Dobson, R. Whitaker, and R. Maddison. 2014. Do physical activity and dietary smartphone applications incorporate evidence-based behavior change techniques? *BMC Public Health* 14:646.

Duggan, M., and A. Smith. 2013. Social Media Update 2013. http://www.pewinternet.org/2013/12/30/social-media-update-2013/ Accessed 4/14/14.

Ezendam, N. P., A. Oenema, P. M. van de Looij-Jansen, and J. Brug. 2007. Design and evaluation protocol of "FATaintPhat," a computer-tailored intervention to prevent weight gain in adolescents. *BMC Public Health* 12(7):324.

Fjeldsoe B. S., A. L. Marshall, and Y. D. Miller. 2009. Behavior change interventions delivered by mobile telephone short-message service. *American Journal of Preventive Medicine* 36(2):165-173.

Franklin, V. L., A. Waller, C. Pagliari, and S. A. Green. 2006. A randomized control trial of Sweet Talk, a text-messaging system to support young people with diabetes. *Diabetic Medicine* 23:1332-1338.

Freire, P., and I. Shor. 1987. *A pedagogy for liberation: Dialogues on transforming education*. New York: Bergin and Garvey.

Gagne, R., W. W. Wager, J. M. Keller, and K. Golas. 2004. *Principles of instructional design*. Boston: Cengage.

Gagne, R. W. 1985. *The conditions of learning and theory of instruction*. Fourth ed. New York: Holt, Rinehart, & Winston.

Gardner, H. E. 2011. *Frames of mind: The theory of multiple intelligences*. New York: Basic Books.

Garmston, R., and S. Bailey. 1988. Paddling together: A co-presenting primer. *Training and Development Journal* 1:52-56.

Gillespie, A. H., and P. Yarbrough. 1984. A conceptual model for communicating nutrition. *Journal of Nutrition Education* 17:168-172.

Glanz, K., S. Murphy, J. Moylan, D. Evensen, and J. D. Curb. 2006. Improved self-monitoring and adherence with hand-held computers: A pilot study. *American Journal of Health Promotion* 20:165-170.

Hearn, L., M. Miller, and A. Fletcher. 2013. Online healthy lifestyle support in the prenatal period: What do woman want and do they use it? *Australian Journal of Primary Health* 18(4):313-316.

Hermans, E. J., F. P. Battaglia, P. Atsak, L. D. de Voogd, G. Fernåndez, and B. Roozendaal. 2014. How the amygdala affects emotional memory by altering brain network properties. *Neurobiology of Learning and Memory* 112:2-16.

Husing, C., and M. Elfant. 2005. Finding the teacher within: A story of learner-centered education in California WIC. *Journal of Nutrition Education and Behavior* 37(Suppl. 1):S22.

Hutchesson, M. J., C. E. Collins, P. J. Morgan, and R. Callister, 2013. An 8-week web-based weight loss challenge with celebrity endorsement and enhanced social support: Observational study. *Journal of Medical Internet Research* 15(7):e129. DOI:10.2196/jmir.2540.

Illeris, K. 2003. *Three dimensions of learning: Contemporary learning theory in the tension field between the cognitive, the emotional and the social*. Malabar, FL: Krieger.

———. 2009. The three dimensions of learning and competence development. In *Contemporary learning theories*, edited by K. Illeris. London: Routledge.

Institute of Medicine. 2002. *Speaking of health: Assessing health communication strategies for diverse populations*. Washington, DC: National Academies Press.

Iowa Department of Public Health. n.d. Pick a better snack. www.idph.state.ia.us/inn/Pickabettersnack.aspx Accessed 11/1/14.

Johnson, D. W., and R. T. Johnson. 1998. *Learning together and alone: Cooperative, competitive, and individualistic learning*. Fifth ed. Englewood Cliffs, NJ: Prentice Hall.

Juster, R. P., B. S. McEwen, and S. J. Lupien. 2010. Allostatic load biomarkers of chronic stress and impact on health and cognition. *Neuroscience and Biobehavioral Reviews* 35(1):2-16.

Kinzie, M. B. 2005. Instructional design strategies for health behavior change. *Patient Education and Counseling* 56:3-15.

Knight, S., and C. Probart. 1992. How to avoid saying "I know you can't read this but ...". *Journal of Nutrition Education* 24:94B.

Knowles, M. S., E. F. Holton, and R. A. Swanson. 2011. *The adult learner: The definitive classis in adult education and human resource management development*. Seventh ed.

Burlington, MA: Butterworth-Heinnemann/Elsevier.

Kohls, G., M. T Perino, J. M Taylor, E. N. Madva, S. J. Cayless, V. Troiani, et al. 2013. The nucleus accumbens is involved in both the pursuit of social reward and the avoidance of social punishment. *Neuropsychologia* 51(11):2062-2069.

Kolb, D. A. 1984. *Experiential learning*. Englewood Cliffs, NJ: Prentice Hall.

Kotler, P., and E. L. Roberto. 1989. *Social marketing: Strategies for changing public behavior*. New York: The Free Press.

Kotler, P., and G. Zaltman. 1971. Social marketing: An approach to planned social change. *Journal of Marketing* 35:3-12.

Krathwohl, D. R., B. S. Bloom, and B. B. Masia. 1964. *Taxonomy of educational objectives: The classification of educational goals. Handbook II: Affective domain*. New York: David McKay.

Kreuter, M. W., C. Sugg-Skinner, C. L. Holt, E. M. Clark, D. Haire-Joshu, Q. Fu, et al. 2005. Cultural tailoring for mammography and fruit and vegetables intake among low- income African-American women in urban public health centers. *Preventive Medicine* 41:53-62.

Kreuter, M. W., S. N. Kukwago, D. C. Bucholtz, E. M. Clark, and V. Sanders-Thompson. 2003. Achieving cultural appropriateness in health promotion programs: Targeted and tailored approaches. *Health Education and Behavior* 30:133-146.

Kroeze, W., A. Werkman, and J. Brug. 2006. A systematic review of randomized trials on the effectiveness of computer-tailored education and physical activity and dietary behaviors. *Annals of Behavioral Medicine* 31(3):205-223.

Lange, M. 2014. 59 percent of tiny children use social media. *New York Magazine*/The Cut. http://nymag.com/thecut/2014/02/over-half-kids-social-media-before-age-ten.html. Accessed 4/30/14.

Leak, T. M., L. Benavente, L. S. Goodell, A. Lassiter, L. Jones, and S. Bowen. 2014. EFNEP graduates' perspectives on social media to supplement nutrition education: Focus group findings from active users. *Journal of Nutrition Education and Behavior* 46(3):203-208.

Lee, N. R., and P. Kotler. 2016. *Social marketing: Inf luencing behaviors for good*. Fifth ed. Thousand Oaks, CA: Sage.

Lefebvre, R. C., and A. S. Bornkessel. 2013. Digital social networks and health. *Circulation* 127(17):1829-1836.

Lefebvre, R. C., and J. Flora. 1988. Social marketing and public health. *Health Education Quarterly* 15:299-315.

Lefebvre, R. C. 2011. An integrative model for social marketing. *Journal of Social Marketing* 1(1):54-72.

Lefebvre, R. C. 2013. *Social marketing and social change: Strategies and tools for improving health, well-being, and the environment*. San Francisco, CA: Jossey-Bass.

Lewin, K. 1935. *A dynamic theory of personality*. New York: McGraw-Hill.

———. 1943. Forces behind food habits and methods of change. In *The problem of changing food habits* (National Research Council Bulletin 108). Washington, DC: National Academy of Sciences.

———. 1947. Frontiers in group dynamics. I. Concept, method, reality in social science: Social equilibria and social change. *Human Relations* 1:5-41.

———. 1951. *Field theory in social science: Selected theoretical papers*. New York: Harper.

Liquori, T., P. D. Koch, I. R. Contento, and J. Castle. 1998. The CookShop program: Outcome evaluation of a nutrition education program linking lunchroom food experiences with classroom cooking experiences. *Journal of Nutrition Education* 30:302-313.

Lohse, B. 2013. Facebook is an effective strategy to recruit low-income women to online nutrition education. *Journal of Nutrition Education and Behavior* 45(1):69-76.

Lucas, S. E. 2011. *The art of public speaking*. 11th ed. New York: McGraw-Hill.

Maibech, E. W., M. L. Rothschild, and W. D. Novelli. 2002. Social marketing. In *Health behavior and health education: Theory, research and practice*, edited by K. Glanz, B. K. Rimer, and F. M. Lewis. San Francisco: Jossey-Bass.

Majumdar, D., P. A. Koch, H. Lee, I. R. Contento, A. de Lourdes Islas-Ramos, and D. Fu. 2013. "Creature-101": a serious game to promote energy balance-related behaviors among middle school adolescents. *Games for Health Journal* 2(5): 280-290.

Majumdar, D., P. A. Koch, H. Lee Gray, I. R. Contento, A. de Lourdes Islas-Ramos, and D. Fu. 2015. Nutrition science and behavioral theories integrated in a serious game for adolescents. *Simulation & Gaming*: 1-30. DOI: 10.1177/1046878115577163.

Manoff, R. K. 1985. *Social marketing*. New York: Praeger.

Mansbridge, J. J. 1990. *Beyond self-interest*. Chicago: University of Chicago Press.

Marcus, A. C., J. Heimendinger, P. Wolfe, D. Fairclough, B. K.

Rimer, M. Morra, et al. 2001. A randomized trial of a brief intervention to increase fruit and vegetable intake: A replication study among callers to the CIS. *Preventive Medicine* 33:204-216.

Martinez, J. L ., S. E. R ivers, L . R. Duncan, M. Bertoli, S. Domingo, A. E. Latimer-Cheung, et al. 2013. Healthy eating for life: Rationale and development of an English as a second language (ESL) curriculum for promoting healthy nutrition. *Translational Behavioral Medicine* 3(4):426-433.

McCarthy, P. 2005. Touching hearts to impact lives: Harnessing the power of emotion to change behaviors. *Journal of Nutrition Education and Behavior* 37(Suppl. 1):S19.

Merrill, M. D. 2009. First principles of instruction. In *Instructional-design theories and models. Volume III. Building a common knowledge base*, edited by C. M. Reigeluth and A. A. Carr-Chellman. New York: Routledge.

Mouttapa, M., T. P. Robertson, A. J. McEligot, J. W. Weiss, L. Hoolihan, A. Ora, et al. 2011. The Personal Nutrition Planner: A 5-week, computer-tailored intervention for women. *Journal of Nutrition Education Behavior* 43(3): 165-172.

Napolitano, M. A., S. Hayes, G. G. Bennett, A. K. Ives, and G. D. Foster. 2013. Using Facebook and text messaging to deliver a weight loss program to college students. *Obesity (Silver Spring)* 21(1):25-31.

National Cancer Institute. 2004. *Making health communication programs work* (NIH Publication No. 04-5145). Bethesda, MD: National Cancer Institute, U.S. Department of Health and Human Services.

Newton, K. H., E. J. Wiltshire, and C. R. Elley. 2009. Pedometers and text messaging to increase physical activity: Randomized controlled trial of adolescents with type 1 diabetes. *Diabetes Care* 32(5):813-815.

Oenema, A., J. Brug, and L. Lechner. 2001. Web-based tailored nutrition education: Results of a randomized controlled trial. *Health Education Research* 16:647-660.

Olson, C. M., and G. L. Kelly. 1989. The challenge of implementing theory-based intervention research in nutrition education. *Journal of Nutrition Education* 22:280-284.

Osborn, E., M. D. Sadler, S. L. Saperstein, and D. Sawatzki. 2012. Physical activity in action: The *Best Bones Forever!* Let's Dance contest featuring Savvy. *Cases in Public Health Communication and Marketing* 6:65-86.

Patrick, K., F. Raab, M. A. Adams, L. Dillon, M. Zabinski, C. L. Rock, et al. 2009. A text-message-based intervention for weight loss: Randomized controlled trial. *Journal of Medical Internet Research* 11(1):e1.

Peng, W. 2009. Design and evaluation of a computer game to promote a healthy diet for young adults. *Health Communication* 24:115-127.

Petty, R. E., and J. T. Cacioppo. 1986. *Communication and persuasion: Central and peripheral routes to attitude change*. New York: Springer-Verlag.

Petty, R. E., J. Barden, and S. C. Wheeler, 2009. The elaboration likelihood model of persuasion: Developing health promotions for sustained behavioral change. In *Emerging theories in health promotion practice and research*, edited by R. J. DiClemente, R. A. Crosby, and M. C. Kegler. San Francisco: Jossey-Bass.

Pew Internet. 2013. Teens and technology 2013. Pew Research Internet Project. http://www.pewinternet.org/2013/03/13/teens-and-technology-2013/ Accessed 11/30/14.

———. 2014a. African Americans and technology use: Detailed demographic tables. Pew Research Internet Project. http://www.pewinternet.org/2014/01/06/detailed-demographic-tables/ Accessed 11/30/14.

———. 2014b. How the internet has woven itself into American life. Pew Research Internet Project. http://www.pewinternet.org/2014/02/27/part-1-how-the-internet-has-woven-itself-into-american-life/ Accessed 11/30/14.

Puig, M. V., J. Rose, R. Schmidt, and N. Freund. 2014. Dopamine modulation of learning and memory in the prefrontal cortex: Insights from studies in primates, rodents, and birds. *Frontiers in Neural Circuits* 8.

Raines, C., and L. Williamson. 1995. *Using visual aids: The effective use of type, color, and graphics*. Revised ed. Menlo Park, CA: Crisp Learning.

Reicks M., A. C. Trof hloz, J. S. Stang, and M. N. Laaska. 2014. Impact of cooking and home food preparation interventions among adults: Outcomes and implications for future programs. *Journal of Nutrition Education and Behavior* 46(4):259-276.

Reigeluth, C. M., and A. A. Carr-Chellman. 2009. Understanding instructional-design theory. In *Instructional-design theories and models. Volume III. Building a common knowledge base*, edited by C. M. Reigeluth and A. A. Carr-Chellman.

New York: Routledge.

Resnicow, K., A. Jackson, T. Wang, et al. 2001. A motiva- tional inter viewing inter vention to increase fruit and vegetable intake through black churches: Results of the Eat for Life trial. *American Journal of Public Health* 91: 1686-1693.

Rogers, C. 1969. *Freedom to learn*. Columbus, OH: Merrill.
Salamone, J. D., and M. Correa. 2002. Motivational views of reinforcement: Implications for understanding the behavioral functions of nucleus accumbens dopamine. *Behavioral Brain Research* 137:3-15.

Rogers, E. M., and J. D. Storey. 1988. Communications campaigns. In *Handbook of communication science*, edited by C. R. Berger and S. H. Chaffee. Newbury Park, CA: Sage.
Rot hschild, M. L . 1999. Carrots, sticks, and promises: A conceptual framework for the management of public health and social issue behaviors. *Journal of Marketing* 63:24-37.

Sadler, M. D., S. L. Saperstein, E. Golan, L. Doner Lotenberg, D. Sawatzki, A. Abercrombie, et al. 2013. Integrating bone health information into existing health education efforts. *ICAN: Infant, Child, and Adolescent Nutrition* 5(3): 177-183.

Sapping ton, T. E. 1984. Creating learning environments conducive to change: The role of fear/safety in the adult learning process. In *Innovative higher education*. New York: Human Services Press.

Schunk, D. H. 2011. *Learning theories: An educational perspective*. Sixth ed. Boston, MA: Allyn and Bacon/Pearson Education.

Shapiro, J. R., S. Bauer, R. M. Hamer, H. Kordy, D. Ward, and C. M. Bulik. 2008. Use of text-messaging for monitoring sugar-sweetened beverages, physical activity, and screen time in children: A pilot study. *Journal of Nutrition Education and Behavior* 40:385-391.

Sigman-Grant, M. 2004. *Facilitated dialogue basics: A self-study guide for nutrition educators — Let's dance*. University of Nevada, Cooperative Extension, NV.

Smith, J. J., P. J. Morgan, R. C. Plotnikoff, K. A. Dally, J. Salmon, A. D. Okely, et al. 2014. Rationale and study protocol for the 'Active Teen Leaders Avoiding Screen-time' (ATLAS) group randomized controlled trial: An obesity prevention intervention for adolescent boys from schools in low-income communities. *Contemporary Clinical Trials* 37(1):106-119. DOI:10.1016/j.cct.2013.11.008.

Smith, S. B., and B. J. Alford. 1989. Literate and semi-literate audiences: Tips for effective teaching. *Journal of Nutrition Education* 20:238C-D.

Snyder, L. B. 2007. Health communications campaigns and their impact on behavior. *Journal of Nutrition Education and Behavior* 39:S32-S40.

Sternberg, R. J. 1985. *Beyond I.Q.: A triarchic theory of human intelligence*. Cambridge, UK: Cambridge University Press.

Sternfeld, B., C. Block, C. P. Quesenberry Jr., T. J. Block, G. Hussan, J. C. Norris, et al. 2009. Improving diet and physical activity with ALIVE: A worksite randomized trial. *American Journal of Preventive Medicine* 36(6):475-483.

Stevens, V. J., R. E. Glasgow, D. J. Toobert, N. Karanja, and K. S. Smith. 2002. Randomized trial of a brief dietary intervention to decrease consumption of fat and increase consumption of fruits and vegetables. *American Journal of Health Promotion* 16:129-134.

Thompson, D., T. Baranowski, J. Baranowski, K. Cullen, R. Jago, K. Watson, et al. 2009. Boy Scouts 5-a-Day badge: Outcome results of a troop and internet intervention. *Preventive Medicine* 49:518-526.

Thompson, D., T. Baranowski, K. Cullen, K. Watson, Y. Liu, A. Canada, et al. 2008. Food, Fun, and Fitness, internet program for girls: Pilot evaluation of an e-health youth obesity prevention program examining predictors of obesity. *Preventive Medicine* 47:494-497.

Thompson, D., T. Baranowski, R. Buday, J. Baranowski, M. Juliano, M. Frazior, et al. 2007. In pursuit of change: Youth response to intensive goal setting embedded in a serious video game. *Journal of Diabetes Science and Technology* 1:907-917.

Tobey, L. N., and M. M. Manore. 2014. Social media and nutrition education: The food hero experience. *Journal of Nutrition Education and Behavior* 46(2):128-133.

Turner-McGriev y, G., and D. Tate. 2011. Tweets, apps, and pods: Results of the 6-month Mobile Pounds Off Digitally (Mobile POD) randomized weight-loss intervention among adults. *Journal of Medical Internet Research* 13(4):e120. DOI:10.2196/jmir.1841.

Valle, C. G., D. F. Tate, D. K. Mayer, M. Allicock, and J. Cai. 2013. A randomized trial of a Facebook-based physical activity intervention for young adult cancer survivors. *Journal of Cancer Survivors* 7(3):355-368.

Van Den Heede, F. A., and S. Pelican. 1995. Ref lections on marketing as an inappropriate model for nutrition education. *Journal of Nutrition Education* 27:141-145.

Vella, J. 2002. *Learning to listen, learning to teach: The power of dialogue in educating adults*. Hoboken, NJ: Jossey-Bass.

Wadsworth, K. 2005. From farm to table: The making of a classroom chef. Presented at the Society for Nutrition Education Conference, Orlando, FL.

Waeiti, O., A. Dickinson, and W. Schultz. 2001. Dopamine responses comply with basics assumptions of formal learning theory. *Nature* 412:43-48.

Waring, M., and C. Evans. 2014. *Understanding pedagogy: Developing a critical approach to teaching and learning*. London: Routledge.

Werkman, A., P. J. Hulshof, A. Staf leu, S. P. Kremers, F. J. Kok, E. G. Schouten, et al. 2010. Effect of an individually tailored one-year energ y balance programme on body weight, body composition and lifestyle in recent retirees: A cluster randomised controlled trial. *BMC Public Health* 10:110.

Williams, G., M. P. Hamm, J. Shulhan, B. Vandermeer, and L. Hartling. 2014. Social media interventions for diet and exercise behaviors: A systematic review and meta-analysis of randomized controlled trials. *BMJ Open* 4(2):e003926. DOI:10.1136/bmjopen-2013-003926.

찾아보기
INDEX

ㅂ

ㅅ

ㅇ

ㅎ

영문·숫자

이 책을 만든 사람들

지은이

Isobel R. Contento

미국 콜롬비아대학교 교육대학 교수

편역자

이경애 부산교육대학교 실과교육과 교수
김경원 서울여자대학교 식품응용시스템학부 식품영양학전공 교수
김지명 신한대학교 식품조리과학부 식품영양전공 교수
우태정 창원대학교 교육대학원 강사(경상남도교육청 파견영양교사)
이승민 성신여자대학교 식품영양학과 교수
이희원 미국 사우스플로리다대학교 보건대학 교수

감수자

황지윤 상명대학교 식품영양학과 교수

영양교육

다양한 연구와 연계된 이론과 실습

2018년 10월 29일 초판 인쇄 | 2018년 11월 5일 초판 발행

지은이 Isobel R. Contento | **옮긴이** 이경애 외 | **펴낸이** 류원식 | **펴낸곳** **교문사**

편집부장 모은영 | **책임진행** 이정화 | **디자인** 김경아 | **본문편집** 벽호미디어
제작 김선형 | **홍보** 이솔아 | **영업** 이진석·정용섭·진경민 | **출력·인쇄** 삼신문화사 | **제본** 한진제본

주소 (10881)경기도 파주시 문발로 116 | **전화** 031-955-6111 | **팩스** 031-955-0955
홈페이지 www.gyomoon.com | **E-mail** genie@gyomoon.com
등록 1960. 10. 28. 제406-2006-000035호
ISBN 978-89-363-1713-3(93590) | **값** 28,800원

* 잘못된 책은 바꿔 드립니다.

불법복사는 지적 재산을 훔치는 범죄행위입니다.
저작권법 제125조의 2(권리의 침해죄)에 따라 위반자는 5년 이하의 징역 또는 5천만 원 이하의 벌금에 처하거나 이를 병과할 수 있습니다.

ORIGINAL ENGLISH LANGUAGE EDITION PUBLISHED BY Jones & Bartlett Learning, LLC 5 Wall Street Burlington, MA 01803 USA
Nutrition Education: Linking Research, Theory & Practice (3rd Edition), Isobel R. Contento © 2016 by JONES & BARTLETT LEARNING, LLC. ALL RIGHTS RESERVED

이 책은 임팩트코리아를 통한 저작권자와의 독점계약으로 교문사에서 출간되었습니다. 저작권법에 의해 한국 내에서 보호를 받는 저작물이므로 무단전재와 복제를 금합니다.